水利水电工程验收报告编写指南与示例

项目法人卷

主　编　洪世兴　张玉飞　拔丽萍　刘万林
副主编　王志清　杨剑波　韦忠明　李军锋

中国水利水电出版社
www.waterpub.com.cn
·北京·

内容提要

本书为适应水利水电工程验收的需要，结合验收规程对工程各阶段验收的具体要求，针对项目法人（建设）单位，编写了水利水电工程导（截）流阶段验收、下闸蓄水阶段验收、引（调）排水工程通水验收、水电站（泵站）机组启动验收、枢纽工程专项验收、竣工技术预验收及竣工验收等需提交的建设管理工作报告。全书共七章，内容包括：概述、水利水电工程导（截）流验收建设管理工作报告、下闸蓄水验收建设管理工作报告、引（调）排水工程通水验收建设管理工作报告、机组启动验收建设管理工作报告、枢纽工程专项验收建设管理工作报告、竣工验收工程建设管理工作报告。

本书可供项目法人（建设）单位、施工企业、监理公司和质量监督部门相关人员学习参考，也可作为培训教材，对有关人员进行培训。

图书在版编目（CIP）数据

水利水电工程验收报告编写指南与示例. 项目法人卷/洪世兴等主编. -- 北京：中国水利水电出版社，2023.6
ISBN 978-7-5226-1576-9

Ⅰ. ①水… Ⅱ. ①洪… Ⅲ. ①水利水电工程－工程验收－项目管理－研究报告－编写 Ⅳ. ①TV512

中国国家版本馆CIP数据核字(2023)第112393号

书　　名	水利水电工程验收报告编写指南与示例 项目法人卷 SHUILI SHUIDIAN GONGCHENG YANSHOU BAOGAO BIANXIE ZHINAN YU SHILI XIANGMU FAREN JUAN
作　　者	主　编　洪世兴　张玉飞　拔丽萍　刘万林 副主编　王志清　杨剑波　韦忠明　李军锋
出版发行	中国水利水电出版社 （北京市海淀区玉渊潭南路1号D座　100038） 网址：www.waterpub.com.cn E-mail：sales@mwr.gov.cn 电话：(010) 68545888（营销中心）
经　　售	北京科水图书销售有限公司 电话：(010) 68545874、63202643 全国各地新华书店和相关出版物销售网点
排　　版	中国水利水电出版社微机排版中心
印　　刷	清淞永业（天津）印刷有限公司
规　　格	184mm×260mm　16开本　28.25印张　723千字
版　　次	2023年6月第1版　2023年6月第1次印刷
印　　数	0001—3000册
定　　价	**138.00元**

凡购买我社图书，如有缺页、倒页、脱页的，本社营销中心负责调换

版权所有·侵权必究

丛 书 编 委 会

主　　　审：洪世兴　范宏忠　刘万林
主 任 委 员：张玉飞　拔丽萍　陈卫东　杨　蒙
副主任委员：李玉敏　茹轶伦　杨剑波　周学科
　　　　　　蒲小平　王　柱
编委会成员：张文涛　平　璐　王佩铨　袁　海
　　　　　　杨　程　谢章锐　杨继宇　张兴元
　　　　　　周文韬　殷世平　杨　勇　洪宝婧
　　　　　　刘晓芳　尹久辉　李红艳　张静静
　　　　　　邓　娜　赵红艳　杭林林　李玉敏
　　　　　　徐家聪　邱　英　董泽伟　张兴乐
　　　　　　周亚石

本卷编委会

主　　编：洪世兴　张玉飞　拔丽萍　刘万林

副 主 编：王志清　杨剑波　韦忠明　李军锋

参　　编：董丞书　张兴元　张若有　刘　彪
　　　　　　王志荣　杨在华　方　剑　何天德
　　　　　　温时雨　何志敏　贺　尧　陈　健
　　　　　　周学科　张　磊　奉丽玲　陶　铤
　　　　　　刘永堂　叶　虹　张玲仙　蔡永洪
　　　　　　何学亮　何进刚　王承伟　王双丽
　　　　　　张学兰　黄　婷　张　兴　沈志强

序

  水利是国民经济发展的命脉,也是重要支撑和基础保障。我国"十四五"水利建设工作任务是以水利工程建设高质量发展为主线,高标准推进水利工程建设,持续规范水利建设市场,大力提升水利工程建设管理水平,切实保障水利工程质量安全。随着国家对基础设施的加大投入,水利工程建设又迎来一个高峰,广大从业人员以只争朝夕的态度,为加快水利基础设施建设作出了积极的贡献。

  为加强水利水电建设工程验收管理,使水利水电建设工程验收制度化、规范化,保证工程验收质量,水利部发布了《水利水电建设工程验收规程》(SL 223—2008),规范了阶段验收及竣工验收各参建单位工作报告的编写格式。国家能源局也发布了《水电工程验收规程》(NB/T 35048—2015),明确了水电工程阶段验收时,参建各方应提供相应的工作报告;《水利水电建设工程验收技术鉴定导则》(SL 670—2015)也列出了工程蓄水安全鉴定及工程竣工验收技术鉴定阶段参建单位自检报告的编写提纲和要求。在实际工作中,水利工程建设第一线的工程技术人员是水利工程建设的主体,其理论基础、技术水平、职业道德和法律意识直接关系到工程建设的实体质量和行为质量。工程验收阶段各参建单位提交的工作报告须客观地反映工程建设管理水平和工程质量状况,为验收委员会或验收工作组提供可靠的验收依据,从而得出客观的验收结论。

  为了规范水利水电工程验收工作,丛书编委会组织了长期从事水利工程建设的专家编写了《水利水电工程验收报告编写指南与示例》丛书,主要包含质量检测、质量监督、项目法人、验收技术鉴定、施工、监理、建设管理、设计等八个方面。

  丛书示例力求反映不同的水利工程类别和类型,既有水库工程又有水电站工程。水库工程大坝既有土石坝又有混凝土坝;水电站大坝同样既有土石坝也有混凝土坝双曲拱坝及碾压混凝土坝。考虑到基层一线工程技术人员的实际需要,工程示例包含大中小型,具有较高的参考价值。

  本系列丛书在编写过程中,得到云南云水工程技术检测有限公司、云南华水技术咨询有限公司的大力支持,在此表示诚挚的感谢!

相信丛书的出版发行，对水利工程建设管理以及工程验收报告编写的规范化能够起到积极的作用。

丛书编委会
2022 年 10 月

前 言

为了加强水利水电建设工程验收管理，规范验收工作，保证验收质量，水利部发布《水利水电建设工程验收规程》（SL 223—2008）、国家能源局发布《水电工程验收规程》（NB/T 35048—2015），其中明确了水利水电建设工程阶段和竣工验收时项目法人、监理、设计、施工单位、质量检测及质量监督机构应提供的工作报告。

水利水电工程建设管理工作报告是依据国家、水利部及省、市有关工程建设的法律、法规、规章，工程勘察、设计文件，工程建设标准强制性条文、工程建设合同等，按照《水利水电建设工程验收规程》（SL 223—2008）附录O.1要求进行编写。在工程建设过程中，项目法人是项目建设的主体，对项目建设的工程质量、工程进度、资金管理和生产安全负总责，并对项目主管部门负责。项目法人在建设阶段的主要职责是：组织初步设计文件的编制、审核、申报等工作；按照基本建设程序和批准的建设规模、内容、标准组织工程建设；根据工程建设需要组织现场管理机构并负责任免其主要行政及技术、财务负责人；负责办理质量监督、工程报建和主体工程开工报告报批手续；负责与项目所在地地方人民政府及有关部门协调解决好工程建设外部条件；依法对工程项目的勘察、设计、监理、施工和材料及设备等组织招标，并签订有关合同；组织编制、审核、上报项目年度建设计划，落实年度工程建设资金，严格按照概算控制工程投资，用好管好建设资金；负责监督检查现场管理机构的建设管理情况，包括工程投资、工期、质量、生产安全和工程建设责任制情况等；负责编制工程竣工决算；负责按照有关验收规程组织并参与验收工作。负责工程档案资料的管理，包括对各参建单位所形成档案资料的收集、整理、归档工作进行监督、检查。现场管理机构是项目法人的派出机构，其职责应根据实际情况由项目法人制定。

编写工程建设管理报告虽不是很难的事，但如果没有做比较深入细致的建设管理工作和掌握大量的实际资料，不知道编写的要求和内容，不掌握报告的编写原则和写作技巧，是不能很好地把工程项目的建设管理工作充分地客观地表达出来的。

实际工作中，广大工程技术人员对验收规程及相关文件的理解和掌握程度不同，编写提交的工作报告质量良莠不齐，不能科学、客观地反映工程实际质量状况。为此，编者根据积累多年水利水电工程建设管理实践经验，并邀请业界众多资深专家共同编写了《水利水电工程验收报告编写指南与示例　项目法人卷》，供从事水利水电工程建设管理的工程技术人员参考。

由于本书编写时间仓促，加之编写水平有限，不当之处在所难免，敬请有关单位和工程技术人员在使用过程中提出宝贵意见，以便再版时改进。

本书在编写过程中，得到杨继宇博士对书稿的认真审校，洪宝婧女士为本书的资料整编付出了辛勤劳动和极大的贡献，在此致以衷心的谢意！

作者

2023 年 5 月

目 录

序
前言

第一章 概述 ·· 1
第一节 水利水电工程阶段验收与建设管理工作报告 ·· 1
第二节 水利水电工程阶段验收建设管理工作报告种类 ······································ 2
一、水利水电枢纽工程导（截）流阶段验收建设管理工作报告 ····························· 2
二、水利水电工程下闸蓄水阶段验收建设管理工作报告 ····································· 2
三、水利水电工程引（调）排水工程通水验收建设管理工作报告 ·························· 3
四、水利水电工程机组启动验收建设管理工作报告 ·· 4
五、水电站枢纽工程专项验收建设管理工作报告 ·· 5
六、水利水电工程竣工技术预验收建设管理工作报告 ······································· 6
七、水利水电工程竣工验收建设管理工作报告 ··· 7
第三节 水利水电工程建设管理工作报告编写指南 ·· 7
一、工程概况 ·· 7
二、工程建设简况 ·· 7
三、专项工程和工作 ··· 8
四、项目管理 ·· 8
五、工程质量 ·· 8
六、安全生产与文明工地 ··· 8
七、工程验收 ·· 9
八、蓄水安全鉴定和竣工验收技术鉴定 ··· 9
九、历次验收、鉴定遗留问题处理情况 ··· 9
十、工程运行管理情况 ·· 9
十一、工程初期运行及效益 ·· 9
十二、竣工财务决算编制与竣工审计情况 ··· 9
十三、存在问题及处理意见 ·· 9
十四、工程尾工安排 ··· 9
十五、经验与建议 ·· 10
十六、附件 ·· 10

第二章　水利水电工程导（截）流验收建设管理工作报告 …… 11
第一节　工程导（截）流验收应具备的条件及建设管理工作报告编写要点 …… 11
一、《水利水电建设工程验收规程》（SL 223—2008）规定枢纽工程导（截）流验收应具备的条件 …… 11
二、《水电工程验收规程》（NB/T 35048—2015）规定工程截流验收应具备的条件 …… 11
三、水利水电工程导（截）流阶段验收建设管理工作报告编写要点 …… 12
第二节　工程导（截）流验收建设管理工作报告示例 …… 12
一、工程概况 …… 12
二、工程建设简况 …… 13
三、项目管理 …… 15
四、工程形象面貌 …… 16
五、工程质量 …… 17
六、安全生产与文明工地 …… 29
七、截流工作 …… 31
八、结论 …… 33

第三章　下闸蓄水验收建设管理工作报告 …… 35
第一节　下闸蓄水验收应具备的条件及建设管理工作报告编写要点 …… 35
一、《水利水电建设工程验收规程》（SL 223—2008）规定下闸蓄水验收应具备的条件 …… 35
二、《水电工程验收规程》（NB/T 35048—2015）规定下闸蓄水验收应具备的条件 …… 35
三、水利水电工程下闸蓄水阶段验收建设管理工作报告编写要点 …… 36
第二节　下闸蓄水验收建设管理工作报告示例 …… 36
一、工程概况 …… 36
二、工程建设简况 …… 43
三、专项工程和工作 …… 61
四、项目管理 …… 62
五、工程质量 …… 66
六、安全生产与文明工地 …… 78
七、工程验收 …… 79
八、工程初期运用 …… 80
九、存在问题与建议 …… 82
十、结论 …… 82
十一、附件 …… 83

第四章　引（调）排水工程通水验收建设管理工作报告 …… 84
第一节　引（调）排水工程通水验收应具备的条件及建设管理工作报告编写要点 …… 84
一、《水利水电建设工程验收规程》（SL 223—2008）规定引（调）排水工程通水验收应具备的条件 …… 84
二、《水电工程验收规程》（NB/T 35048—2015）规定特殊单项工程验收应具备的条件 …… 84
三、引（调）排水工程通水验建设管理工作报告编写要点 …… 85

第二节　引（调）排水工程通水验收建设管理工作报告示例　85
　　一、工程概况　85
　　二、工程建设简况　95
　　三、专项工程和工作　111
　　四、项目管理　114
　　五、工程质量　122
　　六、安全生产与文明施工　143
　　七、工程验收　145
　　八、竣工验收技术鉴定　145
　　九、历次验收、鉴定遗留问题处理情况　145
　　十、工程运行管理情况　145
　　十一、工程初期运行及效益　148
　　十二、竣工财务决算编制与竣工审计情况　150
　　十三、存在问题及处理意见　150
　　十四、工程尾工安排　150
　　十五、经验与建议　150
　　十六、附件　151

第五章　机组启动验收建设管理工作报告　153
第一节　机组启动验收应具备的条件及建设管理工作报告编写要点　153
　　一、《水利水电建设工程验收规程》（SL 223—2008）机组启动验收应具备的条件　153
　　二、《水电工程验收规程》（NB/T 35048—2015）机组启动验收应具备的条件　153
　　三、机组启动验收建设管理工作报告编写要点　154
第二节　机组启动验收建设管理工作报告示例　154
　　一、工程概况　154
　　二、工程建设简况　170
　　三、专项工程和工作　175
　　四、项目管理　176
　　五、工程质量　178
　　六、安全生产与文明工地　239
　　七、工程验收　241
　　八、蓄水安全鉴定和竣工验收技术鉴定　242
　　九、历次验收、鉴定遗留问题处理情况　243
　　十、工程运行管理情况　243
　　十一、工程初期运行及效益　244
　　十二、工程观测、监测资料分析　244
　　十三、未完工程的计划与安排　249
　　十四、结论　249
　　十五、附件　249

第六章 枢纽工程专项验收建设管理工作报告 ... 250

第一节 枢纽工程专项验收范围、应具备的条件及建设管理工作报告编写要点 ... 250
一、枢纽工程专项验收的范围 ... 250
二、枢纽工程专项验收应具备的条件 ... 250
三、枢纽工程专项验收建设管理工作报告编写要点 ... 250

第二节 枢纽工程专项验收建设管理工作报告示例 ... 251
一、工程概况 ... 251
二、工程建设简况 ... 263
三、专项工程和工作 ... 271
四、项目管理 ... 272
五、工程质量 ... 278
六、安全生产与文明工地 ... 301
七、工程验收 ... 302
八、蓄水安全鉴定和竣工验收技术鉴定 ... 308
九、历次验收、鉴定遗留问题处理情况 ... 310
十、工程运行管理情况 ... 312
十一、工程初期运行及效益 ... 318
十二、竣工财务决算编制与竣工审计情况 ... 322
十三、存在问题及处理情况 ... 322
十四、工程尾工安排 ... 323
十五、经验与建议 ... 323
十六、附件 ... 324

第七章 竣工验收工程建设管理工作报告 ... 325

第一节 竣工验收应具备的条件及阶段建设管理工作报告编写要点 ... 325
一、《水利水电建设工程验收规程》(SL 223—2008)竣工验收应具备的条件 ... 325
二、《水电工程验收规程》(NB/T 35048—2015)竣工验收应具备的条件 ... 325
三、竣工验收建设管理工作报告编写要点 ... 325

第二节 工程竣工验收建设管理工作报告示例：×××水库工程建设管理工作报告 ... 326
一、工程概况 ... 326
二、工程建设情况 ... 342
三、专项工程和工作 ... 370
四、项目管理 ... 375
五、工程质量 ... 390
六、安全生产和文明工地 ... 414
七、工程验收 ... 415
八、蓄水安全鉴定和竣工验收技术鉴定 ... 423
九、历次验收、鉴定遗留问题处理情况 ... 425

十、工程运行管理情况 ……………………………………………… 425
十一、工程初期运行及效益 ………………………………………… 425
十二、竣工财务决算编制与竣工审计情况 ………………………… 435
十三、存在问题及处理意见 ………………………………………… 436
十四、尾工安排 ……………………………………………………… 436
十五、经验与建议 …………………………………………………… 436
十六、附件 …………………………………………………………… 436

第一章

概　　述

第一节　水利水电工程阶段验收与建设管理工作报告

《水利水电建设工程验收规程》(SL 223—2008) 明确规定，阶段验收应包括枢纽工程导（截）流验收、水库下闸蓄水验收、引（调）排水工程通水验收、水电站（泵站）首（末）台机组启动验收、部分工程投入使用验收以及竣工验收主持单位根据工程建设需要增加的其他验收。

水利水电工程包括法人验收和政府验收两类。法人验收包括分部工程验收、单位工程验收（包括完工和投入使用）、水电站（泵站）中间机组启动验收、合同工程完工验收等；政府验收应包括阶段验收、专项验收、竣工验收等。

工程验收应在施工质量检验与评定的基础上，对工程质量提出明确结论意见。

项目法人应严格执行水利工程验收的有关规定和技术标准。当工程具备验收条件时，应及时组织验收。未经验收或验收不合格的工程不应交付使用或进行后续工程施工或投入使用。验收资料制备由项目法人统一组织，有关单位按照验收要求及时完成并提交。项目法人对提交的验收资料进行完整性、规范性检查。验收资料分为应提供的资料和需备查的资料。有关单位应保证其提交资料的真实性并承担相应责任。

勘察、设计单位应按照有关规定参加水利工程质量评定和验收。在单位工程验收、阶段验收和竣工验收时，设计单位应对施工质量是否满足设计要求提出评价意见。

施工单位应建立健全施工质量检验评定制度，严格工序管理，单元（工序）工程质量检验评定不合格的，不得进行下一单元（工序）施工。

施工单位应做好隐蔽工程的质量检验和记录，隐蔽工程未经验收或验收不合格的，不得隐蔽。

监理单位应按照规定组织或参加施工质量评定和工程验收，做好监理资料的收集、整理、归档工作，并对其监理的水利工程提出质量评价意见。

《水利水电建设工程验收规程》(SL 223—2008) 明确规定，根据竣工验收主持单位的要求和项目的具体情况，项目法人应负责提出工程质量抽样检测的项目、内容和数量，经质量监督机构审核后报竣工验收主持单位核定。对于堤防工程，《堤防工程施工质量评定与验收规程》(SL 239—1999) 要求，工程竣工验收前，项目法人应委托省级以上水行政主管部门认定的水利工程质量检测单位对质量进行一次检测。

《水利水电建设工程验收技术鉴定导则》(SL 670—2015) 总则要求：蓄水安全鉴定与竣工验收技术鉴定时，项目法人应负责组织参建单位准备有关资料，并提供建设管理工作报告，设计、监理、土建施工、设备制造与安装、安全监测、运行管理等单位应分别提供自检报告、竣工验收工作报告及相关资料。

由此可见，水利水电建设工程各阶段验收时，相关规程都要求参建各单位提交各自的工作报告或自检报告。

第二节　水利水电工程阶段验收建设管理工作报告种类

根据水利水电建设工程阶段验收需要，项目法人或建设单位提交如下报告作为备查资料或验收资料。

一、水利水电枢纽工程导（截）流阶段验收建设管理工作报告

枢纽工程导（截）流前，应进行导（截）流验收。

（一）枢纽工程导（截）流验收范围

水利水电工程截流是以截断主河道水流，主体工程围堰开始挡水，导流建筑物过水为标志。截流验收应根据审定的设计方案，对于导流建筑物、截流准备工作及围堰设计、施工方案进行检查和验收，以保障截流及围堰挡水后的工程施工及上下游人民生命财产安全。

（二）枢纽工程导（截）流验收应具备的条件

（1）导流工程已基本完成，具备过流条件，投入使用后（包括采取措施后）不影响其他未完工程继续施工。

（2）满足截流要求的水下隐蔽工程已完成。

（3）截流设计方案已获批准，截流方案已编制完成，并做好各项准备工作。

（4）工程度汛方案已经有管辖权的防汛指挥部门批准，相关措施已落实。

（5）截流后壅高水位以下的移民搬迁安置和库底清理工作已完成并通过验收。

（6）有航运功能的河道，其碍航问题已得到解决。

（三）枢纽工程导（截）流验收建设管理工作报告的编写依据

枢纽工程导（截）流验收阶段，项目法人的建设管理工作报告编写依据为《水利水电建设工程验收规程》（SL 223—2008）附录O.1。

（四）枢纽工程导（截）流验收建设管理工作报告编写要点

项目法人的建设管理工作报告可按照《水利水电建设工程验收规程》（SL 223—2008）附录O.1的内容，结合此阶段的验收范围，可酌情选择部分章节，重点分析设计、监理、施工、质量检测等各有关单位提交的工作报告，简述工程概况、重点描述工程建设情况、专项工程和工作、项目管理、工程质量、安全生产与文明工地、存在问题及处理意见、工程尾工安排等章节。

二、水利水电工程下闸蓄水阶段验收建设管理工作报告

工程下闸蓄水前，应进行水库下闸蓄水验收。

（一）下闸蓄水阶段验收范围

水利水电工程下闸蓄水是以截断导流建筑物水流、拦河坝挡水、水库开始蓄水为标志。下闸蓄水验收应根据审定的工程设计方案，对于蓄水有关的挡水、泄水建筑物，近坝库岸进行验收，以保障蓄水后的水电工程及上下游人民生命财产安全。

（二）下闸蓄水阶段验收应具备的条件

（1）大坝基础和防渗工程、大坝和其他挡水建筑物、坝体接缝灌浆以及库盆防渗工程等形象面貌已能满足工程蓄水（至目标蓄水位）要求，工程质量合格，且水库蓄水后不会影响工程的继续施工及安全度汛。

（2）与蓄水有关的输水建筑物的进、出口闸门及拦污栅已就位，可以挡水。

（3）蓄水淹没范围内的移民搬迁安置和库底清理已完成并通过验收。

（4）蓄水后需要投入使用的泄水建筑物已基本完成，具备过流条件。

（5）有关观测仪器、设备已按设计要求安装和调试，并已测得初始值和施工期观测值。

（6）蓄水后未完工程的建设计划和施工措施已落实。

（7）蓄水安全鉴定报告已提交，并有可以实施工程蓄水的明确结论。

（8）蓄水后可能影响工程安全运行的问题已处理，有关重大技术问题已有结论。

（9）蓄水计划、导流洞封堵方案等已编制完成，并做好各项准备工作。

（10）年度度汛方案（包括调度运用方案）已经有管辖权的防汛指挥部门批准，相关措施已落实。

（11）已提交蓄水阶段质量监督报告，并有工程质量满足工程蓄水的结论。

（12）运行单位的准备工作已就绪，已配备合格的运行人员，并已制定各项控制设备的操作规程，各项设施已能满足初期运行的要求。

（三）下闸蓄水验收建设管理工作报告的编写依据

此阶段项目法人除要组织设计、监理、施工、质量检测等各有关单位根据《水利水电建设工程验收规程》（SL 223—2008）附录O.1的内容格式要求编写各自的工作报告，还要在此基础上编写建设管理工作报告，提交质量监督机构和验收主持单位。

（四）下闸蓄水验收建设管理工作报告编写要点

项目法人的建设管理工作报告可按照《水利水电建设工程验收规程》（SL 223—2008）附录O.1的内容，结合此阶段的验收范围，分析设计、监理、施工、质量检测等各有关单位提交的工作报告，简述工程概况、重点描述工程建设情况、专项工程和工作、项目管理、工程质量、安全生产与文明工地、存在问题及处理意见、工程尾工安排等章节。

三、水利水电工程引（调）排水工程通水验收建设管理工作报告

引（调）排水工程通水前，应进行通水验收。

（一）引（调）排水工程通水验收范围

引（调）排水工程通水是与通水有关的供水工程或灌溉工程已按设计的内容建设完成，由竣工验收主持单位组织验收。涉及通水验收的建筑物有渠道、管道、水闸、倒虹吸、渡槽、涵洞及交叉建筑物等，验收委员会按照已审批的设计文件对建设情况和建设内容进行检查验收，包括工程形象面貌、功能实现情况，工程重大设计变更履行程序情况，工程投资等。

（二）引（调）排水工程通水验收应具备的条件

（1）引（调）排水建筑物的形象面貌满足通水的要求。

（2）通水后未完工程的建设计划和施工措施已落实。

（3）引（调）排水位以下的移民搬迁安置和障碍物清理已完成并通过验收。

(4) 引（调）排水的调度运用方案已编制完成；度汛方案已得到有管辖权的防汛指挥部门批准，相关措施已落实。

（三）引（调）排水工程通水验收建设管理工作报告的编写依据

此阶段项目法人要组织设计、监理、施工、质量检测等各有关单位根据《水利水电建设工程验收规程》（SL 223—2008）附录 O.1 的内容格式要求编写各自的工作报告，提交质量监督机构和验收主持单位。

（四）引（调）排水工程通水验收建设管理工作报告编写要点

引（调）排水工程若为独立的工程项目进行通水验收，同时作为竣工验收，则项目法人的建设管理工作报告应按照《水利水电建设工程验收规程》（SL 223—2008）附录 O.1 的内容进行编写。

引（调）排水工程若为一个工程项目中的单位工程进行通水验收，项目法人的建设管理工作报告可按照《水利水电建设工程验收规程》（SL 223—2008）附录 O.1 的内容酌情选择重点内容进行编写。

四、水利水电工程机组启动验收建设管理工作报告

水电站（泵站）每台机组投入运行前，应进行机组启动验收。

（一）机组启动验收范围

机组启动验收是水电站水轮发电机组（泵站泵组）及相关机电设备安装安装完工，并检验合格后，在投入初期商业运行前，对相应输水系统和水轮发电机组（泵组）及其附属设备的制造、安装等方面进行的初步考核及全面质量评价。每一台初次投产机组均应进行启动试运行及机组启动验收，以保证机组能安全、可靠、完整地投入生产，发挥工程效益。试验合格及交接验收后方可投入系统并网运行。

（二）机组启动验收应具备的条件

首（末）台机组启动验收前，验收主持单位应组织进行技术预验收，技术预验收应在机组启动试运行完成后进行。首（末）台机组启动技术预验收应具备以下条件：

(1) 与机组启动运行有关的建筑物基本完成，满足机组启动运行要求。

(2) 与机组启动运行有关的金属结构及启闭设备安装完成，并经过调试合格，可满足机组启动运行要求。

(3) 过水建筑物已具备过水条件，满足机组启动运行要求。

(4) 压力容器、压力管道以及消防系统等已通过有关主管部门的检测或验收。

(5) 机组、附属设备以及油、水、气等辅助设备安装完成，经调试合格并经分部试运转，满足机组启动运行要求。

(6) 必要的输配电设备安装调试完成，并通过电力部门组织的安全性评价或验收，送（供）电准备工作已就绪，通信系统满足机组启动运行要求。

(7) 机组启动运行的测量、监测、控制和保护等电气设备已安装完成并调试合格。

(8) 有关机组启动运行的安全防护措施已落实，并准备就绪。

(9) 按设计要求配备的仪器、仪表、工具及其他机电设备已能满足机组启动运行的需要。

(10) 机组启动运行操作规程已编制，并得到批准。

(11) 水库水位控制与发电水位调度计划已编制完成，并得到相关部门的批准。
(12) 运行管理人员的配备可满足机组启动运行的要求。
(13) 水位和引水量满足机组启动运行最低要求。
(14) 机组按要求完成带负荷连续运行。

（三）机组启动验收建设管理工作报告的编写依据

机组启动验收前，项目法人要组织设计、监理、施工、质量检测等各有关单位按照《水利水电建设工程验收规程》（SL 223—2008）附录 O.1 的内容格式要求编写各自的工作报告，提交质量监督机构和验收主持单位。

（四）机组启动验收建设管理工作报告编写要点

项目法人的建设管理工作报告可按照《水利水电建设工程验收规程》（SL 223—2008）附录 O.1 的内容，结合此阶段的验收范围和内容，酌情选择部分章节，在分析设计、监理、施工、质量检测等各有关单位提交的工作报告的基础上进行编写。简述工程概况，重点描述工程建设情况、专项工程和工作、项目管理、工程质量、安全生产与文明工地、工程验收、蓄水安全鉴定、历次验收、鉴定遗留问题处理情况、存在问题及处理意见、工程尾工安排等章节。

五、水电站枢纽工程专项验收建设管理工作报告

枢纽工程专项验收是水电站枢纽工程已按批准的设计规模、设计标准全部建成，并经过规定期限的初期运行检验后，根据批准的工程任务，对枢纽功能及建筑物安全进行的竣工阶段的专项验收。

（一）枢纽工程专项验收的范围

枢纽工程专项验收包括挡水、泄水、输水发电、通航、过鱼建筑物等（全部）工程枢纽建筑物及所属金属结构工程、安全监测工程、机电工程，以及枢纽建筑物永久边坡工程和近坝库岸边坡处理工程。除可以单独运行和发挥效益的取水、通航等建筑物可按特殊单项工程进行验收外，所有可行性报告审批的需同期建成的工程各有关建筑物、机电设备安装等均应包括在枢纽工程专项验收范围内。

（二）枢纽工程专项验收应具备的条件

当工程具备下述条件时，项目法人应向项目主管部门提出枢纽工程专项验收请示。
(1) 枢纽工程已按批准的设计规模、设计标准全部建成，工程质量合格。
(2) 工程重大设计变更已完成变更确认手续。
(3) 已完成剩余尾工和质量缺陷处理工作。
(4) 工程初期运行已经过一个洪水期的考验，多年调节水库需经过至少两个洪水期考验，最高库水位已经或基本达到正常蓄水位。
(5) 全部机组已能按额定出力正常运行，每台机组至少正常运行 2000h（抽水蓄能电站含备用）。
(6) 除特殊单项工程外，各单项工程运行正常，满足相应设计功能要求。
(7) 工程安全鉴定单位已提出工程竣工安全鉴定报告，并有可以安全运行的结论意见。
(8) 已提交竣工阶段质量监督报告，并由工程质量满足工程竣工验收的结论。

(三) 枢纽工程专项验收建设管理工作报告的编写依据

枢纽工程专项验收阶段，项目法人的建设管理工作报告依据为《水利水电建设工程验收规程》（SL 223—2008）附录 O.1。

(四) 枢纽工程专项验收建设管理工作报告编写要点

项目法人的建设管理工作报告除按照《水利水电建设工程验收规程》（SL 223—2008）附录 O 的内容格式编写外，还应包括以下几个方面：

(1) 蓄水安全鉴定及各阶段验收报告遗留问题的处理情况。

(2) 工程初期运用中出现的涉及工程安全问题的处理情况。

(3) 工程安全监测情况（含资料整理与分析、安全监测成果评价与建议、主要建筑物工作性状评价）。

(4) 专项验收工程遗留问题落实情况（含建设征地与移民安置、环境保护工程、水土保持设施、消防设施、工程建设档案等）。

(5) 水库防洪度汛与调度运用方案。

(6) 劳动安全及工业卫生措施（设计、施工、验收及初期运行情况）。

六、水利水电工程竣工技术预验收建设管理工作报告

竣工验收分为竣工技术预验收和竣工验收两个阶段。

(一) 竣工技术预验收的范围

竣工技术预验收是水利水电工程已按批准的设计规模、设计标准全部建成，并经过规定期限的初期运行检验后，根据批准的工程任务，对枢纽功能及建筑物安全进行的竣工阶段的专项验收。

(二) 竣工技术预验收应具备的条件

(1) 工程已按批准设计全部完成。

(2) 工程重大设计变更已经有审批权的单位批准。

(3) 各单位工程能正常运行。

(4) 历次验收所发现的问题已基本处理完毕。

(5) 各专项验收已通过。

(6) 工程投资已全部到位。

(7) 竣工财务决算已通过竣工审计，审计意见中提出的问题已整改并提交了整改报告。

(8) 运行管理单位已明确，管理养护经费已基本落实。

(9) 质量和安全监督工作报告已提交，工程质量达到合格标准。

(10) 竣工验收资料已准备就绪。

工程进展满足上述条件后，项目法人即可开展竣工技术预验收的资料整编工作，编写并向项目主管部门或验收委员会提交《工程竣工技术预验收建设管理工作报告》。

(三) 竣工技术预验收建设管理工作报告的编写依据

竣工技术预验收阶段，项目法人的建设管理工作报告编写依据为《水利水电建设工程验收规程》（SL 223—2008）附录 O.1。

(四) 竣工技术预验收建设管理工作报告编写要点

项目法人的竣工技术预验收建设管理工作报告按照《水利水电建设工程验收规程》（SL

223—2008）附录 O.1 的内容格式要求逐章编写。

七、水利水电工程竣工验收建设管理工作报告

（一）竣工验收范围

竣工验收是水利水电工程已按设计文件全部建成，并完成竣工阶段所有专项验收后，对水利水电工程进行的总验收。

（二）竣工验收应具备的条件

（1）枢纽工程、建设征地与移民安置、环境保护、水土保持、消防、劳动安全与工业卫生、工程档案、工程决算等专项验收，已分别按国家有关法规和规定要求进行，并有同意通过验收的明确书面结论意见。

（2）遗留的未能同步验收的特殊单项工程不致对工程和上下游人民生命财产安全造成影响，并已制定该特殊单项工程建设和竣工验收计划。

（3）及妥善处理竣工验收中的遗留问题完成尾工。

（4）符合其他有关规定。

（三）竣工验收建设管理工作报告的编写依据

竣工验收阶段，项目法人的建设管理工作报告编写依据为《水利水电建设工程验收规程》（SL 223—2008）附录 O.1。

（四）竣工验收建设管理工作报告编写要点

编写竣工验收建设管理工作报告时，项目法人应对枢纽工程、建设征地移民安置、环境保护、水土保持、消防、劳动安全与工业卫生、工程档案、工程决算等专项验收工作进行总结，结合《水利水电建设工程验收规程》（SL 223—2008）附录 O.1 的内容格式要求逐章编写。

第三节　水利水电工程建设管理工作报告编写指南

《水利水电建设工程验收规程》（SL 223—2008）O.1 规定，工程建设管理工作报告应包括下列内容。

一、工程概况

（1）工程位置。

（2）立项、初设文件批复。

（3）工程建设任务及设计标准。

（4）主要技术特征指标。

（5）工程主要建设内容。

（6）工程布置。

（7）工程投资。

（8）主要工程量和总工期。

二、工程建设简况

（1）施工准备。

(2) 工程施工分标情况及参建单位。
(3) 工程开工报告及批复。
(4) 主要工程开完工日期。
(5) 主要工程施工过程。
(6) 主要设计变更。
(7) 重大技术问题处理。
(8) 施工期防汛度汛。

三、专项工程和工作

(1) 征地补偿和移民安置。
(2) 环境保护工程。
(3) 水土保持设施。
(4) 工程建设档案。

四、项目管理

(1) 机构设置及工作情况。
(2) 主要项目招标投标过程。
(3) 工程概算与投资计划完成情况。
1) 批准概算与实际执行情况。
2) 年度计划安排。
3) 投资来源、资金到位及完成情况。
(4) 合同管理。
(5) 材料及设备供应。
(6) 资金管理与合同价款结算。

五、工程质量

(1) 工程质量管理体系和质量监督。
(2) 工程项目划分。
(3) 质量控制和检测。
(4) 质量事故处理情况。
(5) 质量等级评定。

六、安全生产与文明工地

1. 安全生产
(1) 安全管理方针。
(2) 安全管理目标。
(3) 施工安全管理组织机构。
(4) 安全管理制度及办法。
1) 安全生产管理办法。

2）安全组织技术措施。

2. 文明工地

（1）现场管理。

（2）生活区管理。

（3）员工行为规范管理。

七、工程验收

（1）单位工程验收。

（2）阶段验收。

（3）专项验收。

八、蓄水安全鉴定和竣工验收技术鉴定

（1）蓄水安全鉴定（鉴定情况、主要结论）。

（2）竣工验收技术鉴定（鉴定情况、主要结论）。

九、历次验收、鉴定遗留问题处理情况

根据实际情况进行阐述。

十、工程运行管理情况

（1）管理机构、人员和经费情况。

（2）工程移交。

十一、工程初期运行及效益

（1）工程初期运行情况。

（2）工程初期运行效益。

（3）观察观测、监测资料分析。

十二、竣工财务决算编制与竣工审计情况

1. 竣工财务决算编制

编制依据为水利部发布的《水利基本建设项目竣工财务决算编制规定》，简述竣工决算编制情况，审计机构对竣工财务决算的审计意见，审计意见中提出的问题已经整改并提交了整改报告。

2. 竣工审计情况

简要叙述审计单位、审计范围、审计过程和审计结论。

十三、存在问题及处理意见

对本项目在工程验收时尚未解决的问题及已确定的处理意见进行阐述。

十四、工程尾工安排

简述验收时尚未完工的且不影响工程竣工验收的扫尾工程计划安排。

十五、经验与建议

结合本工程建设管理的各个方面,对较为突出的工作成绩可进行总结交流推广;不足之处可作为建议以便今后改进和完善。

十六、附件

(1) 项目法人的机构设置及主要工作人员情况表。
(2) 项目建议书、可行性研究报告、初步设计等批准文件及调整批准文件。

第二章

水利水电工程导（截）流验收建设管理工作报告

第一节　工程导（截）流验收应具备的条件及建设管理工作报告编写要点

水利水电工程具备下述条件时，项目法人即可组织参建各方编写工程导（截）流阶段验收工作报告，提交项目主管部门和验收委员会。

一、《水利水电建设工程验收规程》（SL 223—2008）规定枢纽工程导（截）流验收应具备的条件

（1）导流工程已基本完成，具备过流条件，投入使用（包括采取措施后）不影响其他未完工程继续施工。

（2）满足截流要求的水下隐蔽工程已完成。

（3）截流设计已获批准，截流方案已编制完成，并做好各项准备工作。

（4）工程度汛方案已经有管辖权的防汛指挥部门批准，相关措施已落实。

（5）截流后壅高水位以下的移民搬迁安置和库底清理已完成并通过验收。

（6）有航运功能的河道，碍航问题已得到解决。

二、《水电工程验收规程》（NB/T 35048—2015）规定工程截流验收应具备的条件

（1）与截流有关的导流泄水建筑物工程已按设计要求基本建成，工程质量合格，可以过水，且过水后不会影响未完工程的继续施工。

（2）主体工程中与截流有关的水下隐蔽工程已经完成，质量符合合同文件规定的标准。

（3）截流实施方案及围堰设计、施工方案已经通过项目法人组织的评审，并按审定的截流实施方案做好各项准备工作，包括组织、人员、机械、道路、备料、通信和应急措施等。截流后工程施工进度计划已安排落实，汛前工程形象面貌可满足度汛要求。

（4）截流后的安全度汛方案已经审定，措施基本落实，上游报汛工作已有安排，能满足安全度汛工作。

（5）移民安置规划设计文件确定的节流前建设征地移民安置任务已经完成，工程所在地省级人民政府主管部门已经组织完成阶段性验收、出具验收意见，并有不影响截流的明确结论。

（6）通航河流的临时通航或交通转运问题已基本解决，或已与有关部门达成协议。

（7）与截流有关的导流过水建筑物，在截流前已完成专项工程安全鉴定；采用河床分期导流的水电工程，临时挡水的部分永久建筑物（含隐蔽工程）在施工基坑进水前已经进

行（截流）专项工程安全鉴定，并有可以投入运行的结论意见。

（8）已提交截流阶段质量监督报告，并有工程可以满足截流的结论。

三、水利水电工程导（截）流阶段验收建设管理工作报告编写要点

在设计、监理、施工、质量检测等单位提交各自的工作报告后，项目法人即可开展导（截）流验收的资料整编工作，编写水利水电工程（导）截流阶段验收建设管理工作报告。《水利水电建设工程验收规程》（SL 223—2008）O.1 规定了工程建设管理工作报告的编写内容，根据导（截）流阶段的特点和工程进展，报告章节可做适当删减。

第二节 工程导（截）流验收建设管理工作报告示例

×××水电站工程截流验收建设管理工作报告

一、工程概况

（一）工程位置

×××水电站为××江梯级开发的第四级电站，位于××省××州××县与××州××县交界的××江一级支流××江上，两岸地势陡峻，河谷狭窄，开发河段全长 13.4km，河床平均坡比降约 10‰。流域径流主要来源于降水，多年平均降雨量 918.6mm。

××江属××江南岸一级支流，发源于××县×××乡××村附近，流域呈狭长扇形，总体河流为南北流向，于××州××县××镇××村下游 4.6km 处注入××江。在××的以下河段为××县与××县界河，左岸属××县。工程区距××县城直线距离 45km，至××镇直线距离 15km，至××县距离约 90km，至×××镇距离约 40km。河流右岸××县境内，顺河山腰有乡间公路至××乡，但其高出河水面一般有 200～600m，近河谷有简易公路到达××江三级电站，从三级电站步行约 8km 的羊肠小道至坝址，7km 左右到达厂房。

×××水电站坝址位于××州××县××镇××村附近××桥上游约 1.2km 处，厂址位于××州××县××镇××村下方。电站装机规模 42MW（两台 21MW 的发电机），年利用小时数 2975h，多年平均发电量 12490 万 kW·h。×××电站水库正常蓄水位库容 2529 万 m^3，调节库容 1235 万 m^3，具有季调节功能，电站额定水头 119m，设计引用流量 40.24m^3/s。电站以发电为开发目标，无其他综合利用要求。

（二）立项及初设文件批复

项目前期设计工作由××水利水电第××工程局科研设计院承担，20××年1月××江×××水电站通过了预可行性研究审查，1月下旬正式开展可行性研究工作，经 5 个多月的工作，同年 6 月底完成了可行性研究，8 月由××省发展和改革委员会组织进行了审查。20××年 11 月，××省发展和改革委员会以《××省发展和改革委员会关于××江×××水电站项目核准的批复》（×××××〔20××〕××××号）批准开工建设。

（三）枢纽及建筑物布置

×××水电站为Ⅲ等中型工程，枢纽建筑物由碾压混凝土拱坝、有压引水隧道、调压井、埋藏式压力管道、地面式厂房、升压站、生活管理楼等组成。挡水、泄水、引水系统、

厂房等主要建筑物为3级，结构安全级别为Ⅱ级；次要建筑物为4级，结构安全级别为Ⅲ级；临时建筑物为5级，结构安全级别为Ⅲ级。抗震设防烈度为Ⅷ度。

挡水建筑物采用碾压混凝土抛物线双曲拱坝，最低建基面高程1180.00m，坝顶高程1274.50m，最大坝高94.50m，坝顶宽度6.00m，坝底最大厚度20.00m，厚高比0.2116。顶拱最大中心角88.24°，顶拱上游面弧长236.09m。最大倒悬度上游面0.19°、下游面0.17°。

泄水建筑物采用3孔溢流表孔和1孔冲沙泄洪中孔。表孔为开敞式溢洪道，中间表孔中心线与拱坝中心线平行，间距5.0m，采用差动式挑流消能，每个溢流表孔进口控制宽度为10.0m，坝轴线处中墩厚度为4.0m，边墩厚度为3.0m。冲沙中孔由进口段、中部有压流段和出口明流段三部分组成，兼作泄洪用。冲沙孔孔口底板高程为1238.00m，进口段设置一扇平板事故检修闸门，孔口尺寸4.4m×7.0m（宽×高），出口设置弧形工作闸门，孔口尺寸4.0m×6.25m（宽×高）。两岸设混凝土护坡至桩号坝0+130.000，护坡顶高程1210.00m，略高于校核洪水下游水位1208.60m。

引水建筑物主要由岸塔式进水口、引水隧洞（隧洞进口至调压井，包括钢筋混凝土衬砌段和喷锚支护段）、引水调压井、压力管道（引水调压井至蜗壳进口，包括钢筋混凝土衬砌段，压力钢管主管、岔管和支管）组成。引水隧洞长约6.38km，洞径4.7m，设计额定引用流量为40.24m³/s。

电站厂房为引水式岸边地面厂房，厂区采用"一"字形布置，顺河流向依次布置回车场、主厂房、中控楼、主变压器场、开关站等。主厂房由安装间和主机间组成，平面尺寸40.00m×16.40m×33.0m（长×宽×高），安装两台水轮发电机组，单机容量21MW，总装机容量42MW，机组安装高程1134.50m。中控楼副厂房位于主机间下游侧，平面尺寸为12.00m×16.40m（长×宽），为6层混凝土结构。开关站为地面开敞式，地面高程1146.85m，平面尺寸62.00m×38.00m（长×宽），站内布置2台主变压器。

二、工程建设简况

（一）工程建设历程

20××年4月，中国××集团公司××分公司取得××江水电站开发权，并委托××××工程咨询有限公司承担×××水电站可行性研究技术经济评估咨询。

20××年6月，中国××集团公司××分公司对××江×××水电站设计、采购、施工（EPC）总承包进行邀请招标。同年8月，中国××集团公司××分公司确定××水电设计院为中标单位，20××年11月×日与××水电设计院签订了《××省××江××水电站EPC总承包合同》，正式委托××水电设计院进行××江××桥水电站设计、采购、施工（EPC）总承包工作。

20××年10月10日，×××水电站动工仪式在工地举行，标志着×××水电站正式开工。20××年4月21日，导流洞正式贯通，为×××水电站截流提供了保证。

（二）工程施工分标及承建单位

1. 工程分标情况

×××水电站工程严格按照《中华人民共和国招标投标法》《中华人民共和国合同法》《建设项目工程总承包管理规范》（GB/T 50358—2017）等有关法律、法规对工程项目实行招标，根据项目特点，实行了临建项目总价、主体项目单价相结合的承包方式。

根据投标和合同文件的要求，×××水电站主要机电设备分标情况见表2-1。

表2-1　　　　　　　　×××水电站主要机电设备分标方案及招标时间

序号	分包	设 备 名 称	采购方式	标书提交日期	招标日期	合同签订日期
1	—	水轮发电机组及其附属设备	邀请招标	20××年7月	20××年7月	20××年9月
2	—	1×75t主厂房桥式起重机	邀请招标	20××年9月	20××年10月	20××年11月
3	—	主变压器及中性点设备	邀请招标	20××年12月	20××年1月	20××年3月
4	—	调速器系统设备	邀请招标	20××年12月	20××年1月	20××年2月
5	—	滤水器及油处理设备	询价采购	20××年12月	20××年1月	20××年3月
6	—	空压机系统设备	询价采购	20××年12月	20××年1月	20××年3月
7	—	水泵设备	询价采购	20××年12月	20××年1月	20××年3月
8	—	阀门设备	询价采购	20××年5月	20××年6月	20××年7月
9	—	自动化元件	询价采购	20××年5月	20××年6月	20××年7月
10	—	通风空调系统设备	询价采购	20××年3月	20××年4月	20××年5月
11	—	110kV升压站敞开式开关设备	邀请招标	20××年4月	20××年5月	20××年6月
12	—	10kV电压配电装置及其附属设备	邀请招标	20××年4月	20××年5月	20××年6月
13	B1	厂用及首部变压器	邀请招标	20××年4月	20××年5月	20××年6月
	B2	厂用及首部低压开关柜				
14	—	全厂电力电缆和控制电缆	邀请招标	20××年6月	20××年7月	20××年8月
15	—	全厂电缆桥架	询价采购	20××年6月	20××年7月	20××年8月
16	—	全厂照明系统设备	询价采购	20××年8月	20××年9月	20××年10月
17	B1	计算机监控系统	邀请招标	20××年2月	20××年3月	20××年4月
	B2	主设备保护系统				
18	B1	发电机励磁系统设备	询价采购	20××年2月	20××年3月	20××年4月
19	B1	交直流控制电源系统设备	询价采购	20××年2月	20××年3月	20××年4月
20	B1	公用控制系统设备	询价采购	20××年2月	20××年3月	20××年4月
21	B1	通信系统设备	邀请招标	20××年6月	20××年7月	20××年8月
22	B1	全厂消防设备及安装		20××年3月	20××年4月	20××年5月
23	B1	闸门制造	邀请招标	20××年12月	20××年1月	20××年2月
	B2	启闭设备制造				
24	B3	柴油发电机组	询价采购	20××年6月	20××年7月	20××年8月

注　1. 招标设备分类和招标时间将根据工程建设进度进行调整和增减。
　　2. B1、B2、B3为分包标段代号。

2. 工程参建单位

×××水电站在投标过程中，与×××集团第一工程有限公司建立了合作伙伴关系，因此，本工程土建和机电设备安装全部由×××集团第×工程有限公司承担。

×××水电站工程由××水电××集团公司××勘测设计研究院设计，××水电××集团×××勘测设计研究院×××水电站工程监理部监理。

三、项目管理

（一）建设管理模式

×××水电站工程采用"业主、监理、总承包"的工程建设管理模式。

业主单位：××××水电有限责任公司。

监理单位：××水电××集团××勘测设计研究院。

总承包单位：××水电××集团××勘测设计研究院。

××勘测设计研究院作为×××水电站枢纽工程建设的总承包单位，按照项目管理原则，于20××年10月，成立了××院×××水电站工程总承包项目部（以下简称项目部），在现场行使总承包职能，全面负责×××水电站枢纽工程总承包范围内的管理。

监理单位对工程实行"四控制、两管理、一协调"（四控制为进度控制、质量控制、安全控制、投资控制；两管理为合同管理、信息管理；一协调为组织协调），充分利用监理单位的工程管理优势和业务专长为工程建设服务，实行全方位、全过程的建设监理。

项目部负责对设计实行过程的管理，对工程施工实行目标管理、宏观控制，负责解决重大问题、施工协调等，对材料采购实施严格的质量控制。

（二）总承包单位的基本情况

项目部作为××勘测设计研究院的派出机构，全面负责×××水电站工程的建设管理。

项目部实行项目经理负责制，并配置副经理、总工，下设综合管理部、计划合同部、工程技术部、机电部及设计代表处。

（三）建设管理目标

×××水电站工程建设总目标：确保合格工程，争创优质工程。

进度目标：20××年10月前期进场道路开工，20××年4月30日导流洞具备过水条件；20××年6月主体工程开工，同年10月30日前具备截流条件；20××年11月中旬，厂房形成全年施工条件；20××年5月31日前大坝浇筑至度汛高程；20××年8月31日前厂房桥机轨道安装完毕，具备桥机安装条件；20××年2月底下闸蓄水；20××年2月底，引水系统完工；20××年4月30日二台机组具备发电条件；20××年8月31日工程完工，具备竣工验收条件。

1. 质量目标

（1）持续完善、有效运行质量体系。

（2）实现"工程达标投产"，技术水平保持国内一流。

（3）杜绝重大及以上质量事故，单元工程质量合格率100%、土建优良率达85%以上、机电及金属结构优良率达90%以上，主要单位工程和分部工程验收质量全部达到优良等级。

（4）合同履约率100%。

（5）竭诚为顾客提供周到服务，并不断提高顾客满意度。

2. 安全目标

推行重大质量事故及人身死亡事故双零目标管理，减少一般事故、年度人身伤亡事故频率控制在15‰以内。

3. 文明施工目标

按照封闭式管理要求进行管理和建设文明工区。

4. 成本控制目标

鼓励和推行设计优化，通过招投标择优选择承包人，降低工程造价，总投资控制在国家批准的概算费用和总承包合同费用之内。

四、工程形象面貌

(一) 截流工程形象要求

×××水电站工程计划20××年11月下旬截流，截流之前工程必须达到以下形象要求：

(1) 导流隧洞具备过流条件。进、出口段混凝土护坡、边坡支护施工完毕，进口段钢筋混凝土、洞身段钢筋混凝土衬砌全部浇筑完毕，洞身段永久支护满足设计要求，具备过水条件；进口段混凝土封堵门门槽埋件及轨道安装完毕，且验收合格。

(2) 截流前的各项准备工作完成，上、下游围堰施工条件准备就绪。

(3) 导流洞进出口临时施工围堰必须按设计要求拆除，保证原设计过水断面。

(4) 围堰堰基、堰肩岸坡必须进行清理、开挖工作。

(5) 截流戗堤预进占长度达到设计要求。

(6) 大坝左右岸边坡尽量开挖到河床部位高程，并完成坡面清理及支护工作。

(7) 截流前完成高程1207.80m以下水库淹没处理任务。

(二) 20××年度汛要求及主体工程施工控制进度

1. 20××年度汛要求

(1) 汛前大坝坝体须达到度汛挡水高程1238.00m，坝体施工期临时度汛洪水设计标准为全年10年一遇，相应洪水流量941m³/s。

(2) 根据水情预报情况，提前做好坝面度汛挡水防护工作。

(3) 加强对导流洞进、出口边坡的监视，确保边坡稳定。

(4) 雨季地下洞室工程施工期间要加强排水、导水工作，做好排水系统的统一规划，确保各工作面有良好的施工条件，防止地下渗水量增大造成围岩塌方失稳现象。

(5) 为确保厂房基坑正常度汛，汛期每一次洪水过后应对围堰进行全面检查，若出现局部塌陷、护脚块石冲走（动）等现象应及时修复或补充；对围堰背水侧，做好边坡防雨水冲刷措施。

(6) 雨季到来前应对边坡截水沟、坡面排水孔及马道排水沟等排水设施进行完善，并经常检查、疏通，保证排水畅通。

(7) 汛期应加强对边坡的变形观测，尤其是对左坝肩开挖高边坡、左岸永久进场公路朱苦拉村大平台以下跨崩坡积体路段边坡、进厂公路过堆积体边坡、进厂公路跨两处滑坡体边坡及洞口边坡要作为观测重点，加强场内外道路维修保养，保证交通畅通及安全。

(8) 工程施工区两岸冲沟发育，大冲沟内常年有水，汛期水量大，汛期应加强对冲沟影响区域的检查，发现问题应及时修复。

2. 主体工程施工进度控制

20××年1月底进行河床坝基垫层混凝土浇筑及相应部位的坝基固结灌浆，随后开始拱坝碾压混凝土浇筑，控制性进度要求如下：

(1) 20××年5月底大坝到达高程1238.00m以上，形成坝体挡水度汛条件。

(2) 20××年12底大坝中部溢流坝段到达坝顶高程1274.50m。

(3) 20××年2月大坝完成坝顶结构施工。20××年3—5月进行3扇弧门的安装。
(4) 20××年2月底引水隧洞具备过流条件。
(5) 20××年2月底导流洞下闸封堵,水库开始蓄水。
(6) 20××年8月厂房开始发电机组安装,20××年3月安装完成第一台机组,20××年4月底完成第二台机组安装及2台机组的调试,2台机组具备并网发电条件。

(三) 当前工程形象面貌

1. 临建工程(截至20××年10月30日)

(1) 导流洞。导流洞于20××年12月动工,20××年4月××日贯通,混凝土浇筑、埋件安装于同年5月按期完成,回填灌浆、固结灌浆均已按设计要求完成。

(2) 场内施工道路。场内施工道路主要包括左岸高线和低线公路、左右岸上坝道路、至业主营地公路、至厂房公路及连接进水口、混凝土拌和系统、砂石加工系统、施工支洞、调压井、缆机平台、承包人营地等的场内临时公路。所有场内公路均基本完成,具备通车条件,可满足大型施工设备及水泥、钢筋、粉煤灰等大宗材料运输要求。

(3) 供电。供电包括左岸10kV线路和相应的变压器、施工变电站等。目前10kV线路已全部完成,施工供电已至各工作面,可以满足整个工程施工用电需要。

(4) 引水系统各支洞。引水系统各支洞进展情况如下:

1号施工支洞总长315m,洞挖全部完成,目前已进入主洞开挖。

2号施工支洞总长278m,完成洞挖212m。

3号施工支洞总长418m,完成洞挖342m。

4号施工支洞总长105m,完成洞挖50m。

5号施工支洞总长96m,完成洞挖70m。

(5) 其他临建工程。其他临建工程主要包括缆机平台、砂石骨料加工系统、混凝土拌和系统、钢管加工厂、综合加工厂(钢筋、模板、预制构件)、生活营地及风、水、电等项目。

缆机平台开挖已完成,基础混凝土浇筑基本完成,缆机安装调试基本完成,可满足年底浇筑混凝土要求。砂石骨料加工厂、混凝土拌和系统正在安装调试,11月底具备投产条件。钢管加工厂、综合加工厂场平已完成,正进行厂房建设,预计年底可投产。生活营地已建成,已入住。风、水、电网络基本形成,完善后可满足施工需要。

2. 主体土建工程(截至20××年10月30日)

(1) 大坝左岸岸坡开挖完成至高程1274.50m,系统的锚网喷支护全部完成,部分锚索、钢筋桩完成。

(2) 主坝右岸岸坡开挖完成至高程1220.00m,接近河床高程,系统支护随进展进行。

(3) 厂房右岸明渠开挖全部完成,围堰填筑基本结束。

(4) 引水系统进水口边坡高程1274.50m以上边坡开挖完成,正进行系统支护处理;1号施工支洞全面进入主洞开挖,目前完成主洞洞挖10m;调压井开挖准备工作结束,正进行井口平台开挖工作。

五、工程质量

(一) 质量管理体系

项目部经理是工程建设质量第一负责人,项目部各部门及各级人员都在项目经理的领导下执行各自的质量管理职责。

项目部成立由项目经理任组长的质量管理领导小组,实行质量全过程监控。各分承包单位成立由项目经理负责及各部门主要负责人组成的质量管理领导小组,以争创优质工程为主线,进行本工程质量管理工作的策划,制定质量管理办法和质量职责以及质量责任制等工作。同时,各分承包单位设置了专门的质量管理部门,三级质量管理机构的检验人员按照"三检制"的要求履行各自的质量管理职责。由此,形成了较为完整的工程质量管理体系。

(二) 工程质量检测

1. 导流洞开挖断面检测

导流洞贯通后进行贯通测量,贯通误差(纵横向、高程)值较小,满足规范要求。开挖断面检测统计见表2-2。

表2-2　　　　　　　　　　导流隧洞开挖断面检测统计

序号	桩　号	单位	平均超挖/cm	平均欠挖/cm	备　注
1	K0+053.5~062.5	cm	22.5	0	
2	K0+065~080	cm	17.5	0	
3	K0+145~160	cm	35	0	
4	K0+190~210	cm	46.8	0	
5	K0+215~250	cm	57	0	
6	K0+255~280	cm	65	0	
7	K0+285~290	cm	161	0	受矿洞和右侧顶拱坍塌超挖影响
8	K0+295~300	cm	47	0	
9	K0+305~325	cm	42	0	

2. 导流洞原材料、中间产品检测结果

钢筋、水泥、粗细骨料等技术指标满足相关规范要求,钢筋单面搭接焊接头质量合格。检测统计见表2-3。

表2-3　　　　　　　　　主要原材料和钢筋接头试验检测数量统计

序号	原材料	组　数	试　验　结　果
1	钢筋	44	合格
2	钢筋焊接接头	211	合格
3	水泥	34	合格
4	砂	31	合格
5	小石	33	合格
6	中石	33	合格

(1) 水泥。P·O42.5水泥共取样检测34组,检测结果见表2-4。

(2) 钢筋母材、接头。钢筋母材分别检验了Φ8、Φ12、Φ18、Φ22、Φ25、Φ28共6种规格44组。钢筋焊接头检验了Φ12、Φ18、Φ22、Φ25、Φ28共5种规格211组。检测结果符合《钢筋混凝土用钢　第2部分:热轧带肋钢筋》(GB 1499.2—2007)的要求;焊接头检测指标满足《钢筋焊接及验收规程》(JGJ 18—2012)规范要求,见表2-5和表2-6。

表 2-4　　　　　　　　　　　　　　水泥物理性能试验结果统计

水泥标号	抽检次数	统计项目	细度/(kg/m²)	安定性	抗折强度/MPa 3d	抗折强度/MPa 28d	抗压强度/MPa 3d	抗压强度/MPa 28d	凝结时间/min 初凝	凝结时间/min 终凝
P·O42.5	34	最大值	—	合格	7.2	9.6	33.9	49.2	192	358
		最小值	—	合格	4.7	6.7	22.7	44.5	132	152
		平均值	—	合格	5.7	8.2	25.2	47.9	164	319
		标准	≥300	合格	≥3.5	≥6.5	≥16	≥42.5	≥45	≤600
合格率/%			100	合格	100	100	100	100	100	100
检测结果		经检验水泥所检指标均能满足国家标准《通用硅酸盐水泥》(GB 175—2007)要求								

表 2-5　　　　　　　　　　　　　　钢筋母材检测情况统计

钢筋直径/mm	钢筋级别	取样组数	屈服强度/MPa 最大值	最小值	平均值	抗拉强度/MPa 最大值	最小值	平均值	伸长率/%	合格率/%
评定标准 GB 1499.1—2008 规定屈服强度≥235MPa；抗拉强度≥370MPa；伸长率≥16%为合格										
Φ8	Ⅱ	6	517	417	463	676	616	641	21	100
评定标准 GB 1499.2—2007 规定屈服强度≥300MPa；抗拉强度≥400MPa；伸长率≥16%为合格										
Φ12	Ⅱ	7	504	424	456	645	619	630	22	100
评定标准 GB 1499.2—2007 规定屈服强度≥400MPa；抗拉强度≥540MPa；伸长率≥16%为合格										
Φ18	Ⅲ	1	472	440	458	637	609	622	29	100
Φ22	Ⅲ	11	468	453	461	663	608	643	24	100
Φ25	Ⅲ	4	493	452	469	652	601	623	21	100
Φ28	Ⅲ	15	447	434	438	622	601	608	24	100

表 2-6　　　　　　　　　　　　　　钢筋焊接头检测统计

钢筋直径/mm	钢筋级别	取样组数	抗拉强度/MPa 最大值	最小值	平均值	合格率/%
评定标准 JGJ 18—2012 规定抗拉强度≥1.10fuk 或≥fst0 为合格						
Φ12	Ⅱ	90	610	582	594	100
Φ18	Ⅲ	4	599	584	591	100
Φ22	Ⅲ	10	604	587	595	100
Φ25	Ⅲ	17	608	581	595	100
Φ28	Ⅲ	90	610	581	594	100

(3) 粗细骨料检测。5～22mm 机制碎石共检测 33 组、20～40mm 机制碎石共检测 31 组、天然河沙共检测 33 组，各项检测指标满足规范要求，见表 2-7 和表 2-8。

表2-7　　　　　　　　　　　　　碎石检验统计

项目	5~20mm机制碎石							
	表观密度 /(t/m³)	堆积密度 /(kg/m³)	压碎指标 /%	含泥量 /%	吸水率 /%	针片状 /%	超径 /%	逊径 /%
规定值	2.4~3.0		6~18	≤2		<15	<5	<10
组数	33	33	33	33	33	33	33	33
最小值	2690	1480	5.6	—	0.86	6.8	—	—
最大值	2780	1620	9.4	2	14.5	—	—	
平均值	2736	1569	7.8	—	1.4	8.6	—	—

项目	20~40mm机制碎石						
	表观密度 /(t/m³)	堆积密度 /(kg/m³)	含泥量 /%	吸水率 /%	针片状 /%	压碎值 /%	逊径 /%
规定值	2.4~3.0		≤2		<15	6~18	<10
组数	31	31	31	31	31	31	31
最小值	2710	1500	—	0.51	8.3	7.6	—
最大值	2790	1630	1.7	17	9.8		
平均值	2742	1576	1.3	9.3	7.9		

注　××村碎石场。

表2-8　　　　　　　　　　　　××江河沙检验统计

项目	河沙					
	细度模数	吸水率 /%	石粉含量 /%	堆积密度 /(kg/m³)	表观密度 /(kg/m³)	泥块含量 /%
规定值	2.4~3.0	—	6~18	≥1350	≥2500	≤2
组数	33	33	33	33	33	33
最小值	1.81	0.4	5.6	1370	2620	0
最大值	3.52	1.9	8.3	1590	2720	0
平均值	3	1.0	7.2	1545	2664	0

（4）混凝土、砂浆配合比。施工单位在导流洞混凝土浇筑前，对拟选用的水泥、粗骨料、细骨料、减水剂等进行取样分析，分别进行了C15二级配、C20一级配、C20二级配、C25二级配、M20配合比试验，满足设计和规范要求后报送监理审批，主要配合比见表2-9。

表2-9　　　　　　　　　　　导流洞工程混凝土、砂浆配合比

序号	设计强度等级	级配	坍落度 /mm	水灰比	每立方米混凝土、砂浆中各种材料用量/kg						砂率 /%
					水	水泥	砂子	小石	中石	外加剂	
1	M20		90~100	0.62	270	436	1294	0	0	0	
2	C15	二	80±20	0.67	162	242	719	575	702	1.69	36
3	C20	一	30~50	0.47	190	404	845	811	0	16.16	51

续表

序号	设计强度等级	级配	坍落度/mm	水灰比	每立方米混凝土、砂浆中各种材料用量/kg							砂率/%
					水	水泥	砂子	小石	中石	外加剂	
4	C20	二	180±20	0.48	138	285	976	548	449	4.0	49
5	C25	二	140±20	0.48	165	344	722	508	621	2.752	39
6	C25	二	180±20	0.43	137	315	949	552	452	4.7	49

（5）混凝土、砂浆质量评价。混凝土浇筑、喷混凝土、锚杆注浆过程中，严格按混凝土、砂浆配合比进行配料，并按规范要求频率进行取样检测，检测结果见表2-10。

表2-10　　　　　　导流洞混凝土、砂浆抗压强度统计

序号	名称	检测组数	抗压强度/MPa				评定结果
			最大值	最小值	平均值	标准差	
1	进口围堰底板C20混凝土	4	28.6	23.7	25.3	—	合格
2	进口围堰墙身C15混凝土	44	21.2	16.5	19.1	1.214	合格
3	进口C20贴坡混凝土	5	23.2	20.4	21.9	—	合格
4	闸室C25混凝土	11	30.7	25.6	27.7	1.549	合格
5	闸室C30二期混凝土	6	33.4	31.9	32.5	—	合格
6	洞身C25混凝土	89	31.2	25.2	27.9	1.178	合格
7	出口明渠C25混凝土	30	30.7	26.1	28.3	1.103	合格
8	交通桥C30混凝土	1	—	—	37.9	—	合格
9	交通桥C40混凝土	1	—	—	50.9	—	合格
10	洞身、边坡C20喷混凝土	20	23.8	20.6	22.1	0.698	合格
11	洞身M20锚杆砂浆	20	24.0	20.3	22.3	0.976	合格

检测结果表明：现浇混凝土、喷射混凝土、M20砂浆各项技术指标均满足规范要求，质量合格。

（6）喷混凝土厚度检测。按照《水电水利工程锚喷支护施工规范》（DL/T 5181—2003），边坡喷混凝土每50～100m设置1个检测断面，各检测断面上每2～5m布置1个测点。隧洞按20～50m布设1个检测断面、每2～5m布置1个测点，达不到上述长度的边坡或洞室每一验收段均布置1个检测断面，部分Ⅳ类、Ⅴ类围岩段因超挖大，喷混凝土厚度较大，检测合格后未进行统计记录，局部厚度不满足要求段已进行补喷处理，经检测全部达到合格标准，检测成果见表2-11。

表2-11　　　　　　混凝土厚度检测统计

序号	名称	设计厚度/cm	实测平均厚度/cm	检测结果
1	进口边坡	15	15.4	合格
2	出口边坡1172m以上	15	15.2	合格
3	出口边坡1172m以下	15	17.4	合格

续表

序号	名　　称	设计厚度/cm	实测平均厚度/cm	检测结果
4	洞身（K0+002.5~010）	18	49.2	合格
5	洞身（K0+393~403）	18	34.8	合格
6	洞身（K0+010~020）	18	20.5	合格
7	洞身（K0+020~030）	36	39.2	合格
8	洞身（K0+030~040）	18	20.2	合格
9	进口右侧边坡	15	17.0	合格
10	洞身（K0+047~070）	8	9.0	合格
11	洞身（K0+070~100）	8	9.5	合格
12	洞身Ⅰ层（K0+148~194）	18	20.2	合格
13	洞身Ⅰ层（K0+251~266）	18	18.9	合格
14	洞身Ⅰ层（K0+240~251）	12	12.3	合格
15	洞身Ⅰ层（K0+194~240）	8	9.6	合格

（7）隧洞回填、固结灌浆成果。

1）导流洞全长403m，回填灌浆划分为12个单元工程。回填灌浆孔采用手风钻直接钻孔，钻孔穿过初期支护并深入岩石10cm。在导流洞出口布置集中制浆站，拌制浓浆，隧洞内布置移动式储浆桶，根据灌浆量、压力，较大空腔位置经监理同意后加砂灌注。回填灌浆采用纯压式灌浆，灌浆过程采用自动记录仪记录。

按照《水工建筑物水泥灌浆施工技术规范》（DL/T 5148—2012）要求，导流洞回填灌浆每10~15m布置1对或1个检查孔，经监理旁站检查，检查孔在规定压力下初始10min内注入2∶1水泥浆量均小于10L，全部一次检查达到合格标准。检测结果见表2-12。

表2-12　　　　　　　　　导流洞洞身回填灌浆检查孔成果

单元序号	检查孔号	设计合格标准/L	检查值/L	检查结果
J01-01	01	<10	5.88	合格
J01-01	02	<10	4.65	合格
J02-01	01	<10	5.7	合格
J02-01	02	<10	3.41	合格
J03-01	01	<10	2.25	合格
J03-01	02	<10	4.88	合格
J04-01	01	<10	5.07	合格
J05-01	01	<10	5.83	合格
J05-01	02	<10	6.54	合格
J06-01	01	<10	6.65	合格
J06-01	02	<10	4.57	合格
J06-01	03	<10	7.4	合格

续表

单元序号	检查孔号	设计合格标准/L	检查值/L	检查结果
J07-01	01	<10	7.85	合格
	02	<10	6.72	合格
	03	<10	5.01	合格
	04	<10	4.26	合格
J08-01	01	<10	6.43	合格
	02	<10	8.36	合格
	03	<10	6.47	合格
J09-01	01	<10	4.43	合格
	02	<10	4.07	合格
J10-01	01	<10	2.16	合格
	02	<10	6.77	合格
	03	<10	5.38	合格
J11-01	01	<10	6.86	合格
	02	<10	6.44	合格
J12-01	01	<10	5.03	合格
	02	<10	6.1	合格
	03	<10	4.8	合格

2）导流洞固结灌浆主要是对出口K0+378.50桩号出现大面积塌方冒顶后，进行出口边坡和K0+377.5～K0+403.0底板固结灌浆处理，共划分为9个单元工程。边坡塌方腔体固结效果较好，保证了人员安全施工。

（8）锚杆拉拔试验成果。导流洞共检测锚杆抗拉拔试验60根，代表施工锚杆数量2900根，结果全部满足设计要求，见表2-13。

表2-13　　　　　　　　　　锚杆拉拔力检验统计

工程部位	锚杆规格	设计拉拔力/kN	检验数量/根	检验结果/kN
K0+000～K0+020	$L=3m$，Φ22	90	3	102.4，96.0，108.8
K0+380～K0+403	$L=3m$，Φ22	90	3	115.2，108.8，108.8
K0+020～K0+040	$L=3m$，Φ22	90	3	115.2，108.8，102.4
K0+360～K0+380	$L=3m$，Φ22	90	3	108.8，115.2，108.8
K0+040～K0+060	$L=3m$，Φ22	90	3	96.0，115.2，108.8
K0+060～K0+080	$L=3m$，Φ22	90	3	108.8，102.4，115.2
K0+080～K0+100	$L=3m$，Φ22	90	3	140.8，134.4，134.4
K0+100～K0+120	$L=3m$，Φ22	90	3	108.8，115.2，102.4
K0+120～K0+140	$L=3m$，Φ22	90	3	102.4，108.8，108.8
K0+140～K0+160	$L=3m$，Φ22	90	3	115.2，108.8，108.8
K0+160～K0+180	$L=3m$，Φ22	90	3	108.8，102.4，102.4
K0+180～K0+200	$L=3m$，Φ22	90	3	115.2，115.2，108.8
K0+200～K0+220	$L=3m$，Φ22	90	3	108.8，115.2，115.2
K0+220～K0+240	$L=3m$，Φ22	90	3	115.2，108.8，115.2

续表

工程部位	锚杆规格	设计拉拔力/kN	检验数量/根	检验结果/kN
K0+240～K0+260	$L=3m$，Φ22	90	3	115.2，108.8，108.8
K0+260～K0+280	$L=3m$，Φ22	90	3	102.4，115.2，115.2
K0+280～K0+300	$L=3m$，Φ22	90	3	115.2，108.8，102.4
K0+300～K0+320	$L=3m$，Φ22	90	3	115.2，102.4，115.2
K0+320～K0+340	$L=3m$，Φ22	90	3	102.4，115.2，108.8
K0+340～K0+360	$L=3m$，Φ22	90	3	115.2，102.4，115.2

(9) 闸门无水启闭试验结果。导流隧洞金属结构安装划分为3个单元工程，即闸门埋件、门叶安装、启闭机安装。闸门底槛、主轨、反轨、门楣、启闭机等安装均已完成，经测量检查安装误差均在设计和规范允许范围内，安装质量符合要求，闸门无水启闭灵活，无卡阻现象。导流洞分流过水时需对闸门进行动水启闭试验。

3. 左右岸边坡开挖支护质量检测

(1) 原材料及中间产品取样试验结果。

1) 水泥。从工程使用的××牌水泥和×××牌水泥中共取样检测14组，所检项目均满足规范要求，检测28d龄期强度共计14组，见表2-14和表2-15，检测结果均满足《通用硅酸盐水泥》(GB 175—2007) 规范要求。

表2-14　　　　　　　　××牌水泥（P·O42.5）主要检测指标

项　目	凝结时间/min 初凝	凝结时间/min 终凝	安定性	抗压强度/MPa 3d	抗压强度/MPa 28d	抗折强度/MPa 3d	抗折强度/MPa 28d
检测次数	13	13	13	13	13	13	13
最大值	159	352	合格	26.2	49.4	6.3	8.6
最小值	130	160	合格	24.1	47.7	5.4	7.7
平均值	144	327	合格	24.9	48.7	5.8	8.2
合格率/%	100	100	100	100	100	100	100
GB 175—2007标准	≥45	≤600	—	≥17.0	≥42.5	≥3.5	≥6.5
备　注	表中28d抗压、抗折强度均为检测已达到28d龄期强度组数							

表2-15　　　　　　　×××牌水泥（P·O42.5）主要检测指标

项　目	凝结时间/min 初凝	凝结时间/min 终凝	安定性	抗压强度/MPa 3d	抗压强度/MPa 28d	抗折强度/MPa 3d	抗折强度/MPa 28d
检测次数	1	1	1	1	1	1	1
最大值	134	354	合格	26.6	49.6	5.5	8.3
最小值	134	354	合格	26.6	49.6	5.5	8.3
平均值	134	354	合格	26.6	49.6	5.5	8.3
合格率/%	100	100	100	100	100	100	100
GB 175—2007标准	≥45	≤600	—	≥17.0	≥42.5	≥3.5	≥6.5
备　注	表中28d抗压、抗折强度均为检测已达到28d龄期强度组数							

2) 钢筋。钢筋生产厂家为××集团××钢铁有限公司,钢筋取样 11 组,其中 HPB300 钢取样 4 组,HRB400E 钢取样 7 组,检测结果均满足规范要求。检测结果见表 2-16。

表 2-16 钢筋主要检测指标

钢筋直径/mm	检测次数	屈服强度/MPa 最大值	屈服强度/MPa 最小值	屈服强度/MPa 平均值	极限强度/MPa 最大值	极限强度/MPa 最小值	极限强度/MPa 平均值	延伸率/% 最大值	延伸率/% 最小值	延伸率/% 平均值	冷弯试验	评定结果
φ6.5	3	407	377	390	548	488	520	29.3	25.0	27.0	合格	合格
φ8	1	417	408	415	539	519	525	29.3	26.7	27.5	合格	合格
Φ14	1	507	494	500	632	621	625	22.7	18.7	20.5	合格	合格
Φ18	3	511	487	495	621	609	615	26.7	23.3	25.0	合格	合格
Φ20	1	500	493	495	621	605	610	28.3	27.0	27.5	合格	合格
Φ32	2	512	487	500	623	597	610	27.3	24.3	25.5	合格	合格
GB 1499.1—2008(HPB300)		≥300			≥420			≥25			—	—
GB 1499.2—2007(HRB400)		≥400			≥540			≥16			—	—

3) 机制砂。生产厂家为××县××碎石厂,现场共取样检测 19 组,除细度模数偏大外,其他检测结果满足《建设用砂》(GB/T 14684—2011)的要求,检测结果见表 2-17。

表 2-17 砂主要检测指标

检测项目	细度模数	石粉含量/%	空隙率/%	饱和面干密度/(kg/m³)	堆积密度/(kg/m³)	吸水率/%
检测次数	19	19	19	19	19	19
最大值	3.46	9.2	43.7	2710	1560	1.1
最小值	2.81	7.2	41.4	2630	1520	0.8
平均值	2.97	7.9	42.3	2672	1542	0.9
合格率	89	100	100	100	—	—

注 GB/T 14684—2011 规定:细度模数宜为 2.3~3.0;石粉含量为 6%~18%;空隙率宜<44%;饱和面干密度≥2500kg/m³。

4) 碎石。现场共取样检测 38 组,检测结果满足《建设用碎石、卵石》(GB/T 14685—2011)的要求,检测结果见表 2-18 和表 2-19。

表 2-18 小石(5~20mm)主要检测指标

检测项目	表观密度/(kg/m³)	吸水率/%	针片状/%	压碎指标/%	堆积密度/(kg/m³)
检测次数	19	19	19	19	19
最大值	2740	1.40	11.2	9.9	1590
最小值	2680	0.90	8.9	7.8	1550
平均值	2719	1.11	9.8	9.1	1576
合格率	100	100	100	100	100

注 GB/T 14684—2011 规定:表观密度≥2550kg/m³;吸水率≤2.50%;针片状≤15%;压碎指标≤20.0%;堆积密度≥1350kg/m³。

表2-19　　　　　　　　　　　小石（20～40mm）主要检测指标

检测项目	表观密度 /(kg/m³)	吸水率 /%	针片状 /%	压碎指标 /%	堆积密度 /(kg/m³)
检测次数	19	19	19	19	19
最大值	2740	1.40	11.2	9.9	1590
最小值	2680	0.90	8.9	7.8	1550
平均值	2719	1.11	9.8	9.1	1576
合格率	100	100	100	100	100

注　GB/T 14684—2011规定：表观密度≥2550kg/m³；吸水率≤2.50%；针片状≤15%；压碎指标≤20.0%；堆积密度≥1350kg/m³。

5）砂浆。锚杆砂浆设计强度等级为M20，根据《水工混凝土试验规程》（DL/T 5150—2001）和《水电水利工程锚喷支护施工规范》（DL/T 5181—2003），共取样15组，所有试验检测28d抗压强度结果均满足设计要求，保证率99.89%，检测统计结果见表2-20。

表2-20　　　　　　　　　　　锚杆砂浆强度检测成果

工程部位	检测组数	设计等级	实测值/MPa 最大值	实测值/MPa 最小值	实测值/MPa 平均值	标准差 /MPa	保证率 /%	合格率 /%
左右岸边坡工程	15	15	23.7	21.0	22.4	0.785	99.89	100

6）水泥净浆。M35水泥净浆现场取样检测14组，试块抗压强度值为35.6～38.8MPa，符合设计要求。

7）C20喷射混凝土。C20喷射混凝土大板取样45组，28d龄期强度检测结果均满足设计要求，详见表2-21。

表2-21　　　　　　　　　　　喷射混凝土强度检测成果

工程部位	检测组数	设计等级	实测值/MPa 最大值	实测值/MPa 最小值	实测值/MPa 平均值	标准差 /MPa	保证率/%	合格率/%
左右岸边坡工程	45	M20	24.4	20.7	22.5	1.025	99.27	100

8）C20常态混凝土。C20常态混凝土取样44组，28d龄期强检测结果满足设计要求，详见表2-22。

表2-22　　　　　　　　　　　衬砌混凝土强度检测成果

工程部位	检测组数	设计值 /MPa	实测值/MPa 最大值	实测值/MPa 最小值	实测值/MPa 平均值	标准差 /MPa	保证率/%	合格率/%
左右岸边坡工程	3	C15	17.4	16.7	16.9	—		100
	41	C20	25.9	20.9	22.5	1.004	99.99	100

9）钢筋焊接。钢筋焊接取样28组，实测抗拉强度满足规范要求，检测结果见表2-23。

（2）喷混凝土厚度检测。左岸边坡检测21个测区，右岸边坡检测13个测区，检测结果满足设计要求，见表2-24。

表 2-23　　　　　　　　　　　钢筋焊接检测成果

接头型式	直径/mm	检测组数	最大值/MPa	最小值/MPa	平均值/MPa
焊接	Φ18	28	619	579	595
JGJ 107—2003			≥500		

表 2-24　　　　　　　左右岸边坡喷混凝土厚度检测结果统计

工程部位	设计厚度/cm	实测最大厚度/cm	实测最小厚度/cm	平均厚度/cm	检查结果
左岸高程 1264.00m 以上	10	14	9	11.8	合格
左岸高程 1264.00~1260.00m	10	13	9	11.0	合格
左岸高程 1260.00~1256.00m	10	14.5	8	11.4	合格
左岸高程 1256.00~1252.00m	10	13.5	9	11.4	合格
左岸高程 1252.00~1248.00m	10	13	9	10.9	合格
左岸高程 1248.00~1244.00m	10	16	8	12.4	合格
左岸高程 1244.00~1240.00m	10	15	7	11.0	合格
左岸高程 1240.00~1236.00m	10	16	11	13.0	合格
左岸高程 1236.00~1232.00m	10	16	9	12.5	合格
左岸高程 1232.00~1228.00m	10	14	7	11.3	合格
左岸高程 1228.00~1220.00m	10	15	8	11.3	合格
左岸高程 1220.00~1212.00m	10	15	9	11.5	合格
右岸高程 1255.00~1251.00m	10	19	12	14.2	合格
右岸高程 1251.00~1248.00m	10	19	13	15.8	合格
右岸高程 1248.00~1244.00m	10	16	9	11.8	合格
右岸高程 1244.00~1240.00m	10	17	9	12.5	合格
右岸高程 1240.00~1236.00m	10	16.5	9.5	11.8	合格
右岸高程 1236.00~1233.00m	10	23	13	17.6	合格
左岸高程 1220.00~1212.00m	10	15	9	11.5	合格
左岸高程 1212.00~1204.00m	10	14	8.5	11.3	合格
右岸高程 1233.00~1229.00m	10	16	11	13.3	合格
右岸高程 1229.00~1225.00m	10	16	9	13.1	合格
左岸高程 1204.00~1199.00m	10	15	9.5	11.7	合格
左岸高程 1199.00~1196.00m	10	14	9	11.2	合格
左岸高程 1191.00~1187.00m	10	20	10	13.2	合格
左岸高程 1187.00~1182.00m	10	16	9	12.6	合格
左岸高程 1182.00~1178.00m	10	17	9	13.4	合格

续表

工程部位	设计厚度/cm	实测最大厚度/cm	实测最小厚度/cm	平均厚度/cm	检查结果
左岸高程1178.00~1174.00m	10	16	9.5	12.7	合格
左岸高程1174.00~1169.00m	10	20	11	15.1	合格
右岸高程1218.00~1213.00m	10	16	11	14	合格
右岸高程1213.00~1208.00m	10	17	9	13.2	合格
右岸高程1208.00~1204.00m	10	16	9	13.2	合格
右岸高程1204.00~1189.00m	10	20	11	14.2	合格
右岸高程1196.00~1191.00m	10	14	9	11.7	合格

（3）锚杆抗拔力检测。左右岸边坡共检测13根锚筋桩，其中左岸10根、右岸3根，检测结果见表2-25。

表2-25　　　　　　　　　　锚杆抗拔力检测结果统计

工程部位	设计值/kN	实测值/kN	检查结果
左岸高程1260.00m以上锚筋桩	420	420.5	合格
左岸高程1260.00~1252.00m锚筋桩	420	420.9	合格
左岸高程1252.00~1244.00m锚筋桩	320	321.9	合格
左岸高程1244.00~1236.00m锚筋桩	220	220.4	合格
左岸高程1244.00~1236.00m自进式	90	99.2	合格
左岸高程1236.00~1228.00m锚筋桩	220	225.7	合格
左岸高程1236.00~1228.00m自进式	90	91.2、91.7	合格
左岸高程1228.00~1220.00m自进式	90	92.3、93.1、91.2	合格
左岸高程1220.00~1212.00m自进式	90	92.1、92.8、90.8	合格
左岸高程1212.00~1204.00m自进式	90	91.9、92.7、91.3	合格
右岸高程1274.00~1263.00m锚杆	75	76.2、77.7、76.5	合格
右岸高程1263.00~1248.00m锚杆	75	77.9、75.2、76.1 78.3、76.8、77.1	合格
右岸高程1248.00~1233.00m锚杆	75	75.9、77.6、79.6 77.4、76.3、80.0	合格

（4）施工期安全监测。

1）位移监测。两岸边坡表面位移监测表明边坡稳定无变形。

2）应力监测。两岸边坡锚杆应力计观测数据稳定，受到岩体应力小。

3）锚索监测。两岸边坡锚索测力计工作正常，锁定后锚固力损失在设计范围内。

（5）左右岸边坡开挖支护质量检测评价。左右岸边坡工程所用的原材料、中间产品检测结果合格，边坡开挖成形较好，喷混凝土厚度满足设计要求，各类锚杆拉拔力满足设计要求，预应力锚索满足设计要求；施工期安全监测表明边坡稳定无变形。

(三) 已完工程质量评定

开工至今，×××水电站导流洞工程进行了28个单元工程质量等级评定，28个单元工程质量全部合格，其中优良单元工程24个，单元工程优良率85.7%，见表2-26。

表2-26　　　　　　　　　导流洞各分部工程施工质量评定

分部工程			单元工程			
序号	名称	质量等级	单元工程类别	个数/个	合格数/个	优良数/个	优良率/%
1	进口段	合格	岩石基础开挖	1	1	1	100
			岩石洞室开挖	1	1	1	100
			混凝土	13	13	11	84.6
			小计	15	15	13	86.7
2	洞身段	合格	岩石洞室开挖	6	6	5	83.3
3	出口段	合格	岩石基础开挖	2	2	2	100
			岩石洞室开挖	1	1	1	100
			混凝土	4	4	3	75
			小计	7	7	6	85.7
4	左岸边坡	合格	土石开挖	5	5	1	20.0
			锚筋桩	2	2	0	0
			喷混凝土	2	2	1	50.0
			小计	9	9	2	22.2
5	由岸边坡	合格	土石开挖	4	4	1	25.0
			锚筋桩	2	2	1	50.0
			喷混凝土	2	2	0	0
			小计	8	8	2	25.0

×××水电站开工以来，通过参建各方的各方共同努力，在工期紧、施工条件复杂的情况下，实现了安全、质量"双零"目标。工程原材料和中间产品抽检结果及单元工程质量评定情况表明，工程施工质量满足截流验收要求。

六、安全生产与文明工地

(一) 安全管理体系与措施

1. 安全目标

杜绝群死群伤的重特大事故发生，避免较大事故发生，减少一般事故发生；安全生产隐患整改率100%。

2. 组织保障

项目法人单位、监理单位现场负责人为安全生产第一责任人。

施工现场成立以项目经理为组长，项目副经理、项目技术负责人和各部门负责人组成的施工安全管理领导小组。项目经理是本项目的安全生产第一责任人，对本项目的安全施工负直接领导责任，全面落实各项安全管理制度。

项目经理部设立安全管理机构——安全环保部，设专职安全工程师；各施工作业队设专职安全员，各部门设一名兼职安全员，在安全环保部的监督指导下负责本作业队及各部门的日常安全管理工作，各施工作业班组长为兼职安全员，在队专职安全员的指导下开展班组的安全工作，对本班人员在施工过程中的安全和健康全面负责，确保本班人员按照发包人的规定和作业指导书及安全施工措施进行施工，不违章作业。

(二) 文明工地

本项目为打造文明工地，特制定如下措施：

(1) 对参与施工的队伍签订文明施工协议书，建立健全岗位责任制，把文明施工落到实处，提高全体施工人员文明施工的自觉性和责任感。

(2) 规划生产和生活区域，并设置镀塑钢格栅栏将生产区域和生活区域与外界隔离，在其出入口设置治安保卫值班岗及交通栏杆。另外在其入口处设置施工告示牌，明令禁止与施工无关人员入内。

(3) 创建美好环境。在施工现场和生活区设置足够的临时卫生设施，每天清扫处理；在生活区周围种植花草树木，美化环境，开辟宣传园地表扬好人好事，宣传国家政策、施工技术和规程规范；开展积极健康的文化活动，如晨练、篮球、羽毛球、乒乓球、扑克、象棋等，严禁黄、毒、赌和打架、斗殴事件发生；拟在项目经理部建设体育娱乐室，丰富员工的业余文化生活。

(4) 加强对施工人员的全面管理，所有施工人员均办理暂住证。落实防范措施，做好防盗工作，制止各类违法行为和暴力行为，如有出现，应报告公安部门，确保施工区域内无违法违纪现象发生。尊重当地行政管理部门意见和建议，积极主动争取当地政府支持，自觉遵守各项行政管理制度和规定，搞好文明共建工作。正确处理与当地政府和周围群众的关系，并与当地派出所联合开展综合治安管理。

(5) 施工现场内所有临时设施按施工总平面布置图进行布置管理，使施工现场处于有序状态。各种临时设施统一规划设计，地坪采用混凝土硬化，风、水管线用不同颜色以示区别，供电和通信线路架设统一采用混凝土杆，并留有一定安全高度。

(6) 服从发包人制定的相关文明施工的规定，加强现场管理，工区内设置醒目的施工标识牌，标明工程项目名称、范围、开竣工时间、工地负责人；所有施工管理人员和操作人员佩戴证明其身份的标识牌，标识牌标明姓名、职务、身份编号。在料场、渣场、营地、混凝土搅拌站等处设置标语牌。

(7) 合理安排施工顺序避免工序相互干扰，凡下道工序对上道工序会产生损伤或污染的，应对上道工序采取保护或覆盖措施。

(8) 现场的钢材、水泥等能入库的尽量入库，不能入库的进行上遮下垫、防雨淋、防日晒等处理措施。

(9) 重要施工场地设操作规程、值班制度和安全标志。值班人员按时交接班，认真作好施工记录，值班中遇到发包人、监理人检查工作时，主动介绍情况。

(10) 施工干道，应经常保养维护，并采取洒水等措施减少扬尘，改善道路运行环境，为文明施工创造必要条件，施工设备严禁沿道停放，在指定地点有序停放，经常冲洗擦拭，确保设备的车容车貌和完好率。

(11) 按照发包人制定的渣场管理规定进行弃渣、弃土的堆放。

(12) 洞内施工的风、水、电管线路布置要求架设于边墙之上，做到平、直、顺、整齐有序。

（13）施工废水和围岩渗水采取边沟汇集接力抽排。对新开挖出来的洞室，砂石路面紧跟支撑面，做到作业面无水无泥。

（14）项目经理部对自检和监理人组织的检查中查出文明施工存在的问题，不但立即纠正，而且针对文明施工中的薄弱环节，进行改进和完善，使文明施工不断优化和提高。

（15）工程完工后，按要求及时拆除所有工地围墙、安全防护设施和其他临时设施，并将工地及周围环境清理整洁，做到工完、料清、场地净。

（16）遵守当地政府的各种规定，尊重当地居民的民风民俗，加强民族团结；与当地政府和居民友好相处，建立良好的社会关系。与其他施工单位保持良好的关系，服从发包人和监理人的协调。

（17）施工过程中，会同监理人根据批准的降低噪声的措施，对施工场地进行噪声的检查和监测，检查和监测记录提交监理人。

七、截流工作

（一）施工导流及总进度安排

1. 导流设计标准

本工程采用一次拦断河床的隧洞导流方式，导流分三个阶段，第一阶段为初期导流阶段，自20××年10月30日至20××年5月30日，该阶段导流建筑物由导流洞及上下游围堰组成；第二阶段为坝体度汛阶段，自20××年6月1日至20××年2月28日，该阶段导流建筑物由大坝及导流洞组成；第三阶段为初期发电阶段，自20××年2月28日至20××年4月30日，该阶段水库下闸蓄水，机组投产发电，水流由溢流坝弧门和进水口闸门控制。

初期导流标准：20××年11月1日至20××年5月30日时段10年一遇，洪峰流量92.6m^3/s。

坝体度汛导流标准：20××年6月1日至20××年4月底时段10年一遇，洪峰流量941m^3/s。

2. 施工总进度安排

（1）20××年11月下旬实现主河床截流。

（2）20××年11月30日前，完成厂房围堰基础防渗施工，并具备基坑抽水条件。

（3）20××年12月30日前，完成大坝上、下游土石围堰的施工。

（4）20××年1月底，开始大坝混凝土浇筑。

（5）20××年5月31日前，最低坝段上升到高程1238.00m，大坝具备汛期挡水条件。

（6）20××年2月底，导流洞下闸封堵，水库开始蓄水。

（7）20××年3月31日前，完成导流洞封堵等全部工作，堵头具备挡水条件。

（8）20××年4月30日，两台机组具备发电条件。

（二）截流施工组织设计

1. 基本情况

×××水电站工程参建各方充分认识到截流工作的重要性，项目部、监理对施工单位申报的截流施工组织设计进行了充分论证和审查，截流施工组织设计通过了监理审批。

2. 截流标准

根据×××水电站施工总进度计划安排，本工程截流时间定为20××年11月下旬，由于20××年为干旱年，且该工程有上游××江三级电站，该电站具有调节能力，截流流量取一台机组发电流量$26m^3/s$，符合规范要求及×××水电站工程实际施工条件。三级电站不发电时，河水流量不足$5m^3/s$，截流时段尽量选择在三级电站不发电的时段。

3. 上、下游围堰设计

上、下游围堰均为土石不过水围堰，按4级建筑物设计，设计挡水标准为时段11月1日至次年5月30日5年一遇，洪峰流量为$87.8m^3/s$。

上游土石围堰堰顶高程为1209.00m，堰顶宽7.0m，堰顶轴线长82m，最大堰高8.5m。围堰砂砾料部分迎、背水面坡比均为1:2.0，围堰迎水面右岸靠导流洞进口侧采用钢筋石笼护坡，围堰左岸迎水面采用大块石护坡；施工时上游围堰填筑至1205.00m高程开始进行帷幕灌浆防渗；待帷幕灌浆结束后1205.00m高程以上采用黏土心墙防渗，并对上游围堰加高培厚。

下游土石围堰堰顶高程为1207.50m，堰顶宽7.0m，堰顶轴线长69m，最大堰高9.4m。围堰填筑部分迎、背水面坡比均为1:2.0，围堰迎水面采用大块石护坡；施工时上游围堰填筑至1203.00m高程开始进行帷幕灌浆防渗；待帷幕灌浆结束后1203.00m高程以上采用黏土心墙防渗，并对上游围堰加高培厚。

大坝围堰防渗采用双排帷幕灌浆技术进行围堰基础防渗。

4. 截流方式

按选定的截流时段及标准，根据现场实际条件，上、下游围堰均采用单戗堤单向预进占的截流方式，上游围堰截流龙口位于河床右侧，下游围堰截流龙口位于河床左岸。

上、下游围堰截流施工场内交通道路主要利用布置在右岸的至3号渣场施工道路及布置于左岸的过坝低线道路。

20××年11月，上、下游围堰戗堤从右岸向左岸同时进行单向预进占，主要利用岸坡开挖料，直至截流戗堤10m龙口形成，堤头抛投0.2～0.5m的块石以满足防冲要求并完成龙口合龙（龙口合龙宜先上游后下游）；戗堤截流成功后在截流戗堤迎水面采用黏土料进行闭气，闭气结束后开始上下游围堰的填筑施工。

（三）截流准备工作安排

1. 组织机构

为使截流顺利开展，×××集团第×工程有限公司×××水电站施工项目部成立了截流施工领导小组，下设各专业队组。由截流施工领导小组负责安排和检查截流前的准备工作，重点检查截流备料、导流洞围堰拆除、施工道路畅通情况、施工机械配置及工况、人员配备和后勤保障等。施工截流时统一指挥，并做到政令畅通及时，确保截流顺利完成。

2. 截流施工道路布置

下基坑道路：通过下基坑道路进行大坝上下游围堰的填筑及大坝上下游交通道路；结合大坝基坑开挖出渣布置。

左岸高、低线道路：主要为对外交通道路，水泥、物资材料等进场通道及大坝上下游的交通通道。

3. 备料情况

大坝上下游围堰填筑料源主要为上下游侧石渣料、防渗轴线范围的细土石料及上部黏土心墙结构的黏土料；上下游侧的堆石料选用大坝开挖渣料，要求为粒径不大于60cm且级配良好的开挖料；防渗轴线范围的细土石料选用砂石拌和系统基础开挖时集中在5号渣场的弃料，采用反铲装车，自卸汽车运输，粒径不大于30cm；黏土料源场位于高线公路接至业主营地交叉处，采用反铲装车，自卸汽车运输；因大坝围堰填筑量较小，各料场料源储量均满足填筑量及填筑强度要求。

4. 导流洞出口围堰拆除

导流洞进、出口围堰已于20××年10月拆除，导流洞目前已过水。

5. 截流机械设备配置

根据截流施工难度，配备2台反铲、8台自卸汽车、1台D85推土机、1台振动碾。

（四）水情预报及安全度汛方案

1. 水情预报系统

×××水电站工程水情已进行施工期水情预报工作，运行正常，每天向各单位发送水情预报，主汛期加大水情预报频率，为×××水电站工程防洪度汛工作提供参考。

为了提供较为准确的中长期水文气象预报，以便确定截流最佳时段并对截流后工程施工及安全度汛可能遭遇超标准洪水的情况作出积极的安排和布置，项目部与当地气象局进行了协商，从今年6月1日开始提供短期、中长期气象、雨量及灾害天气等预报，为工程截流提供保障。

2. 安全度汛方案

（1）20××年11月30日前，上、下游围堰形成，达到11月1日至次年5月30日时段10年一遇挡水标准。

（2）20××年5月30日前，各坝段高程达到1238.00m，满足20××年全年10年一遇的度汛标准。

（3）上游围堰在20××年汛期过水之前，要对基坑进行预冲水，形成水垫塘，减少洪水对围堰的冲刷破坏，同时可减少汛后基坑恢复工程量。

（4）库区高程1210.00m以下征地工作需在20××年10月1日前完成。

（5）水情、气象预报系统充分发挥作用，确保提供中长期水情预报及暴雨等灾害预报，为工程度汛提供可靠依据。

（6）在汛期前，围堰及沿河施工道路外侧边坡及顶部均采用抛石护坡，防止洪水冲毁，各临建系统周围做好排水沟，保证排水畅通，对基坑内的抽水泵采用钢丝绳加固。

（7）当预报洪峰流量达到941m³/s以上启动防汛预案，组织基坑施工区和临近河床施工区内人员、材料、设备迅速撤离或转移。

八、结论

（1）导流洞工程除进口启闭排架和闸门（可在下闸前完成）外全部建成，质量符合设计要求和合同文件规定的标准，并于20××年10月进行了单位工程验收，具备过水条件。

（2）截流施工组织设计已通过监理审定，截流组织机构、人员、机械、道路、备料和应急措施已落实。

（3）安全度汛方案已审定，措施基本落实，水情、气象预报工作已有安排，能满足安全度汛要求。

（4）截流后壅高水位1207.80m以下的征地工作已完成。

（5）已与工程所在地××县航道局、海事处达成协议，对××江实施断航。

（6）有关验收的文件、资料已齐全。

综上所述，×××水电站工程截流准备工作已达到验收要求，满足《水电站基本建设工程验收规程》（DL/T 5123—2000）的相关规定，具备验收条件。

第三章

下闸蓄水验收建设管理工作报告

第一节 下闸蓄水验收应具备的条件及建设管理工作报告编写要点

一、《水利水电建设工程验收规程》(SL 223—2008) 规定下闸蓄水验收应具备的条件

(1) 挡水建筑物的形象面貌满足蓄水位的要求。
(2) 蓄水淹没范围内的移民搬迁安置和库底清理已完成并通过验收。
(3) 蓄水后需要投入使用的泄水建筑物已基本完成,具备过流条件。
(4) 有关观测仪器、设备已按设计要求安装和调试,并已测得初始值和施工期观测值。
(5) 蓄水后未完工程的建设计划和施工措施已落实。
(6) 蓄水安全鉴定报告已提交。
(7) 蓄水后可能影响工程安全运行的问题已处理,有关重大技术问题已有结论。
(8) 蓄水计划、导流洞封堵方案等已编制完成,并做好各项准备工作。
(9) 年度度汛方案(包括调度运用方案)已经有管辖权的防汛指挥部门批准,相关措施已落实。

二、《水电工程验收规程》(NB/T 35048—2015) 规定下闸蓄水验收应具备的条件

(1) 大坝基础防渗工程、大坝及其他挡水建筑物、坝体接缝灌浆以及库盆防渗工程等形象面貌已能满足工程蓄水(至目标蓄水位)要求,工程质量合格,且水库蓄水后不会影响工程的继续施工及安全度汛。
(2) 与蓄水相关的输水建筑物的进、出口闸门及拦污栅已就位,可以挡水。
(3) 水库蓄水后需要投入运行的泄水建筑物已基本建成,蓄水、泄水所需的闸门、启闭机已安装完毕,电源可靠,可正常运行。
(4) 各建筑物的内外监测仪器、设备已按设计要求埋设和调试,并已测得初始值。
(5) 蓄水后影响工程安全运行的不稳定库岸、水库渗漏等已按设计要求进行了处理,水库诱发地震监测设施已按设计要求完成,并取得本底值。
(6) 导流泄水建筑物封堵闸门、门槽及其启闭机设备经检查正常完好,可满足下闸封堵要求。
(7) 已编制下闸蓄水规划方案及施工组织设计,并通过项目法人组织的评审;已做好下闸蓄水各项准备工作,包括组织、人员、道路、通信、堵漏和应急措施等。
(8) 已制定水库运用与电站运行调度规程和蓄水后初期运行防洪度汛方案,并通过项目主管部门审查或审批;水库蓄水期间的通航、下游供水问题已解决;水情测报系统可满足工

程蓄水要求。

（9）受蓄水影响的环境保护及水土保持措施工程已基本完成，蓄水后不影响继续施工。蓄水过程中生态流量泄放方案已确定，措施已基本落实，下游受影响的相关方面已作安排。

（10）运行单位的准备工作已就绪，已配备合格的运行人员，并已制定各项控制设备的操作规程，各项设施已能满足初期运行的要求。

（11）受蓄水影响的相应库区专项工程已基本完成，移民搬迁和库区清理完毕。工程所在地人民政府移民主管部门已组织完成建设征地移民安置阶段性验收、出具验收意见，并有不影响工程蓄水的明确结论。

（12）已提交工程蓄水安全鉴定报告，并有可以实施工程蓄水的明确结论。

（13）已提交蓄水阶段质量监督报告，并有工程质量满足工程蓄水的结论。

三、水利水电工程下闸蓄水阶段验收建设管理工作报告编写要点

项目法人的建设管理工作报告可按照《水利水电建设工程验收规程》（SL 223—2008）附录 O.1 的内容，结合此阶段的验收范围，分析设计、监理、施工、质量检测等各有关单位提交的工作报告，重点描述工程建设情况、专项工程和工作、项目管理、工程质量、安全生产与文明工地、存在问题及处理意见、工程尾工安排等章节。

第二节　下闸蓄水验收建设管理工作报告示例

××××水库工程下闸蓄水验收建设管理工作报告

一、工程概况

（一）工程位置

×××水库地处××市××区×××镇境内，位于××江流域××江左岸一级支流××河中游，属××江水系二级支流。水库距××区约76km，距×××镇约12km，距省会××市233km。左岸有××—××雪山四级专线公路，对外交通较为方便。

（二）立项及初设文件批复

20××年1月××日××省发展和改革委员会以"××××××〔20××〕××号"文对××区×××水库工程项目建议书进行了批复，批复估算投资×××××.××万元。将项目列入《××五省（自治区、直辖市）重点水源工程近期建设规划》和《全国中型水库建设十二五规划》及《××省水利发展"十二五"规划报告》。

20××年5月××日××省水利厅以"××××××〔20××〕××号"文对××区×××水库工程建设规划进行了批复，批准工程估算总投资×××××.××万元。

20××年7月××日××省发展和改革委员会以"××××××〔20××〕××××号"文对××区×××水库工程可行性研究报告进行了批复，批准估算总投资×××××.××万元。

20××年3月××日××省水利厅、××省发展和改革委员会以"××××〔20

××〕××号"文对××区×××水库工程初步设计报告进行了批复,批准概算总投资为×××××.××万元。

(三) 工程建设任务及设计标准

1. 建设任务

××河作为××区唯一的、不可替代的水源,对××区今后一段时间社会经济的发展起到至关重要的推动作用。×××水库由于位置较高,具有自流供水的有利条件,是解决××灌区和×××灌区农田灌溉供水、××区农村危房改造新增集镇供水、×××工业园区工业供水的较好工程方案。

×××水库工程的任务为:解决集镇供水、××灌区和××灌区农田灌溉供水以及工业供水。×××水库工程灌区为××区××街道办和××镇。灌区分为两片,一片为×××灌区,另一片为××灌区。×××灌区现状灌溉面积8560亩,设计水平年灌溉面积7200亩;××灌区现状灌溉面积19967亩,设计水平年灌溉面积18800亩。××区农村危房改造以及××灌区、×××灌区规划水平年集镇人口将达到9.48万人,其中××灌区1.80万人,×××灌区7.68万人(包括农村危房改造搬迁入××坝区的人口7.36万人)。设计水平年×××工业园区的工业需水量在现状365万m^3的基础上再增加109.5万m^3,工业总需水量达到474.5万m^3。

2. 设计标准

根据《灌溉与排水工程设计规范》(GB 50288—2008),以种植旱作物为主的半干旱地区灌溉保证率P为70%~80%,结合×××水库灌区现状种植结构,选取×××水库灌区设计保证率P为75%。

×××水库工程集镇和工业的供水保证率采用95%。

根据收集到的工程资料,工程设计以20××年为基准年,20××年为设计水平年。

根据《水利水电工程等级划分及洪水标准》(SL 252—2000),工程等别为Ⅲ等,工程规模为中型。主要建筑物拦河大坝坝高超过70m,其建筑物级别提高一级,为2级建筑物,洪水标准不提高,其他主要建筑物溢洪道、导流泄洪隧洞、输水隧洞等建筑物按3级设计,次要建筑物按4级设计,临时性导流建筑物按4级设计,灌区建筑物(输水干渠)为5级建筑物。

按照《防洪标准》(GB 50201—94)和《水利水电工程等级划分及洪水标准》(SL 252—2000)的规定,×××水库属山区水利工程,枢纽水工建筑物的洪水设计标准为:拦河大坝、溢洪道、泄洪隧洞设计洪水重现期为100~50年,取50年($P=2\%$),校核洪水重现期为2000~1000年,取1000年($P=0.1\%$),溢洪道、泄洪隧洞消能防冲设计洪水重现期为30年($P=3.33\%$)。

灌区工程主要建筑物防洪标准为10年一遇($P=10\%$)。

×××水库工程区场地按《××市××区×××水库工程场地地震安全性评价报告》得到××市××区×××水库坝址基岩50年超越概率10%的基岩地震动峰值加速度为0.26g,相应动峰值加速度取值为0.3g。地震动反应谱特征周期0.40s。南、北干渠区地震动峰值加速度0.30g,地震动反应谱特征周期0.40s。对应的地震基本烈度为Ⅷ度。

(四) 工程主要技术特征指标

×××水库工程的主要设计特征指标见表3-1。

表 3-1　　　　　　　　×××水库工程主要技术特征指标

序号	名　　称	数　量	备　注
一	水文		
1	流域面积		
	××河流域面积/km²	349	
	坝址以上流域面积/km²	145	
2	利用水文系列年限/年	34	19××—19××年
3	多年平均年径流量/万 m³	17917	
4	代表性流量		
	设计洪水标准及流量/(m³/s)	392	$P=2\%$
	校核洪水标准及流量/(m³/s)	638	$P=0.1\%$
5	洪量		
	设计洪水量（24h）/万 m³	1170	
	校核洪水量（24h）/万 m³	1879	
6	泥沙		
	多年平均输沙总量/万 t	15.2	
二	工程规模		
1	水库特征水位		
	校核洪水位/m	2202.59	
	设计洪水位/m	2202.07	
	正常蓄水位/m	2201.5	
	死水位/m	2165.00	
2	水库库容		
	总库容/万 m³	2203	
	正常蓄水位以下库容/万 m³	1949	
	调洪库容/万 m³	84	
	兴利库容/万 m³	1635	
	死库容/万 m³	315	
3	调节特性	不完全年调节	
4	下泄流量		
	设计洪水位时泄量/(m³/s)	379.7	
	校核洪水位时最大泄量/(m³/s)	564.8	
三	工程效益指标		
1	水库设计供水量/万 m³	2243.60	
2	灌溉面积（$P=75\%$）/万亩	2.6	
3	集镇人口（$P=95\%$）/万人	9.48	
四	工程永久占地/亩	1666.07	
五	主要建筑物		

续表

序号	名称	数量	备注
1	大坝坝型	沥青混凝土心墙风化料坝	
	地基特性	砂岩、泥岩及凝灰岩	
	地震动峰值加速度	0.3g	地震反应谱特征周期0.4s
	坝顶高程/防浪墙顶高程/m	2204.00/2205.00	
	最大坝高/m	99	
	坝顶长度/m	320	
	坝顶宽度/m	10	
2	溢洪道		
	控制堰型式	驼峰堰	有闸控制，8m×5.5m 弧门
	堰顶高程/m	2196.50	
	堰净宽/m	8.0	
	溢洪道全长/m	426.863	
	设计泄流量/(m³/s)	190.8	$P=2\%$
	校核泄流量/(m³/s)	218.4	$P=0.1\%$
	消能方式	底流消能	
3	泄洪隧洞		
	泄洪输水建筑物形式	前段无压、后段有压	
	断面尺寸/m	直径5.2 圆洞5×6	
	检修门形式、尺寸及数量/m	4.5×4.5/一套	平板钢门
	工作门形式、尺寸及数量/m	4.5×4.3/一套	弧形钢门
	隧洞全长/m	598.85	
	进口底板高程/m	2153.50	
	设计泄流量/(m³/s)	188.9	$P=2\%$
	校核泄流量(m³/s)	346.4	$P=0.1\%$
	衬砌形式	钢筋混凝土	
4	输水隧洞		
	输水建筑物形式	有压隧洞、钢管道	
	断面尺寸/m	$D=1.8$ 圆形隧洞 /$D=1.5$ 钢管道	
	检修门形式、尺寸及数量/m	1.5×1.5 钢闸门/一套	
	工作门形式、尺寸及数量/m	DN1200 消能阀/一套	
	隧洞全长/m	464.664	
	进口底板高程/m	2161.20	
	设计输水流量/(m³/s)	7.6	
	衬砌形式	钢筋混凝土	

续表

序号	名称	数量	备注
5	南干渠		
	总长度/km	15.417	
	控制灌溉面积/万亩	1.88	
	渠首设计流量/(m³/s)	1.61	
6	北干渠		
	总长度/km	10.89	
	控制灌溉面积/万亩	0.72	
	渠首设计流量/(m³/s)	0.74	
六	施工总工期/月	48	
七	经济指标		
1	总投资/万元	66419.34	
2	水库单位库容投资/(元/m³)	32.67	
3	成本水价/(元/m³)	0.319	

（五）工程主要建设内容

×××水库工程由枢纽大坝、溢洪道、导流泄洪隧洞、输水隧洞和灌区南、北干渠等建筑物组成。大坝坝型为沥青混凝土心墙风化料坝，坝高99m，坝顶宽10m，坝顶长320m。溢洪道布置于右坝肩，由进口引渠段、控制端、调整段、曲线段、陡槽段、消力池段和海漫段组成，全长426.863m；控制段为驼峰堰，堰宽8m。导流泄洪隧洞布置于右岸，进口采用"龙抬头"形式与导流隧洞相结合；由进口引渠段、有压洞段、竖井段、无压洞曲线段、无压洞直线段、出口泄槽段、消力池、出口明渠和海漫段组成，全长598.85m，其中洞身段长430m，有压洞段为5.2m的圆形断面，无压洞段为5m×6m城门洞形断面。输水隧洞布置于右岸，位于泄洪隧洞右侧，由进口引渠段、拦污栅段、有压入口段、渐变1段、有压洞身1段、渐变2段、检修闸室段、渐变3段、有压洞身2段、压力管道段组成，全长488.58m，有压洞身长363.5m，压力管道长115.08m。输水干渠由南干渠和北干渠组成，其中，南干渠长15.417km、渠首设计流量1.61m³/s，北干渠长10.891km、渠首设计流量0.74m³/s。

（六）工程布置

1. 枢纽工程布置

水库枢纽主要建筑物由大坝、溢洪道、导流泄洪隧洞、输水隧洞组成，大坝为沥青混凝土心墙风化料坝。溢洪道、导流泄洪隧洞及输水隧洞均布置在右岸，导流泄洪隧洞紧邻溢洪道右侧平行布置，输水隧洞布置在导流泄洪隧洞右侧。

沥青混凝土心墙风化料坝坝顶高程为2204.00m，心墙最低建基高程2105.00m，最大坝高99.00m，坝顶设置钢筋混凝土防浪墙，墙顶高程2205.00m。坝顶长320m，坝顶宽度10m。大坝上游坝坡在高程2179.00m、2153.00m处分别设有一台马道，将坝坡分为三级，各级坡比由上到下分别为1:2.25、1:2.25、1:2.5。下游坝坡共设三级马道，高程分别为2179.00m、2154.00m、2129.00m，高程2179.00m以上坝坡为1:2.1，2154.00~

2129.00m 高程间坝坡为 1∶2.0，其下部由于采用弱风化砂岩填筑而将坝坡设计为 1∶1.8。沥青混凝土心墙设置于大坝坝轴线上游 2m 处，采用碾压式施工工艺，心墙顶部厚度为 0.5m，采用阶梯式最终变到最厚 1.1m。心墙上下游各设置水平宽度 3m 的过渡层。

溢洪道采用岸边开敞式驼峰堰设闸溢洪道，最大下泄流量 218.4m³/s，布置于右岸，轴线布置为直线，出口水流正对下游河道，溢洪道基础置于基岩上。溢洪道堰顶高程 2196.50m，全长 426.863m，由进水渠（长 41m）、控制段（长 25m）、调整段（长 114.638m）、曲线段（长 15.142m）、陡槽段（长 111.083m）、消力池（长 90m）、出口明渠（长 30m）组成。控制段按宽顶堰设计，堰净宽 8m，设 1 道 8.0m×6.5m（宽×高）弧形工作闸门，液压机启闭。消能方式为底流消能，水流经消力池消能后归入下游河道。

导流泄洪隧洞布置于右岸，采用龙抬头形式与导流泄洪隧洞相结合，平面布置上呈 Y 字形，导流隧洞进口底板高程为 2136.90m，泄洪隧洞进口底板高程为 2153.50m。

专用导流洞由进口明渠、进口封堵闸室及洞身段组成，导流隧洞进口明渠长 3.6m，封堵闸室段长 7.5m，洞身段长 215.47m，设计断面为 5.0m×6.0m 城门洞型，其中导 0+166.63～导 0+179.89 段为转弯段，其他为直线段。导流隧洞末端 0+215.47 处与泄洪隧洞相接。导流洞封堵在隧洞进口封堵闸室设一道 5.0m×6.0m 平板钢闸门作为临时封堵闸门，封堵堵头布置导流隧洞转弯段及龙抬头结合处，堵头长 24m。

泄洪隧洞由进口引渠段、有压洞身段、竖井段、无压洞身曲线段、无压洞身直线段、出口泄槽段、消力池、出口明渠段和海漫段组成，全长 598.85m，其中洞身段长 430.0m。隧洞有压段为直径 5.2m 的圆形断面，无压段为 5.0m×6.0m 的城门洞形的断面。闸门井内设置 1 道平板检修闸门及 1 道弧形工作闸门，检修闸门孔口尺寸 4.5m×4.5m，工作闸门孔口尺寸 4.5m×4.3m，隧洞最大下泄流量 346.4m³/s，分别采用 C25、C30、C40 钢筋混凝土衬砌。

输水隧洞布置在大坝右岸山体内，在平面布置上采用直线，隧洞轴线距离右岸坝肩 93m。输水隧洞由进口引渠段、拦污栅段、有压入口段、渐变 1 段、有压洞身 1 段、渐变 2 段、检修闸室段、渐变 3 段、有压洞身 2 段、压力管道段组成。隧洞进口底板高程 2161.20m，检修闸门孔口尺寸 1.5m×1.5m，出口设 DN1200mm 消能工作阀，隧洞设计引用流量 7.6m³/s。

2. 灌区渠系工程布置

×××水库工程灌区为××区××镇和××街道办，灌区分为南北两片，分别为××灌区和×××灌区。

南干渠由××河五级电站前池取水，渠首设计流量 1.61m³/s，现状灌溉面积 19967 亩，规划水平年 1.88 万亩；渠线经过××坪子、××山、××平、××地、××城、××村至××老土城附近，南干渠全长 15.417km。

20××年 3 月，经认真比对，发现×××水库南干渠位置与××区交通运输局于 20××年 1 月完成路基开挖的××公路存在大范围的交叉重叠情况（××公路是××区贯彻落实《中共中央国务院关于打赢脱贫攻坚战的决定》、解决当地群众出行困难问题、打通当地农产品外销快捷通道而修建的乡村道路），为集约节约用地，进一步缩短南干渠建成投入使用的时间，尽可能地减少工程投资、减少工程建设占用地面积、减少对森林植被的破坏、减轻工程建设对生态环境的影响，最大限度地保护生态环境，加大对渠道下游村民、村庄、农田、道路等生命财产安全的保护力度，确保工程建成后输水安全，便于维护管养，为此将南干渠由明渠输水变更为管道输水，采取埋管法施工，将管道与道路相结合。南干渠变更为管道后，管材主要采用PCCP管，部分明管及弯管采用钢管，管道直径分别为：0.8m、1.0m、1.2m，管道设计压力为0.8MPa。

北干渠由××河六级电站前池取水，渠首设计流量Q为$0.74\text{m}^3/\text{s}$，根据渠道设计流量确定干渠工程等别为V等，渠系建筑物按5级建筑物设计。

北干渠由××河六级电站前池取水，渠首取水流量$0.74\text{m}^3/\text{s}$。现状灌溉面积8560亩，规划水平年0.72万亩。

北干渠1号倒虹吸，里程桩号：B0+000.000～B1+856.284，均为压力钢管，全长1.856km，管道内径为500～600mm，最大承压水头112.7m（含20%水锤压力）。2号倒虹吸，里程桩号：B1+856.284～B9+630.758（G7+789.391），均为压力钢管，全长7.774km，管道内径为500～600mm，最大承压水头680m。

（七）工程投资

根据××省水利厅、××省发展和改革委员会"××××〔20××〕××号"文件批复，×××水库工程概算总投资××××××.××万元，其中：枢纽工程投资×××××.××万元；灌溉、供水工程投资××××.××万元；水库淹没处理补偿工程征地费投资××××.××万元；水土保持工程投资×××.××万元；环境保护工程投资××××.××万元。根据××省发展和改革委员会"××××〔20××〕××××号"文件批复和初步设计概算，省级补助××××××万元，其余××××××.××万元由市、区自筹解决。如争取到中央资金，则按同比例冲抵省、市和区投资。

（八）主要工程量和总工期

1. 主要工程量

××水库工程主要工程量见表3-2。

表3-2　　　　　　　　　××水库工程主要工程量汇总

项　目	大坝	溢洪道	输水隧洞	泄洪隧洞	导流隧洞	北干渠	南干渠	合计
明挖土石方/m³	823759	136188	6064	24533	2676	103033	183068	1253807
洞挖及井挖石方/m³		2634	3789	23221	10224		4606	44380
护坡块石/m³	28036						4690	14573
垫层料、过渡料、碎石/m³	138436					6734		145170
坝壳强弱风化料填筑/m³	2664298							2497235
黏土料/m³	24751							24751
土石渣料回填及填筑/m³		11450	18	5678		58941	68452	144539
混凝土及钢筋混凝土/m³	11351	17814	2212	18281	5058	7909	2602	65227
喷混凝土/m³	483	307	489	1508	421	81	799	4088
沥青混凝土/m³	15825							15825
钢筋制安/t	372	597	185.2	1005.13	345	91.3	204.1	2799.73

续表

项　　目	大坝	溢洪道	输水隧洞	泄洪隧洞	导流隧洞	北干渠	南干渠	合计
浆砌石/m³	7755	4447		518	379	10604	23885	47588
砂浆抹面/m²						9913	49830	59743
回填灌浆/m²	603		1209	2895	2480		1954	9141
固结灌浆/m	4576	356	179	1129				6240
帷幕灌浆/m	33262							33262
钢管/t			46			1311.1		1357.1
钢支撑/t			34.4	248.7	90.6		92	465.7
锚杆/根	2220	3562	2680	7321	2310	351	6379	24823
小导管/根			91	548	330		294	1263
橡胶止水/m	474	1069	587	1073	360	12	126	3701
铜片止水/m	966			45				1011
排水孔/m		7598	258	895	182	7824	1683	18440

2. 施工总工期

控制本工程总工期的项目有：导流泄洪隧洞施工及坝体填筑。

×××水库枢纽工程12至次年4月为枯期，5—11月为汛期，坝体分两期施工，一期将度汛坝体填筑至2153.50m高程，二期将坝体填筑至坝顶高程，并且导流泄洪隧洞工程需12个月直线工期，准备工期6个月（直线工期3个月）。因此，本工程总工期为48个月。枢纽工程于20××年11月开工建设，至今建设工期57个月。

整个工程的施工总工日为152.2万工日，施工高峰人数为1354人，平均施工人数为1042人。

二、工程建设简况

（一）施工准备

×××水库导流泄洪隧洞于20××年5月××日开工建设，拦河坝及溢洪道工程于20××年11月××日开工建设。枢纽区施工准备工作主要涉及征占地、水、电、路等临时工程建设，共占用6个月全部完成。

（二）工程施工分标情况及参建单位

1. 工程施工分标情况

×××水库枢纽区施工共有3个标段，分别为导流泄洪隧洞标段、拦河坝及溢洪道标段及输水隧洞标段。

2. 参建单位

建设单位：××市××区×××水库工程管理局。

质量监督单位：××市水利水电工程建设质量监督站。

设计单位：××省水利水电勘测设计研究院。

监理单位：××××工程咨询有限公司。

质量检测单位：××××工程质量检测有限公司（导流泄洪隧洞工程标段）；×××××岩土工程质量检测有限公司（除导流泄洪隧洞工程标段以外全部标段）。

金属结构单位：××××水利机械有限公司。

施工单位：导流泄洪隧洞工程，××省水利水电工程有限公司；拦河坝及溢洪道工程，××建投××水利水电建设有限公司；输水隧洞工程，××市水利水电建设有限责任公司。

（三）工程开工报告及批复

×××水库经省、市、区上级主管部门批准，导流泄洪隧洞于20××年5月××日开工建设。××市水务局以"×××〔20××〕×××号"文批复同意××区××水库枢纽工程开工建设，拦河坝及溢洪道工程于20××年11月××日开工建设。

（四）主要工程开完工日期

1. 导流泄洪隧洞开完工日期

导流泄洪隧洞工程于20××年5月××日开工建设，20××年12月××日导流洞进口与泄洪隧洞出口开挖贯通，20××年2月开始进行隧洞混凝土浇筑，20××年12月完成导流洞专用段、发电引水支洞段、陡槽段、消力池段和海漫段等的混凝土衬砌作业，20××年2月××日，工程管理局针对导流泄洪隧洞工程完成情况，组织勘测、设计、监理、质检及施工单位开展了导流泄洪隧洞工程出口边坡开挖支护及无压洞身段（0+175.837～0+455.000）、出口消能段（0+455.00～0+520.718）、出口明渠段海漫段（0+520.718～0+580.718）和临建工程（导流隧洞及发电引水支洞）四个分部工程验收工作。××市水务局建管处、质量监督站及××区水务局领导到现场监督指导，同意验收。目前导流泄洪隧洞工程导流过水运行至今。20××年7月完成泄洪隧洞及竖井混凝土衬砌，完成泄洪隧洞竖井闸门安装等金属结构安装作业，目前未完工程为启闭机房装饰装修工程和导流隧洞、发电支洞封堵工作，计划20××年10月中旬，进行导流隧洞及发电支洞封堵，20××年12月底以前，完成启闭机房装饰装修工程。

2. 拦河坝及溢洪道工程开完工日期

拦河坝工程于20××年11月××日开工建设，20××年12月××日开始进行度汛坝体基础开挖，20××年2月完成度汛坝体基础开挖，20××年2月××日×××水库在××省水利厅的主持下顺利通过截流阶段验收，20××年3月×××水库顺利实现截流目标，20××年4月××日完成上游度汛坝体填筑（达到50年一遇度汛标准），20××年5月××日开始拦河坝岸坡及齿槽基础开挖，20××年11月××日齿槽基础通过验收，拦河坝上、下游土石坝坝基与岸坡处理工程于20××年1月××日完成，20××年1月××由××市水务局主持，管理局、监理、设计、施工等单位参加，对拦河坝开挖部分分部工程进行了验收（验收范围：2153.00m高程以下上游坝基及岸坡处理、截水槽坝基及岸坡处理、下游坝基及岸坡处理）。20××年5月××日正式开始填筑沥青混凝土心墙。20××年12月全部完成沥青混凝土心墙基座混凝土的浇筑及固结灌浆作业。20××年4月××日，拦河坝坝壳料及沥青混凝土心墙全部完成填筑工作，填筑高度为99m，即：拦河坝填筑封顶（坝壳料完成100%，沥青混凝土完成100%）。20××年8月××日由管理局主持监理、设计、施工等单位参加，对拦河坝坝基开挖与处理、溢洪道进水渠段、溢洪道控制段、沥青混凝土心墙、上游坝体、上游度汛坝体、下游坝体、下游弱风化砂岩堆石料填筑共计8个分部工程组织验收。20××年8月完成溢洪道闸门安装等金属结构安装作业。20××年8月完成拦河坝基础所有帷幕灌浆作业。目前未完成工程为坝顶路面及路面石栏杆等坝顶附属工程、下游坝坡观测房装修工程、水情测报系统安装工程，计划20××年12月底以前全部完成。

3. 输水隧洞工程开完工日期

输水隧洞工程于20××年7月××日开工建设，20××年5月××日输水隧洞顺利贯通，20××年7月中旬输水隧洞竖井全部开挖完成。20××年11月开始洞身钢筋混凝土衬砌，20××年1月洞身段混凝土衬砌结束，20××年4月××日开始回填灌浆、固结灌浆施工，20××年7月完成回填、固结灌浆施工，同步完成输水隧洞竖井闸门安装等金属结构安装作业，2020年8月完成隧洞出口压力管道段，主体工程基本完成，目前未完成工程为启闭机房装饰装修工程，计划20××年年底完成。

（五）完成的主要工程量

1. 导流泄洪隧洞工程

导流泄洪隧洞完成的工程量见表3-3。

表3-3　　　　　　　　导流泄洪隧洞完成的主要工程量

序号	项 目 名 称	完成工程量	复核工程量
1	明挖土方/m³	40359.32	40359.32
2	明挖石方/m³	9987.424	9987.424
3	喷C20混凝土/m³	2329.98	2329.98
4	砂浆锚杆/根	14718	14718
5	挂网钢筋/t	63.035	63.035
6	石方洞挖/m³	27798.11	27798.11
7	井挖石方/m³	7325.63	7325.63
8	钢支撑/t	405.889	405.889
9	C15混凝土/m³	2730.14	2730.14
10	C20混凝土/m³	3409.26	3409.26
11	C25混凝土/m³	3436.64	3436.64
12	C30混凝土/m³	5653.53	5653.53
13	钢筋制安/t	1301.779	1301.779
14	回填灌浆/m²	2164.89	2164.89
15	固结灌浆/m	2504.8	2504.8
16	橡胶止水带/m	2031.24	2031.24
17	铜止水/m	346.66	346.66

2. 拦河坝工程

拦河坝完成的工程量见表3-4。

表 3-4　　　　　　　　　　　拦河坝完成的主要工程量

序号	项 目 名 称	完成工程量	复核工程量
一	导流工程		
1	开挖土石方（黏土斜墙基础开挖）/m³	6652.9	6652.9
2	黏土斜墙（含围堰）/m³	27154.91	27154.91
二	大坝工程		
1	坝基土方开挖/m³	654281.59	654281.59
2	坝基石方开挖/m³	135515.48	135515.48
3	心墙沥青混凝土（密级配）/m³	14203.13	14203.13
4	过渡层/m³	116502.72	116502.72
5	坝壳强弱风化砂岩、泥岩料/m³	1823190.92	1823190.92
6	坝体弱风化砂岩料/m³	628274.09	628274.09
7	各型号砂浆锚杆/根	5930	5930
8	喷射 C20 混凝土/m³	1685.64	1685.64
9	固结灌浆钻孔/m	5059.854	5059.854
10	固结灌浆/m	3900	3900
11	帷幕灌浆钻孔/m	34145.071	34145.071
12	帷幕灌浆/m	32496.255	32496.255
13	上下游干砌石护坡/m³	19500	19500
14	下游浆砌石护坡/m³	5000	5000
15	C20W8 心墙基座混凝土/m³	5862.54	5862.54
16	C25W6 混凝土防浪墙/m³	600	600
17	橡胶止水带/m	154	154
18	紫铜片止水（1.2mm）/m	691.1	691.1
19	钢筋制安/t	267.361	267.361
20	挂网钢筋/t	29.878	29.878

3. 溢洪道工程

溢洪道完成的工程量见表 3-5。

表 3-5　　　　　　　　　　　溢洪道完成的主要工程量

序号	项 目 名 称	完成工程量	复核工程量
1	土石方开挖/m³	75724.16	75724.16
2	各型号砂浆锚杆/根	1781	1781
3	喷 C20 混凝土/m³	480.88	480.88
4	固结灌浆/m	897.4	897.4
5	排水管/m	555.84	555.84
6	M7.5 浆砌石/m³	793.86	793.86
7	100t 预应力锚锁（套管成孔）/根	82	82

续表

序号	项目名称	完成工程量	复核工程量
8	W6F150C30 混凝土/m³	9497.64	9497.64
9	W6F150C20 混凝土/m³	3257.56	3257.56
10	C40W6F150 抗冲磨混凝土/m³	1429.07	1429.07
11	钢筋制安/t	628.516	628.516

4. 输水隧洞工程

输水隧洞完成的工程量见表 3-6。

表 3-6　　　　　　输水隧洞完成的主要工程量

序号	项目名称	完成工程量	复核工程量
1	明挖土方/m³	1302	1302
2	明挖石方/m³	868	868
3	喷射 C20 混凝土/m³	600	600
4	砂浆锚杆/根	3317	3317
5	挂网钢筋/t	12.4	12.4
6	洞挖石方/m³	2206	2206
7	井挖石方/m³	649	649
8	钢支撑/t	29	29
9	C20 混凝土/m³	824	824
10	C25 混凝土/m³	1832	1832
11	C30 混凝土/m³	106	106
12	钢筋制安/t	211	211
13	回填灌浆/m²	1124	1124
14	固结灌浆/m	948	948
15	651 橡胶止水/m	329	329
16	铜止水/m	62	62

5. 坝址区安全监测系统工程

坝址区安全检测系统完成的工程量见表 3-7。

表 3-7　　　　　　坝址区安全检测系统完成的主要工程量

序号	项目名称	完成工程量	复核工程量
1	垂直/水平位移计（引张线水平位移计、水管式沉降仪）/组	14	14
2	侧缝计/只	52	52
3	无应力计/只	25	25
4	三向应变计/组	29	29
5	坝体、坝基渗透压力测点渗压计（振弦式）/支	21	21
6	水位尺/套	1	1
7	观测房（3m×3m）/座	7	7

6. 金属结构安装工程

金属结构完成的工程量见表 3-8。

表 3-8　　　　　　　　　金属结构安装完成的主要工程量

序号	项 目 名 称	工程量	孔口型式	栅叶型式	启闭机型式
1	泄洪隧洞事故检修闸门制安/t	65	潜孔式	平面滑动	高扬程卷扬式 QPG1250-55
2	泄洪隧洞事故检修闸门埋件制安/t	25	—	—	—
3	泄洪隧洞弧形工作闸门埋件/t	20	—	—	—
4	泄洪隧洞弧形闸门制安/t	45	潜孔式	弧形滑动	液压式启闭机 QHSY1250/300-7.1
5	输水隧洞拦污栅制安 3.8×2.8m-2m/t	1.739	—	—	—
6	输水隧洞事故检修闸门 1.5×1.5m-40m/t	12.966	—	—	—
7	输水隧洞 QPG-400kN-45m 启闭机采购安装（直联式固定卷扬机）/台	1	—	—	—
8	溢洪道弧形工作闸门埋件/t	20	—	—	—
9	溢洪道弧形闸门埋件制安/t	45	—	弧形滑动	液压式启闭机 QHSY1250/300-7.1
10	溢洪道启闭机自重/t	13	—	弧形滑动	液压机 QHLY-2× 250/0-2.4

（六）主要设计变更

1. 导流泄洪隧洞工程主要设计变更

（1）泄洪隧洞出口结构开挖（编号：DLXHD-20××-01）。泄洪隧洞出口明挖变更为隧洞开挖，原出口处有××河四级电站引水渠道和×××村的×××等四个小组唯一的通行道路，出口处大体积土石方开挖将破坏渠道、长时间阻断通村道路，因此变更出口方案。方案变更后，隧洞在渠道下部直接进洞，避免对渠道的破坏和因长时间阻断交通而引发的维稳协调问题。

（2）泄洪隧洞进口结构开挖（编号：DLXHD-20××-02）。泄洪隧洞进口边坡开挖后，所揭露地质条件较差，因此原边坡由 1:1.0 调整为 1:1.2，并将原设计的浆砌石护坡变更为 0.3m 厚钢筋混凝土护坡，并增加 9m 长注浆锚杆。

（3）新增混凝土埋管工程（编号：DLXHD-20××-03）。20××年 6 月××日，因导流洞进口施工影响，位于导流洞进口处的四级电站渠道拱顶及外边墙垮塌，随即管理局召集监理、设计、施工等单位商定抢险方案。根据《初步设计报告》，该段渠道在填筑度汛坝体时将作为截流过水通道，为了保证在大坝截流时能顺利导截流，最终确定采用施工周期最短的混凝土管埋设方案。

（4）泄洪洞消力池结构优化调整导致施工超挖问题的处理方案（编号：DLXHD-20××-01）。根据现场开挖揭露地质情况，泄洪隧洞出口消力池地基为砂卵石夹大孤石，其承载力较高，经地质及设计分析，认为在满足泄洪隧洞出口消能要求的前提下，消力池基底高程可抬高。经消能计算复核，消力池底板高程抬高至 2104.80m，消力池出口位置相应向前移动了 8.311m。因消力池高程及出口位置变化，导致原消力池出口位置形成局部超挖。超挖部分以 C15 埋石混凝土回填。

(5) 泄洪隧洞出口局部（泄 0+452.040～泄 0+475.718）调整（编号：DLXHD-20××-02）。泄洪洞陡槽扩散段右边墙为岩石边坡，但开挖已形成倒悬坡，且上部为四级电站渠道。根据现场地形地质情况，为了满足安全施工条件，泄洪隧洞将出洞口外移 2.96m，出洞口桩号调整为泄 0+455m，末端桩号调整为 0+470m。

(6) 出口消力池增设栏杆（编号：DLXHD-20××-01）。由于导流洞出口消力池靠近村庄，为避免对人员造成意外伤害，在出口消力池边墙增设钢管栏杆，栏杆高 1.2m。顶层横杆、底层横杆和竖杆均采用 φ50 的镀锌钢管，中间竖杆采用 φ25 的镀锌钢管，间距为 0.15m。竖杆间距为 1.2m。竖杆底座用长 0.2m 的小锚筋与消力池边墙连接。

(7) 泄洪隧洞竖井高程 2175.30m 板增设吊物孔（编号：DLXHD-20××-01）。为了运行期检修方便，需在泄洪隧洞竖井 2175.30m 高程平台下游左侧墙角增设 1.3m×2.0m 的吊物孔，现对该位置板的结构进行调整，将原 50cm 厚板改为梁板结构，在楼梯与吊物孔之间垂直水流方向增设一根 70cm×50cm 的梁，梁中间位置上预埋吊钩两个，作为启闭机安装及检修的吊物点。吊物点布置在梁中心线上，沿竖井轴线两侧各布置一个。吊钩水平段与高程 2175.30m 板上层钢筋焊接连接。

(8) 导流泄洪隧洞竖井平台开挖支护图 JZS-JS-SG-07（编号：DLXHD-20××-01）。泄洪隧洞竖井在开挖过程中于 20××年 1 月××日发生了冒顶式大塌方，导致竖井下游井壁及山体塌陷，致使原布置在竖井下游的工作桥基础失去位置。由于塌方造成现场地形出现较大改变，经参建各方现场研究，结合下游坝顶公路布置，拟取消原竖井工作桥及桥墩，在竖井井筒上游两侧各设一道挡土墙，墙后采用土石渣回填至竖井平台高程 2204.00m。挡墙最大高度为地面以上 5m，挡墙与两侧山体交接处高度可结合现场地形、地质条件进行适当调整，控制墙顶高程为 2200.00m。挡墙采用 C20 埋石混凝土重力式挡墙，挡墙施工时应按设计要求预埋排水管，确保排水通畅，并做好相应的反滤保护。

(9) 泄洪底孔 4.5×4.3-49m 弧形工作闸门安装布置总图（编号：DLXHD-20××-01）。为避免液压缸顶部闸门开启过程中与启闭机室顶部下游斜墙干涉，将原有液压启闭机液压油缸（含机架不含油箱泵组）整体向上游方向移动 180mm，其余不变。移动 180mm 为计算值，现场完成移动安装后需小心调试，防止损坏设备。

2. 拦河坝工程主要设计变更

(1) 度汛坝体黏土斜墙填筑参数确定（编号：LHB-20××-01）。度汛坝体上游黏土斜墙料采用右坝肩开挖土料，渗透系数要求小于 $5.0×10^{-5}$cm/s，填筑压实标准采用压实度控制，压实度不小于 0.96。

(2) 坝壳料设计参数调整（编号：LHB-20××-02）。根据施工单位提供的坝壳料（强、弱风化砂泥岩料）碾压实验报告成果，在不同铺土厚度及碾压遍数情况下，坝料孔隙率均达不到原设计技术要求不大于 23%。在不影响大坝安全稳定的情况下将坝壳强、弱风化砂泥岩料的孔隙率调整为不大于 25%。

鉴于度汛坝体迎水面设有黏土斜墙，考虑土料填筑与坝壳料需均衡上升，黏土料按 35cm 铺土厚度考虑，综合确定坝壳料铺土厚度采用 70cm，碾压 8 遍。

(3) 度汛坝体右岸引水渠暗涵灌浆（编号：LHB-20××-03）。度汛坝体坝基开挖揭露右岸发电引水渠道基础为较破碎的松散堆积物，因发电引水渠暗涵作为前期导流通道，围堰右岸发电引水渠段不能进行截水墙开挖。为防止围堰及度汛坝体挡水期间右岸发电引水渠段暗涵周围破碎岩体出现大的渗流，危及度汛坝体右岸的稳定，在枯期围堰填筑完成后，对原渠道暗涵采用混凝土封堵回填，并在防渗斜墙齿槽与发电引水渠结合部增加两排帷幕（充填固结）灌浆孔，灌浆轴线沿防渗斜墙齿槽布置，孔间距为2.0m，排距为1.5m，梅花形布置，灌浆孔布置示意见附图。灌浆在围堰上游黏土斜墙上进行，灌浆底界为设计坝坡开挖基础面以下5m，顶界与黏土斜墙土体搭接1m。灌浆时先灌下游排，后灌上游排。灌浆分两序进行，采用水灰比0.5:1的浓浆灌注，初定灌浆压力为0.1～0.2MPa，实际压力可结合现场生产性试验确定，要求灌浆后岩体透水率小于10Lu。

（4）左岸上游坝坡滑坡体监测点布置（编号：LHB-20××-04）。20××年7月××日清早，在左岸坝轴线上游坝纵0-100～0-045处沿基岩裂隙面出现滑动，发生浅层滑坡。滑坡后缘高程接近坝顶高程2204.00m，底部出露高程在2158.00m附近，滑坡产生的主要原因是受连续强降雨及雨季开挖坝坡影响。为了加强对该滑坡的观测，为后续工程及滑坡处理提供依据，20××年8月××日下午，参建各方经现场研究，提出加强滑坡变形观测，共布置5个变形观测点。观测点布置见附图，其位置可结合现场实际情况进行适当调整，要求观测墩布置在基岩上。

（5）左岸坝肩高边坡护坡（编号：LHB-20××-05）。由于左岸临时道路改为高边坡顶上部通过，改变了左岸边坡设计条件，形成了较大的积水平台，雨水下渗易造成边坡失稳。为有效排除边坡内部渗水，拟在左岸高边坡坝肩高程2240.00m以上浆砌石护坡范围设置$\phi 50$ PVC花管作为排水孔。排水孔深度为3m，间排距为2.0m，梅花形布置。该项变更共增加排水孔720m。

（6）左岸坝肩高边坡护坡（编号：LHB-20××-06）。20××年9月××日，由于多日连续降雨，左岸高边坡坝肩高程2240.00m以上部分浆砌石护坡因土质边坡土体饱水出现局部坍塌，危及护坡顶以上公路安全。根据现场实际情况，提出以下处理措施：

1）疏通岸坡顶部排水沟及公路内侧排水沟，确保排水畅通，防止积水下渗引起边坡失稳。

2）清除岸坡顶临时堆放的砂石或其他物料，减轻岸坡上部荷载。

3）自上而下清理塌方体，对清理面及时喷5cm厚C20混凝土进行护面，防止雨水下渗及对土体表面造成冲刷。清理完成后，在塌方体范围增设长6m、直径50mm、壁厚5mm的注浆小导管对边坡进行加固，注浆导管间、排距为2.0m，梅花形布置。注浆导管加固后采用C20埋石混凝土对塌方体进行修复，注浆导管安装外露50cm与加固混凝土连接。

4）注浆小导管采用花管，除孔口1.5m范围不设孔外，其余均设直径不小于5mm的灌浆孔，孔间距10cm，梅花形布置。灌浆采用0.5:1的水泥浆灌注，灌浆压力0.2～0.4MPa。

5）塌方体处理区PVC排水管加长为4.5m，其布置同浆砌石护坡区。

6）原浆砌石护坡未处理区，增设Φ25、L为4.5m砂浆锚杆进行边坡加固，锚杆间、排距均为2.0m，梅花形布置。

（7）右岸下游边坡监测点布置（编号：LHB-20××-07）。20××年9月12日上午，×××水库右岸大坝下游公路上方边坡发生崩塌，主要原因是受连续强降雨影响，陡峻地形处出现地表崩坡积层失稳、塌落，崩塌壁后缘出现多条地表裂缝。为了加强对该不良地质体的观测，为后续工程及该边坡处理提供依据，20××年9月××日下午，参建各方现场研究，提出加强边坡变形观测，共布置7个变形观测点。观测点布置见附图，其位置可结合现场实际情况进行适当调整，要求观测点应与边坡的岩土牢固结合。

(8) 大坝边坡监测网布置（编号：LHB-20××-08）。20××年汛期，受连续强降雨及边坡开挖卸荷影响，×××水库坝基开挖过程中局部边坡出现开裂变形或局部浅层滑动，为确保施工安全，经参建各方现场研究，需加强对边坡变形进行监测。岸坡监测点布置及要求如下：

1) 左岸监测点布置。20××年7月××日，左岸齿槽上游发生浅层滑坡，已布置5个变形监测点，详见设计通知单××××-×××-××-20××-05。施工现场可根据现场实际情况再增加3～4个监测点，以加强对左岸坝坡的变形监测，具体位置由地质设代现场确定。

2) 右岸监测点布置。20××年9月××日右岸大坝下游山坡出现裂缝，已布置7个变形监测点，详见设计通知单××××-×××-××-20××-08。20××年10月××日，大坝右岸溢洪道位置又发现数条地表裂缝，需在右岸布设18个变形观测点，形成观测网。右岸观测网点布置见附图，其位置可结合现场实际情况进行适当调整。

3) 监测点应与边坡的岩土牢固结合，观测仪器宜采用精度为1′的全站仪进行，以确保观测精度。观测频次按每1次考虑，如变形出现异常，应加密观测次数。

4) 如发现监测点出现较大的异常变形，应根据现场实际情况做好人员撤离及施工机械设备的应急措施，确保现场人员及设备的安全。

(9) 右岸交通道路布置（编号：LHB-20××-09）。右岸坝顶至泄洪洞闸门井及输水隧洞闸门井之间交通道路高程为2204.00m，与坝顶齐平。由于溢洪道进口段及右岸交通道路未开挖，大坝清基后右岸坝顶至泄洪洞闸门井段形成高边坡，现已发现部分边坡开裂。为确保右岸坝顶心墙齿槽上游侧边坡的稳定，要求结合溢洪道进口段开挖及右岸交通道路路基开挖对右岸坝顶以上边坡进行削坡减载。右岸交通道路与溢洪道交通桥、泄洪隧洞闸门井、输水隧洞闸门井相连，其边坡与溢洪道边坡相连，边坡支护措施采用锚喷支护；边挖边坡挂网喷C20混凝土，喷混凝土10cm；锚杆采用Φ25砂浆锚杆，单根长4.5m，间排距为1.5m，梅花形布置；ϕ50PVC排水花管，单根长6m，间排距为3m，梅花形布置。右岸交通道路布置见附图，其布置可结合现场地形进行适当调整。

(10) 大坝细部结构（编号：LHB-20××-01）。大坝上游采用干砌石护坡，其中2164.00m高程以上采用0.40m厚的干砌石护坡，2164.00m以下采用0.3m厚的干砌石护坡。上游坝坡在2179.00m、2153.50m高程分别设置3.0m宽马道。为了增加砌石护坡的稳定性，在每级马道靠近坝体一侧设置M7.5浆砌石齿墙。浆砌石齿墙高度为0.7m，顶宽为0.30m，底宽为0.51m。齿墙结构详见附图"上游坝坡马道处齿墙示意图"。

(11) 大坝下游坝坡、岸坡排水沟细部结构（编号：LHB-20××-01）。

1) 大坝下游坡面在2179.00m高程以上采用M7.5浆砌石护坡，其下采用干砌石护坡，厚度均为0.4m；下游坝坡在2179.00m、2154.00m、2129.00m高程分别设置3.0m宽马道。

2) 为了加强下游坝坡坡面排水，在每级马道靠近坝坡一侧设置C20混凝土排水沟，其两端与岸坡排水沟相连。排水沟断面为0.3m×0.4m，衬砌厚度0.25m。

3) 为了防止下游两岸坡坡面雨水冲刷坝体,在下游岸坡与坝坡结合处设置 C20 混凝土排水沟。排水沟断面为 0.4m×0.4m,衬砌厚度 0.25m。

4) 在左岸下游坝横 0+146.379 与坝横 0+164.864 处各有 1 条冲沟,为了排泄冲沟洪水,将坝横 0+146.379～0+164.864 段下游岸坡与坝坡结合处排水沟断面加大为 0.5m×0.5m,衬砌厚度 0.25m;坝横 0+164.864 以下岸坡与坝坡结合处排水沟断面加大为 1.0m×1.0m,衬砌厚度 0.3m。各排水沟结构尺寸详见附图"下游坝坡马道处排水沟、岸坡与坝坡结合处排水沟示意图"。

(12) 大坝填筑图(编号:LHB-20××-02)。×××水库沥青混凝土心墙自上而下设计厚度为 0.5～1.1m,采用阶梯式变厚,原设计厚度分别在高程 2129.00m、2154.00m、2179.00m 处发生变化,心墙厚度分别由 1.1m 变为 0.9m、0.9m 变为 0.7m、0.7m 变为 0.5m。为适应坝体变形、防止心墙突变引起应力集中,将高程 2129.00m、2154.00m、2179.00m 处心墙厚度变化由阶梯式突变改为渐变,心墙沥青混凝土填筑时考虑分 3 层(层厚 30cm)完成渐变收缩,第 1 层两侧各收缩 4cm,第 2 层、第 3 层两侧各收缩 3cm,3 层累计单侧收缩 10cm,两侧累计收缩 20cm。

(13) 对沥青心墙风化料坝大坝填筑图(13/14)进行调整的通知(编号:LHB-20××-03)。

1) 由于大坝左岸上游滑坡,导致左岸里程(坝横 0+020.000～坝横 0+060.000)段心墙基座底部岩体破坏,需进行二次清理,二次清理时将已破坏的松散岩体进行了清理,清理后基底高程与原设计出现较大的变化,为减少基座混凝土工程量,同时尽量减少基面再次开挖以免影响边坡稳定,对该段心墙基座底坡进行调整。其中坝横 0+020.398～坝横 0+040.000 段基座底坡调整为 1:0.75,坝横 0+040.000～坝横 0+055.355 段基座底坡调整为 1:1.767,坝横 0+055.355～坝横 0+060.000 段基座底坡调整为 1:1.218。

2) 心墙基座以下超挖部分采用 C20 混凝土回填,砂浆锚杆应伸入超填混凝土 0.5m。

3) 基座上游清基时应加强安全监测,必要时边坡需采取安全防护措施,确保基座断面结构尺寸满足设计要求。

(14) 对大坝过渡料颗粒级配包络曲线进行调整的通知(编号:LHB-20××-04)。大坝过渡料原设计包络曲线范围较窄,在加工试验过程中颗粒级配难以控制在设计颗粒级配包络曲线图中,根据施工试验提供的颗粒级配曲线,结合本工程实际,在规范要求范围内,对包络曲线进行适当调整,调整后的过渡料填筑设计控制孔隙率小于 20%,填筑干密度不低于 2.0g/cm^3,渗透系数 $(5\sim10)\times10^{-3}$cm/s。

(15) 大坝帷幕灌浆布置图(编号:LHB-20××-01)。原设计大坝两岸死水位以上帷幕灌浆均布置为单排孔,由于灌浆区域内存在较大范围的强透水区($q\geqslant100$Lu),根据右岸单排孔灌浆试验检查孔成果,单排孔灌浆效果较差,合格率较低,考虑到沥青混凝土心墙坝范围内防渗帷幕存在不可修复性,为确保心墙范围帷幕工程质量,经建设、设计、监理及施工单位共同研究,决定在坝顶以下、死水位以上单排孔帷幕前增加一排副帷幕,具体范围如下:

1) 在大坝左岸坝横 0-000.250～0+040.250 段防渗帷幕轴线上游 1.2m 处布置一排灌浆副帷幕,孔距 1.5m,孔深深入强透水层($q\geqslant100$Lu)以下 5m 左右,顶界为正常蓄水位,共计 28 个孔。

2）在大坝右岸坝横 0+279.650～0+341.150 段防渗帷幕轴线上游 1.2m 处布置一排灌浆副帷幕，孔距 1.5m，孔深深入强透水层（$q \geqslant 100$Lu）以下 5m，顶界为正常蓄水位，共计 42 个孔。

新增帷幕灌浆范围详见《大坝左、右岸新增副防渗帷幕灌浆布置图》。

（16）关于增设大坝上游踏步及水位尺的通知（编号：LHB-20××-02）。为了今后水库大坝运行管理与监测方便，经参建各方现场研究，决定在上游左岸布置一道人行踏步，并沿踏步旁布设一套水位尺。

1）人行踏步布置范围由坝顶至死水位以下 1.0m，即坝顶高程 2204.00～2164.00m。踏步分两段布置，坝顶高程 2204.00m 至马道 2179.00m 之间，踏步沿左岸平行岸坡脚斜向布置，2179.00～2164.00m 之间垂直马道布置。踏步按垂直净宽 2.0m 布置，采用 C20 混凝土预制块支砌，两侧设 20cm 宽现浇 C20 混凝土踢脚。上下两段踏步之间在高程 2179.00m 马道处采用 20cm 厚现浇 C20 混凝土浇筑，其底部铺设 10cm 厚碎石垫层。踏步末端 2164.00m 处设一齿墙作为蹬脚，以确保踏步的稳定。齿墙高 0.8m，顶宽 0.41m，底宽 0.65m，采用 C20 混凝土浇筑。

2）水位尺设在人行踏步一侧，采用标准水位尺，量测水位范围为 2204.00～2164.00m。

3）水位尺由一系列单根高度 1.0m 的成品水尺组成，共设置水尺 40 根。

4）水位尺固定在不锈钢管桩上，钢管桩固定在人行踏步旁基座中。基座采用 C20 混凝土浇筑，埋深 0.5m；立柱采用两根 1200mm×80mm×40mm（长×宽×厚）的 304 不锈钢扁管并排焊接，立柱锚入基座 150mm；在立柱两侧外表面贴装成品水位标尺 1000mm×150mm×1mm（长×宽×厚）。

5）在水位标尺与立柱间设置 304 不锈钢标牌，标牌压印在对应的水位标尺底。

踏步结构布置及水位尺结构布置详见附图。

（17）关于泄洪隧洞和输水隧洞与帷幕灌浆交叉部位增设帷幕截水环的设计通知（编号：LHB-20××-01）。坝址区右岸帷幕灌浆与导流泄洪隧洞和输水隧洞存在交叉搭接，为了保证导流泄洪隧洞及输水隧洞与大坝基础帷幕的连接质量，有效防止库水沿洞壁渗漏，在导流泄洪隧洞及输水隧洞与帷幕灌浆交叉处增设帷幕截水环。

1）泄洪隧洞与大坝帷幕交叉部位增设三排帷幕灌浆截水环，深入围岩 5m，间排距均为 1.5m，梅花形布置。中间排布置在帷幕线交叉点上，交叉点桩号为泄 0+202.933，坐标为（××××.××××，××××××.××××）。

2）输水隧洞与大坝帷幕交叉部位增设三排帷幕灌浆截水环，深入围岩 3m，每排 6 孔，排距 1.5m，梅花形布置。中间排布置在帷幕交叉点上，交叉点桩号为输 0+195.442，坐标为（××××.××××，××××××.××××）。

3）帷幕截水环灌浆要求同大坝帷幕灌浆，先灌下游排，再上游排，最后中游排，灌浆压力 0.6～0.8MPa。

（18）大坝帷幕灌浆布置图 JZS-JS-SG01～04（编号：LHB-20××-02）。左右岸灌浆平洞各选择了一个区域进行帷幕灌浆试验，进行了第 1 段灌浆压力 0.4MPa、最大压力 2.5MPa 和第 1 段灌浆压力 0.2MPa、最大压力控制孔口压力 1.5MPa 的灌浆试验。第一次试验检结束后，经检查孔检查发现第 1 段到第 3 段大部分灌浆段压水试验达不到设计要求，同时第 4 段到第 8 段也存在部分灌浆段压水试验达不到设计要求的问题。经分析认为，本工程地层为砂泥岩,属软岩,可能存在劈裂问题,故将第1段灌浆压力调整为0.2MPa、最大压力控制孔口表压力1.5MPa再次进行试验。经试验,调整压力后,第1段到第3段大部分灌浆段压水试验仍达不到设计要求,其余灌浆段均达到设计及规范要求;水泥单位注入量降低了20%～30%。降低压力后灌浆效果较明显,但第1段到第3段大部分不满足规范技术要求,水泥单位注入量仍然很大,因此,经研究确定两坝肩单排孔帷幕灌浆做如下调整:

1)帷幕灌浆仍维持原设计单排孔不变,孔口第一段灌浆压力调整为0.2MPa、最大压力控制孔口表压力为1.5MPa。对水泥注入量大的孔段应先低压、结束按设计压力灌浆,并同时采取间歇、待凝、浓浆等措施。

2)鉴于第1段到第3段大部分压水试验达不到设计要求,在帷幕灌浆孔上游布置一排补强孔,补强孔距帷幕线0.75m,孔距1.5m,与帷幕孔呈梅花形布置,孔底高程按第三段底高程2191.50m确定,灌浆段长度10.0m,非灌段长2.5m。

3)左右岸试验区已在孔间进行过加密孔补强灌浆的,其上游不再设补强孔。

(19)大坝左岸边坡处理(编号:LHB-20××-03)。大坝左岸坝肩上、下游坝上道路边坡由于地表覆盖层较厚,加之岩体破碎,雨季受强降雨影响造成上坝道路边坡塌方。该塌方区域位于大坝边坡影响范围内,如不及时治理,将会影响坝肩边坡稳定,为此需尽快对塌方段进行处理。经参建各方现场研究,拟采用混凝土挡墙进行挡护,挡墙结构采用贴坡式挡墙,其高度根据现场地形条件确定,路面以上高度按1～3m控制,同时控制分段长度不超过10m。

为确保施工安全,挡土墙施工需采用进占法施工,从塌方端头向中间进占,开挖一段,浇筑一段,并对塌方边坡存在的不稳定体进行必要的清理。挡墙施工时应按设计要求预埋排水管,确保排水通畅,并做好相应的反滤保护。挡墙结构详见《挡土墙结构布置图》。

3. 溢洪道工程主要设计变更

(1)溢洪道陡槽段、消力池进口反弧段结构混凝土标号调整的通知(编号:YHD-20××-01)。根据溢洪道水工模型试验结果:溢洪道在陡槽段水流流速较高,其末端消力池进口反弧起点处流速达34.54m^3/s,属于高速水流。为了确保陡槽段、消力池进口反弧段的结构免遭冲刷破坏,根据稽查专家建议,将陡槽段溢0+160.000～溢0+255.000段底板与边墙、消力池进口反弧段溢0+255.000～溢0+286.863段底板、边墙(靠迎水面0.5m厚)C30W6F150混凝土调整为C40W6F150抗冲磨混凝土,抗冲磨混凝土需掺加专用HF外加剂。

(2)溢洪道坐标更正及基础悬空处处理措施(编号:YHD-20××-02)。

1)溢洪道坐标。根据初设大坝枢纽平面布置图,技施图纸《溢洪道结构布置图(1/3)》(×××-JS-YHD-01)中控制点坐标有误,现更正如下:

进口控制点:Y1,$X=×××××.×××$,$Y=×××××.×××$。

出口控制点:Y2,$X=×××××.×××$,$Y=×××××.×××$。

2)溢洪道基础悬空处处理。根据实测地形,溢洪道0+205～0+235段底板基础左侧有局部悬空现象,根据现场地形、地质情况,拟采用回填埋石混凝土进行回填处理,并设锚杆与基岩连接。锚杆采用$\phi25$砂浆锚杆,单根长4.5m,伸入埋石混凝土内1m;锚杆间距1.4m,排距2.0m。施工过程中可根据现场实际地质地形条件对回填的埋石混凝土底界线进行适当调整。

(3) 溢洪道横剖面图（编号：YHD-2016-03）。溢洪道右岸高程2210.00m以下边坡，原设计为浆砌石护坡。为确保溢洪道边坡能及时支护，确保永久边坡的稳定，溢洪道右岸高程2210.00m以下边坡支护改用挂网锚喷支护。喷混凝土每10m设一道变形缝，缝内嵌2cm厚沥青杉板。锚杆采用长4.5m、Φ25的砂浆锚杆，间排距1.5m，梅花形布置；喷C20混凝土厚12cm，挂网钢筋采用φ6.5@200mm×200mm。其中0+042～0+106段为土质边坡，地质条件较差，边坡稳定性差，需进行加强处理，将Φ25砂浆锚杆改为长6.0m、直径50mm、壁厚5mm的注浆小导管（花管，孔间距10cm，孔径不小于5mm，导管孔口1.5m范围不设孔）对土质边坡进行加固，采用0.5:1的水泥浆灌注，灌浆压力0.3～0.5MPa。

锚杆和注浆小导管安装时外露10cm与挂网钢筋和喷混凝土连接。锚杆和注浆小导管安装后钻孔安装排水管，采用中50PVC排水花管，单根长6m，外露20cm，间排距为3m，梅花形布置，在喷混凝土时采用措施保护排水管出口，保证不堵塞排水孔。

(4) 关于调整溢洪道和泄洪隧洞出口消力池尾墩及岸坡连接段的通知（编号：YHD-20××-01）。为确保溢洪道和泄洪隧洞出口消力池尾墩及溢洪道消力池边墙与下游河岸平顺连接，防止洪水下泄冲刷河岸。结合现场情况，对溢洪道和泄洪隧洞出口消力池尾墩及岸坡连接段进行优化调整，调整内容如下：

1) 溢洪道左岸采用贴坡式护岸，护岸与溢洪道边墙采用15m长扭面连接，护岸及连接段均采用M7.5浆砌石砌筑。

2) 溢洪道和泄洪隧洞出口消力池边墙之间采用两个弧线尾墩连接，半径为15m，由于溢洪道消力池边墙顶高程高于泄洪隧洞出口消力池边墙顶高程，尾墩顶高程由2116.70m渐变至2114.44m，保证尾墩平顺连接，尾墩采用C20埋石混凝土，埋石率为20%。

3) 护坦底板采用厚度0.7m的M7.5浆砌石砌筑，末端设1.5m深防冲齿槽，其下游开挖的三角形槽采用大块石回填。

4) 右岸护岸已砌筑，护坦底板与右岸护岸需紧密连接。

4. 输水隧洞工程设计变更

(1) 关于输水隧洞进口边坡开挖支护修改的通知（编号：SSSD-2018-01）。

1) 输水隧洞平面布置图中控制点桩号修值见表3-9。

表3-9　　　　　　　　输水隧洞平面布置图中控制点桩号修值汇总

点号	桩号	X/m	Y/m	备注
S1	输0-030.650	××××.××××	××××.××××	
S2		××××.××××	××××.××××	
J0	输0+000.000	××××.××××	××××.××××	输水隧洞进口
G0	输0+363.500	××××.××××	××××.××××	钢管起点
G2	输0+451.840	××××.××××	××××.××××	

2) 根据现场开挖揭露情况，输水隧洞进口开挖边坡较为破碎，且上部岸坡表面第四系覆盖层较厚，经地质专业分析认为，该区域在水库变幅区，水库蓄水后，地表覆盖层在库水浸蚀下极易产生下滑，影响输水隧洞进口安全。为了确保隧洞进口边坡稳定，经参建各方现场研究决定，对输水隧洞进口开挖边坡支护方案做如下调整：

a. 洞口提前4m进洞，进洞口位置由输0+000.000调整为输0-004.000。

b. 高程 2172.20m 马道以下边坡开挖坡比为 1:0.75；采用锚拉板支护：锚杆采用砂浆锚杆，直径 25mm，长 6.0m，外露 25cm，间排距 3m，梅花形布置；C25 钢筋混凝土板厚 30cm，外侧布置 $\phi 12@200mm \times 200mm$ 钢筋网；锚杆与钢筋网焊接在一起。

c. 高程 2172.20m 马道以上边坡不进行大面积开挖，仅进行边坡整形即可。由于原始边坡均为崩坡积层，且水库蓄水后处在水位变幅区，为了确保施工及运行期边坡稳定安全，拟对洞轴线两侧各 10m 范围采用混凝土网格梁支护：网格梁采用边长 3m 等边三角形布置，在网格梁的节点处，设置长 6m，中 25 的砂浆锚杆，锚杆外露 45cm 并全部锚入网格梁内。网格梁采用 C25 的钢筋混凝土结构，断面尺寸为 25cm×50cm 的矩形，保护层厚度为 50mm，梁主筋直径为 16mm，箍筋采用 $\phi 6.5@200mm$。混凝土网格梁之间坡面采 30cm 厚干砌块石护坡，其底部设一层土工布作为反滤保护层。土工布规格为 $300g/m^2$，土工布与周边混凝土网格梁搭接 10cm。

d. 护坡网格顶位于现有公路边，为防止山坡上水流流到输水隧洞进口边坡，在公路外侧混凝土网格顶设 40cm×60cm 的矩形 C25 混凝土压顶，压顶混凝土高出现有地面 40cm，并在公路内侧及顶脸边坡顶设混凝土排水沟，断面尺寸为 30cm×30cm。

（2）输水隧洞洞口交通道路和引渠段边坡支护（编号：SSD-20××-02）。

1）输水隧洞进口交通道路布置在泄洪隧洞进口与输水隧洞进口之间，经过现场踏勘，该段山体边坡较为松散，渗水量较大，边坡稳定性差。为了确保泄洪隧洞进口与输水隧洞进口之间边坡的稳定，拟结合交通道路的布置，在该段开挖边坡脚增设 M7.5 浆砌石贴坡挡土墙护坡。挡土墙墙高 2.0m，基础埋深 0.5m，墙顶宽 0.5m，底宽 1.0m，背水坡 1:0.50，迎水坡 1:0.75。墙体设置中 50 的 PVC 排水管，间距 1.5m。

2）输水隧洞进口引渠段，渠顶高程以下临时边坡，原设计未进行支护。鉴于边坡岩石为泥岩，施工期长期暴露易风化坍塌，为加强洞口边坡稳定，开挖后素喷 C20 混凝土支护，厚 10cm。

（3）关于输水隧洞竖井位置调整的通知（编号：SSD-20××-03）。输水隧洞竖井原设计方案，闸室段位于桩号输 0+083.000～输 0+087.000，底板高程 2161.03m。由于紧邻大坝施工场地，为了保证安全，经参建各方现场研究决定，将竖井闸室段位置向上游移 8m 调整至桩号输 0+075.000～输 0+079.000，底板高程调整至 2161.05m。

竖井下游高程 2204.00m 以上，洞轴线两侧各 10m 范围进行边坡整形，采用厚度为 30cm 的浆砌石支护，设置长 3m，间排距 3m 的 $\phi 50$ 排水花管。在坡脚处设置浆砌石排水沟，净断面尺寸为 30cm×30cm，边墙及底板厚度为 30cm。

（4）关于输水隧洞进口边坡高程 2184.19m 处平台支护网格调整的通知（编号：SSD-20××-03）。原输水隧洞进口上部一级、二级边坡之间由一缓坡连接，由于施工控制及雨季施工原因，导致第一级边坡与第二级边坡在高程 2184.19m 处形成一个梯形平台，为了平顺连接上下边坡，将此平台处支护网格形式做如下调整：

1）高程 2184.19m 处平台以上部一级边坡底横格梁及下部二级边坡顶横格梁为基准削坡整平。

2）高程 2184.19m 处平台护坡网格由正三角形调整为矩形网格，网格梁间距 3m，垂直坡面布设，取消网格节点处锚筋。网格梁结构断面及配筋与上下坡面网格梁一致，网格间铺干砌块石护坡并设土工布反滤，其要求同上下级护坡。

3)为了确保支护稳固与美观，网格梁应顺直，网格梁钢筋应相互可靠连接，网格梁与干砌块石护坡顶面应大面平顺并应与上下两级护坡平顺连接，不得出现错台现象。

(5)输水隧洞结构布置图（1/3）JZS-JS-SG-SS-01（编号：SSD-20××-04）。20××年11月24日15：30，输水隧洞出口洞脸开挖时洞顶出现坍塌，25日凌晨4：00，出口洞顶以上边坡出现大范围滑坡，导致出口被埋，经对滑坡体现场范围量测，顺滑动面最大斜长56m，垂直滑动面长达54m。滑坡原因主要是由于洞脸边坡第四系崩坡积层较厚，稳定性差，加之削坡高度较大，削坡后未能及时喷锚支护，洞口开挖前顶拱超前锚杆加固滞后，洞口开挖时坍塌引起边坡失稳所致。另外，滑坡前降雨也加剧了隧洞出口滑坡的发生、发展。经业主、监理、设计及施工人员现场踏勘，认为如维持隧洞轴线不变，按照正常施工程序，需在滑坡体清挖并对边坡支护完成后，方可进洞；而处理滑坡需要较长时间，将导致输水隧洞工期严重滞后。为了减少对施工工期影响，避免施工干扰，根据现场地形、地质条件，经参建各方研究确定将隧洞出口调整到原隧洞出口右侧23.8m处。该处洞外开挖建基面高程为2159.509m，洞内钢管底高程为2160.51m。调整出口后隧洞轴线与原轴线在输0+169.542处相交，交角5°，转弯半径R为30m，该里程之前轴线不变，调整轴线后隧洞洞身段全长为427.382m，出口比原洞身增长9.882m。隧洞轴线调整后结构布置详见《输水隧洞结构布置修改图》（JZSJS-SG-SS-01）。

（七）重大技术问题处理

1. 泄洪隧洞竖井塌方处理

20××年1月25日晚上，×××水库导流泄洪隧洞竖井段发生塌方，随即施工单位及时撤离施工人员、设置警示牌、拉起警戒线、增加巡查人员，避免了人员伤亡及次生灾害的发生。

20××年1月××日、1月××日省水利厅、市水务局分别组织参建参管单位进行现场查看，召开专题会议，分析塌方原因，提出初步处理措施。2月26日，××省水利水电勘测设计研究院出具了竖井坍塌处理方案：

(1) 对塌方造成地表形成的不稳定边坡进行削坡处理，边坡按1：1控制，并进行挂网锚喷处理。

(2) 采用石渣回填竖井平台以下塌方漏斗。填平竖井平台，并在其表面浇筑30cm厚C20混凝土，防止雨水下渗并作为锚筋桩施工平台。

(3) 在塌方体外缘设锚筋桩，加固岩体，锚筋桩直径为110mm，内设3根ϕ32钢筋，并进行灌浆。

(4) 竖井采用倒挂井施工方法进行永久结构浇筑，在竖井内对垮塌体进行水平固结灌浆。

2. 拦河坝下游右岸边坡浅层推移滑坡处理［编号：会议纪要（海策〔20××〕专题11号］

20××年12月××日9：00，施工单位发现拦河坝右岸（坝横270m断面）心墙齿槽下游边坡有滑坡迹象，报告管理局、监理部、设代相关人员到现场查看。右岸坝横0+140～0+270心墙齿槽下游边坡表面有松土及孤石脱落，即将产生滑坡现象。为此，参建各单位简单讨论后迅速启动应急预案，将场内人员及机械设备撤离至安全区域并布置警戒线。监理部签发了暂停施工通知。

10：40，拦河坝右岸边坡发生浅层推移滑坡，滑坡面积16500m²，约150000m³，右岸心墙齿槽2153.50m高程以下基本被滑坡体充填覆盖。×××水库工程建设指挥部高度重视，迅速通知各参建单位相关人员第一时间赶到现场，于20××年12月××日下午到心墙齿槽及右岸边坡进行认真踏勘，20××年12月××日上午再次到拦河坝左右岸边坡及河床进行认真踏勘。并于11：00在××建设项目部会议室召开会议，研究处理措施及下步施工方案。

（1）会议认为，拦河坝右岸边坡发生塌方，主要原因为溢洪道处土石方往下推移，下游边坡受到挤压抬动发生浅层滑坡。

（2）塌方后，边坡已基本稳定。由施工单位及监理单位立即进行联合测量后，于20××年12月××日对边坡从溢洪道部位进行自上而下挖运。右岸心墙齿槽上、下游及溢洪道后段与拦河坝之间，凡是有开裂及滑坡迹象的，一并考虑开挖。溢洪道后段与拦河坝之间部分为原设计开挖范围之外的，先对开裂部分进行开挖，开挖深度进行动态管理，即开挖揭露后，由参建各方代表到现场查看后以现场纪要的形式确定。开挖组织施工中，可在坝横260m处设置一平台，用挖掘机及推土机把上部土石方甩至平台后运至弃渣场，平台以下部分从河床进行运输。

（3）由施工单位按程序编制该部分土石方开挖施工组织设计方案报监理部，施工组织设计应充分考虑施工安全及施工进度安排，夜间加班作业安全管理措施及安全员现场管理制度等。由监理部审核的基础上报管理局及设计单位审查实施。

（4）在溢洪道边坡及边坡之外的地方，原来已经设置了监测网，要求施工单位在原监测网的基础上，加密监测点及监测频次，每天把监测数据报监理部，发现异常情况时，立即通知参建单位研究处理，确保施工安全。

3. 拦河坝上游左岸塌方后边坡支护（编号：左岸边坡支护图1/5～5/5）

20××年7月××日清早，在左岸坝轴线上游坝纵0－100～0－045处沿基岩裂隙面出现滑动，发生浅层滑坡。滑坡后缘高程接近坝顶高程2204.00m，底部出露高程在2158.00m附近，滑坡产生的主要原因是受连续强降雨及雨季开挖坝坡影响。为了加强对该滑坡的观测，为后续工程及滑坡处理提供依据，20××年8月××日下午，参建各方现场研究，提出加强滑坡变形观测，共布置5个变形观测点。观测点布置见附图，其位置可结合现场实际情况进行适当调整，要求观测墩布置在基岩上。以上观测点增加的工程量以现场实际发生并经设计及监理确认为准（详见设计通知单：SJFY-JZS-SG-2016-05）。

鉴于浅层滑坡体土质边坡为永久边坡，其上方道路为大坝上游永久公路路面，为了确保安全，经现场各参建方研讨，提出以下处理措施：

滑坡范围边坡采取钢筋混凝土网格梁结合自进式注浆锚杆及预应力锚索支护，网格梁之间坡面采用厚度30cm干砌块石护坡。网格梁按5m×5m正方形布置，自进式注浆锚杆（Φ25，长6m）及预应力锚索（100t）布置在网格梁的节点处，从坝面以上3m开始布置第一排锚索，锚索间排距按10.0m控制。自进式锚杆与锚索交错布置。锚索方向为水平上仰45°，锚索锚固段要求进入弱风化层不小于5m，锚杆垂直于网格节点布置。网格梁采用C25F50钢筋混凝土结构，断面为30cm×40cm矩形，梁主筋直径为Φ16mm，箍筋采用ϕ6.5@200mm，混凝土保护层厚度为50mm。

4. 输水隧洞重大设计变更（编号：输水隧洞变更设计报告）

为避免输水隧洞施工对已建的小清河四级电站发电的影响，也为加快输水隧洞的施工，将隧洞出口抬高到上部地形相对平缓处，改斜洞为平洞，施工道路由大坝右岸溢洪道平台沿平缓山坡连接至输水隧洞出口,则隧洞施工基本不影响电站引水渠引水,隧洞施工期电站可继续发电。输水隧洞出口高程由2130.70m抬高至2159.78m,隧洞改为有压洞,输水隧洞施工招标阶段,输水隧洞右岸泄洪隧洞进口段及竖井已开挖,现场揭露地质条件多为Ⅳ~Ⅴ类砂泥岩地层,围岩稳定性差,塌方严重。结合在建的泄洪隧洞施工经验,输水隧洞采用原方案施工存在斜井开挖施工难度大,洞内设消力池存在运行管理不便的问题,故将输水隧洞变更为有压输水方案。输水隧洞在平面布置上仍采用直线布置,纵剖面上洞身段采用平洞,洞身断面为直径1.8m的圆形,隧洞出口设直径1.5m压力钢管连接四级电站引水渠,在管道出口设消能阀进行消能,隧洞及压力钢管全程均为有压输水,隧洞设计输水流量维持原设计7.6m³/s不变。变更后的方案隧洞洞身段均为平洞,施工难度相对较小;取消了洞内消力池,在压力管道与四级电站渠道连接处设消能阀消能(兼作流量控制阀),运行管理较为方便。另外,将输水隧洞出口高程抬高,将无压隧洞改为有压隧洞,隧洞出口增设压力管道及消能阀与电站引水渠相连,可有效解决隧洞施工与电站发电的矛盾,减少改造发电引水渠浆砌石暗涵的费用及对电站造成的经济损失。

20××年8月××日,××省水利厅以"××××〔20××〕××号"文件进行了输水隧洞设计变更批复。

5. 关于输水隧洞出口滑坡处理及溢洪道陡槽段里程0+145下游右岸边坡塌方处理的通知(编号:SJFY-JZS-SZ-20××-01、JZS-JS-YHD-48~50)

20××年11月××日下午输水隧洞出口洞脸开挖时洞顶出现坍塌,25日凌晨出口洞顶以上边坡出现大范围滑坡,导致出口被埋;经对滑坡体现场范围量测,顺滑动面最大斜长56m,垂直滑动面长达54m。滑坡原因主要是由于洞脸边坡第四系崩坡积层较厚,稳定性差,加之削坡高度较大,削坡后未能及时喷锚支护,洞口开挖前顶拱超前锚杆加固滞后,洞口开挖时坍塌引起边坡失稳所致。另外,滑坡前降雨也加剧了隧洞出口滑坡的发生、发展。

溢洪道陡槽段里程0+145下游右边坡开挖时,根据现场开挖揭露情况,边坡第四系覆盖层较厚,边坡多次出现塌方,且在边坡上部高程2212.00m与2209.50m附近处分别出现两条长4.8m与11.2m的裂缝,影响边坡稳定。

鉴于输水隧洞出口滑坡范围与溢洪道边坡0+145附近边坡坍滑体距离较近,为确保输水隧洞、泄洪隧洞及溢洪道出口段永久边坡的稳定安全,结合大坝右岸整体景观要求,经参建各方现场研究决定将输水隧洞出口滑坡体与溢洪道边坡0+145附近边坡坍滑体进行统一处理。处理方案如下:

(1) 自滑坡体最后缘上部高程2200.00m及2212.00m附近裂缝处向下分台削坡减载,每台高度10m左右,削坡后控制边坡1:1.2,各台间设1.5m宽的马道,边坡不进行大面积开挖,仅清除滑坡堆积体并进行边坡整形修顺即可。

(2) 滑坡范围及溢洪道陡槽段里程0+145下游右边坡采取钢筋混凝土网格梁结合钢管锚筋桩支护,网格梁之间坡面采用植生袋植草护坡。网格梁按4m×4m正方形布置,在网格梁的节点处,设置DN100(δ=4mm)、长9m的钢管锚筋桩,管内设3根Φ25钢筋束,并进行灌浆处理。锚筋桩外露35cm并全部锚入网格梁内,网格梁采用C25F50钢筋混凝土结构,断面为30cm×40cm矩形,梁主筋直径为Φ16mm,箍筋采用ϕ6.5@200mm,混凝土保护层厚度为50mm。

(3) 输水隧洞出口滑坡左岸开挖支护面应与溢洪道陡槽段右边坡开挖支护面平顺连接，以确保大面整体美观；尽量减少对陡槽段里程0+145～0+160右边坡已经完成挂网喷锚段的干扰。

(4) 在溢洪道陡槽段里程0+145下游右边坡修改支护范围内取消原挂网喷锚支护。

(5) 滑坡范围边坡网格梁节点增设预应力锚索（100t），溢洪道边坡增设锚索44根，输水隧洞边坡增设锚索30根。锚索间排距按4.0m梅花形与锚筋桩交错布置。锚索方向为水平上仰40°，锚索锚固段要求进入弱风化层不小于5m，锚杆垂直于网格节点布置（详见JZS-JS-YHD-48～50）。

施工程序及要求见附件，附图详见《输水隧洞出口滑坡处理、溢洪道陡槽段里程0+145下游右边坡支护图1/4～4/4》。

6. 溢洪道陡槽段边坡加固预应力锚索调整JZS-JS-YHD-48（编号：YHD-20××-09）

20××年3月溢洪道边坡出现裂缝，边坡安全问题严重，为了保证溢洪道结构及施工安全，经设计院研究，拟定了锚索处理方案，并于20××年5月提供了溢洪道陡槽段边坡加固预应力锚索平面布置图（JZS-JS-YHD-48），图中对溢洪道边坡共布设44根锚索。

结合现场实际及裂缝变化情况，经分析研究，决定对图中锚索布置进行调整，取消坡顶11根锚索，在坡脚增设13根锚索，变更后的溢洪道边坡处理锚杆总数为46根，具体布置见附图。

（八）施工期防洪度汛

拦河大坝于20××年11月××日开工，20××年2月底截流，20××年4月底度汛坝体已填筑至2153.50m，20××年4月××日大坝封顶，已经过了20××年、20××年、20××年、20××年汛期。按初步设计报告，第二个汛期后，大坝度汛标准为50年一遇，相应的洪峰流量为392.0m³/s，相应的上游洪水位为2157.84m，防洪高程为2160.00m。根据当前的形象进度，大坝已填筑完成，坝顶高程为2204.00m，高于50年一遇度汛水位高程。因此，选取20××年度汛标准为50年一遇洪水，对应的洪峰流量为392.0m³/s，相应的上游洪水位为2157.84m，防洪高程为2160.00m。

20××年汛期拦河大坝度汛方案为坝体挡水，导流隧洞泄流的度汛方式。输水隧洞进口底板高程为2161.20m高于50年一遇标准的洪水位，满足防洪要求。溢洪道出口消力池已于汛前施工完成，满足过流条件。

汛期前，××局要求各参建单位上报《×××水库工程防洪度汛方案》，我局编制防洪度汛方案及应急抢险预案报上级主管部门并取得批复。在汛期，组织各参建单位开展防洪度汛应急演练，开展汛期安全大检查。

要求汛期前位于防洪水位以下的施工营地及施工工厂需搬迁至防洪水位以上，大坝上游防洪水位2160.00m，大坝下游防洪水位2113.00m。

要求进场及场内公路汛期主要防范洪水对公路的破坏，需疏通公路排水沟和涵洞。复核场内临时道路防洪高程，库区内应高于2160.00m高程，大坝下游应高于2113.00m。

要求汛前应全部完成弃渣场的挡墙和排、截水沟，保证洪水不冲刷渣体，汛前应检查和处理挡渣墙是否稳定，排、截水沟是否通畅，堆渣边坡是否稳定，消除所有不利因素。

（九）蓄水后应尽快完成的工程

大坝目前具备一期蓄水条件，为确保大坝安全，蓄水后应抓紧完成如下工作：

1. 拦河坝工程

（1）20××年9月底以前，完成大坝下游量水堰施工。

（2）20××年12月底以前，完成坝顶路面及路面石栏杆等坝顶附属工程；完成下游坝坡观测房装修工程；完成水情测报系统安装工程。

2. 导流泄洪隧洞工程

（1）20××年10月底以前，进行导流隧洞封堵。

（2）20××年12月底以前，完成启闭机房装饰装修工程。

3. 溢洪道工程

（1）20××年10月底以前，完成溢洪道全部混凝土浇筑作业及边墙土石方回填作业。

（2）20××年12月底以前，完成溢洪道启闭机房建设及装饰装修工程。

4. 输水隧洞工程

20××年12月底以前，完成启闭机房装饰装修工程。

三、专项工程和工作

（一）征地补偿及移民安置

××区×××水库工程主要由枢纽、渠系工程组成。工程拟征占地总面积××××.××亩，其中：永久征地面积××××.××亩，临时占地面积916.80亩；枢纽工程拟征占地总面积××××.××亩，渠系工程拟征占地总面积×××.××亩。截至目前，已全部完成征地补偿工作。

（二）库区清理

×××水库淹没区库区清理工作于20××年12月××日开工，20××年1月××日完工，完成了库区淹没范围内小清河河段底泥清理工作。目前除部分悬崖上少量林木因作业难以清理外，其余的卫生清理、固体废物清理、建（构）筑物清理、林木清理、易漂浮物清理等五类清理已基本完成。

（三）环境保护工程

×××水库工程区不涉及自然保护区、风景名胜区等生态敏感区域。据调查了解，区内没有工业污染源及矿产开采和加工企业，主要污染为农村的面源污染。环境保护设计主要是施工区环境保护设计，主要针对生产、生活废水、生态流量下泄，弃渣、施工区绿化粉尘与噪声防护等方面进行保护设计。

本工程不会造成重大的环境影响；对于施工建设和运行可能产生的各项影响，在落实这些环保措施的前提下，项目建设带来的不利影响可以得到有效的减免。

（四）水土保持设施

本工程受扰动地表面积为×××.××hm²，水土保持措施实施后，扣除永久建筑物面积外，其余受扰动地表都得到治理，扰动土地治理率达到95%以上。

本工程设计水平年水土流失的面积为××.××hm²，通过各种防治措施的有效实施，本工程水土保持措施面积达到××.××hm²以上，使水土流失面积的治理度达到97%以上。

本工程弃渣×××.××万 m³（自然方），水土保持方案采取工程措施、植物措施、临时拦挡及排水措施，拦渣率达95%以上，可有效控制其在堆放时段内不会产生大的流失。

本工程施工扰动地表面积为×××.××hm²，可恢复植被地表面积为××.××hm²（主体考虑复耕面积××.××hm²），方案实施后恢复植被××.××hm²，考虑到成活率的问题，植被恢复系数达99%以上。

工程永久占地和临时占地面积（水库淹没区除外）为×××.××hm²，除过主体工程永久占地场地硬化及建筑物外，通过采取植物措施后，林草覆盖率达到了54.19%。

水土保持措施实施后，减少项目建设的水土流失，对减轻自然灾害，促进社会进步和发展，维护社会环境的稳定有积极的意义，并对推动当地水土保持工作的开展也将起到积极作用。

（五）工程建设档案

×××水库工程设立了档案室，并安排了专职档案管理员进行管理，现档案收集整理有序进行。

四、项目管理

（一）机构设置及工作情况

20××年3月××日××市××区人民政府以"×××〔20××〕××号"文件，通知成立×××水库工程建设指挥部。

20××年3月××日××市××区机构编制委员会以"×××〔20××〕××号"文批复成立××市××区×××水库工程管理局，20××年4月××日，××区政府党组任命×××为管理局局长，20××年5月××日免去×××职务，任命×××为管理局局长。管理局下设办公室、移民安置办公室、建设管理科、计划财务科4个科室。

管理局建立严密的工作责任制，明确了各科室工作职责，各科室根据实际情况作出具体分工。管理局局长主持全面工作，副局长配合局长工作，做好各方面的协调工作。办公室负责全局各科室之间的关系和全局行政事务处理；移民安置办负责完成移民安置工作；建设管理科负责工程建设的技术管理和工程建设管理工作；计划财务科负责整个工程的投资管理工作。

工程建设管理局主要成员情况详见表3-10。

表3-10　　　　　　××市××区×××水库工程管理局主要人员情况

姓名	职　务	工作单位	职称（职务）
×××	局长	××区×××水库工程管理局	局长
×××	副局长	××区×××水库工程管理局	经济师
×××	副局长	××区×××水库工程管理局	高级工程师
×××	支部书记	××区×××水库工程管理局	高级工程师
×××	技术负责人	××区×××水库工程管理局	高级工程师
×××	移民安置办主任	××区×××水库工程管理局	工程师
×××	后勤保障负责人	××区×××水库工程管理局	助理工程师
×××	办公室主任	××区×××水库工程管理局	高级工程师

续表

姓名	职　务	工作单位	职称（职务）
×××	办公室	××区×××水库工程管理局	助理工程师
×××	计划财务科科长（兼出纳）	××区×××水库工程管理局	工程师
×××	计划财务科会计	××区×××水库工程管理局	经济师
×××	招投标负责人	××区×××水库工程管理局	工程师
×××	质量安全负责人	××区×××水库工程管理局	助理工程师
×××	建设管理科副科长	××区×××水库工程管理局	工程师

（二）项目招投标过程

1. 导流泄洪隧洞招标过程

20××年8月，×××水库工程管理局安排进行招标代理机构公开竞争性比选文件的编制工作。8月××日，省水利水电技术评审中心出具了《××区×××水库导流泄洪隧洞初步设计专题报告评审意见》（××××〔20××〕××号），已具备导流泄洪隧洞招标条件。

8月××日在市交易中心开标、评标，第一次比选流标；重新进行了二次招标的公告的登记和发布；9月××日开标、评标，由××××工程技术咨询有限公司（以下简称××公司）中标，并签订了招标代理委托合同和造价咨询合同，负责×××水库工程监理标、导流泄洪隧洞施工标招标代理及拦标价的编制工作。

导流泄洪隧洞工程的施工标于12月××日在××市公共资源交易中心开标、评标。评标结果：××省水利水电工程有限公司中标；监理服务由××××工程咨询有限公司中标。20××年1月××日，与监理单位××××工程咨询有限公司签订《导流泄洪隧洞工程施工监理合同书》。1月××日，与××省水利水电工程有限公司签订《导流泄洪隧洞工程施工合同》。

20××年3月××日，管理局编制完成导流泄洪隧洞第三方质量检测招标代理机构公开竞争性比选文件并完成备案工作。3月××日开标、评标；推荐××××工程项目管理有限公司为第一中标候选人；4月××日发布了《中标通知书》，与中标单位签订了《×××水库导流泄洪隧洞第三方质量检测招标代理合同》，并开展招标文件的编制、备案。5月××日第一次开标，因只有一家报名按规定不能开标；5月××日第二次开标，因不足三家投标单位而流标；6月××日完成了导流泄洪隧洞第三方质量检测竞争性谈判工作，谈判结果：××××工程质量检测有限公司中标；6月××日与××××工程质量检测有限公司签订了《第三方质量检测合同书》。

2. 拦河坝及溢洪道工程招标

《××区×××水库工程初步设计报告》已于20××年3月××日省水利厅以（×××〔20××〕××号）文件进行批复，已具备招标条件。

20××年6月××日管理局编制完成了招标代理机构竞争性比选文件，由××市公共资源交易中心发布公告，8月××日在××市公共资源交易中心准时开标，投标单位共9家，经专家进行评标，推荐××××工程咨询有限公司（以下简称××公司）为第一中标候选人。8月××日，管理局向××公司发出中标通知书并签订招标代理合同。

××公司编制完成《拦河坝及溢洪道招标文件》，经过各部门认真审核、修改完善后于9月××日上传至××市公共资源交易中心，10月××日开标，经过评标委员会认真评审，最终由××建工水利水电建设有限公司以×××××.×××万元中标，并签订了施工合同。

9月28日发布××区×××水库工程施工监理服务（除导流泄洪隧洞外的全部标段）招标公告，10月××日经过评标委员会评审，由××××工程咨询有限公司为中标单位，并签订《监理服务合同》。

10月××日发布××区×××水库工程第三方质量检测（除导流泄洪隧洞外的全部标段）招标公告，11月××日经过评标委员会认真评审，由××××××岩土工程质量检测有限公司为中标单位，并签订了《第三方质量检测合同》。

3. 输水隧洞工程招标

20××年4月××日管理局委托××××工程咨询有限公司在××市公共资源交易中心发布《××市××区×××水库工程输水隧洞工程招标公告》，于5月10日10：30开标，投标单位：××××建设集团有限公司，××省水利水电建设有限公司，××省水利水电工程有限公司；经审查，××××建设集团有限公司提供的业绩证明材料不符合招标文件要求，故未通过资格评审；××省水利水电建设有限公司工期不符合招标文件的规定，故未通过响应性评审。根据招标文件"8.1"条的规定：通过初步评审的投标单位不足3家、缺乏明显竞争力，经评标委员会协商一致，同意否决全部投标。5月××日发布《××市××区×××水库工程输水隧洞工程（二次）招标公告》，于6月××日10：30开标，投标单位：××××水利水电建设有限责任公司，××省水利水电建设有限公司，××省水利水电工程有限公司。13：30开始评标，经过评标委员会认真评审，推荐第一中标候选人××省水利水电工程有限公司。6月××日发布中标结果公示，中标单位××省水利水电工程有限公司。由于输水隧洞原设计不能满足输水隧洞施工交通道路安全通行要求、对下游四级水电站引水渠道产生影响等原因，项目发生重大设计变更，项目变更于20××年8月××日取得省水利厅批复（××××〔20××〕××号），由于中标单位××省水利水电工程有限公司与我局就报价问题多次协商仍无法达成一致，××省水利水电工程有限公司放弃本项目中标资格，并于20××年12月××日取得××市人民政府政务服务管理局批复（××××〔20××〕××号）。同意我局重新组织招标工作，于20××年3月××日发布中标通知书，中标单位为××水利水电建设有限责任公司，随后签订施工合同。

（三）工程概算与投资计划完成情况

1. 批准概算与实际执行情况

20××年3月××日，省水利厅、省发展改革委以"××××〔20××〕××号"文对××区×××水库工程初步设计报告进行了批复，批准工程概算总投资为××××××.××万元。项目开工至今累计完成投资为×××××万元。

2. 年度计划安排

工程批复总投资××××.××万元。根据××省发展和改革委员会"××××〔20××〕×××号"文件批复和初步设计概算，省级补助×××××万元，其余××××.××万元由市、区自筹解决。如争取到中央资金，则按同比例冲抵省、市和区投资。资金下达情况详见表3-11。

表3-11　　　　　　　××区×××水库工程投资计划下达明细

年度	中央资金/万元	地方配套/万元			合计/万元
		省级资金	市级资金	区级资金	
2010		20			20
2011		100			100
2012					0
2013		200	2000	200	2750
2014		7000			7000
2015			300	3000	3300
2016		13904	1000	9900	24804
2017		1000	2000		3000
2018		1306	1589		2895
2019	6000		7801		13801
2020			1701		1701
合计	6000	23530	16391	13100	59021

工程于20××年5月××日开工建设，到20××年8月××日累计完成投资×××××万元。

（四）合同管理

工程设计和监理合同采用总价合同；施工合同采用单价合同，工程施工没有分包。

合同管理工作内容如下：

（1）依据合同规定向承包人发布开工令。

（2）根据工程实际需要或由业主决定或设计修改等，向承包商发布工程变更指令。

（3）按合同技术条款对承包商的材料和施工质量、施工工艺等进行质量控制。

（4）根据合同工期要求，实施工程进度控制，实现工期目标。

（5）审核承包商"月进度支付报告"签署支付证明。

（6）根据国家档案规定，对合同范围内的资料协助业主督促、指导承包商及时整理归档。

（五）材料及设备供应

工程所有材料及设备均由中标单位自行采购。施工用电由管理局委托××区电力部门实施安装供电至现场，按用电量计价收费。工程完工时做到工完料清。

（六）资金管理与合同价款结算

工程资金管理严格按照《水利基本建设资金管理办法》执行，没有发生挤占挪用资金现象。工程价款结算按照合同规定的付款方式和完成的工程量，按月进行结算。具体支付流程为：施工单位根据工程进度完成的工程量和合同条款规定的付款条件，向监理工程师报送"月支付申请报告"，监理工程师审核报总监理工程师出具支付证书，管理局建设管理科及计划财务科审核，分管副局长审查，法定代表人批准后，报送跟踪审计单位（××××工程造价咨询有限公司）审查签字认可后，管理局财务负责人签字支付。

五、工程质量

(一) 工程质量管理体系和质量监督

严格遵循"业主负责,监理控制、施工保障和政府监督"相结合的质量管理体系,建立起业主、承包商、设计单位、监理单位、质监部门"五位一体"的质量监控体系。在质量管理方面,项目法人始终把"百年大计,质量第一"摆在一切工作的首位,精心组织,严格管理。在具体施工中,业主、监理、质检和施工方协调配合,严格执行"三检制"(由基层班组、施工队对所完成的工作进行初检和复检,再由项目经理部、质检部进行终检),严格把好原材料和中间产品进场关,对隐蔽工程和关键部位实行旁站监理和联合检查验收制度,严把每一道技术关,施工质量实行一票否决制,确保每道施工工序和部位不留质量隐患。

×××水库工程管理局工程质量的控制目标是:按现行水利水电工程施工质量评定标准和验收规程达到优良标准。根据20××年1月××日××区×××水库工程建设指挥部会议纪要(第一期)会议精神,×××水库枢纽区所在地森林植被好,风景秀丽,水库建成后,将成为××区新的旅游景点,为促进××区旅游产业发展做出新的贡献。×××水库拦河坝为沥青混凝土心墙风化料坝,最大坝高99.00m,是目前××省内此坝型中最高坝,水库建成后,沥青防渗技术将为××省内其他水利工程起到示范效应。×××水库必须按优良工程、优质工程的高标准进行建设管理,全力争创中国水利工程优质(大禹)奖。

×××水库工程管理局成立质监部和质检部。对工程质量全程进行监督和管理。监督和管理过程中严格执行国家制定的有关规范和法律法规,并结合工程施工招标文件的"技术规范",联合监理、建设、设计、施工等单位,严格控制工程质量,保证质量。

组织编制项目质量计划,并督促、检查有关部门执行质量计划,协调有关部门的质量管理工作。收集、整理有关质量信息,掌握质量动态,进行质量分析和评价。对施工过程中的质量进行检查,开展工序控制,严格完工检验。

质量目标控制的原则如下。

1. 工程质量控制的原则

(1) 对工程项目施工全过程实施质量控制,并以预控为重点。

(2) 严格要求监理方和质检方按照国家制定的有关规范和法律法规,并结合工程施工招标文件的"技术规范",对工程质量进行全程监督和检测。

(3) 对工程项目的人、机、料、法、环等因素进行全面的质量控制,联合监理方、设计方、把施工方的质量保证体系落实到位并正常发挥作用。

2. 工程质量控制的措施

(1) 施工前的质量管理:掌握质量管理规章制度和基本要求。加强对工程施工中所采用的材料、成品、半成品、构配件(包括混凝土混合料配合比设计)进行检测和管理工作。全面开展质量监测,完善质量管理制度,健全质量保证体系、质量管理制度、质量责任制度,建立和完善检验和计量手段,组织监理、建设、设计、施工等单位的有关人员进行图纸会审。熟悉和了解所担负的设计意图、工程特点、设备设施及其控制工艺流程和应注意的问题。开工之前必须以书面形式向乙方施工负责人进行安全技术交底,并辅以口头讲解。对施工单位提出的施工方案、图纸深化设计、分包合作进行审查。

(2) 施工过程中质量管理与控制：施工单位要逐步建立并完善本企业的质量管理体系，创建适合本系统实际的质量管理模式，及时检查和审核施工企业提交的质量统计分析资料和质量控制图表。加强对施工图审查后的勘察设计变更及实施情况的审核。着重于对现场施工作业安全管理的监督检查，加强作业现场检查督促，及时纠正违章行为，促进施工质量水平的提高。

(3) 竣工后的质量管理与控制：审核项目经理部施工全过程中建立的竣工资料，包括审核承包商提供的质量检验报告及有关技术性文件，如有漏缺要重新检测和整理。严格按照现行建设工程项目划分标准对整个工程进行竣工验收。

(二) 工程项目划分

工程项目划分，是控制施工质量、确定工程质量等级的前提和依据。根据《水利水电工程施工质量检验与评定规程》（SL 176—2007）、《水利水电工程单元工程施工质量验收评定标准》（SL 631～639）、设计图纸文件及工程实施情况，经与建设单位、设计单位、监理单位及施工单位共同研究划分后，报××市水利水电工程建设质量监督站审核确认：枢纽区工程项目划分为4个单位工程、32个分部工程、2121个单元工程。

经质量监督机构审核确认的×××水库工程项目划分方案见表3-12。

表3-12　　　　　　　　×××水库站工程项目划分确认

序号	单位工程名称	分部工程名称1	分部工程名称2
1	导流泄洪隧洞	进口引渠段	△隧洞灌浆工程
		进口边坡、支护及有压洞身段	出口明渠及海漫段
		竖井及工作闸门段	导流洞及发电引水支洞封堵段
		出口边坡、支护及无压洞身段	金属结构及启闭机安装
		出口消能段	
2	拦河坝	坝基开挖与处理	下游坝体填筑
		△坝基及坝肩防渗	护坡工程
		△沥青混凝土防渗心墙	观测设施工程
		上游度汛坝体填筑	坝顶工程
		上游坝体填筑	水土保持工程
		下游弱风化砂岩堆石料填筑	
3	溢洪道	进水渠段	消力池段
		△控制段	尾水段
		泄槽段	金属结构及启闭机安装
4	输水隧洞	进口边坡及明渠段	△压力管道段
		洞身段	回填灌浆
		△闸室段土建	金属结构及启闭机安装

注　带"△"的为分部工程。

导流泄洪隧洞工程：单位工程1个，主要单位工程1个；分部工程9个，主要分部工程3个；单元工程169个，重要隐蔽单元工程3个，关键部位单元工程1个。

拦河坝工程：单位工程1个，主要单位工程1个；分部工程11个，主要分部工程2个；

单元工程1552个，重要隐蔽单元工程403个，关键部位单元工程403个。

溢洪道工程：单位工程1个，主要单位工程1个；分部工程6个，主要分部工程1个；单元工程116个，重要隐蔽单元工程26个，关键部位单元工程26个。

输水隧洞工程：单位工程1个；分部工程6个，主要分部工程2个；单元工程289个，重要隐蔽（关键部位）单元工程6个。

（三）质量控制和检测

1. 导流泄洪隧洞工程

（1）对进场原材料，砂石料进行检测，其中检测机砂25组，碎石11组。检测结果均为合格。

（2）检测钢筋母材，钢筋焊接接头，共检测21组。检测结果均为合格。

（3）检测混凝土244组，其中3d龄期与28d龄期各占一半，各122组。检测结果均为合格。

（4）检测651橡胶止水带6组，检测结果均为合格。

（5）检测P·O42.5普通硅酸盐水泥7组，检测结果均为合格。

（6）检测粉煤灰2组，检测结果合格。

检测导流泄洪隧洞0+000~0+440段锚杆22组，检测抗冲磨混凝土6组，检测结果达到设计要求。

检测混凝土抗渗5组，检测结果达到设计要求。

2. 溢洪道工程

（1）施工用P·O42.5水泥取样检测4组，所检指标均符合《通用硅酸盐水泥》（GB 175—2007）标准要求。

（2）施工用钢筋母材取样检测10组，所检指标均符合《水工混凝土钢筋施工规范》（DL/T 5169—2013）和《钢筋混凝土用钢 第2部分：热轧带肋钢筋》（GB 1499.2—2007）对HRB400E钢筋的机械性能要求。

（3）施工用焊接钢筋取样检测6组，所检指标均符合《水工混凝土钢筋施工规范》（DL/T 5169—2013）和《钢筋混凝土用钢 第2部分：热轧带肋钢筋》（GB 1499.2—2007）对钢筋的机械性能要求，并符合《钢筋焊接及验收规程》（JGJ 18—2012）的要求。

（4）施工用人工砂取样检测6次的细度模数为2.62~3.75，属于中~粗砂。石粉含量为8.1%~20.7%，其中编号为S3、S5、S6的石粉含量不符合《水工混凝土施工规范》（SL 677—2014）对人工砂对石粉含量的要求，其余所检指标均符合SL 677—2014规范对混凝土人工砂的质量指标要求。

（5）施工用碎石6次取样检测按照5~40mm的混合料评价，超径含量均为0，逊径含量为0，均符合SL 677—2014规范规定以超逊径筛检验，超径含量小于5%，逊径含量小于10%的要求；碎石其余所检品质指标均符合《水工混凝土施工规范》（SL 677—2014）对粗骨料的品质要求。

（6）掺和料：施工用Ⅱ级F类粉煤灰所检指标均符合《水工混凝土掺用粉煤灰技术规范》（DL/T 5055—2007）对Ⅱ级粉煤灰的技术要求。

（7）拌和水：施工用混凝土拌和水取样检测1组，所检指标符合《水工混凝土施工规范》（SL 677—2014）对混凝土拌和用水的指标要求。

（8）外加剂：施工用缓凝高效减水剂所检指标均符合《水工混凝土外加剂技术规程》(DL/T 5100—2014)规程对缓凝型高效减水剂的指标要求。

施工用引气剂所检指标均符合《水工混凝土外加剂技术规程》(DL/T 5100—2014)对引气剂的指标要求。

（9）橡胶止水带：施工用橡胶止水带取样检测1组，该组橡胶止水带所检指标除压缩永久变形仅符合B型、S型、JX型外，其余所检指标均符合《高分子防水材料 第2部分：止水带》(GB 18173.2—2014)对B型、S型、J型橡胶止水带指标要求。

（10）分部工程混凝土质量评定。

1）溢洪道进水渠段C20混凝土28d龄期抗压强度取样5组，按照《水利水电工程施工质量检验与评定规程》(SL 176—2007)附录C普通混凝土试块试验数据统计方法评定，同时满足 $R_n-0.7S_n>R_标$ 和 $R_n-1.60S_n \geqslant 0.83R_标$（当 $R_标$ 不小于20MPa）要求，质量评定合格。

2）溢洪道控制段C30混凝土28d龄期抗压强度取样5组，按照《水利水电工程施工质量检验与评定规程》(SL 176—2007)附录C普通混凝土试块试验数据统计方法评定，同时满足 $R_n-0.7S_n>R_标$ 和 $R_n-1.60S_n \geqslant 0.83R_标$（当 $R_标$ 不小于20MPa）要求，质量评定合格。

3）溢洪道泄槽段C20混凝土28d龄期抗压强度取样26组，按照《水利水电工程施工质量检验与评定规程》(SL 176—2007)附录C普通混凝土试块试验数据统计方法评定，同时满足 $R_n-0.7S_n>R_标$ 和 $R_n-1.60S_n \geqslant 0.83R_标$（当 $R_标$ 不小于20MPa）要求，质量评定合格。

4）溢洪道泄槽段C30混凝土28d龄期抗压强度取样7组，按照《水利水电工程施工质量检验与评定规程》(SL 176—2007)附录C普通混凝土试块试验数据统计方法评定，同时满足 $R_n-0.7S_n>R_标$ 和 $R_n-0.16S_n \geqslant R_标$（当 $R_标$ 不小于20MPa）要求，质量评定合格。

5）溢洪道泄槽段C40混凝土28d龄期抗压强度取样检测3组，按照《水利水电工程施工质量检验与评定规程》(SL 176—2007)附录C普通混凝土试块试验数据统计方法评定，满足 $R_{min} \geqslant 0.95R_标$ 的要求，不满足 R_n 大于 $1.15R_标$ 的要求（但满足设计不小于40.0MPa的要求），质量评定合格。

6）溢洪道消力池C20混凝土28d龄期抗压强度取样检测1组，按照《水利水电工程施工质量检验与评定规程》(SL 176—2007)附录C普通混凝土试块试验数据统计方法评定，满足 $R \geqslant 1.15R_标$ 的要求，质量评定合格。

7）溢洪道消力池段C30混凝土28d龄期抗压强度取样9组，按照《水利水电工程施工质量检验与评定规程》(SL 176—2007)附录C普通混凝土试块试验数据统计方法评定，同时满足 $R_n-0.7S_n>R_标$ 和 $R_n-1.60S_n \geqslant 0.83R_标$（当 $R_标$ 不小于20MPa）要求，质量评定合格。

8）溢洪道消力池段C40混凝土28d龄期抗压强度取样8组，按照《水利水电工程施工质量检验与评定规程》(SL 176—2007)附录C普通混凝土试块试验数据统计方法评定，同时满足 $R_n-0.7S_n>R_标$ 和 $R_n-1.60S_n \geqslant 0.83R_标$（当 $R_标$ 不小于20MPa）要求，质量评定合格。

（11）溢洪道混凝土抗渗、抗冻检测。

C20W6抗渗混凝土、C20W6F150抗冻混凝土各取样1组，检测结果：C20W6抗渗等级＞W10，符合≥W6的设计要求，C20W6F150混凝土抗冻等级＞F150，符合≥F150的设计要求。

C30W6 抗渗混凝土、C30W6F150 抗冻混凝土各取样 1 组，检测结果：C30W6 抗渗等级＞W10，符合≥W6 的设计要求，C30W6F150 混凝土抗冻等级＞F150，符合≥F150 的设计要求。

C40W6 抗渗混凝土、C40W6F150 抗冻混凝土各取样 1 组，检测结果：C40W6 抗渗等级＞W10，符合≥W6 的设计要求，C40W6F150 混凝土抗冻等级＞F150，符合≥F150 的设计要求。

(12) 喷射混凝土：溢洪道 C20 喷射混凝土取样检测 4 组，28d 抗压强度均满足设计不小于 20.0MPa 的要求。

(13) 锚杆拉拔：施工锚杆取样检测 9 组，所检 9 组锚杆拉拔力试验结果均符合设计大于 80kN 的要求。

(14) 溢洪道灌浆用水泥：取样检测 1 组，细度、比表面积、凝结时间、安定性及强度均符合《通用硅酸盐水泥》(GB 175—2007) 标准要求。

(15) 溢洪道帷幕灌浆浆液比重取样检测 24 组、固结灌浆浆液比重取样检测 8 组，所检测的帷幕灌浆、固结灌浆浆液比重均符合设计要求。

(16) 金属结构及启闭机安装完毕，运行正常，验收合格。

3. 拦河坝工程

(1) 坝基开挖与处理质量检测。

1) 水泥质量检测。所取施工用水泥检测 1 组，所检指标均符合《通用硅酸盐水泥》(GB 175—2007) 对 P·O42.5 普通硅酸盐水泥的要求。

2) 钢筋质量检测。施工用钢筋母材取样检测 2 组，HPB300 钢筋母材检验结果均符合《钢筋混凝土用钢 第 1 部分：热轧光圆钢筋》(GB 1499.1—2008) 对 HPB300 钢筋的机械性能指标要求；HRB400E 钢筋母材所检结果均符合《水工混凝土钢筋施工规范》(DL/T 5169—2013) 和《钢筋混凝土用钢 第 2 部分：热轧带肋钢筋》(GB 1499.2—2007) 对 HRB400E 钢筋的机械性能要求。

3) 锚杆质量检测。施工锚杆取样检测 10 组，所检 10 组锚杆拉拔力试验结果均符合设计大于 80kN 的要求。

4) 混凝土质量检测。左右岸边坡 C20 喷射混凝土喷大板抗压强度试验取样 6 组，试验按照《水利水电工程施工质量检验与评定规程》(SL 176—2007) 附录 D 喷射混凝土抗压强度检验评定标准（混凝土抗压强度的试块组数 n 小于 10 时）评定，左右岸边坡 C20 喷射混凝土 28d 抗压强度同时满足 f'_{ck} 不小于 $1.15f_c$ 和 f'_{ckmin} 不小于 $0.95f_c$ 的要求，质量评定合格。

(2) 坝基及坝肩防渗质量检测。

1) 水泥质量检测。施工用水泥取样检测 4 组，所取 4 组 P·O42.5 普通硅酸盐水泥的比表面积、凝结时间、安定性及 3d、28d 抗压强度与抗折强度均符合《通用硅酸盐水泥》(GB 175—2007) 对 P·O42.5 普通硅酸盐水泥的要求。

2) 钢筋质量检测。施工用钢筋母材取样检测 8 组，钢筋单面焊接钢筋接头取样检测 4 组。

所取的 8 组 HRB400E 钢筋母材所检结果均符合《水工混凝土钢筋施工规范》(DL/T 5169—2013) 和《钢筋混凝土用钢 第 2 部分：热轧带肋钢筋》(GB 1499.2—2007) 对

HRB400E 钢筋的机械性能要求。

所取的 4 组单面焊接钢筋接头检验结果符合《水工混凝土钢筋施工规范》（DL/T 5169—2013）规范和《钢筋混凝土用钢 第 2 部分：热轧带肋钢筋》（GB 1499.2—2007）对钢筋的机械性能要求，并符合《钢筋焊接及验收规程》（JGJ 18—2012）的要求。

3）砂石骨料质量检测。

a. 施工用人工砂取样检测 1 次的细度模数为 2.9，属于粗砂。石粉含量为 17.7%，所检指标均符合《水工混凝土施工规范》（SL 677—2014）对混凝土人工砂的质量指标要求。

b. 施工用碎石 1 次取样检测，超径含量均为 0，逊径含量为 0，符合《水工混凝土施工规范》（SL 677—2014）规定以超逊径筛检验，超径含量小于 5%，逊径含量小于 10% 的要求；碎石所检指标均符合规范对粗骨料的品质要求。

4）减水剂质量检测。施工用缓凝高效减水剂取样检测 1 组，所检指标均符合《水工混凝土外加剂技术规程》（DL/T 5100—2014）规程对缓凝型高效减水剂的指标要求。

5）止水铜片质量检测。施工用止水铜片取样检测 1 组，除厚度外，抗拉强度和断后伸长率均符合《水工建筑物止水带技术规范》（DL/T 5215—2005）规范的要求。

6）粉煤灰质量检测。施工用粉煤灰取样检测 3 组，所检 3 组Ⅱ级 F 类粉煤灰所检指标均符合《水工混凝土掺用粉煤灰技术规范》（DL/T 5055—2007）对Ⅱ级粉煤灰的技术要求。

7）混凝土质量检测。大坝基座 C20 混凝土共取样检测 24 组，大坝基座 C20 混凝土 28d 龄期抗压强度取样检测 24 组，按照《水利水电工程施工质量检验与评定规程》（SL 176—2007）附录 C 普通混凝土试块试验数据统计方法评定，同时满足 $R_n - 0.7S_n > R_{标}$ 和 $R_n - 1.60S_n \geqslant 0.83R_{标}$（当 $R_{标} \geqslant 20MPa$）要求，质量评定合格。

（3）左右岸灌浆平洞质量检测。

1）水泥质量检测。所取施工用水泥取样检测 6 组，所取 6 组 P·O42.5 普通硅酸盐水泥的细度、比表面积、凝结时间、安定性及 3d、28d 抗压强度与抗折强度均符合《通用硅酸盐水泥》（GB 175—2007）对 P·O42.5 普通硅酸盐水泥的要求。

2）钢筋质量检测。施工用钢筋母材取样检测 12 组，钢筋单面焊接钢筋接头取样检测 1 组。

所取的 12 组 HRB400E 钢筋母材所检结果均符合《水工混凝土钢筋施工规范》（DL/T 5169—2013）和《钢筋混凝土用钢 第 2 部分：热轧带肋钢筋》（GB 1499.2—2007）对 HRB400E 钢筋的机械性能要求。

所取的 1 组单面焊接钢筋接头检验结果符合《水工混凝土钢筋施工规范》（DL/T 5169—2013）和《钢筋混凝土用钢 第 2 部分：热轧带肋钢筋》（GB 1499.2—2007）对钢筋的机械性能要求，并符合《钢筋焊接及验收规程》（JGJ 18—2012）的要求。

3）砂石骨料质量检测。施工用人工砂取样检测 1 次的细度模数为 2.9，属于粗砂。石粉含量为 17.7%，所检指标均符合《水工混凝土施工规范》（SL 677—2014）对混凝土人工砂的质量指标要求。

施工用碎石 1 次取样检测，超径含量均为 0，逊径含量为 0，符合规范规定以超逊径筛检验，超径含量小于 5%，逊径含量小于 10% 的要求；碎石所检品质指标均符合规范对粗骨料的品质要求。

4）工字钢质量检测。施工用 16 号工字钢取样检测 1 组，试验结果均符合《碳素结构钢》(GB/T 700—2006)对 Q235KZ、Q235B 钢材的性能要求。

5) 混凝土质量检测。左岸灌浆平洞 C25 混凝土 28d 龄期抗压强度取样检测 4 组，按照《水利水电工程施工质量检验与评定规程》(SL 176—2007) 附录 C 普通混凝土试块试验数据统计方法评定，满足 R_{min} 不小于 $0.95R_{标}$ 的要求，不满足 R_n 大于 $1.15R_{标}$ 的要求（但满足设计不小于 25.0MPa 的要求），判定质量合格。

6) 喷射混凝土质量检测。左右岸灌浆平洞喷射混凝土取样检测 2 组，按照《水利水电工程施工质量检验与评定规程》(SL 176—2007) 附录 D 喷射混凝土抗压强度检验评定标准（混凝土抗压强度的试块组数 $n<10$ 时）评定，灌浆平洞 C20 喷射混凝土 28d 抗压强度同时满足 f'_{ck} 不小于 $1.15f_c$ 和 f'_{ckmin} 不小于 $0.95f_c$ 的要求，质量评定合格。

7) 浆液密度试验检测。坝基及坝肩防渗工程回填灌浆浆液密度检测 17 组，右岸回填灌浆检测 4 组，左岸回填灌浆检测 13 组，帷幕灌浆浆液比重检测 183 组，右岸帷幕灌浆检测 74 组，左岸帷幕灌浆检测 109 组，试验结果均符合设计要求。

(4) 拦河坝填筑质量检测。拦河坝填筑的所有检测工作顺利完成，试验检测数量及力度达到相关要求，检测结果真实、客观、可靠，实际反映了工程质量。为了质量控制与施工进度同时进行，所有检测数据与结果及时报送监理单位和业主管理单位，未发现影响工程质量的不合格项，检测结果均符合设计要求。

1) 拦河坝体沥青混凝土心墙填筑质量检测。坝体沥青混凝土心墙填筑单元划分为一层一个单元，共填筑 345 层，共 345 个单元，抽样检测 182 层，共计 182 个单元，2~4m 钻芯取样检测 32 个单元。

a. 沥青混凝土马歇尔稳定度及流值取样检测 21 组，水稳定性试验检测 15 组，平均稳定度为 6.340~9.480kN。所检指标均符合设计要求。

b. 马歇尔流值取样检测 21 组，试验检测值为 53.8~86.5mm，水稳定性为 0.90~0.96kN。所检指标均符合设计要求。

c. 油石比抽提试验取样检测 182 组，油石比为 6.4%~8.3%。

d. 密度、孔隙率及渗透系数试验检测 182 组，密度为 2.832~2.452g/cm³；孔隙率为 0.3%~2.5%；渗透系数取样检测 155 组，试验检测值为 $1.077×10^{-9}$~$9.870×10^{-9}$cm/s。所检测的各项指标均符合设计要求。

2) 上游度汛坝体黏土斜墙质量检测。

a. 上游度汛坝体黏土斜墙单元划分为三层一个单元，共填筑 81 层共计 27 个单元，共检测 208 组，测试干密度、含水率、渗透系数、压实度。试验检测结果填筑干密度为 1.20~1.78g/cm³、含水率为 19.0%~47.4%；压实度为 96.0%~111.8%（压实度大于 100%的原因为施工用料中砾石含量偏多）；渗透系数（室内）为 $1.00×10^{-7}$~$6.27×10^{-7}$cm/s；渗透系数（室外）为 $1.08×10^{-6}$~$8.23×10^{-7}$cm/s。所检各项指标均符合设计要求。

b. 上游度汛坝体坝壳料填筑单元划分为一层一个单元，共填筑 58 层，共计 58 个单元，取样检测 53 组，测试干密度、含水率、泥含量、渗透系数、颗粒级配。试验检测结果填筑干密度为 2.09~2.30g/cm³、孔隙率为 17.0%~24.0%；比重为 2.74~2.80g/cm³；泥含量为 0.1%~3.8%；含水率为 2.6%~8.4%；渗透系数为 $3.42×10^{-3}$~$1.10×10^{-1}$cm/s。所检测的各项指标均符合设计要求。

3) 上游坝体填筑质量检测。

a. 上游过渡料工程填筑单元划分为一层一个单元，共抽样检测 187 层，共计 187 各单元，对其进行干密度、含水率、渗透系数、颗粒级配等试验。试验检测结果填筑干密度为 $2.15 \sim 2.29 \text{g/cm}^3$、孔隙率为 $15.0\% \sim 20.0\%$；含水率为 $5.1\% \sim 5.9\%$；比重为 $2.67 \sim 2.73$；渗透系数为 $1.01 \times 10^{-1} \sim 3.13 \times 10^{-3} \text{cm/s}$。所检测的各项指标均符合设计要求。

b. 上游坝壳料工程填筑单元划分为一层一个单元，共抽样检测 33 层，共计 33 各单元，对其进行干密度及含水率、渗透系数、颗粒级配。试验检测结果填筑干密度为 $2.15 \sim 2.29 \text{g/cm}^3$、孔隙率为 $15.0\% \sim 20.0\%$；含水率为 $5.1\% \sim 5.9\%$；比重为 $2.67 \sim 2.73 \text{g/cm}^3$；渗透系数为 $1.01 \times 10^{-1} \sim 3.13 \times 10^{-3} \text{cm/s}$。所检测的各项指标均符合设计要求。

4) 下游弱风化砂岩堆石料填筑质量检测。下游弱风化砂岩堆石料料填筑单元划分为一层一个单元，共抽样检测 17 层共计 17 个单元，对其进行干密度、含水率、泥含量、孔隙率、渗透系数、颗粒级配等试验。试验检测结果填筑干密度为 $2.10 \sim 2.23 \text{g/cm}^3$，渗透系数为 $1.01 \times 10^{-2} \sim 9.54 \times 10^{-2} \text{cm/s}$；泥含量为 $0.3\% \sim 1.8\%$；孔隙率为 $19\% \sim 23\%$，所检指标均符合设计要求。

5) 下游坝体填筑质量检测。

a. 下游过渡料工程填筑单元划分为一层一个单元，共取样检测 187 层，共计 187 个单元，对其进行干密度、含水率、孔隙率、渗透系数、颗粒级配等试验。试验检测结果填筑干密度为 $2.15 \sim 2.231 \text{g/cm}^3$、孔隙率为 $15.0\% \sim 20.0\%$；含水率为 $1.8\% \sim 7.6\%$；比重为 $2.64 \sim 2.73 \text{g/cm}^3$；渗透系数为 $1.02 \times 10^{-1} \sim 1.93 \times 10^{-3} \text{cm/s}$。所检测的各项指标均符合设计要求，合格率为 100%。

b. 下游坝壳料工程填筑单元划分为一层一个单元，共取样检测 77 层，共计 77 个单元，对其进行干密度、含水率、孔隙率、渗透系数、颗粒级配等试验。试验检测结果填筑干密度为 $2.17 \sim 2.27 \text{g/cm}^3$、孔隙率为 $18.0\% \sim 22.0\%$；含水率为 $2.1\% \sim 4.7\%$；比重为 $2.77 \sim 2.78 \text{g/cm}^3$；渗透系数为 $1.01 \times 10^{-1} \sim 3.42 \times 10^{-3} \text{cm/s}$。所检测的各项指标均符合设计要求，合格率为 100%。

(5) 坝顶工程质量检测。坝顶工程正在施工，质量检测资料尚未统计汇总。

(6) 护坡工程质量检测。

1) 水泥质量检测。施工用水泥取样检测 1 组，所检指标均符合《通用硅酸盐水泥》(GB 175—2007) 对 P·O42.5 普通硅酸盐水泥的要求。

2) 块石质量检测。施工用块石取样检测 4 组，4 组砌石料原岩样品中除编号为 KS-2 下的软化系数不符合《水利水电工程天然建筑材料勘察规程》(SL 251—2015) 对砌石料原岩的要求外，其余所检指标均符合 SL 251—2015 规程对砌石料原岩的指标要求。

3) 混凝土质量检测。

a. 上下游坝面护坡工程 C20 混凝土 28d 龄期混凝土抗压强度试验共取样 4 组，按照《水利水电工程施工质量检验与评定规程》(SL 176—2007) 附录 C 普通混凝土试块试验数据统计方法评定，满足 $R_{\min}$ 不小于 $0.95R_{标}$ 的要求，不满足 R_n 大于 $1.15R_{标}$ 的要求（但满足设计不小于 20.0MPa 的要求），质量评定合格。

b. 下游坝面护坡字体 C25 混凝土取样检测 6 组按照《水利水电工程施工质量检验与评定规程》(SL 176—2007) 附录 C 普通混凝土试块试验数据统计方法评定，同时满足

$R_n-0.7S_n > R_标$ 和 $R_n-1.60S_n \geqslant 0.83R_标$（当 $R_标$ 不小于 20MPa）要求，质量评定合格。

4）砂浆质量检测。护坡砌石 M7.5 砂浆 28d 龄期抗压强度试件取样 11 组，按照《水利水电工程施工质量检验与评定规程》（SL 176—2007）附录 E 砂浆、砌筑用混凝土强度检验评定，同时满足①各组试块的平均强度不低于设计强度；②任意一组试块强度不低于设计强度的 80%，质量评定合格。

4. 输水隧洞工程

（1）施工用 P·O42.5 水泥取样检测 3 组，所检指标均符合《通用硅酸盐水泥》（GB 175—2007）标准要求。

（2）施工用钢筋母材取样检测 8 组，所检指标均符合《水工混凝土钢筋施工规范》（DL/T 5169—2013）和《钢筋混凝土用钢 第 2 部分：热轧带肋钢筋》（GB 1499.2—2007）对 HRB400E 钢筋的机械性能要求。

（3）施工用焊接钢筋取样检测 1 组，所检指标均符合《水工混凝土钢筋施工规范》（DL/T 5169—2013）和《钢筋混凝土用钢 第 2 部分：热轧带肋钢筋》（GB 1499.2—2007）对钢筋的机械性能要求，并符合《钢筋焊接及验收规程》（JGJ 18—2012）的要求。

（4）施工用人工砂取样检测 3 次的细度模数为 2.68～3.68，属于中-粗砂。石粉含量为 8.8%～17.8%，所检各项指标均符合《水工混凝土施工规范》（SL 677—2014）对混凝土人工砂的质量指标要求。

（5）施工用碎石 3 次取样检测按照 5～40mm 的混合料评价，超径含量均为 0，逊径含量为 0，均符合《水工混凝土施工规范》（SL 677—2014）以超逊径筛检验，超径含量小于 5%，逊径含量小于 10% 的要求；碎石其余所检品质指标均符合 SL 677—2014 对粗骨料的品质要求。

（6）掺和料：施工用 Ⅱ 级 F 类粉煤灰取样检测 1 组，所检指标均符合《水工混凝土掺用粉煤灰技术规范》（DL/T 5055—2007）对 Ⅱ 级粉煤灰的技术要求。

（7）拌和水：施工用混凝土拌和水取样检测 1 组，所检指标符合《水工混凝土施工规范》（SL 677—2014）对混凝土拌和用水的指标要求。

（8）工字钢：施工用所取 14 号、16 号工字钢各取样检测 1 组，所检指标试验结果均符合《碳素结构钢》（GB/T 700—2006）对 Q235KZ 钢材的性能要求。

（9）槽钢：施工用 25 号槽钢取样检测 1 组，所检指标试验结果均符合《碳素结构钢》（GB/T 700—2006）对 Q235B 钢材的性能要求。

（10）橡胶止水带：施工用橡胶止水带取样检测 1 组，该组橡胶止水带所检指标中，硬度（邵尔 A）仅符合 JY 型要求；拉伸强度仅符合 B 型、S 型要求；扯断伸长率符合 B 型、S 型、J 型要求；压缩永久变形仅符合 B 型、S 型、JX 型要求；撕裂强度仅符合 JY 型要求。

（11）铜片止水：施工用铜片止水取样检测 1 组，检测结果除厚度外，抗拉强度和断后伸长率均符合《水工建筑物止水带技术规范》（DL/T 5215—2005）规范的要求。

（12）分部工程混凝土质量评定。

1）输水隧洞进口边坡 C25 混凝土 28d 龄期抗压强度取样检测 2 组，按照《水利水电工程施工质量检验与评定规程》（SL 176—2007）附录 C 普通混凝土试块试验数据统计方法评定，满足 $R_{\min}$ 不小于 $0.95R_标$ 的要求，不满足 R_n 大于 $1.15R_标$ 的要求，但满足设计不小于 25.0MPa 的要求，质量评定合格。

2) 输水隧洞洞身段 C25 混凝土 28d 龄期抗压强度取样 9 组，按照《水利水电工程施工质量检验与评定规程》（SL 176—2007）附录 C 普通混凝土试块试验数据统计方法评定，同时满足 $R_n - 0.7S_n > R_{标}$ 和 $R_n - 1.60S_n \geqslant 0.83R_{标}$（当 $R_{标}$ 不小于 20MPa）要求，质量评定合格。

3) 闸室段土建 C25 混凝土 28d 龄期抗压强度取样 5 组，按照《水利水电工程施工质量检验与评定规程》（SL 176—2007）附录 C 普通混凝土试块试验数据统计方法评定，同时满足 $R_n - 0.7S_n > R_{标}$ 和 $R_n - 1.60S_n \geqslant 0.83R_{标}$（当 $R_{标}$ 不小于 20MPa）要求，质量评定合格。

4) 压力管道段 C25 混凝土 28d 龄期抗压强度取样 8 组，按照《水利水电工程施工质量检验与评定规程》（SL 176—2007）附录 C 普通混凝土试块试验数据统计方法评定，同时满足 $R_n - 0.7S_n > R_{标}$ 和 $R_n - 1.60S_n \geqslant 0.83R_{标}$（当 $R_{标}$ 不小于 20MPa）要求，质量评定合格。

5) 输水隧洞全部 C25 混凝土 28d 龄期抗压强度取样 24 组，按照《水利水电工程施工质量检验与评定规程》（SL 176—2007）附录 C 普通混凝土试块试验数据统计方法评定，同时满足 $R_n - 0.7S_n > R_{标}$ 和 $R_n - 1.60S_n \geqslant 0.83R_{标}$（当 $R_{标}$ 不小于 20MPa）要求，质量评定合格。

（13）输水隧洞混凝土抗渗、抗冻检测：施工所浇筑 C25 混凝土，C25W8 取样检测 1 组，28d 抗渗等级≥W10，符合 W8 的设计要求，C25F50 混凝土取样检测 1 组，抗等级＞F50，符合≥F50 的设计要求。

（14）喷射混凝土：输水隧洞 C20 喷射混凝土取样检测 4 组，28d 抗压强度均满足设计不小于 20.0MPa 的要求。

（15）锚杆拉拔：施工锚杆取样检测 9 组，所检 9 组锚杆拉拔力试验结果均符合设计大于 80kN 的要求。

（16）输水隧洞灌浆用水泥：取样检测 1 组，细度、比表面积、凝结时间、安定性及强度均符合《通用硅酸盐水泥》（GB 175—2007）标准要求。

（17）输水隧洞回填灌浆取样检测 28 组、固结灌浆取样检测 24 组，所抽检的回填灌浆、固结灌浆浆液密度均符合设计要求。

（18）输水隧洞压力管道段现场钢管安装焊缝抽样检测 5 条环缝，检测焊缝长度为 23.9m，所抽检的焊缝合格。其余待完工后再进行抽检。

5. 水土保持工程

（1）水泥质量检测。施工用水泥取样检测 1 组，所检指标均符合《通用硅酸盐水泥》（GB 175—2007）对 P·O42.5 普通硅酸盐水泥的要求。

（2）砂石骨料质量检测。

1) 施工用人工砂取样检测 1 次的细度模数为 2.9，属于粗砂。石粉含量为 17.7%，所检指标均符合《水工混凝土施工规范》（SL 677—2014）对混凝土人工砂的质量指标要求。

2) 施工用碎石 1 次取样检测，超径含量均为 0，逊径含量为 0，符合《水工混凝土施工规范》（SL 677—2014）用超逊径筛检验，超径含量小于 5%，逊径含量小于 10% 的要求；碎石所检指标符合规范对粗骨料的品质要求。

（3）块石质量检测。施工用块石取样检测 1 组，所检指标均符合《水利水电工程天然建筑材料勘察规程》（SL 251—2015）对砌石料原岩质量技术指标的要求。

（4）混凝土质量检测。

1) 1号弃渣场C15混凝土28d龄期抗压强度试验共取样检测6组,按照《水利水电工程施工质量检验与评定规程》(SL 176—2007)附录C普通混凝土试块试验数据统计方法评定,同时满足 $R_n-0.7S_n>R_标$ 和 $R_n-1.60S_n\geq0.83R_标$ 要求,质量评定合格。

2) 1号弃渣场C25混凝土28d龄期抗压强度取样检测3组,按照《水利水电工程施工质量检验与评定规程》(SL 176—2007)附录C普通混凝土试块试验数据统计方法评定,满足 $R_{\min}$ 不小于 $0.95R_标$ 的要求,不满足 R_n 大于 $1.15R_标$ 的要求(但满足设计不小于40.0MPa的要求),质量评定合格。

3) 2号弃渣场C15混凝土28d龄期抗压强度取样检测2组,按照《水利水电工程施工质量检验与评定规程》(SL 176—2007)附录C普通混凝土试块试验数据统计方法评定,同时满足 $R_{\min}$ 不小于 $0.95R_标$ 和 R_n 大于 $1.15R_标$ 的要求,质量评定合格。

(四)质量等级评定

按照《水利水电工程施工质量检验与评定规程》(SL 176—2007)规定,×××水库枢纽区坝拦河坝、导流泄洪隧洞、溢洪道、输水隧洞4个单位工程计32个分部工程,施工质量经施工单位自评、监理单位复核、项目法人单位认定,达到合格质量标准,其评定结果见表3-13~表3-16。

表3-13 拦河坝单位工程施工质量评定结果统计

序号	分部工程名称	质量等级	划分数/个	合格数/个	合格率/%	优良数/个	优良率/%
1	坝基开挖与处理	合格	78	79	100	6	7.6
2	△坝基及坝肩防渗	合格	59	25	100	0	0
3	△沥青混凝土防渗心墙	优良	347	347	100	319	91.9
4	上游度汛坝体填筑	优良	87	87	100	0	0
5	上游坝体填筑	优良	409	489	100	401	82.0
6	下游弱风化砂岩堆石料填筑	优良	28	30	100	25	83.3
7	下游坝体填筑	优良	386	460	100	374	81.3
8	护坡工程	合格	14	272	100	0	0
9	观测设施工程	合格	11	48	100	0	0
10	坝顶工程	合格	64	43	100	0	0
11	水土保持工程	合格	86	7	100	0	0
	合计		1569	1887	100	1125	59.6

注 加"△"符号者为主要分部工程,下同。

表3-14 导流泄洪隧洞单位工程施工质量评定结果统计

序号	分部工程名称	质量等级	划分数/个	合格数/个	合格率/%	优良数/个	优良率/%
1	进口引渠段	合格	3	3	100	0	0
2	进口边坡、支护及有压洞身段	合格	25	25	100	1	6.3

续表

序号	分部工程名称	质量等级	单元工程划分数/个	合格数/个	合格率/%	优良数/个	优良率/%
3	竖井及工作闸门段	优良	9	9	100	0	0
4	出口边坡、支护及无压洞身段	合格	72	72	100	0	0
5	出口消能段	合格	32	32	100	0	0
6	△隧洞灌浆工程	优良	10	10	100	0	0
7	出口明渠及海漫段	合格	8	8	100	0	0
8	导流洞及发电引水支洞封堵段	合格	2	2	100	0	0
9	金属结构及启闭机安装	合格	8	8	100	0	0
	合　计		169	169	100	1	0.6

表 3-15　　　　　溢洪道单位工程施工质量评定结果统计

序号	分部工程名称	质量等级	单元工程划分数/个	合格数/个	合格率/%	优良数/个	优良率/%
1	进水渠段	优良	16	17	100	12	70.6
2	△控制段	优良	12	15	100	12	80.0
3	泄槽段	合格	62	62	100	0	0
4	消力池段	合格	19	19	100	0	0
5	尾水段	合格	4	67	100	0	0
6	金属结构及启闭机安装	合格	3	9	100	0	0
	合　计		116	189	100	24	12.7

表 3-16　　　　　输水隧洞单位工程施工质量评定结果统计

序号	分部工程名称	质量等级	单元工程划分数/个	合格数/个	合格率/%	优良数/个	优良率/%
1	进口边坡及明渠段	合格	21	19	100	0	0
2	洞身段	合格	138	23	100	0	0
3	△闸室段土建	合格	31	483	100	0	0
4	△压力管道段	合格	36	7	100	0	0
5	回填灌浆	合格	55	51	100	0	0
6	金属结构及启闭机安装		8	8	100	0	0
	合　计		289	591	100	0	0

（五）工程质量缺陷及处理情况评价

略。

六、安全生产与文明工地

管理局按照相关要求,结合本工程特点,确立了工程的安全生产总目标,并针对性提出了安全生产控制、安全检查、安全保证、安全责任、安全制度等措施,并采用有效的组织方式和监控手段,确保工程的安全目标。

20××年1月取得了××省水利厅水利安全生产标准化二级单位称号。

(一) 安全生产管理责任制、安全生产保证体系的建立及相关措施落实

×××水库工程设立了安全生产管理组织机构,成立了以管理局局长为组长、管理局副局长为副组长、管理局各科(室)长及参建各方主要负责人为成员的安全生产工作领导小组,编制并印发了《×××水库工程安全生产责任制》,对项目法人、安全生产工作领导小组、局属各科(室)、各岗位人员、工程各参建单位安全生产管理职责进行了明确。根据《水利工程项目法人安全生产标准化平时标准(试行)》,×××局结合×××水库工程建设实际,组织制(修)订并印发了《安全生产目标管理制度》等24项安全生产管理制度,确保工程启动建设以来安全顺利进行施工。根据相关要求,与局属各科室及施工、监理、质检、设计等参建单位签订《安全生产目标责任书》。结合工程分布较广的特点,我局配置了专(兼)职安全员5名,负责做好枢纽工程区、南干渠、北干渠(管)建设区域内的日常安全管理和现场安全巡查检查工作。

(二) 建设项目管理范围内重大危险源的登记、公示与监控

×××水库枢纽工程建设区范围开展了安全风险辨识、评估、分级和公告,对工程度汛薄弱环节、存在较大危险因素的场所和重大危险源登记建档、制定和落实管控措施,对危险较大分部分项工程开展了重大危险源辨识,定方案、时间、责任人进行落实,并进行展板公示。

(三) 组织开展工程建设安全生产检查和对事故隐患整改

为规范安全生产隐患排查治理工作,×××局制定了《事故隐患排查治理制度》。按照制度规定,管理局每周不少于一次开展日常安全检查;每季度不少于一次开展综合性安全检查;法定节假日前不少于1次开展日安全检查;开展了季节性安全检查;同时,结合开复工情况,主管部门、上级要求及当前安全生产形势、典型事故案例不定期开展安全检查、事故隐患排查工作。按照上级相关部门要求,每月按时上报安全生产信息系统。排查、检查发现的隐患按照隐患治理"五落实"整改。

为规范×××水库工程建设过程中的安全事故管理,×××局制定了《安全事故报告和调查处理制度》,明确了事故报告、调查、统计与分析、回顾、档案管理等内容及要求。本项目自开工建设至今未发生安全生产事故。

(四) 有关拆除和爆破项目的发包情况以及与此相关的施工方案、技术措施和安全事故应急救援预案的落实

×××水库工程不涉及拆除项目,涉及使用民爆物品的施工标段有3个,分别为拦河坝及溢洪道施工标段、导流泄洪隧洞施工标段、输水隧洞施工标段。根据《民用爆炸物品安全管理条例》相关规定,×××水库工程3个施工标段的民爆物品均由施工单位向××××爆破工程有限公司××分公司申请、购买、备案,由××××爆破工程有限公司××分公司负责做好民爆物品的供应、运输、储存、使用、管理等工作,由区公安局治安大队对本工程使

用的民爆物品按属地管理原则实时进行监管。

为了做好×××水库工程建设过程中的安全生产事故应急处置工作,有效预防、及时控制和消除安全生产事故的危害,最大限度减少人员伤亡和财产损失,确保工程建设顺利推进和按时完成,根据国家有关法律、法规规定,结合×××水库工程实际,我局制定了《×××水库工程建设生产安全事故应急预案》,成立了由参建各方相关人员组成的应急处置指挥机构及应急救援队伍,施工单位结合工程实际,制定了相关安全生产应急预案。

(五)建设期施工度汛方案、措施,以及防洪预案、防汛责任制和相关管理制度的制定与落实

工程建设管理局根据××省水利水电勘测设计研究院出具的《××市××区×××水库工程年度防洪度汛及施工安全设计报告》相关技术要求,编制了各年度《××市××区×××水库防汛抢险应急预案》《××市××区×××水库年度汛计划》,同时,督促各项目参建单位编制了年度度汛方案、防洪预案。对照《关于做好年度水库汛期调度运用计划和防汛抢险应急预案编制上报工作的通知》时间节点和目标要求,于各年度4月底前完成×××水库汛期调度运行计划和防汛抢险应急预案的编制、审批、备案工作。

结合×××水库工程实际,明确了防洪度汛的应急保障指挥机构,细化了职责分工及应急措施。本着"以防为主,防重于抢"的方针,保障实现防洪度汛及施工安全的主要目标,我局提前着手、及早安排落实防汛责任制,分别与项目参建单位签订防汛责任书,确保防汛工作层层有人抓,事事有人管。

×××水库工程参建各方严格落实汛期领导干部到岗带班、关键部位24小时值班、节假日期间值班值守等制度,参建各方相关人员加入施工建设地气象部门预报信息共享平台,实时掌握工程建设地气象信息,各方人员密切关注天气变化对施工围堰、深基坑、高边坡、地下洞室、河道、施工道路、高大模板架设使用等重点部位的不利影响,及早进行防范,出现险情或险情征兆时立即组织人员避险转移,严防汛期安全生产事故发生。

七、工程验收

工程在实施建设过程中,及时组织完成了分部工程验收工作,因各单位工程均未全部完成,尚不具备单位工程验收条件。

(1)管理局针对导流泄洪隧洞工程完成情况,于20××年2月××日组织勘测、设计、监理、质检及施工单位代表开展了导流泄洪隧洞工程出口边坡开挖支护及无压洞身段(0+175.837～0+455.000)、出口消能段(0+455.00～0+520.718)、出口明渠段海曼段(0+520.718～0+580.718)、临建工程(导流隧洞及发电引水支洞)4个分部工程验收工作。××市水务局建管处、质量监督站及××区水务局领导到现场监督指导,同意验收。目前导流泄洪隧洞工程已具备导流过水条件。

(2)拦河坝工程于20××年11月××日开工建设,20××年12月××日开始进行度汛坝体基础开挖,20××年2月完成度汛坝体基础开挖,20××年2月××日×××水库在××省水利厅的主持下顺利通过拦河坝工程度汛坝基础开挖(坝横0+112～0+260)和截流阶段验收,20××年3月×××水库顺利实现截流目标。

(3)20××年1月××日受水利厅建管处委托,由××市水务局主持管理局、监理、设计、施工等单位,对拦河坝开挖部分分部工程进行了验收(验收范围:2153.00m高程以下上游土石坝坝基及岸坡处理、截水槽土石坝坝基及岸坡处理、下游土石坝坝基及岸坡处理）。

（4）20××年8月××日在××市水利水电工程建设质量监督站的指导下，由管理局主持设计、监理、施工等单位参加，对拦河坝坝基开挖与处理、溢洪道进水渠段、溢洪道控制段、沥青混凝土心墙、上游坝体、上游度汛坝体、下游坝体、下游弱风化砂岩堆石料填筑共计8个分部工程组织验收。

八、工程初期运用

（一）初期蓄水方案

×××水库初期蓄水拟分为三期进行，其中第一期蓄水期间最高蓄水位控制在大坝坝高的3/5左右（水库死水位），相应水位2165.00m，对应库容315万 m^3。第二期蓄水期间库水位从2165.00m蓄水至正常水位2201.50m，正常库容1949万 m^3。

第一期蓄水年度为：20××年10月上旬至20××年4月底。

目前，×××水库导流洞封堵方案已经监理审核，计划20××年10月上旬导流隧洞进口闸门下闸蓄水，在优先下泄下游生态用水，并通过输水隧洞向下游农业灌溉供水的基础上，余水进行拦蓄。一期蓄水期间，原则控制最高蓄水位不超过2165.00m。当遭遇洪水时，允许库水位在短时间内有一定壅高，水库洪水主要由泄洪隧洞下泄，库水位超过溢洪道堰顶2196.50m时，溢洪道参与泄洪。

第二期蓄水年度为：20××年4月底至20××年9月底。

20××年4月起，在一期蓄水基础上，开展二期蓄水，二期蓄水期间在优先下泄下游生态用水，满足下游农业灌溉供水的条件下，尽量拦蓄来水，在主汛期结束之前蓄至正常蓄水位2201.50m。

（二）水情监测

为及时掌握水情，×××水库工程采用中期预报和实测雨量、水位预报两种预报方法如下：

（1）由××区气象局在每年5—10月按旬预报天气情况，遇有台风、强降雨等灾害性天气及时预报。

（2）×××水库管理局在工程现场设置雨量、水位观测站，通过实测降雨量和水位推出洪水流量，随时观测汛期水位并报告水库调度室，由调度室向各有关单位通报。

根据《×××水库水情自动测报及视频监控系统实施阶段设计报告》，×××水库水情测报建设实施方案的主要内容为以下几方面。

1. 水库分中心站

（1）第一级：信息中心层。水库中心站主要由服务器、工作站、防雷设备、中心遥测终端、UPS、稳压电源、GPRS通信设备、有线通信设备、计算机网络设备及计算机辅助设备等组成。水库分中心站接受各测站发送的数据，实现数据入库管理及分析处理；水库分中心站按设置程序可向区中心站报送数据，同时可向上级中心站报送汇总数据。

（2）第二级：采集链路层。处理终端设备由水情系统的智能遥测终端等智能化设备组成。

智能采集终端按设定功能分别采集降雨量、水位传感器等参数通过有线方式或GPRS通信方式将数据报送至水库分中心站，实现全部信息的数据采集、入库、整编、处理。

(3)第三级：感知执行层。由各雨量计、水位计、闸位计、流量计传感器或器件组成。上述各类传感器通过信号线缆连接到现场采集设备。

×××水库监控系统平台由建立在云端的计算中心平台及水库中心站平台构成，云端计算中心平台（云平台）设置于电信机房，采用服务器托管方式进行云计算服务实现水情测报、大坝安全监测及视频监控等系统的集成，完成计算与存储及备份。水库中心站平台包含实现宽带接入、对云端数据二次备份、视频监控及视频存储，实现值班监控、指挥会商等功能。这样做的好处是硬件系统避免了水库停电、接入水库的电信或移动宽带网络、机房环境的影响，节约了电费、宽带费、大大提高系统的可靠性，减轻了对水库操作人员专业要求，减少了维护工作量。

云端的计算中心平台主要包括水库自动化系统实现采集、存储、备份的运用的服务器、存储及网络安全设备。

水库中心站由备份服务器、指挥会商室多媒体大屏、系统工作站、自动控制工控机、视频服务器、移动工作站及网络系统、视频监控系统中心控制端、避雷接地系统、中心站电源供电系统、不间断电源、中心机房、指挥会商中心、值班室组成。

水库中心站计算机以分布式微机的局域网方式配置，系统以服务器为核心，网络结构采用以太网，网络互联采用工业标准 TCP/IP 协议，运行 Windows 操作系统。值班人员使用工作站计算机，获得综合自动化系统监测数据，进行监控及调度。

水库中心站部分由路由器、交换机、视频服务器、采集工作站、数据服务器组成、电源系统组成。

2. 水情测报系统

×××水库水情自动测报系统的基本功能包括要素的实时自动采集、固态存储，自动传输、接收，以及进行数据处理形成各种数据文件和报表及水文测报作业等功能。

(1) 采集、传输功能。在特大暴雨、狂风等恶劣天气条件下能实时自动采集、快速传输和接收各遥测站雨量水位等水情要素。"实时"的含义是水情要素每变化一个规定变幅即传输、接收一次。

(2) 存储功能。遥测站应具备足够的存储能力，存储容量应满足 365d 的信息量，并留有 30d 的富余量。

(3) 传输功能。遥测站能将采集到的水文数据快速传输到中心站。

(4) 数据接收与处理功能。中心站应具备实时数据接收、处理和对测站监控功能。对接收的数据进行检查、纠错、插补、分类等，建立数据库，编制水文图表，提供查询、输出、发布等功能，以及与防汛部门共享、交换水文信息功能。

(5) 水文预报功能。自动完成水情预报功能，人机对话控制预报软件运行的功能，以及在遥测信息漏缺的情况下进行预报的功能。

(6) 报警功能。可选用屏幕显示、声、光等报警方式。①水文要素越限报警：当雨量、水位、流量等水文要素越过某一规定数值之后即进行报警；②供电不足报警：设备供电不足，电压下降，遥测站电源电压低于设定的门限值报警；③设备事故报警设：当设备上出现事故信息时报警。

(7) 防护功能。遥测站、中心站均需进行过电压保护，避雷保护、防盗防破坏保护。

(8) 扩展共享功能。水情测报系统的水情实时数据留有与其他已建区级山洪预警系统、其他管理调度系统的接口，能及时上报到山洪预警系统或其他系统。

3. 视频监控系统

根据水工设施的分布情况及管理方式，视频监视中心建在水库中心站，与区水务局、市水务局等上级部门能联网，共享视频图像。

结构为水库视频专用以太网，为点对多点星形网络，水库中心站与各视频监控点在一个网络内，通过路由器与其他网络实现互联。连接线路以光缆为主，根据情况采用保护管暗装敷设为主、架空及明装敷设为辅。

视频监视系统的前端设备主要有一体化球形摄像机、红外摄像机、带光口网络交换机、光端机、供电、避雷器等设备及接地系统。

水库监控中心配备网络视频录像机、视频监控平台、视频监控工作站、彩色监视器、带光口网络交换机等设备。在水库管理处设立视频监视中心，实时监视所有观测点的图像，并可以对所有监视前端设备进行控制，如调整摄像机水平角度、俯仰角度、焦距等。监视系统室外设备必须能够适应各种恶劣环境，系统控制设置多级控制优先级，控制键盘密码口令输入，限制无关人员使用系统。

×××水库共布设摄像头9台，其中5台设置于水库管理所、大坝、输水闸，另外4台设于库区水域。

（三）水库运行

第一期初期蓄水期间，当库水位壅高到一期蓄水最高控制水位2165.00m时，应逐步开启泄洪洞闸门下泄洪水；若洪水位继续壅高到溢洪道堰顶高程2196.50m时，则溢洪道参与下泄洪水；当库水位回落到一期蓄水控制水位2165.00m时，逐步关闭泄洪洞闸门。

二期×××水库可蓄至正常蓄水位2201.50m，达到正常运行条件。汛期洪水起调水位从正常蓄水位2201.50m起调，此时水库泄洪利用溢洪道和泄洪隧洞联合泄洪。当遭遇频率为50年一遇洪水时，逐步打开溢洪道闸门，使下泄洪水与入库洪水相当，维持正常蓄水位不变，当溢洪道闸门全开后，逐步开启泄洪隧洞闸门参与泄洪，控制出库流量不大于入库流量，直至泄洪洞闸门半开。

经调洪计算，水库洪水位由主汛期调洪水位2196.50m控制，水库设计洪水位2201.95m，校核洪水位2202.44m，总库容2021.0万m^3，最大下泄流量571.4m^3/s（其中：溢洪道下泄流量225.4m^3/s，导流泄洪隧洞下泄流量346.0m^3/s）。

九、存在问题与建议

（1）大坝下游量水堰工程尚未完成，应在20××年9月底以前完成。

（2）溢洪道工程、导流泄洪隧洞及输水隧洞工程闸门及启闭机已安装调试完成，未进行分部工程的验收，计划20××年9月底以前完成验收。

（3）库区清理已基本完成，未进行专项验收，应在下闸蓄水前完成专项验收工作。

十、结论

（1）工程主要建设任务已基本完成，工程形象面貌已达到一期蓄水条件。

（2）工程安全监测设计运行正常，资料符合要求。

（3）库区淹没范围内土地已全部征用，移民已搬迁完成，库区清理基本完成。

(4) 后续工程计划安排合理，导流洞封堵方案已审核。

(5) 工程已满足下闸蓄水条件，可以开展一期蓄水。

十一、附件

(1)《××区×××水库工程项目建议书》批复文件：国家发展和改革委员会文件（发改农经〔20××〕12 号）。

(2)《××区×××水库工程可行性研究报告》批复文件：国家发展和改革委员会文件（发改农经〔20××〕1201 号）。

(3)《××区×××水库工程初步设计报告》批复文件：水利厅文件（×××〔20××〕32 号）。

(4) 项目法人成立文件及变更文件。

第四章

引（调）排水工程通水验收建设管理工作报告

第一节　引（调）排水工程通水验收应具备的条件及建设管理工作报告编写要点

《水利水电建设工程验收规程》（SL 223—2008）中引（调）排水工程可视为《水电工程验收规程》（NB/T 35048—2015）中特殊单项工程，引（调）排水工程通水前，应进行通水验收。

一、《水利水电建设工程验收规程》（SL 223—2008）规定引（调）排水工程通水验收应具备的条件

（1）引（调）排水建筑物的形象面貌满足通水的要求。
（2）通水后未完工程的建设计划和施工措施已落实。
（3）引（调）排水位以下的移民搬迁安置和障碍物清理已完成并通过验收。
（4）引（调）排水的调度运用方案已编制完成；度汛方案已得到有管辖权的防汛指挥部门批准，相关措施已落实。

二、《水电工程验收规程》（NB/T 35048—2015）规定特殊单项工程验收应具备的条件

工程中的取水、通航等特殊单项工程，具有独立的功能，能够单独发挥效益作用，因提前或推后投入运行，需要单独进行验收的，竣工验收主持单位应分别组织特殊单项工程验收。

特殊单项工程验收应具备的条件如下：
（1）特殊单项工程已按合同文件、设计图纸的要求基本完成，工程质量合格，施工现场已清理。
（2）特殊单项工程已经试运行，满足审定的功能要求。
（3）设备的制作与安装经调试、试运行检验，安全可靠，达到合同文件和设计要求。
（4）观测仪器、设备已按设计要求埋设，并已测得初始值，有完善的初期运行检测和资料整编管理制度，并有完备的初期运行监测资料及分析报告。
（5）工程质量事故已妥善处理，缺陷处理也已基本完成，能保证工程安全运行；剩余尾工和权限处理工作已明确由施工单位在质量保证期内完成。
（6）运行单位已做好接受、运行准备工作。
（7）已提交特殊单项工程竣工安全鉴定报告，并有可以安全运行的结论意见。
（8）已提交特殊单项工程验收阶段质量监督报告，并有工程质量满足特殊单项工程验收

的结论意见。

三、引（调）排水工程通水验建设管理工作报告编写要点

水利水电工程引（调）排水工程通水验收项目法人的建设管理工作报告可按照《水利水电建设工程验收规程》（SL 223—2008）附录 O.1 的各章节，结合工程的实际情况，在分析设计、监理、施工、质量检测等各有关单位提交的工作报告的基础上，按照顺序进行编写。

如引（调）排水工程仅作为单项工程的阶段验收，则建设管理工作报告的有关章节可酌情删减。

第二节　引（调）排水工程通水验收建设管理工作报告示例

××湖×××湖出流改道工程通水验收建设管理工作报告

一、工程概况

××湖×××湖是××省九大高原湖泊中的两个姐妹湖，属××流域×××水系。

××市××湖×××湖出流改道工程位于××县及××区境内，工程建设的目的是控制××湖泄水，××湖的Ⅴ类水不再流入Ⅰ类水的×××湖，保护×××湖的水质；并利用×××湖水稀释、逐步改善××湖的污染水质；在实现上述目标基础上，逐步通过水质净化工程补充××市发展用水，有效利用水资源。

××湖×××出流改道工程，既有保护和治理两湖污染的效益，又有向××市供水的效益，对两湖周边的旅游业和数万亩农田灌溉也有直接影响。工程等别为Ⅲ等，主要建筑物为3级，次要建筑物为4级，临时建筑物按5级设计。湖泊设计洪水标准为20年一遇，校核湖泊设计洪水标准为50年一遇。工程区地震动峰加速度为0.2g，地震动反应谱特征周期为0.4s，工程地震设防烈度为8度。

出流改道工程由引水水渠系工程（含进口明渠及闸室段、暗渠段、顶管段、隧洞段、出口暗渠、明渠及出口闸室段工程）、人工生态湿地工程（含挺水植物带、人工湿地工程）及旁通泄水道工程（含进口明渠段、隧洞段、出口明渠段及南大沟改造工程）等部分组成。

（一）工程位置

××市××湖×××湖出流改道工程的水利工程部分，包括引水主洞工程、旁通泄水道工程和××沟改造工程三部分。其中引水线路工程含渠道、顶管和隧洞等长约12.7km；旁通泄水道工程含渠道和隧洞等长约9.8km；××沟改造工程为渠道改造，长约1.0km。工程自××湖西南岸××××村起，途经××、××村、××庄、××庄、××、××、××区××村后至××水库溢洪道。整个工程引水线路全长约23.45km。

工程位于××县、××区境内，工程所经地区人口较为稠密，道路交通密度较大，工程沿线附近有新、老××公路及××公路经过，亦有乡镇公路相通，其中××县城至××区一级公路29km，至省会××100km，××区至省会××90km，本工程对外交通比较方便。

(二) 立项、初设文件批复

1. 可研的批复过程

××市××湖×××湖出流改道工程于20××年8月××日经××市计委组织省、市有关专家论证，并由××市计委以"×××〔20××〕×××号"文批复工程项目建议书。

20××年1月××日，省计委以"××××〔20××〕××号"文《关于××湖、×××湖出流改道可行性研究总报告（代项目建议书）的批复》对工程可研报告作了正式批复。

20××年2月16—20日，水利部×××院在××主持召开了"可研报告"复审会，并以"×××〔20××〕××号"文《关于报送××省××市星××湖×××湖出流改道工程可行性研究报告（代项目建议书）审查意见的报告》上报水利部核批，本次会议还对《环境影响报告书》《水土保持方案报告书》进行了审查，两报告书都已通过审查，经水规总院报水利部核批，《水土保持方案报告书》经水利部"××〔20××〕×××号"文批复。

受国家发展和改革委员会委托，××公司于20××年3月27—31日在××召开《××省××市××湖×××出流改道工程可行性研究报告》评估会，××公司以《关于××省××市××湖×××湖出流改道工程可行性研究报告的评估报告》（×××〔20××〕×××号）文对项目进行了评估。

20××年4月××日，经水利部专家讨论研究，对《××省××市××湖×××出流改道工程可行性研究报告》提出建议，要求进一步补充论证出流改道工程中环境及水质净化工程对××湖出流污水的净化作用等五个问题。受省水利厅委托，省水利水电技术咨询中心组织相关部门和专家对"五个问题"进行认真的讨论，设计单位根据专家意见对相关问题进行了补充和修改，并提交了补充论证专题报告。20××年7月××日，省水利厅以《关于报送〈××省××市××湖×××湖出流改道工程可行性研究（代项目建议书）补充论证专题报告〉的报告》（××××〔20××〕××号）文报送水利部。

20××年9月，国家发展和改革委员会文件《××××〔20××〕××××号》文，对××省发展改革委上报的《关于上报〈××市××湖×××湖出流改道工程可行性研究报告〉（代项目建议书）的请示》（××××〔20××〕××××号）、《××省发展和改革委员会关于××市××湖×××湖出流改道工程可研审批补充材料的报告》（××××〔20××〕×××号）、《××省人民政府关于××市××湖×××湖出流改道工程项目资金筹措方案的函》（×××〔20××〕××号）文，对××省××市××湖×××湖出流改道工程可行性研究报告批复。主要内容如下：

（1）原则同意《××省××市××湖×××湖出流改道工程可行性研究报告》。该工程的任务是保护×××湖水质水环境，有条件地逐步改善××湖水质，合理配置××市水资源。工程实施后，利用隔河水闸对××湖闸对××湖×××湖水位进行调节，使××湖通过新建的引水工程改变出流方向，一支引至人工湿地，经水质净化、监测合格后进入××水库，补充××市城市供水；洪水期不能纳入湿地处理或处理后未达标的水，经另一支旁通道在××水库下游流入州大河，均不再进入×××湖，保护×××湖优质水体免受××湖劣质水的污染。当××湖水位低于×××湖和条件时，开启隔河水闸，适量引×××湖水稀释净化××湖，逐步改善××湖水质。

(2) 该工程主要建设内容包括水利工程和环境及水质净化工程两部分。水利工程由新建引水渠系工程、旁通泄水道工程及相关工程组成；环境及水质净化工程由挺水植物带、除藻池和人工湿地等组成。工程分两期建设，一期主要建设引水渠系工程、旁通泄水道工程和设计引水规模为 $1.16m^3/s$ 的人工湿地；二期扩大人工湿地引水规模至 $2.32m^3/s$，并根据一期工程的运行效果等确定具体实施时机。引水渠系工程包括明渠、暗渠、涵管和隧洞等，总长度 12.76km，旁通泄水道主要包括明渠、隧洞及倒虹吸等，总长度 12.76km，设计流量均为 $9.2m^3/s$。

该工程为Ⅲ等工程，主要建筑物为 3 级，次要建筑物为 4 级。主要建筑物设计洪水标准为 20 年一遇，校核洪水标准为 50 年一遇；工程地震设计烈度为 8 度。

(3) 按 20××年 4 季价格水平估算，该项目一期工程总投资×××××万元。其中，中央安排水利建设资金××××××万元，××省安排水利建设资金×××××万元，其余××××万元由××省××市从其财政性资金中安排。

2. 初步设计批复

20××年 9 月××日××省发展和改革委员会、××省水利厅以"××××经〔20××〕××××号"文对××市发展和改革委员会、水利局《关于上报〈××省××市××湖×××湖出流改道工程初步设计报告〉的请示》（×××××〔20××〕×××号），作出批复如下：

(1) 水文。

1) 基本同意××湖×××湖历年陆面入湖径流量系列分析成果，××湖×××湖历年陆面入湖径流量分别为 8190 万 m^3、16100 万 m^3。

2) 基本同意设计洪水分析成果。××湖 20 年、10 年、5 年一遇的 15 日入湖洪量分别为 3020 万 m^3、2700 万 m^3、2370 万 m^3；×××湖 20 年、10 年、5 年一遇的 15 日入湖洪量分别为 8320 万 m^3、7390 万 m^3、6420 万 m^3。

(2) 工程地质。

1) 工程处于×××大断裂、×××断裂、××断裂等活动断裂发震构造之间，区域构造不稳定。根据《中国地震动参数区划图》，工程区地震动峰加速度为 $0.2g$，地震动反应谱特征周期为 0.4s，地震基本烈度为Ⅷ度。

2) 基本同意引水线路工程地质评价及处理意见。进水口闸室段采取振冲碎石桩处理；暗渠段须进行排水、护坡，渠基设碎石或风化料垫层。

(3) 工程任务及规模。

基本同意××湖正常运行水位为 1720.80～1722.05m，×××湖正常运行水位为 1720.80～1722.00m。同意出流改道引水设计流量为 $9.2m^3/s$。

(4) 水工建筑物和施工组织设计。

1) 同意工程等别为Ⅲ等，主要建筑物为 3 级，次要建筑物为 4 级，临时建筑物按 5 级设计。湖泊设计洪水标准为 20 年一遇，校核湖泊设计洪水标准为 50 年一遇。工程区地震动峰加速度为 $0.2g$，地震动反应谱特征周期为 0.4s，工程地震设防烈度为 8 度。

2) 基本同意引水工程总体布置及其主要建筑物设计。设计流量 $9.2m^3/s$；进水闸底板高程为 1720m，设 5m×3m 平板检修闸和工作闸各一套，闸室前后明渠段地基进行振冲桩处理；暗涵段长 894m，管径 2.5m。

(5) 工程投资。20××年9月××日，国家发展和改革委员会以"××××〔20××〕××××号"文，对××省发展改革委上报的《关于请求核定××市××湖×××湖出流改道工程初步设计概算的请示》（××××××〔20××〕××号）和水利部《关于报送××省××市××湖×××湖出流改道工程初步设计概算的函》（×××〔20××〕×××）号，作出批复，核定××省××市××湖×××湖出流改道工程初步设计概算总投资××××××万元。其中水利工程总投资××××××万元，湿地工程投资××××万元。

（三）工程建设任务及设计标准

1. 工程建设任务

(1) 引水工程初步设计主要建设内容。从进口到出口为：挺水植物带（净面积50亩）、进口过渡段、进水闸段、进水闸后渐变段、进口暗渠段、顶管段、隧洞段、出口暗渠段、出水闸段、闸后泄水渠段，引水主洞总长12.677km。引水工程分段布置情况见表4-1。

表4-1　　　　　　　　　　出流改道引水工程分段布置

编号	工程分段名称	长度或深度/m	桩号或位置
1	挺水植物带	604.58	0-809.58～0-205
2	进口过渡段	69	0-205～0-136
3	进水闸段	12	0-136～0-124
4	进水闸后渐变段	20	0-124～0-104
5	进口暗渠段	894	0-104～0+790
6	顶管段	3719	0+790～4+509
7	隧洞段	7321	4+509～11+830
8	出口暗渠段	25	11+830～11+855
9	出水闸段	12.8	11+855～11+867.8
10	0号竖井	井深41.8m	与主隧洞交于4+509
11	0号斜井	坡度22°，井深46.4m	与主隧洞交于5+308.66
12	1号斜井	坡度21.73°，井深51.76m	与主隧洞交于6+785.00
13	2号斜井	坡度19.405°，井深60.54m	与主隧洞交于10+757.038
14	3号斜井	坡度23°，井深91.159m	与主隧洞交于9+645.00

(2) 旁通泄水道初步设计主要建设内容。出流改道引水渠经出口闸分流，顺流左岸一支进入人工湿地，右岸一支则泄入旁通泄水道。旁通泄水道进口即为引水主洞出口闸末，出口为东风水库溢洪道，全长10772m。分段布置情况见表4-2。

(3) 人工湿地工程。人工湿地设计占地面积466.8亩，设计处理流量$2.32m^3/s$。分两期实施，其中一期占地面积274.8亩，处理流量$1.16m^3/s$。

表 4-2　　　　　　　　　　　旁通泄水道工程分段布置

序号	工程分段名称	长度/m	桩　　号
1	出口闸后陡坡明渠段	20	P0+000～P0+020.000
2	渐变段明渠	10	P0+020.000～P0+030.000
3	渐变段—××公路段明渠	378.247	P0+030.000～P0+408.247
4	××公路—××公路段明渠	242.919	P0+408.247～P0+651.166
5	××公路桥涵	39.553	P0+651.166～P0+690.719
6	××公路—过××河倒虹吸段明渠	212.186	P0+690.719～P0+902.905
7	××河倒虹吸	12.688	P0+902.905～P0+915.593
8	××河倒虹吸—××河段明渠	224.407	P0+915.593～P1+140.000
9	××河—××河倒虹吸段明渠	186.637	P1+140.000～P1+326.637
10	××河倒虹吸	40.3	P1+326.637～P1+366.937
11	××河倒虹吸—1号隧洞进口段明渠	1116.063	P1+366.937～P2+483.000
12	1号隧洞	1385	P2+483.000～P3+868.000
13	1号、2号隧洞连接段	35.0	P3+868.000～P3+903.000
14	2号隧洞	650.0	P3+903.000～P4+553.000
15	2号、3号隧洞连接段	45.0	P4+553.000～P4+598.000
16	3号隧洞	2417.6	P4+598.000～P7+015.600
17	3号、4号隧洞连接段	58.0	P7+015.600～P7+073.600
18	4号隧洞	2385	P7+073.600～P9+458.600
19	隧洞出口跌水段	338.667	P9+458.600～P9+797.267
20	东风水库南沟扩建段明渠	135.429	P9+797.267～P9+932.696
21	Ⅱ号闸	5.0	P9+932.696～P9+937.696
22	Ⅱ号闸后暗渠段（北沟）	10.0	P9+937.696～P9+947.696
23	北沟Ⅱ号闸—Ⅲ号闸明渠段	777.72	P9+947.696～P10+725.416
24	Ⅲ号闸	9.0	P10+725.416～P10+734.416
25	Ⅲ号闸—泄水渡槽段明渠	26.445	P10+734.416～P10+760.861
26	泄水渡槽	11.0	P10+760.861～P10+771.861
	合　　计	10771.861	

(4) 相关工程。

1) 隔河闸改造工程。由于××湖出流改道工程的实施，将使××湖的现运行水位下降，从而影响隔河闸的运行。须对隔河闸进行改造。

2) ××湖周边抽水站改造。××湖周边现建有抽水站37座，出流改道后，有5座在下限水位降低后仍能继续抽水运行，另32座受到不同程度的影响，其中3座进水渠不受影响、但需降低安装高程并增设抽真空泵；13座需改造进水渠、增设抽真空泵；16座需改造进水渠、降低安装高程、增设抽真空泵。

3)××河改造工程。出流改道工程的实施,要在××河两岸修建湿地和旁通道,将改变××河现状断面,为保证湿地和旁通道的安全运行,须对××河进行改造。××河设计流量Q为24.39m³/s,改造段从旁通泄水道与××河交汇处P0+095.647开始,至××河与×××河交汇口,长1020m。本次设计进行扩宽改造。扩宽改造充分利用现有河道,从河的右岸进行扩宽,两岸边墙采用M7.5浆砌石衬砌。

2. 工程设计标准

根据《水利水电工程等级划分及洪水标准》(SL 252—2000)规定,可研报告中拟定了本工程的等级并通过了各级审查。国家发展改革委《关于××省××市××湖×××湖出流改道工程可行性研究报告的批复》(××××〔20××〕××××号)确认该工程为Ⅲ等工程,主要建筑物为3级,次要建筑物为4级。主要建筑物设计洪水标准为20年一遇,校核洪水标准为50年一遇。工程地震设防烈度为8度。输水建筑物和旁通道设计过流能力为9.2m³/s。

根据《中国地震动参数区划图》(GB 18306—2001),工程区地震动峰值加速度为0.2g,对应的基本烈度为Ⅷ度。

(四)主要经济技术指标

××湖×××湖出流改道工程经济技术指标见表4-3。

表4-3　　　　　　××湖×××湖出流改道工程经济技术指标

工程名称		××市××湖×××湖出流改道工程	建设目标	保护×××湖水质、改善××湖污染水质、补充××市发展用水
河系		××流域××江水系	建设单位	××市××湖、×××湖出流改道工程建设管理局
建设地点		××市××县、××区	设计单位	××省水利电力勘测设计研究院
设计引水流量		设计最大过流量9.2m³/s	监理单位	××××工程建设监理有限责任公司
进口闸段	进口段	结构形式	梯形断面	开工日期	20××年2月××日
		长度	69m	竣工日期	20××年2月××日
		断面尺寸	宽度26~5m,深度3.8m	投资	×××.××万元
	闸室段	长度	12m	开工	20××年2月××日
		闸门形式	平板钢闸门	竣工	20××年2月××日
		闸室面积	176.8m²	投资	×××.××万元
暗埋段		开挖形式	明挖	开工	20××年2月××日
		长度	894m	竣工	20××年2月××日
		埋管规格(钢筋混凝土预制管)	内径2.5m、外径3.0m	投资	×××.××万元
顶管段	顶管	长度	3719m	开工	20××年3月××日
				完工	20××年4月××日
		顶管规格(钢筋混凝土预制管)	内径2.5m、外径3.0m	投资	××××.××万元
	沉井	沉井数量	5个		
		尺寸	内径6.5m、10m深10.5~32.7m		

续表

工程名称			××市××湖×××湖出流改道工程	建设目标	保护×××湖水质、改善××湖污染水质、补充××市发展用水
引水主隧洞	隧洞段	衬砌形式	城门洞型	开工	20××年12月××日
		长度	7231m	竣工	20××年2月××日
		衬砌断面尺寸	2.3m×2.7m	投资	
	斜井	衬砌形式	城门洞型	开工	20××年11月××日至20××年11月××日
		斜井座数	4座	竣工	20××年8月××日
		斜井长度	138~246m	投资	万元
冷冻段		长度	120m	开工	20××年4月××日
		开挖	人工风镐开挖	竣工	20××年10月××日
		衬砌	同主隧洞	投资	×××万元
出口闸室段		长度	11.8m	开工	20××年6月××日
		闸室面积	101m^2	竣工	20××年1月××日
		闸门形式	平板钢闸门	投资	万元
旁通明渠段	明渠段	长度	3366.4m	开工	20××年11月××日
		断面尺寸	1.5m×2.0m~2.5m×2.5m	竣工	20××年1月××日
		断面形式	矩形	投资	万元
	倒虹吸	结构形式	箱体矩形	开工	20××年11月××日
		长度	39/40.05m	竣工	20××年3月××日
		断面尺寸	3.0m×2.9m、3.0m×2.0m	投资	万元
旁通隧洞段	隧洞段	结构形式	城门洞型	开工	20××年6月××日
		长度	7013m	竣工	20××年2月××日
		断面尺寸	2.3m×2.7m	投资	
	连接段	结构形式	城门洞型	开工	20××年7月××日
		长度	总长67.03m	竣工	20××年11月××日
		断面尺寸	2.3m×2.7m	投资	万元

（五）工程主要建设内容

1. 初步设计

（1）引水工程初步设计主要建设内容。从进口到出口为：挺水植物带（净面积50亩）、进口过渡段、进水闸段、进水闸后渐变段、进口暗渠段、顶管段、隧洞段、出口暗渠段、出水闸段、闸后泄水渠段，引水主洞总长12.677km。引水工程分段布置情况见表4-4。

（2）旁通泄水道初步设计主要建设内容。出流改道引水渠经出口闸分流，顺流左岸一支进入人工湿地，右岸一支则泄入旁通泄水道。旁通泄水道进口即为引水主洞出口闸末，出口为东风水库溢洪道，全长10772m。分段布置情况见表4-5。

表 4-4　　　　　　　　　　　出流改道引水工程分段布置

编号	工程分段名称	长度或深度/m	桩号或位置
1	挺水植物带	604.58	0−809.58~0−205
2	进口过渡段	69	0−205~0−136
3	进水闸	12	0−136~0−124
4	进水闸后渐变段	20	0−124~0−104
5	进口暗渠段	894	0−104~0+790
6	顶管段	3719	0+790~4+509
7	隧洞段	7321	4+509~11+830
8	出口暗渠段	25	11+830~11+855
9	出水闸段	12.8	11+855~11+867.8
10	0号竖井	井深41.8m	与主隧洞交于4+509
11	0号斜井	坡度22°，井深46.4m	与主隧洞交于5+308.66
12	1号斜井	坡度21.73°，井深51.76m	与主隧洞交于6+785.00
13	2号斜井	坡度19.405°，井深60.54m	与主隧洞交于10+757.038
14	3号斜井	坡度23°，井深91.159m	与主隧洞交于9+645.00

表 4-5　　　　　　　　　　　旁通泄水道工程分段布置

序号	工程分段名称	长度/m	桩　号
1	出口闸后陡坡明渠段	20	P0+000~P0+020.000
2	渐变段明渠	10	P0+020.000~P0+030.000
3	渐变段—××公路段明渠	378.247	P0+030.000~P0+408.247
4	××公路—××公路段明渠	242.919	P0+408.247~P0+651.166
5	××公路桥涵	39.553	P0+651.166~P0+690.719
6	××公路—××河倒虹吸段明渠	212.186	P0+690.719~P0+902.905
7	××河倒虹吸	12.688	P0+902.905~P0+915.593
8	××河倒虹吸—××段明渠	224.407	P0+915.593~P1+140.000
9	××河—××溪河倒虹吸段明渠	186.637	P1+140.000~P1+326.637
10	××河倒虹吸	40.3	P1+326.637~P1+366.937
11	××河倒虹吸—1号隧洞进口段明渠	1116.063	P1+366.937~P2+483.000
12	1号隧洞	1385	P2+483.000~P3+868.000
13	1号、2号隧洞连接段	35.0	P3+868.000~P3+903.000
14	2号隧洞	650.0	P3+903.000~P4+553.000
15	2号、3号隧洞连接段	45.0	P4+553.000~P4+598.000
16	3号隧洞	2417.6	P4+598.000~P7+015.600
17	3号、4号隧洞连接段	58	P7+015.600~P7+073.600
18	4号隧洞	2385	P7+073.600~P9+458.600

续表

序号	工程分段名称	长度/m	桩　　号
19	隧洞出口跌水段	338.667	P9+458.600～P9+797.267
20	××水库南沟扩建段明渠	135.429	P9+797.267～P9+932.696
21	Ⅱ号闸	5.0	P9+932.696～P9+937.696
22	Ⅱ号闸后暗渠段（北沟）	10.0	P9+937.696～P9+947.696
23	北沟Ⅱ号闸—Ⅲ号闸明渠段	777.72	P9+947.696～P10+725.416
24	Ⅲ号闸	9.0	P10+725.416～P10+734.416
25	Ⅲ号闸—泄水渡槽段明渠	26.445	P10+734.416～P10+760.861
26	泄水渡槽	11.0	P10+760.861～P10+771.861
	合　　计	10771.861	

（3）人工湿地工程。人工湿地设计占地面积466.8亩，设计处理流量2.32m³/s。分两期实施，其中一期占地面积274.8亩，处理流量1.16m³/s。

（4）相关工程。

1）隔河闸改造工程。由于××湖出流改道工程的实施，将使××湖的现状运行水位下降，从而影响隔河闸的运行。须对隔河闸进行改造。

2）××湖周边抽水站改造工程。××湖周边现建有抽水站37座，出流改道后，有5座在下限水位降低后仍能继续抽水运行，另32座受到不同程度的影响，其中3座进水渠不受影响、但需降低安装高程并增设抽真空泵；13座需改造进水渠、增设抽真空泵；16座需改造进水渠、降低安装高程、增设抽真空泵。

3）××河改造工程。出流改道工程的实施，要在××河两岸修建湿地和旁通道，将改变××河现状断面，为保证湿地和旁通道的安全运行，须对××河进行改造。××河设计流量Q为24.39m³/s，改造段从旁通泄水道与××河交汇处P0+095.647开始，至××河与×××河交汇口，长1020m。本次设计进行扩宽改造。扩宽改造充分利用现有河道，从河的右岸进行扩宽，两岸边墙采用M7.5浆砌石衬砌。

2．实际完成情况

出流改道工程按省发改委、水利厅"×××××〔20××〕××××号"的初步设计批复项目已全部完成，水利工程部分完成全长23449m，其中：引水工程全长12677m，包括：暗埋段长894m，顶管段长3719m，隧洞段长7321m；旁通道全长10772m，包括：明渠段长3397.66m，2座倒虹吸长49.53m，4段隧洞长6975m，跌水（后改为瀑布一座），1座渡槽长11m。环境工程部分完成挺水植物带63.6亩，人工湿地274.6亩。

该工程共完成土石方开挖91.39万m³，回填土方24.75万m³，浆砌石4.12万m³，混凝土10.02万m³。

批复初步设计概算总投资×××××万元，其中：中央安排水利建设资金×××××万元，省安排水利建设资金×××××万元，其余×××××万元由××市从财政资金中安排。资金已全部到位。

预计工程总造价×××××万元，其中水利工程×××××万元，已完成投资××××万元，未完工程××××万元；环境工程××××万元，已完成投资××××万元，未完×××万元，与审批概算相比略有节余。

(六) 工程布置

出流改道工程从××湖西岸向××方向开挖引水隧洞，改变湖水的出流方向，部分出流湖水经过人工湿地净化后，流经×××大河引入××市××水库，超出人工湿地设计处理能力的湖水经旁通工程引入×××大河，经下游河道在××县××镇汇入××江。

出流改道工程包括水质处理和水利工程两大部分。水质处理主要有挺水植物净化带、除藻池和人工湿地。水利工程部分为新建渠系工程和相关改造工程。

1. 挺水植物带

挺水植物带位于××湖边、渠道进水闸前，其作用是将引入的湖水初步净化。

2. 人工湿地

引来的湖水经节制闸进入除藻池、人工湿地进行净化，其中人工湿地目前按一期工程处理 $1.16 m^3/s$ 规模建设，湿地出口可通向×××河，也可通向旁通道。

3. 引水线路工程主要工程

引水线路工程主要工程项目有：进水口挺水植物带，长604.5m；过渡段（底宽5m），长69m；闸室段，长12m，设$5m×3.0m$平板闸一道；闸后明渠渐变段（底宽5～2.3m），长20m；进口暗埋段（钢筋混凝土预制管，内径2.5m，壁厚0.25m），长894m；顶管段（钢筋混凝土预制管，内径2.5m，壁厚0.25m），长3719m；隧洞段（城门洞形，$2.3m×2.7m$），长7321m；出口暗渠段（底宽2.3m），长55m；出口明渠段（底宽2.3m），长68.5m；出口双孔闸室控制段（含扩散段）长12.8m，左侧水流进入人工湿地，设$1.7m×2.3m$平板节制闸门1道，右侧水流进入旁通泄水道，设$2.5m×2.3m$平板控制闸门1道。其中进水口挺水植物带、人工湿地属环境保护工程外，其余均属水利工程。

引水线路工程进出口明、暗渠布置地段均为湖边滩地及缓坡山地，多为农田及坡地，地形平缓开阔，交通方便，但施工临时用地较为紧张，施工弃渣运距较远；湖边滩地为强透水砂层，基坑开挖降排水难度较大。

隧洞段所穿越山体雄厚，洞身埋深大，地形比较复杂，工程布置中较难找到理想的施工支洞位置。

4. 旁通泄水道工程

旁通泄水道工程从引水线路工程隧洞出口接明渠，顺××河岸边行至×××河，横跨×××河，顺×××河左岸到山脚处进隧洞。主要工程项目有：进口明渠（其中有倒虹吸两条，净断面分别为$3.0m×2.9m$，$3.0m×2.0m$），矩形断面（$1.5m×2.0m$～$2.5m×2.5m$），浆砌石、毛石混凝土结构，底板混凝土护面；隧洞四条（城门洞型$2.3m×2.7m$），洞长分别为1438m、695m、2485m、2395m，隧洞之间通过连接段连接，均为平洞，钢筋混凝土衬砌；出口明渠段，设八级跌水，最后修改为瀑布。

5. ×大沟改造工程

主要利用××水库×大沟，对大沟进行扩建、改造，使其满足泄水能力，达到出流改道泄洪要求。此段须扩修改造××水库南干渠，增设四道节制闸门，对泄水进行调度，渠道改造采用浆砌石、毛石混凝土衬砌，矩形断面。

上述工程除人工湿地外，其余均按二期规模建成，最大过流能力为$9.2m^3/s$。

引水工程东起××湖××××村，西至××镇××庄，全长12.677km，其中隧洞

7321m；旁通泄水道工程从引水工程出口泄洪闸至××市××水库溢洪道，总长10.772km，其中隧洞段总长6838m。

相关改造工程主要涉及××河、原××闸和××湖周边抽水站等的改造。

（七）工程投资

一期工程总投资×××××万元，其中水利工程投资×××××万元，人工湿地投资××××万元。

（八）主要工程量和总工期

1. 主要工程量

水利工程主体工程量为：明挖土方25.5万m^3，洞挖石方17.7m^3，填筑土方13.4万m^3，浆砌石方1.1万m^3，混凝土和钢筋混凝土9.1万m^3，钢材及钢筋制安0.92万t，回填灌浆8.6万m^3，固结灌浆1万m^3。

2. 建设工期

××湖×××湖出流改道工程于20××年11月××日开工（引水Ⅰ标开工日期），20××年2月最后完工洞段（K11+000～K11+120）施工完毕，历时4年零3个月。

二、工程建设简况

（一）施工准备

工程经过前期紧张有序的组织和筹划，20××年初，工程沿线场内道路、施工供电、供水、通信、场地平整及生产、生活临时建筑工程等施工准备工作逐步就绪。20××年，完成主要设备、材料等采购类项目的招标和合同签订工作，工程建设所需的主要建筑材料均已具备生产供应条件，并在控制性试验场地的建设过程中及时组织了供应。

1. 场内道路工程

场内施工道路由隧洞进出口段、各标段支洞施工道路及已有的××公路组成，于20××年底具备通车条件，满足××湖×××湖出流改道工程建设需要。

2. 施工供电、供水、通信、场地平整及临建工程

××湖×××湖出流改道工程的施工单位自20××年1月陆续进场后，及时开展场地平整及生产、生活临时建筑工程的施工，施工供水及通信等施工条件均能满足工程施工需求。输水线路工程10kV变电站工程于20××年×月相继完成建设工作并投入运行使用。

3. 钢筋、水泥等主要材料的采购和供应

根据已签订的施工合同，××湖×××湖出流改道工程施工所需的钢筋、水泥等主要建筑材料由工程建设管理局统一供应，于20××年5月与水泥、钢筋供应商签订采购合同，在控制性试验场地建设过程的材料供应均能满足工程建设需要。

4. 砂石料开采及供应

输水线1标线路工程砂石料加工系统由施工×标的施工单位按合同约定独立承建完成，料源为×××隧洞开挖石渣料，集中堆积在×××渣场供砂石料加工系统选取加工为成品料，地面和地下开挖石渣料经设计单位详细勘察，可以做加工粗细骨料的料源，开挖量满足设计用量要求。经现场取样试验，质量满足规范和技术要求。

20××年×月，施工单位进场后，即着手兴建砂石料加工系统，至20××年8月，砂石料加工系统安装调试完成并投入使用，具备砂石料供应条件。

(二) 工程施工分标情况及参建单位

1. 根据《中华人民共和国合同法》《中华人民共和国招标投标法》等法律法规、以及设计单位编制的《主体工程施工分标报告》，经主管部门同意，于20××年11月启动引水Ⅰ标工程招投标工作，其他各标段的招投标在后续建设过程中陆续开展。

主体工程施工划分为14个标段，各承建单位及开工、竣工日期见表4-6。

表4-6　　　　　　　　工程分标、参建单位及开工、竣工日期汇总

标段名称	施工桩号	承 建 单 位	开 工 日 期	竣 工 日 期
引水Ⅲ标	0+205~0+709	××××水利水电开发有限公司	20××年2月××日	20××年2月××日
引水Ⅳ标	0+709~4+509	中港××航务局	20××年3月××日	20××年4月××日
引水Ⅰ标	4+509~5+800	中国铁建××工程局	20××年11月××日	20××年12月××日
引水Ⅱ标	5+800~7+960 7+960~10+367	中国空港××建工局	20××年11月××日	20××年1月××日
引水Ⅱ标	10+367~11+000	中国铁建××工程局	20××年1月××日	20××年11月××日
引水Ⅱ标	11+000~11+130	中国空港××建工局	20××年6月××日	20××年10月××日
引水Ⅱ标	11+130~11+830	中国铁建××工程局	20××年12月××日	20××年11月××日
旁通Ⅴ标	P0+000~P1+140	××水电集团公司	20××年11月××日	20××年4月××日
旁通Ⅵ标	P1+140~P2+457	×××水电建筑工程公司	20××年11月××日	20××年1月××日
旁通Ⅰ标	P2+457~P4+242	中国空港××建工局	20××年6月××日	20××年1月××日
旁通Ⅱ标	P4+242~P5+977	××水电集团公司	20××年6月××日	20××年12月××日
旁通Ⅲ标	P5+977~P8+355	中国铁建××工程局	20××年7月××日	20××年11月××日
旁通Ⅳ标	P8+355~P9+456	××省建筑机械化公司	20××年7月××日	20××年1月××日
旁通Ⅶ标	P9+781~P10+783	××市水电施工公司	20××年11月××日	20××年7月××日

2. 参建单位及质量监督机构

(1) 项目法人：××市××湖×××湖出流改道工程建设管理局。为确保工程建设"安全第一、质量第一、工期第一"目标的实现，××市委、市政府成立了出流改道工程建设管理局，指挥长由×××副市长担任。

由于工程实施涉及××县、××区，为理顺工作关系，便于协调管理，20××年1月，按基建程序的要求，××市政府以"×××〔20××〕××号"文成立了××市××湖×××湖出流改道工程建设管理局，由市水利局副局长×××兼任管理局局长，下设一室五科，工作人员××名，从××县水利部门、××市水利直属单位、××区水利局及相关部门抽调技术骨干，组建了精干、高效的建设管理队伍。内设机构能够适应工程建设需要，建立完善了23项规章制度，严格按照相关法律、法规、规范、规程及设计图纸、文件和技术标准进行建设管理。

工程管理局的主要工作内容包括以下方面：建设项目立项决策阶段的管理、资金筹措和管理、监理业务的管理、设计管理、招标与合同管理、施工管理、竣工验收阶段的管理、文档管理、财务、税收管理、安全和其他管理如组织、信息、统计等，为保证管理目标的实现，管理局履行以下职能。

1) 决策职能。对项目在实施过程中发生的重大变更，重大技术难点，组织专家、学者

和参见各方进行充分论证后进行决策。

2）计划职能。围绕项目的全过程、总目标，将实际施工过程的全部活动都纳入计划轨道，用动态的计划系统协调整个项目，保证建设活动协调有序地实现预期目标；

3）组织职能。内部建立项目管理的组织机构，又包括在外部选择可靠的承包单位，实施建设项目不同阶段、不同内容的建设任务；

4）协调职能。建设项目实施的各阶段在相关的层次、相关的部门之间，存在大量结合部，构成了复杂的关系和矛盾，管理局通过协调进行沟通，排除不必要的干扰，确保系统的正常运行。

5）控制职能。以控制职能为手段，不断地通过决策、计划、协调、信息反馈等手段，采用科学的管理方法确保目标的实现。主要任务是对投资、进度和质量进行控制。

（2）设计单位：××省水利电力建筑勘察设计研究院。××省××市××湖×××湖出流改道工程项目，通过招标，确定由具有甲级水利水电工程设计资质的××省水利电力建筑勘察设计研究院进行了实施方案设计、招标设计、技施设计。设代组由水文、地质、水工专业人员组成，按照国家有关设计规程、规范，按时保质完成了设计任务。设代组在出流改道工程施工过程中做了如下工作：

1）根据工程施工进度适时提供各阶段施工图。
2）根据施工企业开挖情况，及时进行地质素描。
3）针对工程发生变化，及时进行设计变更。
4）按时完成各项会签工作。

（3）监理单位：××××建设监理有限责任公司。本项目实行了工程建设监理制。通过招标，具有甲级监理资质的××工程建设监理中心（后改名为××××建设监理有限责任公司）承担建设监理任务，工程监理实行总监理工程师负责制。监理部配备具有高级技术职称和中级技术职称的注册监理工程师，配备水工、施工、测绘、地质等专业，配合总监完成各专业范围内的监理工作。

监理单位按照业主的统一安排，与现场各方密切配合，严格按照招投标文件，设计和有关规程、规范，水利行业和国家现行标准的技术质量要求，认真履行监理职责，严格按照"四控制、两管理、一协调"的七大监理任务，对施工合同实行严格管理，对关键部位和重要工序施工实行全过程旁站监理。并在施工单位自检的基础上，实行不定期抽检，确保了工程质量。监理部在出流改道工程施工过程中做了如下工作：

1）审查施工企业的施工组织设计、施工技术方案和施工计划。
2）审查施工企业的施工机械、工字钢、管棚、BWⅡ止水条、651型止水带等设备或材料清单及所列的规格和质量要求。
3）对工程使用的水泥、钢筋、砂、碎石的质量进行抽检。
4）检查施工企业的安全防护设施工。
5）核查施工图纸，组织图纸。
6）检查工程进度和施工质量，验收单元工程，签署工程付款凭证。
7）按时完成各项会签和各种批复工作。
8）整理承包商合同文件和技术档案资料；收集、整理、传递、存储各类信息。

（4）施工单位。通过招标选取了××××水利水电开发有限公司、中港××航务局、中国铁建××工程局、中国空港××建工局、××水电集团公司、×××水电建筑工程公司、中国铁建×××工程局、××省建筑机械化公司、××市水电施工公司等9家施工单位，完成了主体工程14个标段的施工任务。

（5）质量监督机构：××省水利水电工程质量监督中心站、××市水利质量监督站。本工程的质量监督，由××省水利水电工程质量监督中心站与××市水利质量监督站联合代表政府对工程建设阶段实施监督管理。质量监督站依据国家、部、省颁发的有关质量法律、法规和强制性技术标准以及批准的工程设计文件，采取不定期检查、调查分析、抽检等方式，对建设、监理、设计单位的质量保证体系和设计单位的现场服务等实施监督检查；对工程项目的单位工程、分部工程、单元工程划分进行检查；监督检查技术规程、规范和质量标准的执行情况；监督检查施工单位和建设（监理）单位对工程质量的检验和评定情况。严把质量关，确保工程质量。××省水利水电工程质量监督中心站、××市水利质量监督站在出流改道工程施工过程中做了以下工作：

1）审核确认工程项目划分方案。
2）不定期赴施工现场进行监督巡查，对工程的施工情况、原材料、施工机械进行检查。
3）对施工企业检验和监理与业主联合抽检的试块、水泥、钢筋、砂、碎石的实验资料进行核验。
4）对分部工程的验收资料进行检查。
5）对单位工程、工程项目施工质量等级进行核定。
6）参加阶段验收并提出质量评价意见。

（三）工程开工报告及批复

根据《建设工程质量管理条例》（国务院令第279号）、《国务院对确需保留的行政审批项目设定行政许可的决定》（国务院令第412号）以及水利部《关于加强水利工程建设项目开工管理工作的通知》（水建管〔20××〕×××号）等相关管理规定要求，于20××年2月××日编制完成《××市××湖×××湖出流改道工程开工申请报告》，报送××省水利厅审查，××省水利厅20××年2月××日以《关于××市××湖×××湖出流改道工程开工的批复》（×××〔20××〕××号）批准工程开工。

（四）主要工程开工、完工日期

本工程线路较长，本着先难后易的原则逐步开工，最先开工的是引水Ⅰ标（20××年11月××日），最后开工的是引水四标（20××年3月××日），最先完工的是引水Ⅲ标（20××年2月××日），最后完工的隧洞部分的标段（20××年2月）。本工程从第一个标段开工到最后一个标段完工历时4年零3个月。具体各标段的开、完工时间详见表4-7。

表4-7　　　　　　　　　　　各标段施工进度一览表

序号	项目名称		开工时间	竣工时间
1	引水Ⅰ标		20××年11月××日	20××年2月××日
2	引水Ⅱ标	1号斜井	20××年11月××日	20××年2月××日
		2号斜井	20××年1月××日	20××年2月××日
		××出口	20××年12月××日	20××年2月××日

续表

序号	项目名称	开工时间	竣工时间
3	3号斜井	20××年12月××日	20××年2月××日
4	引水Ⅲ标	20××年2月××日	20××年2月××日
5	引水Ⅳ标	20××年3月××日	20××年4月××日
6	旁通Ⅰ标	20××年6月××日	20××年1月××日
7	旁通Ⅱ标	20××年6月××日	20××年12月××日
8	旁通Ⅲ标	20××年7月××日	20××年11月××日
9	旁通Ⅳ标	20××年7月××日	20××年2月××日

（五）主要工程施工过程

1. 隧洞工程

隧洞工程是××湖、×××湖出流改道工程的主要项目，总长度为14223.397m，占线路总长度的60.7%，隧洞工程的建设内容包括引水隧洞、旁通泄水隧洞和施工竖井、斜井等临时工程。

监理单位于20××年××月××日发出开工通知令，20××年××月××日正式进行洞室开挖施工，于20××年××月××日顺利完成隧洞的开挖及初期支护任务。

20××年××月××日发出隧洞衬砌分部工程开工通知令，施工单位于20××年××月××日正式进行洞室衬砌施工，于20××年××月××日完成隧洞衬砌施工生产任务。

监理单位于20××年××月××日发出隧洞回填兼固结灌浆分部工程开工通知令，施工单位于20××年××月××日正式进行洞室回填兼固结灌浆施工，于20××年××月××日结束隧洞回填兼固结灌浆施工任务。

（1）引水隧洞。引水隧洞工程施工单位有：××××水利水电开发有限公司、中港××航务局、中国铁建××工程局、中国空港××建工局，工程于20××年2月××日开工，20××年11月××日完工。

××湖×××湖出流改道工程的引水隧洞起始桩号为K4+513与顶管工程在0号施工竖井相接，终止桩号为K11+831.0与出口明渠相接后进入人工湿地与旁通泄水道，全长7318.0m。

引水隧洞起点（K4+513）底板高程1712.372m，出口（K11+831.0）底板高程1702.400m，比降1/700。隧洞走向NW270°55′23.348″。全断面钢筋混凝土衬砌，断面为城门洞型，衬砌厚度0.3~0.5m，衬砌后断面尺寸为2.3m×2.7m（宽×高）。设计过水能力为9.2m³/s。

（2）旁通泄水隧洞。引水隧洞工程施工单位有：××水电集团公司、×××水电建筑工程公司、中国空港××建工局、中国铁建第××工程局、××省建筑机械化公司、××市水电施工公司，工程于20××年6月××日开工，20××年4月××日完工。

旁通泄水隧洞起始桩号为P2+456.45，与××河倒虹吸出口明渠相接，终止桩号为P9+456.245。全长6905.397m。该旁通泄水隧洞由4条隧洞组成，其特性见表4-8。

旁通泄水1号隧洞进口（P2+456.45）底板高程1685.848m，旁通泄水4号隧洞出口（P9+456.245）底板高程1675.876m，比降1/700，旁通泄水隧洞全断面钢筋混凝土衬砌,断面为城门洞型,衬砌厚度0.3～0.5m,衬砌后断面尺寸为2.3m×2.7m(宽×高),设计过水能力9.2m³/s。

表4-8　　　　　　　　　　旁通泄水隧洞长度特性

洞号	桩　　号	长度/m	相邻隧洞连接段长度
1	P2+456.45～P3+886.193	1429.743	1号隧洞与2号隧洞连接段长9.10m
2	P3+895.293～P4+553.363	658.070	2号隧洞与3号隧洞连接段长36.048m
3	P4+589.411～P7+026.945	2437.534	3号隧洞与4号隧洞连接段长49.25m
4	P7+076.195～P9+456.245	2380.05	
5	P2+456.45～P9+456.245	6905.397	

(3)施工斜井。引水隧洞洞长7318m,洞线较长,为加快施工速度,沿洞线在地形合适的位置布置了四个斜井,总长度743.68m。这四个斜井施工阶段为运输和通风通道,运输期作为永久检修井,其位置和特性见表4-9。

表4-9　　　　　　　　　　引水隧洞斜井特性

项　目	斜 井 号			
	0号	1号	2号	3号
相应主洞桩号	5+308.686	6+785.000	10+757.038	9+645.000
进口底板高程/m	1757.663	1768.02	1764.354	1796.50
主洞底板高程/m	1711.281	1709.259	1703.818	1705.31
斜井深/m	46.382	58.761	50.536	91.159
斜井轴线与主洞轴线平面交角	32°45′32.03″	36°	90°	26°46′19.2″
斜井坡度	22°	20°43′36.6″	19°24′19″	23°
标准断面尺寸(底×高)/(m×m)	2.7×2.5	3.1×3.5	井身上段3.1×3.5 井身下段2.3×2.7	2.7×2.5

××××××工程局20××年10月中标引水Ⅱ标隧洞工程,施工至20××年1月,经与项目法人友好协商,解除合同撤离施工现场;20××年9月引水Ⅰ标段原单位退场后,××××工程局接受引水Ⅰ标段剩余开挖工程,20××年4月完成开挖工程后撤离引水Ⅰ标段。

施工项目为引水Ⅰ标段隧洞开挖,引水Ⅱ标段1号斜井、2号斜井施工,主隧洞5+800～7+960、10+366.6～10+999.2、11+126～11+830开挖初期支护、5+800～6+400、7+684～7+960、11+126～11+831浇筑钢筋混凝土,共7个分部工程,于20××年12月完工。

2. 顶管工程

××湖×××湖出流改道工程引水工程的桩号K0+792.000～K4+508.000,采用钢管混凝土顶管法施工,顶管长3716m,顶管直径2.5m,壁厚0.25m,每一管节长3m,顶管相关技术参数详见表4-10。

表 4-10　　　　　　　　　　　钢筋混凝土管技术参数

直径 /mm	壁厚 /mm	管节长 /mm	裂缝荷载 /(kN/m)	破坏荷载 /(kN/m)	内水压检验 /MPa
2500	250	3000	172	260	0.10

顶管工程由中港××航务工程局中标承建，工程于20××年7月××日开工，20××年5月××日完工，历时318d。

为使水面衔接平顺，顶管与暗渠和隧洞连接处设置渐变段，渐变长度5m。

本工程管径和埋深较大，管节混凝土强度等级采用C50，壁厚为0.25m。

顶管管节接头是保证施工质量的关键，设计时选择钢承口F形接头，接口内橡胶圈采用滑动胶圈，压缩率40%~45%，是目前最好的接头形式。

3. 暗渠工程

××湖×××湖出流改道工程，暗渠起始桩号为K0+124.00~K0+790.00，长914m，其中闸后渐变段长20m（K0-124~K0-104），暗渠894m（K0-104~K0+790）上接进水闸，下接顶管涵洞。

本标段由××市水利水电开发有限责任公司承担施工，工程于20××年7月××日开工，20××年2月××日完工，提前46天圆满完成合同项目施工任务。

(1) 闸后渐变段（K0-124~K0-104）。进水闸后渐变段长20m，其结构形式为矩形断面，底板混凝土强度等级C15，两侧边墙为M7.5浆砌石结构，宽度由5.0m收缩为2.3m，高程由1720.00m降至1719.40m，比降i为0.03。

(2) 暗渠段（K0-104~K0+790）。暗渠段长894m，无压引水，设计比降$i=1/700$，圆形断面，采用强度等级为C40钢筋混凝土预制企口管，直径2500mm，管壁厚250mm，每节长2.0m，管底设混凝土管座，管间接头采用楔形橡胶圈止水，内壁接缝水泥砂浆抹平，钢筋混凝土管均为外购的定型产品。

4. 引水工程进、出口建筑物

(1) 进口建筑物。××湖×××湖出流改道引水工程进口位于××湖西岸××××村，起止桩号为K0-205~K0-124。包括进口段、过渡段、进口闸室段三部分组成。

进口闸室段由××市水利水电开发有限责任公司施工，20××年12月开工，20××年2月完工，历时3个月。完成的主要工程量为：土方开挖10303m³，土方回填3686m³，振冲碎石桩2946m，浆砌石1005m³，混凝土778m³，钢筋9.0t。

1) 进口段（桩号K0-205~K0-156）长49m，平面布置为喇叭口形，渠底宽26m，收缩到5m；渠底高程为1719.70m，底板混凝土强度等级为C15，两侧为浆砌石挡墙，断面为梯形。

2) 过渡段（桩号K0-156~K0-136）长20m，底板高程1719.70m，宽度5.0m，断面由梯形变为矩形，边墙M7.5浆砌石结构，底板混凝土强度等级为C15，进口水深3.8m。

3) 闸室段（桩号K0-136~K0-124）长12m，钢筋混凝土结构强度等级为C20，墙厚1.0m，底板高程1720.0m。进水口堰形为宽顶堰，堰宽5.0m。闸室内设拦污栅、检修闸和工作闸，闸门尺寸为5m×3m，闸室过水能力为9.2m³/s，在最低水位1720.80m时，可通过湿地处理流量2.32m³/s。

(2) 出口建筑物。出口明渠段（K11+831~K11+867.8）和闸室由××××水电集团施工，20××年8月××日完工。

出口建筑物包括出口明渠段和出口闸室段两部分。

1）出口明渠段（桩号K11+831～K11+861）长度30m，K11+831桩号底板高程1702.343m，K11+861桩号高程1702.300m，设计纵坡i为1/700。矩形断面，宽2.3m，边墙M7.5浆砌石，底板C15现浇混凝土。墙顶以上边坡坡比1：1.5，浆砌块石护砌。

2）出口闸室（桩号K11+861～K11+000）长度6.8m，由闸前扩散段和闸室段组成。闸室采用双孔开敞式闸室结构，C20现浇钢筋混凝土。左侧孔为节制闸，闸门尺寸为1.7m×2.5m，控制进入除藻池水量；右侧孔为泄水闸，闸门尺寸为2.5m×2.5m，用于泄洪或湿地检修，将改道出流的水排向旁通泄水道。

5. 旁通泄水明渠及其他水工建筑物

泄水明渠及其他水工建筑物均布置在旁通泄水工程中，上接出流改道××出口K11+867.8（P0+000），下接××市××区××水库，明渠工程被渡槽、倒虹吸、箱涵、桥涵分割成6段，总长度2767.995m，其他水工建筑物包括桥涵1座，倒虹吸2座，渡槽1座，闸室2座，各建筑物位置、桩号及长度见表4-11。

表4-11　　　　　　　　旁通泄水明渠及其他水工建筑物分布情况

建筑物名称	桩　　号	长度/m
泄水明渠	P0+000～P0+651.166	651.166
××公路桥涵	P0+651.166～P0+685.666	34.5
明渠（××—××湾）	P0+685.666～P0+900.605	214.939
大河湾倒虹吸	P0+900.605～P0+915.186	14.581
明渠（××湾倒虹吸—××河倒虹吸）	P0+915.186～P1+326.637	411.451
××河倒虹吸	P1+326.637～P1+366.937	40.300
明渠（1号隧洞进口）	P1+366.937～P2+456.450	1089.513
Ⅰ号闸	P9+784.300～P9+797.590	13.2
渡槽	P9+797.590～P9+816.690	19.1
箱涵（北沟）	P9+816.690～P9+931.690	115.0
明渠	P9+931.690～P10+740.30	808.61
Ⅲ号闸	P10+740.30～P10+745.30	5.00
明渠	P10+745.30～P10+767.00	21.7

（1）泄水明渠。泄水明渠工程施工单位××水电集团公司于20××年10月××日组织人员、机械设备进驻施工现场，于20××年11月××日正式开工；北沟段于20××年11月××日开始土石方开挖至20××年4月××日完成混凝土浇筑（除暗沟段设计变更）；北沟段暗沟边墙于20××年1月××日开始M10砂浆抹面至20××年3月××日完成；明渠段工程于20××年1月××日开始土石方开挖，2月××日开始M7.5浆砌石支砌，2月××日明渠段（P7+576.048～P9+796.690）纳入××市市政建设，旁通七标该段正在

施工项目全线停工；20××年3月××日北沟段暗沟底板按设计变更要求开始拆除，4月××日拆除完成，4月××日底板混凝土浇筑完成；箱涵段于20××年3月××日开始土石方开挖，4月××日完成混凝土浇筑；20××年4月××日至5月××日渡槽及其进口接连段和出口消力井、Ⅰ号闸、溢流堰等工程项目混凝土浇筑完成；20××年5月××日至6月××日Ⅰ号、Ⅲ号闸启闭机室混凝土浇筑完成；20××年7月××日旁通泄水道第七标段所有工程项目全部完工。

（2）倒虹吸工程。××湖×××湖出流改道工程的旁通泄水道通过2座倒虹吸，分别为××河倒虹吸和×××河倒虹吸，均从2条河河底通过。××河倒虹吸进、出口桩号为 P0+902.905、P0+915.593，长 12.688m；×××河倒虹吸进、出口桩号为 P1+326.637、P1+366.937，长 40.3m。

倒虹吸为竖井式钢筋混凝土结构，矩形断面，断面尺寸为 3.0m×2.0m（长×宽），衬砌厚度 0.4m。进、出口设拦污栅，井底部设沉沙池，为改善地基受力条件，底部设 0.2m 碎石垫层。

（3）其他水工建筑物。其他水工建筑物包括桥涵、渡槽、箱涵、控制闸和跌水。由相应标段施工单位组织施工，20××年4月××日开工，20××年11月××日完工。

1）九溪公路桥。公路桥位于 P0+664.166～P0+685.666m，桥长 21.5m，宽 12.0m，为××公路至×××公路跨明渠的板梁式三跨钢筋混凝土公路桥，桥板厚 0.4m，C25 钢筋混凝土浇筑，桥下设 4 根 C20 钢筋混凝土梁，尺寸分别为 0.3m×0.4m 及 0.3m×0.8m，桥墩共 4 个，除利用明渠及××河边墙及隔墙外，增设一个 C15 毛石混凝土边墩，墩宽墩厚 0.8m。

2）渡槽。位于桩号 P9+797.590～P9+816.690，包括渡槽前渐变段，槽身以及其后消力井，共长 25.0m。槽身长 12.2m，为单跨，底坡 i 为 1/200，矩形断面，尺寸 2.0m×2.2m，采用 C25 钢筋混凝土浇筑，槽墩为 C20 埋石混凝土，消力井井身为 C20 钢筋混凝土。渡槽槽身顶部设有 C20 钢筋混凝土盖板，厚 0.1m。

3）箱涵。××箱涵紧接渡槽之后，桩号 P9+816.690～P9+931.690，总长 115.0m，底坡 i 为 1/200，方形断面，尺寸 1.8m×2.0m，C20 钢筋混凝土浇筑。箱涵基础为 M7.5 浆砌石，厚 0.3m。

4）控制闸。

a. Ⅰ号闸位于北沟取水暗涵末端，桩号 P9+784.390～P9+7917.590，设 1.5m×2.0m 平板钢闸门，闸室长 5.0m，总宽 8.0m，C20 钢筋混凝土浇筑，闸室上设钢筋混凝土梁板式启闭机室，室内设一台启闭机。

b. Ⅲ号闸位于桩号 P10+740.300～P10+745.300 为两孔，孔口尺寸分别为 3.0m×1.8m 和 2.5m×1.8m，每孔各设置一扇工作门及启闭机。闸室长 5.0m，总宽 8.8m，底板高程 1656.786m，底板厚 0.8m，边墩及中墩均为厚 1.0m，采用 C20 钢筋混凝土浇筑，闸室上设钢筋混凝土梁式启闭机室。

5）跌水。位于旁通泄水道渠线出口，水流通过跌水进入东风水库溢洪道。跌水桩号 P10+767.0～P10+783.15，总长 16.15m，跌坎坎高 2.4m，宽 3.3m，采用 C20 钢筋混凝土衬砌。

6. 金属结构

出流改道水利工程金属结构设备包括有拦污栅2扇，闸门12扇，启闭机12台（套）。进水口闸室段顺水流方向依次布置拦污栅、检修闸门、工作闸门各一道；渠道出水口闸室段布置节制闸、泄水闸各一道；在旁通道上设置了Ⅰ号、Ⅱ号、Ⅲ号节制闸门。

××市××湖×××湖出流改道工程的所有闸门、拦污栅由××市××县排灌总站负责制造，所有启闭机（卷扬机、螺杆机）均为××省××市××机械厂制造。闸门、拦污栅及启闭机由所在标段的土建单位负责安装。

闸门、拦污栅的制造工艺、安装调试、施工工艺都经监理单位审定，并由业主、监理、安装、设代进行了出厂验收，安装调试完成后进行了无水试运行。闸门、拦污栅均运行灵活、无卡阻。试通水一年多的时间，各闸门、拦污栅及启闭机运行正常。

截至20××年4月底所有的闸门、拦污栅、启闭机都经过1年多的通水试运行，工作正常，封水较好，启闭机运行稳定，满足了工程安全运行的需要。

7. 安全监测

根据设计文件，××市××湖×××湖出流改道工程隧洞安全监测施工内容包括：①2组二向测缝计、2支单向测缝计、2支渗压计和1支水位计安装埋设；②读数仪；③水位测井及集线箱的制作与安装；④仪器电缆敷设及数据采集系统的建立。

本工程共需完成2组二向测缝计、2支单向测缝计、2支渗压计、1支水位计安装埋设和8334m仪器电缆的连接与敷设。现已全部完成，仪器埋设率为100%。

安全监测仪器埋设完成情况统计见表4-12。

表4-12　　　　　　　　监测仪器埋设完成情况统计

工程名称	监测项目	仪器名称	设计数	完成数
隧洞	结构缝监测	测缝计	6	6
	渗流监测	水位计	1	1
		渗压计	2	2

安全监测仪器安装调试完成后，隧洞通水试运行期间正式启用监测仪器对隧洞安全进行监测，经过近十个月的监测，未见明显异常。单向测缝计J1在20××年4月××日，观测到的数据略偏大，后面观测到的数据又归正常，停水后管理人员进洞检查，隧洞内未见异常，分析原因系观测当天附近有施工作业振动所致。

（六）主要设计变更

鉴于××湖×××湖出流改道工程的紧迫性及特殊性，工程实施过程中发生了一些设计变更。

1. 主隧洞K11+000～K11+120段设计变更

引水主隧洞K11+000～K11+120两端均多次出现涌水涌沙，下游端最大的一次涌水涌沙掩埋洞段140m，上游端最大的一次涌水涌沙掩埋洞段50m，造成地表大面积沉陷开裂，沉陷面积半径达68m，最大的三条裂缝长度达154m，最大宽度达4.6cm。致使矿山法施工无法掘进，管理局遍请省内、国内知名专家到工地现场咨询，提出了很多施工方法，但最终只有冷冻法成功破解了这一施工难题，使出流改道工程胜利贯通。K11+000～K11+120段的施工方案变更过程历经23个月，变更支出费用××××.××万元。具体变更情况见表4-13。

表 4-13　　　　　主隧洞 K11＋000～K11＋120 段施工方案变更汇总

施工方案	施工单位	起止时间	工程价款/万元	备注
顶管法	××××局	20××-01-××—20××-10-××	×××	未成功
地表洞内联合灌浆法	××省××建设工程总公司	20××-02-××—20××-03-××	××.××	未成功
化学灌浆法	××水电××局	20××-04-××—20××-04-××	××.××	未成功
高压旋喷法	××省水利水电工程有限公司	20××-03-××—20××-05-××	××	未成功
冷冻法	××特殊凿井（集团）有限公司	20××-05-××—20××-10-××	××××	成功

2. 隧洞临时排水

出流改道工程隧洞全长 14286m，其中引水隧洞长 7321m，引水隧洞在施工组织设计上分别设置了 1 个竖井（又作为顶管的接收井），4 个斜井，以上游往下流分别为 0 号、1 号、3 号、2 号斜井。隧洞排水主要集中在引水隧洞的 1 号、2 号斜井。

1 号斜井（K6+785）于 20×× 年 11 月动工，次年 6 月进入主洞，当往下游开挖至 K6+970 时出水量突然加大，至 20×× 年 12 月 ×× 日出水量增大至 306.8m³/h，随着出水时间的延长，出水量逐渐减小，至 20×× 年 9 月水量减至 50m³/h 以下不再进行计量，总出水时间达 22 个月，总出水量达 490 多万立方米，抽水费用 ××× 万元。

2 号斜井（K10+757）于 20×× 年 1 月动工，斜井长 207m，当开挖至 151m 时，出水量突然增大至 156m³/h，下游及附近 2 个泉眼出水量逐渐减小直至干涸。进入主洞后出水量随着开挖洞身的延长而增加，当开挖至上游 10＋444，下游 10＋996 时出流量达 415m³/h，并于 20×× 年 1 月 ×× 日和 20×× 年 7 月 ×× 日二次抽水设备被淹。由于下游 11＋000～11＋120 段一直未能贯通，抽水时间较长，至 20×× 年 11 月 ×× 日 11＋000～11＋120 衬砌完成后才排至下游。抽水历时 32 个月，共抽水 703 万 m³，抽水费用 ×××.×× 万元。

在初步设计概算审批项目中，临时工程中的其他临时工程费为一至四部分建安工程量的 3%，合计 ×××.×× 万元。出流改道工程抽排水费计 ×××.×× 万元（含 0 号斜井 ××.×× 万元），抽水设备补助 ××.×× 万元，共计支出 ×××.×× 万元。

3. 新建××供水站

由于 2 号斜井及主隧洞 10＋366～11＋000 的出水，导致了附近供人畜饮水的泉水干涸，造成 ×× 县 ×× 镇政府所在地及附近农村 5000 多人的饮水困难，严重影响了当地政府、学校及村民的正常生产生活，并影响到了当地集贸市场的发展。经过水利部门及工程建设管理局的勘查，多种方案比较，认为利用当地 ×× 小（1）型水库作为供水水源较为合适，该水库来水比较充沛，上游仅有一个人口不多的村庄，水质较好可以饮用。

为了切实解决好当地群众的饮水困难，解除当地群众的后顾之忧，拟建 ×× 供水站，除解决因开挖隧洞导致无水源饮用的人口外，对供水管道经过的村庄一并拿入解决的范畴，因为 ×× 坝子历来都是饮水困难区，工程初步设计概算 ××× 万元，其中一期工程投资 ×××.×× 万元，一期工程方案报市水利局审批，审批投资 ××× 万元，经市政府同意，出流改道工程投资 ××× 万元，×× 县政府出资 ×× 万元。

工程由 ×× 县水利局负责实施，于 20×× 年 5 月动工，至同年 10 月完工，工程决算价款为 ××× 万元，比原审定投资超 ×× 万元，后期未完善工程投资 ×× 万元，出流改道工程应支付 ××× 万元。

4. ××湖×××湖沿湖抽水站改造

××湖水位1722.50m时，湖容量2.098亿m³，湖面面积34.329km²，湖岸线长38.868km；×××湖水位为1722.50m时，湖容量206.2亿m³，湖面面积216.6km²，湖岸线长88.2km。××湖原管理条例控制水位最高1722.50m，最低水位1721.50m，运行水位1722.00m，×××湖原管理条例控制最高水位1722.00m，最低水位1720.50m。

出流改道工程设计运行水位以两湖管理条例规定的水位为控制原则，××湖×××湖最低工作水位为1720.8m，×××湖最高水位控制在1722.00m，当超过1722.00m时向××河弃水，当××湖水位超过1722.5m时最先向××市方向泄水，但当超过设计防洪标准10年一遇超过1722.50m时，仍由×河向××湖泄水。

为了确保××湖×××湖出流改道工程三大目标的实现，更好地发挥工程效益，省人大根据出流改道工程实际运行可能出现的情况，特修改了××湖及×××湖管理条例，确定两湖最高水位为1722.50m，最低运行水位1720.80m。并把管理条例改为保护条例，分别于20××年9月1日和20××年1月1日起施行。

××湖×××湖沿湖抽水站设计时都是按原定水位设计安装的，由于新的水位发生变化沿湖抽水站也要随水位变化而变化，×××湖沿湖抽水站在最高水位1722.50m时造成淹没，××湖沿湖抽水站在最低水位1720.80m时造成抽不着水，因此，应对两湖沿湖抽水站进行改造。

针对两湖新的水位的确定和20××年两湖蓄水位情况，市水利局组成调查小组于20××年10月对两湖抽水站进行调查，并提出各个抽水站的改造方案，两湖共需改造抽水站144座，其中：×××湖79座（××县35座，××县25座，××县19座），××湖65座，共需改造经费×××.××万元。

在批复的工程初步设计中，×××湖设计运行水位为1720.80～1722.20m，处于现状实际运行水位范围内，提出出流改道工程运行不影响×××湖湖周抽水站。但由于××湖水位的降低造成对沿湖32座抽水站都有不同程度的影响，提出应对32座抽水站进行改造，其中：13座需改造进水渠、增设真空泵；16座需改造进水渠，降低安装高程、增设真空泵；3座需降低安装高程，增设真空泵。在初步设计批复里同意对××湖湖周32座泵站进行改造，但在初设概算里没有计列改造经费。

根据市水利局对两湖沿湖抽水站的改造实施意见，××市人民政府召开专题会议（市政府专题会议纪要20××年第××期），同意对两湖144座抽水站进行改造，工程投资×××.××万元，资金由××市××湖×××湖出流改道工程项目资金中安排。

5. 引水隧洞进口闸扩建改造工程

出流改道工程是从根本上保护×××湖的战略性工程，是××市"三湖"生态城市群建设的一个战略性项目，是把××市建设为生态城市的灵魂，是玉溪子孙万代、经济社会发展的幸福源泉，是××市水利史上第一的工程，工程的建成，功在当代利在千秋。

××市委、市政府确立了生态立市战略，建设生态市，促进经济结构调整和增长方式转变，推动经济、社会、环境协调发展，建设资源节约型和环境友好型社会，生态城区的建设特色是水，灵气在水。因此，××市中心城区建成了"三水归流"的××大河，具有"人文生态交响曲"的××文化广场，出流改道工程出水口生态公园和壮观的人造瀑布，这些工程的建设，无一不在体现××生态城市正在形成，是××市人民休闲娱乐的好去处。

作为××生态城市建设的基础性工程，出流改道工程外部形象不但满足工程运用需要，更重要的一点应与××生态建设相匹配，因此，在引水隧洞进水口扩建改造闸室工程很有必要，也更能凸现出出流改道工程建设的特色。

引水隧洞进口闸室扩建面积为176.81m²，总投资×××.××万元。

6. 出水口水系完善工程

××湖×××湖出流改道出水口水系完善工程，是××市贯彻落实××大精神的重要举措，是走中国特色城镇化道路的工程项目之一。由于两湖出流改道工程的建设，已带动了××市建设生态城市的步伐，现××市已把出流改道出水口红砖厂改建成生态公园，丰富了××市绿地系统的内涵。完善出流改道出水口水系工程，进一步推进玉溪的城市化进程，为××市树立良好形象起到重要作用。

在出流改道初步设计中，该段桩号为P9+468.088～P9+997.267，从旁通4号隧洞出口接明渠、跌水段，与东风大沟相连，明渠底坡1/500，采用浆砌石内衬钢筋混凝土矩形断面，跌水墙为C20钢筋混凝土，厚度0.5～1.0m，边墙、底板均采用浆砌石内衬钢筋混凝土。

根据××市委、市政府的安排，该段停止施工，纳入市政建设范畴，统一规划建设、设计随即取消原设计桩号P9+797.267以上明渠、跌水段，把原设计位于×大沟的1号闸改在××大沟左侧，闸后接渡槽。

出水口水系完善工程包括以下项目：

(1) 隧洞口地形修复工程。

1) 出流改道隧洞延伸工程。在已建成的出流改道旁通4号隧洞出口向外圆弧延伸12m调整出口方向使之处于已建景观的轴线之上。

2) 隧洞口地形营造工程。在延伸隧洞项目回填形成缓坡（填土深度6～7m），进行种植绿化；对两岸较陡的边坡进行削坡，边坡小于1:2，再进行种植绿化。

(2) 出口瀑布拓展工程。在已建生态公园瀑布向北延伸约95m，一方面起稳定边坡的作用，另一方面使瀑布沿隧洞轴线两侧对称，使瀑布景观效果更具震撼力。结构为边墙采用钢筋混凝土扶壁式挡墙，高度约12m，顶宽0.92m，底宽2.0m，底板宽10m，长180m。

(3) 分流水道工程。

1) 小湖区溢流水道拓宽工程。为减少分流水道工程的土方开挖量及增加小湖区的亲水性，将小湖区水面提高0.3m，同时将方案设计溢流水道由14.5m宽拓宽至26m，满足最大过流量要求，结构采用钢筋混凝土底板加浆砌石护坡，设计过水流量8.5m³/s。

2) 引水管工程。引水点选择瀑布上方水池的尾端排空管，采用DN300PEVC管，接至已建成生态公园观景平台，管长约420m，引水流量0.2m³/s。

3) 景观平台涌泉工程。利用瀑布水面到观景平台的高差，用管引水而下，在广场上形成两塘涌泉，涌泉为7.5m×7.5m正方形钢筋混凝土水池，防渗标准为S6。

4) 景观大道两侧规则式分流水道工程。规则式分水道位于景观大道两侧，宽度5～7m，深约0.3m，北侧分水道约580m，南侧分水道长约420m。采用C20混凝土浇筑、外露面用本地石材饰面。

5) 出流改道微缩景观工程。在小湖区西南部，开辟自然式分水道，平面设计取意于两湖出流改道微缩景观，从东向西为×××湖、隔河、××湖、隧洞、××湿地、××

河、××水库等，利用微缩景观工程充分反映出流改道工程概况，让参观者了解出流改道有一个直观的体验。

6）分流水道末端的小瀑布工程。出流改道引水至××文化广场片区，利用地形高差，在右所立交桥修建了一个小型瀑布，结构采用扶壁式挡墙，高 9.0m，长 24m。

7）管线改道工程。由于新增加了水系完善工程，需改造原来输水管道，其中：建安工程×××.××万元，独立费用×××.××万元，预备费×××.××万元。

7. ××人工湿地植树绿化工程

人工湿地按审批文件完成，占地×××.××亩，原设计未对人工湿地陆面空地进行绿化，为充分发挥人工湿地工程效益，确保工程总体目标的实现，充分利用空地面积，带动周边环境的美化绿化作用。把人工湿地建成具有净化水质、美化周围环境、带动当地经济发展，实现人工湿地绿化工程很有必要。

（七）重大技术问题处理

1. 涌水涌沙处理

2号斜井开挖至 0+127 时，涌水量渐增，至 0+143 时，大量涌水涌沙造成地表开裂，施工极度困难，山体已形成较大空腔，施工存在安全隐患。采取地面注浆措施后，掌子面一开挖，仍然大量涌水涌沙，且时大时小，较大涌沙前，洞内有轰隆响声，此时工人必须及时撤离掌子面。后请专家现场分析研究，决定将临时支护中的小管棚改为大管棚，以求增强超前支护强度，但此方法仍然没有奏效。管理局与××××项目部商量，无论采用何方法，除现场实际计量外，只要能开挖到主洞，发给奖金20万元。××××调集精兵强将，对涌水量进行堵、引、排相结合，洞内分块开挖，采用混凝土逐步小块支护的方法，历经20个月艰苦卓绝的努力，终于将斜长187m的斜井开挖到了主洞。主隧洞由于地质条件差，施工仍然困难，施工至 K10+881 时涌水陡增，最大涌水量达 415m³/h，侧墙涌水呈喷射状，整个隧洞变成水帘洞。开挖至 K11+000 时，掌子面涌水突泥，来势凶猛，最大一次突泥掩埋隧洞50多米，经多次封堵注浆，开挖至掌子面时，涌水涌泥再次汹涌而来，不能开挖继续，施工被迫中断。

××出口段 11+830～11+000 隧洞段穿越第三系地层Ⅴ类围岩。20××年12月××日于 K11+830 处开始进洞，开挖至 K11+700 时，因涌水涌沙，顶拱掉块、坍塌，地面塌陷呈漏斗状。经洞内、地面灌浆，加强管棚钢支撑支护，分台开挖，及时衬砌后穿过。20××年4月××日，开挖至 K11+628 时，流水流沙汹涌喷出，工人迅速撤离，顷刻坍方冒顶，××××局工棚瞬间陷落2间。直到6月××日才处理穿过并继续向前开挖。由于涌水涌沙，施工难度很大。施工单位克服重重困难，历经艰辛，施工至 K11+120 时，再次大规模涌水涌沙，掩埋隧洞 140m，造成地表大面积沉陷、开裂。隧洞开挖掘进无法进行，施工被迫中断。该工作面施工2年，仅完成隧洞 710m。四方现场会议决定封堵掌子面，重新研究施工方案。

工程建设管理局邀请知名专家现场分析研究，决定实施顶管方案，仍由中港××局施工。在距隧洞垂直距离 14m 的 K11+690.573 处做沉井顶管，上接隧洞 K11+000，下接隧洞 K11+738.567，施工单位于 20××年1月××日进场，顶管长度 418m 至 K11+272.078 时，泥岩膨胀抱死顶管，施工单位加大注浆量，力求增强润滑，减小摩阻力，仍然不能顶动，主顶油泵加大到 1800t，中距间油泵达 400MPa，三节管子出现裂痕，最大顶力已突破国内外顶力最大记录，仍然不能前进。历经艰苦卓绝的努力还增加内置中距间仍然不能前进，顶管方案被迫中止。

顶管不能顶动这一难题成了整个工程建设的拦路虎，管理局遍请省内、国内知名专家到现场勘察，共同商讨解决方案。先后采用地面灌浆、洞内化学灌浆、高压旋喷的施工方法都没取得成功。最后，到上海考察了穿越黄浦江的地铁施工现场，他们用冷冻法攻克了涌水涌沙的难题，给了很大启发。管理局当即邀请该工程施工单位——××集团特殊凿井工程公司冷冻专家到工地实地考察研究，他们认为冷冻法能解决这一难题。经管理局反复研究论证，决定实施冷冻法。经商务谈判和技术论证后，管理局与××集团特殊凿井工程公司签订了施工合同，冷冻法施工过程中，管理局调集主要技术人员，全天24小时轮班跟踪作业，及时解决施工中的一切问题，克服重重困难，经过参建各方半年多的艰苦努力，冷冻法成功破解了出流改道工程中的最大难题，为出流改道工程三大目标的顺利实现作出了贡献。冷冻法在中国水利史上首开先河并取得成功，为今后类似工程提供了可借鉴的经验。

2. 围岩变形处理

引水隧洞 K11+130～K11+830 段，本段为陡山沱组（Zbn）、上第三系（N）地层，陡山沱组岩性为灰白色中～厚层状强风化的白云岩，节理、裂隙发育，破碎，属层状碎裂结构，上第三系（N）岩性为粉细砂夹粉砂质黏土、炭质粉砂质黏土，炭质似成层褐煤，多为互层。开挖及临护后，由于围岩缓慢挤胀，隧洞形体经常发生变形，最大变形达 60cm，I18 工字钢被扭成麻花状。施工采取的措施为：底板铺筑毛块石及 C20 混凝土硬化，环向加密钢支撑，纵向采用工字钢连接，加大 C25 喷射混凝土厚度，及时衬砌。

3. 塌方处理

出流改道工程隧洞线路较长，地质变化较大，部分洞段围岩层间有渗水，岩体完整性差，稳定性差。有些洞段岩石强风化，岩体破碎松散并伴随渗水。上述地质情况极易造成塌方，有的洞段是已开挖穿过，顶拱的压力蓄积到一定程度突然爆发而造成塌方。虽然已事先采取了很多预防措施，但有的洞段还是不可避免地发生了塌方，具体处理方法为：

(1) 处理塌方以速度最快、方法恰当为原则，采取一切有效方法阻止塌方继续发展，避免小塌方酿成大塌方。

(2) 打超前管棚，使塌方前面有支撑点，视塌方体长度决定超前管棚的长度，利于稳定，如果有渗水，还需要打花管，及时排出塌方体内的渗水。

(3) 对塌方体注入水泥浆，使塌方体固结稳定。

(4) 对塌方体谨慎开挖，视具体情况全断面或半断面开挖；开挖出 20～30cm 时，及时架设钢支撑，不能让超前管棚的尾部悬空。

(5) 全榀钢支撑架好后再焊接钢地梁，让钢支撑形成一个封闭的环，增强受力，达到稳定效果。

(6) 有时还需增设混凝土硬化底板，避免底板隆起破坏稳定。

(7) 钢支撑（及钢地梁）架好后，对新开挖的部分及时进行挂网喷锚。

(8) 重复上述环节，逐步推进，直至穿过塌方段。

4. 沉井可能出现的意外及相应措施

(1) 倾斜，这是沉井下沉中出现频率最高的问题，相应预防措施，即对称、均匀开挖。

(2) 旋转，圆形沉井因土质不够或受到切向力作用而发生旋转的情况时有发生，而沉井上的顶管进出洞口是事先预留的，过多的旋转将直接影响顶管进出口的方向，故应避免。沉井旋转的预防措施是使沉井切向力或切向所受的力矩基本平衡。已发生旋转的处理方法是在下沉过程中施加一个与旋转方向相反的扭矩，如切向的牵引力。该力不需要很大就足以使已旋转的沉井转回来。

(3) 不沉，沉井内泥土已挖到刃脚以下而沉井不沉，则可能是地质情况的变化或刃脚遇到了障碍，应采取井顶压载增加下沉重量，井外壁注入泥浆或压缩空气减小下沉摩阻力等措施。

(4) 突沉，突沉是指沉井在瞬间突然下沉，如在几秒或几十秒内下沉数十公分或更多。突沉往往发生在下沉中断后重新开挖土下沉或清除刃脚下遇到障碍物时，预防措施一是连续挖土下沉，二是刃脚遇到障碍物时，挖土更要强调均匀，且放慢挖土速度。采用井顶压载、井壁外注膨润土泥浆等措施时，要逐步实施，不可一次加载、注浆过多过猛。

(5) 当沉井下沉离设计标高10cm时，就停止取土，让沉井自沉，待沉井到位后，即沉井8小时累计沉降量小于1cm时，即开始进行混凝土封底。

本工程施工过程中，5号沉井曾出现倾斜、不沉、突沉现象，分别采用上述方法处理，达到了设计要求。

5. 基坑（槽）开挖的降水措施

引水三标开挖的基坑临界于浅基坑和深基坑之间。施工排水包括排除地下自由水、地表水和雨水，在开挖基坑或沟槽时，土壤的含水层被切断，地下水将会不断地漏入坑内，为了保证施工的正常进行，防止边坡坍塌和地基承载力下降，必须做好基坑降水工作，采用人工降低地下水位和打板桩防止流沙产生。具体做法是在开挖线两外侧打深入基坑的管井，并下置混凝土预制井圈对井壁进行保护，采用多个井点同时抽水，并接入排水沟，使地下水位低于基坑底，以便在干燥状态下开挖，可以很好地防止流沙、管涌和底鼓现象的产生和增加边坡稳定。

施工方法如下：

根据施工计算的布孔方式，经试验相邻两管井距离20～25m降水效果较好，沿基坑两边均匀布置，管井之间开挖排水沟连接，排水沟内铺设塑料薄膜防止水渗入地下。管井采用沉管法人工开挖施工。

为防止粉细砂涌入井内及井壁坍塌，下置混凝土预制井圈对井壁进行保护，为保证井的出水量，在井管（混凝土预制井圈）周围回填碎石、粒料。

该施工段的管井做好后，选用深井潜水泵进行抽水，水汇入排水沟排入河道。

此方法效果非常好，保证了开挖期间没有坍塌，边坡稳定。

（八）施工期防汛度汛

出流改道工程主要为地下工程，防汛任务不突出，明挖段均在枯季完工，进口暗埋段开挖时，××湖边挺水植物带尚未开工，因此本工程无度汛任务。汛期应主要做好以下工作。

1. 原材料防护

(1) 水泥：运输过程中铺盖塑料篷布防止水泥受潮，水泥仓库设置在干燥地点，并设置排水沟、通风良好，堆放袋装水泥时，地面铺设木板作防潮层。

(2) 钢筋：设置距地面边墙至少30cm垫层，并用塑料篷布盖好，防止钢筋受潮生锈。

(3) 砂石料：堆放骨料的场地，周边设排水沟。

2. 雨季注意事项

(1) 1号、3号斜井口及旁通2号与3号隧洞连接段、3号与4号隧洞连接段位于山箐小河道旁，早在施工初期，已做好汛期导流暗涵，2号斜井口在施工初期已开挖好排洪沟，每年汛期做好检察及清理即可。

(2) 在斜井左边山坡清挖排水沟，防止山坡雨水冲入斜井内。

(3) 注意观察施工场地周边山体稳定情况，防止山体滑坡。

(4) 经常清挖施工场地周边排水沟，及时排出场地积水。

三、专项工程和工作

(一) 建设征地补偿

1. 补偿及安置原则

根据《中华人民共和国土地管理法》《××省土地管理条例》及××市人民政府"××××〔20××〕××号"文件，结合工程实际情况，正确处理好国家、集体和个人三者的关系，对工程所涉及的临时用地、租地、永久占地、青苗补偿及附着物都按有关费用的标准作了补偿，确保了农民的生产生活不因工程占地而受影响。

2. 补偿标准

(1) 临时占地。补偿标准：水田××××～×××××元/(亩·年)；梯田××××元/(亩·年)；旱地×××元/(亩·年)；林木×～×××元/棵；果树：挂果×××元/棵，未挂果××元/棵；青苗损失赔偿×～×元/m²；建筑物、附着物：土木结构×××元/m²、土木石棉瓦房×××元/m²、简易房×××元/m²、水泥地坪××元/m²、水沟（水池）×××元/m²。

(2) 永久征地。土地补偿费及安置补助费：水田及农田水利设施×××××～×××××元/亩；旱地×××××元/亩；未利用地××××元/亩。

(3) 环境工程。环境工程租地标准××××元/(亩·年)，青苗损失赔偿：进口挺水植物带××元/亩、××人工湿地××××元/亩。

3. 工程占地及资金使用情况

初步设计批复××省××市××湖、×××湖出流改道工程占地补偿总投资历为××××.××万元（含复耕费），其中水利工程占地补偿投资为×××.××万元，环境工程为××××.××万元，××河下游电站补偿×××.××万元。工程完工后，实际水利工程临时占地共××××.××亩，共支付补偿费×××.××万元，水利工程永久征地25.2亩（表4-14），共支付永久征地费×××.××万元；环境工程支付租地费×××.××万元（仅支付三年租费，还有五年租地费270.54万元未付）；海口河下游电站补偿×××.××万元。出流改道水利工程永久征地情况见表4-14。

(二) 环境保护工程

为加强××湖、×××湖出流改道工程建设过程中的环境保护工作，认真落实环保"三同时"制度，管理局部成立了专门机构，全面负责工程区环境保护管理工作，监督、协调，督促施工单位依照合同条款及审批的环境影响报告书及其批复意见，组织开展、落实各项环保措施的设计、施工及运行管理。

表 4-14　　　　　　　　出流改道水利工程永久征地情况统计

所属村组	建设项目名称	征地面积/亩	所属村组	建设项目名称	征地面积/亩
××镇××小组	明渠	1.24	××镇××小组	明渠	4.76
××镇×××小组	明渠	3.5	××镇××小组	4号、5号、0号沉井	1.31
××镇××小组	明渠	4.55	××镇××小组	2号、3号沉井	1.24
××镇××小组	明渠	2.32	××镇××小组	1号沉井	0.38
××镇×××小组	明渠	1.31	××镇××小组	进水口闸室	4.59
合　计			25.2亩		

1. 环保管理制度

在工程建设工程过程中，管理局针对环境保护工程下发了《关于全面推进工程建设环境保护与水土保持相关工作的通知》《关于加强工程建设环境保护与水土保持等相关工作的通知》等各类专项通知，印发了《××湖×××湖出流改道工程环境保护设施及措施验收管理办法（试行）》，并定期对环保措施落实情况巡视检查后，向各相关部门发送《××湖×××湖出流改道工程管理局现场环保工作检查通报》，工程的环境保护工作始终处于受控状态，达到国家环保标准。

2. 环保监理

管理局委托××恒诚建设监理咨询有限公司，成立了××湖×××湖出流改道工程环境监理机构，依照合同条款及国家环境保护法律、法规、政策要求，根据环境监测数据及巡查结果，监督、审查和评估施工单位各项环保措施执行情况；及时发现、纠正违反合同条款及国家环保要求的施工行为。

环保监理部依据××湖×××湖出流改道工程环境影响报告书和环境总体设计文件，对工程的环保措施进行了监理，在对工程区进行环保监理的同时，监理工程师积极协助管理局对以往由于施工引起的环境问题进行处理，过程中采取现场验收核实，资料规范整理归档等方式，为工程顺利推进起到了积极作用。

3. 工程环保工作

管理局组织环保监理定期和不定期对工地现场巡视检查，在施工过程中，对各标段混凝土拌和系统及砂石料加工系统的沉淀池淤积、施工粉尘、交通扬尘和燃油废气等问题采取了相关的控制措施。

对噪声污染采取了声环境保护措施，选用了低噪声的设备、工艺和车型，降低噪声源，并为相应机械设备操作人员配发噪声防护用品。加强交通噪声的控制和管理，在交通道路两侧设置限速、禁鸣标志，并注明时速小于20km/h；进场公路在夜间22：00至次日7：00禁止通过大型运输车辆，在环保监理监督下，声环境得到有效控制。

生活垃圾方面，在生活营地内设置了垃圾桶，垃圾收集池，生活垃圾收集分类后定期清理至指定弃渣场掩埋。施工弃渣和固体废弃物按设计和合同文件要求送至指定弃渣场掩埋。要求施工单位必须对施工作业面及生活营地产生的生活垃圾及建筑垃圾进行清理，清理完毕自检合格报建设监理审验后，通知工程建设管理局现场部，环境移民部，环保监理部验收，通过验收后方可退场。

4. 环境监测

按照环境影响评价及批复的要求,管理局委托××省环境监测中心站开展工程施工期环境监测工作,20××年7月××省水环境监测中心编制完成《××湖×××湖出流改道工程(噪声)环境监测报告》监测结果昼间噪声值满足标准限制,夜间噪声值超标;20××年8月××省水环境监测中心编制完成《××湖×××湖出流改道工程(噪声)环境监测报告》监测结果昼间噪声值满足标准限制,夜间噪声值超标。

5. 环保验收

20××年8月25—26日,××湖×××湖出流改道工程环境保护通过环保部门的验收,并提出了相关的整改意见。20××年8月××日,管理局对下阶段需要落实的有关环保措施进行了承诺,设定3个月为时限进行整改,并制订了详细的整改计划,完善各项环保措施。管理局根据环保验收时提出的整改意见定期对各施工标段巡视检查,督促各施工标段按要求进行整改。20××年12月××—××日原环保部检查组对工程环境保护工程的整改情况进行检查,整改结果符合环境保护总体设计报告要求。

目前,工程进入收尾阶段,工程在施工过程中管理局组织开展了环保监理和环保监测,落实了环境影响报告书、环保设计及其批复文件提出的环境保护措施要求。

(三)水土保持设施

工程区水保措施主要内容为工程局部中的挡墙、截排水措施等,主要包括场地平整、地面硬化等,水土保持专项措施重点为渣场区挡护、截排水工程措施,以及水土保持植物措施和临时防护措施等。

工程区水土保持投资××××××××元。其中:弃渣场区××××××××元;施工生产生活区×××××元;施工道路区×××××××元。

管理局始终按照"三同时"的原则,突出针对性,采取综合措施(工程措施、植物措施、临时措施、管理措施等),合理布局,有效防治因工程建设所产生的水土流失,使工程建设造成的水土流失得以集中和全面地治理。在发挥工程措施控制性和速效性特点的同时,充分发挥植物措施的长效性和景观效果,形成工程措施和植物措施结合互补的防治形式,把工程建设与水土流失治理、改善工程区域的生态环境结合起来,达到周边生态环境明显改善的目的。

工程区所实施的各项水保措施均发挥着应有的作用,弃渣做到"先拦后弃",使得项目区内的水土流失得到有效控制。

(四)工程建设档案管理

××湖×××湖出流改道工程参建单位较多,档案资料形成来源复杂。管理局高度重视档案管理工作,主体工程开工后即根据××省档案管理相关管理规定,结合工程实际,建立了项目法人档案管理机构,配备了专(兼)职档案干部队伍,建立了档案管理网络,制订了工程档案工作规章制度和工程档案分类大纲,加强档案库房建设,配置了能够满足档案管理的设施设备,为工程档案工作的开展创造了良好条件。

根据建设工程竣工档案专项验收相关要求,编制了《××湖×××湖出流改道工程项目竣工档案资料整编作业指导书》,指导各参建单位进行资料定期收集、分类和整编工作,并逐步完善竣工档案资料收集编制体系。及时组织参建单位档案管理人员进行档案培训,掌握档案管理工作。管理局多次邀请省档案局专家,围绕工程档案专项验收、竣工档案的整编、归档及二次整编，进行现场跟踪及技术指导。邀请专业档案管理咨询公司开展档案管理及咨询服务工作，参与指导日常档案管理工作，指导参建单位规范开展竣工档案资料整理编制工作。

四、项目管理

(一) 机构设置及工作情况

1. 项目法人

为确保工程建设"安全第一、质量第一、工期第一"目标的实现，××市委、市政府成立了出流改道工程建设管理局，指挥长由×××副市长担任。

由于工程实施涉及××县、××区，为理顺工作关系，便于协调管理，20××年1月，按基建程序的要求，××市政府以"×××〔20××〕9号"文成立了××市××湖×××湖出流改道工程建设管理局，由市水利局副局长×××任局长，下设一室五科，人员××人，从××县水利部门、市水利直属单位、××区水利局及相关部门抽调技术骨干，组建了精干、高效的管理队伍。内设机构适应工程需要，建立完善了23项规章制度，严格按照相关法律、法规、规范、规程及设计图纸、文件和技术标准进行建设管理。

××湖×××湖出流改道工程建设管理局组织机构见图4-1（顶层为建设指挥部）。

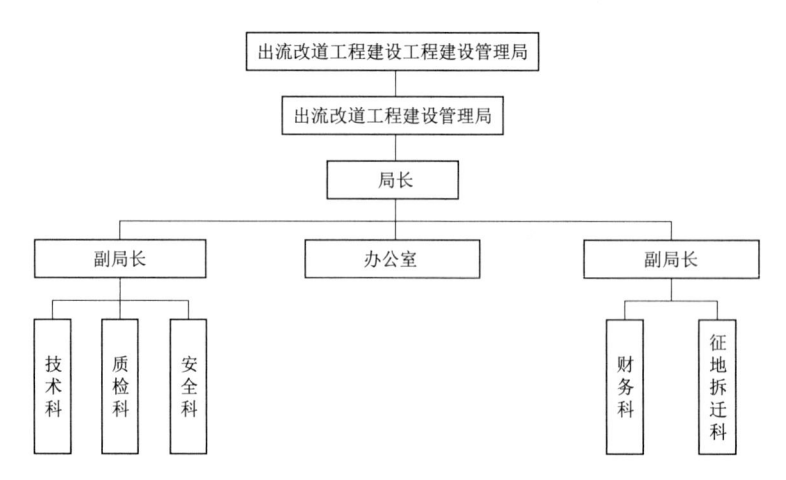

图4-1 工程建设管理局组织机构

工程管理局的主要工作内容包括以下方面：建设项目立项决策阶段的管理、资金筹措和管理、监理业务的管理、设计管理、招标与合同管理、施工管理、竣工验收阶段的管理，文档管理、财务、税收管理、安全和其他管理如组织、信息、统计等，为保证管理目标的实现，管理局履行以下职能。

（1）决策职能。对项目在实施过程中发生的重大变更，重大技术难点，组织专家、学者和参建各方进行充分论证后进行决策。

（2）计划职能。围绕项目的全过程、总目标，将实际施工过程的全部活动都纳入计划轨道，用动态的计划系统协调整个项目，保证建设活动协调有序地实现预期目标。

（3）组织职能。内部建立项目管理的组织机构，又包括在外部选择可靠的承包单位，实施建设项目不同阶段、不同内容的建设任务。

（4）协调职能。建设项目实施的各阶段在相关的层次、相关的部门之间，存在大量结合部，构成了复杂的关系和矛盾，管理局通过协调进行沟通，排除不必要的干扰，确保系统的正常运行。

（5）控制职能。以控制职能为手段，不断地通过决策、计划、协调、信息反馈等手段，采用科学的管理方法确保目标的实现。主要任务是对投资、进度和质量进行控制。

2．设计单位

20××年5月，受××市环境保护局委托，经中国国际工程咨询公司主持招标，国家环境保护总局××环境科学研究所和××省水利电力勘测设计研究院组成的投标联合体中标，承担了该项目的可行性研究工作。此前，××市有关单位曾对××湖和×××湖的治理做过规划报告并得到××市××委的批复。

（1）前期工作。

1）20××年8月，完成了《××省××市××湖×××湖出流改道工程可行性研究报告（代项目建议书）》（以下简称《可行性研究报告》）并上报国家发展改革委。

2）20××年12月，受国家发展改革委的委托，水规总院对《可行性研究报告》进行审查。

3）20××年2月，水规总院对修改后的可研进行再审查，修改后3月份可研重新出版。

4）20××年3月底，中国国际工程咨询公司对《可行性研究报告》进行了评估。

5）20××年9月，国家发展改革委以"发改农经〔20××〕××××号"文对《可行性研究报告》进行了批复，工程立项。

6）20××年12月，××省发展改革委、水利厅组织了对初设报告的审查。之后修改了报告。

7）20××年4月，水规总院审查了初设报告，修改后初设报告5月份重新出版。

8）20××年7月，国家投资项目评审中心评审初设概算。

9）20××年9月，××省发展改革委以"×××××〔20××〕××××号"文对初设进行了批复。工程现场全程配备了设计代表组，及时处理施工中的有关设计问题。

10）20××年，完成了施工图设计。

（2）实施阶段。设计单位××省水利电力建筑勘察设计研究院进行了实施方案设计、招标设计、技施设计。由水文、地质、水工组成了设代组，按照国家有关设计规程、规范，按时保质完成了设计项目。设代组在出流改道工程施工过程中做了如下工作：

1）工程现场全程配备了设计代表组，及时处理施工中有关设计问题。

2）根据工程施工进度适时提供各阶段施工图。

3）根据施工企业开挖情况，及时进行地质素描。

4）针对工程发生变化，及时进行设计变更。

5）按时完成各项会签工作。

3．监理单位

工程监理实行总监理工程师负责制。监理部配备具有高级技术职称和中级技术职称的注册监理工程师，配备水工、施工、测绘、地质等专业，配合总监完成各专业范围内的监理工作。

监理单位按照业主的统一安排，与现场各方密切配合，严格按照招投标文件，设计和有关规程、规范，水利行业和国家现行标准的技术质量要求，认真履行监理职责，严格按照

"四控制、两管理、一协调"的七大监理任务，对施工合同实行严格管理，对关键部位和重要工序施工实行全过程旁站监理。并在施工单位自检的基础上，实行不定期抽检，确保了工程质量。监理部在出流改道工程施工过程中做了如下工作：

(1) 审查施工企业的施工组织设计、施工技术方案和施工计划。

(2) 审查施工企业的施工机械、工字钢、管棚、BWⅡ止水条、651型止水带等设备或材料清单及所列的规格和质量要求。

(3) 对工程使用的水泥、钢筋、砂、碎石的质量进行抽检。

(4) 检查施工企业的安全防护设施工。

(5) 核查施工图纸，组织图纸会审。

(6) 检查工程进度和施工质量，验收单元工程，签署工程付款凭证。

(7) 按时完成各项会签和各种批复工作。

(8) 整理承包商合同文件和技术档案资料；收集、整理、传递、存储各类信息。

4. 质量监督机构

本工程的质量监督，由××省水利水电工程设质量监督中心站与××市水利质量监督站联合，代表政府对工程建设阶段实施监督管理。质量监督站依据国家、部、省颁发的有关质量法律、法规和强制性技术标准以及批准的工程设计文件，采取不定期检查、调查分析、抽检等方式，对建设、监理、设计单位的质量保证体系和设计单位的现场服务等实施监督检查；对工程项目的单位工程、分部工程、单元工程划分进行检查；监督检查技术规程、规范和质量标准的执行情况；监督检查施工单位和建设（监理）单位对工程质量的检验和评定情况。严把质量关，确保工程质量。××省水利水电工程质量监督中心站、××市水利质量监督站在出流改道工程施工过程中做了以下工作：

(1) 审核确认工程项目划分方案。

(2) 不定期赴施工现场进行监督巡查，对工程的施工情况、原材料、施工机械进行检查。

(3) 对施工企业检验和监理与业主联合抽检的试块、水泥、钢筋、砂、碎石的实验资料进行核验。

(4) 对分部工程的验收资料进行检查。

(5) 对单位工程、工程项目施工质量等级进行核定。

(6) 参加阶段验收并提出质量评价意见。

(二) 主要项目招标投标过程

经××人民政府以"××××〔20××〕××号""××××〔20××〕××号"和"××××〔20××〕××号"等文件批准，××湖×××湖出流改道工程建设管理局委托××省××××水利水电建设管理技术咨询有限公司（甲级资质）为代理招标机构，于20××年8月开始组织该工程的招标工作。

1. 监理招标

20××年9月11日，在《××日报》和《中国采购与招标网》上刊登了监理招标公告，20××年9月××日开标，监理中标单位为长江委工程监理中心。监理单位20××年10月××日进驻工程现场。

2. 施工招标

（1）引水隧洞工程第一、二标段施工招标。20××年9月××日，在《××日报》和《中国采购与招标网》上刊登了招标公告，对工程建设监理、第一标段隧洞工程（4+509～5+800）、第二标段隧洞工程（5+800～8+050）在全国公开招标。资格预审委员会于20××年9月××—××日对报名参加投标的××家施工企业进行了资格审查，资格预审全部合格。20××年9月××日向投标单位出售了2个标段的施工招标文件。20××年10月××日在××市开标，共有来自国内十家单位参与投标。经评委评定，××省水利电力工程局为第一标中标单位（资质为水利施工总承包一级），中铁××局（集团）有限公司为第二标中标单位（资质为水利施工总承包一级）。工程管理局请示××县政府同意后，于10月××日分别与两家施工单位进行了合同洽谈并签订合同，施工单位分别于10月××日和10月××日进驻现场，积极进行施工准备。监理单位于11月××日发出开工指令，出流改道主体工程正式开工。

（2）旁通泄水道第一、二、三、四标施工招标。旁通泄水道工程于20××年4月××日在《××日报》和《中国采购与招标网》上刊登招标公告。资格预审小组于20××年4月××日对报名参加投标的16家施工单位进行了资格审查，资格预审合格后向投标单位出售了招标文件。20××年5月××日由招标代理机构主持，在××进行了公开开标，共有16家单位参与了4个标段的投标。经评定，评标委员会向工程建设管理局推荐了旁通泄水道工程一、二、三、四标段的第一中标候选单位，分别是：中国航空港××建筑工程局（资质为水利工程总承包二级）、××××水电集团有限公司（资质为水利工程施工总承包二级）、中铁××局集团第五工程有限公司（资质为水利工程总承包一级）、××省建筑机械化施工公司（资质为水利工程总承包二级）。工程建设管理局分别与4家施工单位进行了合同洽谈，并于20××年5月××—××日分别签订了施工合同。

（3）引水工程第三标段进口明渠、闸室、埋管段工程（0-205～0+790）、第四标段钢筋混凝土顶管（0+790～4+509）的施工招标。20××年11月××日，出流改道引水工程第三、第四标段在《××日报》和《中国采购与招标网》上刊登了招标公告。资格预审小组于20××年4月××日对报名参加投标的16家施工单位进行了资格审查，资格预审合格后向投标单位出售了招标文件。20××年12月××日由招标代理机构主持，在××进行公开开标，共有16家单位参与了投标。经评定，评标委员会向工程建设管理局推荐了××市××××开发有限责任公司为第三标段第一中标候选人，××××工程局为第四标段第一中标候选人。工程建设管理局于20××年12月××日分别与两家施工单位签订合同，次年1月××日工程监理部发出开工通知。

（4）旁通泄水道明渠第五、六、七标段施工招标。20××年9月××日，在《××日报》和《中国采购与招标网》上刊登了旁通泄水道明渠第五、六、七标段招标公告。资格预审小组于20××年9月××日对报名参加投标的17家施工单位进行了资格审查，资格预审合格后，向投标单位出售了招标文件。20××年10月××日由招标代理机构主持，在××市公开开标，共有17家施工单位参与了投标。经评定，评标委员会向工程建设管理局推荐了旁通泄水明渠第五、第六、第七标的第一中标候选人，分别是：××××水电集团有限公司、××省××水电建筑工程公司及××水利水电局机械施工公司。20××年9月××日，建设管理局分别与三家施工单位签订了施工合同。至此出流改道水利工程全部招标完毕进入施工阶段。

(5) 拦砂坝、临时道路工程。为了确保工程质量，选择优秀施工队伍，建设管理局做到小工程也实行公开招标。出流改道工程出口段临时施工道路于20××年11月××日进行招标，共有四家单位参与投标，11月××日开始施工。

水土保持的五座拦沙坝工程于20××年3月××日招标，共有10家单位参与投标，经评标委评选，选择××××建筑工程有限公司、××县××××建筑工程有限公司分别为中标单位。

(6) 新增3号斜井标段邀请招标。20××年11月××日，××市政府领导主持召开出流改道工程建设管理局成员单位会议，会议同意专家组提出在1号、2号斜井之间增加3号斜井的意见，并要求工程建设管理局从节省招标时间考虑，可在本工程现有施工队伍中采取邀请招标方式确定3号斜井施工单位。

工程建设管理局于20××年11月××日向中国航空港××建筑工程局、××××水利水电集团有限公司、中铁××局集团××工程有限公司发出邀请书。20××年11月××日市监察局、市水利局、××县监察局、市公证处、工程建设管理局、监理、及投标单位参加了开标会议，评标专家组由设计、监理各出1人，其余评委从省水利厅专家库中抽取市级评标专家组成。经评定，评委会推荐中国航空港××建筑工程局为第一中标候选人。

(7) 引水工程第二标段延标情况。根据20××年10月××日由市政府主持召开"关于××湖×××湖出流改道工程2号标段施工方案调整专题会议"，市监察局、市计委、市水利局、××县政府、县监察局、县计委、县水利局、监理、设计单位及工程建设管理局参加对2号标段施工方案调整专题研究。会议决定：鉴于引水隧洞施工受工作面制约因素较大，标段过多不利于施工衔接和施工场地布设。同时考虑到中铁××局已通过招标承担2号标段的施工任务，且在全国及××省隧洞施工方面信誉度较高、技术力量和机械设备均能满足施工要求等，同意将该局承包施工的引水工程2号标段延长至隧洞出口，该标段由原来的2250m延长为5980m。

工程建设管理局与中铁××局进行了充分协商谈判后达成一致协议：①中铁××局出具工期承诺书，保证本段工程在18个月内完工施工任务；②中铁××局在所承建标段内1号竖井改为1号斜井，工程费用按投标报价中1号竖井费用包干使用；③延标段合同承包价是以第二标段（5+800～8+500）中标单价为基础，双方根据延长段施工组织设计方案、分析计算和商定本延标段相关单价。20××年12月××日，二标延标段合同正式签订合同。

（三）工程概算与投资计划完成情况

1. 工程概算

20××年9月××日国家发展和改革委员会以"×××××〔20××〕××××号"文，对××省发展改革委上报的《关于请求核定××市××湖×××湖出流改道工程初步设计概算的请示》（×××××〔20××〕××号）和水利部《关于报送××省××市××湖×××湖出流改道工程初步设计概算的函》（×××〔20××〕×××号）作出批复，核定××省××市××湖×××湖出流改道工程初步设计概算总投资××××××万元。其中水利工程总投资××××××万元，湿地工程投资××××万元。

2. 投资计划

批复初步设计概算总投资××××××万元，其中：中央安排水利建设资金××××××万元，省安排水利建设资金××××万元，其余××××万元由××市从财政资金中安排。

（四）合同管理

工程建设管理局充分发挥管理的主导作用，在与设计、施工、监理签订每一个合同时，严格执行《中华人民共和国合同法》及《水利水电工程施工合同范本》的规定，拟定具体条款，明确双方的职责和义务，并依法进行公证，在签订工程建设合同的同时，也签订了工程廉政合同。在工程管理中，我局牢固树立以合同为中心的管理原则，严格要求参建各方按合同约定履行责任，强化"安全、质量、工期、投资、廉政、环保"六要素。月工程款支付按当月实际完成的工程量，由监理验收合格，经监理、业主审核进行支付。工程完工后，按协议单价办理结算。对合同范围外的项目单价，采用类似单价；无类似项目单价，由施工方提出单价，再经××禹川工程造价咨询有限公司进行造价咨询。及时解决合同履行过程中的问题，妥善解决合同纠纷，以确保不影响工程建设。

由于工程的特殊性和紧迫性，工程没有筹建期和准备期，工程三通一平工作与主体工程建设同步实施也影响了工程的施工进度，加上工程地质、外围环境、各参建单位管理水平参差不齐，成为合同管理中的难点。针对合同管理中的难点，工程建设管理局结合工程特点，依据有关法规规定开展合同管理工作，努力促使合同当事人履行合同，促进合同的履行。

1. *完善各项管理制度，进一步规范建设管理*

编制和完善工程合同管理相关管理制度，制度规范管理，以管理促进度、出效益，全面推进工程建设。制定了《××湖×××湖出流改道工程合同管理暂行办法》《××湖×××湖出流改道工程合同结算管理暂行办法》《××湖×××湖出流改道工程合同变更及索赔处理暂行办法》等系列文件，以制度形式进一步规范参建各方合同履行过程中的行为。

工程建设5年多以来，参建各方均能按照合同规定的各自责任、义务，全面履行合同，合同管理和执行情况良好，合同双方没有就合同执行情况发生过仲裁和法律纠纷。

2. *奖优罚劣，充分调动各参建单位的积极性*

为充分调动施工、监理、设计、质检、观测等单位的积极性，尤其重点发挥监理单位"三控三管一协调"的作用，有效控制工程建设的投资、进度和质量，严格履行好合同要求。工程建设管理局采取了一系列奖罚措施，对违反合同、管理混乱的单位采取警告、约谈、经济处罚、清退撤场等措施，维护好合同的科学性、严肃性。对存在工期滞后的部分工作面按照通水目标设置节点工期及相应奖励措施，促使承包人加大资源投入及强化组织管理，保障工程建设进度。

3. *配合做好相关审计工作，合理合法完成工程建设任务*

××湖×××湖出流改道工程是××省重点建设项目工程和重点督察项目，在各项合同工程进入完工阶段，各项审计工作也全面开展。为规范工程管理、使合同在履行过程中做到合理、合法，满足国家和省里各级审计、评审要求，工程建设管理局积极配合审计单位对工程建设过程中全过程的跟踪审计。

（五）材料及设备供应

本项目的建筑材料除水泥由业主方提供外，其他材料均由施工方根据合同要求自行采购、保管、使用。本项目为引水工程，无重大设备，仅有闸门和启闭机，两设备均由业主订购，施工单位配合安装。

1. 钢筋、水泥统供材料

为把好质量关,招投标阶段,即在招标文件中对材料供应有严格要求,钢材必须采用年产量达 400 万 t 以上的大厂产品,水泥为旋窑产品,从生产源头就保证了材料质量。对送往工地的每批次材料执行严格的验收制度,验收由监理工程师和承包人共同执行。材料的材质证明书、检测报告随货同行,只有经过验收合格后才能进入施工现地。材料到达工地后,承包人和工程建设管理局质量检验部门按照规范对材料进行随机抽样检验。水泥按 200t 一批编组进行抽样,钢材按生产批次进行抽样。严禁不合格材料用于工程中。

2. 金属结构及机电设备

按照设备采购合同约定的交货时间,工程建设管理局机电物资每周通过电话方式与监造、生产商沟通了解设备生产进度情况,若设备生产进度滞后则采用书面或组织人员到厂约谈等方式要求生产商研究解决方案,加快设备生产进度,确保设备生产、供货不影响土建工程。承包商每月依据次月工程施工进度及设备安装计划,提出设备供货时间要求,经监理、现场管理部确认后报工程建设管理局机电物资部,由工程建设管理局机电物资部负责协调供货厂家及时供货。

质量管理方面,在招标文件对机电设备生产商、供货商的资质、信誉、业绩及设备的性能、技术参数有严格要求,从生产源头就保证了设备质量。主要设备水泵、电动机、球阀、半球阀生产全过程派驻了驻厂监造人员,负责监督厂家的生产和质检体系,并每周通过《监造周报》书面形式向工程建设管理局通报,若出现问题由工程建设管理局招集生产厂家、监造、设计院等各方联合研究处理。

对主要设备严格要求进行出厂验收,由厂家书面通知后工程建设管理局机电物资部组织设计及相关部门到厂见证设备出厂相关试验及抽查生产过程的相关资料,合格后同意设备出厂;每批次运到工地设备严格由监理工程师和承包人共同验收,若出现问题由工程建设管理局机电物资部负责协调解决。设备的出产合格证、安装使用说明书、安装图纸等资料随货同行,只有经过验收合格的设备才能进入施工现地。

安装调试阶段,机电设备到达工地、经过初验后由安装单位入库保管,安装单位依据土建及安装进度实际情况提出安装及调试计划,经监理、现场工程部审批后报工程建设管理局机电物资部;工程建设管理局机电物资部负责协调生产厂家技术服务人员及时到工地提供安装调试技术指导服务。

(六)资金管理与合同价款结算

1. 财务结构设置

20××年年初,根据工程建设管理需要,工程建设管理局设立了财务科,负责××湖、×××湖出流改道工程建设会计核算及相关资金管理工作。财务科按照《国有建设单位会计制度》和《基本建设财务管理规定》等相关法规和制度,结合工程建设实际,逐步建立和完善了会计核算体系,及时进行会计核算和开展相关财务管理工作。随着工程建设的逐步推进,为进一步加强资金管理,工程建设管理局根据工程建设财务管理需要,逐步充实了财务人员,由20××年年初的2人,增加到现在的5人,设置了会计、出纳、稽核及资产管理等岗位,进一步细化了财务岗位,并制定了相应岗位职责。

2. 财务制度建立

在资金过程中,建设管理局本着专款专用的原则,加强资金管理,严格执行国家相关财经法规，按照《国有建设单位会计制度》《基本建设财务管理规定》及相关法规，结合工程建设实际情况，先后制定了《××湖×××湖出流改道工程建设管理局财务管理办法》《××湖×××湖出流改道工程建设管理局固定资产管理办法》《××湖×××湖出流改道工程建设管理局财务风险控制办法》《××湖×××湖出流改道工程建设管理局工程价款结算及支付办法》《××湖×××湖出流改道工程建设管理局货币资金管理办法》《××湖×××湖出流改道工程建设管理局建设成本控制制度》等一系列财务办法和制度。

20××年年初，为进一步加强××湖×××湖出流改道工程建设资金管理，统一会计核算，将管理局账套（主要核算工程建设支出）与项目公司账套（主要核算筹融资及相关费用支出）合并，并根据《中华人民共和国会计法》《企业会计制度》《新企业会计准则》《国有建设单位会计制度》等规定，结合××湖×××湖出流改道工程建设项目特点及管理局实际情况，制定了《××湖×××湖出流改道工程建设管理局财务管理试行办法》等。

3. 核算依据

××湖×××湖出流改道工程建设支出由管理局按照《国有建设单位会计制度》进行全面、完整的核算。

4. 合同价款结算

根据合同管理规定，工程建设进度结算（含设备购置）由监理工程师审核、工程建设管理局审批后支付，主体施工标每月计量结算支付一次进度款。合同价款的结算主要程序如下：

（1）每月由工程建设承包人根据其完成的工作量提交付款申请，并附实物工作量和按合同约定的价格计算结算金额。

（2）所有工程项目的结算和支付均以合同文件中的工程量清单所列的合同单价为基础。

（3）以设计工作量作为结算控制工程量。

（4）现场监理根据现场需要而要求承包人完成的随机工程量，先由承包人根据监理指令申报，然后由监理根据合同规定审核并经工程建设管理局审批后方能得到支付。

（5）对于工程施工中发生的变更项目，先由承包人申报，说明变更依据，然后由现场监理审核工程量，造价专业监理审核价款，再交工程建设管理局审批后进入月报表予以支付。

（6）在工程实施过程中出现的索赔项目，依据合同文件的约定，承包人需在规定的时限内向监理工程师提交索赔报告，由监理工程师审核承包人应得的索赔金额，然后交工程建设管理局审批，经双方确认后进入月报表支付。

（7）设备供货的价款支付，按合同约定或设备到货验收合格后由供货商提交付款申请，经管理局财务科、分管领导审核后按合同规定支付。

（8）完工结算。工程完工验收后，由承包人申报，监理工程师对其申报的工程量（含变更及索赔）及价款进行审核，报工程建设管理局审批，并经审计机构审查后，进入完工结算支付。

（9）工程建设管理局合同管理部凭审核后的支付报表每月填制"工程付款审批单"，经业主领导审批后付款。

五、工程质量

××湖×××湖出流改道工程建设管理局高度重视工程建设质量管理工作，始终把工程质量作为工程建设管理的核心任务常抓不懈，严格执行基本建设程序，规范建设管理行为，加强组织协调力度，不断完善监管措施，强化质量监管。工程建设中全过程、全方位地落实设计、施工、监理及项目管理等多层次的质量保证体系和规章制度，严格工程质量监督检查，把好每一个环节。开工至今未发生质量事故，施工质量处于受控状态。

（一）工程质量管理体系和质量监督

1. 项目法人质量管理

工程建设管理局下辖工程技术科和质检科对质量进行管理。

（1）工程技术科工作职责。

1）严格执行国家工程建设方面的相关技术规范要求，严把工程技术关。

2）负责出流改道工程建设中的质量、进度控制。

3）负责协调工程建设中有关技术方面的关系，积极配合设计、监理单位做好施工过程中的相关管理工作。

4）深入建设工地，配合监理单位做好工程技术、质量及安全的监督和把关，并参与单元质量评定及工程建设结算。

（2）质检科工作职责。

1）严格执行国家水利工程质量监督管理规定及水利水电建设工程验收规程。

2）协助监理核实承包方报送的质检材料，并检查落实施工单位检测及监理抽检数量是否满足规范要求。

3）联合监理对原材料、中间产品或半成品进行检测，监督施工单位对不合格原材料进行处理，严禁不合格材料用于本工程。

4）对各标段进行质量巡查，配合工程技术科做好每道施工工序的质量把关工作，落实不合格工序的返工。

在工程施工过程中，工程技术科每个标段都有住工地业主代表，配合监理加强了质量的控制及监管力度，对重要隐蔽部位的施工，采取建设、监理旁站监督和重点督查。督促施工各方严格按规范和设计要求进行施工，确保了工程施工质量。

2. 设计单位质量管理

设计单位质量管理主要从设计文件质量管理、设计服务、工地设代工作三方面开展工作，同时组建项目组和技术评审组，配置了富有实践经验的专业人员作为各专业负责人，从而保证工程设计质量。

（1）设计文件质量管理。××省水利电力勘测设计研究院于19××年取得了ISO质量认证，是全国最早一批取得质量认证的水利水电设计单位，从项目策划，项目负责人、专业负责人任命，大纲编写，设计输入，设计要求，设计校审，设代派出，资料归档，到最后的工程回访，都有明细的文件要求。20××年8月获得"质量/环境/职业健康安全管理体系"认证证书，再次成为水利行业勘测设计单位率先通过"三标一体化"管理体系认证的单位。广东省水利电力勘测设计研究院自20××年与××环科所共同中标参加××省××市××湖×××湖出流改道工程以来，历经可研、初设和施工图的设计阶段，一直都在按质量体系在运作，及时任命各设计阶段的项目负责人、专业负责人，各专业的院级总工亲自审核本工程的主要技术问题，设计文件的各级校审、会签批准手续完备。作为甲级勘测设计单位，××省水利电力勘测设计研究院具备承接本工程的资质。在出版各种阶段设计报告时，扉页都附上了资质证书复印件。按质量体系的要求。

出流改道是一项环保工程，××省水利电力勘测设计研究院所承担的是其中的常规水利工程勘测设计。××省水利电力勘测设计研究院严格按照国家和水利行业有关工程建设法规、工程勘测设计技术规程、规范、标准和合同要求进行设计。所依据的设计资料完整准确，设计论证充分，计算成果可靠。设计文件的深度满足相应阶段的要求。

（2）设计服务。本着为业主负责、为工程负责的态度，严格按照国家的有关规范、规程进行勘查、试验工作，在取得可靠的基本资料的前提下，力求做到设计安全可靠，技术先进，与实际密切结合，工作中实施多方案对比，一切从技术可行、方案合理、节约投资的原则出发，认真做好每一项设计工作。

××湖×××湖出流改道工程自20××年年底正式开工，××省水利电力勘测设计研究院即组成了"××省水利电力勘测设计研究院××湖×××湖出流改道工程设计代表组"，配备了水工、地质、施工等相应的专业技术人员，严格按照有关规程、规范认真做好施工阶段的设计、设代工作，施工图设计阶段保证提供合格产品，做好自己的本职工作，为工程施工提供优质的设计服务。

1）工程建设期间信守合同、讲求信誉，根据工程的计划，认真做好每一阶段的设计工作，提供的图纸均能满足施工进度要求。

2）工程设计文件经批准后，不任意修改，如确实需要变更时，严格按有关程序和要求办理。对重大设计修改，及时上报上级管理部门审批。签发的图纸文件和设计变更通知均加盖设代组的公章。

3）对于施工图纸、文件做到及时交付管理局，并进行签收。

（3）工地设代工作。为使设计工作满足施工现场的需要，及时处理施工现场有关设计问题，做到设计与施工密切配合，协调一致，阐述设计意图，解释设计文件，监督工程施工是否按设计要求，制定了工程设代组注意事项、驻工地设代组工作规定、设代组档案及内务管理规定等规章制度，并且装裱于办公室墙壁，明确了详细的设代各专业人员工作职责。

1）认真履行工程建设合同规定的各种责任和义务。及时进行设计技术和控制网的现场交底。

2）根据现场施工进度和供图协议或合同规定，及时与各专业科室联系，按时提交施工图纸及设计文件。

3）对施工图及设计文件提前进行复查，发现问题及时修改或补充，设计修改意见及时反馈各有关专业科室。

4）熟悉施工图纸，参加设计交底，正确解释设计意图，并深入现场，了解工程进展情况，解决施工中提出的与设计有关问题，发现施工质量未满足设计要求，及时向施工监理机构及相关部门提出。

5）参加与设计有关的技术、计划、协商会议，配合研究有关设计实施中的技术问题。对参建方合理化建议及时研究，一经同意，随即提交修改图纸或设计变更通知单。参加主要隐蔽工程及重要单项工程验收。

6）建立《设代日记》，记录施工进度及现场发生的各种问题，包括发生的时间、原因和处理情况,以备查考。及时反馈设计质量信息,加强施工现场与院有关专业科室之间的联系。

7)工程竣工后,及时整理工程是个期间各种技术文件资料并归档。

(4)设计机构设置和主要工作人员情况表。

1)设计机构设置。承担出流改道工程设计后,××省水利电力勘测设计研究院组建项目组和技术评审组,配置了富有实践经验的专业人员,20××年年底随着工程开工,根据工程建设特点,调配业务能力强、有责任心的技术人员强组建"××省水利电力勘测设计研究院××市出流改道工程设计代表组",顺利完成该项目各阶段设计工作。

2)主要工作人员情况见表4-15。

表4-15 工程设计的主要工作人员

姓名	职务(职称)	承担专业	备 注
×××	主任、高工	水工(项目设总)	××××年××月××日—××××年××月××日
×××	高工	地质	××××年××月××日—××××年××月××日
×××	高工	施工	××××年××月××日—××××年××月××日
×××	工程师	地质	××××年××月××日—××××年××月××日
×××	工程师	水工、常驻工地设代	××××年××月××日—××××年××月××日
×××	工程师	水工	××××年××月××日—××××年××月××日
×××	工程师	水工、常驻工地设代	××××年××月××日—××××年××月××日
×××	工程师	水工、常驻工地设代	××××年××月××日—××××年××月××日
×××	工程师	地质	××××年××月××日—××××年××月××日
×××	工程师	施工地质	××××年××月××日—××××年××月××日
×××	助理工程师	施工地质	××××年××月××日—××××年××月××日

3. 监理单位质量管理

本项目实行了工程建设监理制,××××工程建设监理有限公司承担监理任务。对工程的质量控制,监理工程师了采取事前控制、事中控制、事后控制。

(1)事前控制。掌握和熟悉质量控制的技术依据;施工场地的质量检验收;审查施工队伍资质;审查施工单位提交的施工组织设计和施工方案;工程所需原材料、半成品的质量控制;施工机械的质量控制;生产环境管理环境改善的措施。

(2)事中控制。工序的交接检查;隐蔽工程检查验收;工程变更和处理行使质量监督权,下达停工指令;严格分部工程开工报告和复工报告审批制度;质量技术签证;行使质量否决权,为工程进度款的支付签署质量认证意见;建立质量监理日志;组织现场质量协调会;定期向业主报告有关工程质量动态。

(3)质量的事后控制。单位工程竣工验收;项目竣工验收;审核竣工图及其他技术文件资料;整理工程技术文件并编目建档。

4. 施工单位质量管理

本工程承建的施工队伍,本着"科技为先、管理为重、质量为首、信誉至上"的质量方针,建立健全了质量保证体系。

(1)思想保证体系。具有浓厚的质量意识,树立"质量第一、用户第一"的思想,掌握全面质量管理的基本思想、基本观点和基本方法。

(2) 组织保证体系。成立以项目经理为第一责任人的施工质量保证体系和责任制，各技术部门设立专门负责质量职能工作的机构，实施工程的施工质量目标，全面落实质量管理办法和质量保证措施。

(3) 工作保证体系。建立以项目经理为首的质量保证体系和总工程师为首的技术质量服务体系。狠抓其核心和基础的施工现场质量保证体系，认真履行职责，成立专职质检机构，配备有资质的质量检查人员，落实好"三检制"。做好"质量把关—质量检验；质量预防—工序管理"两个方面工作，保证工程施工质量。

5. 工程质量监督监督管理

本工程的质量监督，由××市水利质量监督站代表政府对工程建设阶段实施监督管理。质量监督站依据国家、部、省颁发的有关质量法律、法规和强制性技术标准以及批准的工程设计文件，采取不定期检查、调查分析、抽检等方式，对建设、监理、设计单位的质量保证体系和设计单位的现场服务等实施监督检查；对工程项目的单位工程、分部工程、单元工程划分进行检查；监督检查技术规程、规范和质量标准的执行情况；监督检查施工单位和建设（监理）单位对工程质量的检验和评定情况。严把质量关，确保工程质量。

（二）项目划分

根据《水利水电工程施工质量检验与评定规程》和《水利水电基本建设工程单元工程质量等级评定标准》等相关规程规范的项目划分要求，工程建设管理局结合本工程的实际情况，于20××年10—12月组织各参建单位对工程项目进行划分，将工程项目划分为11个单位工程，并报××市水工程质量监督站审核确认，监督站以"××××〔20××〕××号"确认。确认后的××湖×××湖出流改道工程项目划分方案见表4-16。

表4-16　　　　　　　　××湖×××湖出流改道工程主要项目划分汇总

单位工程		分部工程			
编码	名　称	编码	名　称	编码	名　称
SⅠ	引水一标 (K4+509～K5+800)	SⅠ-1	0号竖井	SⅠ-4	回填灌浆、固结灌浆
		SⅠ-2	隧洞开挖	SⅠ-5	0号斜井
		SⅠ-3	△隧洞衬砌		
SⅡ	引水二标 (K5+800～K7+960)	SⅡ-1	1号斜井	SⅡ-4	△隧洞衬砌
		SⅡ-2	隧洞开挖	SⅡ-5	回填灌浆、固结灌浆
		SⅡ-3	△隧洞衬砌		
SⅢ	引水二标 (K7+960～K10+367)	SⅢ-1	3号斜井	SⅢ-3	△隧洞衬砌
		SⅢ-2	隧洞开挖	SⅢ-4	回填灌浆、固结灌浆
SⅣ	引水二标 (K10+367～K11+868)	SⅣ-1	2号斜井	SⅣ-6	回填灌浆、固结灌浆
		SⅣ-2	隧洞开挖	SⅣ-7	回填灌浆、固结灌浆
		SⅣ-3	△隧洞衬砌	SⅣ-8	明渠及闸门控制段
		SⅣ-4	△冷冻段	SⅣ-9	冻结处理
		SⅣ-5	△隧洞衬砌		
SⅤ	引水三标 (K0-205～K0+790)	SⅤ-1	△进口明渠及闸室段	SⅤ-3	混凝土预制管安装
		SⅤ-2	暗渠开挖	SⅤ-4	土料回填

续表

单位工程		分 部 工 程			
编码	名 称	编码	名 称	编码	名 称
SⅥ	引水四标 (0+790～4+509)	SⅥ-1	沉井	SⅥ-4	顶管段（2+410～3+100）
		SⅥ-2	△顶管段（0+790～1+610）	SⅥ-5	顶管段（3+100～4+093.1）
		SⅥ-3	顶管段（1+610～2+410）	SⅥ-6	顶管段（4+093.1～4+509）
PⅠ	旁通一标 (P2+457～P4+242)	PⅠ-1	隧洞开挖	PⅠ-3	回填灌浆、固结灌浆
		PⅠ-2	△隧洞衬砌		
PⅡ	旁通二标 (P4+242～P5+977)	PⅡ-1	隧洞开挖	PⅡ-3	回填灌浆、固结灌浆
		PⅡ-2	△隧洞衬砌		
PⅢ	旁通三标 (P5+977～P8+355)	PⅢ-1	隧洞开挖	PⅢ-3	回填灌浆、固结灌浆
		PⅢ-2	△隧洞衬砌		
PⅣ	旁通四标 (P8+355～P9+456)	PⅣ-1	隧洞开挖	PⅣ-3	回填灌浆、固结灌浆
		PⅣ-2	隧洞混凝土		
PⅤ	旁通泄水明渠 (旁通五标～旁通七标)	PⅤ-1	明渠（P0+000～P0+691）	PⅤ-4	明渠（P1+140～P2+457）
		PⅤ-2	明渠（P0+691～P1+140）	PⅤ-5	旁六标倒虹吸
		PⅤ-3	旁五标倒虹吸	PⅤ-6	泄水道及闸室 (P9+575～P10+771.861)

注 1. 带"△"者为主要分部工程。
2. PⅤ-1～PⅤ-3为旁通五标，PⅤ-4～PⅤ-5为旁通六标，PⅤ-6为旁通七标。

（三）质量控制和检测

1. 工程质量控制

为了确保制定的工程质量目标，管理过程中的主要控制措施如下。

（1）设计阶段的质量控制。重视设计阶段的质量控制，积极协调解决设计单位现场测量和查勘中的不利影响，使工程设计尽可能完善、准确，符合工程建设的实际，减少不必要的设计变更。设计过程中，及时组织专家组对设计进行审查，对设计方案、设计质量进行检查，提出审查意见，及时修改设计，为工程建设提供准确详细的设计图纸。对设计图纸中出现的"碰、错、漏、缺"问题由现场设代组进行修改，并发出设计通知。

（2）招标阶段的质量控制。工程招标时注重对承包商资质的审查，包括人员素质、技术力量、施工业绩、社会信誉等多个方面，并进行了市场调研工作，审查承包商是否具有类似工程施工的经历和经验，在以往的工程施工中是否出现过质量控制方面的问题，是否发生过质量事故等。选择有质量保证能力的施工、监理、工程材料及设备的供应采购及制造单位；在招标文件及合同文件中，明确了工程质量标准以及合同双方的质量义务与责任，建立了相应的质量保证金制度，并在合同实施过程中严格执行。委托监理单位对各工程项目的质量进行全过程监督和管理。

（3）施工阶段的质量控制。在施工阶段，监理工程师按照合同对工程建设进行质量控制，实行全过程跟踪监理，工程建设管理局技术科、质检科参与重要部位、重大隐蔽工程的检查验收。重点做好以下几个方面工作。

1）施工图纸的审查。工程开工前，监理工程师及时主持施工图纸会审，工程建设管理局、设计单位、施工单位共同参加。设计者对会审时提出的问题用书面形式解释，对施工图中已发现的问题和错误以设计变更通知的形式予以更正或修改。

2) 原材料、中间产品及设备制造质量控制。工程建设管理局为进一步加强施工质量管理和确保工程质量，工程所需的钢材、水泥等主要材料全部由工程建设管理局向施工方供货、供料到工地现场，确保了施工单位的施工需要和建材质量。工程建设管理局、监理、施工方对进场材料进行抽样检查，严禁不合格产品进入工地。为此，工程建设管理局制定并实施了《工程材料管理办法》及《设备采购管理办法》。

施工中使用的原材料、中间产品的质量要求符合国家标准。均有出厂合格证及技术性能资料，使用前施工单位严格按要求取样检验。

设备均有出厂合格证、设备使用和安装说明书及有关技术文件。设备规格型号、尺寸符合设计要求。

（4）工程施工过程质量控制。工程建设中监督施工单位执行"三检制"，对关键工序、隐蔽工程实行重点盯防和旁站监督，对重大技术问题做到超前研究，施工过程严格执行质量奖惩制度，对混凝土"顽症"和施工质量缺陷按"三不放过"的原则严肃处理。要求施工及监理单位强化各级人员质量意识和综合素质，有组织、有计划地对各级管理人员和职工、技工、农民工进行分期分批培训教育，提高全体参建人员的质量意识和管理水平、业务水平。

单元工程的检查验收，要求施工单位按照"三级检查制度"（班组初检、作业队复检、项目部终检）的原则进行自检、自评，在自检合格的基础上，由监理单位进行复检验收。监理单位对重大隐蔽工程、重要工序和关键部位进行复检验收时，设计单位、工程建设管理局等参加并签署意见，监理单位签署验收结论。

施工过程中为加强质量管理工作，在工程建设管理局每月的《质量管理月报》上对各标提出质量管理重点和具体要求，加强质量控制。

2. 质量检测

从工程动工之初，工程建设管理局就把质量看作工程的生命线，××湖×××湖出流改道工程质量控制体系具有一整套完善的监督检查机制，要求各施工单位按规定建立了相应的试验室，配置合格的检验、检测设备，配备具有相应资质的专业人员，负责各自承建工程项目的自检工作。

对原材料检测出不合格的产品立即作退货、退场处理；对检测出不合格的中间产品第一时间通知施工单位进行整改，整改完成后再进行复检，复检合格后才能进行下一道工序的施工；对常出现不合格产品的施工单位及部位增加检查和检测频次，确保工程质量安全可靠。

（1）原材料及中间产品检验情况。工程所用原材料及中间产品的检测检验分为施工单位自检与监理（建设）抽检，检测结果分述于下。

1) 骨料河沙。工程所用细骨料为河沙，施工过程中各标段施工单位按照规范要求取样自检，现场监理进行抽检。检测结果见表4-17。

2) 粗骨料（碎石）。粗骨料为各标段自行采购进场，施工过程中按照规范要求取样自检，现场监理进行抽检。检测结果见表4-18。

3) 水泥。水泥采用××县××水泥厂和×××水泥厂生产的P·O32.5水泥与P·O42.5水泥，各标段自检和抽检统计结果见表4-19。

表 4-17 细骨料物理性能抽样检测成果汇总

单位工程名称	检测性质	检测组数/组	表观密度/(t/m³)	细度模数	含泥量/%	坚固性/%	云母含量/%	有机物含量
引水一标 (K4+509～K5+800)	施工单位自检	26	2.56～2.87	1.2～3.73	0.99～4.3		0～0.2	
	监理单位抽检	6	2.66～2.84	1.91～3.8	0.8～1.15	0.5～3.2	0	浅于标准色
引水二标 (K5+800～K7+960)	施工单位自检	21	2.60～2.84	0.86～3.79	0～4.1	0.8～1.4	0～1.1	浅于标准色
	监理单位抽检	16	2.60～2.84	0.86～3.5	0～2.6	0.5～3.2	0	浅于标准色
引水二标 (K7+960～K10+367)	施工单位自检	12	2.67～2.81	1.27～3.7	1.6～3.9			
	监理单位抽检	6	2.60～2.81	1.27～3.4	1.6～3.5	0.8～1.7	0	浅于标准色
引水二标 (K10+367～K11+868)	施工单位自检	37	2.60～2.81	1.12～3.8	1.1～5.7		0～1.2	
	监理单位抽检	22	2.65～2.84	1.91～3.8	0.65～2.6	0.5～3.2	0	浅于标准色
引水三标 (K0-205～K0+790)	施工单位自检	24	2.64～2.94	2.6～3.2	2.2～4.2		0～1.2	浅于标准色
	监理单位抽检							
引水四标 (K0+790～K4+509)	施工单位自检	36	2.56～2.80	2.33～3.0	1.3～2.8	3～8	0.6～1.2	浅于标准色
	监理单位抽检	8	2.64～2.70	0.87～3.5	1.4～4.4	0.6～1.5	0	浅于标准色
旁通一标 (P2+457～P4+242)	施工单位自检	14	2.65～2.80	0.91～3.56	2.2～3.9	2.1～5.3	0～1.2	浅于标准色
	监理单位抽检	4	2.53～2.87	0.8～3.6	2.0～2.9	0.52～2.2	0.2～1.6	浅于标准色
旁通二标 (P4+242～P5+977)	施工单位自检	11	2.7～2.94	1.7～3.4	0.56～1.6	0.5～4.6	0～1.8	浅于标准色
	监理单位抽检	5	2.78～2.87	2.55～3.44	1.6～2.8	1.0～3.8	0.5～1.7	浅于标准色
旁通三标 (P5+977～P8+355)	施工单位自检	69	2.58～2.86	1.61～3.61	0.4～0.48	2.6～3.9	0～2.0	浅于标准色
	监理单位抽检	6	2.66～2.86	1.64～3.74	1.9～2.9	0.9～1.1	0.3～0.8	浅于标准色
旁通四标 (P8+355～P9+456)	施工单位自检	16	2.7～2.938	2.04～3.4	3.3	3.6～7.2	0.2～1.1	浅于标准色
	监理单位抽检	3	2.81～2.87	3.2～3.56	0.8～3.0	1.9～2.8	0.5～0.7	浅于标准色
旁通泄水明渠 (旁通五标～旁通七标)	施工单位自检	26	2.63～2.86	1.73～3.69	3.1～4.2	0.4～4.9	0.9～1.9	浅于标准色
	监理单位抽检	11	2.66～2.77	1.82～2.88	2.25～4.78	2.6～4.8	0.1～1.6	浅于标准色

注 DL/T 5144—2001 规定：表观密度应≥2.50t/m²；细度模数为 2.2～3.0；含泥量应≤3.0%；坚固性应≤10%；云母含量应≤2.0%；有机物含量应浅于标准色。

表 4-18 粗骨料（碎石）物理性能抽样检测成果

单位工程名称	规范标准及检测性质	检测组数/组	表观密度/(t/m³)	含泥量/%	泥块含量/%	针片状颗粒含量/%	压碎指标/%	有机物含量
引水一标 (K4+509～K5+800)	施工单位自检	6	2.75～2.79	0.20～0.5	0	5.0～8.0	9.5～11.2	浅于标准色
	监理单位抽检	3	2.72～2.75	0～1.15	0	1.31～5.2	9.6～10.8	浅于标准色
引水二标 (K5+800～K7+960)	施工单位自检	6	2.70～2.79	0～0.8	0	0～9.0	7.7～10.5	浅于标准色
	监理单位抽检	7	2.70～2.78	0～1.2	0	1.31～14.2	9.6～10.5	浅于标准色

续表

单位工程名称	规范标准及检测性质	检测组数/组	表观密度/(t/m³)	含泥量/%	泥块含量/%	针片状颗粒含量/%	压碎指标/%	有机物含量
引水二标 (K7+960～K10+367)	施工单位自检	5	2.72～2.75	0～0.5	0	0～8.0	9～10.5	浅于标准色
	监理单位抽检	3	2.70～2.75	0～0.4	0	0～6.0	10.5～12.0	浅于标准色
引水二标 (K10+367～K11+868)	施工单位自检	23	2.69～2.79	0.1～1.4	0	4～13.7	7.8～13.4	浅于标准色
	监理单位抽检	16	2.70～2.74	0～1.2	0	1.3～10.8	7.7～11.8	浅于标准色
引水三标 (K0-205～K0+790)	施工单位自检	12	2.68～2.80	0.1～0.6	0	2～11.2	6.7～10.6	浅于标准色
	监理单位抽检	2	2.70～2.83	0.4～0.8	0	8.0～12.3	5.2～8.2	浅于标准色
引水四标 (K0+790～K4+509)	施工单位自检	24	2.56～2.69	0.3～1.0	0	8.5～13	7.4～14.7	浅于标准色
	监理单位抽检	9	2.57～2.73	0～1.0	0	1.0～11	9.6～13.3	浅于标准色
旁通一标 (P2+457～P4+242)	施工单位自检	6	2.73～2.77	0.1～0.6	0	4～10.8	9.2～11.3	浅于标准色
	监理单位抽检	2		0.6～1.3		5.8～6.6	7.1～9.3	
旁通二标 (P4+242～P5+977)	施工单位自检	5	2.67～2.70	0～0.9	0	5.0～8.0	7.7～15.1	浅于标准色
	监理单位抽检	3	2.7～2.87	0.3～1.2	0	2.0～6.2	7.3～10.6	浅于标准色
旁通三标 (P5+977～P8+355)	施工单位自检	25	2.685～2.74	0～0.6	0	5.5～13.2	6.6～9.8	浅于标准色
	监理单位抽检	2	2.70～2.72	0～0.6	0	0～6.2	5.9～9.9	浅于标准色
旁通四标 (P8+355～P9+456)	施工单位自检	11	2.687～2.70	0.2～1.0	0	4.0～8.9	6.9～10.8	浅于标准色
	监理单位抽检	2	2.70～2.74	0.8～0.9	0	4.6～9.7	5.8～11.2	浅于标准色
旁通泄水明渠 (旁通五标～旁通七标)	施工单位自检	12	2.70～2.80	0.1～0.6	0	4.0～7.0	9.1～10.3	浅于标准色
	监理单位抽检	7	2.70～2.74	0.4～0.5	0	5.0～9.8	8.2～12.1	浅于标准色

注 DL/T 5144—2001规定：表观密度应≥2.55t/m³；含泥量应≤1.0%；泥块含量为0；针片状颗粒应≤15%；压碎指标应≤12%；有机物含量应浅于标准色。

表4-19　P·O32.5（P·O42.5）水泥质量抽样检测成果

单位工程名称	规范标准及检测性质	检测组数	细度/%	凝结时间 初凝	凝结时间 终凝	安定性	抗折强度28d/MPa	抗压强度28d/MPa
	规范标准	—	≤10	≥45min	≤10h	合格	≥5.5	≥32.5
引水一标 (K4+509～K5+800)	施工单位自检	19	3.7～6.1	110～249min	2h55min～4h53min	合格	6.0～8.8	34.0～50.1
	监理单位抽检	3	1.96	135～313min	3h16min～6h1min	合格	6.0～6.4	35.0～37.7
引水二标 (K5+800～K7+960)	设计标准	—	≤10	≥45min	≤10h	合格	≥5.5	≥32.5
	施工单位自检	26	—	125～240min	3h0min～5h20min	合格	5.9～8.9	32.5～47.0
	监理单位抽检	3	1.96	125～313min	2h30min～6h1min	合格	5.68～7.0	35.9～37.6

129

续表

单位工程名称	规范标准及检测性质	检测组数	细度/%	凝结时间 初凝	凝结时间 终凝	安定性	抗折强度 28d/MPa	抗压强度 28d/MPa
引水二标 (K7+960~K10+367)	设计标准	—	≤10	≥45min	≤10h	合格	≥5.5	≥32.5
	施工单位自检	7	4.8~5.6	145~205min	3h15min~4h35min	合格	6.0~7.3	34.0~44.1
	监理单位抽检	3	—	140~165min	3h12min~4h19min	合格	6.6~7.7	36.9~42.0
引水二标 (K10+367~K11+868)	设计标准	—	≤10	≥45min	≤10h	合格	≥5.5	≥32.5
	施工单位自检	42	4.5~5.2	105~230min	2h48min~4h47min	合格	5.7~9.1	35.0~44.1
	监理单位抽检	7	—	108~5h13min	2h58min~6h1min	合格	5.6~6.8	32.6~38.1
引水三标 (K0-205~K0+790)	设计标准	—	≤10	≥45min	≤10h	合格	≥5.5	≥32.5
	施工单位自检	6	3.8~7.1	145~165min	3h10min~3h55min	合格	6.7~10.8	38.1~45.4
	监理单位抽检	1	—	108min	2h58min	合格	5.6	32.6
引水四标 (K0+790~K4+509) P·O42.5	设计标准	—	≤10	≥45min	≤10h	合格	≥5.5	≥32.5
	施工单位自检	9	1.4~1.6	110~160min	2h30min~3h50min	合格	6.9~8.7	38.6~44.1
	监理单位抽检	2	—	121~150min	3h9min~3h50min	合格	7.2~8.3	32.7~41.7
	设计标准	—	≤10	≥45min	≤10h	合格	≥6.5	≥42.5
	施工单位自检	19	2.1~2.8	130~175min	3h05min~3h50min	合格	8.1~9.8	46.8~52.7
	监理单位抽检	4	2.1~2.9	140~175min	3h15min~3h40min	合格	8.2~10.8	47.7~51.8
旁通一标 (P2+457~P4+242)	设计标准	—	≤10	≥45min	≤10h	合格	≥5.5	≥32.5
	施工单位自检	6	4.5~6.2	175~255min	4h20min~4h45min	合格	6.7~7.1	39.8~42.1
	监理单位抽检	2	—	108~230min	2h58min~4h26min	合格	5.6~6.9	32.6~42.5
旁通二标 (P4+242~P5+977)	设计标准	—	≤10	≥45min	≤10h	合格	≥5.5	≥32.5
	施工单位自检	2	—	110~235min	4h25min~4h55min	合格	5.7	33.0
	监理单位抽检	3	—	108~230min	2h58min~4h26min	合格	5.6~6.9	32.6~42.5
旁通三标 (P5+977~P8+355)	设计标准	—	≤10	≥45min	≤10h	合格	≥5.5	≥32.5
	施工单位自检	23	—	145~209min	3h22min~4h40min	合格	6.1~7.9	36.8~42.5
	监理单位抽检	3	—	135~225min	3h55min~4h40min	合格	5.7~6.9	32.9~42.5

续表

单位工程名称	规范标准及检测性质	检测组数	细度/%	凝结时间 初凝	凝结时间 终凝	安定性	抗折强度 28d/MPa	抗压强度 28d/MPa
旁通四标 （P8+355～P9+456）	设计标准	—	≤10	≥45min	≤10h	合格	≥5.5	≥32.5
	施工单位自检	2	5.3	185～209min	4h15min～5h10min	合格	6.0～7.3	34.9～39.2
	监理单位抽检	2	—	230～238min	4h26min～4h51min	合格	6.2～6.9	34.3～42.5
旁通泄水明渠 （旁通五标～旁通七标）	设计标准	—	≤10	≥45min	≤10h	合格	≥5.5	≥32.5
	施工单位自检	11	4.6～6.4	145～235min	3h30min～5h10min	合格	6.1～7.1	37.2～41.1
	监理单位抽检	—	—	—	—	—	—	—

4）钢筋。钢筋有Ⅰ级钢筋和Ⅱ级钢筋，检测统计结果见表4-20。

表4-20 钢筋质量抽样检测成果

单位工程名称	规范标准及检测性质	检测组数	屈服强度/MPa	极限强度/MPa	伸长率/%	冷弯
引水一标 （K4+509～K5+800）	Ⅰ级标准	—	≥235	≥410	≥23	合格
	施工单位自检	8	285～380	440～565	20.0～35.0	合格
	监理单位抽检	4	235～430	410～645	25.0～31.0	合格
	Ⅱ级标准	—	≥335	≥490	≥16	合格
	施工单位自检	20	335～435	490～590	26.0～35.0	合格
	监理单位抽检	14	350～420	535～570	21.0～29.0	合格
	焊接标准	—	—	≥490	—	—
	施工单位自检	9	—	540～580	—	—
	监理单位抽检	15	—	530～585	—	—
引水二标 （K5+800～K7+960）	Ⅰ级标准	—	≥235	≥410	≥23	合格
	施工单位自检	13	255～350	415～500	24.5～38.0	合格
	监理单位抽检	9	265～340	420～505	25.0～32.0	合格
	Ⅱ级标准	—	≥335	≥490	≥16	合格
	施工单位自检	50	365～435	515～645	19.0～32.0	合格
	监理单位抽检	12	360～435	520～635	18.0～31.0	合格
	焊接标准	—	—	≥490	—	—
	施工单位自检	40	—	460～600	—	—
	监理单位抽检	3	—	555～575	—	—
引水二标 （K7+960～K10+367）	Ⅰ级标准	—	≥235	≥410	≥23	合格
	施工单位自检	8	265～315	425～445	28.0～36.0	合格
	监理单位抽检	3	255～310	415～440	26.0～30.0	合格
	Ⅱ级标准	—	≥335	≥490	≥16	合格

续表

单位工程名称	规范标准及检测性质	检测组数	屈服强度/MPa	极限强度/MPa	伸长率/%	冷弯
引水二标 (K7+960～K10+367)	施工单位自检	29	340～460	510～585	21.0～32.0	合格
	监理单位抽检	11	350～450	535～575	20.0～28.0	合格
	焊接标准	—	—	>490	—	—
	施工单位自检	17	—	>505	—	—
	监理单位抽检	7	—	525～565	—	—
引水二标 (K10+367～ K11+868)	Ⅰ级标准	—	>235	>410	>23	合格
	施工单位自检	20	285～345	435～500	25.0～38.0	合格
	监理单位抽检	21	275～335	420～540	24.0～30.0	合格
	Ⅱ级标准	—	>335	>490	>16	合格
	施工单位自检	51	340～435	495～645	21.0～46.1	合格
	监理单位抽检	22	355～490	545～700	24.0～30.0	合格
	焊接标准	—	—	>490	—	—
	施工单位自检	40	—	485～610	—	—
	监理单位抽检	1	—	575	—	—
引水三标 (K0-205～K0+790)	Ⅰ级标准	—	>235	>410	>23	合格
	施工单位自检	2	295～345	450～475	32.5～33.0	合格
	监理单位抽检	—	—	—	—	—
	Ⅱ级标准	—	>335	>490	>16	合格
	施工单位自检	8	365～400	520～630	28.0～35.0	合格
	监理单位抽检	—	—	—	—	—
	焊接标准	—	—	>490	—	—
	施工单位自检	5	—	535～635	—	—
	监理单位抽检	—	—	—	—	—
引水四标 (K0+790～K4+509)	Ⅰ级标准	—	>235	>410	>23	合格
	施工单位自检	1	330	460	27	合格
	监理单位抽检	1	305	450	30	合格
	Ⅱ级标准	—	>335	>490	>16	合格
	施工单位自检	21	360～465	520～635	17.0～37.5	合格
	监理单位抽检	10	420～470	560～610	16.0～31.0	合格
	Ⅲ级标准	—	>400	>570	>14	合格
	施工单位自检	8	420～505	575～655	15.0～30.0	合格
	监理单位抽检	5	420～475	575～635	15.0～20.0	合格
	焊接标准	—	—	>490	—	—
	施工单位自检	6	—	545～585	—	—
	监理单位抽检	—	—	—	—	—

续表

单位工程名称	规范标准及检测性质	检测组数	屈服强度/MPa	极限强度/MPa	伸长率/%	冷弯
旁通一标 (P2+457~P4+242)	Ⅰ级标准	—	>235	>410	>23	合格
	施工单位自检	3	285~310	435~465	25.0~31.0	合格
	监理单位抽检	2	290~305	430~450	28.0~30.0	合格
	Ⅱ级标准	—	>335	>490	>16	合格
	施工单位自检	7	355~405	530~600	21.5~29.0	合格
	监理单位抽检	4	355~395	575~615	24.0~26.0	合格
	焊接标准	—	—	>490	—	—
	施工单位自检	1	—	570	—	—
	监理单位抽检	—	—	—	—	—
旁通二标 (P4+242~P5+977)	Ⅰ级标准	—	>235	>410	>23	合格
	施工单位自检	5	285~345	420~525	25.0~30.0	合格
	监理单位抽检	5	285~380	425~540	26.0~31.0	合格
	Ⅱ级标准	—	>335	>490	>16	合格
	施工单位自检	11	365~435	540~600	20.0~30.0	合格
	监理单位抽检	2	375~450	560~620	24.0~28.0	合格
	焊接标准	—	—	>490	—	—
	施工单位自检	10	—	515~595	—	—
	监理单位抽检	—	—	—	—	—
旁通三标 (P5+977~P8+355)	Ⅰ级标准	—	>235	>410	>23	合格
	施工单位自检	3	270~330	435~480	28.0~29.0	合格
	监理单位抽检	4	295~385	445~635	26.0~34.0	合格
	Ⅱ级标准	—	>335	>490	>16	合格
	施工单位自检	15	355~625	540~950	22.0~30.0	合格
	监理单位抽检	5	355~420	540~575	26.0~32.0	合格
	焊接标准	—	—	>490	—	—
	施工单位自检	1	—	535	—	—
	监理单位抽检	1	—	535	—	—
旁通四标 (P8+355~P9+456)	Ⅰ级标准	—	>235	>410	>23	合格
	施工单位自检	3	275~325	415~475	26.0~30.0	合格
	监理单位抽检	4	255~340	415~510	25.0~30.0	合格
	Ⅱ级标准	—	>335	>490	>16	合格
	施工单位自检	7	400~420	505~570	21.0~27.0	合格
	监理单位抽检	6	375~425	505~570	22.0~30.0	合格
	焊接标准	—	—	>490	—	—
	施工单位自检	—	—	—	—	—
	监理单位抽检	—	—	—	—	—

续表

单位工程名称	规范标准及检测性质	检测组数	屈服强度/MPa	极限强度/MPa	伸长率/%	冷弯
旁通泄水明渠（旁通五标~旁通七标）	Ⅰ级标准	—	>235	>410	>23	合格
	施工单位自检	11	280~335	420~495	26.0~31.0	合格
	监理单位抽检	7	260~330	420~485	28.0~32.0	合格
	Ⅱ级标准	—	>335	>490	>16	合格
	施工单位自检	12	365~405	570~610	20.0~29.0	合格
	监理单位抽检	9	360~405	575~615	23.0~28.0	合格
	焊接标准	—	—	>490	—	—
	施工单位自检	4	—	520~595	—	—
	监理单位抽检	—	—	—	—	—

5）混凝土、砂浆。本工程设计混凝土强度有C15、C20、C25、C50，砂浆强度等级有M5.0、M7.5、各标段检测统计结果见表4-21~表4-24。

表4-21　　　　　　混凝土试块28d抗压强度检测数据统计

单位工程名称	检测性质及检测部位	强度等级	检测组数	R_n	S_n	$R_n-0.7S_n$	$R_标$	$R_n-1.6S_n$	$0.83R_标$ ($R_标$≥20)	$0.80R_标$ ($R_标$≤20)
引水一标（K4+509~K5+800）	施工单位自检SⅠ-01	C20	7	22.4	0.62	21.0	20.0	19.2	16.6	—
	施工单位自检SⅠ-01	C20	15	26.0	2.70	24.1	20.0	21.7	16.6	—
	施工单位自检SⅠ-02	C25	17	28.5	1.64	27.1	25.0	25.3	20.8	—
	施工单位自检SⅠ-05	C20	13	22.1	2.00	20.7	20.0	18.9	16.6	—
引水二标（K5+800~K7+960）	施工单位自检SⅡ-01	C20	28	28.0	4.20	25.1	20.0	21.3	16.6	—
	施工单位自检SⅡ-01	C20	5	25.1	2.16	23.6	20.0	21.6	16.6	—
	施工单位自检SⅡ-03	C20	23	26.9	2.73	25.0	20.0	22.5	16.6	—
	监理单位抽检SⅡ-03	C20	7	29.8	4.48	26.7	20.0	22.6	16.6	—
	监理单位抽检SⅡ-04	C20	11	37.4	7.31	32.4	20.0	26.0	16.6	—
	施工单位自检SⅡ-03	C15	10	19.6	1.44	18.6	15.0	17.2	—	12.0
引水二标（K7+960~K10+367）	监理单位抽检SⅢ-03	C20	22	35.7	4.32	32.6	20.0	28.7	16.6	—
引水二标（K10+367~K11+868）	施工单位自检SⅣ-01	C20	7	26.7	1.22	25.3	20.0	23.5	16.6	—
	监理单位抽检SⅣ-03	C20	7	28.1	5.39	24.3	20.0	19.5	16.6	—
	监理单位抽检SⅣ-05	C20	7	26.8	4.35	23.8	20.0	19.8	16.6	—
	施工单位自检SⅣ-05	C20	24	30.7	1.73	29.3	20.0	27.5	16.6	—
	施工单位自检SⅣ-05	C20	7	29.7	2.02	28.3	20.0	26.5	16.6	—
旁通三标（P5+977~P8+355）	施工单位自检SⅤ-01	C15	9	29.1	6.25	24.5	15.0	18.6	—	12.0
	施工单位自检SⅤ-01	C20	8	29.4	2.73	27.4	20.0	25.0	16.6	—

续表

单位工程名称	检测性质及检测部位	强度等级	检测组数	统计及计算参数值/MPa					$0.83R_{标}$ ($R_{标}$≥20)	$0.80R_{标}$ ($R_{标}$≤20)
				R_n	S_n	$R_n-0.7S_n$	$R_{标}$	$R_n-1.6S_n$		
引水四标 (K0+790~K4+509)	施工单位自检SⅤ-02	C20	5	28.6	0.82	27.2	20.0	25.4	16.6	—
	监理单位抽检SⅣ-06	C25	5	34.9	5.35	31.1	25.0	26.3	20.8	—
旁通一标 (P2+457~P4+242)	监理单位抽检PⅠ-2	C20	23	36.6	8.79	30.4	20.0	22.5	16.6	—
旁通二标 (P4+242~P5+977)	监理单位抽检PⅡ-2	C20	10	30.9	7.43	25.7	20.0	19.1	16.6	—
旁通三标 (P5+977~P8+355)	监理单位抽检PⅢ-2	C20	14	26.2	4.22	23.3	20.0	19.5	16.6	—
旁通四标 (P8+355~P9+456)	监理单位抽检PⅣ-2	C20	10	29.9	5.11	26.3	20.0	21.7	16.6	—
旁通泄水明渠 (旁通五标~旁通七标)	施工单位自检PⅤ-1	C15	22	18.3	1.92	17.0	15.0	15.2	—	12
	监理单位抽检PⅤ-1	C15	7	38.0	7.78	32.5	15.0	25.5	—	12
	施工单位自检PⅤ-1	C20	9	23.5	2.00	22.1	20.0	20.3	16.6	—
	施工单位自检PⅤ-1	C25	5	31.6	4.94	28.1	25.0	23.7	20.8	—
	施工单位自检PⅤ-2	C15	15	18.1	1.50	17.1	15.0	15.7	—	12
	施工单位自检PⅤ-2	C20	10	22.8	2.00	21.4	20.0	19.6	16.6	—
	施工单位自检PⅤ-3	C20	6	22.4	2.00	21.0	20.0	19.2	16.6	—
	施工单位自检PⅤ-4	C20	24	27.1	2.62	25.2	20.0	22.9	16.6	—
	监理单位抽检PⅤ-4	C15	6	20.5	3.37	18.2	15.0	15.2	—	12
	施工单位自检PⅤ-5	C20	15	26.8	2.08	25.3	20.0	23.5	16.6	—
	施工单位自检PⅤ-5	C15	5	20.0	1.85	18.7	15.0	17.1	—	12
	施工单位自检PⅤ-6	C15	16	28.1	4.60	24.9	15.0	20.7	—	12
	施工单位自检PⅤ-6	C20	23	34.6	7.50	29.4	20.0	22.6	16.6	—
	监理单位抽检PⅤ-6	C20	16	36.6	8.89	30.1	20.0	22.1	16.6	—

表4-22　　混凝土、砂浆试块28d抗压强度检测数据统计

单位工程名称及编号	检测性质及检测部位	设计强度等级	检测组数	统计及计算参数值/MPa				
				R_{max}	R_{min}	R_n	$1.15R_{标}$	$0.95R_{标}$
引水一标 (K4+509~K5+800)	监理单位抽检SⅠ-01	C20	4	34.1	27.3	31.6	23.0	19.0
	监理单位抽检SⅠ-03	C20	2	46.6	42.1	44.4	23.0	19.0
引水二标 (K5+800~K7+960)	监理单位抽检SⅡ-01	C20	4	42.2	26.50	34.4	23.0	19.0
引水二标 (K10+367~K11+868)	施工单位自检SⅣ-08	C15	3	30.0	26.7	28.6	17.25	14.25
	监理单位抽检SⅣ-01	C20	2	27.6	25.80	26.7	23.0	19.0
	施工单位自检SⅣ-08	C20	1	—	—	31.0	23.0	—
	监理单位抽检SⅣ-04	C25	3	37.0	36.20	36.6	28.8	23.4

135

续表

单位工程名称及编号	检测性质及检测部位	设计强度等级	检测组数	统计及计算参数值/MPa				
				R_{max}	R_{min}	R_n	$1.15R_{标}$	$0.95R_{标}$
引水三标 (K0-205～K0+790)	施工单位自检SV-01	C30	2	37.6	34.00	35.8	34.5	28.5
	施工单位自检SV-03	C20	1	—	—	36.2	23.0	—
	监理单位抽检SV-01	C20	1	—	—	30.3	23.0	—
	监理单位抽检SV-02	C15	4	37.6	24.6	28.5	17.25	14.25
	施工单位自检SV-03	M7.5	8	13.4	7.8	9.9	7.50	6.40
	监理单位抽检SV-03	M5.0	2	9.2	8	8.6	5.0	4.25
旁通泄水明渠 (旁通五标～旁通七标)	监理单位抽检PV-1	C20	2	45.5	38.40	42	23.0	19.0
	监理单位抽检PV-4	C20	2	19.9	19.10	19.5	23.0	19.0
	监理单位抽检PV-5	C20	1	20.6	20.60	20.6	23.0	19.0
	施工单位自检PV-6	C25	2	45.4	40.80	43.1	28.75	23.75
	监理单位抽检PV-6	C15	3	34.2	23.10	28	17.3	14.3
	监理单位抽检PV-6	C25	2	39.4	28.10	33.8	28.8	23.8

表4-23　　　　　　　混凝土试块28d抗压强度试验数据统计

单位工程名称	检测性质及检测部位	强度等级	检测组数/组	平均强度/MPa	标准差/MPa	离差系数	极值/MPa		强度保证率/%
							最大值	最小值	
引水一标 (K4+509～K5+800)	施工单位自检SⅠ-03	C20	120	27.9	2.44	0.09	33.3	22.3	99.9
引水二标 (K5+800～K7+960)	施工单位自检SⅠ-03	C20	102	29.6	2.42	0.08	34.3	23.2	99.9
	施工单位自检SⅡ-04	C20	127	25.4	2.94	0.12	33.2	19.6	96.6
引水二标 (K7+960～K10+367)	施工单位自检SⅢ-01	C20	31	26.8	2.97	0.11	34.5	21.2	98.9
	施工单位自检SⅢ-03	C20	402	26.1	3.13	0.12	37.2	19.4	97.2
引水二标 (K10+367～ K11+868)	施工单位自检SⅣ-01	C20	32	25.7	2.78	0.11	36.9	22.4	98.0
	施工单位自检SⅣ-03	C20	97	27.6	4.20	0.15	35.9	17.1	97.0
	施工单位自检SⅣ-04	C25	44	32.9	3.39	0.10	41.7	28.4	98.9
	施工单位自检SⅣ-05	C20	78	25.5	3.60	0.14	37.1	18.9	93.7
	施工单位自检SⅣ-05	C20	41	27.3	3.78	0.14	39.5	22.6	97.2
引水三标 (K0-205～K0+790)	施工单位自检SV-03	C15	48	27.0	3.03	0.11	38.0	20.6	99.9
引水四标 (K0+790～K4+509)	施工单位自检SⅥ-01	C25	47	38.2	3.77	0.10	44.7	29.5	99.9
	施工单位自检SⅥ-02	C50	272	62.1	2.29	0.04	66.6	57.1	99.9
	施工单位自检SⅥ-03	C50	265	61.7	2.70	0.04	65.1	59.0	99.9
	施工单位自检SⅥ-04	C50	228	61.0	2.72	0.05	64.6	58.8	99.9
	施工单位自检SⅥ-05	C50	329	61.5	2.81	0.05	65.6	57.8	99.9
	施工单位自检SⅥ-06	C50	137	61.1	1.36	0.02	63.6	58.8	99.9
	监理单位抽检SⅥ	C50	89	62.0	1.28	0.02	65.0	59.6	99.9

续表

单位工程名称	检测性质及检测部位	强度等级	检测组数/组	平均强度/MPa	标准差/MPa	离差系数	极值/MPa 最大值	极值/MPa 最小值	强度保证率/%
旁通一标（P2+457~P4+242）	施工单位自检PⅠ-2	C20	180	31.1	3.1	0.10	37.4	23.8	99.9
旁通二标（P4+242~P5+977）	施工单位自检PⅡ-2	C20	167	30.3	5.77	0.19	44.5	17	96.2
旁通三标（P5+977~P8+355）	施工单位自检PⅢ-2	C20	218	27.4	4.03	0.15	41.8	20.1	96.7
旁通四标（P8+355~P9+456）	施工单位自检PⅣ-2	C20	100	26.3	4.58	0.17	37.1	19.7	91.6
旁通泄水明渠（旁通六标）	施工单位自检PⅤ-4	C15	85	19.7	2.97	0.15	27.6	14.7	94.3

3. 工程外观质量检测评定

根据《水利水电工程施工质量检验与评定规程》（SL 176—2007），工程开工之初，由项目法人组织、设计、监理、施工单位对工程项目进行了认真研究，拟定了本项目外观质量评定标准，报送××省水利水电工程建设质量监督中心站审核确认，省水利水电质量监督中心站以"水质监〔20××〕××号"文进行了批复，同意按此标准执行。

工程完工后，工程建设管理局按照《水利水电工程施工质量检验与评定规程》（SL 176—2007）规定，组织、设计、监理、施工单位对各单位工程进行了外观质量检测评定，检测计算与评定结果表明，各单位工程外观质量均达到合格以上，见表4-24。

表4-24　　　　××湖×××湖出流改道工程外观质量检测评定

单位工程代号	标段名称	起止桩号	评定情况	评定结果
SⅠ	引水一标	K4+509~K5+800	应得65分，实得56.5分，得分率86.9%	优良
SⅡ	引水二标	K5+800~K7+960	应得65分，实得52.1分，得分率80.2%	合格
SⅢ	引水二标	K7+960~K10+366.6	应得65分，实得54.1分，得分率83.2%	合格
SⅣ	引水二标	K10+367~K11+868	应得65分，实得54.5分，得分率83.8%	合格
SⅤ	引水三标	K0-205~K0+790	应得65分，实得57.5分，得分率88.5%	优良
SⅥ	引水四标	K0+790~K4+509	应得65分，实得57.8分，得分率88.9%	优良
PⅠ	旁通一标	P2+456~P4+242	应得65分，实得59.5分，得分率91.5%	优良
PⅡ	旁通二标	P4+242~P5+977	应得65分，实得54.5分，得分率83.8%	合格
PⅢ	旁通三标	P5+977~P8+355	应得65分，实得52.5分，得分率80.8%	合格
PⅣ	旁通四标	P8+355~P9+456	应得65分，实得53.9分，得分率82.9%	合格
PⅤ	旁通明渠	旁通五、六、七标	应得65分，实得52.1分，得分率80.2%	合格

（四）质量事故处理情况

本工程未发生质量事故，质量缺陷已按要求进行了处理，不影响工程安全运行。

（五）质量等级评定

根据《水利水电工程施工质量检验与评定规程》（SL 176—2007），各单位工程、分部工程质量等级经施工单位自评、监理单位复核、项目法人认定、质量监督机构核定，工程质量等级分叙于下。

××湖×××湖出流改道工程划分共为11个单位工程，现已全部施工完毕。已完工程经施工单位自评、监理单位复核、项目法人认定，×××中心评定，质量等级全部达到合格及以上。各单位工程质量等级评定结果、工程项目质量等级等级核定结果如下。

1. 引水一标（K4+509～K5+800）单位工程

（1）分部工程质量评定。引水一标（K4+509～K5+800）单位工程共划分为5个分部工程，施工质量等级评定结果见表4-25。

表4-25　　　　　引水一标（SⅠ）各分部工程质量评定结果汇总

单位工程		分部工程			单元工程质量评定情况			
代码	名称	代码	名称	质量等级	完成数/个	合格数/个	优良数/个	优良率/%
SⅠ	引水一标（K4+509～K5+800）	SⅠ-1	0号竖井	合格	14	14	3	21.4
		SⅠ-2	隧洞开挖	合格	26	26	5	19.2
		SⅠ-3	△隧洞衬砌	合格	111	111	47	42.3
		SⅠ-4	回填灌浆、固结灌浆	合格	32	32	25	78.1
		SⅠ-5	0号斜井	合格	15	15	7	46.7
外观质量：应得65分，实得56.5分，得分率86.9%，达到优良标准								

（2）单位工程施工质量评定结果。引水一标（K4+509～K5+800）单位工程共划分为5个分部工程，施工质量全部合格；施工中未出现过质量事故；单位工程外观质量达到优良标准；施工质量检验与评定资料齐全；工程施工期及试运行期单位工程观测资料分析结果符合国家和行业技术标准以及合同约定的标准要求。

根据《水利水电工程施工质量检验与评定规程》（SL 176—2007）进行评定，引水一标（K4+509～K5+800）单位工程施工质量评定为合格等级。

2. 引水二标（K5+800～K7+960）单位工程

（1）分部工程质量核备。引水二标（K5+800～K7+960）单位工程共划分为5个分部工程，施工质量等级核备结果见表4-26。

表4-26　　　　　引水二标（SⅡ）各分部工程质量评定结果汇总

单位工程		分部工程			单元工程质量评定情况			
代码	名称	代码	名称	质量等级	完成数/个	合格数/个	优良数/个	优良率/%
SⅡ	引水二标（K5+800～K7+960）	SⅡ-1	1号斜井	合格	27	27	8	29.6
		SⅡ-2	隧洞开挖	合格	43	43	26	60.5
		SⅡ-3	△隧洞衬砌	合格	73	73	1	1.4
		SⅡ-4	△隧洞衬砌	合格	109	109	33	30.3
		SⅡ-5	回填灌浆、固结灌浆	合格	52	52	36	69.2
外观质量：应得65分，实得52.1分，得分率80.2%，达到合格标准								

(2) 单位工程施工质量评定结果。引水二标（K5+800~K7+960）单位工程共划分为5个分部工程，施工质量全部合格；施工中未出现过质量事故；单位工程外观质量达到合格标准；施工质量检验与评定资料齐全；工程施工期及试运行期单位工程观测资料分析结果符合国家和行业技术标准以及合同约定的标准要求。

根据《水利水电工程施工质量检验与评定规程》（SL 176—2007）进行评定，引水二标（K5+800~K7+960）单位工程施工质量评定为合格等级。

3. 引水二标（K7+960~K10+367）单位工程

(1) 分部工程质量评定。引水二标（K7+960~K10+367）单位工程共划分为4个分部工程，施工质量等级评定结果见表4-27。

表4-27　　　　　引水二标（SⅢ）各分部工程质量评定结果汇总

单位工程		分部工程			单元工程质量评定情况			
代码	名　称	代码	名　称	质量等级	完成数/个	合格数/个	优良数/个	优良率/%
SⅢ	引水二标 （K7+960~K10+367）	SⅢ-1	3号斜井	合格	30	30	12	40.0
		SⅢ-2	隧洞开挖	合格	32	32	14	43.8
		SⅢ-3	△隧洞衬砌	优良	201	201	144	71.6
		SⅢ-4	回填灌浆、固结灌浆	合格	52	52	38	73.1

外观质量：应得65分，实得54.1分，得分率83.2%，达到合格标准

(2) 单位工程施工质量评定结果。引水二标（K7+960~K10+367）单位工程共划分为4个分部工程，施工质量全部合格，其中优良分部工程1个，分部工程优良率25.0%；施工中未出现过质量事故；单位工程外观质量达到合格标准；施工质量检验与评定资料齐全；工程施工期及试运行期单位工程观测资料分析结果符合国家和行业技术标准以及合同约定的标准要求。

根据《水利水电工程施工质量检验与评定规程》（SL 176—2007）进行评定，引水二标（7+960~10+367）单位工程施工质量评定为合格等级。

4. 引水二标（K10+367~K11+868）单位工程

(1) 分部工程质量评定。引水二标（K10+367~K11+868）单位工程共划分为9个分部工程，施工质量等级评定结果见表4-28。

(2) 单位工程施工质量评定结果。引水二标（K10+367~K11+868）单位工程共划分为9个分部工程，施工质量全部合格，其中优良分部工程1个，分部工程优良率11.1%；施工中未出现过质量事故；单位工程外观质量达到合格标准；施工质量检验与评定资料齐全；工程施工期及试运行期单位工程观测资料分析结果符合国家和行业技术标准以及合同约定的标准要求。

根据《水利水电工程施工质量检验与评定规程》（SL 176—2007）进行评定，引水二标（K10+367~K11+868）单位工程施工质量评定为合格等级。

5. 引水三标（K0-205~K0+790）单位工程

(1) 分部工程质量评定。引水三标（K0-205~K0+790）单位工程共划分为4个分部工程，施工质量等级评定结果见表4-29。

表 4-28　　　　　　引水二标（SⅣ）各分部工程质量评定结果汇总

单位工程			分部工程			单元工程质量评定情况			
代码	名　称		代码	名　称	质量等级	完成数/个	合格数/个	优良数/个	优良率/%
SⅣ	引水二标 （K10+367～K11+868）		SⅣ-1	2号斜井	合格	25	25	13	52.0
^	^		SⅣ-2	隧洞开挖	合格	27	27	6	22.2
^	^		SⅣ-3	△隧洞衬砌	合格	53	53	4	7.5
^	^		SⅣ-4	△冷冻段	合格	28	28	0	0
^	^		SⅣ-5	△隧洞衬砌	合格	63	63	3	4.8
^	^		SⅣ-6	回填灌浆、固结灌浆	合格	13	13	6	46.2
^	^		SⅣ-7	回填灌浆、固结灌浆	合格	14	14	9	64.3
^	^		SⅣ-8	明渠闸段	合格	14	14	7	50.0
^	^		SⅣ-9	冻结处理	优良	43	43	33	76.7

外观质量：应得65分，实得54.5分，得分率83.8%，达到合格标准

表 4-29　　　　　　引水三标（SⅤ）各分部工程质量评定结果汇总

单位工程			分部工程			单元工程质量评定情况			
代码	名　称		代码	名　称	质量等级	完成数/个	合格数/个	优良数/个	优良率/%
SⅤ	引水三标 （K0-205～K0+790）		SⅤ-1	△进口明渠及闸室段	优良	37	37	30	81.1
^	^		SⅤ-2	暗渠开挖	合格	18	18	10	55.6
^	^		SⅤ-3	混凝土预制管安装	优良	30	30	21	70.0
^	^		SⅤ-4	土料回填	合格	18	18	9	50.0

外观质量：应得65分，实得57.5分，得分率88.5%，达到优良标准

（2）单位工程施工质量评定结果。引水三标（K0-205～K0+790）单位工程共划分为4个分部工程，施工质量全部合格，其中优良分部工程2个，分部工程优良率50.0%；施工中未出现过质量事故；单位工程外观质量达到优良标准；施工质量检验与评定资料齐全；工程施工期及试运行期单位工程观测资料分析结果符合国家和行业技术标准以及合同约定的标准要求。

根据《水利水电工程施工质量检验与评定规程》（SL 176—2007）进行评定，引水三标（K0-205～K0+790）单位工程施工质量评定为合格等级。

6. 引水四标（K0+790～K4+509）单位工程

（1）分部工程质量评定。引水四标（K0+790～K4+509）单位工程共划分为6个分部工程，施工质量等级评定结果见表4-30。

（2）单位工程施工质量评定结果。引水四标（K0+790～K4+509）单位工程共划分为6个分部工程，施工质量全部合格，其中优良分部工程1个，分部工程优良率16.7%；施工中未出现过质量事故；单位工程外观质量达到优良标准；施工质量检验与评定资料齐全；工程施工期及试运行期单位工程观测资料分析结果符合国家和行业技术标准以及合同约定的标准要求。

表4-30　　　　　　　引水四标（SⅥ）各分部工程质量评定结果汇总

单位工程		分部工程			单元工程质量评定情况			
代码	名称	代码	名称	质量等级	完成数/个	合格数/个	优良数/个	优良率/%
SⅥ	引水四标（K0+790~K4+509)	SⅥ-1	沉井	优良	42	42	30	71.4
^	^	SⅥ-2	△顶管段（0+790~1+610）	合格	91	91	55	60.4
^	^	SⅥ-3	顶管段（1+610~2+410）	合格	88	88	44	50
^	^	SⅥ-4	顶管段（2+410~3+100）	合格	76	76	42	55.3
^	^	SⅥ-5	顶管段（3+100~4+093.1）	合格	110	110	45	40.9
^	^	SⅥ-6	顶管段（4+093.1~4+509）	合格	46	46	31	67.4

外观质量：应得65分，实得57.8分，得分率88.9%，达到优良标准

根据《水利水电工程施工质量检验与评定规程》（SL 176—2007）进行评定，引水四标（K0+790~K4+509）单位工程施工质量评定为合格等级。

7. 旁通一标（P2+455~P4+245.3）单位工程

（1）分部工程质量评定。旁通一标（P2+457~P4+242）单位工程共划分为3个分部工程，施工质量等级评定结果见表4-31。

表4-31　　　　　　　旁通一标（PⅠ）各分部工程质量评定结果汇总

单位工程		分部工程			单元工程质量评定情况			
代码	名称	代码	名称	质量等级	完成数/个	合格数/个	优良数/个	优良率/%
PⅠ	旁通一标（P2+457~P4+242）	PⅠ-1	隧洞开挖	合格	35	35	0	0
^	^	PⅠ-2	△隧洞衬砌	合格	150	150	55	36.7
^	^	PⅠ-3	回填灌浆、固结灌浆	合格	49	49	0	0

外观质量：应得65分，实得59.5分，得分率91.5%，达到优良标准

（2）单位工程施工质量评定结果。旁通一标（P2+457~P4+242）单位工程共划分为3个分部工程，施工质量全部合格；施工中未出现过质量事故；单位工程外观质量达到优良标准；施工质量检验与评定资料齐全；工程施工期及试运行期单位工程观测资料分析结果符合国家和行业技术标准以及合同约定的标准要求。

根据《水利水电工程施工质量检验与评定规程》（SL 176—2007）进行评定，旁通一标（P2+457~P4+242）单位工程施工质量评定为合格等级。

8. 旁通二标（P4+242~P5+977）单位工程

（1）分部工程质量评定。旁通二标（P4+242~P5+977）单位工程共划分为3个分部工程，施工质量等级评定结果见表4-32。

（2）单位工程施工质量评定结果。旁通二标（P4+242~P5+977）单位工程共划分为3个分部工程，施工质量全部合格；施工中未出现过质量事故；单位工程外观质量达到合格标准；施工质量检验与评定资料齐全；工程施工期及试运行期单位工程观测资料分析结果符合国家和行业技术标准以及合同约定的标准要求。

表4-32 旁通二标（PⅡ）各分部工程质量评定结果汇总

单位工程		分部工程			单元工程质量评定情况			
代码	名称	代码	名称	质量等级	完成数/个	合格数/个	优良数/个	优良率/%
PⅡ	旁通二标 （P4+242~P5+977）	PⅡ-1	隧洞开挖	合格	35	35	0	0
		PⅡ-2	△隧洞衬砌	合格	145	145	77	53.1
		PⅡ-3	回填灌浆、固结灌浆	合格	48	48	26	54.2

外观质量：应得65分，实得54.5分，得分率83.8%，达到合格标准

根据《水利水电工程施工质量检验与评定规程》（SL 176—2007）进行评定，旁通二标（P4+242~P5+977）单位工程施工质量评定为合格等级。

9. 旁通三标（P5+977~P8+358）单位工程

（1）分部工程质量评定。旁通三标（P5+977~P8+355）单位工程共划分为3个分部工程，施工质量等级评定结果见表4-33。

表4-33 旁通三标（PⅢ）各分部工程质量评定结果汇总

单位工程		分部工程			单元工程质量评定情况			
代码	名称	代码	名称	质量等级	完成数/个	合格数/个	优良数/个	优良率/%
PⅢ	旁通三标 （P5+977~P8+355）	PⅢ-1	隧洞开挖	合格	48	48	0	0
		PⅢ-2	△隧洞衬砌	合格	195	195	81	41.5
		PⅢ-3	回填灌浆、固结灌浆	优良	73	73	58	79.5

外观质量：应得65分，实得52.5分，得分率80.8%，达到合格标准

（2）单位工程施工质量评定结果。旁通三标（P5+977~P8+355）单位工程共划分为3个分部工程，施工质量全部合格，其中优良分部工程1个，分部工程优良率33.3%；施工中未出现过质量事故；单位工程外观质量达到合格标准；施工质量检验与评定资料齐全；工程施工期及试运行期单位工程观测资料分析结果符合国家和行业技术标准以及合同约定的标准要求。

根据《水利水电工程施工质量检验与评定规程》（SL 176—2007）进行评定，旁通三标（P5+977~P8+355）单位工程施工质量评定为合格等级。

10. 旁通四标（P8+355~P9+456）单位工程

（1）分部工程质量评定。旁通四标（P8+355~P9+456）单位工程共划分为3个分部工程，施工质量等级评定结果见表4-34。

（2）单位工程施工质量评定结果。旁通四标（P8+355~P9+456）单位工程共划分为3个分部工程，施工质量全部合格；施工中未出现过质量事故；单位工程外观质量达到合格标准；施工质量检验与评定资料齐全；工程施工期及试运行期单位工程观测资料分析结果符合国家和行业技术标准以及合同约定的标准要求。

根据《水利水电工程施工质量检验与评定规程》（SL 176—2007）进行评定，旁通四标（P8+355~P9+456）单位工程施工质量评定为合格等级。

表 4-34　　　　　旁通四标（P Ⅳ）各分部工程质量评定结果汇总

单位工程		分部工程			单元工程质量评定情况			
代码	名称	代码	名称	质量等级	完成数/个	合格数/个	优良数/个	优良率/%
PⅣ	旁通四标（P8+355～P9+456）	PⅣ-1	隧洞开挖	合格	22	22	0	0
		PⅣ-2	△隧洞衬砌	合格	92	92	25	27.2
		PⅣ-3	回填灌浆、固结灌浆	合格	94	94	4	11.8

外观质量：应得 65 分，实得 53.9 分，得分率 82.9%，达到合格标准

11. 旁通明渠（旁通五～七标）单位工程

（1）分部工程质量评定。旁通明渠（旁通五～七标）单位工程共划分为 6 个分部工程，施工质量等级核备结果见表 4-35。

表 4-35　　　　　旁通明渠（PⅤ）各分部工程质量核备结果汇总

单位工程		分部工程			单元工程质量评定情况			
代码	名称	代码	名称	质量等级	完成数/个	合格数/个	优良数/个	优良率/%
PⅤ	旁通泄水道（旁通五～七标）	PⅤ-1	明渠	合格	37	37	16	43.2
		PⅤ-2	明渠	合格	25	25	10	40
		PⅤ-3	倒虹吸	合格	7	7	3	42.9
		PⅤ-4	明渠	合格	57	57	29	50.9
		PⅤ-5	倒虹吸	优良	9	9	7	77.8
		PⅤ-6	泄水道及闸室	合格	39	39	18	46.2

外观质量：应得 65 分，实得 52.1 分，得分率 80.2%，达到合格标准

注　PⅤ-1～PⅤ-3 为旁通五标，PⅤ-4～PⅤ-5 为旁通六标，PⅤ-6 为旁通七标。

（2）单位工程施工质量评定结果。旁通泄水道明渠、倒虹吸单位工程共划分为 6 个分部工程，施工质量全部合格，其中优良分部工程 1 个，分部工程优良率 16.7%；施工中未出现过质量事故；单位工程外观质量达到合格标准；施工质量检验与评定资料齐全；工程施工期及试运行期单位工程观测资料分析符合国家和行业技术标准以及合同约定的标准要求。

根据《水利水电工程施工质量检验与评定规程》（SL 176—2007）进行评定，同意旁通泄水道明渠、倒虹吸单位工程施工质量评定为合格等级。

12. 工程项目施工质量等级评定结果

××湖×××湖出流改道工程项目共划分为引水一标、引水二标Ⅰ段、引水二标 3 号斜井段、引水二标Ⅱ段、引水三标、引水四标、旁通一标、旁通二标、旁通三标、旁通四标、旁通泄水道明渠、倒虹吸共 11 个单位工程，已按设计标准及项目主管部门核准的内容全部建成，施工质量全部合格。工程项目施工质量经施工单位自评、监理单位复核、项目法人认定、省水利水电工程质量监督中心站核定，工程项目施工质量达到合格等级。

六、安全生产与文明施工

自工程开工建设以来，工程建设管理局始终坚定不移地把安全生产放在最突出、最重

要、最关键、最核心的位置来抓,始终保持如履薄冰、如临深渊、如坐针毡地高度警觉,坚决杜绝麻痹侥幸心理和骄傲自满情绪,从思想、意识、措施上筑牢安全防线。"安全第一、预防为主、以人为本、科学管理"是工程安全生产管理的方针,"纠违章、除隐患、保安全、促进度"始终作为工程安全生产工作的着力点常抓不懈,从工程开工至今,安全生产得到了有效的保障。

(一)安全生产

在工程建设管理过程中,要求各参建单位,认真贯彻执行国家有关安全的法规、规定,完善对安全生产的管理工作,以高度的责任感和使命感管理好、组织好质量、安全生产工作。建立健全了工程安全管理制度,先后制定、补充完善了《××市××湖×××湖出流改道工程安全管理办法》《××市××湖×××湖出流改道工程建设质量与安全事故应急预案》及《××市××湖×××湖出流改道工程安全奖惩管理办法》等规章制度,加大安全生产与文明施工的监管力度。成立了由工程建设管理局、设计单位、监理单位、施工单位、试验检测单位、主要材料供应商及设备供应商等参建各方主要责任人组成的安全管理委员会,并明确了各方的职能职责,严格落实责任,确保安全生产任务落实到岗、到位、到人。

1. 强化安全教育、增强防范意识

针对工程参建单位多、任务重、工期压力大的实际情况,为做好安全生产控制,推动工程建设进展,工程建设管理局为工程施工组织提供了必要的培训支撑,自工程开工建设以来,多次协调有关部门组织形式多样的安全培训教育,并要求施工、监理等参建单位组织员工参加了全程培训和取证考试,以此进一步提高参建人员对质量、安全生产工作重要性、紧迫性的认识,拓宽了管理思路,丰富了管理手段,增强了质量和安全生产的责任感,为搞好工程建设奠定了坚实的基础。

2. 加大安全检查、治理事故隐患

工程建设管理局根据不同施工阶段的特点,定期或不定期地组织安全生产施工大检查。每月对各工作面都进行密集的安全生产检查,各参建单位每月、每周都定期联合进行质量、安全生产检查。对检查出的一般问题,要求立即整改;对存在的安全隐患,根据《安全生产奖惩管理办法》对施工单位进行处罚,并对隐患整改进行跟踪、落实;月底参建各方还对各标段安全生产进行考评,并进行相应的奖惩;在工程建设管理局每月的《安全生产通报》上对各标的安全生产情况进行通报,防止事故发生。

3. 做好防洪准备,确保汛期防洪安全

为保证工程汛期防洪安全,确保每个防汛工作环节中组织有序,成立由各单位主要负责人组成的防洪度汛领导小组,建立汛期防洪安全运行机制,要求施工单位加强资源投入,制定汛期防洪措施,在相应关键的防洪部位储备充足的施工机械设备等防洪物资。防洪小组定期对施工道路、施工场地每个工作面进行检查,节前、汛期、雨季来临前等组织专项安全大检查。同时与水情预报部门加强协调,保证汛期水情信息报送的快速、准确、翔实。

(二)文明施工

加强宣传教育,提高全体施工人员对文明施工重要性的认识,不断增强文明施工意识,使文明施工逐步成为全体施工人员的自觉行为,讲职业道德,扬行业新风。

在制定安全、质量管理文件时,一并考虑文明施工的要求,将文明施工的精神融汇于安

全、质量的管理工作中去。

遵守当地政府的各种规定，尊重当地居民的民风民俗，加强民族团结；与当地政府和居民友好相处，建立良好的社会关系。

七、工程验收

（一）分部工程验收

自20××年12月××日起，项目法人根据工程完成情况，适时组织设计、监理、施工、质量监督机构等有关部门进行分部工程验收。出流改道工程共有51个分部工程，质量全部合格，其中优良13个，分部工程优良率25.5%。

（二）单位工程验收

××湖×××湖出流改道工程通水验收涉及单位工程11个，分别为引水一标（SⅠ）、引水二标（SⅡ）、引水二标（SⅢ）、引水二标（SⅣ）、引水三标（SⅤ）、引水四标（SⅥ）、旁通一标（PⅠ）、旁通二标（PⅡ）、旁通三标（PⅢ）、旁通四标（PⅣ）、旁通明渠（PⅤ），质量全部合格，单位工程已全部通过验收。

八、竣工验收技术鉴定

20××年8月，水利部水利建设与管理总站组织专家对本工程项目进行竣工验收技术鉴定，提交的《××市××湖×××湖出流改道工程安全鉴定报告》安全鉴定结论意见为：××湖×××湖出流改道工程20××年11月开工建设，至20××年2月，旁通4号隧洞最后建成，历时4年3个月。在各参建单位的共同努力下，采取了多种技术施工，克服了地质条件恶劣，施工过程中塌方、用水等困难。该工程于20××年12月开始进行试通水运行，试通水的最大流量为8.0m³/s，至20××年4月，已试运行一年半，累计向××市××区供水近1亿 m³。通过调节，×××湖向××湖供水近1000万 m³。试通水期间出流改道工程运行正常，初步发挥了工程效益。

××湖×××湖出流改道工程规划合理，各主要建筑物设计满足规范要求，建设工程中较严格地进行了质量控制，工程已基本完建，工程建设质量合格，基本具备了通水运行条件。建议抓紧组织各单位工程的验收工作，进一步补充完善各参建单位提供的工程安全鉴定自检报告和本次安全鉴定提出需要整改的建议，择机组织工程整体验收。

九、历次验收、鉴定遗留问题处理情况

本工程遗留问题主要为：主隧洞混凝土裂缝较多且有白色钙质流出，20××年10月至11月停水期间，已请专业化学灌浆队伍对所有裂缝进行了处理。

十、工程运行管理情况

××湖×××湖出流改道工程建设管理局对运行生产管理单位的组建，自20××年以来，在运行管理机构、培训运行管理人员和生产准备上，做了大量工作，狠抓组织和制度建设，配置运维设备等。目前，已基本具备运行生产管理的条件。

（一）管理机构和人员情况

××湖×××湖出流改道工程建设管理局下设工程技术科、质检科、安全生产科、征地

拆迁科、财务科、办公室共六个部门。其中德泽枢纽部、泵站管理部、线路管理部为现场运行生产管理部门，负责相应功能区域的运行生产管理工作。

1. 管理机构设置

××湖×××湖出流改道工程管理所为现场管理机构，为适应运行管理工作需要，下设以下职能部门：

运行主管 2 名，负责管理 3 个运行值班组，监督、指导和检查落实执行"两票三制"及运行管理相关规章制度和值班纪律。

维修主管 1 名，负责组织相关专业人员对设备缺陷和轻度故障进行记录登记，处理及维护维修工作。负责编制年度大中小修计划、检修项目清单，及备品备件采购计划、维修方案，确保设备完好率符合要求。

水工主管 1 名，负责组织安排对水工建筑物运行管理、原型观测、站区道路管理等。

安全员 1 名，组织对生产过程实施全员、全过程、全方位、全天候的安全监督和检查，按照安全法律、法规的要求，对安全管理进行计划、实施、检查改进工作，协助进行安全事故报告、处理和善后工作。

综合主管 1 名，负责食堂、车辆、安保、基地绿化管理工作，组织相关人员配合公司相关部门进行备用金管理、报账管理、人事管理、劳保管理，物资管理等工作。

2. 管理人员情况

××湖×××湖出流改道工程管理所计划配置人员××名，现已到位生产人员××名，其中运行人员×名，检修人员×人，现已到位后勤人员×人，其中专职驾驶人员×名，食堂及营地保洁工作人员×名，管理及后勤人员×名，共计到位人员为××名。

目前人员配置能满足工程运行管理工作需要，在质保期的维护维修工作，由安装单位完成，保质期结束后交由运行管理单位接管。

（二）运行管理准备情况

1. 运行团队建设情况

（1）业务技能培训情况。××湖×××湖出流改道工程管理所自20××年以来，多次组织运行人员到主要设备生产制造厂进行学习和培训，对启闭设备、主电机、监控系统，主阀等设备的生产制造工艺进行学习和培训。并分批次组织运行管理人员到×××等类似工程进行运行管理专业知识学习，对设备结构原理和运行管理工作加深了认识和了解。

20××年 9—10 月，工程管理所组织现场运行人员进行安全教育和培训，内容包括安全法律法规，《电业安全工作规程》，安全技术技能，安全防护用品使用、安全事故案例分析和警示教育等内容，并经现场考试合格，完成了入职上岗三级安全教育。

20××年 11 月以来，工程管理所为运行管理人员配备了必要的劳动防护用品，将运行人员分组分班，编入金属结构安装单位进行跟班实习，全程参与金属结构安装、试验和调试工作，业务技能取得明显提高。

20××年国庆期间，进行为期一周的试通水工作，运行工作管理有序，操作规范，记录完整有效。

20××年×月工程投入试运行以来，运行人员实行 24 小时轮班值守，进一步熟悉了"两票三制"，熟悉和运用《电业安全工作规程》，熟悉和执行运行管理制度。

20××年×月以来，运行人员认真执行巡视巡检制度，熟悉了各建筑物和设备运行巡视巡查内容和目的，同时也增强了责任意识，提高了业务技能。

20××年××月××日至次年××月××日，工程试运行近半年，运行生产工作无人为责任事故，运行队伍得到了锻炼，经受了检验。

（2）运行维护人员持证情况。经××湖×××湖出流改道工程管理所组织多轮取证培训，并向社会公开招聘部分专业骨干人员，现管理所运行人员持证情况如下：

高压电工进网许可证（操作证）：2人；

维修电工三级（职业资格证书）：2人；

维修电工四级（职业资格证书）：2人；

压力容器管理员证：3人；

压力容器操作证：2人；

仪表检验资格证：1人；

无损检测人员资格证2级（RT）：1人。

2. 运行维护管理制度建设情况

自20××年10月以来，××湖×××湖出流改道工程管理所先后购置了办公设备和办公用品，组织现场运行人员编制安全工作规程和运行管理制度，准备相应记录表格和记录簿，现已形成了较为完整的制度和标准体系，制度及标准建立情况如下：

（1）管理标准制定情况。

1）安全管理标准9个。主要包括：《两措计划管理标准》《安全生产责任制标准》《安全生产例会工作管理标准》《安全生产考核标准》《安全风险抵押金实施标准》《安全工作规定执行标准》《道路交通安全管理标准》《文明生产管理标准》《应急预案管理标准》。

2）运行管理标准7个。主要包括：《交接班管理标准》《二票管理标准》《运行监视监盘值班管理标准》《设备巡回检查管理标准》《运行分析管理标准》《技术培训管理标准》《专业技术带头人培养与选拔管理标准》。

3）设备管理标准7个。主要包括：《设备缺陷管理标准》《设备管理标准》《设备质量验收管理标准》《设备评级管理标准》《设备检修管理标准》《设备定期维护、切换、试验管理标准》《输电线路管理标准》。

4）后勤管理标准12个。主要包括：《岗位职责》《财务管理标准》《奖惩管理标准》《湖区管理标准》《安保管理标准》《物资管理标准》《车辆管理标准》《档案管理标准》《办公用品管理标准》《员工食堂管理标准》《环境卫生管理标准》《考勤及休假管理标准》。

（2）运行规程制度的建设。到目前为止，已编制主要设备运行规程13个，主要包括：《水泵电动机运行规程》《变压器运行规程》《10kV配电装置运行规程》《监控系统运行规程》《五防系统运行规程》《起重机运行规程》《油系统运行规程》《消防系统运行规程》《通风系统运行规程》《水情测报系统运行规程》《通信系统运行规程》《安全观测系统运行规程》《水工运行规程》。

（3）运行记录簿（表）准备情况。目前，已编制主要设备运行记录簿（表）11类，主要包括：《工作票登记簿》《机械检修工作票》《继电保护及自动装置动作记录》《交接班记录簿》《接地线登记簿》《命令记录》《设备定期切换与试验记录》《设备缺陷记录》《钥匙借用登记簿》《运行报表（监控类）》《运行报表（手抄类）》。

3. 运行维护设备及工器具准备情况

(1) 运行设备和工器具。生产准备部于20××年××月已配置到位了一批主要运行设备和工具，包括：通信、测试、操作、防护、维护五大类。其中通信类如对讲机等。测试类如高压验电笔、红外线测温仪、绝缘电阻测试仪、交/直流钳形电流表、手摇兆欧表、秒表、袖珍数字式测振仪、万用表、海拔表、合象水平仪等等。操作类如手动打油器、零克棒、绝缘台等等。防护类如接地线、绝缘胶垫、隔离绳索等等。维护类如各型螺丝刀、电烙铁、电吹风等等。

(2) 维修设备和工器具。目前，已配备的维修设备和工器具有：起重及搬运类、测量检查类、切割焊接类、加工磨削类、常用工具类五大类。

起重及搬运类有各型吊装带、卸扣、导链、千斤顶、手动叉车等等。

测量检查类有水准仪、合象水平仪、框工水平仪、牙规、千分尺、游标卡尺、深度尺、百分表、钢板尺、钢卷尺等。

切割焊接类有割枪、电焊机及其配套工具等等。

加工磨削类有台钻、磁座电钻、砂轮机、磨光机等。

常用工具类有各型扳手、大小锤、虎钳、龙门钳、扳牙、丝锥等钳工工具及电工工具。

从运行生产准备工作总体上看，人员配置、团队建设、制度建设及运维设备配置等方面，已基本具备运行生产管理的条件。在设备维修及年度计划性大修、中修、小修力量配置方面，相关专业人员有待增补，如焊接技师和起重技师，其他机电专业检修人员技能整体水平有待进一步提高。

十一、工程初期运行及效益

(一) 工程初期运行情况

出流改道工程于20××年11月××日完工，并于20××年12月××日试通水，试通水至20××年10月××日，试通水近一年，工程运行正常，产生了较好的效益。

(二) 工程初期运行效益

1. 环保效益

××湖的Ⅴ类水不再流入×××湖，避免了××湖对×××湖的污染，×××湖水实现倒流，对××湖水起到了稀释和置换作用，水质明显好转。

2. 防洪效益

出流改道工程通水以后，××湖周边农田和村庄不再受淹，产生了较好的防洪效益和社会效益。

3. 供水效益

出流改道工程通水以后，为××市的工业、农业、景观用水提供了保障，对××市的生态立市发展战略起到了龙头作用。

(三) 工程观测、监测资料分析

根据《水工隧洞设计规范》(SL 279—2002)等有关规程规范要求，结合本工程实际情况，初设时确定的检测项目有：

1. 断层处结构缝间的位移观测

共布置2个结构缝开度和错动检测断面，分别位于桩号K11+036和K11+091处。每个断面设3个测缝计,其中单向测缝计1个,双向测缝计2个。

2. 外水压力观测

共布置2个渗流监测断面,分别位于桩号K11+058和K11+060处。其中:桩号K11+058处设置水位计1个,桩号K11+060处设置渗压计2个。

3. 主要监测成果与分析

监测仪器自20××年12月26日开始观测并记录数据,监测成果见表4-36。

表4-36　　　　　　　××湖×××湖出流改道工程监测成果

观测日期	变形/mm						水位/m	渗水压力/kPa	
	J1	J2	J3	J4	J5	J6	SW	P1	P2
20××年11月6日	0	0	0	0	0	0	0	0	0
20××年12月26日	−0.2	−0.2	0	0.2	0.1	0.8	0.014	19.2	6.4
20××年12月7日	−0.1	−0.1	0	0.3	0.1	0	0.707	22.4	13.4
20××年12月28日	−0.1	−0.1	0	0.4	0.1	0	0.746	23.2	13.9
20××年1月10日	−0.1	−0.1	0	0.3	0.2	0	0.720	156.8	16.9
20××年2月13日	−0.1	−0.2	0	0.4	0.2	0	0.774	207.8	121.0
20××年2月18日	−0.1	−0.1	0	0.4	0.2	0	0.918	211.5	128.6
20××年2月28日	−0.1	−0.1	0	0.4	0.2	0	0.774	221.3	151.1
20××年3月6日	−0.1	−0.1	0	0.4	0.2	0	0.757	206.8	143.7
20××年3月20日	−0.2	−0.2	0	0.4	0.2	−0.1	0.738	212.6	146.3
20××年3月28日	−0.2	−0.2	0	0.4	0.2	0	0.717	213.9	140.8
20××年4月3日	−9.1	−0.2	0	0.4	0.2	−0.1	0.732	216.0	136.5
20××年4月9日	−0.3	−0.2	0	0.4	0.1	0	0.706	219.3	138.6
20××年4月21日	−0.4	−0.2	−0.1	0.2	0.1	−0.1	0.668	224.1	137.1
20××年5月13日	−0.4	−0.2	0	0.1	0.1	−0.1	0.584	237.4	131.6
20××年6月7日	−0.4	−0.3	−0.1	0.1	0.1	−0.1	0.705	243.7	115.4
20××年7月14日	−0.5	−0.3	0.1	0.1	0.1	−0.1	0.997	250.4	110.1
20××年7月25日	−0.5	−0.3	−0.2	0.1	0.1	−0.2	1.061	253.6	110.9
20××年8月11日	−0.5	−0.3	−0.2	0.1	0	−0.2	0.675	257.9	110.1

监测数据分析结果表明,数据未见明显异常。单向测缝计J1在20××年4月3日,监测到的数据略偏大,但随后所监测数据又恢复正常,出现波动现象。停水后进洞检查,未发现异常,初步分析原因是监测当天附近施工作业振动所致。应客观保留已有的监测数据,并及时认真做好监测数据的分析判断。

4. 安全监测初步评价

××湖×××湖出流改道工程鉴定单位对工程安全监测的初步评价意见如下:

(1) 安全监测系统设计原则合理,实际监测项目布置和仪器选型基本合适,基本满足《水工隧洞设计规范》(SL 279—2002)等现行规程规范对水工隧洞工程安全监测的要求。

(2) 监测仪器及附属设备的安装埋设及相应电缆施工已按要求实施完成,监测仪器施工埋设质量较好,埋设仪器完好率较高,观测资料较完整。仪器质量和施工埋设安装质量符合相关规范和设计要求。

（3）通过对初步监测成果资料分析，测缝计、渗压计等监测仪器工作正常，测值规律性较好，能够反映出建筑物一定工作性态。

十二、竣工财务决算编制与竣工审计情况

（一）竣工财务决算编制情况

××湖×××湖出流改道工程建设管理局按照水利部《水利基本建设项目竣工财务决算编制规定》，遵循实事求是的原则，收集整理了××湖×××湖出流改道工程竣工财务决算所需概算、合同、施工计划等资料，填制了工程竣工财务决算报表规定的表格，编制完成了工程竣工决算说明书和竣工决算，已提交审计。

（二）竣工审计情况

××湖×××湖出流改道工程竣工审计由××××建设工程造价咨询有限公司承担，先后于20××年3月、20××年6月、20××年11月三次对工程进行结算审核，审核的主要内容各标段的工程结算。

××湖×××湖出流改道工程结算审核结果为：主体工程部分（20××年已由××××建设工程造价咨询有限公司审核完成，并出具审核报告"×××〔20××〕审字第××号"，并于20××年7月通过××省审计厅的复审）：送审工程结算金额×××××××.××元，审定金额×××××××.××元，审减金额×××××××.××元（含审计厅二审审减金额××××××.××元）。环保及附属工程部分：送审工程结算金额××××××××.××元，审定金额×××××××.××元，审减金额×××××××.××元。最终××湖、×××湖出流改道工程送审工程结算金额×××××××.××元，审定金额×××××××.××元，审减金额×××××××.××元。

十三、存在问题及处理意见

××湖×××湖出流改道工程各项存在问题已全部处理完毕。

十四、工程尾工安排

本工程无尾工安排及处理。

十五、经验与建议

（一）经验

本工程建设管理过程中，积累了丰富的施工管理经验，列举如下：

（1）根据实际地质情况，虚心听取施工单位意见，将1号、2号竖井改为斜井施工，大加快了施工进度，节约了施工成本。

（2）根据施工的实际难度和施工进度新增了0号、3号斜井，保证了总体工期目标的实现。

（3）奖励先进，隧洞开挖过程中，鼓励先完成任务的标段超红线施工，管理局给予一定的奖励。

（4）派遣有能力的业主代表常驻工地，切实跟踪整个施工动态过程，全面协调各方关

系，及时解决施工中出现的问题。

（5）大胆采用新工艺，在中国水利史上率先采用冷冻法成功解决隧洞开挖中涌水涌沙的特大难题。

（二）建议

（1）较长的水工隧洞施工，科学的线路选择很关键。本工程 K11＋00～K11＋830 隧洞段穿越第三系Ⅴ类围岩，施工过程中常有涌水涌沙并伴随围岩挤胀变形，施工难度大，相应地给进度控制、质量控制、投资控制、安全管理都带来很大困难。

（2）埋深较大且地质差的地带，不宜采用竖井作为施工支洞，因为竖井施工进度慢，成本高，且安全隐患较大，宜以斜井作为施工支洞。

（3）水工隧洞建设，翔实的地质勘察很重要，地质资料是指导隧开挖的唯一依据，如果地质资料不准，对施工非常不利。

（4）塌方处理的及时性与科学性，较长的水工隧洞施工，由于地质变化等原因，塌方在所难免。塌方处理必须注重及时性，否则会小塌方酿成大塌方，给工程投资和施工进度造成很大压力。

十六、附件

1. 项目法人的机构设置及主要工作人员情况

项目法人的机构设置及主要工作人员情况见表 4－37。

表 4－37　　　　　　项目法人的机构设置及主要工作人员情况

序号	机 构 名 称	姓 名	职务（职称）	工作职责
1	××湖×××湖出流改道工程建设管理局	×××	局 长	全面工作
2	××湖×××湖出流改道工程建设管理局	×××	常务副局长	分管财务科办公室征地拆迁科
3	××湖×××湖出流改道工程建设管理局	×××	副局长	分管工程科质检科安全科
4	工程技术科	×××	科长（高工）	工程技术科全面工作
5	工程技术科	×××	副科长（高工）	协助科长抓好工程技术科工作
6	工程技术科	×××	工程师	现场工作
7	工程技术科	×××	工程师	现场工作
8	工程技术科	×××	工程师	现场工作
9	工程技术科	×××	工程师	现场工作
10	工程技术科	×××	助理工程师	现场工作
11	质检科	×××	助理工程师	质检科全面工作
12	质检科	×××	助理工程师	现场工作
13	安全生产科	×××	工程师	安全科全面工作
14	安全生产科	×××	工程师	现场工作
15	征地拆迁科	×××	工程师	征地拆迁科全面工作
16	财务科	×××	科长（会计师）	财务科全面工作
17	财务科	×××	会计师	会计
18	财务科	×××	会计员	出纳

续表

序号	机 构 名 称	姓 名	职务（职称）	工 作 职 责
19	财务科	×××	会计员	稽核
20	财务科	×××	会计员	资产管理
21	办公室	×××	主任	办公室全面工作
22	办公室	×××	工作人员	办公室工作

2. 项目建议书、可行性研究报告、初步设计等批准文件及调整批准文件

（1）20××年1月××日，××省发展和改革委员会以"××××〔20××〕××号"文《关于××湖×××湖出流改道可行性研究总报告（代项目建议书）的批复》对工程可研报告作了正式批复。

（2）20××年9月国家发展和改革委员会以"××××〔20××〕××××号"文，对××省发展和改革委员会上报的《关于上报〈××市××湖×××湖出流改道工程可行性研究报告〉（代项目建议书）的请示》（××××〔20××〕××××号）、《××省发展和改革委员会关于××市××湖×××湖出流改道工程可研审批补充材料的报告》（××××〔20××〕×××号、《××省人民政府关于××市××湖×××湖出流改道工程项目资金筹措方案的函》（×××〔20××〕××号）文，国家发展和改革委员会对××省××市××湖×××湖出流改道工程可行性研究报告批复。

（3）20××年9月××日国家发展和改革委员会以"××××〔20××〕××××号"文，对××省发展和改革委员会上报的《关于请求核定××市××湖×××湖出流改道工程初步设计概算的请示》（×××××〔20××〕××号）和水利部《关于报送××省××市××湖×××湖出流改道工程初步设计概算的函》（×××〔20××〕×××号），作出批复，核定××省××市××湖×××湖出流改道工程初步设计概算总投资×××××万元。其中水利工程总投资×××××万元，湿地工程投资××××万元。

（4）20××年9月××日××省发展和改革委员会、××省水利厅以"××××××〔20××〕××××号"文，对××市发展和改革委员会、水利局《关于上报〈××省××市××湖×××湖出流改道工程初步设计报告〉的请示》（××××××〔20××〕×××号），作出批复。

第五章

机组启动验收建设管理工作报告

第一节 机组启动验收应具备的条件及建设管理工作报告编写要点

机组启动验收是水轮发电机组及相关机电设备安装完工，并检验合格后，在投入初期商业运行前，对相应输水系统和水轮发电机组及其附属设备的制造、安装等方面进行的初步考核及全面质量评价。每一台初次投产机组均应进行启动试运行试验及机组启动验收，以保证机组能安全、可靠、完整低投入生产，发挥工程效益。试验合格及交接验收后方可投入系统并网运行。

一、《水利水电建设工程验收规程》（SL 223—2008）机组启动验收应具备的条件

首（末）台机组启动验收前，验收主持单位应组织进行技术预验收，技术预验收应在机组启动试运行完成后进行。机组启动技术预验收应具备以下条件：

（1）与机组启动运行有关的建筑物基本完成，满足机组启动运行要求。

（2）与机组启动运行有关的金属结构及启闭设备安装完成，并经过调试合格，可满足机组启动运行要求。

（3）过水建筑物已具备过水条件，满足机组启动运行要求。

（4）压力容器、压力管道以及消防系统等已通过有关主管部门的检测或验收。

（5）机组、附属设备以及油、水、气等辅助设备安装完成，经调试合格并经分部试运转，满足机组启动运行要求。

（6）必要的输配电设备安装调试完成，并通过电力部门组织的安全性评价或验收，送（供）电准备工作已就绪，通信系统满足机组启动运行要求。

（7）机组启动运行的测量、监测、控制和保护等电气设备已安装完成并调试合格。

（8）有关机组启动运行的安全防护措施已落实，并准备就绪。

（9）按设计要求配备的仪器、仪表、工具及其他机电设备已能满足机组启动运行的需要。

（10）机组启动运行操作规程已编制，并得到批准。

（11）水库水位控制与发电水位调度计划已编制完成，并得到相关部门的批准。

（12）运行管理人员的配备可满足机组启动运行的要求。

（13）水位和引水量满足机组启动运行最低要求。

（14）机组按要求完成带负荷连续运行。

二、《水电工程验收规程》（NB/T 35048—2015）机组启动验收应具备的条件

（1）枢纽工程已通过蓄水验收，工程形象面貌已能满足初期发电的要求；相应输水系统

已按设计文件建成，工程质量合格；库水位已蓄至最低发电水位以上；尾水出口已按设计要求清理干净；已提交输水系统专项安全鉴定报告，并有满足充水试运行条件的结论。

（2）待验机组输水系统进、出水口闸门及启闭设备已安装完毕，经调试可满足启闭要求；其他未安装机组的输水系统进、出水口已可靠封闭。

（3）厂房内土建工程已按合同文件、设计图纸要求基本建成，待验机组段已经做好围栏隔离，各层交通通道和厂内照明已经形成，能满足在建工程的安全施工和待验机组的安全是运行；场内排水系统已安装完毕，经调试，可安全运行。厂区防洪排水设施已作安排，能保证汛期运行安全。

（4）待验机组及相应附属设备，包括油、气、水系统已全部安装完毕，并经调试和分部试运转，质量符合合同文件规定标准；全厂公用系统和自动化系统已经投入，能满足待验机组试运行的需要。

（5）待验机组相应的电气一次、二次设备经检查试验合格，动作准确、可靠，能满足升压、变电、送电和测量、控制、保护等要求；全厂接地系统接地电阻符合设计规定；计算及监控系统已安装调试合格。

（6）系统通信、厂内通信系统和对外通信已按设计建成，安装调试合格。

（7）升压站、开关站、出现场等部位的土建工程已按设计要求建成，防直击雷系统已形成，能满足高压电气设备的安全送电；对外必需的输电线路已经架设完成，线路继电保护设备安装完成，并经系统调试合格。

（8）消防设施满足防火要求。

（9）负责安装调试的单位配备的仪器、设备能满足机组试运行的需要。负责电站运行的生产单位已组织就绪，生产运行人员的配备能满足出其商业运行的需要，运行操作规程已制定，配备的有关仪器、设备能满足机组初期商业运行的需要。

（10）已提交机组启动验收阶段质量监督报告，并有工程质量满足机组启动验收的结论。

三、机组启动验收建设管理工作报告编写要点

项目法人的建设管理工作报告可按照《水利水电建设工程验收规程》（SL 223—2008）附录 O.1 的内容，结合此阶段的验收范围和内容，酌情删减部分章节，在分析设计、监理、施工、质量检测等各有关单位提交的工作报告的基础上进行编写。简述工程概况，重点描述工程建设情况、专项工程和工作、项目管理、工程质量、安全生产与文明工地、工程验收、历次验收存在问题及处理意见、工程尾工安排等章节。

第二节　机组启动验收建设管理工作报告示例

××江三级水电站机组启动验收建设管理工作报告

一、工程概况

（一）工程位置

××江三级水电站位于××市××县××镇，为××江梯级的龙头水库，坝址控制流域

面积 382.4km², 多年平均流量为 31.1m³/s。电站首部位于大岔河、胆扎河、轮马河汇口下游约 600m（直线距离）处，厂区枢纽位于猴桥水电站上游约 0.5km（距三岔河坝址约 2.6km）；电站距××公路里程 720km，距腾冲县城公路里程为 74km。

（二）立项、初设文件批复

××集团××勘测设计研究院于 19××年 2 月完成《××江水电规划报告》（××—××河三级），推荐"一库五级"的开发方案，在××市境内建设 5 个梯级水电站，即××江一级、××江二级、××江三级、××江四级、××河五级 5 个水电站。

19××年 4 月由××省计委和电力部水利水电规划设计管理局在××市共同主持召开了《××江水电规划报告》审查会，审查会同意报告推荐的"一库五级"的开发方案。

20××年 4 月，××集团××勘测设计研究院专家对××江流域的多次考察和论证，建议修改《××江水电规划报告》，提出××江流域采用"两库四级"的开发方式更为合理。在省计委的委托下，于 4 月 20 日由××院工程咨询中心组织有关专家进行评审，最后修定为流域总装机容量为 60 万 kW，即××江一级水电站，库容 2.06 亿 m³，装机 6.9 万 kW；××江二级电站，库容 77 万 m³，装机 4.8 万 kW；××江三级电站，库容 2.26 亿 m³，装机 31.5 万 kW；××江四级电站，库容 215 万 m³，装机容量 16.8 万 kW。

20××年 3 月底，××集团××勘测设计研究院完成了《××江三级水电站预可行性研究报告》，4 月 22 日，该《报告》专家评审会议在省会××市召开，审查通过了××江三级水电站预可研报告。20××年 12 月××日，××省发展改革委以"××××××〔20××〕×××号"文件予以批复，同意开展项目前期工作。

20××年 2 月，××集团××勘测设计研究院完成了《××江三级水电站可行性研究报告》，4 月××日，该《报告》专家评审会议在××市召开，并审查通过。

20××年 5 月××日，《××江三级水电站水土保持方案初步设计报告》经××省水利厅以"×××〔20××〕××号"文件批复。

20××年 6 月××日，《××江三级水电站环境影响报告书》经××省环保局以"××××〔20××〕××号"文批复。

《××江三级水电站土地预审报告》经××省国土资源厅以"×××××〔20××〕××号"文件批复，同意通过土地预审。

《××江三级水电站水资源论证报告书》经××省水利厅以"××××〔20××〕××号"文予以批复，基本同意工程的取水要求。

《××江三级水电站可行性研究阶段建设征地和移民安置规划设计专题报告》经××省移民开发局以"×××〔20××〕××号"文件予以批复。

《××江三级水电站工程场地地震安全性评价报告》经××省地震局以"××××〔20××〕××号"文予以批复，同意报告对工程场地地震地质灾害的分析评价意见，可作为电站工程抗震设计的依据。

20××年 7 月 27 日，××江三级水电站项目经××省发改委以"××××××〔20××〕×××号"文批复同意核准××江三级水电站项目。

20××年 8 月××日，××江三级水电站库区淹没及工程施工区建设项目征占用林地经原林业局以"××××〔20××〕×××号"审核同意使用。

20××年 11 月××日，××市环保局以"×××〔20××〕××号"批复××江三级水电站试运行。

（三）工程设计任务及设计标准

1. 工程设计任务

××江三级水电站总库容2.25亿m^3，为混合式开发，无防洪、灌溉、航运等综合利用要求，开发任务相对单一，主要为水力发电。本工程为Ⅱ等大（2）型工程，额定水头321m，引用流量118m^3/s；电站总装机容量300MW。枢纽主要建筑物有：混凝土面板堆石坝、右岸溢洪道、左岸放空（冲沙）洞、左岸引水隧洞、调压井、压力管道、地面厂房、GIS楼等。

2. 工程等别与建筑物级别

××江三级水电站工程可研阶段最大坝高137.30m；技施设计阶段由于下游坝脚利用了部分河床冲积层作为基础，建基面最低点高程有所抬高，坝高调整为131.49m，右岸因溢洪道闸室略向山里偏移，坝顶长度由可行性研究阶段的423.999m调整为443.917m；水库正常蓄水位：高程1590.00m；校核洪水位高程1590.44m；总库容2.25×10^8 m^3；总装机容量315MW。

根据《水电枢纽工程等级划分及设计安全标准》（DL 5180—2003）及《防洪标准》（GB 50201—94），××江三级水电站工程等别为Ⅱ等工程，工程规模为大（2）型，由于推荐方案混凝土面板堆石坝最大坝高131.49m；根据DL 5180—2003第5.0.5条的规定，大坝、溢洪道、泄洪放空洞等为1级，引水发电建筑物为2级，次要建筑物为3级。

3. 抗震设防标准

依据《水工建筑物抗震设计规范》（DL 5073—2000），本工程抗震设防类别为乙类，枢纽建筑物按基本烈度Ⅷ度设防。

（四）主要技术特征指标

××江三级水电站工程主要特征指标见表5-1。

表5-1　　　　　　　　××江三级水电站工程主要特征指标

序号	名　　称	数据	备　　注
一	水文		
1	流域面积		
	坝址以上/km^2	939	
	全流域/km^2	2321	槟榔江河口
2	利用的水文系列年限/年	46	1959.1～2004.12
3	多年平均年径流量/亿m^3	18.86	
4	代表性流量		
	坝址多年平均流量/(m^3/s)	59.8	日历年
	设计洪水标准及洪峰（下泄）流量/(m^3/s)	2110（2110）1740	大坝$P=0.2\%$，厂房$P=1\%$
	校核洪水标准及洪峰（下泄）流量/(m^3/s)	2680（2187）2150	大坝$P=0.02\%$，厂房$P=0.2\%$
5	泥沙		
	多年平均悬移质年输沙量/万t	9.46	
	多年平均含沙量/(kg/m^3)	0.05	

续表

序号	名　　称	数据	备　注
	多年平均推移质年输沙量/万 t	1.42	
	汛期含沙量/(kg/m³)	0.062	
	库沙比（正常蓄水位 1590.00m）/(kg/m³)	2543	
	100 年的坝前泥沙淤积高程/m	1510.00	
二	水库		
1	水库水位		
	校核洪水位/m	1590.44	$P=0.02\%$
	设计洪水位/m	1590.00	$P=0.2\%$
	正常蓄水位/m	1590.00	
	死水位/m	1560.00	
2	正常蓄水位时水库面积/km²	5.12	
3	回水长度/km	13.3	
4	水库容积		
	总库容/亿 m³	2.25	校核洪水位以下
	正常蓄水位以下库容/亿 m³	2.23	
	调节库容/亿 m³	1.22	
	死库容/亿 m³	1.01	
5	调节特性	季调节	
6	水量利用率/%	96.22	
三	下泄流量及相应下游水位		
1	设计洪水位时最大泄量（试验）/(m³/s)	2440.13	含发电引用流量 118m³/s
	相应下游水位/m	1471.58	坝后
2	校核洪水位时最大泄量（试验）/(m³/s)	2503.39	含发电引用流量 118m³/s
	相应下游水位/m	1471.75	坝后
四	工程效益指标		
	发电效益		
	装机容量/MW	240	
	保证出力/MW	110.7	
	多年平均发电量/(亿 kW·h)	14.00	
	年利用小时数/h	4445	
五	淹没损失及工程永久占地		
1	淹没耕地/亩	433.9	
2	迁移人口/人	274	
3	工程永久占地/亩	6249.8	

续表

序号	名称		数据	备注
六	主要建筑物及设备			
1	大坝			
		形式	混凝土面板堆石坝	
		地基岩性	花岗岩	
		地震基本烈度/设防烈度/度	8/8	
		坝顶高程/m	1595.00	
		最大坝高/m	131.49	
		坝顶长度/m	443.92	
2	溢洪道			
		形式	宽顶堰	
		堰顶高程/m	1573.00	
		表孔数-尺寸（宽×高）/(孔-m×m)	1-13.5×17	
		单宽流量/[m³/(s·m)]	114.1	最大单宽
		消能方式	挑流消能	
		工作闸门形式、尺寸、数量	1-13.5×17.0	弧形闸门
		启闭机形式、容量、数量	液压启闭机、2×3000kN、1台	
		检修闸门形式、尺寸、数量	1-13.5×17.0	平板叠梁闸门
		启闭机形式、容量、数量	台车、2×300kN、1台	
		设计泄洪流量/(m³/s)	1479.19	试验值
		校核泄洪流量/(m³/s)	1539.86	试验值
3	泄洪（放空洞）			
		洞径/m	6.6	
		底槛高程/m	1524.00	
		工作闸门形式、尺寸、数量/(扇-m×m)	1-5.0×6.0	弧形闸门
		启闭机形式、容量、数量	液压启闭机、2000kN/1000kN、1台	
		事故检修门型式、尺寸、数量/(扇-m×m)	1-6.6×6.6	平板闸门
		启闭机形式	固定卷扬机、2×1000kN、1台	
		校核水位泄量/(m³/s)	845.53	试验值
		设计洪水位泄量/(m³/s)	842.94	试验值
4	引水建筑物			
		设计引用流量/(m³/s)	118	
(1)		取水口形式	岸塔式	
		地基特性	花岗岩	
		底槛高程/m	1546.85	
		事故闸门形式、尺寸及数量/(扇-m×m)	1-6.3×6.3	平板闸门
		启闭机形式、容量、数量	液压启闭机、3600kN/3600kN（持住力/启门力）	

续表

序号	名称	数据	备注
(2)	引水隧洞形式	有压隧洞	
	围岩岩性	花岗岩	
	长度/m	5523.6	进口～调压井
	洞径/m	6.5	
	衬砌形式	少筋混凝土或钢筋混凝土衬砌	
	设计水头/m	40～93	
(3)	调压井		
	围岩岩性	花岗岩	
	形式	地下双室式	
(3)	压力管道形式	浅埋式钢衬管	
	条数	1	
	主管长度/m	608.247	
	主管内径/m	5～4.8	
	最大水头/m	457.3	含水击压力
5	厂房		
(1)	主厂房		
	形式	地面厂房	
	基础岩性	花岗岩	
	主厂房尺寸（长×宽×高）/(m×m×m)	73.5×21.3×42	（长度含安装场、单层结构）
	水轮机安装高程/m	1233.50	
	尾水闸门形式、尺寸及数量/(扇-m×m)	3-5.4×4.2	平板闸门
	启闭机形式、容量、数量	台车、2×300、1台	
(2)	副厂房		
	形式	地面式	
	基础岩性	花岗岩	
	副厂房尺寸（长×宽×高）/(m×m×m)	73.5×15.2×39	（下游副厂房）
(3)	开关站		
	形式	GIS开关站	
	地基岩性	花岗岩	
6	主要机电设备		
(1)	水轮机		
	台数/台	3	
	型号	HL105-LJ-235	
	额定出力/MW	81.6	
	额定转速/(r/min)	428.6	
	吸出高度/m	-8.5	

续表

序号	名　　称	数据	备　注
	额定水头/m	321	
	额定流量/(m³/s)	36.68	
(2)	发电机		
	台数/台	3	
	型号	SF80-12/5300	
	额定容量/MW	91.43	
	额定电压/kV	13.8	
	额定功率因素	0.875	
(3)	调速器型号（台数）/套	机械控制柜ZFL-80/D 电气控制柜SAFR-20000H/3套	
(4)	进水阀型号（台数）/台	液压重锤球阀ZGQ-50DN1800/3	
(5)	励磁装置型号（套数）/套	NES-5100/3	
(6)	主变压器型号（台数）/台	SSP10-H-120000/220/3	
(7)	高压配电装置型号（套数）/套	8DN9-11/1	
(8)	计算机监控系统/套	1	
(9)	直流系统/套	1	两组500Ah蓄电池
(10)	厂内起重量/t	125t+125t+25t+25t+5t	
(11)	输电线路		
	电压/kV	220	
	回路数/回	二回（其中一回备用）	
	输电距离/km	35	至220kV腾冲变电站

（五）工程主要建设内容

1. 导流建筑物

导流建筑物为一条导流隧洞，布置于左岸，断面形式为城门洞形，断面尺寸为 $8m \times 11m$（宽×高），设计过流流量 $1300m^3/s$，导流洞长 $646.167m$，隧洞坡降 $i=2.135\%$，进口底板高程 $1478.00m$，出口底板高程 $1464.00m$，相应出口流速 $20.54m/s$。上下游围堰均为土石围堰，黏土斜墙防渗，上游围堰堰顶高程 $1503.50m$，下游围堰堰顶高程 $1473.00m$。

2. 挡水建筑物

挡水建筑物为混凝土面板堆石坝，属1级建筑物，按50年一遇洪水设计，500年一遇洪水校核。校核洪水位 $1590.00m$，设计洪水位 $1590.44m$，正常蓄水位 $1590.00m$，死水位 $1560.00m$，总库容 2.25 亿 m^3。混凝土面板堆石坝坝顶高程 $1595.00m$，河床部位建基面高程 1465.00m，最大坝高 131.49m，坝顶长度 443.917m，坝顶宽度 10m。坝体上游坡 1：1.4，下游综合坝坡为 1：1.712，下游面设三台马道，道路间坝坡设干砌石护坡。

3. 泄洪建筑物

泄洪建筑物由右岸溢洪道及左岸泄洪（放空）洞泄洪的布置方式。

溢洪道位于右岸，溢洪道为开敞式，设 1—13.5m×17m（孔数—宽×高）工作弧门，堰顶高程 1573.00m，由引渠段、闸室段、缓流转弯段、泄槽段和挑流鼻坎段组成，均为最大钢筋混凝土结构，堰体是宽顶堰，宽度为 13.5m，泄槽末端设挑流鼻坎，挑坎高程 1481.00m。

泄洪（冲沙）底孔具有泄洪、排沙和放空水库的功能，泄洪（冲沙）底孔进口布置在左岸，紧靠电站进水口布置，泄洪（冲沙）底孔进口底板高程 1524.00m，工作弧门尺寸 1-5m×6m（孔数-宽×高），泄洪（放空）洞分有压和无压两段，有压洞总长 446.81m，洞径 6.6m，事故检修闸门位于放 0+060 处，闸室竖井总高 72.5m，工作闸门室位于放 0+446.812 处，闸门室操作平台高程为 1554.90m，工作闸门后为无压洞段，城门洞形，断面尺寸 6×11m，轴线长 299.766m；出口明槽长 52.6m，挑流鼻坎段长 40m，挑坎顶高程为 1472.50m。

4. 引水建筑物

引水建筑物位于××江左岸，由引渠、电站进水口、引水隧洞、调压井、钢管道构成。

引渠高程为 1546.85m；电站进水口为塔式进水口，进水口距坝轴线 287.6m，有工作闸门和事故检修闸门各一道，进水口塔段长 34m，为钢筋混凝土结构，设两扇 5.5m×13.15m 的拦污栅、一道 6.3m×6.3m 平板事故闸门，进水塔平台高程为 1595.00m，进水塔高度为 52m，顶部设启门排架。

有压引水隧洞全长 5523.612m，为圆形断面，洞径为 6.3m，最大引用流量为 118m³/s，隧洞埋深在 50~310m，洞段岩体质量总体较好，隧洞纵向坡度为 0.6%。隧洞段设四个施工支洞。

调压井体型为双室式，下室断面为城门洞形、上室断面采用平置圆台管。上室直径 12m，升管直径 10m，长度 136m，下室顶板高程 1535.00m，采用方圆形断面，面积 72.3m²，最高涌浪 1609.512m，最低涌浪 1529.548m。

压力钢管道为埋藏式，采用一管三机供水方式，主管总长约 672m，在剖面上采用"三平两斜"布置方式，斜管段轴线与水平面夹角 48°，中平段及以上直径为 5m，下斜段和下平直径 4.8m，上平段埋深 70~100m，上斜段埋深 70~78m，下斜段埋深 78~110m，下平段埋深 110~33m。

5. 厂区建筑物

厂区枢纽位于××河与××江交口处上游 495m 处，有主厂房、下游副厂房、上游副厂房、安装场、主变室、主变运输道、GIS 楼、屋顶出线架及尾水启闭机室等，其中安装场位于主机间上游端头、主变室位于下游副厂房地面高程、GIS 楼位于主变室顶部、出线架位于 GIS 楼顶、主变室运输道位于主变室下游尾水平台顶部、尾水闸门启闭机室位于主变运输通道下游侧尾水平台顶部。主厂房尺寸（长×宽×高）=73.48m×21.3m×42m，机组安装高程 1233.5m，主厂房内布置三台机组，从上游至下游依次为 1 号、2 号、3 号机组。

6. 金属结构

××江三级水电站金属结构的设计是根据水工的总体布置来设置的，分为泄洪、冲沙系统和引水发电系统两大部分，共包括9扇闸门，2扇拦污栅，8台套各种启闭设备，金属结构设备总工程量约为800t。

7. 机电安装工程

电站装设三台立轴混流式水轮发电机组。引水方式为一管三机，设有调压井。每台机组设置进水主阀，进水主阀采用液压操作球阀。机组调速系统选用具有PID调节规律的微机电液调速器。

电站总装机容量3×105MW，送出电压等级为220kV，两回220kV线路输出，出线一回至××变电站，一回备用。发电机、变压器采用单独单元接线，发电机装设出口断路器；220kV送出侧采用单母线接线。220kV高压配电装置采用GIS。

电站控制为全计算机监控方式。电站控制按"无人值班（少人值守）"原则设计。

（六）工程布置

工程布置主要具有如下几个特点：

（1）混凝土面板堆石坝，大坝布置尽量避开了两岸冲沟的不利影响，为上下游围堰的布置预留了合适的空间，并与泄水建筑物的布置相协调，力求使各建筑物充分适应地形地质条件。

（2）溢洪道布置在右岸，根据地形特点及水力学条件，在闸体与泄槽之间设置了缓流转弯段，解决了高速水流转弯问题；并将闸体布置于右坝肩几乎是唯一的一处基岩上，使闸室的结构安全得以保证。

（3）引水隧洞布置在左岸，充分利用围岩地质条件较好的特点，引水隧洞Ⅰ、Ⅱ、Ⅲ-1类围岩采用喷锚支护，有效地降低了工程投资，加快了施工进度。

（4）调压井布置于地下，采用双室式布置，避免了出现全风化高边坡问题，有效减少了对地表及植被的破坏，保护了自然环境。

（5）压力钢管布置于地下，采用围岩与钢板联合受力机制设计，有效地降低了钢板厚度，节约了工程投资并减少了对地表及植被的破坏，保护了自然环境。

（6）厂区枢纽布置于地形较完整且相对开阔的22号冲沟下游，尽可能地避开了不利自然及地质因素所带来的潜在影响，同时也降低了厂区边坡高度。

（七）工程投资

××江三级水电站工程动态总投资×××，×××.××万元。

（八）主要工程量和总工期

1. 主要工程量

（1）导流隧洞。导流洞隧洞全长647.167m，断面为方圆形，开挖最大高度约13m，宽度9m。合同包括进口明渠土建工程、进水塔工程、导流洞工程及出口明渠土建工程，其主要工程量见表5-2。

（2）大坝土建工程。大坝土建完成的主要工程量见表5-3。

（3）坝肩开挖及支护、溢洪道土建及金属结构安装工程。坝肩开挖及支护、溢洪道土建完成的工程量见表5-4。

（4）引水隧洞土建工程（引0+000～引1+600）。引水隧洞土建工程（引0+000～引1+600）完成的工程量见表5-5。

表5-2　　　　　　　　　　导流隧洞工程主要工程量统计

序号	项目名称	工程量	序号	项目名称	工程量
1	土方明挖/万 m³	39.96	10	衬砌混凝土（含地质原因超挖）/m³	28500
2	土方槽挖/m³	2436	11	钢筋制安/t	1876
3	石方明挖/万 m³	43.99	12	洞内喷混凝土/m³	2892
4	石方槽挖/m³	1445	13	钢支撑 I18b 制作安装/t	264
5	边坡喷混凝土（C20）/m³	7224	14	固结灌浆/m	3450
6	砂浆锚杆/根	13975	15	回填灌浆/m²	7156
7	明渠混凝土（C20）/m³	3850	16	封堵门门槽埋件安装/t	110
8	网格梁混凝土（C20）/m³	8204	17	封堵门门叶安装/t	185
9	石方洞挖/m³	78000	18	卷扬式启闭机安装/t	90

表5-3　　　　　　　　　　大坝土建工程主要工程量统计

序号	项目名称	工程量	序号	项目名称	工程量
1	土方开挖/万 m³	82.29	8	钢筋制安/t	2578.01
2	石方开挖/万 m³	229.66	9	锚杆/根	15590
3	上、下游围堰填筑/万 m³	12.41	10	铜止水/m	5621.11
4	大坝填筑/万 m³	655.83	11	固结灌浆/m	8751.47
5	喷混凝土/m³	23370.57	12	帷幕灌浆/m	41522.29
6	挂网钢筋/t	304.22	13	干砌石/m³	98703.09
7	混凝土/m³	50203			

表5-4　　　　　　　坝肩开挖及支护、溢洪道土建完成主要工程量

序号	项目名称	工程量	序号	项目名称	工程量
1	土方开挖/m³	2973530.03	12	砂浆锚杆（Φ25，L=3m）/根	4454.00
2	石方开挖/m³	2620688.01	13	砂浆锚杆（Φ25mm，L=6m）/根	17188.00
3	C15 混凝土/m³	3820.01	14	砂浆锚杆（Φ28mm，L=7m）/根	4315.00
4	边坡喷混凝土 C20（厚 15cm）/m³	11393.96	15	节点锚杆（Φ28，L=6m）/根	11899.00
5	C20 网格梁、护坡、底板、护壁等部位的混凝土/m³	34533.63	16	砂浆锚杆（Φ32mm，L=9m）/根	50.00
			17	锚筋桩（3Φ32，L=9m）/根	1343.00
6	C45 抗冲耐磨混凝土/m³	2288.717	18	锚筋桩（3Φ28mm，L=18m）/根	27.00
7	结构混凝土 C20/m³	21392.74	19	帷幕灌浆/m	718.64
8	结构混凝土 C25/m³	53746.61	20	固结灌浆/m	3450.00
9	钢筋制安/t	2996.27	21	溢洪道检修闸门门叶/t	345.318
10	砂浆锚杆（Φ22mm，L=3m）/根	405.00	22	溢洪道工作弧门门叶/t	235.43
11	砂浆锚杆（Φ22mm，L=4.5m）/根	236.00	23	溢洪道检修闸门台车启闭机/t	44.83

表 5-5　　　　　　　坝肩开挖及支护、溢洪道土建完成主要工程量

序号	项目名称	工程量	序号	项目名称	工程量
1	土方开挖/m³	310874.92	12	浆砌石/m³	6721.84
2	石方开挖/m³	165388	13	结构混凝土/m³	32114.25
3	锚筋桩/根	9	14	挂网钢筋/t	105.625
4	锚杆（Φ25mm，$L=3.0$m）/根	2228	15	Ⅱ级钢筋制安/t	1416.887
5	锚杆（Φ25mm，$L=3.5$m）/根	351	16	回填混凝土/m³	16695.14
6	锚杆（Φ25mm，$L=4.5$m）/根	32320	17	石方洞挖/m³	126866.7
7	锚杆（Φ25mm，$L=6.0$m）/根	5236	18	钢支撑/t	324.205
8	锚杆（Φ22mm，$L=1.5$m）/根	2286	19	钢格栅/t	104.002
9	C20喷混凝土/m³	5769.932	20	超前小导管/m	37102
10	C25纤维喷混凝土/m³	6218.905	21	金属结构安装/t	275.555
11	贴坡混凝土含网格梁/m³	5989.14			

（5）引水隧洞（引1+600～引5+474.325）土建及金属结构安装工程。引水隧洞（引1+600～引5+474.325）土建及金属结构安装工程完成工程量见表5-6。

表 5-6　　　　　引水隧洞（引1+600～引5+474.325）土建
及金属结构安装完成工程量

序号	项目名称	工程量	序号	项目名称	工程量
1	土方开挖/m³	17420.87	10	钢支撑/t	682.54
2	石方开挖/m³	10738.57	11	钢筋格构架/t	542.41
3	石方洞挖/m³	227509.16	12	C20混凝土/m³	13966.99
4	C20喷混凝土/m³	11688.40	13	Ⅱ级钢筋制安/t	2029.74
5	挂网钢筋/t	186.59	14	M7.5浆砌石/m³	8352.49
6	锚杆（Φ25，$L=3$m）/根	11076	15	C25混凝土/m³	23496.95
7	锚杆（Φ25，$L=4.5$m）/根	50093	16	C25喷射微纤维混凝土/m³	12377.35
8	锚杆（Φ25，$L=6$m）/根	6596	17	回填灌浆/m²	9628.20
9	锚杆（Φ22，$L=1.5$m）/根	5313	18	固结灌浆/m	8925.00

（6）调压井、压力钢管土建工程（C5A标）。调压井、压力钢管土建工程完成工程量见表5-7。

表 5-7　　　　　　　调压井、压力钢管土建工程完成工程量

序号	项目名称	工程量	序号	项目名称	工程量
1	土石方开挖/万m³	2.72	6	固结灌浆/m	9977.00
2	石方洞挖/万m³	14.35	7	回填灌浆/m	7274.36
3	锚杆/根	32570	8	帷幕灌浆/m	660.00
4	喷混凝土/方	7804.69	9	混凝土/m³	38181.30
5	挂网钢筋/t	98.96	10	钢筋/t	1168.82

（7）压力管道制作、安装工程（C5B标）。压力管道采用一管三机供水方式，在剖面上采用"三平两斜"布置方式，长度为583.430m（包括两个岔管），完成的工作量见表5-8。

表 5-8 压力管道制作、安装工程完成工程量

序号	项目名称	工程量	序号	项目名称	工程量
1	压力钢管制作/t	3707.320	2	压力钢管安装/t	3707.320

(8) 厂房、GIS 楼土建及尾水闸门安装工程（C7 标）。调压井、压力钢管土建工程完成工程量见表 5-9。

表 5-9 厂房、GIS 楼土建及尾水闸门安装工程量

序号	项目名称	工程量	序号	项目名称	工程量
一	围堰工程		13	C25 上部混凝土（二级配，高程 1235.96 以上）/m³	23054.054
1	土方开挖/m³	6546.916			
2	石方开挖/m³	37904.629	14	C25 下部混凝土（二级配，高程 1235.96 以下）/m³	16528.935
3	块石钢筋笼/m³	11202.855	15	网格梁混凝土 C20（二级配）/m³	1403.634
4	黏土心墙/m³	25339.831	16	C15 埋石混凝土回填（二级配，埋石≤30%）/m³	26733.556
5	土石麻袋/m³	9636.073			
6	钢管桩/m	7098.000	17	钢筋制安（包括网格梁，其中结构受力筋采用镦粗螺纹连接）/t	4345.546
7	钢筋制安/t	11.626			
8	土工布敷设/m²	2742.906	18	止水铜片（厚 12cm，宽 400mm）/m	123.950
9	土工膜敷设/m²	2776.551			
10	围堰黏土麻袋/m³	10815.753	19	浆砌石（M7.5）包括冲沟治理/m³	10726.749
二	厂房土建工程		20	浆砌石（M10）包括冲沟治理/m³	3198.317
1	土方明挖（高程 1249.21 以上）/m³	51607.214	21	砂浆抹面（M10，3cm）/m²	671.290
2	土方明挖（高程 1249.21 以下，包括截水沟、冲沟）/m³	49794.239	22	石渣回填/m³	12954.545
			23	M7.5 浆砌石/m³	713.198
3	石方明挖（高程 1249.21 以上）/m³	43961.546	24	镀锌扁钢/m	1009.811
4	石方明挖（高程 1249.21 以下，含截水沟、冲沟，含河床孤石解爆）/m³	123611.793	25	预埋 φ80PVC 管/m	693.650
			26	C25 上部混凝土（Ⅱ级粉煤灰）/m³	1267.080
			27	C30 二期混凝土（Ⅰ级粉煤灰）/m³	92.967
5	砂浆锚杆（Φ22，L=3m）/根	686.000	28	C25 下部混凝土（Ⅱ级粉煤灰）/m³	1190.391
6	砂浆锚杆（Φ25，L=6m）/根	415.000	29	基础土方井挖/m³	177.156
7	土锚杆（L=6m）/根	1914.000	30	基础石方井挖/m³	1433.306
8	喷混凝土（15cm 厚，C20）/m³	680.110	31	C30 下部混凝土（粉煤灰）/m³	792.160
9	挂网钢筋（φ6.5，@20cm×20cm）/t	15.718	32	C30 上部细石混凝土/m³	11.552
			33	C30 上部吊车梁混凝土（粉煤灰）/m³	392.604
10	边坡排水孔（φ70mm，L=5m）/m	7390.000	三	尾水闸门及启闭机安装	
11	边坡排水孔（φ70mm，L=10m）/m	840.000	1	尾水检修闸门门叶/t	30.930
			2	尾水检修闸门门槽/t	24.812
12	固结灌浆/m	1700.000	3	尾水检修闸门台车启闭机/t	8.388

(9) 放空洞土建及金属结构安装工程（C8 标）。放空洞土建及金属结构安装工程完成的工程量见表 5-10。

表 5-10　　　　　　　　放空洞土建及金属结构安装工程完成工程量

序号	项目名称	工程量	序号	项目名称	工程量
1	土方明挖/m³	427247.7	11	砂浆锚杆（Φ22，L=3m）/根	512
2	石方明挖/m³	441104.34	12	砂浆锚杆（Φ25，L=6m）/根	1891
3	石方洞挖/m³	70954.3	13	砂浆锚杆（Φ28，L=6m）/根	6034
4	石方井挖/m³	4770.38	14	锚筋桩（3Φ28，L=9m）/根	39
5	C20 混凝土/m³	7698.93	15	锚筋桩（3Φ28，L=12m）/根	74
6	C25 混凝土/m³	21992.96	16	土锚钉（Φ48mm，L=6m）/根	3794
7	C30 混凝土/m³	9909.58	17	超前小导管注浆管棚（ϕ40，L=3m）/m	14019
8	喷混凝土 C20/m³	7554.89			
9	钢筋制安/t	1998.27	18	固结灌浆/m	730
10	砂浆锚杆（Φ25，L=4.5m）/根	13901.2	19	回填灌浆/m	1087.2

(10) 机电安装工程（C11 标）。机电安装工程完成的工程量见表 5-11。

表 5-11　　　　　　　　机电安装工程完成工程量汇总

序号	项目名称	工程量	序号	项目名称	工程量
1	水轮机/台	3	8	水力监测系统/套	3
2	发电机/台	3	9	机电消防系统/套	3
3	技术供水系统/套	3	10	桥式起重机/台	3
4	排水系统/套	3	11	盘形阀/台	3
5	高压气系统/套	3	12	主变压器/台	3
6	低压气系统/套	3	13	自动化元件/套	3
7	透平油系统/套	3			

(11) 安全监测工程。监测项目部于 2007 年 4 月进场开展苏家河口水电站安全监测工作，到目前为止，共计完成各类监测仪器的安装埋设 523 台（套），详见表 5-12。

表 5-12　　　　　　　　观测仪器及安装、埋设情况一览表

工程部位	观测项目	设计数量	已建数量	观测频数	备 注
导流洞进口边坡	表面变形监测点	14 个	14 个	2 次/月	
	测斜孔	2 个	2 个	2 次/月	孔深 45m
导流洞出口边坡	表面变形监测点	10 个	10 个	2 次/月	
	测斜孔	2 个	2 个	2 次/月	孔深 35m
溢洪道高程 1595.00m 以上边坡	表面变形监测点	12 个	12 个	2 次/月	
	水位孔	2 个	2 个	2 次/月	孔深 45m、30m
	测斜孔	1 个	1 个	2 次/月	孔深 40m

续表

工程部位	观测项目	设计数量	已建数量	观测频数	备注
面板堆石坝左岸边坡	表面变形监测点	8个	8个	2次/月	
	测斜孔	2个	2个	2次/月	孔深51.5m、46.5m
	渗压计	2支	2支	2次/月	
电站进水口边坡	表面变形监测点	11个	11个	2次/月	
	测斜孔	2个	2个	2次/月	孔深50m、35m
	渗压计	3支	3支	2次/月	
放空洞出口边坡	表面变形监测点	8个	8个	2次/月	
	测斜孔	2个	2个	2次/月	孔深50m、30m
厂区边坡	表面变形监测点	5个	5个	2次/月	
	测斜孔	1个	1个	2次/月	
	锚索测力计	3台	3台	2次/月	
混凝土面板堆石坝	渗压计	25支	25支	2次/月	
	强震仪	3台			不具备条件暂时未安装
	单向测缝计	22支	22支	2次/月	
	三向测缝计	9套	9套	2次/月	
	水位孔	10个	8个	2次/月	
	量水堰	1座	1座	2次/天	
	四向应变计组	7组	7组	2次/月	
	三向应变计组	8组	8组	2次/月	
	二向应变计组	4组	4组	2次/月	
	水平位移计	26台	26台	2次/月	
	水管式沉降仪	44套	44套	2次/月	
	土压力计	21支	21支	2次/月	
	钢筋计	38支	38支	2次/月	
	无应力计	9支	9支	2次/月	
	温度计	12支	12支	2次/月	
混凝土面板堆石坝	脱空观测仪	9套	9套	2次/月	
	电平器	46支	46支	2次/月	
	观测房	6间	6间	2次/月	
混凝土面板堆石坝	强震仪测站	2个			不具备条件暂时未安装
	集线箱	18台			不具备条件暂时未安装
	表面变形监测点	37个	37个	2次/月	
	工作基点	12个	12个	2次/月	
	表面变形监测点	12个	12个	1次/2天	新增

续表

工程部位	观测项目	设计数量	已建数量	观测频数	备注
引水隧洞	表面变形监测点	2个	2个	2次/月	
	收敛测桩	350个	350个	2次/月	
	多点位移计	9套	9套	2次/月	
	锚杆应力计	9组	9组	2次/月	
	渗压计	12支	12支	2次/月	
	钢筋计	16支	8支	2次/月	因为衬砌取消
	测缝计	9支	9支	2次/月	
	集线箱	6台			不具备条件暂时未安装
	观测站	2个			不具备条件暂时未安装
	多点位移计钻孔	108m	108m	2次/月	ϕ110 每孔均深12m
	锚杆应力计钻孔	40.5m	40.5m	2次/月	ϕ90 每孔均深4.5m
	渗压计钻孔	12m	9m	2次/月	ϕ110 每孔均深1m
	测缝计钻孔	9m	9m	2次/月	ϕ110 每孔均深1m
调压井	收敛测桩	40个	40个	2次/月	
	多点位移计	11套	11组	2次/月	
	锚杆应力计	13组	13组	2次/月	
	渗压计	12支	12支	2次/月	
	钢筋计	20支	20支	2次/月	
	测缝计	4支	4支	2次/月	
	集线箱	8台			不具备条件暂时未安装
	观测站	1个			不具备条件暂时未安装
	多点位移计钻孔	176m	176m	2次/月	ϕ110 每孔均深16m
	锚杆应力计钻孔	64.5m	64.5m	2次/月	ϕ90
	渗压计钻孔	12m	12m	2次/月	ϕ110 每孔均深1m
	测缝计钻孔	4m	4m	2次/月	ϕ110 每孔均深1m
压力钢管道	收敛测桩	25个	25个	2次/月	
	多点位移计	6套	6套	2次/月	
	锚杆应力计	6组	6组	2次/月	
	渗压计	8支	6支	2次/月	
	集线箱	4台			不具备条件暂时未安装
	观测站	1个			不具备条件暂时未安装
	多点位移计钻孔	66m	66m	2次/月	ϕ110 每孔均深11m
	锚杆应力计钻孔	22.5m	22.5m	2次/月	ϕ90
	渗压计钻孔	8m	6m	2次/月	ϕ110 每孔均深1m

续表

工程部位	观测项目	设计数量	已建数量	观测频数	备注
溢洪道	渗压计	7支	7支	2次/月	
	锚杆应力计	2组	2支	2次/月	
	集线箱	2台			不具备条件暂时未安装
	锚杆应力计钻孔	21m	21m	2次/月	$\phi 90$
	渗压计钻孔	7m	12m	2次/月	$\phi 110$
放空洞	钢筋计	16支	14支	2次/月	
	测缝计	4支	3支	2次/月	
	集线箱	1台			不具备条件暂时未安装

仪器安装成活率为95.18%,详见表5-13。

表5-13　　　　　监测仪器安装埋设情况及仪器完好率统计

序号	仪器名称	设计量	完成工程量 数量	完成工程量 占设计量/%	仪器成活量 完好量	仪器成活量 完好率/%	备注
1	渗压计/支	64	64	100	50	94.34	
2	强震仪/套	3					不具备条件暂时未安装
3	单向测缝计/支	55	55	100	11	100	
4	三向测缝计/组	9	9	100	9	100	
5	量水堰/座	1	1	100	1	100	
6	四向应变计/组	7	7	100	7	100	
7	三向应变计/组	8	8	100	8	100	
8	二向应变计/组	4	4	100	4	100	
9	无应力计/支	9	9	100	8	100	
10	引张线式水平位移计/套	25	25	100	25	100	
11	水管式沉降仪/台	44	44	100	44	100	
12	土压力计/支	22	22	100	15	100	
13	钢筋计/支	80	80	100	80	100	
14	温度计/支	20	20	100	20	100	
15	脱空观测仪/支	9	9	100	9	100	
16	电平器/支	46	46	100	46	100	
17	锚索测力计/台	6	6	100	6	100	
18	锚杆应力计/组	30	30	100	30	100	
19	多点位移计/套	26	26	100	25	100	
20	钢板计/支	20	20	100	20	100	
21	表面变形监测点/个	87	87	100	50	100	

续表

序号	仪器名称	设计量	完成工程量 数量	完成工程量 占设计量/%	仪器成活量 完好量	仪器成活量 完好率/%	备注
22	平面监测网点/个	19	19	100	5	100	
23	水位孔/m	600	480	100	480	100	不具备施工条件
24	收敛测桩/个	415	415	100	415	100	
25	测斜孔/个	2	2	100	2	100	
26	测缝计/支	36	36	100	36	100	

2. 总工期

20××年7月××日，××省发展和改革委员会以"×××××〔20××〕×××号"文核准同意兴建××江三级水电站工程，总工期48个月。

二、工程建设简况

(一) 施工准备

××江三级水电站工程在上级有关部门和××市委、市人民政府领导的关心和高度重视下，工程前期工作"五通一平"、移民安置、征地补偿、施工招投标工作已全部完成，20××年12月××日工程全面开工建设。

(二) 工程分标情况及承建单位

根据工程特点及实际情况，××江三级水电站工程共划分为9个标段，分标及承建单位情况见表5-14。

表5-14　　　　××市××江三级水电站工程分标及承建单位统计

序号	标段名称	代号	承建单位
1	导流工程	SJHK/C1	××水利水电工程公司
2	大坝土建工程	SJHK/C6	××水利水电工程公司
3	坝肩开挖及支护、溢洪道土建及金属结构安装工程	SJHK/C2	中国水利水电第××局
4	引水隧洞土建工程	SJHK/C3	中国水利水电第××工程局
5	引水隧道土建及金属结构安装工程	SJHK/C4	中国铁建第××工程局
6	调压井、压力管道土建工程	SJHK/C5A	中国水利水电第××工程局
7	压力管道制作、安装工程	SJHK/C5B	中国水利水电第××工程局
8	厂房、GIS楼土建及尾水闸门安装工程	SJHK/C7	中国水利水电第××工程局
9	放空洞土建及金属结构安装工程	SJHK/C8	中国水利水电第××工程局
10	××××石料场剥离开挖工程	SJHK/C9	××水电部队××支队
11	砂石加工系统及相关工程	SJHK/C10	中国水利水电第××工程局
12	机电安装工程	SJHK/C11	中国水利水电第××工程局
13	安全监测工程	SJHK/GC	中国水电××集团××勘测设计研究院科学研究分院

(三) 工程开工报告及批复

20××年6月××日三级水电站工程业主单位××市××江水电开发有限公司向项目主管部门××省发展和改革委员会上报了开工申请报告、××省水电基本建设项目开工备案表和××省水电工程项目法人组建备案表进行了备案。××省发展和改革委员会以"×××××〔2005〕××××号"批复同意工程开工建设。

(四) 主要工程开完工日期

主要工程开工及完工日期见表5-15。

表5-15　　　　　　　××市××江三级水电站工程分标及承建单位统计

序号	标段名称	代号	开工日期	完工日期
1	导流工程	SJHK/C1	20××年12月15日	20××年12月××日
2	大坝土建工程	SJHK/C6	20××年12月19日	20××年8月7日
3	坝肩开挖及支护、溢洪道土建及金属结构安装工程	SJHK/C2	20××年3月20日	20××年12月30日
4	引水隧洞土建工程	SJHK/C3	20××年8月9日	20××年6月30日
5	引水隧道土建及金属结构安装工程	SJHK/C4	20××年8月9日	20××年7月30日
6	调压井、压力管道土建工程	SJHK/C5A	20××年2月6日	20××年5月20日
7	压力管道制作、安装工程	SJHK/C5B	20××年10月12日	20××年8月20日
8	厂房、GIS楼土建及尾水闸门安装工程	SJHK/C7	20××年12月19日	20××年8月10日
9	放空洞土建及金属结构安装工程	SJHK/C8	20××年3月25日	20××年11月20日
10	机电安装工程	SJHK/C11	20××年11月1日	20××年7月9日
11	安全监测工程	SJHK/GC	20××年4月16日	20××年6月28日

(五) 主要工程施工过程

1. 导流洞工程（C1标）

导流洞工程由××水利水电工程公司承建，于20××年12月15日开工建设，2006年12月底完工，20××年1月1日大江截流，导流洞顺利过流。至20××年12月导流洞仅剩余部分边坡进行清挖锚喷施工工程留待以后完成，20××年4月对剩余的部分边坡进行清挖锚喷施工全部完成。

2. 大坝土建工程（C6标）

大坝土建工程××水利水电工程公司承建，于20××年11月5日进场，于2006年12月19日开工。按照合同要求20××年11月15日C2标需开挖至高程1480.00m，向C6标移交工作面，但由于工程开挖量大，工期短，又处于汛期开挖，开挖难得大，C2标未按节点工期要求完成开挖至高程1480.00m。至20××年12月14日业主、监理、设计、施工四方参加，C2标向C6标移交高程1500.00m以下工作面。由于左岸高程1500.00m以上趾板基础及堆石区未按设计要求的开挖标准开挖到位，趾板基础存在大量的浮渣，堆石区坝轴线上游未开挖至强风化，要求C2标对左岸趾板基础以及堆石区进一步处理。因此，在20××年1月9日，为减少上下开挖的相互施工干扰，业主、监理、施工几方现场协调C6标暂停左岸基坑开挖，由C2标对左岸趾板基础以及堆石区进一步处理。20××年3月5日C2标完成了左岸高程1500.00m以上趾板基础及堆石区的开挖，由业主、监理、施工几方现场将左右岸趾板基础及堆石区现场移交给C6标。20××年4月20日大坝基础通过验收，趾板混凝土20××年4月24日开始浇筑，于20××年8月7日浇筑完成。

××江三级水电站大坝填筑共分五期，20××年2月，按照××江三级水电站发电目标要求及设计专家组咨询意见，对大坝二期填筑及一期面板顶部高程进行了调整，大坝二期填筑由高程1555.00m调整至高程1576.00m，一期面板混凝土浇筑至由原设计高程1550.00m调整为高程1561.00m。

3. 坝肩开挖及支护、溢洪道土建及金属结构安装工程（C2标）

坝肩开挖及支护、溢洪道土建及金属结构安装工程由中水三局承建，20××年3月10日C2标施工承建单位中水三局进场。20××年3月20日开工。C2标在开挖过程中与C6标上下交叉作业，存在着施工干扰，严重影响两个标段的进度。20××年12月13日，公司从工程全局出发，经与监理、C2标、C6标开会讨论决定对C2标工程进行调整。左岸以底线沿江公路（高程1500.00m）为界，底线沿江公路以上工程继续由C2标完成，底线沿江公路以下工程由C6标完成；右岸以底线沿江公路（高程1495.00m）为界，底线沿江公路以上工程继续由C2标完成，底线沿江公路以下工程由C6标完成；左岸导流洞2号支洞以上部分由于前期施工存在干扰，经公司与监理部商议同意C2标暂缓施工，此部分的开挖工程由C6标完成。

20××年3月底，左岸高程1495.00m以上马道开挖完成，形成14台马道。高程1595.00m以上边坡混凝土网格梁已经完成，高程1570.00～1595.00m贴坡混凝土浇筑完成。左岸趾板槽高程1495.00m以上外边坡开挖完成。右岸高程1495.00m以上马道开挖完成，形成15台马道。高程1595.00m以上边坡混凝土网格梁已经完成。右岸趾板槽高程1495.00m以上外边坡开挖完成。

20××年6月20日溢洪道缓流段底板开挖到位。20××年11月17日，溢洪道引渠导水墙DSQ2基础第一层开仓浇筑，溢洪道结构混凝土正式施工。20××年8月24日挑流鼻坎基础固结灌浆施工完成。溢洪道的基础开挖、基础处理全部完成。全线进入结构混凝土浇筑阶段。

4. 引水隧洞土建工程（C3标）

引水隧洞工程由中水十二局承建，工程于20××年8月9日1号施工支洞工程正式开工，引水隧洞洞挖于20××年7月11日完成，开始转入混凝土衬砌及喷微纤维混凝土施工，进水口明渠及进水塔浇筑于20××年3月26日完成，截至20××年6月，主体工程已全部完成，并投入运行，目前引水隧洞运行良好。

5. 引水隧道土建及金属结构安装工程（C4标）

引水隧洞工程由中铁十九局承建，工程于20××年8月9日2号施工支洞工程正式开工，引水隧洞洞挖于20××年4月30日完成，开始转入混凝土衬砌及喷微纤维混凝土施工，截至20××年7月，主体工程已全部完成，并投入运行，目前引水隧洞运行良好。

6. 调压井、压力管道土建工程（C5A标）

调压井、压力管道土建工程由中国水利水电第××局承建，工程于20××年2月6日工程正式开工，引水隧洞洞挖于20××年1月5日完成，压力管道20××年8月15日开挖完成，开始转入混凝土衬砌施工，截至20××年5月，主体工程已全部完成，并投入运行，目前引水隧洞运行良好。

7. 标压力管道制作、安装工程（C5B）

压力钢管制作安装工程由中水××局承建，于20××年10月12日正式进点，经过前期压力钢管制作厂临建设施建设，于20××年3月1日正式开始压力钢管的制作，于20××年10月全部制作完毕。20××年9月开始安装压力钢管，20××年8月20日安装完成。

8. 厂房、GIS楼土建及尾水闸门安装工程（C7标）

发电厂房、GIS楼土建及尾水闸门安装工程由中水×局承建，20××年6月22日厂房基础开挖通过验收，20××年7月1日厂房开始浇筑混凝土，20××年12月2日厂房主体结构混凝土全部浇筑完成，20××年8月10日厂房室内、室外装修完成。

9. 放空洞土建及金属结构安装工程（C8标）

放空洞土建及金属结构安装工程由中水×局承建，20××年3月25日开工，20××年3月10日出口卧底完成，到此放空洞地下开挖工作基本完成。20××年3月8日放空洞开始混凝土浇筑。20××年11月20日放空洞无压段底板浇筑完成。

10. 机电安装工程（C11标）

机电安装工程由中水×局承建，于20××年11月××正式施工，到20××年1月××日完成三台机尾水管的吊装及安装，20××年12月××日开始座环及蜗壳的吊装，20××年1月××日完成1号、3号及蜗壳的焊接及调整同时于20××年2月××日完成了1号机组蜗壳水压试验。发电机定子、转子于20××年10月××日至20××年11月××日在安装间叠装及组装完毕，并于20××年7月××日将1号机组转子吊入机坑；20××年7月××日开始盘车进行机组轴线检查和调整至20××年8月××日结束，主机开始全面回装至20××年9月××日全部安装完毕。

20××年1月14日首台机组进行负荷试验成功；20××年1月24日首台机组1号机开始72小时运行，经申请投入商业运行。

20××年5月24日2号机组安装完成进入负荷试验成功，投入商业运行。

20××年7月9日3号机组安装完成进入接负荷试验成功，投入商业运行。

（六）主要设计变更

××江三级水电站位于××市××县境内的××江干流上，是××江梯级规划的第三个梯级电站。20××年7月，××省发展和改革委员会以"×××××〔××〕×××号"文核准了××江三级水电站，装机容量24万kW。由于上游的××江一级水电站选择高坝开发方案，对××江三级水电站有较大的调节补偿作用。为充分合理利用水资源，提高水能资源利用效率，××省××市××江水电开发有限公司委托中国水电××集团××勘测设计研究院编制了《××江中游河段××江三级水电站工程装机容量增加75MW专题研究报告》，20××年12月，该报告通过了××省人民政府投资项目评审中心组织的专家组审查。

20××年1月29日，《××市发展和改革委员会关于核准××县××江三级水电站装机增容的批复》（×××××〔20××〕××号）同意电站增容。

××江三级水电站增容工程建设符合国家能源产业政策，符合国家西部大开发及××省培育以水电为主的电力支柱产业政策。为了合理开发清洁可再生的水能资源，将水能资源优势转变为经济优势，促进××经济社会的可持续发展。同意建设××江三级水电站增容工程。

××江三级水电站增容后装机容量31.5万kW（3×10.5万kW），联合运行时电站保证出力11.07万kW，多年发电量为14亿kW·h。

（七）重大技术问题处理

本工程建设过程中未出现重大技术问题。

（八）施工期防汛度汛

1. 度汛标准及洪量

××江三级水电站工程20××年2月底开始下闸封堵导流洞并开始进行初期发电蓄水，此时大坝一期面板已施工至1561.00m高程，20××年4月底前，大坝要求整体填筑至1592.00m高程，二期面板完成，并要求面板及止水工程完成，汛前大坝具备临时挡水条件，溢洪道及泄洪放空洞具备过水条件。根据工程面貌及施工度汛的要求，20××年汛期防洪设计标准为全年200年一遇洪水，相应流量为1880m³/s；防洪校核标准为全年500年一遇洪水，相应流量为2110m³/s。按起调水位按死水位1560.00m、放空洞闸门全开、厂房1台机发电。据此对20××年汛期工程度汛进行调洪计算，调洪计算成果见表5-16。

表5-16　　　　××江三级水电站工程20××年汛期施工度汛调洪成果

洪水标准 /%	洪峰流量 /(m³/s)	调洪最高水位 /m	最大下泄流量 /(m³/s)	泄洪建筑物
0.5	1880	1574.93	725	放空洞：孔口5m×6m，底板高程1424.00m；溢洪道：堰顶高程为1573.00m，溢洪道闸门尺寸为1-13.5m×17m
0.2	2119	1577.72	921	

2. 枢纽工程度汛要求

《××江三级水电站20××年度防洪度汛设计专题报告》已于20××年12月完成，度汛报告所提出的面貌要求已兼顾了下闸蓄水和发电所必需的形象进度，要求本工程建设各相关单位认真执行。

（1）度汛面貌。考虑到下闸蓄水至首台机发电的时间仅3～4个月，因此度汛面貌要求中部分已涵盖了首台发电所必需的面貌要求，需要抓紧落实，有条件时尽量提前完成，以减小后期压力。

（2）地质灾害防治。地质灾害防治关系到人民生命财产及工程安全，须按度汛报告的要求认真清理和排查，并采取适宜的防范措施。

（3）洪水预报。本工程已于20××年2月下闸，洪水预报对蓄水期间的水库调度显得更为重要，因此汛前须对各测流断面及其配套系统进行全面检查，并进行必要的修正、补充和完善，以提高预报精度、延长预见期。同时应加强与当地气象部门的沟通和联系，以便提前了解天气系统可能发生的不利变化。

（4）超标洪水的防洪预案。应对超标洪水的预案，须尽早编制、演练，并储备必要的资源，确保预案能有效运行。

（5）泄水建筑物及其配套的供电设施。泄水建筑物及其配套的供电设施的运行，事关本工程安全和下游防洪安全，因此闸门运行的工作人员应是经培训合格并具有高度责任心；同时要求所有闸门的供电电源必须是至少两回独立的电源，并建议每道闸门配备一套柴油发电机组。

三、专项工程和工作

（一）征地补偿及移民安置

××江三级水电站水库淹没总面积×.×km², 淹没耕地×××亩, 涉及搬迁人口为花水村的×××人。工程的征地补偿及移民安置工作, 由××市人民政府组织, 成立××市××江三级水电站工程建设征地和移民工作指挥部组织实施。目前人口已全部搬迁安置到××镇×××村, 库区1590.00m高程以下的树木已清理完毕, 20××年移民搬迁投资××××万元, 征地补偿投资××××万元。库区群众已全部搬迁完毕, 房屋等建筑已全部拆除。

（二）库区清理

××江三级水电站工程水库淹没区河道底泥清理工作于20××年3月××日开工, 20××年5月××日完工, 完成了库区淹没范围内德厚河河段及××河河段的底泥清理工作。库区清理工作已于20××年6月××日启动, 20××年3月××日完工, 目前除部分悬崖上少量林木因作业难以清理外, 其余的卫生清理、固体废物清理、建（构）筑物清理、林木清理、易漂浮物清理等五类清理已基本完成。

（三）环境保护工程

根据国家环境保护法有关规定, 结合已批准本工程的《环境影响评价报告》, 主要采取了以下环境保护措施。

1. 水环境保护措施

（1）生产废水处理：砂石料加工废水、混凝土拌合废水、机修及车辆停放场含油废水、基坑废水等处理措施。

（2）生活污水处理：施工生活营地设置隔油池、化粪池及成套污水处理系统。水库管理所设置地埋式生活污水处理系统, 电站厂房区设置化粪池沉淀。

（3）在工程的施工建设期、蓄水初期以及运行期均考虑生态流量下泄措施。

2. 生态措施

对大坝下游河道放流的鱼类已在鱼类增殖站进行培育养殖。

3. 环境空气、固体废物保护措施

采用洒水车定期洒水, 增加敏感点附近施工区及道路的洒水次数。设置减速慢行标志, 对高粉尘施工人员配备粉尘个人防护用具。

对生活垃圾进行集中收集, 分拣利用后委托当地环保部门清运。

4. 移民安置区环保措施

对××安置点、××山庄对面安置点、××安置点及××寨4个移民安置点, 进行生活废水、生活垃圾等环保措施设计。

5. 其他环境保护措施

对水库径流区××市境内的××家需要治理的企业污染企业予以关停, 进行污染治理和生态恢复, 目前已全部完成并通过验收。

（四）水土保持设施

经初设阶段复核, 工程水土流失防治责任范围为××××.××hm², 其中项目建设区×××.××hm², 直接影响区××.××hm²。工程建设期土石方开挖总量×××.××

万 m³，回填利用×××.××万 m³，弃渣量×××.××万 m³（以上均为自然方）。工程建设开挖扰动面积×××.××hm²（不计水库淹没区），损坏水保设施面积××.××hm²。工程在建设过程中，土壤侵蚀类型以水力侵蚀为主，预测流失量×.××万 t，新增流失量×.××万 t。

工程建设过程中所引起的水土流失，主要产生在施工阶段。大坝基础开挖弃渣全部运至规定的弃渣场集中堆放；在坝基开挖过程中，对两坝肩永久边坡进行喷锚支护，对弃渣场建了拦渣挡墙和排水盲沟；临时堆转场沿路边采用格宾石笼进行临时挡护。主体工程已接近尾声，将结合项目主体特征，对施工过程造成的水土保持设施损失进行全面治理，恢复其原有植被和生态。

（五）工程建设档案

××江三级水电站工程项目法人十分重视工程档案工作，将档案工作纳入分管领导的岗位职责，并把工程建设与档案资料的收集工作同步进行。为使工程施工过程的档案资料为工程运行有较好的利用，在市档案局的指导下，从工程前期到工程实施建设全过程，公司现场项目部设置了专职档案人员负责边施工边收集整理，加强对工程建设档案资料的管理，做到档案资料随着工程开工与完工同时收集整理，按照规范要求逐一归类。

四、项目管理

（一）机构设置及工作情况

××江三级水电站工程业主单位是××市××江水电开发有限公司，设计单位是××水电集团××勘测设计研究院，监理单位是××水利水电建设工程咨询××公司，质量监督单位是××省水利水电工程质量监督中心站，施工单位由××水电建设集团、××水电工程有限公司、中国水利水电第××工程局、中国水利水电第××工程局、中国水利水电第××工程局、中国水利水电第××工程局、××电力公司××勘测设计研究院科学研究所等。

××省××江水电开发有限公司于20××年5月××日由××电力股份有限公司、××电力发展股份有限公司、××电力公司××勘测设计研究院联合组建。××省××江水电开发有限公司是一个团结、务实、向上的企业团队，围绕经理班子的领导设置了四部二室：工程技术部、计划合同部、机电部、财务部、办公室、中心试验室，工程部下设安全科。

针对××江三级水电站公司成立了××江三级水电站工程项目管理部，由公司副总经理兼总工程师×××任项目经理，公司副总经理×××任项目副经理。由项目部对工程安全、质量、进度、投资进行全面管理。

20××年6月份，××江三级水电站业主临时营地建成，项目经理、副经理及主要工程技术人员进驻工地，工程部是业主对工程项目管理的前沿阵地。为确保20××年2月28日水库下闸蓄水和工程质量达到优质这两个总体目标的实现，××江三级水电站全体工程技术人员在公司领导、各部门的指导帮助下，坚持规范化管理、按制度办事的原则，始终以高度的责任心和自觉性，以积极主动和认真负责的工作态度，任劳任怨，坚守在第一线。在公司全体工作人员的共同努力下，工程得到了规范化管理，工程安全、质量、进度、投资得到良好的控制。

工作依据：工程规范、招投标文件、合同文件、设计文件以及公司领导下达的各项指令、公司文件和部门之间的工作联系单。

工作内容和职责如下：

（1）严格遵守公司的各项规章制度。

（2）领会所负责标段的招投标文件、合同文件以及设计文件。

（3）每旬简要写出所负责标段的工程形象、面貌、质量、进度及完成情况。

（4）标段负责人会同监理、设计、承包商一道确认土石比例及超挖、超填工程量，参加工序间的验收。

（5）跟踪重要部位的工序施工过程。协调督促所负责标段的工程质量、进度。

（6）抽查工程质量及完成情况。

（7）掌握并控制所负责标段新增工程及过程；复核月工程报量。

（8）整理所辖标段开工以来的工程资料，形成电子文档资料。

（9）开展创造性的工作意识，如：根据具体情况，编制详细的施工进度计划，判断工程施工过程中可能会出现的有利和不利因素，提出有利于工程建设方面的意见。

（10）配合协助监理、设计、承包商做好各项工作，协调督促各方的关系、工作。

（11）部门全体成员保持团结、友爱、互助，共同提高业务素质的氛围、不断学习提高的作风；保持积极主动和高度负责的工作态度。

（二）主要项目招标投标过程

苏家河口水电站工程实行业主负责制、招标投标制、工程监理制和合同管理制，槟榔江水电开发有限公司根据《中华人民共和国招标投标法》，委托招标代理机构××招标股份有限公司，对工程监理、施工以及设备采购面向全国公开招标，本着"公开、公平、公正"的原则，择优选择工程的监理、施工和设备厂家。

监理单位：中国水利水电建设工程咨询××公司。

设计单位：中国水电××集团××勘测设计研究院。

施工单位：××水利水电工程公司、中国水利水电第××工程局、中国水利水电第××工程局、中国水利水电第××工程局、中国水利水电第××工程局、中铁××集团公司。

主机设备供货单位：××电气××水电设备公司。

其他主要设备供货单位：×××××高压开关有限公司、××电工××变压器有限公司、××××机电设备有限公司、××重工股份有限公司、××液压成套设备厂有限公司、××电气集团有限公司、××××电力控制系统工程有限公司。

（三）工程概算与投资完成情况

1. 工程概算

工程总投资××××××.××万元，其中建安工作量总计××××××万元。

2. 投资完成情况

截至20××年8月××日，××江三级水电站工程累计完成投资××××××.××万元。

3. 投资管理

××江三级水电站工程建设资金由业主自筹。工程采用月进度付款，承包人在每月末按监理人规定的格式提交月进度付款申请单，并附工程量月报表，报监理审核，再报业主核查审批。

工程开工以来，通过严格遵守"施工单位申报、监理审核、业主审批"三级报审制度，最终收方验收必须施工、监理、业主参与，从现场测量、工程量计算、单价申报审批、工程进度款、材料款、预付款等方面进行控制，使工程总投资控制在合同范围。

（四）合同管理

××江三级水电站工程共分10个主要标段及3个场内公路标：导流洞土建及金属结构安装工程（C1标），由××水电部队××队承建；坝肩开挖及支护、溢洪道土建及金属结构安装工程（C2标），中国水利水电第××工程局；电站进水口、引水隧洞（引0+000.000～引1+600.000段）土建及金属结构安装工程（C3标），由中水十二局承建；引水隧洞（引1+600.000～引5+474.325段）土建工程（C4标）由中铁××集团公司承建；调压井及压力管道土建工程（C5A标）由中国水利水电第××工程局承建；压力钢管制安工程（C5B标）招标工作正在进行；大坝土建工程（C6标）由××水电部队××队承建；厂房土建及尾水闸门安装工程（C7标）中国水利水电第××工程局承建；防洪（放空）洞土建及金属结构安装工程（C8标）由中水××局承建；××××石料场剥离开挖工程（C9标）由××水电部队××队承建；砂石加工系统及相关工程（C10标）由中国水利水电第××工程局承建；机电安装工程（C11标）由中国水利水电第××工程局承建；石料场到大坝坝基公路（CR1标）由××公路管理总段公路机械工程公司承建；石料场至调压井公路（CR2标）由××××路桥工程公司承建；调压井至厂房施工公路（CR3标）由××路桥建集团××路桥工程有限公司承建。

××江三级水电站工程10个主标及3个附标均采用单价合同。电站枢纽工程静态总投资为××××××.××万元，总投资为××××××.××万元。其中各主标投资金额为：C1标合同金额××××万元；C2标合同金额×.××亿元；C3标合同金额××××万元；C4标合同金额××××万元；C5A标合同金额××××万元；C6标合同金额×.××亿元；C7标合同金额××××万元；C8标合同金额××××万元；C9标合同金额××××万元；C10标合同金额××××.××万元，C11标合同金额××××万元。

（五）材料及设备供应

1. 材料供应

工程所用材料由承包商自行采购。承包商采购的材料，要求承包商建立完整的材料检验和检查体系，上报出厂材料质量证明和质量检验报告以及抽样检验成果。业主中心实验室还不定时地对材料进行抽样检查，严格地审查出厂材料质量证明和质量检验报告。

2. 设备供应

本工程的生产设备由承包商自行采购。在实际管理过程中，由于承包商较多，各承包商之间需要交叉使用。因此，生产设备的质量控制主要是建立了完整的设备转让和租赁制度，每次转让和租赁都要开出转让和租赁清单，转让和租赁过程要求相关各方到场，认真清点数量、检查完好率及是否能正常运转。另外，还督促使用者严格按操作规程操作。

五、工程质量

（一）工程质量管理体系和质量监督

1. 工程质量管理体系

公司质量管理目标，始终把加强质量管理、确保工程质量，放在一切工作的首位，在保证工程质量的前提下，加快工程进度、控制工程投资。

按照质量目标要求，公司专门成立了业主中心试验室，购置了国际先进的试验设备，委托××院管理运作，试验室技术员定期或不定期检查进场原材料及成品料，制定并不断完善质量管理体系。各个标段均有公司工程部技术员负责人巡视工地，随时抽查工程质量，自开工以来，总体运行良好，工程质量始终处于良好的受控状态。

监理部按照经过批准的监理规划和工作大纲，认真履行"三控制、两管理、一协调"职能，监理部实行总监负责制，为监督监理工程师在工地监理力度，公司对监理部付款实行人员工日制，各监理工程师在工地一天，就发一天的工资，不在就不发，确实把监理工作落到实处。

各标段主要施工单位均已通过 ISO 质量认证，都有健全的质量管理体系，各项目部都有一名领导主抓质量，成立了质量管理机构，设置专职质量管理人员，制定了相应的规章制度，实行内部"三检"。

对工程项目的质量进行控制和监督，主要进行以下几方面的工作：审查确认承包商的质量保证体系，进场材料、设备的质量控制，现场质量控制，抽样检验质量控制，监理规划、监理实施细则的审查以及对监理工程师日常监理工作的监督和检查等。

承包商质量保证体系的审查确认。要求承包商建立健全的质量保证体系。工程部要求承包人应在工地建立自己的试验室，配备足够的人员和设备，按合同规定和监理人的指示进行各项材料试验，并编写必要的试验资料和原始记录。工程部严格对承包商的试验成果进行审核。

工程材料的质量控制。本工程的工程材料由承包商采购。承包商采购的材料，要求承包商建立完整的材料检验和检查体系，上报出厂材料质量证明和质量检验报告以及抽样检验成果。业主中心实验室还不定时地对材料进行抽样检查，严格审查出厂材料质量证明和质量检验报告。

生产设备的质量控制。本工程的生产设备由承包商采购，在实际管理过程中，由于承包商较多，各承包商之间需要交叉使用。因此，生产设备的质量控制主要是建立了完整的设备转让和租赁制度，每次转让和租赁都要开出转让和租赁清单，转让和租赁过程要求相关各方到场，认真清点数量、检查完好率及是否能正常运转。另外，还督促使用者严格按操作规程操作。

现场质量控制。主要是对施工过程中的质量进行控制，包括外观质量、立模、布筋的绑扎、钢筋焊接后的焊缝、仓面、灌浆孔深度、开挖爆破钻孔深度、角度、装药量、混凝土浇筑时振捣、锚杆的稳定、施工测量等均满足设计要求。监理在现场进行监督，工程部人员进行了频繁的巡查。监督承包商严格按照设计的施工工序进行施工，严格按照设计规范进行施工。在施工测量中，管理人员对施工单位的建筑物轴线、体型尺寸、特征桩号、重要控制点高程等施工放样成果进行审核，并进行多次复测或抽样复检，在金结安装中，复核检测各个部位的安装为止，确保了金结安装的准确性。

抽样检验质量控制。主要是对工程的原材料钢筋、水泥进行抽样检验，对砼的骨料级配、坍落度、强度抽样检验等。承包商自检、监理抽检后报业主，业主工作人员经常性地抽查。

监理规划和监理工作实施细则的审查。业主的意志要通过监理工程师来实现。监理工作的好坏与监理规划和监理工作实施细则的优劣有直接关系。经常对监理工程师的日常监理工作进行监督检查。

2. 质量监督

根据《建设工程质量管理条例》（国务院令第279号），公司于工程开工之初20××年1月×日与××省水利水电工程质量监督中心站（以下简称"省监督中心站"）办理了××江三级水电站工程质量监督手续。省监督中心站依据《××市××江三级水电站工程质量监督书》中约定，编制了监督计划，进行了项目划分确认，参加重要隐蔽工程验收、阶段验收，对主体工程混凝土面板堆石坝、溢洪道、泄洪隧洞（放空洞）、引水隧洞及压力管道、厂房土建、机电安装工程、房屋建筑工程、导流隧洞工程建设全过程实施质量监督。

省监督中心站开展的质量监督工作如下：

(1) 进场伊始即对参建各方进行了质量与安全方面的专题讲座。

(2) 根据工程施工进度安排，编制了《××市××江三级水电站工程质量监督工作大纲》《××市××江三级水电站工程质量监督计划》，对现场监督活动、阶段质量评定等工作内容作出了安排，确保质量监督到位。

(3) 对参建各方工程质量责任主体的资质、人员资格以及施工单位质量保证体系、监理单位控制体系、设计单位现场服务体系、建设单位质量管理体系进行监督检查。督促完善参建各方的质量措施、管理制度、安全生产措施。

(4) 根据《水利水电工程施工质量评定规程（试行）》（SL 176—1996）的规定，对××江三级水电站工程项目划分以"××质监〔20××〕××号"文进行了确认。

(5) 监督检查各参建单位技术规程、规范、质量标准和强制性标准的贯彻执行情况。

(6) 抽查各种材料出厂合格证以及各种原始记录和检测试验资料。检查工程使用的设备、检测仪器的率定情况。对施工的各个环节实施监督。

(7) 抽查单元工程、工序质量评定情况，核定分部工程施工质量等级。

(8) 参加建设单位组织的质量检查活动，参与工程相关的质量会议，了解工程建设情况，宣传贯彻有关法规，并将发现的质量问题及时与参建单位沟通，督促参建单位不断完善质量管理工作。

(9) 参加隐蔽工程验收及阶段验收，对阶段验收提交质量监督报告。

（二）工程项目划分

20××年9月××日，省质量监督中心站我公司报送的《××市××江三级水电站工程项目划分方案》，依据有关规定，结合××江三级水电站工程的特点，组织了有关人员进行了认真研究，以"××质监〔20××〕××号"文进行了确认，确认本工程项目共划分为11个单位工程：混凝土面板堆石坝、溢洪道、泄洪隧洞（放空洞）、引水隧洞及压力管道、厂房土建、机电安装工程、房屋建筑工程、交通工程、环保水保工程、导流隧洞工程、小江平坝料场剥离工程。

共计104个分部工程，其中主要分部工程18个，见表5-17。

（三）质量控制依据和检测

1. 质量控制依据

本工程质量控制的依据是设计文件、设计图纸、合同文件的技术条款以及水利水电建设的各种规程、规范等。

表 5－17　　　　　　　　××市××江三级水电站工程项目划分

序号	单位工程名称	序号	分部工程名称	备注
一	混凝土面板堆石坝	1	坝基、趾板开挖与处理	
		2	△左岸坝基开挖及支护（高程 1480.00m 以上）	
		3	△右岸坝基开挖及支护	
		4	左岸灌浆洞	
		5	右岸灌浆洞	
		6	△趾板及地基防渗	
		7	△混凝土面板及接缝止水	
		8	大坝填筑Ⅰ（高程 1529.00m 以下）	
		9	大坝填筑Ⅱ（高程 1529.00～1576.00m 坝前经济断面）	
		10	大坝填筑Ⅲ（高程 1529.00～1576.00m 坝后部分）	
		11	大坝填筑Ⅳ（高程 1576.00～1592.00m 坝后部分）	
		12	大坝填筑Ⅴ（高程 1592.00～1595.00m 坝后部分）	
		13	观测设施（含原型观测）	
		14	防浪墙及公路	
		15	*上游围堰	
		16	*下游围堰	
		17	坝前铺盖	
二	溢洪道	1	*场内临时交通	
		2	△地基防渗及排水	
		3	溢洪道边坡开挖及支护工程（溢洪道以上边坡）	
		4	溢洪道边坡开挖及支护工程（溢洪道以下边坡）	
		5	溢洪道引渠段（溢 0－007～溢 0－062）	
		6	△溢洪道闸室段（溢 0－007～溢 0＋036）	
		7	溢洪道缓流段（溢 0＋036～溢 0＋240）	
		8	溢洪道泄槽段（溢 0＋240 以后段）	
		9	闸门及启闭机械安装	
三	泄洪隧洞（放空洞）	1	△通风洞及工作闸室	
		2	进口边坡	
		3	出口边坡	
		4	△事故闸门井（包括交通桥）	
		5	有压段	
		6	无压段	
		7	闸门及启闭机安装	

续表

序号	单位工程名称	序号	分部工程名称	备注
四	引水隧洞及压力管道	1	进水口边坡	
		2	△进水塔（包括交通桥）	
		3	引水隧洞Ⅰ（引0+000～引0+800）	
		4	引水隧洞Ⅱ（引0+800～引1+600）	
		5	引水隧洞Ⅲ（引1+600～引3+600）	
		6	引水隧洞Ⅳ（引3+600～引5+474.319）	
		7	引水隧洞Ⅴ（引5+474.319以后段）	
		8	*1号支洞开挖及封堵	
		9	*2号支洞开挖及封堵	
		10	*3号支洞开挖及封堵	
		11	*4号支洞开挖及封堵	
		12	*5号支洞开挖及封堵	
		13	*6号支洞开挖及封堵	
		14	*7号支洞开挖及封堵	
		15	闸门及启闭机械安装Ⅰ	进水口
		16	闸门及启闭机械安装Ⅱ	2号支洞检修门
		17	△钢管道平段及斜井	
		18	排水孔	
		19	调压室	包括上室、下室、竖井、斜井及连通洞
		20	△压力钢管安装	
		21	原型观测	
五	厂房土建	1	高程1249.11m以上开挖及支护	
		2	高程1249.11m以下开挖及支护	
		3	围堰	
		4	△主厂房	
		5	上游副厂房	
		6	安装间	
		7	下游副厂房	
		8	尾水段	
		9	尾水渠	
		10	闸门及启闭机械安装	
		11	给水排水工程	
		12	厂区地坪	
		13	屋面工程	
		14	冲沟治理	
		15	原型观测	

续表

序号	单位工程名称	序号	分部工程名称	备注
六	机电安装工程	1	△1号水轮发电机组安装	
		2	△2号水轮发电机组安装	
		3	△3号水轮发电机组安装	
		4	水力机械辅助设备安装	
		5	起重设备安装	
		6	发电电气设备安装	
		7	△主变压器安装	
		8	GIS及附属设备	
		9	通信设备安装	
		10	消防设施及技术供水	
七	房屋建筑工程	1	办公楼	
		2	职工宿舍	
		3	食堂	
		4	室外附属工程绿化	
八	交通工程	1	CR1标	
		2	CR2标	
		3	CR3标	
九	环保水保工程	1	渣场治理	
		2	边坡治理	
		3	绿化工程	
十	导流隧洞工程	1	*上游围堰	
		2	*下游围堰	
		3	*1号施工支洞	
		4	*2号施工支洞	
		5	进口明渠	
		6	△进水塔	
		7	导流隧洞	
		8	△导流洞堵体段	
		9	出口明渠	
		10	闸门及启闭机械安装	
十一	*料场剥离工程	1	*施工道路	
		2	10号弃渣场拦水坝	
		3	10号弃渣场拦渣坝	
		4	10号弃渣场排水渠	
		5	料场剥离开挖	

注 1. 表中有"△"号的为主要分部工程。
2. 表中有"*"号的为规程没有要求或是总价工程,但根据工程需要而划分,可以不参加质量评定的分部工程。

(1)《水利水电工程施工质量评定规程（试行）》（SL 176—1996）。
(2)《建筑边坡工程技术规范》（GB 50260—2002）。
(3)《爆破安全规程》（GB 6722—86）。
(4)《水工建筑物岩石基础开挖工程施工技术规范》（SL 47—94）。
(5)《锚杆喷射混凝土支护技术规范》（GB 50086—2001）。
(6)《水工预应力锚固施工规范》（SL 46—94）。
(7)《水工建筑物水泥灌浆施工技术规范》（DL/T 5148—2001）。
(8)《喷射混凝土施工技术规程》（YBJ 226—91）。
(9)《公路隧道施工技术规范》（JTJ 042—94）。
(10)《水利水电工程钻孔压水试验规程》（SL 25—92）。
(11)《水工混凝土外加剂技术规范》（DL/T 5100—1999）。
(12)《水工混凝土试验规程》（DL/T 5150—2001）。
(13)《混凝土拌和用水标准》（JGJ 63—89）。
(14)《混凝土结构工程施工及验收规范》（GB 50204—92）。
(15)《混凝土质量控制标准》（GB 50164—92）。
(16)《低热微膨胀水泥》（GB 2938—97）。
(17)《硅酸盐水泥、普通硅酸盐水泥》（GB 175—1999）。
(18)《水工混凝土掺用粉煤灰技术规范》（DL/T 5055—1996）。
(19)《水利水电工程混凝土防渗墙施工规范》（DL/T 5199—2004）。
(20)《水工混凝土施工规范》（SDJ 5144—2001）（钢筋工程）。
(21)《水利水电工程模板施工规范》（DL/T 5110—2000）。
(22)《水工混凝土砂石骨料试验规程》（DL/T 5151—2001）。
(23)《水工混凝土土质分析试验规程》（DL/T 5152—2001）。
(24)《砌体工程施工及验收规范》（GB 50203—98）。
(25)《水利水电建设工程验收规程》（SL 223—1999）。
(26)《碾压式土石坝施工规范》（DL/T 5129—2001）。
(27)《混凝土面板堆石坝施工规范》（DL/T 5128—2001）。
(28)《混凝土面板堆石坝接缝止水规范》（DL/T 5115—2000）。

2. 质量检测

(1) 大坝土建工程（C6标）。

1) 原材料质量检测。截至20××年11月××日工程所用原材料主要包括：水泥、砂石骨料、钢筋、钢筋焊接接头、锚杆拉拔、减水剂、速凝剂、粉煤灰、止水材料等。试验室对上述工程上所用材料通过自检或送检方式进行了检测，具体检测情况分述如下。

a. 水泥。工程中所用水泥为×××××××水泥股份有限公司生产的××牌P·O42.5水泥、××科技实业股份有限公司生产的×××牌P·O32.5水泥、××水泥有限公司生产的××牌P·O32.5、P·O42.5水泥。试验室对进场水泥进行了取样检测，取样频率依据《水工混凝土施工规范》（DL/T 5144—2001）进行，即：按200t～400t同品种、同标号、同批号的水泥为一取样单位，不足200t也作为一取样单位；取样具有代表性，取样时连续取或从20个以上不同部位取等量样品，总量至少12kg。20××年6月之前水泥检测评定依据《硅酸盐水泥、普通硅酸盐水泥》（GB 175—1999）标准进行、20××年6月之后水泥检测评定依据《通用硅酸盐水泥》（GB 175—2007）标准进行。检测项目有：细度、安定性、凝结时间、3d及28d龄期的抗折强度、抗压强度。

截至20××年11月30日，共检测×××牌P·O32.5水泥7组、××牌P·O32.5水泥13组、××牌P·O42.5水泥76组、××××牌P·O42.5水泥46组，所检测项目均符合国家标准。检测成果统计见表5-18～表5-21。

表5-18　　　　　　　×××牌P·O32.5水泥检测成果统计

检测项目	细度/%	标准稠度/%	抗折强度/MPa 3d	抗折强度/MPa 28d	抗压强度/MPa 3d	抗压强度/MPa 28d	凝结时间/(h：min) 初凝	凝结时间/(h：min) 终凝	安定性
最大值	4.6	27.4	6.5	9.0	27.6	56.3	3：08	3：58	合格
最小值	2.0	26.1	5.0	7.3	18.3	38.1	2：21	3：20	
平均值	3.6	26.9	5.6	8.4	23.3	46.6	2：39	3：41	
规定值	≤10	—	≥2.5	≥5.5	≥11.0	≥32.5	≥45min	≤10h	合格
合格率/%	100	100	100	100	100	100	100	100	100

表5-19　　　　　　　××牌P·O32.5水泥检测成果统计

检测项目	细度/%	标准稠度/%	抗折强度/MPa 3d	抗折强度/MPa 28d	抗压强度/MPa 3d	抗压强度/MPa 28d	凝结时间/(h：min) 初凝	凝结时间/(h：min) 终凝	安定性
最大值	5.8	28.0	5.8	8.4	23.3	46.1	3：21	4：28	合格
最小值	1.2	26.8	4.4	6.7	15.6	35.9	2：08	3：07	
平均值	4.0	27.2	5.1	7.6	20.5	41.4	2：38	3：40	
规定值	≤10	—	≥2.5	≥5.5	≥11.0	≥32.5	≥45min	≤10h	合格
合格率/%	100	100	100	100	100	100	100	100	100

表5-20　　　　　　　××牌P·O42.5水泥检测成果统计

检测项目	细度/%	标准稠度/%	抗折强度/MPa 3d	抗折强度/MPa 28d	抗压强度/MPa 3d	抗压强度/MPa 28d	凝结时间/(h：min) 初凝	凝结时间/(h：min) 终凝	安定性
最大值	4.6	27.8	6.9	9.5	30.9	53.5	2：42	3：59	合格
最小值	0.6	26.5	5.4	8.0	21.7	45.0	2：06	3：08	
平均值	2.8	27.3	6.4	8.8	26.6	49.1	2：27	3：35	
规定值	—	—	≥3.5	≥6.5	≥17.0	≥42.5	≥45min	≤10h	合格
合格率/%	100	100	100	100	100	100	100	100	100

从检测成果可以看出：P·O32.5、P·O42.5水泥28d抗压强度有一定的波动性，其抗压强度波动情况见图5-1～图5-4。

b. 砂石骨料。砂石骨料为××工程局砂石系统生产的人工砂石骨料，砂石骨料检验的取样频率、检测项目及评定主要依据《水工混凝土施工规范》（DL/T 5144—2001）进行，即：细骨料应按同料源每600～1200t为一批，检测细度模数、石粉含量（人工砂）、含泥量（天然砂）、泥块含量和含水率；粗骨料按同料源、同规格碎石每2000t为一批，检测超

表 5-21　　　　　　　　　　××××牌 P·O42.5 水泥检测成果统计

检测项目	细度 /%	标准稠度 /%	抗折强度/MPa		抗压强度/MPa		凝结时间/(h：min)		安定性
			3d	28d	3d	28d	初凝	终凝	
最大值	6.0	27.8	7.5	9.7	34.4	57.0	3：11	4：36	合格
最小值	0.4	23.9	5.4	8.2	23.4	44.1	2：09	3：07	
平均值	0.9	27.1	6.4	9.1	26.8	50.0	2：31	3：36	
规定值	—	—	≥3.5	≥6.5	≥17.0	≥42.5	≥45min	≤10h	合格
合格率/%	100	100	100	100	100	100	100	100	100

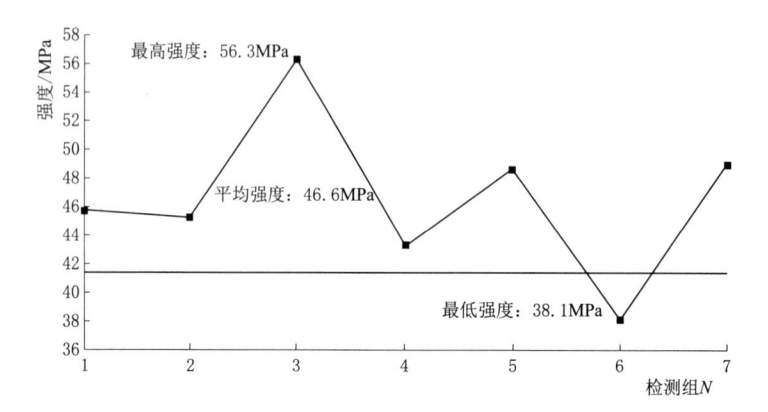

图 5-1　×××牌 P·O32.5 水泥 28d 抗压强度波动

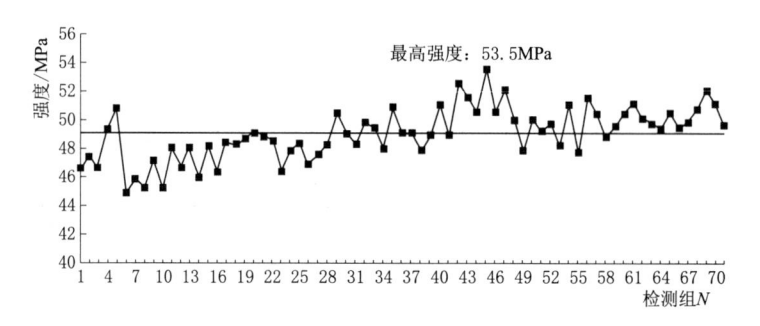

图 5-2　××牌 P·O32.5 水泥 28d 抗压强度波动

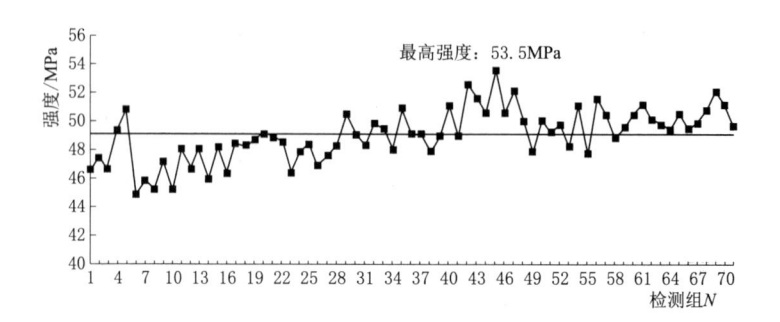

图 5-3　××牌 P·O42.5 水泥 28d 抗压强度波动

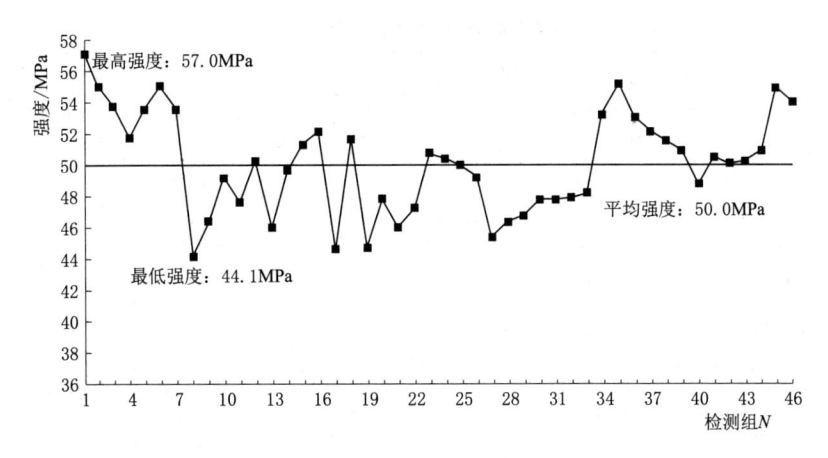

图 5-4　××牌 P·O42.5 水泥 28d 抗压强度波动

径含量、逊径含量、针片状含量、含泥量、泥块含量。按规定对每种规格每月进行 1～2 次抽样检验；检测依据《水工混凝土砂石骨料试验规程》(DL/T 5151—2001)进行。

截至 20××年 11 月 30 日，共检测人工砂 49 组、小石（5～20mm）46 组、中石（20～40mm）46 组。检测成果统计见表 5-22。

表 5-22　　　　　　　　　　　砂石骨料检测成果统计

检测项目	小石（5～20mm）				中石（20～40mm）				砂子（<5mm）			
	超径/%	逊径/%	含泥量/%	针片状/%	超径/%	逊径/%	含泥量/%	针片状/%	细度模数	泥块含量/%	含水率/%	石粉含量/%
最大值	5	34	0.5	4	20	31	0.4	3	3.21	0	5.7	28.5
最小值	0	2	0.1	1	0	1	0.1	1	2.41	0	1.6	8.4
平均值	2	12	0.2	2	8	9	0.2	1	2.77	0	3.6	20.0
规定值	<5	<10	≤1	≤15	<5	<10	≤1	≤15	2.4～2.8	不允许	≤6	6～18

检测成果统计表明：××工程局砂石系统生产的人工砂的细度模数基本满足《水工混凝土施工规范》(DL/T 5144—2001)规定的 2.4～2.8 的范围，但人工砂的超径含量与石粉含量存在一定的波动；粗骨料的超逊径含量不太稳定。在混凝土生产的过程中，试验室通过调整骨料之间的级配比例，基本上可以满足混凝土的性能要求。

c. 钢筋。工程中所用钢筋为××钢铁集团生产的钢筋、×××钢铁集团生产的钢筋。试验室依据钢筋出厂材质单对每批进场钢筋进行取样检测，取样频率及方法依据《钢筋混凝土用钢　第 1 部分：热轧光圆钢筋》(GB 1499.1—2008)、《钢筋混凝土用钢　第 2 部分：热轧带肋钢筋》(GB 1499.2—2007)标准进行，即：以同一牌号、同一炉罐号、同一规格的钢筋组成一批，按批进行检测，每批重量不大于 60t。检测依据《金属材料弯曲试验方法》(GB/T 232—1999)、《金属材料室温拉伸试验方法》(GB/T 228—2002)进行。检测成果统计见表 5-23。

d. 钢筋焊接接头性能检测及锚杆抗拉拔性能检测。钢筋焊接接头力学性能检测依据《金属材料室温拉伸试验方法》(GB/T 228—2002)、评定依据《钢筋焊接及验收规程》(JGJ 18—2003)标准进行。

表5-23 钢筋机械性能检测成果统计

直径/mm	牌号	检测组数	屈服强度/MPa 最大值	最小值	平均值	抗拉强度/MPa 最大值	最小值	平均值	伸长率/% 平均值	冷弯合格率/%
6.5	HPB235	3	360	285	325	525	420	485	32.2	100
10	HRB335	4	395	355	371	590	530	564	28.0	100
16	HRB335	17	440	350	391	620	540	571	28.3	100
18	HRB335	19	440	375	413	600	525	570	28.2	100
20	HRB335	32	440	365	395	610	530	565	25.7	100
22	HRB335	19	405	340	373	615	545	586	25.1	100
25	HRB335	8	425	350	380	650	545	583	24.1	100
28	HRB335	25	380	355	366	595	565	578	24.5	100
国家标准			HPB235：≥235 HRB335：≥335			HPB235：≥370 HRB335：≥455			HPB235：≥25 HRB335：≥17	
备注			所进钢筋经检测其力学性能、弯曲性能均符合国家标准要求							

我部在大坝趾板及大坝面板施工现场对钢筋焊接接头进行了抗拉强度试验检测。其中在趾板施工现场共抽取Φ20钢筋焊接接头15组、Φ22钢筋焊接接头26组；在面板施工现场共抽取Φ16钢筋焊接接头33组、Φ18钢筋焊接接头25组、Φ20钢筋焊接接头15组。经检测接头破坏形式均为母材断裂，抗拉强度均大于母材抗拉强度规定值，根据《钢筋焊接及验收规程》(JGJ 18—2003)标准的规定，所抽取钢筋焊接接头的抗拉强度性能满足规程相关要求。检测成果统计见表5-24。

表5-24 钢筋焊接接头性能检测成果统计

母材牌号	直径d/mm	连接方式	取样地点	抽取组数	抗拉强度/MPa 最大值	最小值	平均值
HRB335	16	单面搭接	面板	33	610	520	567
HRB335	18	单面搭接	面板	25	595	550	568
HRB335	20	单面搭接	面板	15	590	545	560
HRB335	20	单面搭接	趾板	15	575	510	540
HRB335	22	双面焊接	趾板	26	645	550	580

锚杆抗拉拔性能检测依据《水电水利工程锚喷支护施工规范》(DL/T 5181—2003)、评定依据设计相关标准进行。

试验室针对大坝趾板基础、趾板内外坡支护及料场边坡支护施工的锚杆进行了拉拔试验。其中检测大坝趾板基础锚杆32组、趾板内外坡支护锚杆25组，料场边坡支护锚杆5组。检测成果表明：所检测的锚杆抗拉拔力满足80～120kN的设计要求。检测成果统计见表5-25。

e. 减水剂。工程中所使用的减水剂为江苏博特新材料有限公司生产的JM-Ⅱ型缓凝高效减水剂。该产品于20××年4月底开始投入工程中使用，主要用于趾板及面板混凝土。根据《水工混凝土施工规范》(DL/T 5144—2001)的规定：掺量小于1%的外加剂以50t为一批进行检验。工程中所使用的JM-Ⅱ型减水剂的掺量为0.7%，试验室依据上述规定对JM-Ⅱ型缓凝高效减水剂进行了检验。检验方法和评定标准分别依据《混凝土外加剂匀质性试验方法》(GB/T 8077—2000)、《水工混凝土外加剂技术规程》(DL/T 5100—1999) 相关标准进行。检测成果统计见表 5-26。

表 5-25　　　　　　　　　锚杆抗拉拔性能检测成果统计

锚杆直径 /mm	抽取组数	抗拉拔力/kN			设计要求
		最大值	最小值	平均值	
28	32	126.5	100.9	111.8	80~120kN
18	13	111.0	99.6	105.5	
25	17	124.3	95.6	109.5	

表 5-26　　　　　JM-Ⅱ缓凝高效减水剂检测成果统计（检测 8 组）

检测项目	掺量/%	减水率/%	检测项目	掺量/%	减水率/%
规定值	—	≥15	最小值	0.7	17.5
最大值	0.7	18.9	平均值	0.7	18.1

f. 速凝剂。工程中所使用的速凝剂为××××混凝土外加剂有限公司生产的 STS-××壹型速凝剂。该产品于20××年4月开始投入工程中使用，主要用于挤压边墙混凝土与喷混凝土中。根据《水工混凝土施工规范》(DL/T 5144—2001) 的规定：掺量大于或等于1%的外加剂以100t为一批进行检验。工程中所使用的 STS-××壹型速凝剂的掺量为4%，试验室依据上述规定对 STS-××壹型速凝剂进行了检验。检验方法和评定标准依据《喷射混凝土用速凝剂》(JC/T 477—92) 相关标准进行。检测成果统计见表 5-27。

表 5-27　　　　　STS-××壹型速凝剂检测成果统计（检测 2 组）

检测项目		净浆凝结时间		细度 /%	1d 抗压强度 /MPa	28d 抗压强度比 /%
		初凝时间	终凝时间			
最大值		4min27s	9min39s	12.8	8.6	81
最小值		4min03s	9min18s	10.6	8.4	80
平均值		4min15s	9min29s	11.7	8.5	80.5
相关标准	一等品	≤3	≤10	≤15	≥8	≥75
	合格品	≤5	≤10	≤15	≥7	≥70

g. 粉煤灰。工程中所使用的粉煤灰为××省××发电粉煤灰开发有限责任公司生产的Ⅰ级粉煤灰。该产品于20××年4月底开始投入工程中使用，主要用于趾板及面板混凝土。根据《水工混凝土施工规范》(DL/T 5144—2001) 的规定：粉煤灰等掺合料以连续供应200t为一批（不足200t按一批计）进行检测。试验室依据上述规定对××Ⅰ级粉煤灰进行了检验。检验方法和评定标准依据《水工混凝土掺用粉煤灰技术规范》(DL/T 5055—2007) 相关标准进行。检测成果见表 5-28。

表 5-28　　　　　　　　粉煤灰性能检测成果（检测 19 组）

检测项目	细度/%	需水量比/%	检测项目	细度/%	需水量比/%
最大值	9.8	94	平均值	9.1	92
最小值	8.1	90	控制指标	≤12	≤95

h. 止水材料。工程中使用的止水材料主要用于大坝趾板及面板结构混凝土。止水材料主要包括：××××铜业有限公司生产的 T2/M/1mm 型止水铜片、××省××市××塑胶有限责任公司生产的 $\phi15$ 型、$\phi40$ 型、$\phi60$ 型 PVC 棒、SR 塑性填料、××乙丙 SR 防渗盖片等。上述材料均有产品出厂检验合格证，现场检验由于试验室不具备检测上述材料的条件，因此项目部委托地方检测机构对上述材料进行了质量检测，经检测质量合格，可以用于大坝工程。

i. 聚丙烯微纤维。大坝面板工程使用的微纤维是由××××工程纤维有限公司生产的聚丙烯微纤维，项目部委托××省纤维检验所检测，其抗拉强度、断裂伸长率、弹性模量指标均符合设计要求。检测成果见表 5-29。

表 5-29　　　　　　　　　　聚丙烯微纤维性能检测成果

检测项目	断裂伸长率/%	弹性模量/MPa	抗拉强度/MPa
检测结果	36.82	8908	554.5
控制指标	≥20	≥3500	≥500

2) 混凝土、砂浆检测。

a. 混凝土。截至 20××年 11 月 30 日，大坝工程施工的混凝土品种有喷混凝土、常态混凝土、泵送混凝土、挤压边墙混凝土。其中喷混凝土采用试模成型试件，取样数量及统计方法依据《水电水利工程锚喷支护施工规范》(DL/T 5181—2003) 进行；常态、泵送混凝土取样数量及统计方法分别依据《水工混凝土施工规范》(DL/T 5144—2001)、《混凝土强度检验评定标准》(GBJ 107—87) 进行；挤压边墙混凝土取样数量及统计方法依据设计文件《××江梯级××江三级水电站面板堆石坝混凝土挤压边墙施工技术要求》(报告编号：0363-S-SB-05)。上述混凝土 28d 抗压强度检测成果统计见表 5-30。

表 5-30　　　　　　　　　混凝土 28d 抗压强度检测成果统计

施工部位	混凝土强度等级	检测组数	最大值/MPa	最小值/MPa	平均值/MPa	标准差/MPa	离差系数 C_v	合格率/%
趾板后坡处理混凝土	C20（常态）	11	28.1	20.2	23.6	2.572	0.109	100
趾板地质回填混凝土	C20（常态）	18	35.0	22.7	28.0	3.379	0.121	100
趾板基础回填混凝土	C25（泵送）	11	41.5	29.3	34.9	4.547	0.130	100
趾板外贴坡混凝土	C25（泵送）	12	37.6	26.4	29.4	3.252	0.111	100
趾板混凝土	C25（泵送）	98	46.2	26.9	34.7	4.307	0.124	100
面板混凝土	C25（常态）	120	56.7	36.3	46.0	4.454	0.097	100
趾板内外坡支护	C20（喷混凝土）	49	35.2	20.4	27.1	3.891	0.144	100
趾板倒悬体回填	C15	109	32.2	15.4	22.1	4.065	0.184	100
挤压边墙混凝土	<5MPa	102	4.2	1.9	2.9	0.521	0.180	100
大坝回头挡坎混凝土	C20	27	33.1	23.2	26.9	2.337	0.087	100
料场边坡支护	C20（喷混凝土）	19	30.7	20.7	24.7	3.221	0.130	100

大坝挤压边墙混凝土静力弹性模量检测成果统计见表 5-31。

表 5-31　　　　　　　挤压边墙混凝土静力弹性模量检测成果统计

施工部位	设计指标/MPa	检测组数	最大值/MPa	最小值/MPa	平均值/MPa	标准差/MPa	离差系数 C_v	合格率/%
大坝挤压边墙	3000~8000	49	7300	3400	5704	—	0.132	100

电站大坝趾板 C25 混凝土抗压强度波动值见图 5-5、大坝面板 C25 混凝土抗压强度波动值见图 5-6。

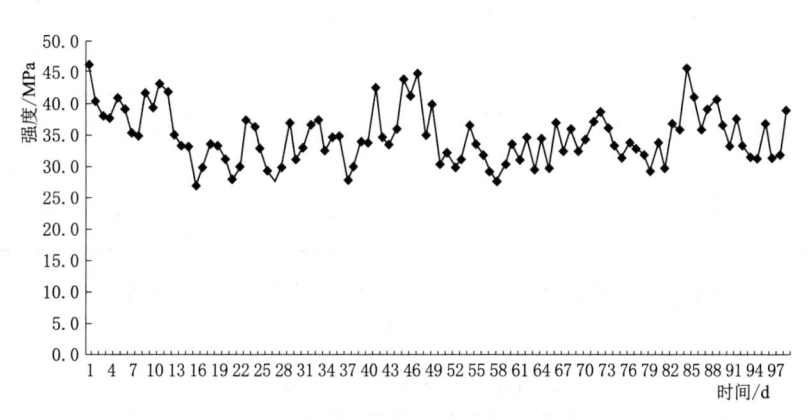

图 5-5　趾板 C25 混凝土强度波动

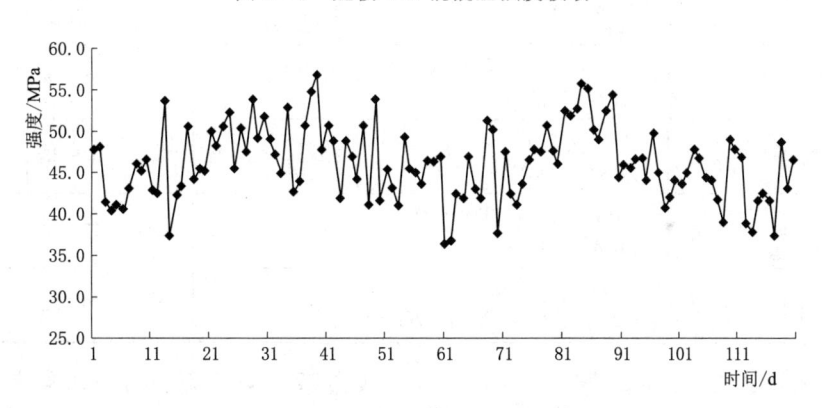

图 5-6　面板 C25 混凝土强度波动

大坝趾板设计混凝土抗渗指标≥W12，取样试验 9 组，全部合格，试验统计见表 5-32。

表 5-32　　　　　　　大坝趾板混凝土抗渗试验结果统计

序号	检测部位		取样日期/(年-月-日)	试验日期/(年-月-日)	检测结果
1	水平段混凝土	ZP30+063~ZP30+048 高程 1465.00~1466.52m	20××-05-24	20××-06-21	>W12
2	水平段混凝土	ZP30+003~ZP30+018 高程 1465.00~1466.52m	20××-06-19	20××-07-17	>W12
3	左岸斜坡段混凝土	ZP20+055~ZP20+070 高程 1480.00~1488.26m	20××-12-22	20××-01-19	>W12
4	左岸斜坡段混凝土	ZP2 0+025~ZP2 0+010 高程 1498.00~1506.00m	20××-05-06	20××-06-03	>W12

续表

序号	检测部位		取样日期/(年-月-日)	试验日期/(年-月-日)	检测结果
5	右岸斜坡段混凝土	ZP5 0+012～ZP5 0+027 高程1508.00～1519.00m	20××-06-02	20××-06-30	>W12
6	左岸斜坡段混凝土	ZP20+03～ZP10+56.216 高程1537.66～1542.74m	20××-10-06	20××-11-03	>W12
7	右岸斜坡段混凝土	ZP70+18～ZP70+03 高程1551.52～1560.57m	20××-12-15	20××-01-12	>W12
8	左岸斜坡段混凝土	ZP10+3～ZP10+11.216 高程1567.00～1570.05m	20××-03-20	20××-04-17	>W12
9	左岸斜坡段混凝土	ZP0 0+21～ZP0 0+06 高程1577.41～1588.36m	20××-07-26	20××-08-23	>W12

大坝趾板设计混凝土抗冻指标≥F100，取样试验4组，全部合格，试验结果统计见表5-33。

表5-33　　　　　　　大坝趾板混凝土抗冻试验结果统计

序号	检测部位		取样日期/(年-月-日)	试验日期/(年-月-日)	检测结果
1	左岸斜坡段混凝土	ZP20+055～ZP20+070 高程1480.00～1488.26m	20××-12-21	20××-01-18	>F100
2	右岸斜坡段混凝土	ZP4～ZP5 0+060～0+045 高程1490.30～1501.50m	20××-02-24	20××-03-23	>F100
3	左岸斜坡段混凝土	ZP2 0+30～ZP2 0+45 高程1520.00～1527.20m	20××-06-22	20××-07-20	>F100
4	右岸斜坡段混凝土	ZP60+27～ZP60+12 高程1531.35～1537.57m	20××-09-24	20××-10-22	>F100

大坝面板设计混凝土抗渗等级≥W12，取样试验17组，全部合格，试验统计结果见表5-34。

表5-34　　　　　　　大坝面板混凝土抗渗试验结果统计

序号	检测部位	取样日期/(年-月-日)	试验日期/(年-月-日)	检测结果
1	一期面板FR1	20××-10-18	20××-11-15	>W12
2	一期面板FL3	20××-10-23	20××-11-20	>W12
3	一期面板FR3	20××-10-27	20××-11-24	>W12
4	一期面板FR5	20××-10-31	20××-11-28	>W12
5	一期面板FL5	20××-11-03	20××-12-01	>W12
6	一期面板FL1	20××-11-06	20××-12-04	>W12
7	一期面板FR7	20××-11-13	20××-12-11	>W12
8	一期面板FR2	20××-11-16	20××-12-14	>W12
9	一期面板FR9	20××-11-19	20××-12-17	>W12

续表

序号	检测部位	取样日期/(年-月-日)	试验日期/(年-月-日)	检测结果
10	一期面板 FL4	20××-11-22	20××-12-20	>W12
11	一期面板 FR4	20××-11-25	20××-12-23	>W12
12	一期面板 FL2	20××-11-28	20××-12-26	>W12
13	一期面板 FR6	20××-12-01	20××-12-29	>W12
14	一期面板 FL6	20××-12-03	20××-12-31	>W12
15	一期面板 FR8	20××-12-05	20××-01-02	>W12
16	一期面板 FL8	20××-12-10	20××-01-07	>W12
17	一期面板 FL12	20××-12-14	20××-01-11	>W12

大坝面板设计混凝土抗冻指标≥F100，取样试验8组，全部合格，试验统计结果见表5-35。

表5-35　　　　　　大坝面板混凝土抗冻试验结果统计

序号	检测部位	取样日期/(年-月-日)	试验日期/(年-月-日)	检测结果
1	一期面板 FR1	××09-10-18	××09-11-15	>F100
2	一期面板 FL3	××09-10-23	××09-11-20	>F100
3	一期面板 FL1	××09-11-06	××09-12-04	>F100
4	一期面板 FR7	××09-11-13	××09-12-11	>F100
5	一期面板 FR9	××09-11-19	××09-12-17	>F100
6	一期面板 FL2	××09-11-28	××09-12-26	>F100
7	一期面板 FR4	××09-11-28	××09-12-26	>F100
8	一期面板 FL6	××09-12-03	××09-12-31	>F100

b. 砂浆。截至20××年11月××日，工程中施工的砂浆品种主要有：边坡支护锚杆砂浆M25、趾板基础锚杆砂浆M25、砌筑砂浆M7.5。因砂浆取样频率规范没有作具体规定，砂浆的取样以随机抽样的方式进行，尽可能多地进行抽样试验，以达到严格控制质量的目的。砂浆28d抗压抗压强度检测成果统计见表5-36。

表5-36　　　　　　砂浆28d抗压强度检测成果统计

施工部位	设计强度等级	检测组数	最大值/MPa	最小值/MPa	平均值/MPa	标准差/MPa	离差系数 C_v	合格率/%
趾板基础垫层	M25	2	25.5	25.4	25.5	—	—	100
趾板基础锚杆	M25	45	38.6	26.0	31.3	3.094	0.099	100
大坝边坡支护锚杆	M25	29	38.7	26.2	31.9	3.752	0.118	100
大坝勘探平硐砌石	M7.5	5	12.0	8.8	10.9	—	—	100
料场边坡支护锚杆	M25	7	33.5	26.7	30.1	—	—	100
拦渣坝砌筑	M7.5	2	11.7	9.7	10.7	—	—	100
料场挡墙砌筑	M7.5	4	12.2	9.5	10.6	—	—	100
营地挡墙砌筑砂浆	M7.5	1	11.8	11.8	11.8	—	—	100

3) 围堰工程检测成果。围堰工程的检测主要包括围堰中使用的钢筋的性能检测、围堰防渗料的室内击实试验、现场垂直渗透检测以及现场填筑料的干密度检测。

上游围堰使用钢筋性能检测成果见表5-37。

表5-37　　　　　　　　　　上游围堰使用钢筋性能检测成果

检测日期 /(年-月-日)	生产厂家	牌号	直径d /mm	拉伸试验			弯曲试验	检测结论
^	^	^	^	屈服强度 /MPa	抗拉强度 /MPa	伸长率 /%	弯心角度	^
20××-01-13	×钢	HRB335	14	410	610	31	180°	合格
^	^	^	^	415	610	31	180°	合格
20××-01-20	×钢	HRB335	14	455	565	31	180°	合格
^	^	^	^	460	575	31	180°	合格

围堰防渗料的室内击实试验1组，试验结果见表5-38。

表5-38　　　　　　　　　　围堰防渗料击实试验成果

检测日期/(年-月-日)	试验方法	击实功/(kJ/m³)	最优含水量/%	最大干密度/(kg/m³)
20××-12-16	轻型击实	592.2	14.1	1840

现场填筑料的垂直渗透检测3组，检测结果见表5-39。

表5-39　　　　　　　　　　上游围堰现场垂直渗透检测成果

检测日期/(年-月-日)	检测部位	填料种类	20℃水温渗透系数/(cm/s)
20××-05-31	高程1493.09m 坝横0+28.549 围堰纵上0+40.202	防渗料	9.81×10^{-3}
20××-05-31	高程1495.36m 坝横0+54.323 围堰纵上0+33.738	防渗料	5.07×10^{-3}
20××-05-31	高程1500.73m 坝横0+84.514 围堰纵上0+22.329	防渗料	9.81×10^{-3}

现场填筑料的干密度检测7组，检测结果见表5-40。

表5-40　　　　　　　　　　上游围堰填筑干密度检测成果

检测日期 /(年-月-日)	检测部位	填料种类	坑深 /cm	湿料重 /kg	试坑注水 /m³	湿密度 /(g/cm³)	含水量 /%	干密度 /(g/cm³)
20××-02-21	高程1489.15m 坝横0+30纵下0+28.5	混合料	95	3598.2	1.513	2.379	3.245	2.304
20××-03-14	高程1488.70m 坝横0+56.5纵0-24.5	混合料	94	3401.8	1.494	2.277	4.331	2.182
20××-03-22	高程1501.90m 坝横0+73纵下0-5.0	混合料	97	3350.8	1.539	2.178	3.023	2.114
20××-03-11	高程1491.70m 坝横0+044,0+056,0+62	防渗料	11.5	平均2.361	环刀体积 1092.9cm³	平均2.161	平均12.0	平均1.930

续表

检测日期/(年-月-日)	检测部位	填料种类	坑深/cm	湿料重/kg	试坑注水/m³	湿密度/(g/cm³)	含水量/%	干密度/(g/cm³)
20××-03-16	高程1496.10m 坝横0+054,0+061,0+73	防渗料	11.5	平均2.298	环刀体积1092.9cm³	平均2.103	平均11.4	平均1.887
20××-03-19	高程1498.50m 坝横0+075,0+062,0+49	防渗料	11.5	平均2.369	环刀体积1092.9cm³	平均2.168	平均15.3	平均1.881
20××-03-24	高程1502.10m 坝横0+053,0+065,0+79	防渗料	11.5	平均2.206	环刀体积1092.9cm³	平均2.019	平均9.6	平均1.842

4) 大坝填筑工程检测成果。

a. 大坝填筑料的爆破试验。根据合同文件要求，大坝填筑所使用的主堆石料（ⅢB料）及过渡料（ⅢA料）由××水电部队爆破开采。试验室于20××年4—5月对主堆石料（ⅢB料）、过渡料（ⅢA料）进行了爆破试验，经过现场和室内筛分试验，由得出的筛分级配曲线最终确定了上述两种填筑料的最佳爆破参数见表5-41，爆破料级配曲线见图5-7和图5-8。

表5-41　　　　　　　　　　大坝填筑料爆破参数

填筑料名称	爆破参数		
	孔距/m	排距/m	单耗/(kg/m³)
主堆石料（ⅢB）	3.5	3.5	0.50
过渡料（ⅢA）	2.5	2.5	1.00

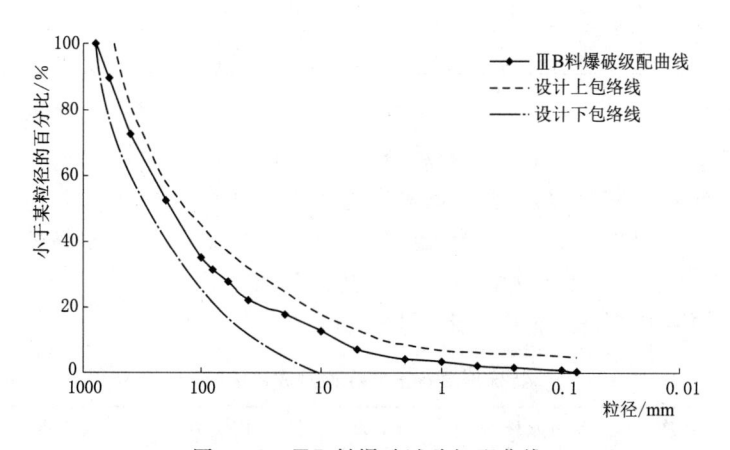

图5-7　ⅢB料爆破试验级配曲线

b. 大坝填筑现场碾压试验。大坝填筑现场碾压试验于20××年4月至5月进行，现场试验时在填筑料经过一定遍数碾压后、对其沉降量、干密度、孔隙率、渗透系数等进行检测试验，然后根据检测结果，确定了垫层料（ⅡA）、过渡料（ⅢA）、主堆石料（ⅢB）、次堆石料（ⅢC）的碾压机械、铺料厚度、加水量及合理的碾压遍数，并最终形成大坝碾压试验报告报监理审批。最终确定的碾压参数具体见表5-42。

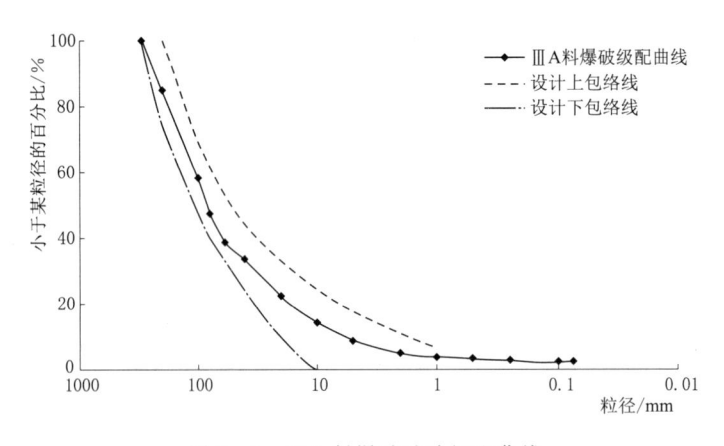

图 5-8　ⅢA 料爆破试验级配曲线

表 5-42　　　　　　　　　　　大坝填筑施工碾压参数

填筑料	设计干密度 /(g/cm³)	碾压机械重 /t	铺料厚度 /cm	加水量 /%	碾压遍数	实测干密度 /(g/cm³)
垫层料（ⅡA）	2.22	25	42	5	6	2.299
	2.22	20	42	5	6	2.270
过渡料（ⅢA）	2.17	25	43	15	6	2.225
	2.17	20	43	15	8	2.222
主堆石料（ⅢB）	2.14	25	89	20	6	2.163
	2.14	20	89	20	8	2.178
次堆石料（ⅢC）	2.10	25	89	20	6	2.163
	2.10	20	89	20	6	2.156

c. 大坝填筑质量检测。大坝自 20××年 4 月在试验区开始填筑，填筑过程中试验室主要对大坝填筑的特殊垫层料（ⅡB）、垫层料（ⅡA）、过渡料（ⅢA）、堆石料进行了干密度、孔隙率、级配及渗透试验的检测，其具体检测情况如下。

a）特殊垫层料（ⅡB）的检测。截至 20××年 12 月 31 日，共检测特殊垫层料干密度 221 组、级配试验 223 组、渗透试验 11 组。干密度检测成果统计见表 5-43、级配试验曲线统计见图 5-9、渗透试验检测成果统计见表 5-44。

表 5-43　　　　　　　　　　　特殊垫层料干密度检测成果统计

检测项目	湿密度 /(g/cm³)	含水量 /%	干密度 /(g/cm³)	孔隙率 /%	含泥量 /%	<5mm 含量 /%
检测组数	221	221	221	221	221	221
最大值	2.421	6.00	2.346	17.19	9.13	64.88
最小值	2.294	1.89	2.236	13.12	2.85	27.63
平均值	2.348	3.17	2.276	15.71	7.13	55.04
标准差	—	—	0.018	—	—	—
设计指标	—	—	2.22	≤17	—	—

表 5-44　　　　　　　　　　特殊垫层料渗透试验检测成果统计

检测项目	渗透系数 k_T /(10^{-3}cm/s)	平均水温 /℃	校正系数 η_T/η_{20}	水温20℃渗透系数 k_{20}/(10^{-3}cm/s)
检测组数	11	11	11	11
最大值	5.854	26.0	1.025	5.854
最小值	2.001	19.0	0.870	2.017
平均值	3.024	21.1	0.976	2.959
渗透系数设计指标/(cm/s)		$i\times 10^{-3}\sim i\times 10^{-4}$		

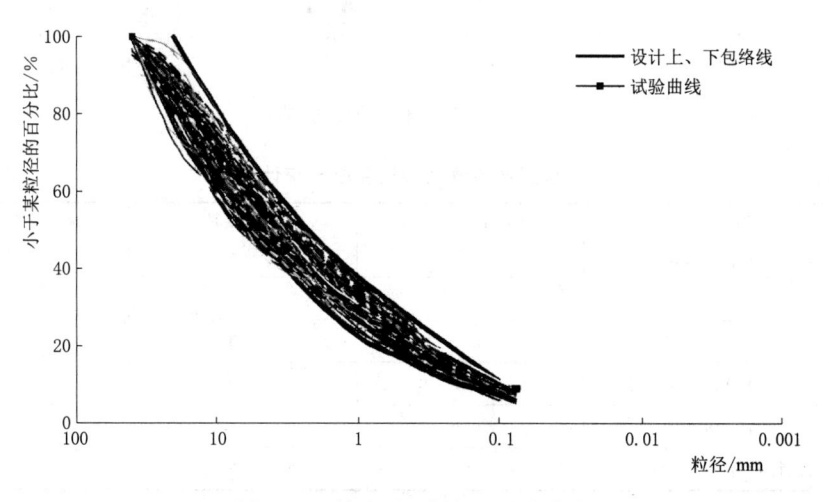

图 5-9　特殊垫层料级配试验曲线

b) 垫层料（ⅡA）的检测。截至20××年12月31日，共检测垫层料干密度293组、级配试验301组、渗透试验10组。干密度检测成果统计见表5-45、级配试验曲线统计见图5-10、渗透试验检测成果统计见表5-46。

表 5-45　　　　　　　　　　垫层料干密度检测成果统计

检测项目	湿密度 /(g/cm³)	含水量 /%	干密度 /(g/cm³)	孔隙率 /%	含泥量 /%	<5mm含量 /%
检测组数	293	293	293	293	293	293
最大值	2.571	7.39	2.394	17.78	11.50	58.99
最小值	2.282	1.38	2.220	11.34	0.54	22.10
平均值	2.355	3.14	2.283	15.45	7.00	45.90
标准差	—	—	0.026	—	—	—
设计指标	—	—	2.22	≤17	≤8	—

c) 过渡料（ⅢA）的检测。截至20××年12月31日，共检测过渡料干密度274组、级配试验274组、渗透试验10组。干密度检测成果统计见表5-47、级配试验曲线统计见图5-11、渗透试验检测成果统计见表5-48。

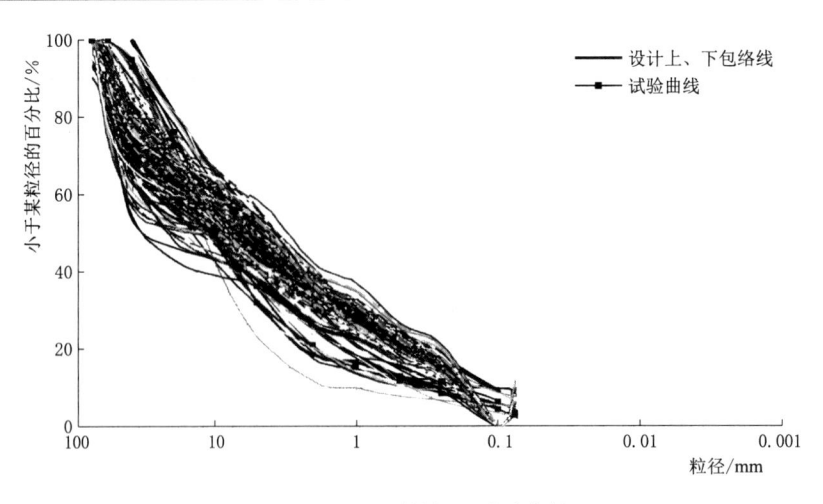

图 5-10 垫层料级配试验曲线

表 5-46 垫层料渗透试验检测成果统计

检测项目	渗透系数 k_T /(cm/s)	平均水温 /℃	校正系数 η_T/η_{20}	水温20℃渗透系数 k_{20}/(cm/s)
检测组数	10	10	10	10
最大值	3.575×10^{-3}	25.0	1.038	3.665×10^{-3}
最小值	4.921×10^{-4}	18.5	0.890	4.463×10^{-4}
平均值	1.648×10^{-3}	20.6	0.988	1.658×10^{-3}
渗透系数设计指标/(cm/s)	\multicolumn{4}{c}{$i\times10^{-3}\sim i\times10^{-4}$}			

表 5-47 过渡料干密度检测成果统计

检测项目	湿密度 /(g/cm³)	含水量 /%	干密度 /(g/cm³)	孔隙率 /%	含泥量 /%	<5mm含量 /%
检测组数	274	274	274	274	274	274
最大值	2.457	2.95	2.426	19.47	5.93	34.62
最小值	2.203	0.38	2.174	10.16	0.22	6.90
平均值	2.302	1.25	2.274	15.78	2.29	15.79
标准差	—	—	0.046	—	—	—
设计指标	—	—	2.17	≤19	—	—

表 5-48 过渡料渗透试验检测成果统计

检测项目	渗透系数 k_T /(cm/s)	平均水温 /℃	校正系数 η_T/η_{20}	水温20℃渗透系数 k_{20}/(cm/s)
检测组数	10	10	10	10
最大值	2.093×10^{-2}	23.0	1.038	1.995×10^{-2}
最小值	1.039×10^{-2}	18.5	0.932	1.026×10^{-2}
平均值	1.337×10^{-2}	20.5	0.990	1.322×10^{-2}
渗透系数设计指标/(cm/s)	\multicolumn{4}{c}{$i\times10^{-3}\sim i\times10^{-4}$}			

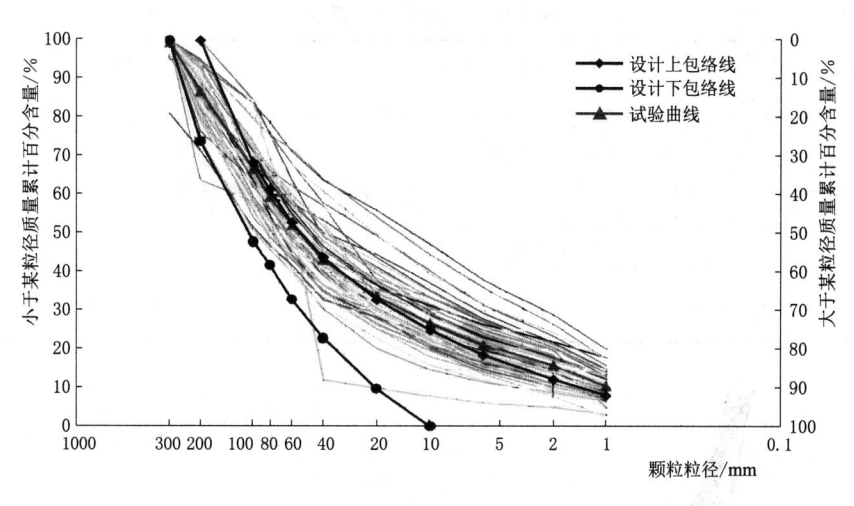

图 5-11 过渡料级配试验曲线

d）堆石料的检测。截至20××年12月××日，共检测主堆石料干密度191组、级配试验191组；次堆石料41组、级配试验41组。干密度检测成果统计见表5-49和表5-50，级配试验曲线统计见图5-12、图5-13。

表 5-49　　　　　　　　　　主堆石料干密度检测成果统计

检测项目	湿密度 /(g/cm³)	含水量 /%	干密度 /(g/cm³)	孔隙率 /%	含泥量 /%	<5mm 含量 /%
检测组数	191	191	191	191	191	191
最大值	2.335	2.02	2.316	19.97	4.01	19.78
最小值	2.178	0.36	2.161	14.22	0.14	4.95
平均值	2.249	0.74	2.233	17.31	1.88	10.69
标准差	—	—	0.036	—	—	—
设计指标	—	—	2.14	≤20	≤5	≤15

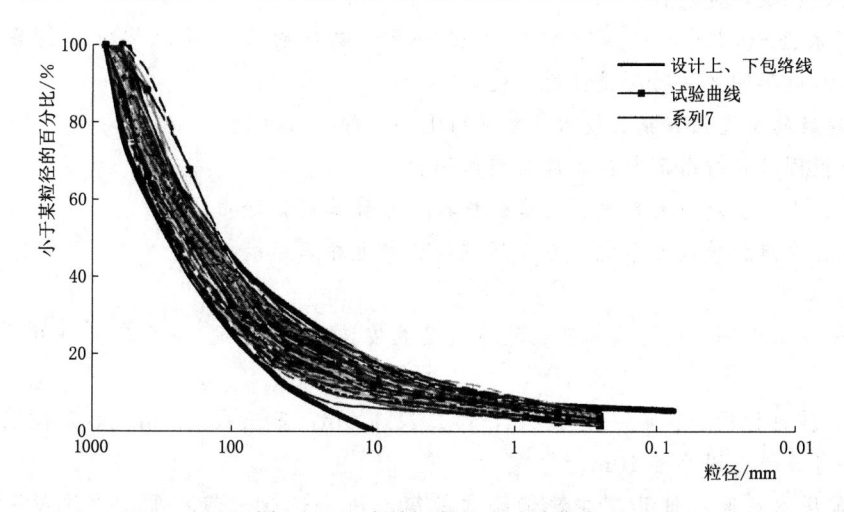

图 5-12 主堆石料级配试验曲线

表 5-50　　　　　　　　　　　　主堆石料干密度检测成果统计

检测项目	湿密度/(g/cm³)	含水量/%	干密度/(g/cm³)	孔隙率/%	含泥量/%	<5mm 含量/%
检测组数	41	41	41	41	41	41
最大值	2.318	1.22	2.297	19.33	3.54	17.40
最小值	2.187	0.39	2.178	14.93	1.05	6.74
平均值	2.254	0.72	2.238	17.11	2.03	11.90
标准差	—	—	0.033	—	—	—
设计指标	—	—	2.10	≤20	≤5	≤15

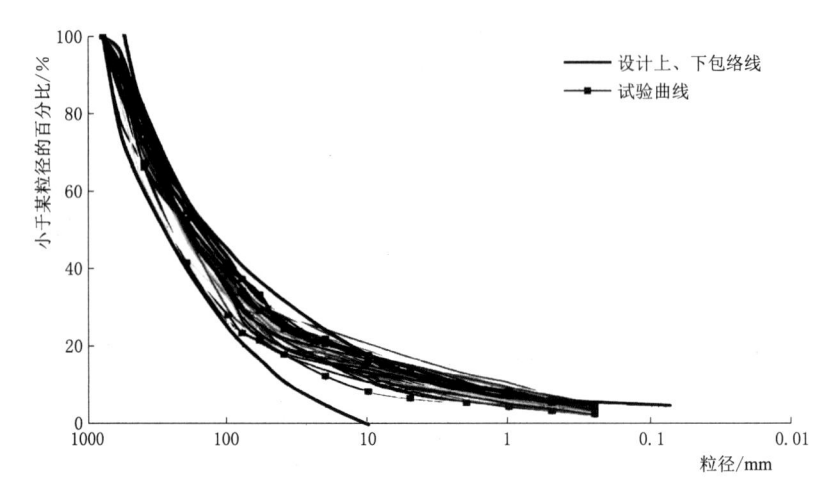

图 5-13　主堆石料级配试验曲线

5) 大坝基础处理工程检测成果。大坝趾板坝基岩体为喜马拉雅早期中细粒黑云母花岗岩，风化程度为弱、微风化。岩石主要成分为斜长石、石英，少量钾长石，副矿物以黑云母为主，含少量绢云母，节理裂隙较发育，呈张开～微张开状态、节理连通性好，钻孔岩芯一般呈短柱状、柱状，碎块状。

a. 施工依据。《××省××市××江三级水电站面板堆石坝基础灌浆施工技术要求》。(××水电集团××勘测设计研究院，20××年3月)。

《水工建筑物水泥灌浆施工技术规范》(DL/T 5148—2001)。

坝基中板固结及帷幕灌浆试验施工组织设计。

水平段、左岸斜坡段五单元、右岸斜坡段四单元固结试验报告。

水平段、左岸斜坡段五单元、右岸斜坡段四单元帷幕试验报告。

b. 施工工艺。

a) 总体施工程序：抬动观测孔钻孔→监测孔安装→(先导孔)→Ⅰ序孔→Ⅱ序孔→Ⅲ序孔→检查孔。

b) 钻孔按设计段长：第一段 1.0m，第二段 1.5m，第三段 2.5m，第四段以后 6.0m，最后一段按各设计孔深小于10m。

c) 灌前压水试验：每孔段在灌浆前均做简易压水试验，试验压力为该段灌浆压力的 80%，且最大不超过 1.0MPa，成果以单位透水率 ω 值表示。其中固结：0.4MPa，帷幕：

0.4~1.0MPa。

d) 灌浆：采用自上而下分段封闭循环灌浆的方法。水灰比可采用5:1、3:1、2:1、1:1、0.8:1、0.6:1、0.5:1等。从各孔灌浆成果看，根据地质情况的不同，灌浆效果符合要求。

e) 抬动观测：灌浆压力范围内，抬动观测变化值为0~0.03mm，满足设计值≤0.1mm。

c. 灌浆检测成果整理分析。趾板灌浆工程于20××年3月××日开始施工，目前施工已全部完成，灌浆检测情况统计结果见表5-51~表5-53。

表5-51　　　　　　　　水平段注入率/透水率统计

单元	固结/帷幕	最大单位注入量/(kg/m)	最小单位注入量/(kg/m)	平均单位注入量/(kg/m)	最大透水率/Lu	最小透水率/Lu	平均透水率/Lu
1	固结	173.93	50.50	79.31	36.70	5.13	17.85
1	帷幕	217.66	85.52	135.99	36.88	2.01	8.43
2	固结	209.53	37.90	84.59	47.02	6.26	21.84
2	帷幕	227.78	81.38	141.40	38.17	2.03	8.68
3	固结	200.27	51.55	89.01	49.12	5.95	23.73
3	帷幕	228.68	88.03	145.43	43.59	2.03	9.67
4	固结	197.43	32.83	77.49	50.22	4.58	23.12
4	帷幕	231.61	45.68	132.60	64.25	0.91	8.90
5	固结	250.24	28.03	82.70	53.24	5.25	24.76
5	帷幕	249.31	28.15	131.81	87.25	1.27	10.39
6	固结	265.89	23.36	84.16	53.10	4.17	21.83
6	帷幕	215.08	87.71	137.78	40.00	1.51	9.31

表5-52　　　　　　　　左岸斜坡段注入率/透水率统计

单元	固结/帷幕	最大单位注入量/(kg/m)	最小单位注入量/(kg/m)	平均单位注入量/(kg/m)	最大透水率/Lu	最小透水率/Lu	平均透水率/Lu
1	固结	173.29	61.23	107.05	32.32	8.54	16.04
1	帷幕	265.66	42.20	131.21	45.86	1.33	10.92
2	固结	171.65	64.45	102.10	35.61	7.10	17.37
2	帷幕	257.18	40.94	135.98	42.05	1.52	10.56
3	固结	138.15	58.85	96.21	35.65	6.74	16.76
3	帷幕	295.82	32.93	135.87	42.75	1.54	10.67
4	固结	374.69	55.26	106.12	39.14	6.51	18.03
4	帷幕	269.11	42.45	136.39	44.79	1.95	10.75
5	固结	164.92	50.04	93.23	35.13	6.71	17.45
5	帷幕	274.69	39.51	139.75	41.98	1.82	10.57
6	固结	224.44	80.32	111.33	50.42	6.85	26.12
6	帷幕	298.60	67.84	149.69	56.81	2.11	11.94

续表

单元	固结/帷幕	最大单位注入量/(kg/m)	最小单位注入量/(kg/m)	平均单位注入量/(kg/m)	最大透水率/Lu	最小透水率/Lu	平均透水率/Lu
7	固结	189.48	85.61	116.10	46.57	7.01	24.20
7	帷幕	291.88	67.23	151.66	51.40	2.01	11.40
8	固结	192.30	85.55	121.28	45.40	7.67	24.48
8	帷幕	287.78	66.57	151.36	49.83	2.02	11.43
9	固结	178.16	85.35	120.75	50.42	7.55	27.57
9	帷幕	348.52	69.17	149.04	50.37	2.06	10.46
10	固结	187.57	63.57	105.8	48.71	8.06	25.45
10	帷幕	326.37	66.19	145.49	58.22	2.03	11.52
11	固结	203.56	91.43	122.73	47.73	5.11	24.82
11	帷幕	313.83	65.55	120.79	41.42	2.03	10.85

表 5-53   右岸斜坡段注入率/透水率统计

单元	固结/帷幕	最大单位注入量/(kg/m)	最小单位注入量/(kg/m)	平均单位注入量/(kg/m)	最大透水率/Lu	最小透水率/Lu	平均透水率/Lu
1	固结	168.60	59.20	102.07	33.98	7.38	16.91
1	帷幕	269.10	43.26	134.65	42.51	1.60	10.70
2	固结	181.45	52.56	93.99	39.18	6.91	18.19
2	帷幕	262.22	29.90	141.24	44.74	1.88	10.69
3	固结	185.30	53.29	96.99	38.25	6.10	17.68
3	帷幕	255.20	48.72	139.61	38.00	1.89	10.89
4	固结	147.05	52.37	97.93	34.00	7.02	16.06
4	帷幕	252.50	60.31	140.92	42.05	2.04	10.78
5	固结	187.06	80.70	114.60	44.58	7.57	24.41
5	帷幕	293.69	60.65	145.10	53.77	2.06	11.26
6	固结	202.42	87.24	128.09	44.38	9.65	26.48
6	帷幕	305.82	59.02	146.30	53.08	2.01	10.83
7	固结	306.34	82.20	120.03	52.10	6.58	25.56
7	帷幕	293.07	60.48	151.38	49.15	2.03	11.04
8	固结	187.27	85.80	124.81	46.57	7.11	23.65
8	帷幕	280.98	59.30	152.93	45.97	1.95	11.23
9	固结	209.86	91.43	134.16	55.07	9.28	26.34
9	帷幕	296.22	77.01	151.78	47.93	2.06	11.32

d. 检查孔检查情况。

a) 固结检查孔：按设计要求，每个单元按孔数的5%布置检查孔。根据压水试验数据统计，透水率在4.79~1.23Lu之间，平均透水率为3.01Lu，小于防渗标准值5Lu，说明灌浆的质量完全达到防渗标准。

b) 帷幕检查孔：按设计要求，每个单元按孔数的10%布置检查孔。根据压水试验数据统计，透水率在2.56～0.68之间，平均透水率为1.62Lu，小于防渗标准值3Lu，说明灌浆的质量完全达到防渗标准。

e. 结论。从以上检测情况看，趾板固结及帷幕灌浆满足设计及施工规范要求。水平段地质情况相对良好，随着左右斜坡段走向越往上，地质情况越复杂，岩石裂隙发育，破碎带比较多，各单元随高程的增加，耗灰量有所增加，单元平均注入量相应越往上越大，总体上，各单元单位注入量超过设计耗灰量。通过各单元压水试验检查孔的检测，灌浆的质量完全达到防渗标准。

(2) 坝肩开挖及支护、溢洪道土建及金属结构安装工程（C2标）。

1) 原材料质量检测。

a. 水泥。××江三级水电站标溢洪道工程使用的水泥，质量符合有关标准要求，检测合格率为100%。工程主要使用××××科技实业股份有限公司生产的×××牌P·O32.5水泥、P·O42.5水泥和××××××水泥厂生产的×××牌P·O32.5水泥、P·O42.5水泥。本标段工程水泥依据《水工混凝土施工规范》（DL/T 5144—2001）要求对×××牌P·O32.5水泥抽检11次，P·O42.5水泥抽检6次；×××牌P·O32.5水泥抽检2次，P·O42.5水泥抽检69次，抽检频率满足规范要求。

检测结果表明，所检指标满足规范要求，详见表5-54。

表5-54 水泥物理指标检测结果统计

水泥品种	生产厂家	统计值	细度/%	安定性	标准稠度/%	凝结时间/(h：m) 初凝	凝结时间/(h：m) 终凝	抗压强度/MPa 3d	抗压强度/MPa 28d	抗折强度/MPa 3d	抗折强度/MPa 28d
	P·O42.5		≤10	合格	—	≥0：45	≤10：00	≥16.0	≥42.5	≥3.5	≥6.5
	P·O32.5		≤10	合格	—	≥0：45	≤10：00	≥11.0	≥32.5	≥2.5	≥5.5
××牌 P·O32.5	××实业股份有限公司	检测组数	8	8	11	11	11	11	11	11	11
		最大值	5.2	—	29.2	3：01	4：03	25.6	46.7	5.6	8.0
		最小值	2.8	—	25.4	2：06	3：18	21.3	35.0	3.1	5.7
		平均值	3.4	合格	26.3	2：33	3：43	23.9	40.9	4.4	7.3
		合格率/%	100	100	100	100	100	100	100	100	100
××牌 P·O42.5		检测组数	6	6	6	6	6	6	6	6	6
		最大值	4.6	—	28.4	2：33	3：41	33.1	49.7	5.9	8.8
		最小值	1.6	—	26.4	1：49	3：04	20.0	45.7	4.0	7.4
		平均值	3.0	合格	27.1	2：10	3：26	26.7	47.1	5.4	8.2
		合格率/%	100	100	100	100	100	100	100	100	100
××牌 P·O32.5	××水泥建材有限公司	检测组数	2	2	2	2	2	2	2	2	2
		最大值	3.2	—	29.2	2：17	3：42	23.7	42.5	5.5	8.3
		最小值	1.8	—	28.8	2：11	3：36	20.4	35.6	4.5	5.9
		平均值	2.5	合格	29.0	2：14	3：39	22.0	39.0	5.0	7.1
		合格率/%	100	100	100	100	100	100	100	100	100

续表

水泥品种	生产厂家	统计值	细度/%	安定性	标准稠度/%	凝结时间/(h:m) 初凝	凝结时间/(h:m) 终凝	抗压强度/MPa 3d	抗压强度/MPa 28d	抗折强度/MPa 3d	抗折强度/MPa 28d
××牌 P·O42.5	××水泥建材有限公司	检测组数	69	69	69	69	69	69	69	69	69
		最大值	3.4	—	29.0	2:49	3:57	33.6	50.0	7.2	9.3
		最小值	0.8	—	26.4	1:49	2:46	20.9	42.5	4.4	7.2
		平均值	2.0	合格	27.4	2:21	3:27	25.3	46.0	5.5	8.4
		合格率/%	100	100	100	100	100	100	100	100	100

b. 砂石骨料。

a) 人工砂检测。常规抽检细骨料中水九局生产的人工砂123组，性能检测39组，检测结果见表5-55。

表5-55　　　　　　　　　　人工砂品质检测结果统计

项　目	细度模数	石粉含量/%	砂表面含水率/%	表观密度/(kg/m³)	堆积密度/(kg/m³)	吸水率/%
检测组数	123	96	31	39	38	39
最大值	3.84	30.1	7.6	2780	1840	2.8
最小值	2.43	6.0	0.3	2520	1270	0.5
平均值	2.83	18.6	2.5	2680	1520	1.9

b) 天然沙检测。常规抽检细骨料天然沙10组，性能检测4组，检测结果见表5-56。

表5-56　　　　　　　　　　天然沙品质检测结果统计

项　目	细度模数	含泥量/%	砂表面含水率/%	表观密度/(kg/m³)	堆积密度/(kg/m³)	吸水率/%
检测组数	10	10	4	4	4	4
最大值	3.30	3.2	8.2	2680	1530	2.4
最小值	2.83	0.3	3.1	2540	1420	1.4
平均值	3.00	1.8	4.5	2600	1470	1.9

试验结果表明砂的各项指标均在规范要求范围内；人工砂细度模数波动较大，在混凝土生产质量控制时，当砂的细度模数检测结果变化较大时，根据规范砂子细度模数每±0.2，混凝土砂率调整±1%的原则，在计算配料单时加以调整。

c) 粗骨料检测。混凝土用粗骨料小石和中石的超、逊径各抽检123组。小石、中石含泥抽检84组，性能检测37组，检测结果见表5-57和表5-58。

表5-57　　　　　　　　　　粗骨料品质检测统计

项目	吸水率/% 5~20	吸水率/% 20~40	吸水率/% 40~80	表观密度/(kg/m³) 5~20	表观密度/(kg/m³) 20~40	表观密度/(kg/m³) 40~80	超径/% 5~20	超径/% 20~40	超径/% 40~80	逊径/% 5~20	逊径/% 20~40	逊径/% 40~80
检测组数	37	37	—	37	37	—	123	123	—	123	123	—
最大值	4.2	1.8	—	2750	2670	—	25.8	30.4	—	20.8	20.6	—

续表

项目	吸水率/%			表观密度/(kg/m³)			超径/%			逊径/%		
	5～20	20～40	40～80	5～20	20～40	40～80	5～20	20～40	40～80	5～20	20～40	40～80
最小值	0.2	0.2	—	2570	2590	—	0.0	1.6	—	1.3	1.4	—
平均值	1.1	0.7	—	2610	2620	—	4.7	6.0	—	7.2	7.5	—

表 5-58 粗骨料品质检测统计

项目	含泥/%			针片状/%			压碎指标	堆积密度/(kg/m³)			空隙率/%		
	5～20	20～40	40～80	5～20	20～40	40～80		5～20	20～40	40～80	5～20	20～40	40～80
检测组数	84	84	—	76	76	—	32	37	37	—	34	34	—
最大值	4.8	13.4	—	4.8	2.0	—	17.9	1550	1510	—	48.0	49.6	—
最小值	0.2	0.1	—	0.1	0.0	—	5.3	1340	1320	—	41.0	43.0	—
平均值	1.0	0.7	—	1.4	0.5	—	13.0	1460	1460	—	44.1	44.5	—

除超、逊径略有超标外，其余指标全部合格，超、逊径可在计算配料单时予以调整，从而保证了混凝土生产质量。

c. 钢筋。抽检钢筋89组，其中光圆钢筋12组，带肋钢筋77组，检测结果见表5-59。

表 5-59 钢筋力学性能检测结果统计

表面形状	直径/mm	试验组数	屈服强度/MPa		极限强度/MPa		伸长率/%		冷弯试验结果
			最大值	最小值	最大值	最小值	最大值	最小值	
光圆 Q235 光圆 HPB235	10	2	380	280	510	470	28	27	完好
	12	2	355	300	475	450	28	26	完好
	10	1	410	380	495	445	22	26	完好
	12	2	460	380	565	400	26	27	完好
	16	1	455	450	510	500	20	26	完好
	20	1	435	430	485	480	20	26	完好
盘圆 Q235	8	2	340	260	655	455	29	27	完好
	6.5	1	300	270	450	420	29	28	完好
月牙 HRB335	10	1	385	385	510	485	21	21	完好
	12	4	460	370	575	425	26	20	完好
	14	5	475	395	580	500	24	20	完好
	16	13	455	350	585	470	26	19	完好
	18	3	455	450	570	505	20	19	完好
	20	19	485	405	600	510	26	20	完好
	22	3	460	440	595	505	25	20	完好
	25	21	450	415	585	505	23	20	完好
	28	5	470	400	590	520	22	18	完好
	32	3	465	395	550	500	20	19	完好

规范要求光圆钢筋（HRB235）屈服强度不小于235MPa，极限强度不小于370MPa，伸长率不小于25%；带肋钢筋（HRB335）屈服强度不小于335MPa，极限强度不小于490MPa，伸长率不小于16%。

经检测，钢筋力学指标均满足规范要求。

d. 外加剂。抽检外加剂11组，其中减水剂8组，引气剂3组，质量合格，检测结果见表5-60。

表5-60 外加剂质量检测结果统计

外加剂品种	统计参数	减水率/%	含气量/%	泌水率比	初凝时间差/min	终凝时间差/min	抗压强度比/% 3d	抗压强度比/% 7d	抗压强度比/% 28d	检测结果
引气剂 JM-2000	组数	3	3	3	3	3	3	3	3	合格
	平均值	8.4	5.0	49	+21	+31	98	99	98	
	最大值	11.4	5.2	58	+48	+79	101	101	100	
	最小值	7.0	4.7	41	-33	-41	93	97	96	
减水剂 JM-Ⅱ	组数	8	8	8	8	8	8	8	8	合格
	平均值	18.7	1.9	78	157	169	135	129	124	
	最大值	26.5	2.2	87	174	187	144	132	127	
	最小值	15.9	1.7	63	136	154	128	125	120	

2）混凝土检测质量情况。

a. 混凝土抗压强度检测。根据规范要求同一强度等级混凝土抗压强度试样取样数量应为：大体积混凝土28d龄期每500m³成型一组，设计龄期每1000m³成型一组；非大体积混凝土28d龄期每100m³成型一组，设计龄期每200m³成型一组。混凝土抗压强度抽检601组，按照《水利水电工程施工质量检验与评定规程》（SL 176—2007）进行强度评定，质量合格。检测结果见表5-61。

表5-61 主体工程混凝土抗压强度试验结果统计

强度等级	组数	最大值/MPa	最小值/MPa	平均值/MPa	标准差/MPa	C_v值	强度保证率/%	设计龄期/d
C25W6F50	376	41.0	26.0	33.4	3.9	0.12	98.0	28
C15	4	26.6	17.0	21.4	—	—	—	28
C20	218	34.9	20.3	25.9	3.3	0.13	96.0	28
C30	3	41.3	38.3	39.2	—	—	—	28
M7.5	11	9.1	7.6	8.3	—	—	—	28

b. 混凝土耐久性能检测。依据××江三级水电站C2标工程混凝土强度设计指标对混凝土耐久性能进行检测，抗渗试验采用逐级加压法进行，抗冻试验委托××检测公司进行，混凝土强度等级C25，抗渗指标≥W6，抗渗试验共计取样7组，其抗渗指标均大于W6，全部合格。

c. 混凝土温度、坍落度、含气量检测。检测混凝土出机口温度927组，合格率100%，抽检混凝土含气量433组，合格率100%，抽检混凝土坍落度1043组，合格率100%。检测统计结果见表5-62。

表 5-62   混凝土性能检测结果统计

项　目	控制标准	检测组数	最大值	最小值	平均值
坍落度/mm	90～110	84	132	86	99
	110～130	150	135	95	117
	140～160	486	176	98	147
	120～140	54	140	118	130
	160～180	24	182	144	166
	70～90	245	100	46	77
含气量/%	3.0～5.0	433	4.7	3.0	3.6
温度/℃	—	927	30.0	8.0	17.1
混凝土温度/℃	—	927	28.0	76.0	16.8

3）C20 喷混凝土。抽检 C20 喷混凝土抗压强度 20 组，最大值 29.7MPa，最小值为 20.8MPa，平均值为 24.6MPa，符合《水利水电工程施工质量检验与评定规程》（SL 176—2007）喷混凝土合格条件的条件，满足设计要求。

4）固结灌浆。灌浆试验完成之后，根据灌浆资料，项目监理现场布置，在试验区内共布置了两个检查孔，做压水试验检查。01 孔布置在Ⅱ-2-3 与Ⅰ-2-4 之间，孔深 13m；02 孔布置在Ⅰ-2-5 与Ⅱ-2-5 之间，孔深 13m。压水试验透水率 q 不大于 5Lu，详见表 5-63。

表 5-63   固结灌浆检查孔压水试验成果

孔号	孔深/m	压水段长/m	压水段数	稳定流量/(L/min)	全压力/MPa	透水率/Lu
01	8	2.5	1	1.6	0.41	1.56
	13	5.5	1	6.8	0.4	3.09
02	8	2.5	1	0.6	0.4	0.6
	13	5.5	1	5.2	0.41	2.305

5）帷幕灌浆。在试验区内共布置了两个检查孔，并做取芯直观检查及压水试验检查。检查孔孔位及孔深 WJC-1 孔位于Ⅲ序 1-478 号孔与Ⅱ序 2-365 号孔的连线中点上。WJC-2 孔位于Ⅰ序 1-483 号孔与Ⅲ序 2-372 号孔的连线中点上。压水试验透水率 q 不大于 3Lu，详见表 5-64。

表 5-64   帷幕灌浆检查孔压水试验成果

孔号	压水段数	透水率 Lu 段数区间（段数/百分比%）记录仪记录 1.0～3.0	最大值/Lu	最小值/Lu	平均值/Lu
WJC-1	6	5/100	3.58	0.28	1.93
WJC-2	6	5/100	3.50	0.26	1.88

（3）引水隧洞土建工程（C3 标）。

1）原材料质量检测。

a. 水泥。本工程所用的水泥分为×××牌 P·O32.5 和××牌 P·O42.5 两种水泥。水泥采购时均在业主确定采购点采购。进货时需有质量证明书,并按批量送实验室检验其强度和安定性,检验合格方可使用。进入工地的水泥,按标明的品种、强度等级、生产厂家和出厂批号,分别储存到有明显标志的仓库中,不能混装混用。水泥在运输和储存过程中应放水防潮,已受潮结块的水泥经处理并检验合格后方能使用。先进场的水泥应先用,袋装水泥储运时间超过3个月,使用前重新检验。

×××牌P·O32.5共送检4组,全部合格;××牌P·O42.5共送检16组,全部合格。

b. 砂石骨料。骨料由电站砂石料场提供。粗骨料每月进行一次全分析检查,每1500t至少取一组试样。砂料每月进行一次全分析检查,每500t至少取一组试样。

细骨料送检共18组,其中天然砂12组,人工砂6组,质量符合规范要求;粗骨料送检16组,其中中石7组,小石9组,质量符合规范要求。

c. 钢筋。进场的钢筋有出厂合格证,同时以同一炉(批)号、同一截面尺寸的钢筋为一批,重量不大于60t为一取样单位,进行材质试验,只有试验合格后才允许使用。必要时进行焊接试验。

钢筋母材送检72组,全部合格;钢筋接头送检114组,检测全部合格。

2)混凝土检测。引水隧洞土建工程混凝土设计有C15、C20、C25、C25、C30、C35 6个强度等级,检测结果见表5-65。

表5-65　　　　　　　　引水隧洞混凝土强度检测结果统计

工程部位	设计强度等级	检测组数	实测值/MPa 最大值	实测值/MPa 最小值	实测值/MPa 平均值	标准差 S_n /MPa	离差系数 C_v	强度保证率 /%
进水口边坡混凝土	C20	21	47.8	20.1	26.6	6.76		
	C25	8	42.1	25.8	33.2	6.02		
	C30	2	46.1	36.7	41.4			
进水塔（交通桥）	C30	12	48.0	30.0	38.2	5.92		
	C35	5	43.1	37.0	39.0	2.56		
	C15	54	39.2	16.4	26.4	5.32	0.202	98.0
	C25	66	48.7	25.0	35.5	5.56	0.157	96.9
引水隧洞Ⅰ段	C25	36	42.8	26.2	33.3	4.25	0.128	97.3
	C25喷	8	36.2	28.8	30.6	3.26		
引水隧洞Ⅱ段	C25	9	39.0	30.7	34.8	2.42		
	C25喷	6	39.9	29.7	32.5	3.54		

(4) 引水隧洞土建工程(C4标)。

1)质量保证体系。依据《质量保证体系标准》(GB/T 19001—2000)的要求,成立质量管理组织机构,制定项目部质量方针,具体描述了项目部质量保证体系。

2)物资设备采购。由物资设备负责人主要责任,严格按施工合同和公司《采购控制程序》执行,保证本施工段使用合格的材料和设备。

3)施工过程质量控制。施工过程是质量控制的重点环节,所涉及的各项工作必须依据《质量手册》的有关施工过程控制程序的规定执行。施工工序质量控制实行"三检"制度,即自检、复检、终检。

4)不合格品的控制。要求施工技术人员,严格岗位责任制,做好书面交底,质量检查,上道工序不检查下道工序不允许进行。

工程材料：按国家标准购料，检查试验，按规范及试验调整材料配比，搞好质量控制。

作业工具：自检工具配齐、配够，满足生产需要，对施工机具定期检查、校核。

施工方法：坚持"三检制"，严格按施工交底办事，不合格品及时返工处理。

采购物资不合格的由物资员做出标记，同时实施拒收或退货。

返工、返修产品做重新验证评审，其报告、检验、试验、评审、处置方法等做好记录。

对工程施工中的"一般"不合格品由项目部的质量检查员或施工员直接处置，"重大"不合格品由项目部组织评审，质量检查员、施工员制定处置方案或措施，项目总工审批，报业主审定后实施。

5）质量保证技术措施。全面推行标准化施工作业。通过建立健全各种制度，落实保障措施，达到工艺标准，进而实现工程质量创优目标。进行工艺试验，坚持工艺交底与培训相结合，坚持工艺过程的施工，控制坚持隐蔽工程签证制度，坚持"四不施工""三不交接"制度。

（5）调压井、压力钢管土建工程（C5A 标）。

1）原材料检测。调压井、压力钢管土建混凝土工程自 20×× 年 1 月开始浇筑，至今共浇筑混凝土约 3.89 万 m³，使用的混凝土浇筑主要原材料检验情况分述如下。

a. 水泥。本工程使用的水泥主要为××省××市××××水泥建材生产的×××牌 P·O32.5、××牌 P·O42.5 普硅水泥。检验合格，检测结果统计见表 5-66。

表 5-66　　　　　　　　水泥物理力学性能检测结果统计

品种标号	检测项目	安定性	密度/(kg/m³)	细度/%	标准稠度/%	凝结时间/(h：min) 初凝	凝结时间/(h：min) 终凝	强度/MPa 抗折 3d	抗折 28d	抗压 3d	抗压 28d
×××牌 P·O32.5	标准	合格	—	<10	—	≥0：45	≤10：00	≥2.5	≥5.5	≥11	≥32.5
	检测组数	21	—	21	13	21	21	21	21	21	21
	最大值			7	27.4	3：10	4：42	5.4	7.9	27	49.2
	最小值			2.4	26.6	1：42	2：01	3.1	6.2	18.3	36.7
	平均值	合格		4.8	27.1	2：26	3：30	4.3	7.2	22.1	42.5
	合格率%	100		100	100	100	100	100	100	100	100
××牌 P·O42.5	标准	合格	—	<10	—	≥0：45	≤10：00	≥3.5	≥6.5	≥17	≥42.5
	检测组数	93		93	89	93	93	93	93	93	93
	最大值			4	27.9	3：02	5：10	9	9.8	36.6	59.3
	最小值			0.44	26.9	1：51	2：46	4.2	6.9	20.6	47.8
	平均值	合格		1.3	27.4	2：29	4：04	5.5	8.3	26.9	52.7
	合格率%	100		100	100	100	100	100	100	100	100
××牌 P·O32.5	标准	合格	—	<10	—	≥0：45	≤10：00	≥2.5	≥5.5	≥11	≥32.5
	检测组数	1		1	1	1	1	1	1	1	1
	最大值			5		2：14	3：23	4.5	7.1	23.3	45.5
	最小值										
	平均值	合格									
	合格率%	100		100	100	100	100	100	100	100	100
依据		GB/T 17671—1999、GB/T 1346—2001、GB 175—2007									

b. 砂石骨料。调压井、压力钢管土建工程混凝土为人工骨料，用灰岩破碎获得，由砂石标提供，包括人工砂，小石，中石三种。工程目前共用砂21563.4t、小石26607.68t、中石22496.6t，取样检测项目包括、细度模数、超逊径、含泥量、表观密度、堆积密度、空隙率、吸水率、压碎指标、针片状含量、石粉含量、云母含量等，检测检测结果见表5-67、表5-68。

表5-67　　　　　　　　砂石骨料品质检验结果统计

序号	试验项目	试验结果			
		砂	5～20mm	20～40mm	40～80mm
1	堆积密度/(kg/m³)	1512	1612	1548	—
2	表观密度/(kg/m³)	2661	2630	2648	—
3	空隙率/%	43	38	42	
4	吸水率/%	2.5	0.9	0.8	
5	含泥量/%	—	—	—	
6	硫化物/%	无			
7	有机质含量	浅于标准色			
8	云母含量/%	无			
9	压碎指标/%	—		4.5	
10	超径/%	8.8	3.9	4.1	—
11	逊径/%		6.2	7.1	
12	针片状/%		1.0	0.9	
13	软弱颗粒/%	—	无	无	

表5-68　　　　　　　　砂石料质量检测统计

统计内容	砂子			超径/%			逊径/%			含泥量/%		
	细度模数	石粉/%	>5mm	<0.08mm	5～20mm	20～40mm	40～80mm	5～20mm	20～40mm	40～80mm	5～20mm	20～40mm	40～80mm
检测组数	48	51	—	35	58	55	—	58	146		27	27	—
max	3.3	28		12.2	6.2	5.0		8.4	9.1		0.7	0.4	
min	2.34	13		5.3	1.7	0		3.2	1.7		0	0	
X平均	2.80	20	—	8.5	3.5	6.3、2.9	—	6.3	6.4	—	0.3	0.15	—
检测依据	DL/T 5151—2001											
说明	取样地点：××料场											

c. 外加剂检测。调压井、压力钢管土建工程混凝土使用××山峰SFG型缓凝高效减水剂，掺量0.6%，到目前共用512t，检测15组，检测结果统计见表5-69。

d. 钢筋。本标段使用的钢筋由业主提供，生产厂家主要为××钢铁集团、×××钢铁集团。钢筋使用了1168.82t，抽样41次，抽检频率为28.5t/次，检验结果合格，见表5-70。

2) 钢筋焊接接头质量检验。本标段采用的钢筋接头方式为单面搭接焊，采取现场取样检测，共取样150次，全部样品均合格，检测统计结果见表5-71。

3) 混凝土拌和物质量检测。本标段混凝土主要由两个S750拌和系统集中拌制。C20混凝土19846.15m³，检测58次；C25混凝土19064.508m³，检测115次。检测统计结果见表5-72。

表 5-69　　　　调压井、压力钢管土建工程混凝土外加剂品质检验结果统计

品种	技术标准＼检测项目	减水率/%	泌水率比/%	凝结时间差/min 初凝	凝结时间差/min 终凝	抗压强度比/% 3d	抗压强度比/% 7d	抗压强度比/% 28d
		≥15	≤100	+120～+240	+120～+240	≥125	≥125	≥120
SFG 型缓凝高效减水剂	检测组数	8	8	7	7	—	5	5
	最大值	22	100	130	220	—	134	136
	最小值	18.1	68.3	120	125	—	126	122
	平均值	19.2	87.2	124	176	—	127	126
	合格率/%	100	100	100	100	—	100	100
检测依据	DL/T 5100—1999							

表 5-70　　　　钢筋性能检验统计

规格	直径/mm	试件组数	平均值/MPa	最大值/MPa	最小值/MPa	合格率/%
HRB335	Φ16	13	565	590	555	100
	Φ22	4	550	560	545	100
HRB335	Φ25	22	560	580	535	100
	Φ28	1	575	575	575	100
	Φ32	1	570	570	570	100

表 5-71　　　　钢筋焊接接头检测结果统计

规格	直径/mm	试件组数	平均值/MPa	最大值/MPa	最小值/MPa	合格率/%
HRB335	Φ12	1	520	520	520	100
	Φ14	1	555	555	555	100
	Φ16	63	555	575	530	100
	Φ22	9	565	580	540	100
	Φ25	73	560	590	530	100
	Φ28	2	580	580	580	100
	Φ32	1	575	575	575	100

表 5-72　　　　混凝土拌和物质量检测结果

强度等级	统计内容	机口气温/℃	出机温度/℃	坍落度/cm	含气量/%	拌和时间/s
C20 混凝土	检测组数	52	44	82	29	1243
	最大值	27	25.0	17.8	3.2	150
	最小值	14	15.5	12.9	2.1	90
	平均值	19.3	20.5	15.6	2.5	120
	结论			合格	合格	合格
C25 混凝土	检测组数	103	96	199	46	1254
	最大值	26.5	27.5	17.8	3.4	150
	最小值	9.5	14.0	12.2	2.6	120
	平均值	18.5	20.5	15.5	2.8	120
	结论			合格	合格	合格

混凝土质量控制以标准养护 28d 试件抗压强度为准，共取样 173 组，从目前已完成的混凝土强度试验结果看，强度不低于强度标准值的百分率为 100%，混凝土生产质量水平优良。

(6) 厂房、GIS 楼土建工程（C7 标）。

1) 细骨料检测。试验依据采用《建筑用砂》（GB 14684—2001）、《水工混凝土试验规程》（DL/T 5150—2001）及《水工混凝土砂石骨料试验规程》（DL/T 5151—2001），质量评定依据《水工混凝土施工规范》（DL/T 5144—2001）中的 5.2 章。

厂房、GIS 楼常规抽检细骨料 411 组，检测结果表明：细度模数和石粉含量有超标现象，施工时及时作了调整。检测结果见表 5-73。

表 5-73　　　　　　　　厂房、GIS 楼细骨料品质检测结果统计

统计\项目	细度模数	石粉含量/%	砂表面含水率/%	表观密度/(kg/m³)	堆积密度/(kg/m³)	吸水率/%
检测组数	411	358	375	109	129	109
最大值	3.84	30.1	9.6	2780	1840	2.8
最小值	2.34	6.0	0.3	2520	1270	0.5
平均值	2.81	15.6	4.1	2680	1510	1.8

2) 骨料检测。试验依据《建筑用卵石、碎石》（GB 14685—2001）、《水工混凝土试验规程》（DL/T 5150—2001）及《水工混凝土砂石骨料试验规程》（DL/T 5151—2001）进行，评定依据《水工混凝土施工规范》（DL/T 5144—2001）中的 5.2 章。

粗骨料小石和中石的超径、逊径各抽检 123 组。小石、中石含泥抽检 84 组，性能检测 37 组。检测结果表明：除超径、逊径略有超标外，其余指标全部合格。检测结果见表 5-74。

3) 水泥检测。厂房、GIS 楼水泥抽检 2 次，P·O42.5 水泥抽检 69 次，抽检频率满足规范要求，检测结果表明：水泥物理指标满足规范要求。检测结果见表 5-75。

4) 外加剂检测。抽检外加剂 11 组，引气剂 3 组，其中减水剂 8 组，检测结果合格，见表 5-76。

5) 钢筋检测。抽检钢筋 89 组，其中光圆钢筋 12 组，带肋钢筋 77 组，检测结果合格，见表 5-77。

规范要求光圆钢筋（HRB235）屈服强度不小于 235MPa，极限强度不小于 370MPa，伸长率不小于 25%；带肋钢筋（HRB335）屈服强度不小于 335MPa，极限强度不小于 490MPa，伸长率不小于 16%。

检测结果表明：钢筋力学指标满足规范要求。

6) 混凝土抗压强度检测。厂房、GIS 楼土建工程设计混凝土强度等级有 C25W6F50、C15、C20、C30，砂浆强度等级为 M7.5，检测结果满足设计要求，统计成果表 5-78。

(7) 放空洞土建工程（C8 标）。

1) 原材料质量检测。

a. 水泥。××江三级水电站工程主要使用××××科技实业股份有限公司生产的×××牌 P·O32.5 水泥、P·O42.5 水泥和×××水泥厂生产的××牌 P·O32.5 水泥、P·O42.5 水泥。本标段工程水泥依据《水工混凝土施工规范》（DL/T 5144—2001）要求对×××牌 P·O32.5 水泥抽检 7 次，P·O42.5 水泥抽检 1 次；××牌 P·O32.5 水泥抽检 5 次，P·O42.5 水泥抽检 42 次，抽检频率及指标满足规范要求。抽检结果见表 5-79。

表5-74 厂房、GIS楼粗骨料品质检测统计

项目\统计	吸水率/% 5~20	吸水率/% 20~40	吸水率/% 40~80	表观密度/(kg/m³) 5~20	表观密度/(kg/m³) 20~40	表观密度/(kg/m³) 40~80	超径/% 5~20	超径/% 20~40	超径/% 40~80	逊径/% 5~20	逊径/% 20~40	逊径/% 40~80	含泥/% 5~20	含泥/% 20~40	含泥/% 40~80	针片状/% 5~20	针片状/% 20~40	针片状/% 40~80	压碎指标	堆积密度/(kg/m³) 5~20	堆积密度/(kg/m³) 20~40	堆积密度/(kg/m³) 40~80	空隙率/% 5~20	空隙率/% 20~40	空隙率/% 40~80
检测组数	49	49	8	49	49	8	110	110	18	110	110	18	84	84	—	76	76	—	32	37	37	—	34	34	—
最大值	4.2	1.8	0.8	2750	2670	2680	4.6	4.3	3.6	8.8	7.8	0.8	4.8	13.4	—	4.8	2.0	—	17.9	1550	1510	—	48.0	49.6	—
最小值	0.2	0.2	0.1	2570	2590	2600	0.0	1.6	0.8	1.3	1.4	0.0	0.2	0.1	—	0.1	0.0	—	5.3	1340	1320	—	41.0	43.0	—
平均值	1.1	0.7	0.5	2610	2620	2630	3.7	2.9	2.7	7.2	7.5	0.3	1.0	0.7	—	1.4	0.5	—	13.0	1460	1460	—	44.1	44.5	—

表 5-75　　　　　　　　　　水泥物理力学性能检测结果统计

水泥品种	生产厂家	统计值	细度/%	安定性	标准稠度/%	凝结时间/(h：min) 初凝	凝结时间/(h：min) 终凝	抗压强度/MPa 3d	抗压强度/MPa 28d	抗折强度/MPa 3d	抗折强度/MPa 28d
P·O42.5			≤10	合格	—	≥0：45	≤10：00	≥16.0	≥42.5	≥3.5	≥6.5
P·O32.5			≤10	合格	—	≥0：45	≤10：00	≥11.0	≥32.5	≥2.5	≥5.5
××牌 P·O32.5	××科技实业股份有限公司	检测组数	8	8	11	11	11	11	11	11	11
		最大值	5.2	—	29.2	3：01	4：03	25.6	46.7	5.6	8.0
		最小值	2.8	—	25.4	2：06	3：18	21.3	35.0	3.1	5.7
		平均值	3.4	合格	26.3	2：33	3：43	23.9	40.9	5.0	7.3
		合格率/%	100	100	100	100	100	100	100	100	100
××牌 P·O42.5	××科技实业股份有限公司	检测组数	6	6	6	6	6	6	6	6	6
		最大值	4.6	—	28.4	2：33	3：41	33.1	49.7	5.9	8.8
		最小值	1.6	—	26.4	1：49	3：04	20.0	45.7	4.0	7.4
		平均值	3.0	合格	27.1	2：10	3：26	26.7	47.1	5.4	8.2
		合格率/%	100	100	100	100	100	100	100	100	100
××牌 P·O42.5	××科技实业股份有限公司	检测组数	69	69	69	69	69	69	69	69	69
		最大值	3.4	—	29.0	2：49	3：57	33.6	50.0	7.2	9.3
		最小值	0.8	—	26.4	1：49	2：46	20.9	42.5	4.4	7.2
		平均值	2.0	合格	27.4	2：21	3：26	25.3	46.0	5.5	8.4
		合格率/%	100	100	100	100	100	100	100	100	100
依据			GB/T 17671—1999、GB/T 1346—2001、GB 175—2007								

表 5-76　　　　　　　　　　外加剂质量检测结果统计

外加剂品种	统计参数	减水率/%	含气量/%	泌水率比	初凝时间差/min	终凝时间差/min	抗压强度比/% 3d	抗压强度比/% 7d	抗压强度比/% 28d	检测结果
引气剂 JM-2000	检测组数	3	3	3	3	3	3	3	3	合格
	平均值	8.4	5.0	49	+21	+31	98	99	98	
	最大值	11.4	5.2	58	+48	+79	101	101	100	
	最小值	7.0	4.7	41	−33	−41	93	97	96	
减水剂 JM-Ⅱ	组数	8	8	8	8	8	8	8	8	合格
	平均值	18.7	1.9	78	157	169	135	129	124	
	最大值	26.5	2.2	87	174	187	144	132	127	
	最小值	15.9	1.7	63	136	154	128	125	120	

表 5-77　　　　　　　　　　钢筋力学性能检测结果统计

表面形状	直径/mm	试验组数	屈服强度/MPa 最大值	屈服强度/MPa 最小值	极限强度/MPa 最大值	极限强度/MPa 最小值	伸长率/% 最大值	伸长率/% 最小值	冷弯试验
光圆 Q235 光圆 HPB235	10	2	380	280	510	470	28	27	完好
	12	2	355	300	475	450	28	26	完好
	10	1	410	380	495	445	26	25	完好
	12	2	460	380	565	400	27	26	完好
	16	1	455	450	510	500	26	25	完好
	20	1	435	430	485	480	26	25	完好

续表

表面形状	直径/mm	试验组数	屈服强度/MPa 最大值	屈服强度/MPa 最小值	极限强度/MPa 最大值	极限强度/MPa 最小值	伸长率/% 最大值	伸长率/% 最小值	冷弯试验
月牙肋 HRB335	10	1	385	385	510	485	21	21	完好
	12	4	460	370	575	425	26	20	完好
	14	5	475	395	580	500	24	20	完好
	16	13	455	350	585	470	26	19	完好
	18	3	455	450	570	505	20	19	完好
	20	19	485	405	600	510	26	20	完好
	22	3	460	440	595	505	25	20	完好
月牙肋 HRB335	25	21	450	415	585	505	23	20	完好
	28	5	470	400	590	520	22	18	完好
	32	3	465	395	550	500	20	19	完好

表 5-78　　厂房、GIS 楼土建工程混凝土抗压强度试验结果统计

强度等级	组数	最大值/MPa	最小值/MPa	平均值/MPa	标准偏差/MPa	C_v 值	强度保证率/%	设计龄期/d
C25W6F50	376	41.0	26.0	33.4	3.9	0.12	98.0	28
C15	4	26.6	17.0	21.4	—	—	—	28
C20	218	34.9	20.3	25.9	3.3	0.13	96.0	28
C30	3	41.3	38.3	39.2	—	—	—	28
M7.5	11	9.1	7.6	8.3	—	—	—	28

表 5-79　　放空洞水泥物理力学性能检测结果统计

水泥品种	生产厂家	统计值	细度/%	安定性	标准稠度/%	凝结时间/(h：min) 初凝	凝结时间/(h：min) 终凝	抗压强度/MPa 3d	抗压强度/MPa 28d	抗折强度/MPa 3d	抗折强度/MPa 28d
		P·O42.5	≤10	合格	—	≥0：45	≤10：00	≥16.0	≥42.5	≥3.5	≥6.5
		P·O32.5	≤10	合格	—	≥0：45	≤10：00	≥11.0	≥32.5	≥2.5	≥5.5
××牌 P·O32.5	××科技实业股份有限公司	检测组数	5	7	7	7	7	7	7	7	7
		最大值	3.2	—	26.4	2：39	4：00	25.8	44.9	5.8	7.8
		最小值	2.4	—	25.2	2：22	3：32	18.1	39.7	3.6	6.3
		平均值	2.7	合格	25.7	2：33	3：45	23.5	42.5	5.1	7.4
		合格率/%	100	100	100	100	100	100	100	100	100
××牌 P·O42.5	××科技实业股份有限公司	检测组数	1	1	1	1	1	1	1	1	1
		最大值	—	—	—	—	—	—	—	—	—
		最小值	—	—	—	—	—	—	—	—	—
		平均值	1.6	合格	26.2	2：32	3：44	25.3	47.8	5.0	8.2
		合格率/%	100	100	100	100	100	100	100	100	100

续表

水泥品种	生产厂家	统计值	细度/%	安定性	标准稠度/%	凝结时间/(h：min) 初凝	凝结时间/(h：min) 终凝	抗压强度/MPa 3d	抗压强度/MPa 28d	抗折强度/MPa 3d	抗折强度/MPa 28d
××牌 P·O32.5	××科技实业股份有限公司	检测组数	5	5	5	5	5	5	5	5	5
		最大值	3.2	—	28.8	2：34	3：41	24.3	47.1	5.1	8.4
		最小值	1.6	—	28.0	2：06	3：22	17.9	33.2	4.6	6.2
		平均值	2.0	合格	28.3	2：19	3：34	21.7	42.2	4.8	7.6
		合格率/%	100	100	100	100	100	100	100	100	100
××牌 P·O42.5	××科技实业股份有限公司	检测组数	41	42	42	42	42	42	34	42	34
		最大值	3.8	—	29.0	2：50	4：21	34.7	50.8	8.1	9.1
		最小值	1.2	—	25.0	1：42	2：27	21.6	42.7	4.4	6.7
		平均值	2.1	合格	27.4	2：19	3：22	24.9	46.5	5.6	8.1
		合格率/%	100	100	100	100	100	100	96.3	100	100
依据	GB/T 17671—1999、GB/T 1346—2001、GB 175—2007										

b. 砂石骨料。

a）人工砂。常规抽检人工砂82组，性能检测20组，抽检天然砂31组，检测结果见表5-80。

表5-80　　　　　　　放空洞人工砂品质检测结果统计

项目	细度模数	石粉含量/%	砂表面含水率/%	表观密度/(kg/m³)	堆积密度/(kg/m³)	吸水率/%
检测组数	82	57	14	20	19	16
最大值	3.40	29.3	4.0	2900	1740	2.6
最小值	2.22	10.7	0.9	2560	1160	0.4
平均值	2.83	19.9	2.2	2710	1510	1.8

b）天然沙。常规抽检天然沙31组，检测结果见表5-81。

表5-81　　　　　　　放空洞天然砂品质检测结果统计

统计值\项目	细度模数	含泥量/%	砂表面含水率/%	表观密度/(kg/m³)	堆积密度/(kg/m³)	吸水率/%
检测组数	31	17	16	17	17	31
最大值	4.11	2.7	5.9	2670	1620	6.8
最小值	2.68	1.0	1.4	2540	1340	0.4
平均值	3.07	2.0	3.2	2590	1420	1.9

试验结果表明砂各项指标均在规范要求范围内；但由于中水×局生产人工砂较粗，细度模数波动较大，我们在混凝土生产质量控制时，当砂子细度模数检测结果变化较大时，根据规范砂子细度模数每±0.2，混凝土砂率调整±1%的原则，在计算配料单时加以调整。

c）粗骨料。混凝土用粗骨料小石和中石的超、逊径各抽检103组，小石、中石含泥抽检68组，检测结果见表5-82。

表 5-82　　放空洞粗骨料品质检测统计

项目\统计	吸水率/% 5~20	吸水率/% 20~40	吸水率/% 40~80	表观密度/(kg/m³) 5~20	表观密度/(kg/m³) 20~40	表观密度/(kg/m³) 40~80	超径/% 5~20	超径/% 20~40	超径/% 40~80	逊径/% 5~20	逊径/% 20~40	逊径/% 40~80	含泥量/% 5~20	含泥量/% 20~40	含泥量/% 40~80	针片状/% 5~20	针片状/% 20~40	针片状/% 40~80	压碎指标	堆积密度/(kg/m³) 5~20	堆积密度/(kg/m³) 20~40	堆积密度/(kg/m³) 40~80	空隙率/% 5~20	空隙率/% 20~40	空隙率/% 40~80
检测组数	35	35	—	36	36	—	103	102	—	103	102	—	68	68	—	59	59	—	27	36	36	—	34	34	—
最大值	2.1	1.7	—	2640	2670	—	29.7	30.3	—	31.6	13.3	—	5.8	2.1	—	3.1	3.0	—	16.7	1620	1610	—	48	49.0	—
最小值	0.2	0.2	—	2490	2510	—	0.9	1.1	—	1.3	0.4	—	0.1	0.1	—	0.0	0.0	—	5.2	1360	1340	—	38	39.0	—
平均值	1.1	0.8	—	2610	2620	—	5.3	6.6	—	7.3	6.3	—	1.1	0.5	—	1.2	0.4	—	13.1	1480	1470	—	43.4	44.2	—

c. 钢筋。放空洞共抽检月牙肋钢筋 61 组，检测结果见表 5-83。

表 5-83　　　　　　　放空洞钢筋力学性能检测结果统计

表面形状	直径/mm	试验组数	屈服强度/MPa 最大值	屈服强度/MPa 最小值	极限强度/MPa 最大值	极限强度/MPa 最小值	伸长率/% 最大值	伸长率/% 最小值	冷弯试验
月牙肋 HRB335	12	1	415	400	520	520	21	20	完好
	14	3	450	435	585	485	22	20	完好
	16	8	465	390	595	475	24	20	完好
	18	1	450	450	555	555	21	20	完好
	20	12	470	405	600	470	24	20	完好
	22	2	460	455	550	500	20	20	完好
	25	20	470	420	570	510	23	20	完好
	28	10	460	370	545	510	24	20	完好
	32	4	420	415	555	545	22	20	完好

d. 外加剂检测。抽检外加剂 12 组，其中引气剂 3 组，减水剂 9 组，检测结果质合格，见表 5-84。

表 5-84　　　　　　　放空洞外加剂质量检测结果统计

外加剂品种	统计参数	减水率/%	含气量/%	泌水率比	初凝时间差/min	终凝时间差/min	抗压强度比/% 3d	抗压强度比/% 7d	抗压强度比/% 28d	检测结果
引气剂 JM-2000	检测组数	3	3	3	3	3	3	3	3	合格
	平均值	8.2	4.8	48	+22	+29	97	99	98	
	最大值	10.2	5.3	56	+46	+77	102	102	102	
	最小值	6.8	4.5	39	-31	-39	94	96	95	
减水剂 JM-Ⅱ	组数	9	9	9	9	9	9	9	9	合格
	平均值	18.2	1.8	76	156	168	134	131	125	
	最大值	25.5	2.1	88	173	182	148	134	126	
	最小值	14.8	1.6	62	128	149	126	128	122	

2) 混凝土质量检查结果。

a. 喷混凝土及砂浆强度检测。放空洞抽检喷混凝土抗压强度 36 组、砂浆抗压强度 24 组，检测结果表明，喷混凝土及砂浆强度满足设计要求。检测结果见表 5-85。

表 5-85　　　　　　　放空洞混凝土、砂浆抗压强度试验结果统计

强度等级	组数	最大值/MPa	最小值/MPa	平均值/MPa	标准差/MPa	C_v 值	强度保证率/%	结论
C20 喷	36	25.7	21.7	24.4	1.15			合格
M10	3	22.6	11.3	17.8				合格
M20	14	34.4	21.7	24.4				合格
M7.5	7	9.9	8.1	8.8				

b. 混凝土抗压强度检测。放空洞混凝土抗压强度共抽检341组，检测结果满足设计要求，统计分析结果见表5-86。

表5-86　　　　　　　放空洞土建工程混凝土抗压强度试验结果统计

强度等级	组数	最大值/MPa	最小值/MPa	平均值/MPa	标准偏差/MPa	C_v值	强度保证率/%	设计龄期/d
C20	41	36.8	20.6	24.2	4.2	0.14	96.5	28
C25W6F50	185	39.5	25.1	31.9	3.5	0.11	97.5	28
C30F50	115	47.0	30.3	37.3	3.9	0.10	96.4	28

c. 混凝土耐久性能检测。依据××江三级水电站工程混凝土强度设计指标对混凝土耐久性能进行检测，抗渗试验采用逐级加压法进行，抗冻试验委托进行，混凝土强度等级C25，抗渗指标大于W6，抗渗试验共计取样5组，抗渗指标均大于W6，全部合格。

d. 混凝土温度、坍落度、含气量检测。检测混凝土出机口温度867组，合格率100%，抽检混凝土含气量654组，合格率100%，抽检混凝土坍落度867组，合格率100%。检测统计结果见表5-87。

表5-87　　　　　　　放空洞混凝土性能检测结果统计

项目＼统计值	控制标准	检测组数	最大值	最小值	平均值
坍落度/mm	140～160	867	167	97	151
含气量/%	3.0～5.0	654	4.9	3.1	3.4
温度/℃	—	867	34.4	16.0	18.5

(8) 压力钢管制作安装工程（C5B）。

1) 质量控制。为了满足质量要求，项目部严格执行三检制度：施工人员进行一检，合格后车间技术人员进行二检，最后由项目部质检人员进行三检，三检合格后报监理。同时推行过程质量跟踪表格，在生产过程中，对每一道工序进行控制，做到不合格工件不流入下一道工序。经控制，所生产压力钢管各项指标如下。

a. 管弧度。在自由状态下用样板检查弧度，所有钢管样板与瓦片间隙在0.5～2mm之间，最大不超过2mm。符合《压力钢管制作安装及验收规范》（DL/T 5017—2007）要求，见表5-88。

表5-88　　　　　　　压力钢管弧度检测结果统计

序号	钢管内径 D/m	样板弦长/m	样板与瓦片的极限间隙/mm
1	$D \leqslant 2$	0.5D（且不小于500mm）	1.5
2	$2 < D \leqslant 5$	1.0	2.0
3	$D > 5$	1.5	2.5

压力钢管纵缝焊接后，用弦长0.5m的样板检查，样板与瓦片间隙在2～4mm之间，符合《压力钢管制作安装及验收规范》（DL/T 5017—2007）要求，见表5-89。

表 5-89　　　　　　　　　　压力钢管弧度检测结果统计

序号	钢管内径 D/m	样板弦长/mm	样板与纵缝的极限间隙/mm
1	$D \leqslant 5$	500	4
2	$5 < D \leqslant 8$	D/10	4
3	$D > 8$	1200	6

b. 管口平面度及周长。压力钢管平面度符合《压力钢管制作安装及验收规范》（DL/T 5017—2007）要求，最大平面度偏差不超过 2mm，见表 5-90。

表 5-90　　　　　　　　　压力钢管管口平面度检测结果统计

序号	钢管内径 D/m	极限偏差/mm
1	$D \leqslant 5$	2
2	$D > 5$	3

压力钢管实际周长与设计周长差符合《压力钢管制作安装及验收规范》（DL/T 5017—2007）要求，见表 5-91。

表 5-91　　　　　　　压力钢管实际周长与设计周长差检测结果统计

项　　目	板厚 δ/mm	极限偏差/mm
实测周长与设计周长差		±3D/1000，且不超过±24
相邻管节周长差	$\delta < 10$	6
	$\delta \geqslant 10$	10

c. 焊缝质量。压力钢管焊缝表面质量按《压力钢管制作安装及验收规范》（DL/T 5017—93）进行控制，通过检验，焊缝表面无裂纹、夹渣，其余各项均满足规范要求。

所有管节的纵缝均进行了 100% 超声波检测，并进行射线复检，材质为 16MnR 的管节复检比例为 5%，材质为 WDB620 高强钢的复检比例为 10%，一次合格率均达到 95% 以上。

d. 防腐质量控制。内壁除锈等级均达到 Sa2.5 级，表面粗糙度为 40~70μm，外壁壁除锈等级达到 Sa1 级。漆膜厚度采用漆膜测厚仪进行检测，均达到设计要求（直段 400μm，弯段 500μm）以上，漆膜附着力达到设计规范要求。安装焊缝两侧 200mm 范围在制作厂内只刷可焊漆，安装焊接完毕后用钢丝砂轮除锈后进行补漆。钢管内壁采用环氧煤沥青玻璃鳞片防锈漆涂料，外壁涂苛性钠水泥浆。

2）运输存放。经验收合格的钢管用 25t 汽车吊配合 20t 平板车运输到存放场地存放。由于场地有限，安装工期又受到土建单位及设计变更的影响，大量的钢管只能沿着进场公路沿路存放。

3）压力钢管运输、就位及安装。××江三级水电站的压力钢管安装从 20××年 9 月××日开始，三条支管安装完毕后，受设计变更影响，安装工作暂停，20××年 10 月恢复部分工作面安装，20××年 1 月开始，所有安装工作面同时启动，进入安装高峰期，至 20××年 8 月××日，全部工作面安装结束。

××江三级水电站压力钢管安装工程主要分为 3 个工作面：4 号施工支洞工作面、7 号施工支洞工作面、6 号施工支洞工作面，钢管分别从三个施工支洞运输进洞。在 4 号施工支洞和 7 号施工支洞口设有自制 20t 卸车门架，在 6 号施工支洞与主洞交叉口位置设置有卸车天锚，用25t汽车吊和20t平板车配合把钢管运输到卸车位置后进行卸车，将钢管临时固定在自制运输台车上，最后通过铺设好的运输轨道，利用10t卷扬机运输到安装位置进行安装。

a. 安装尺寸控制。××江三级水电站压力钢管安装先由测量按照设计图纸测放控制点，由此来控制钢管管口里程坐标，以保证各个工作面钢管能够顺利连接。

管口中心控制按《压力钢管制作安装及验收规范》(DL/T 5017—2007) 中表5.2.1要求控制。经检测，管口中心极限偏差均符合规范要求，始装节管口中心极限偏差控制在3mm以内，岔管管口中心控制在5mm以内。始装节的里程偏差不超过±3mm，弯管起点的里程偏差不超过±5mm，始装节两端管口垂直度偏差不超过±2mm。

安装后，钢管圆度不大于4D/1000，均在规范优良范围之内，压力钢管安装控制标准见表5-93。

表5-92　　　　　　　　　　压力钢管安装中心的极限偏差

钢管内径D /m	始装节管口中心的极限偏差/mm	与蜗壳、伸缩节、蝴蝶阀、球阀、岔管连接的管节及弯管起点的管口中心极限偏差/mm	其他部位管节的管口中心极限间隙/mm
$D \leq 2$	5	6	15
$2 < D \leq 5$		10	20
$5 < D \leq 8$		12	25
$D > 8$		12	30

b. 焊缝质量控制。焊缝表面质量按《压力钢管制作安装及验收规范》(DL/T 5017—93) 中表6.4.1进行控制，通过检验，焊缝表面无裂纹、夹渣，其余各项均满足规范要求。所有安装焊缝均进行了无损检测，所有管节（除岔管外）一类焊缝均进行100%超声波检测，并进行10%的射线复检，二类焊缝进行50%的超声波检测。射线探伤一次合格率100%，超声波探伤一次合格率均在70%以上。

c. 防腐处理。安装焊缝焊接合格后，对安装焊缝进行补漆处理，漆膜附着力达到相关设计规范要求。

4) 岔管制作安装及水压试验。××江三级水电站压力钢管有两个岔管，最大管口直径4.8m，最小端管口直径2.8m，岔管瓦片制作完成后在制作车间进行预拼，按照《压力钢管制作安装及验收规范》(DL/T 5017—2007) 规定进行检查验收，主支管中心高差分别为+4mm、+5mm，纵缝对口错边量不大于2mm，环缝对口错边量不大于3mm，主支管周长差与设计值差值在6~10mm之间，各项数值均符合设计要求。安装控制标准见表5-93。

岔管的整体组装及焊接在6号施工支洞与主洞交叉口位置的拼装平台上进行，焊接结束24h后进行无损检测。所有焊缝均进行100%超声波探伤，主岔管一次合格率为79.5%，支岔管一次合格率为71%；超声波检测结束后进行10%射线复检抽查，射线复检一次合格率均为100%。所有有缺陷的焊缝均一次处理合格。

无损检测完毕后进行水压试验。岔管三个口用封堵闷头进行封堵，让后充满水，用电动打压泵对岔管进行充水加压，经过1.0MPa、2.0MPa、3.0MPa、4.0MPa、4.48MPa逐级升压至试验压力5.6MPa，每一级保压30min，至5.6MPa时保压5min后逐级卸压。整个过程中无渗水及其他异常情况，水压试验合格。

表 5-93　　　　　　　　肋梁系岔管制作组装或组焊后的极限偏差

序号	项目名称	尺寸和板厚 δ	极限偏差	简　图
1	管长 L_1、L_2		±10	
2	主、支管的管口圆度（D 为内径）		3D/1000 且不大于 20	
3	主、支管管口实测周长与设计周长差		3D/1000 且极限偏差不大于±20，相邻管节周长差≤10	
4	支管中心距 S_1		±10	
5	主、支管中心高差（以主管内径 D 为准）	D≤2m 2m<D≤5m D>5m	±4 ±6 ±8	
6	主、支管管口垂直度	D≤5m D>5m	2 3	
7	主、支管管口平面度	D≤5m D>5m	2 3	
8	纵缝对口错边量	任意厚度	10%δ，且≤3	
9	环缝对口错边量	δ≤30 30<δ≤60 δ>60	15%δ，且≤3 10%δ ≤6	

（9）机电安装工程（C11）。

1）水轮机安装。

a. 尾水管里衬安装。1号机尾水管里衬安装包括尾水肘管、锥管两部分，其中每台肘管包含有3节，尾水肘管于20××年3月××日焊接、调整、加固完毕。

经验收复测，满足规范要求，其最终验收复测值见表5-94。

表 5-94　　　　　　　　1号机尾水管里衬安装验收复测统计

项次	项　目	允许偏差/mm 合格	允许偏差/mm 优良	实测值偏差/mm 1号机
1	上管口中心（X、Y）	4	3	1
2	上管口高程	8	5	2

b. 座环、蜗壳安装。1号机座环、蜗壳最终验收复测值见表5-95。

表 5-95　　　　　　　　1号机座环、蜗壳最终验收复测值统计

项次	项　目	允许偏差/mm 合格	允许偏差/mm 优良	实测值偏差/mm 1号机
1	中心及方位	2.0	1.5	1.0
2	高程	±3.00	±2.00	0.03
3	水平	0.07mm/m	0.05mm/m	0.04

1号机蜗壳由于在厂内已挂装完成，安装时以座环为基准，只对蜗壳的尺寸进行校核，最终校核检测值见表5-96。

表 5-96　　　　　　　　　　1 号机蜗壳焊缝外观检查结果汇总

项次	项目名称	允许缺陷尺寸	最终检查
1	裂纹	不允许	无
2	表面夹杂	不允许	无
3	咬边	深度不超过 0.5mm，连续长度不超过 100mm	符合要求
4	未焊满	不允许	无
5	表面气孔	不允许	无
6	焊缝余高	手工焊 25mm<Δ<50mm　$\Delta h=0\sim3$mm	符合要求
7	对接焊缝宽度	手工焊，盖过每边破口宽度 2～4mm	符合要求
8	飞溅	清除干净	无
9	焊瘤	不允许	无

c. 机坑里衬和接力器里衬安装。1 号机机坑里衬分 2 瓣在工地现场组合，接力器里衬（基础）以机组 y 轴线为基准分左右两个并与机坑里衬装配，在安装时采用接力器里衬外部加固定锚筋，与机坑里衬一起浇混凝土的防变形措施，满足技术规范要求。最终验收数据见表 5-97。

表 5-97　　　　　　　　机坑里衬和接力器里衬安装验收数据统计

项次	项 目 名 称	允许偏差/mm 合格	允许偏差/mm 优良	实测偏差/mm 1号机
1	机坑里衬中心	5	<5	3
2	机坑里衬上管口直径（3950mm）	±5.92	±3.95	2
3	接力器里衬法兰垂直度（左/右）	每米不超过 0.30	每米不超过 0.2	左：0.09 右：0.10
4	接力器里衬中心及高程	±1.0	<±1.0	0.6
5	接力器里衬与机组基准线平行度	1.0	<1.0	左：0；右：0.5
6	接力器里衬与机组基准线距离	±3	±2	0

从 20××年 6 月开始进行接力器严密性耐压试验，试验压力为 8MPa，即工作压力的 1.25 倍工作压力，保压 30min，无渗漏现象，进行严密性试验时试验压力为 6.4MPa 保压 8h，无渗漏现象。接力器工作行程为 306.5mm，实测值分别见表 5-98 和表 5-99。

表 5-98　　　　　　　　　　接力器耐压试验结果汇总

项目测值＼项目	左（$-x$）	右（$+x$）
试验压力	8.0MPa	8.0MPa
保压时间	30min	30min
活塞全行程	306	306.5
有无渗漏现象	无	无

表 5-99　　　　　　　　接力器水平度及压紧行程测量结果汇总

项目	左边/mm	右边/mm
水平度	0.02	0.05
行程	286	286.5

d. 导水机构安装。1号机导水机构于20××年7月××日完成，根据设计要求对导叶上、下断面间隙进行调整，设计间隙：上断面0.05~0.12mm下断面0.02~0.07mm。导叶立面局部间隙用0.05mm塞尺全部不能通过。各间隙值见表5-100。

导叶安装数据记录（24只）（单位0.01mm），测量工具：塞尺。

表 5-100　　　　　　　　导叶安装数据记录统计

	序号	1	2	3	4	5	6	7	8	9	10	11	12
上断面	大	10	9	9	11	10	8	12	7	12	12	11	8
	小	10	8	6	11	10	8	12	7	12	12	11	9
	序号	13	14	15	16	17	18	19	20	21	22	23	24
	大	8	11	9	7	12	12	10	11	9	9	8	8
	小	8	11	9	7	12	12	10	11	9	8	6	7
下断面	序号	1	2	3	4	5	6	7	8	9	10	11	12
	大	3	2	6	7	6	2	3	2	2	3	4	4
	小	3	2	6	7	6	2	3	2	2	3	4	4
	序号	13	14	15	16	17	18	19	20	21	22	23	24
	大	2	2	4	2	4	2	2	3	4	2	4	2
	小	2	3	5	2	4	2	3	3	4	2	4	2

在接力器压紧行程力下1~24号导叶立面间隙均小于0.05mm，即用0.05mm的塞尺检查均不能通过。符合设计技术规范及《水轮发电机组安装技术规范》（GB/T 8564—2003）第5.5.3条要求。

e. 转动部件安装。1号机组转动部件于20××年8月××日完成，经检测各项参数均满足规范要求。1号机组转轮与主轴的连接螺栓加热伸长值为0.86mm。组合间隙用0.02mm塞尺检测不能通过，满足规范要求。各间隙值见表5-101。

表 5-101　　　　　　　　1号机转轮径向间隙测量值统计

	设计值：2.5mm；测量工具：塞尺					
外圆间隙	方位	+x	-x	方位	+y	-y
	测值/mm	2.5	2.5	测值/mm	2.4	2.6
	设计值：0.65mm；测量工具：塞尺					
迷宫环间隙	方位	+x	-x	方位	+y	-y
	测值/mm	0.65	0.65	测值	0.65	0.65
主轴法兰间隙测量	用0.02mm塞尺检查一周全部不能通过					

续表

旋转油盆径向间隙 /mm	设计值：1.0mm；测量工具：塞尺							
	序号	1	2	3	4	5	6	7	8
	测值	1.15	0.9	1.0	1.1	0.95	1.0	1.05	1.1
转轮安装高程测量 /mm	测量工具：钢板尺							
	测点	1		2		3		4	
	测值	1.0		1.0		1.0		1.0	

f. 水导轴瓦及主轴密封安装。

1号机水导轴瓦及主轴密封安装密封于20××年8月××日完成，检测结果如下：

a) 对轴瓦、轴承座、轴承盖以及螺栓的清洗检查，设备无遗漏及缺陷。

b) 对巴氏合金轴瓦进行试装检查，无密集气孔、裂纹、硬点及脱壳等设备缺陷与轴试装接触点达到2点/cm²。

c) 油槽渗漏试验注入煤油，保持4~5h，轴承油槽无渗漏现象。

d) 检修密封充气试验，充气0.05MPa，空气围带无漏气现象。

e) 轴承油位用钢卷尺测量为172mm（设计油位170mm）测量工具：钢板尺。

f) 轴承冷却器耐压试验，打压0.5MPa，保压时间10min。无渗漏及裂纹等异常现象。

g) 轴瓦间隙测量结果见表5-102。

表5-102　　　　　　　　轴瓦间隙测量结果统计　　　　　　　　单位：0.01mm

设计间隙：单边0.20mm，总间隙0.40mm			测量工具：塞尺	
方位	$+x$	$-x$	$+y$	$-y$
测值	20	20	22	18

h) 检修密封径向间隙测量结果见表5-103。

表5-103　　　　　　检修密封径向间隙测量结果统计　　　　　　　　单位：mm

设计间隙：2.0~2.4mm				测量工具：塞尺			
方位	$+x$	$-x$	$+y$	$-y$	$+x$~$+y$夹角	$+x$~$-y$夹角	$-x$~$+y$夹角	$-x$~$-y$夹角
测值	2.0	2.0	2.1	2.1	2.2	2.1	2.1	2.2

2) 发电机安装。

a. 发电机定子组装。发电机型号为SF-J105-14/5400，到货形式为2瓣，1号机定子于20××年10月29日开始组装，于20××年11月××日组装完成，并于20××年12月××日顺利完成定子铁损试验。组装时按照《水轮发电机组安装技术规范》（GB/T 8564—2003）第9.3.3条、厂家图纸及厂家技术规范要求进行定子组装，1号机定子组装后检查机座组合缝间隙用0.05mm的塞尺不能通过，机座组合后检查机座椭圆度数据见表5-104。

表5-104　　　　　　1号机定子机座椭圆度数据统计　　　　　　设计值：5530mm

环数	$+x$~$-x$	$+y$~$-y$	$-xy$~$+x-y$	$+x+y$~$-x-y$
1	5528	5529	5529	5530
2	5529	5527	5528	5529

续表

环数	$+x\sim-x$	$+y\sim-y$	$-xy\sim+x-y$	$+x+y\sim-x-y$
3	5528	5529	5530	5530
4	5531	5531	5530	5529
5	5530	5530	5531	5529

椭圆度的偏差范围为-2~2mm，符合《水轮发电机组安装技术规范》（GB/T 8564—2003）项的要求，各半径的绝对尺寸偏差不大于±2mm。

机座组合完成后对定子鸽尾筋进行调整，调整时严格按照《水轮发电机组安装技术规范》（GB/T 8564—2003）第9.3.4、第9.3.5条技术规范等要求进行，依据厂家图纸所示鸽尾筋设计值：半径2689.69mm基准筋弦距2044.08mm；按照规范要求换算为1号机定子鸽尾筋所要求数据如下。

①定位筋的基准筋定位后，其半径偏差不应大于0.256mm，周向及径向倾斜值不大于0.15mm；②同一根定位筋在同一高度的扭度值不大于0.10mm；③全部定位筋焊后半径偏差不大于0.64mm，最大偏差数值不超过半径设计值的0.50mm；④相邻两定位筋同一高度半径偏差不大于0.192mm；⑤同一高度上弦距偏差不超过设计值的0.25mm，累计偏差不超过0.40mm。

按照上述要求鸽尾筋调整完成后检测数据见表5-105。

表5-105 鸽尾筋调整完成后检测数据统计

基准筋半径	测量工具：内径千分尺；单位：mm							
	1	2	3	4	5	6	7	8
	2689.74	2689.88	2689.84	2689.67	2689.60	2689.60	2689.79	2689.74
基准筋弦距	厂家测量工具长+厂家到货百分表长=2048.26mm；单位：mm							
	1~2	2~3	3~4	4~5	5~6	6~7	7~8	8~1
	4.28	4.18	4.25	4.22	4.27	4.20	4.20	4.05
基准筋周向倾斜	1	2	3	4	5	6	7	8
	0.05	0.11	0.14	0.14	0.19	0.12	0.15	0.19
基准筋扭度	1	2	3	4	5	6	7	8
	0	0.05	0.02	0.02	0.07	0.01	0.06	0.01

其余各鸽尾筋。设计值：鸽尾筋半径2689.69mm，鸽尾筋弦距505.34mm。

①同一根鸽尾筋在同一高度的扭度值不大于0.10mm；②全部鸽尾筋焊后半径偏差不大于0.64mm，最大偏差数值不超过半径设计值的0.50mm；③相邻两鸽尾筋同一高度半径偏差不大于0.192mm；④同一高度上弦距偏差不超过设计值的0.25mm，累计偏差不超过0.40mm。⑤其余各鸽尾筋半径见表5-106。⑥其余各鸽尾筋弦距检测结果见表5-107。（厂家测量工具长+厂家到货百分表长=508.68mm）。

表 5-106　　　　　　　　　　其余鸽尾筋半径检测结果统计　　　　　　　　　　单位：mm

测量断面	鸽尾筋半径	测量断面	鸽尾筋半径	测量断面	鸽尾筋半径	测量断面	鸽尾筋半径
1-1	2689.79	3-3	2689.62	6-2	2689.57		
1-2	2689.84	4-1	2689.58	6-3	2689.57		
1-3	2689.89	4-2	2689.68	7-1	2689.67		
2-1	2689.82	4-3	2689.63	7-2	2689.62		
2-2	2689.82	5-1	2689.65	7-3	2689.74		
2-3	2689.83	5-2	2689.63	8-1	2689.65		
3-1	2689.72	5-3	2689.66	8-2	2689.65		
3-2	2689.64	6-1	2689.55	8-3	2689.69		

表 5-107　　　　　　　　　　其余各检测结果统计　　　　　　　　　　单位：mm

测量断面	鸽尾筋弦距	测量断面	鸽尾筋弦距	测量断面	鸽尾筋弦距	测量断面	鸽尾筋弦距
1-1-1	3.23	3~3-1	3.42	5~5-1	3.46	7~7-1	3.45
1-1~1-2	3.40	3-1~3-2	3.36	5-1~5-2	3.26	7-1~7-2	3.36
1-2~1-3	3.40	3-2~3-3	3.43	5-2~5-3	3.34	7-2~7-3	3.34
1-3~2	3.25	3-3~4	3.30	5-3~6	3.38	7-3~8	3.46
2~2-1	3.41	4~4-1	3.36	6~6-1	3.43	8~8-1	3.37
2-1~2-2	3.41	4-1~4-2	3.38	6-1~6-2	3.38	8-1~8-2	3.35
2-2~2-3	3.41	4-2~4-3	3.31	6-2~6-3	3.24	8-2~8-3	3.26
2-3~3	3.36	4-3~5	3.33	6-3~7	3.28	8-3~1	3.38

g) 其余各鸽尾筋周向倾斜值检测结果见表 5-108。

表 5-108　　　　　　　　其余各鸽尾筋周向倾斜值检测结果统计　　　　　　　　单位：mm

测量断面	鸽尾筋周向倾斜值	测量断面	鸽尾筋周向倾斜值	测量断面	鸽尾筋周向倾斜值	测量断面	鸽尾筋周向倾斜值
1-1	0.19	3-1	0.16	5-1	0.17	7-1	0.07
1-2	0.07	3-2	0.12	5-2	0.19	7-2	0.16
1-3	0.20	3-3	0.17	5-3	0.13	7-3	0.19
2-1	0.09	4-1	0.07	6-1	0.17	8-1	0.11
2-2	0.14	4-2	0.09	6-2	0.14	8-2	0.15
2-3	0.10	4-3	0.18	6-3	0.09	8-3	0.14

h) 其余各鸽尾筋扭度检测结果见表 5-109。

表 5-109　　　　　　　　　其余各鸽尾筋扭度检测结果统计　　　　　　　　　单位：mm

测量断面	鸽尾筋扭度	测量断面	鸽尾筋扭度	测量断面	鸽尾筋扭度	测量断面	鸽尾筋扭度
1-1	0.01	2-1	0	3-1	0.03	4-1	0.01
1-2	0.03	2-2	0	3-2	0.02	4-2	0.01
1-3	0	2-3	0	3-3	0.02	4-3	0.04

续表

测量断面	鸽尾筋扭度	测量断面	鸽尾筋扭度	测量断面	鸽尾筋扭度	测量断面	鸽尾筋扭度
5-1	0.03	6-1	0	7-1	0.03	8-1	0.01
5-2	0.02	6-2	0.02	7-2	0.03	8-2	0.04
5-3	0.01	6-3	0.01	7-3	0.04	8-3	0.01

1号机定子鸽尾筋调整完成后，进行定子硅钢片的叠装，定子铁芯设计高度为1700mm，共分39段片，最上、最下两段片为黏胶片，共38段通风槽，每层通风槽上放两层特殊片，其中在叠装过程中分5次紧压，最后一次紧压后铁芯高度为1703mm，符合《水轮发电机组安装技术规范》（GB/T 8564—2003）第9.3.10条表25的规定：铁芯高度允许偏差-2~6mm的要求；铁芯波浪度为1mm，符合GB/T 8564—2003第9.3.10条表26的规定：铁芯上端波浪度偏差9mm。检测统计结果见表5-110。

表5-110　　　　　1号机定子鸽尾筋调整完成后检测结果统计　　　　　单位：mm

测量断面	鸽尾筋调整后检测值	测量断面	鸽尾筋调整后检测值	测量断面	鸽尾筋调整后检测值	测量断面	鸽尾筋调整后检测值	备注
1	1703	5	1702	9	1703	13	1703	齿
	1702.5		1702		1702.5		1702.5	轭
2	1703	6	1703	10	1703	14	1703	齿
	1702.5		1702		1702		1702	轭
3	1703	7	1703	11	1703	15	1703	齿
	1702.5		1702		1702		1702	轭
4	1703	8	1703	12	1703	16	1703	齿
	1702		1702.5		1702		1702	轭

定子铁芯半径与设计半径之差：-0.04~0.26mm，为空气间隙的-0.06%~+0.81%，圆度符合GB/T 8564—2003第9.3.10a条（各半径与设计之差不超过设计空气间隙的±4%）标准。定子铁芯圆测量结果见表5-111。

表5-111　　　　　　　　　定子铁芯圆测量结果统计

	编号	1	2	3	4	5	6	7	8
	上	1.10	1.14	1.12	1.12	1.20	1.23	1.20	1.25
	中	1.14	1.18	1.19	1.20	1.22	1.16	1.25	1.28
定子铁芯半径/mm	下	1.21	1.18	1.15	1.17	1.10	1.12	1.04	1.09
	编号	9	10	11	12	13	14	15	16
	上	1.23	1.24	1.21	1.22	1.18	1.13	1.15	1.07
	中	1.26	1.25	1.25	1.21	1.29	1.26	1.26	1.25
	下	1.24	1.26	1.13	1.24	1.14	1.02	0.96	0.97

表中所示数据为内径千分尺微调量，即：内径千分尺杆长（2050）+测圆架中心柱（199）=2249+微调量=铁芯实际半径。

20××年12月××日顺利完成定子铁损试验。20××年4月××日完成了1号机定子吊装，定子下线开始于20××年6月××日至20××年7月××日顺利通过交直流耐压试验。

b. 发电机转子组装。自20××年10月29日开始进行1号机转子大轴调整（由于轮毂在厂内已组装好，工地现场只需立轴，无需热套中心体），2010年11月2日开始磁轭的叠装，磁轭片按0.2kg等级进行分类，磁轭设计高度为1840mm，共有14个磁极，共分3段即进行三次紧压，最后一次紧压即为整体压紧，面积法计算紧压系数为0.9928。转子磁轭高度设计值为1840mm，依据《水轮发电机组安装技术规范》（GB/T 8564—2003），要求同一纵截面上的高度偏差不应大于5mm，沿圆周方向的高度相对于设计高度的偏差不超过−1～8mm；各项检测数据记录见表5-112。

表5-112　　　　　　　　　　发电机转子组装检测数据汇总　　　　　　　　　　单位：mm

编号	内圆	外圆	编号	内圆	外圆
1	1843.0	1847.0	8	1844.0	1845.5
2	1843.0	1846.5	9	1943.5	1847.0
3	1843.0	1847.0	10	1844.0	1847.5
4	1843.5	1847.5	11	1843.0	1847.0
5	1843.0	1847.0	12	1842.0	1846.0
6	1843.5	1846.5	13	1842.0	1847.5
7	1844.0	1847.0	14	1843.0	1847.5

发电机转子磁轭设计半径为1915mm，依据GB 8564—2003要求各半径与设计半径之差不应大于设计空气间隙的±3%（即0.96mm），设计空气间隙为32mm，实测数据见表5-113。

表5-113　　　　　　　　　发电机转子磁轭半径实测数据统计　　　　　　　　　单位：mm

编号	400	1000	1600	编号	400	1000	1600
1	1915.16	1915.23	1915.15	8	1915.05	1915.09	1915.19
2	1915.00	1915.13	1915.14	9	1915.03	1914.98	1914.97
3	1915.02	1915.12	1914.99	10	1915.14	1915.05	1914.88
4	1914.91	1915.07	1915.07	11	1915.16	1915.06	1914.87
5	1914.99	1915.04	1915.08	12	1915.11	1915.18	1914.90
6	1914.86	1915.01	1915.15	13	1915.08	1915.10	1915.00
7	1914.99	1915.06	1915.26	14	1915.16	1915.21	1915.13

转子磁极设计半径为2218mm，依据GB 8564—2003要求各半径与设计半径之差不应大于设计空气间隙的±4%（即1.28mm），此转子的偏心值应不大于0.15mm，实测最大偏心值为0.05～0.13mm，实测数据见表5-114。

依据GB 8564—2003磁极挂装高程偏差应不超过±1.50mm；额定转速在300r/min及以上的转子，对称方向磁极挂装高程差不大于1.5mm，实测数据见表5-115。

磁极在安装间挂装完毕后对其进行了交直流耐压试验一次性通过，接着进行制动器安装、下盖板安装、下机架预装及回装、油冷却器打压、挡风板预装，各转动部件尺寸校核等，并于2010年7月16日将1号机转子吊入机坑，全面进行机组的回装。

表 5-114　　　　　　　　　　发电机转子磁极半径实测数据统计　　　　　　　　　单位：mm

高度 编号	200	740	1300	高度 编号	200	740	1300
1	2218.25	2218.29	2218.17	8	2218.15	2218.14	2218.18
2	2218.25	2218.32	2218.23	9	2218.16	2218.17	2218.07
3	2218.24	2218.28	2218.20	10	2218.15	2218.10	2217.98
4	2218.10	2218.24	2218.24	11	2218.20	2218.14	2218.03
5	2217.99	2218.06	2218.18	12	2217.75	2217.82	2217.92
6	2218.04	2218.14	2218.26	13	2218.13	2218.19	2218.13
7	2218.16	2218.10	2218.31	14	2218.14	2218.19	2218.17

表 5-115　　　　　　　　　　发电机转子磁极挂装高程实测误差统计　　　　　　　　　单位：mm

编号	高程差	编号	高程差
1	−1.5	8	−0.5
2	−1.0	9	−0.3
3	+0.5	10	−0.3
4	−0.5	11	+0.5
5	−0.5	12	0
6	−0.5	13	+0.5
7	−0.5	14	−0.5

c. 上机架安装。上机架为负荷机架，在正常运行时承受机组转动部分的全部重量、水轮机的轴向水推力及机架自重等负荷。上机架共有八条腿，上机架油槽内布置了上导轴承、推力轴承和油冷却器等，依据设计要求及《水轮发电机组安装技术规范》（GB/T 8564—2003）对上导轴承进行安装，油槽渗漏试验：依据GB/T 8564—2003第4.11条对上导轴承油槽做煤油渗漏试验，4h无渗漏现象；按照GB/T 8564—2003第4.11条对冷却器做严密性耐压试验，保压30min无渗漏现象，上机架附件安装完成后对机架本体进行安装调整。各项调整检测数据记录如下：

a）上机架挡风板与定子线圈距离设计值为40mm，允许偏差为0～+10%设计间隙（4mm），检测结果见表 5-116。

表 5-116　　　　　　　　　　上机架各项调整结果检测统计　　　　　　　　　单位：mm

测点	1	2	3	4	5	6	7	8
数据	42	41	43	44	41	40	42	42

b）上机架中心、高程、水平调整。上机架正式开始回装于20××年7月××日，调整时依据下迷宫环中心调整，上机架中心距 X 基准距离为0.025mm；距 Y 基准距离为0；允许偏差为0.8m；上机架设计高程为1244.697m，标准测量值为1790.190mm与设计高程相符，表中数值越大高程越低水平为 Y：0.01mm/m、X：0.03mm/m。上机架中心、高程、水平调整后检测结果见表 5-117和表 5-118。

表 5-117　　　　　　　　　上机架中心调整结果统计　　　　　　　　　单位：mm

侧位	+X	+Y	-X	-Y
数值	12.63	12.66	12.72	12.74

表 5-118　　　　　　　上机架高程、水平调整结果统计　　　　　　　单位：mm

侧位	+X	+Y	-X	-Y
数值	1790.192	1790.189	1790.189	1790.190

d. 机架安装。1号机组下机架于20××年5月××日吊入机坑正式安装调整，调整后下机架水平为0.03mm/m，符合规范要求；下机架是根据下止漏环的中心调整中心的，同时按照设计要求及《水轮发电机组安装技术规范》(GB/T 8564—2003)对下导轴承进行安装，油槽渗漏试验：根据 GB/T 8564—2003 第 4.12 条对下导油槽做煤油渗漏试验，4h 无渗漏现象。按规范第 4.11 条对冷却器作严密性耐压试验，保压 30min 无渗漏现象。下机架附件安装完成后对机架本体进行安装调整；各项调整检测数据记录如下：

下机架中心距 X 基准距离为 0.11mm；距 Y 基准距离为 0.01mm；允许偏差为 0.8mm；下机架设计高程为 1240.84m，表 5-119 中 377.72mm 与设计 1240.84m 相当；下机架两测点间距离为 3.08m，实测水平最大相差 0.1mm，水平度最大为 0.03mm/m。中心检测记录见表 5-119。

表 5-119　　　　　　　　　下机架安装中心记录检测统计　　　　　　　　　单位：mm

侧位	+X	+Y	-X	-Y
数值	14.73	14.92	14.99	14.82

下机架高程、水平检测记录见表 5-120。

表 5-120　　　　　　　下机架安装高程、水平记录统计　　　　　　　单位：mm

侧位	+X~+Y	+Y~-Y	-X~-Y	+X~-Y
数值	377.72	377.70	377.70	377.69

e. 机组轴线调整及机组全面回装。1号机组于20××年7月20日开始发电机组轴线调整，采用机械盘车法，于20××年8月××日整体盘车结束，盘车满足规范要求，盘车时将推力头分八个点进行数据测量，其各调整数据见表 5-121。

表 5-121　　　　　　　　1号机组轴线调整测量数据统计　　　　　　　　单位：0.01mm

侧位	测点	1	2	3	4	5	6	7	8
上导	+Y	-1	-2	-1	-1	-1	0	0	-1
下导	+Y	+2	+4	+1	0	0	0	+1	+3
法兰	+Y	+5	+5	+3	0	0	0	+1	+3
水导	+Y	+4	+1	-7	-6	-7	0	+8	+12
上导	+X	0	0	0	0	0	0	+1	+1
下导	+X	+5	+4	+3	0	+1	+3	+3	+5
法兰	+X	+6	+2	+3	0	-3	0	+2	+5
水导	+X	+15	+7	+3	0	+1	+11	+15	+18

在监测各轴承摆度的同时观察镜板的水平、推力轴承受力情况及上下迷宫环的间隙是否符合规范及设计要求，记录数据见表 5-122。

表 5-122　　　　　　　　　　上下迷宫环间隙测量记录　　　　　　　　　　单位：0.01mm

测点	1	2	3	4	5	6	7	8
数据	0	-1	-2	-3	-3	-1	0	0

表中数据为盘车时用旋转法测得的水平记录，其中"-"号代表"低"；依据 GB 8564—2003 要求，镜板水平应不大于 0.03mm/m，镜板直径为 1370mm；以 $+X$ 为 1 点逆时针旋转。

依据 GB 8564—2003 要求，迷宫环间隙偏差应不大于总间隙的 10%，即上迷宫环偏差应不大于 0.18mm，下迷宫环偏差应不大于 0.13mm。

上迷宫环间隙检测记录见表 5-123。

表 5-123　　　　　　　　　　　　上迷宫环间隙检测记录

侧位	$+X$	$+Y$	$-X$	$-Y$
数值	90	90	100	90

下迷宫环间隙检测记录见表 5-124。

表 5-124　　　　　　　　　　　　上迷宫环间隙检测记录

侧位	$+X$	$+Y$	$-X$	$-Y$
数值	65	70	75	65

机组轴线调整完成后，根据盘车数据，对上导瓦、下导瓦、水导瓦进行瓦间隙调整；设计要求上导瓦、下导瓦、水导瓦设计间隙均为 0.2mm；实际安装过程中各瓦间隙均符合设计要求。同时轴线调整完成后测量空气间隙均满足要求，测量 14 个点，空气间隙最大 33.5mm，最小 31.5mm；设计空气间隙为 32mm，允许偏差应不大于设计空气间隙的 ±8%（2.5mm）。

3）辅助设备安装。辅助机械设备分为三大部分：油系统、水系统、气系统。目前气系统中的高、低压设备、管路全部完成；油系统中油罐及供排油设备管路全部完成；水系统中机组及厂房其他设备的技术供水全部形成，排水系统、消防系统全部安装完成。从 20××年 6 月 5 日开始 1 号、2 号、3 号 3 台盘形阀的安装，安装后按照《水轮发电机组安装技术规范》（GB/T 8564—2003）第 5.7.3 条检查，其水平偏差在 0.20mm/m 要求以内，盘形阀密封面无间隙，阀组动作灵活，阀杆密封可靠。各项实际测量数据阀座高程设计值 1229.80m，实际安装高程为 1229.78m。阀座水平：① 0.15mm/m、② 0.10mm/m、③ 0.10mm/m、从 2010 年 6 月开始进行 1 号机及公用部分油水管路安装到 2010 年 9 月全部结束。

(10) 单位工程外观质量检测评定结果。单位工程完工后，公司现场项目部按照《水利水电工程施工质量检验与评定规程》（SL 176—2007）要求，组织工程设计、监理、施工、运行管理单位对 7 个主体单位工程外观质量进行检测评定，经质量监督机构核定，外观质量等级见表 5-125。

表 5-125　　　　　　　　单位工程外观质量检测评定结果统计

序号	单位工程名称	应得分	实得分	得分率/%	质量等级
1	混凝土面板堆石坝	118	109.2	92.5	优良
2	溢洪道	98	82.3	83.9	合格
3	泄洪隧洞（放空洞）	75	68.1	90.1	优良
4	引水隧道及压力管道	108	99	91.7	优良
5	发电厂房	121	112.5	92.9	优良
6	机电安装	81	76.8	94.8	优良
7	导流隧洞	75	58	77.3	合格

（四）质量缺陷及事故处理情况

公司对质量高度重视，工程质量总体控制较好。但混凝土浇筑仍存在局部质量缺陷。为确保工程质量，不给工程留下安全隐患，对低强混凝土部位进行了拆除，重新浇筑，经检测满足设计要求。

1. 工程质量缺陷处理

对混凝土浇筑的错台、蜂窝麻面、裂缝设计出了处理要求通知。各工程部位局部存在错台、麻面现象，但结构混凝土目前未发现裂缝。引水隧洞采用针梁台车浇筑，混凝土面平整、光滑。引水洞、放空洞、调压井、溢洪道工程采用组合模板浇筑，相对钢模台车浇筑的混凝平整光滑度要差，局部存在不同程度的错台、麻面，有的部位已进行了砂轮机打磨，大部分尚未进行消缺处理，拟在通水前按照设计要求处理验收。

2. 工程质量事故处理

进水塔施工中出现了三次低强事故，C25 混凝土 28d 强度仅达到 C20，进水塔交通桥出现一次混凝土低强事故。低强部位的混凝土试验结果见表 5-126。

表 5-126　　　　　　　　进水塔低强部位的混凝土试验结果

浇筑部位	桩号/m	高程/m	取样日期/（年-月-日）	取样地点	混凝土种类	设计强度	坍落度/cm	抗压强度/MPa
引水隧洞进水塔左、中、右三墩墩头	引 0-27.8～0-21.5	1564.55～1568.15	20××-04-15	仓面	普通	C25	—	20.4
引水隧洞进水塔上下游墙	0-0.00～0-21.531	1555.25～1557.65	20××-03-17	仓面	普通	C25	—	20.5
引水隧洞进水塔上下游墙	引 0-09.0～0-00.0	1557.05～1560.65	20××-03-25	仓面	普通	C25	—	21.6

为确保工程质量，不给工程留下安全隐患，对低强度混凝全部拆除，重新浇筑，检测满足设计要求。

（五）质量等级评定

××江三级水电站工程共划分为混凝土面板堆石坝、溢洪道、放空洞、引水隧洞及压力管道、厂房土建、机电安装工程、房屋建筑工程、导流隧洞工程、交通工程、环保水保工程、小江平坝料场剥离工程等 11 个单位工程，其中交通工程、环保水保工程、小江平坝料场剥离工程不属于主体工程，不参与本项目的工程质量评定，其他 7 个单位工程施工质量经施工单位自评、监理单位复核、项目法人认定、质量监督机构核定，质量等级如下。

1. 混凝土面板堆石坝单位工程

（1）分部工程质量评定结果。混凝土面板堆石坝各分部工程质量评定结果见表5-127。

表5-127　　　　　　　　混凝土面板堆石坝各分部工程质量评定汇总

序号	分部工程名称	质量等级	单元工程评定结果 数量/个	合格数/个	优良数/个	优良率/%
1	坝基、趾板开挖与处理	优良	189	189	184	97.3
2	△左岸坝基开挖及支护（1480.00m以上）	优良	140	140	136	97.0
3	△右岸坝基开挖及支护	优良	128	128	124	96.9
4	左岸灌浆洞	合格	27	27	15	55.6
5	右岸灌浆洞	合格	22	22	10	44.5
6	△趾板及地基防渗	优良	155	155	155	100
7	△混凝土面板及接缝止水	优良	233	233	233	100
8	大坝填筑Ⅰ（1529.00m以下）	优良	1333	1333	1292	96.9
9	大坝填筑Ⅱ（529.00～1576.00.m坝前经济断面）	优良	759	759	740	97.5
10	大坝填筑Ⅲ（1529.00～1576.00m坝后部分）	优良	126	126	119	94.4
11	大坝填筑Ⅳ（1576.00～1592.00m坝后部分）	优良	222	222	213	96.0
12	大坝填筑Ⅴ（1592.00～1595.00m坝后部分）	优良	28	28	28	100
13	观测设施（含原型观测）	优良	200	200	200	100
14	防浪墙及公路	优良	193	193	193	100
15	坝前铺盖	优良	323	323	319	98.8
	合　计		4078	4078	3782	92.7
外观质量检测评定结果：应得118分，实得109.2分，得分率92.5%，达到优良标准						

注　加"△"号者为主要分部工程，下同。

（2）单位工程施工质量评定结果。混凝土面板堆石坝单位工程共划分为15个分部工程，质量全部合格，其中优良分部工程13个，分部工程优良率86.7%，主要分部工程全部优良；施工中未发生过质量事故，单位工程外观质量优良，单位工程施工质量检验与评定资料齐全，工程施工期单位工程观测资料分析结果符合国家和行业技术标准及合同约定的标准要求。

根据《水利水电工程施工质量检验与评定规程》（SL 176—2007）的规定，混凝土面板堆石坝单位工程施工质量等级评定为优良。

2. 溢洪道单位工程

（1）分部工程质量评定结果。溢洪道各分部工程质量评定结果见表5-128。

（2）单位工程施工质量评定结果。溢洪道单位工程共划分为12个分部工程，"场内临时交通"为非主体分部工程，不参与质量评定，其余11个分部工程质量全部合格，其中优良分部工程4个，分部工程优良率36.4%，施工中未发生过质量事故，单位工程外观质量合格，单位工程施工质量检验与评定资料齐全，工程施工期单位工程观测资料分析结果符合国家和行业技术标准及合同约定的标准要求。

表 5-128 溢洪道各分部工程质量评定汇总

序号	分部工程名称	质量等级	单元工程评定结果 数量/个	合格数/个	优良数/个	优良率/%
1	*场内临时交通	—	—	—	—	—
2	△地基防渗及排水	优良	46	46	42	91.3
3	溢洪道边坡开挖及支护（溢洪道以上边坡）	合格	50	50	40	80.0
4	溢洪道边坡开挖及支护（溢洪道以下边坡）	合格	53	53	44	83.0
5	溢洪道引渠段（溢0-007～溢0-062）	合格	55	55	47	85.5
6	△溢洪道闸室段（溢0-007～溢0+036）	优良	115	115	102	88.7
7	溢洪道缓流段（溢0+036～溢0+240）	合格	188	188	156	83.0
8	溢洪道泄槽段（溢0+240以后段）	合格	245	245	197	80.4
9	闸门及启闭机械安装	优良	6	6	6	100
10	左坝肩开挖及支护	合格	78	78	57	73.1
11	河道护岸	合格	88	88	44	50.0
12	原型观测	优良	10	10	10	100
	合计		934	934	745	79.8

外观质量检测评定结果：应得98分，实得82.3分，得分率83.9%，达到合格标准

注 加"*"号者为非主体工程，不参与质量评定，加"△"号者为主要分部工程。

根据《水利水电工程施工质量检验与评定规程》（SL 176—2007）的规定，溢洪道单位工程施工质量等级评定为合格。

3. 泄洪隧洞（放空洞）单位工程

（1）分部工程施工质量评定核验结果。泄洪隧洞（放空洞）各分部工程质量评定结果见表 5-129。

表 5-129 泄洪隧洞（放空洞）各分部工程质量评定汇总

序号	分部工程名称	质量等级	单元工程评定结果 数量/个	合格数/个	优良数/个	优良率/%
1	△通风洞及工作闸室	优良	61	61	56	91.8
2	进口边坡	优良	72	72	60	83.3
3	出口边坡	优良	84	84	71	84.5
4	△事故闸门井（包括交通桥）	优良	148	148	127	85.8
5	有压段	优良	94	94	80	85.1
6	无压段	优良	87	87	77	88.5
7	闸门及启闭机安装	优良	6	6	5	83.3
8	原型观测	优良	16	16	16	100
	合计	优良	568	568	492	86.6

外观质量检测评定结果：应得75分，实得68.1分，得分率90.1%，达到优良标准

(2) 单位工程施工质量评定结果。泄洪隧洞（放空洞）单位工程共划分为 8 个分部工程，质量全部合格，其中优良分部工程 8 个，分部工程优良率 100%，施工中未发生过质量事故，单位工程外观质量优良，单位工程施工质量检验与评定资料齐全，工程施工期单位工程观测资料分析结果符合国家和行业技术标准及合同约定的标准要求。

根据《水利水电工程施工质量检验与评定规程》（SL 176—2007）的规定，泄洪隧洞（放空洞）单位工程施工质量等级评定为优良。

4．引水系统单位工程

引水隧洞及压力管道单位工程共划分为 22 个分部工程，其中 7 个支洞为临时工程，不参与质量评定。

（1）分部工程施工质量评定结果。引水系统各分部工程质量评定结果见表 5-130。

表 5-130　　　　　　　　引水系统各分部工程质量评定结果汇总

序号	分部工程名称	质量等级	数量/个	合格数/个	优良数/个	优良率/%
1	进水口边坡	优良	99	99	90	90.9
2	△进水塔（包括交通桥）	优良	131	131	121	92.4
3	引水隧洞Ⅰ（引 0+000～引 0+800）	优良	137	137	125	91.2
4	引水隧洞Ⅱ（引 0+800～引 1+600）	优良	113	113	102	90.2
5	引水隧洞Ⅲ（引 1+600～引 3+688）	优良	317	317	297	93.7
6	引水隧洞Ⅳ（引 3+688～引 5+474.325）	优良	266	266	245	92.1
7	引水隧洞Ⅴ（引 5+474.325 以后段）	优良	14	14	14	100
8	*1 号支洞开挖及封堵	—	—	—	—	—
9	*2 号支洞开挖及封堵	—	—	—	—	—
10	*3 号支洞开挖及封堵	—	—	—	—	—
11	*4 号支洞开挖及封堵	—	—	—	—	—
12	*5 号支洞开挖及封堵	—	—	—	—	—
13	*6 号支洞开挖及封堵	—	—	—	—	—
14	*7 号支洞开挖及封堵	—	—	—	—	—
15	闸门及启闭机械安装Ⅰ	优良	4	4	4	100
16	闸门及启闭机械安装Ⅱ	优良	1	1	1	100
17	△钢管道平段及斜井	合格	106	106	69	65.1
18	排水孔	优良	22	22	22	100
19	调压室	优良	188	188	167	88.8
20	△压力钢管制作	优良	63	63	61	96.8
21	△压力钢管安装	优良	44	44	31	70.5
22	原型观测	合格	48	48	48	100
合　计			1553	1553	1397	90.0

外观质量检测评定结果：应得 108 分，实得 99 分，得分率 91.7%，达到优良标准

注　加"△"号者为主要分部工程；加"＊"号者为临时工程，不参与质量评定。

(2) 单位工程施工质量评定结果。引水系统单位工程共划分为 15 个主体分部工程，质量全部合格，其中优良分部工程 13 个，分部工程优良率 86.7%，主要分部工程全部优良；施工中未发生过质量事故，单位工程外观质量优良，单位工程施工质量检验与评定资料齐全，工程施工期单位工程观测资料分析结果符合国家和行业技术标准及合同约定的标准要求。

根据《水利水电工程施工质量检验与评定规程》(SL 176—2007) 的规定，引水系统单位工程施工质量等级评定为优良。

5. 厂房土建单位工程

厂房土建单位工程原划分为 16 个分部工程，后根据工程实际取消了"给水排水分部工程"，实际完成 15 个分部工程。

(1) 分部工程施工质量评定结果。厂房土建各分部工程质量评定结果见表 5-131。

表 5-131　　　　　　　厂房土建各分部工程质量评定汇总

序号	分部工程名称	质量等级	单元工程评定结果			
	名　称		数量/个	合格数/个	优良数/个	优良率/%
1	开挖及支护 (1249.11m 以上)	优良	22	22	21	95.5
2	开挖及支护 (1249.11m 以下)	优良	255	255	223	87.5
3	△主厂房	优良	144	144	131	91.0
4	上游副厂房	优良	33	33	30	90.9
5	安装间	优良	14	14	13	92.0
6	下游副厂房	优良	32	32	29	90.6
7	尾水段	优良	66	66	60	90.9
8	尾水渠	合格	11	11	5	45.5
9	闸门及启闭机械安装	合格	8	8	5	62.5
10	厂区地坪及给水排水工程	优良	13	13	12	92.3
11	屋面工程	优良	17	17	17	100
12	冲沟治理	优良	79	79	64	81.1
13	原型观测	合格	24	24	24	100
14	河道扩挖	优良	47	47	35	74.5
15	*围堰	合格	22	22	18	81.8
	合　计	优良	787	787	687	87.3
外观质量检测评定结果：应得 121 分，实得 112.5 分，得分率 92.5%，达到优良标准						

注　加"△"号者为主要分部工程；加"*"号者为临时工程，不参与质量评定

(2) 单位工程施工质量评定结果。厂房土建单位工程共划分为 15 个分部工程，其中"围堰分部工程"系临时工程，不参与主体工程质量评定，其余 14 个分部工程质量全部合格，其中优良分部工程 10 个，分部工程优良率 71.4%，施工中未发生过质量事故，单位工程外观质量优良，单位工程施工质量检验与评定资料齐全，工程施工期单位工程观测资料分析结果符合国家和行业技术标准及合同约定的标准要求。

根据《水利水电工程施工质量检验与评定规程》(SL 176—2007)的规定,厂房土建单位工程施工质量等级评定为优良。

6. 机电安装单位工程

(1) 分部工程质量评定结果。机电安装各分部工程质量评定结果见表 5-132。

表 5-132　　　　　　　　机电安装单位工程质量评定汇总

序号	分部工程名称	质量等级	数量/个	合格数/个	优良数/个	优良率/%
1	△1F 水轮发电机组安装	优良	27	27	24	88.9
2	△2F 水轮发电机组安装	优良	27	27	24	88.9
3	△3F 水轮发电机组安装	优良	27	27	24	88.9
4	水力机械辅助设备安装	合格	12	12	9	75
5	起重设备安装	合格	9	9	2	22.2
6	发电电气设备安装	优良	111	111	102	91.9
7	△主变压器安装	优良	12	12	11	91.7
8	GIS 及附属设备	优良	26	26	25	96.2
9	通信设备安装	优良	3	3	3	100
10	消防设施及技术供水	优良	16	16	14	87.5
	合　　计		270	270	238	88.1
外观质量检测评定结果:应得 81 分,实得 76.8 分,得分率 94.8%,达到优良标准						

注　加"△"号者为主要分部工程。

(2) 单位工程施工质量评定结果。机电安装单位工程共划分为 10 个分部工程,质量全部合格,其中优良分部工程 8 个,分部工程优良率 80.0%,施工中未发生过质量事故,单位工程外观质量优良,单位工程施工质量检验与评定资料齐全,工程施工期单位工程观测资料分析结果符合国家和行业技术标准及合同约定的标准要求。

根据《水利水电工程施工质量检验与评定规程》(SL 176—2007)的规定,机电安装单位工程施工质量等级评定为优良。

7. 导流隧洞单位工程

(1) 分部工程质量评定结果。导流输水隧洞单位工程划分为 10 个分部工程,质量全部达到合格以上,其中"上游围堰""下游围堰""1 号施工支洞""2 号施工支洞"系临时工程,不参与质量评定,其余分部工程施工质量等级评定结果见表 5-133。

表 5-133　　　　　　　　导流隧洞单位工程质量评定汇总

序号	分部工程名称	质量等级	验收数/个	合格数/个	优良数/个	优良率/%
1	*上游围堰	—	—	—	—	—
2	*下游围堰	—	—	—	—	—
3	*1 号施工支洞					

续表

序号	分部工程名称	质量等级	单元工程评定结果			
			验收数/个	合格数/个	优良数/个	优良率/%
4	＊2号施工支洞	—	—	—	—	—
5	进口明渠	优良	37	37	33	89.2
6	△进水塔	优良	22	22	20	90.9
7	导流隧洞	优良	221	221	198	89.6
8	△导流洞堵体段	优良	17	17	17	100
9	出口明渠	优良	18	18	15	83.3
10	闸门及启闭机械安装	合格	3	3	2	66.7
	合　计		318	318	285	89.6
	外观质量检测评定结果：应得75分，实得58分，得分率77.3%，达到合格标准						

注　加"△"号者为主要分部工程；加"＊"号者为临时工程，不参与质量评定

(2) 单位工程施工质量评定结果。导流隧洞单位工程共划分为10个分部工程，其中"上游围堰""下游围堰""1号施工支洞""2号施工支洞"系临时工程，不参与主体工程质量评定，其余6个分部工程质量全部合格，其中优良分部工程5个，分部工程优良率83.3%，施工中未发生过质量事故，单位工程外观质量合格，单位工程施工质量检验与评定资料齐全，工程施工期单位工程观测资料分析结果符合国家和行业技术标准及合同约定的标准要求。

根据《水利水电工程施工质量检验与评定规程》(SL 176—2007) 的规定，导流隧洞单位工程施工质量等级评定为合格。

六、安全生产与文明工地

近年来雨季雨水较多，××地区多处发生洪灾、泥石流等自然灾害，××江三级水电站工程区山高坡陡，交叉作业多，大件运输、安装任务重，安全形势严峻，对此，公司与各承包商签订了《安全生产责任状》；工程区内植被茂密，公司与各承包商签订了《防火协议》，工区各主要单位，均设置了安全生产机构，配备了专职安全人员，主要领导亲自挂帅抓安全生产，并有一套严格的安全管理制度；一般单位，也有兼职安全人员。由于管理措施到位，没有发生安全事故，实现了安全生产。

(一) 安全生产

(1) 对进场职工进行安全教育，增强了安全意识，杜绝违章操作，违章指挥。

(2) 配备专职安全人员1名，另各协作队和作业队配备兼职安全员，加强现场巡视和值班，避免安全事故的发生。

(3) 制定了安全预防措施，防止伤亡事故的发生，如拱坝坝肩高陡边坡开挖，由于预防到位，措施有力，没有出现机械和人员伤亡事故。

(4) 每月组织1~2次安全大检查。根据检查出的问题，提出隐患整改通知要求，及时督促整改将隐患消灭在萌芽状态，特别见节假日和冬季，均要求职工加强安全意识。

(5) 积极开展安全教育培训活动，教育广大职工遵章守纪，杜绝蛮干，搞好安全生产。

（6）各项目部驻地、混凝土和砂浆拌和站有消防设施，每天24h有人值班。

（7）凡是高空作业，除戴安全帽外，还要系安全带。所有施工人员都须戴好安全帽方可进入施工现场。施工用各类脚手架、吊篮、通道、爬梯、护栏、安全网等安全设施完善、可靠、安全标志醒目。

（8）施工现场入口处设置明显的安全文明生产纪律等标识牌。所有的通道、主要交通口，都有立牌告示："前面施工，注意安全"。制定施工安全操作规程和劳动保护措施，在井洞内作业有良好的通风措施。

（9）施工现场的布置符合防火、防爆、防雷电等规定和文明施工的要求，施工现场及附近的生产、生活、办公用房、仓库、材料堆放地、停车场、修理厂等按批准的总平面布置图进行布置。风、水、电管线、通信设施、施工照明等布置合理，标识清晰。

（10）现场的生产、生活区设置足够的消防水源和消防设施网点，且经地方政府消防部门检查认可，使这些设施经常处于良好状态，随时可满足消防要求。消防器材设有专人管理不乱拿乱动，组成一个由10～15人的义务消防队，所有施工人员和管理人员均熟悉并掌握消防设备的性能和使用方法。

（11）各类房屋、库棚、料场间的消防距离符合公安部门的规定，室内不堆放易燃品；不在易燃易爆物品附近吸烟。现场杂物随时清除，严禁在有火种的场所或近旁堆放。爆炸物品的管理严格按国家的《使用爆炸物品管理条例》执行。

（12）施工现场实施机械安全管理安装验收制度，机械安装按照规定的安全技术标准进行检测。所有操作人员持证上岗，使用期间定机定人，保证设备完好。

（13）氧气瓶不得沾染油脂，乙炔发生器有防止回火的装置，氧气与乙炔隔离存放。使用过程中氧气和乙炔发生器至少距离5m。

（14）施工现场临时用电有方案设计，按《施工现场临时用电安全技术规范》（JGJ 46—88）的要求进行设计、施工、验收和检查。对临时用电进行安全技术交底，健全安全用电管理制度和安全技术档案。在规定的生产、生活区内设置照明设施，保证夜间施工生产的正常进行。

（15）承包方确保必需的安全投入。购买必备的劳动保护用品、安全设备，满足安全生产的需要。

（16）在施工现场，配备适当数量的保安人员，负责工程及施工物资、机械装备和施工人员的安全保卫工作，并配备足够数量的夜间照明和围挡设施；保卫工作在夜间及节假日也不间断。

（17）对有可能漏电伤人或遭受雷击的电气设备及建筑物，均设置接地或避雷装置，不得采用铅丝作防雷引下线，接地线及接零线应采用焊接、压接或螺栓连接的方法，严禁简单缠绕或勾挂。负责接地或避雷装置的安装、维护和管理，并定期安排专业人员检测这些装置的效果。

（18）按业主的要求和监理人的指示，做好每年的汛前检查，配置必需的防汛物资和器材，做好洪水和气象的预报工作，并做好防洪和防灾有效措施的准备。

（19）积极做好安全生产检查，发现事故隐患，及时整改。

（20）项目法人每年汛前组织度汛安全检查，各标段施工营地、库房、设备不得布置在洪水及地质灾害影响区域。

(21) 制定安全预案，特别是对度汛、防火、人员伤亡事故的发生，针对性地制定安全预案，将损失减少到最小。

(22) 编制应急救护措施如下：

1) 为确保应急事件的联系、处理，在作业现场及调度室分别安装互联电话进行通信联络，24h 设专人值班。

2) 在工地 24h 设有值班车和值班司机，值班车要保证运行良好。

3) 一旦发现紧急情况立即电话报告队长、调度、现场经理，由项目经理和现场经理组织抢险。

4) 出现人员伤害立即送往项目部急救中心或牟定县医院救治。

5) 事故发生后应立即采取措施排除险情，防止事态进一步扩大。

6) 现场经理或当班调度遇到紧急情况有权采取一切必要措施，任何单位和个人必须无条件服从。

7) 各队长、当班调度、现场经理必须保证手机 24h 开机，项目部固定电话随时有人接听。

（二）文明工地

(1) 作业人员举止言谈文明，无寻衅滋事事件发生。工区内按照相关要求设置了醒目的施工标识牌。

(2) 加强职工文明教育，遵守当地政府的各项规定，尊重当地居民的习俗。与工程所在地政府、公安部门及工区内居民进行了广泛的接触，建立了比较融洽的关系，建立了警民共建文明工区的联动机制。

(3) 施工现场各种施工器材、施工设施布置整齐美观，设备清洁，避免了对环境的污染。

(4) 各标段施工单位现场项目部保持良好的友邻关系，听从业主和监理工程师的协调，与各兄弟单位一起，共同创建××江三级水电站工程文明工地。

七、工程验收

（一）验收单位

本工程各主要标段已通过分部工程验收。参加分部工程验收单位为：

项目法人：××省××市××江水电开发有限公司；

监理单位：××水利水电建设工程咨询××公司；

设计单位：××水电××集团××勘测设计研究院；

质量监督单位：××省水利水电建工程质量监督中心站；

施工单位：××公司、××水××工程局、××水××工程局、××水××工程局、××电力公司××勘测设计研究院科学研究所。

（二）单位工程验收

枢纽主体单位工程完工后，于20××年6月××日工地现场项目部营地会议室，××省××市××江水电开发有限公司主持，设计、施工、监理、质量检测以及质量监督各方派员参加组成验收小组，按照《水利水电建设工程验收规程》（SL 223—2008），对混凝土面板堆石坝、溢洪道、泄洪隧洞（放空洞）、引水隧洞及压力管道、厂房土建、机电安装、导流隧洞共7个单位工程进行了验收。验收小组经现场检查,并听取了项目法人、设计、监理、施工及质量检测单位的工作汇报,阅读分析了相关工作报告,经认真研究、充分讨论,同意验收,形成并通过了7个主体单位工程的《单位工程验收鉴定书》。

(三) 工程截流验收

受××省能源局委托,由××省水利水电勘测设计研究院组建"××江三级水电站工程截流验收委员会专家组",专家组于20××年12月9—11日进行了实地考察,查阅了参建各方的验收文件,并与参建各方认真讨论后出具了专家组意见,专家组一致认为××江三级水电站已经具备截流条件。

20××年12月21日××江三级水电站工程截流验收会在××市召开,并获准通过。

(四) 工程蓄水验收

受××省能源局委托,由××省水利水电勘测设计研究院组建"××江××江三级水电站工程蓄水验收委员会专家组",专家组于20××年3月1—2日进行了实地考察,查阅了参建各方的验收文件,并与参建各方认真讨论后出具了专家组意见,专家组一致认为××江三级水电站已经具备下闸蓄水条件。

20××年4月10日××江三级水电站工程蓄水验收会在××市召开,并获准通过。

八、蓄水安全鉴定和竣工验收技术鉴定

(一) 蓄水安全鉴定

1. 鉴定情况

20××年1月24日至2月1日,国家电力监管委员会大坝安全监察中心在××江三级水电站工地组织召开工程蓄水安全鉴定会议,专家组由12人组成。专家组进行现场检查,审阅自检报告和抽查部分原始资料,听取了各参建单位自检报告介绍,并与参建各方按专业进行了分组讨论。20××年2月中旬提交了《××省××江三级水电站工程蓄水安全鉴定报告》。

2. 主要结论

××江三级水电站枢纽布置合理,坝型选择合适,较好地适应工程区地形地质条件;工程设计标准和各主要建筑物设计符合相关规范规定;已完工程的土建工程施工质量总体满足设计要求;闸门、启闭机等金属结构设备的设计质量符合规范要求,已安装的各类设备质量合格;工程安全监测系统已初步建立,监测表明,目前各建筑物状态正常。

综上所述,工程是安全的。导流洞下闸封堵措施基本可行,待下闸蓄水前要求的形象面貌完成,施工质量经验收合格后,具备下闸蓄水条件。

(二) 竣工验收技术鉴定

1. 鉴定情况

××江三级水电站工程竣工安全鉴定的主要项目包括以下方面:

工程防洪、工程地质、混凝土面板堆石坝、溢洪道;泄洪(放空)洞、发电引水系统、发电厂房、土建工程施工质量、金属结构、安全监测、导流洞封堵、主要机电设备。

根据《水电建设工程安全鉴定规定》的要求,××省××市××江水电开发有限公司委托××电力××××大坝安全××中心(以下简称××中心)组织对××江三级水电站工程进行竣工安全鉴定,为工程验收提供依据。××中心负责组成专家组开展安全鉴定工作,鉴

定工作从20××年8月开始，同年12月底结束。

20××年10月××—××日（8d），××中心在××江三级水电站工地组织召开工程竣工安全鉴定会议，鉴定专家组由15人组成。专家组进行了现场检查，审阅自检报告和抽查部分原始资料，听取了参建各方（包括工程建设、设计、施工、监理、安全监测等单位）自检报告介绍，并与参建各方按专业分组进行了讨论。专家组还详细了解了工程自蓄水运行以来和工程安全有关的问题。在此基础上，形成了《××省××江三级水电站工程竣工安全鉴定报告》初稿，并就安全鉴定报告中第一部分"工程安全总评价"和"存在的主要问题和建议"，与建设各方充分交换了意见。

会后，专家组进一步修改和完善了报告并最终定稿。××中心于20××年1月向××省××市××江水电开发有限公司正式提交《××省××江三级水电站工程竣工安全鉴定报告》。

2. 主要结论

××江三级水电站工程枢纽布置合理，工程设计标准和各主要建筑物结构设计符合相关规范规定；工程和设备施工（安装）质量合格。水库蓄水运行1年多来，工程和设备经运行检验和修补完善，能达到设计要求，运行正常。枢纽工程是安全的，具备验收条件。

九、历次验收、鉴定遗留问题处理情况

历次验收、鉴定遗留问题在验收及鉴定完成后均按建议处理处理完成。

十、工程运行管理情况

工程于20××年4月5日导流洞下闸，水库初期蓄水，20××年4月21日水位升至泄洪洞底板（高程1524.00m），闸门全开，入库流量等于出库流量，时间至同年7月28日。在此期间，泄洪洞最大泄量为357.3m³/s，发生在20××年7月21日，对应的最高库水位1542.20m。20××年7月28日泄洪洞下闸，水库二次蓄水，至同年8月8日水位升至溢洪道底板高程（高程1573.00m），溢洪道敞泄。20××年10月6日水库开始三期蓄水，溢洪道开始下闸，保持0.3m开度，出库流量为12.1m³/s，至同年12月13日水库上升至正常蓄水位1590.00m。

20××年1月12日，首台机组并网发电，其他2台机组于同年5月、7月相继投产。

工程下闸蓄水以来，最大入库流量869m³/s（20××年6月17日）；泄洪洞发生的最大泄量为357.3m³/s（20××年7月21日）；溢洪道最大泄量为348m³/s（20××年8月20日）；水库最高库水位为1590.30m（20××年10月24日）；水库水位达到正常水位后，水库最低库水位为1563.73m（20××年6月28日）。

大坝、引水隧洞、泄洪（放空）洞完工后经两个汛期运行，目前运行正常。

溢洪道经20××年汛期泄洪后，第二道掺气坎挑流偏高少部分水溢出边墙，20××年汛前根据设计方案对第二道掺气坎、护坦及两侧边坡进行改造施工，于20××年汛前施工完成。

现场检查，导流洞堵头防渗效果好；发电引水洞系统7个支洞封堵未见渗水。

水库库岸边坡、枢纽工程边坡未见异常。

根据监测成果：电站进水口、放空（泄洪）洞、导流洞、溢洪道、厂房、左右岸边坡及

洞室处于稳定状态；大坝沉降已基本趋于稳定、面板脱空1.65mm、面板最大剪切位移24.46mm、沿面板周边缝有3支渗压计随水位上升有一定增加，其余各测点渗压值变化不大。大坝渗漏量随库水位升高而加大，但最大不超过40L/s，目前较稳定。

十一、工程初期运行及效益

（一）工程初期运行情况

首台（1号）机组20××年1月下旬投产，2号机组在5月下旬、3号机组在7月上旬陆续投产，至今机组及主要电气设施运行基本稳定正常，发现的设备缺陷已基本得到处理，机组均能满负荷运行，其他机电设备运行基本正常，电站总体运行情况平稳。

（二）工程初期运行效益

至20××年9月底安全运行263d，累计发电7.47亿kW·h。

十二、工程观测、监测资料分析

××江三级水电站工程安全监测由××水电集团××勘测设计研究院科学研究分院承担，监测工程范围包括：××江三级水电站大坝、溢洪道、引水隧洞、调压井、钢管道、厂区边坡、放空洞、2号蜗壳、导流洞堵以及导流洞进出口边坡、坝肩边坡、放空洞出口边坡、进水口边坡、溢洪道边坡等；对永久、临时的监测仪器和与此相关的土建工程、合同期监测、监测资料的整编分析及安全评价。

自20××年4月项目部进场工作以来，监测工作紧跟大坝、引水系统及边坡施工进度，严格按照规范和技术要求安装埋设了水管式沉降仪、水平位移计、脱空观测仪、多点位移计、锚杆应力计、渗压计、钢筋计、土压力计、锚索测力计，设置了表面变形监测点。所有已埋设的仪器采用×××××工程科技有限公司系列产品，按有关技术规定对所有仪器进行了检验、率定、安装埋设、数据采集和资料整编分析工作，目前仪器工作正常，仪器完好率为95.75%，并取得了大量施工期监测成果资料。

（一）工程形象面貌

监测项目部于20××年4月进场开展××江三级水电站安全监测工作，到20××年6月26日为止，共计完成各类监测仪器的安装埋设368台套，仪器安装成活率为95.75%。

（二）仪器布置及类型

截至目前，××江三级水电站完成的各类监测仪器埋设工作量见表5-134。

表5-134　　××江三级水电站机组启动阶段各类监测仪器埋设工作量

观测仪器 \ 埋设部位	大坝	溢洪道	引水隧洞	调压井	钢管道	厂区边坡	放空洞	2号蜗壳	导流洞堵头	边坡
渗压计/支	25	7	11	12	6				8	
水平位移计/台	7									
水管式沉降仪/套	11									
土压力计/支	20									
多点位移计/套			9	11	6					
锚杆应力计/组		2	9	13	6					

续表

观测仪器 \ 埋设部位	大坝	溢洪道	引水隧洞	调压井	钢管道	厂区边坡	放空洞	2号蜗壳	导流洞堵头	边坡
测缝计/支			3	4	10		4	6	6	
钢筋计/支	34		8	20			16	6		
钢板计/支					4			6		
锚索测力计/台		4				3				
表面变形观测点/个						5				54
温度计/支	12							6	12	
脱空观测仪/组	9									
双向应变计/组	4									
三向应变计/组	8									
四向应变计/组	7									
无应力计/支	8									
测斜孔/个						1				

(三) 监测成果分析

1. 大坝

(1) 坝体沉降变形。××江三级水电站大坝沉降监测手段目前主要有两种：①水管式沉降仪，埋设于高程1495.00m（1个条带，位于桩号坝纵0+218.600）、高程1528.50m（2个条带，位于桩号坝纵0+131.899和0+225.600）和高程1561.50m（3个条带，位于桩号坝纵0+131.899、0+225.600和0+331.072，目前仅埋设完成上游侧，尚无观测条件）。②布置于高程1561.50m 3个条带处的12个表面变形监测点。

通过观测分析计算，××江三级水电站施工期坝体沉降变形量为128.87cm，为坝高的0.98%。

对照国内外已建的大多数面板坝坝体沉降资料表明，沉降变形量不大，施工期沉降变形量一般为坝高的0.5%左右，最大为1.86%。××江三级水电站施工期坝体沉降变形量为128.87cm，为坝高的0.98%，坝体沉降变形量不大，在控制范围内。

(2) 坝体水平位移。观测数据统计分析结果表明：最大水平位移为225.4mm。

(3) 坝基渗流。目前在坝基埋设有16支渗压计，测点DB-A-P-01~DB-A-P-03近期渗透压力出现突然增加，这和目前大坝蓄水有关，其余测点渗透压力变化不大。

(4) 土压力计监测成果。目前在大坝埋设有20支土压力计，随着大坝水位的上升，近期土压力有所增加，符合一般规律。

(5) 大坝面板监测成果。目前在大坝面板安装埋设了34支钢筋计、9支渗压计、12支温度计、9组脱空观测仪、4组双向应变计、8组三向应变计、7组四向应变计和8支无应力计。

钢筋计应力不大，渗压计各测点渗透压力变化不大，温度计面板混凝土温度处于15.05~16.50℃，脱空计监测最大脱空位移为3.59mm，最大剪切位移为24.57mm，位于面板中部。测点DB-TS-03、DB-TS-06近期监测成果偏大，DB-TS-03（高程1472.00m）测点处大坝相对面板向里面收缩，DB-TS-06（高程1560.00m）测点处大坝相对面板向外面鼓出，其变化趋势有待观察。

从向应变计、三向应变计、四向应变计的观测数据可以看出，除测点 DB-S2-01 变化略大，其变化有待观察外，其余各测点应变均不大。

2. 引水隧洞

共布置 $A—A$、$B—B$、$C—C$ 3 个监测断面，目前安装埋设了 9 套多点位移计、9 组锚杆应力计、11 支渗压计、3 支测缝计、8 支钢筋计。

$A—A$ 断面（引 0+086.500）埋设有 1 支测缝计、3 套多点位移计、3 支锚杆应力计和 4 支渗压计；$B—B$ 断面（引 0+867.500）埋设有 3 套多点位移计、3 支锚杆应力计和 3 支渗压计；$C—C$ 断面埋设有 3 支测缝计、3 套多点位移计、8 支钢筋计、3 支锚杆应力计和 4 支渗压计。

$A—A$ 断面电缆被打断，目前不能进行观测。

$B—B$ 断面目前监测成果无明显变化，处于稳定状态。

$C—C$ 断面测缝计、多点位移计、钢筋计目前监测成果无明显变化，断面处于稳定状态。锚杆应力计监测显示：布置于顶部测点 YSD-C-RA-01 测值近期出现明显的增加（埋深 2.2m 处目前为 6.74MPa，埋深 1.0m 处目前为 -3.16MPa），布置于左边测点 YSD-C-RA-02 的 1m 处荷载近期持续增加，布置于右边测点 YSD-C-RA-03 的 1m 处荷载在 20××年 5 月 8 日出现突变（增加 15.27MPa），其后荷载在突变基础上趋于稳定，近期荷载又有所增加（目前为 23.41MPa）。其变化趋势有待观察。

渗压计监测近期渗透压力有所增加，原因待查。

总体上目前引水隧洞 $C—C$ 断面处于稳定状态。

3. 溢洪道

目前在溢洪道安装埋设有 2 支锚杆应力计、7 支渗压计和 4 台锚索测力计。

渗压计监测成果显示，测点 YHD-P-07 近期渗透压力略有增加，其变化趋势有待观察，其余各测点目前监测成果无明显变化。

锚杆应力计监测成果表明，目前锚杆应力无明显变化。

4. 调压井

（1）$A—A$ 断面。调压井布置 $A—A$ 断面进行监测，埋设有 1 支测缝计、3 支多点位移计、6 支钢筋计、3 支锚杆应力计和 3 支渗压计。

测缝计、多点位移计、锚杆应力计、渗压计监测成果显示本月测值无明显变化；钢筋计监测成果：目前大部分测点监测成果无明显变化，测点 TYJ-A-R-03 近期压应力持续增加，且增加范围较大，其变化原因待查。

目前调压井 $A—A$ 断面处于稳定状态。

（2）$B—B$ 断面。调压井 $B—B$ 断面埋设有 2 支测缝计、3 支多点位移计、8 支钢筋计、3 支锚杆应力计和 4 支渗压计。

测缝计监测成果：TYJ-B-J-02 表现为挤压，TYJ-B-J-01 缝宽为 0.91mm，至 20××年 1 月枢纽工程专项验收前测值变化不大。

多点位移计监测成果：根据采集的数据分析结果，位移基本为拉伸，但位移量不大，目前监测成果无明显变化。

钢筋计监测成果：钢筋计拉压互现，但应力不大，目前监测成果无明显变化。

锚杆应力计监测成果：锚杆应力拉压互现，但应力不大，最大的为 TYJ-B-RA-02

的测点 1（埋深 3.7m），其拉应力为 13.05MPa。目前监测成果变化不大。

渗压计监测成果表明渗透压力很小，目前监测成果较稳定。

综上，目前调压井 B—B 断面处于稳定状态。

(3) C—C 断面。调压井 C—C 断面埋设有 1 支测缝计、3 支多点位移计、6 支钢筋计、3 支锚杆应力计和 3 支渗压计。

测缝计监测成果显示本月测值变化不大。

多点位移计监测成果表明，目前监测成果无明显变化。

钢筋计监测成果：大部分测点目前监测成果无明显变化，目前已趋于稳定。

锚杆应力计监测成果：近期监测略有变化，但应力均不大。

渗压计监测成果：前期布置于顶部、左、右边墙测点渗透压力均有所增加，本月在其基础上变化不大（最大 459.23kPa）。

目前调压井 C—C 断面处于稳定状态。

(4) 1—1 断面。调压井 1—1 断面埋设有 2 支多点位移计、4 支锚杆应力计和 2 支渗压计。

多点位移计、锚杆应力计监测成果：目前监测成果无明显变化。

渗压计监测成果：测点 TYJ-1-P-01 前期渗透压力持续增加，因为充水的关系渗压计有明显的增加（目前为 526.83kPa），其变化趋势有待观察，其余测点目前监测成果无明显变化。

目前调压井 1—1 断面处于稳定状态。

5. **压力钢管道**

整个压力钢管道共布置 2 个观测断面，即 A—A 观测断面（钢 0+142.500）和 B—B 观测断面（钢 0+368.000）。

(1) A—A 断面。压力钢管道 A—A 断面埋设有 5 只测缝计、3 支多点位移计、3 支锚杆应力计、3 支渗压计和 4 只钢板计。

测缝计、钢板计、多点位移计监测成果显示本月测值变化不大。

锚杆应力计监测成果：测点 GG-A-RA-03 本月应力均有所增加，但应力均不大，其余各测点近期呈一定的波动变化，其变化趋势有待观察。

渗压计监测成果表明，近期监测成果略有增加，但变化不大。

目前钢管道 A—A 断面处于稳定状态。

(2) B—B 断面。压力钢管道 B—B 断面埋设有 5 支测缝计、4 支钢板计、3 支多点位移计、3 支锚杆应力计和 3 支渗压计。

测缝计、钢板计、多点位移计、渗压计监测成果显示本月变化不大。

锚杆应力计监测成果：本月荷载有明显的增加，但应力均不大，其变化趋势有待观察。

目前钢管道 B—B 断面处于稳定状态。

6. **放空洞**

(1) B—B 断面（放 0+360.000）。放空洞 B—B 断面埋设有 2 支测缝计和 8 支钢筋计。

测缝计监测成果显示测点测值较小；钢筋计监测成果表明各测点钢筋应力无明显变化。

目前泄洪放空洞 B—B 断面处于稳定状态。

(2) C—C 断面（放 0+506.000）。泄洪放空洞 C—C 断面埋设有 2 支测缝计和 8 支钢筋计。

测缝计监测成果显示测点测值近期略有变化。

钢筋计监测成果：大部分测点近期无明显变化，测点 XHD-C-R-05 和测点 XHD-C-R-07 近期测值有所变化，其变化趋势有待观察。

目前泄洪放空洞 C—C 断面处于稳定状态。

7. 2号蜗壳

2号蜗壳埋设有6支测缝计、6支钢板计、6支钢筋计和6支温度计。

测缝计、钢筋计监测成果显示本月变化不大。

钢板计监测成果：近期应变量变化较大，这和其加压和混凝土浇筑有关。

温度计监测成果：由于前期混凝土的浇筑，温度最高达到 57.2℃，随着混凝土水化热的速率的降低，温度开始下降，目前温度处于 20.55～21.50℃。

目前2号蜗壳处于稳定状态。

8. 导流洞堵头

导流洞堵头埋设有6支测缝计、8支渗压计和12支温度计。

测缝计监测成果显示本月变化不大。

温度计监测成果：由于前期混凝土的浇筑，温度最高达到 52.9℃，随着混凝土水化热的速率的降低，温度开始下降，目前温度处于 20.5～22.8℃。

9. 厂房

厂房边坡锚索测力计监测成果显示近期锚索应力无明显变化。

10. 边坡

（1）导流洞进出口边坡。导流洞出口边坡目前共有8个表面变形监测点，近期监测成果表明该区域边坡处于稳定状态。

导流洞进口边坡目前共有8个表面变形监测点，各测点位移均较小，监测成果表明，目前该区域边坡处于稳定状态。

（2）坝肩边坡。堆石坝左边坡目前共有8个表面变形监测点，各测点均有一定的位移，但位移量不大，监测成果表明，目前该区域边坡处于稳定状态。

（3）放空洞出口边坡。放空洞出口边坡目前共有8个表面变形监测点，各测点位移量不大，监测成果表明，目前该区域边坡处于稳定状态。

（4）进水口边坡。进水口边坡目前共有10个表面变形监测点，各测点位移较小，监测成果表明，目前该区域边坡处于稳定状态。

（5）溢洪道边坡。溢洪道边坡目前共有12个表面变形监测点，各测点位移较小，近期监测成果表明该区域边坡处于稳定状态。

（四）结论

（1）大坝安全监测工程所有已埋设的仪器采用国内外知名厂家的仪器，在仪器安装前，对所有仪器进行严格检验、率定和耐高水压试验，以满足在水库蓄水后仪器正常工作并保证成果可靠性。

（2）安全监测工程实施紧跟大坝、引水系统及边坡施工进度，严格按规范和技术要求安装埋设了水管式沉降仪、水平位移计、脱空观测仪、多点位移计、锚杆应力计、渗压计、钢筋计、土压力计、锚索测力计以及表面变形监测点等仪器523台（套），现仪器工作正常，为全方位监测大坝安全运行奠定了基础。

（3）严格按技术和规范要求，对大坝、引水系统及边坡进行了数据采集，特别是在一期面板浇筑前对坝体沉降和水平变形进行了长期加密监测（1次/d），取得了可靠的坝体沉降监测成果资料，及时以监测日报、监测周报、监测月报及专题报告等形式反馈有关各方，为确定苏家河口水电站一期面板浇筑时机提供了重要科学依据。

（4）目前导流洞进出口边坡、坝肩边坡、放空洞边坡、进水口边坡、溢洪道边坡均处于稳定，具备机组启动条件。

十三、未完工程的计划与安排

（一）大坝土建工程

坝顶公路工程未完成，计划20××年12月底完工，该工程项目不影响机组启动。

（二）引水隧洞土建工程

进水口检修闸门启闭机室装修工程未完成，计划20××年1月底完工，该工程项目不影响机组启动。

（三）放空洞土建工程

（1）装修工程未完成，计划20××年2月完成，该工程项目不影响机组启动。

（2）室外地坪及道路工程未完成，计划20××年2月完成；该工程项目不影响机组启动。

十四、结论

××江三级水电站经过参建各方近五年的努力，主体工程已全部完工，剩余的尾工不影响机组启动。工程面貌已达到设计单位要求的《首台机组启动相关工程面貌要求》的要求。请验收委员会给予验收。

十五、附件

××河三级电站工程大事记（略）。

第六章

枢纽工程专项验收建设管理工作报告

第一节 枢纽工程专项验收范围、应具备的条件及建设管理工作报告编写要点

《水电工程验收规程》(NB/T 35048—2015)规定：枢纽工程专项验收是水利枢纽工程已按批准的设计规模、设计标准全部建成，并经过规定期限的初期运行检验后，根据批准的工程任务，对枢纽功能及建筑物安全进行的竣工阶段的专项验收。

一、枢纽工程专项验收的范围

枢纽工程专项验收阶段，工程的挡水、泄水、输水发电、通航、过鱼建筑物等（全部）工程枢纽建筑物及所属金属结构工程、安全监测工程、机电工程，以及枢纽建筑物永久边坡工程和近坝库岸边坡处理工程应已施工完毕，质量合格并已通过验收。除可以单独运行和发挥效益的取水、通航等建筑物可按特殊单项工程进行验收外，所有可行性研究报告审批的需同期建成的工程各有关建筑物、机电设备安装等均应包括在枢纽工程专项验收范围内。

二、枢纽工程专项验收应具备的条件

(1) 枢纽工程已按批准的设计规模、设计标准全部建成，工程质量合格。
(2) 工程重大设计变更已完成变更确认手续。
(3) 已完成剩余尾工和质量缺陷处理工作。
(4) 工程初期运行已经过至少一个洪水期的考验，多年调节水库需经过两个洪水期考验，最高库水位已经或基本达到正常蓄水位。
(5) 全部机组已能按额定出力正常运行，每台机组至少正常运行2000h（抽水蓄能电站含备用）。
(6) 除特殊单项工程外，各单项工程运行正常，满足相应设计功能要求。
(7) 工程安全鉴定单位已提出工程竣工安全鉴定报告，并有可以安全运行的结论意见。
(8) 已提交竣工阶段质量监督报告，并有工程质量满足工程竣工验收的结论。

三、枢纽工程专项验收建设管理工作报告编写要点

《水电工程验收规程》(NB/T 35048—2015)中的枢纽工程专项验收类似于《水利水电建设工程验收规程》(SL 223—2008)竣工技术预验收，枢纽工程专项验收项目法人的建设管理工作报告可按照《水利水电建设工程验收规程》(SL 223—2008)附录O.1的内容，结合此阶段的验收范围和内容，酌情删减部分章节，在分析设计、监理、施工、质量检测等各

有关单位提交的工作报告的基础上进行编写。简述工程概况，重点描述工程建设情况、专项工程和工作、项目管理、工程质量、安全生产与文明工地、工程验收、历次验收存在问题及处理意见等章节。

第二节　枢纽工程专项验收建设管理工作报告示例

××江×级水电站枢纽工程专项验收建设管理报告

一、工程概况

（一）工程位置

××江×级水电站位于××州××县境内的××江干流上，坝址位于××江下游河段××号界桩以上约500m处，坝址控制流域面积5652km²，坝址多年平均流量244m³/s。厂址位于××河口与××江汇口上游约1km处，控制流域面积5888km²。开发利用河段长约16.6km，平均比降19.23‰。

××江×级水电站距××县城78km，距省会××市812km。电站施工期交通条件较好，对外公路主要有两条，一条为：省会××市～××市（国道）～××县（省道）～××江×级水电站（三级公路）。另一条为：××市（州府）～××县（省道）～××江×级水电站（三级公路）。铁路主要为：省会××市～××市（州府）为二级铁路，该段铁路可通过××铁路、××铁路、××铁路和××铁路与全国铁路联网。

（二）立项、初设文件批复

1. 勘测设计过程

20××年，受××州发展和改革委员会委托，××水电集团××勘察设计研究院承担了××江××号界桩至××号界桩河段的水电规划工作，提出了《××江下游河段（××号～××号界桩）水电规划报告》。

××水电集团××勘察设计研究院于20××年4月正式开始进行电站预可研阶段的勘测设计工作，并于20××年9月底完成了电站预可行性研究报告。20××年11月5日—7日"××国际工程咨询公司"对《××江×级水电站预可行性研究报告》进行了咨询与评估，并提出了《关于××省××江×级水电站（预可研阶段）工程技术的咨询意见》。随后，根据业主的要求，开展可行性研究阶段的勘测、设计、科研试验工作，20××年4月完成了《××江×级水电站可行性研究报告（咨询稿）》，20××年5月，完成了《××江水×级电站可行性研究报告》。

20××年9月10日，××水电集团××勘察设计研究院受××××县××水电开发有限公司委托，开展了××江×级水电站扩容工程的研究工作，20××年2月25日，××水电集团××勘察设计研究院受××××县××水电开发有限公司委托开展了××江×级水电站防沙沉沙建筑物设计的研究工作。

××水电集团××勘察设计研究院于20××年2月底完成了《××江×级水电站设计变更报告》。并于20××年5月23—24日通过了水电水利规划设计总院会同××省发展和改革委员会进行的审查。

2. 工程审查及立项情况

（1）20××年3月，××水电集团××勘察设计研究院与××县××水电开发有限公司签订了《××省××州××江×级水电站技术开发合同书》，随即进行××江×级水电站预可行性研究工作，并于20××年9月底完成了《××省××州××江×级水电站预可行性研究报告》。20××年11月，××国际工程咨询公司在××市对《××省××州××江×级水电站预可行性研究报告》进行了咨询与评估。

（2）20××年5月完成《××省××州××江×级水电站可行性研究报告》，20××年8月，××水电水利规划设计总院会同××省发展改革委在××市审查，以"水电规水工〔20××〕0051号"审查通过了《××省××州××江×级水电站可行性研究报告》。

（3）20××年7月，设计单位编制的《××江×级水电站工程水土保持方案报告书》通过了水电水利规划设计总院组织的技术审查，水利部以"水保函〔20××〕×××号"文"关于《××省××州××江×级水电站工程水土保持方案报告书的复函》"对该报告书进行了批复。

（4）20××年××月24日至25日，原环保总局环境工程评估中心在××市主持审查通过了由××省环科院编制的《××江××级水电站环境影响报告书》（送审稿），并以"×××××〔20××〕×××号"文和"×××××〔20××〕×××号"文对报告书作出技术评估。同年7月，原环保总局以"××〔20××〕×××号"文《关于××省××州××江×级水电站环境影响报告书的批复》对报告书作出了批复。

（5）20××年6月，设计单位完成了《××江×级水电站工程水资源论证报告书（送审稿）》，7月10日，由长江水利委员会主持，水利部规划计划司、水资源管理司等部门参加的审查会对该报告进行了审查，同年8月，设计单位根据本次会议的补充修改意见对报告进行了修改，提出《××江×级水电站工程水资源论证报告书（报批稿）》和《××江×级水电站工程对××国的影响专题报告》提交水利部长江水利委员会审批。水利部长江水利委员会以行政许可决定"×××〔20××〕×××号"文印发审查意见。

（6）20××年12月××省国土资源厅对《××省××江×级水电站建设区矿产资源调查报告》进行了审查，并以"×国土资储〔20××〕×××号"文出具了评审意见。

20××年7月××省国土资源厅出具了《关于××省××江×级水电站项目用地预审的初审意见》（×××××〔20××〕××号）。

20××年8月原国土资源部出具了《关于××江×级水电站项目建设用地预审意见的复函》（××××××〔20××〕×××号），原则同意××江×级水电站项目通过建设用地预审。

（7）20××年3月，××省地震安全性评审委员会对《××省××州××江×级水电站拦河大坝工程场地地震安全性评价报告》进行了批复，出具了批复文件"×震安评〔20××〕××号"，批复同意报告给出的工程场地设计地震动参数结果，可供工程抗震设计使用。

20××年12月由××省国土资源厅认定的专家组成专家组，对××岩土工程公司提交的《××省××州××江×级水电站建设项目地质灾害危险性评估报告》进行了评审。并出具了《××省××州××江×级水电站建设项目地质灾害危险性评估报告备案登记表》。

（8）20××年12月1日和20××年4月7日，受中国××电网有限责任公司委托，中国电力工程顾问集团公司分别在××省××市和××省××州××市主持召开了××省××江×级水电站接入系统设计报告评审会,对由××电力设计院完成的《××江×级水电站接入系统设计报告》进行评审。并以"××××〔20××〕××××号"文审定了××江×级水电站的接入系统方案。中国××电网有限责任公司以"×××××〔20××〕××号"文对××江×级水电站接入系统的有关问题进行批复,同意中国电力工程××集团公司关于××江×级水电站接入系统设计报告的审查意见。

(9) 20××年××月22至25日受国家发展改革委委托,××国际咨询公司组织专家在××省××市召开了××省××州××江×级水电站项目评估会议。

(10) 20××年6月14日国家发改委以"××××〔20××〕××××号"文关于××江×级水电站项目核准的批复。

(11) 中水××集团××勘察设计研究院于20××年2月底完成了《××江×级水电站设计变更报告》。并于20××年××月23日至24日通过了水电水利规划设计总院会同××省发展和改革委员会进行的审查,以"××××〔20××〕××号"文件下发了审查意见。

(12) 20××年11月,国家能源局以"××××〔20××〕×××号"文对××江×级水电站设计变更进行了批复。

(三) 工程建设任务及设计标准

工程所在的××州,水能资源较丰富,开发条件较好,按目前规划,在满足当地用电需求后,2010年××州电力盈余将达1410MW,本电站装机容量875MW,规模适中,可直接接入××电网,参与全国"西电东送"战略中的"×电×送"。本电站开发建设条件好,水库淹没损失少,没有制约工程建设的环境问题,工期短,见效快,经济指标较优,在××电网有较强的市场竞争力,电站可发出的年电量约为34.2亿kW·h,能被系统有效吸收的年电量约27.1亿kW·h,年可节省标煤约95万t,同时可减排温室气体二氧化碳和大气污染物二氧化硫和氮氧化物等,在部分满足经济发展对电力需求的同时,缓解我国能源短缺和环境保护压力,其建设符合我国的能源发展战略。

××州属×××边陲少数民族地区,经济发展水平低,开发本电站,可将当地的资源优势转化为经济优势,增加地方财政收入,带动地方经济发展,提高当地人民生活水平,符合我国西部大开发战略。

1. 工程建设任务

××江×级水电站是以发电为主要任务,无防洪、灌溉及航运等其他要求。枢纽建筑物主要由首部枢纽、引水系统、厂区枢纽三部分组成。主要建筑物有混凝土重力坝、坝后消力池、竖井式进水口、引水隧洞、上游调压井、压力钢管道、地面厂房等。电站首部枢纽正常蓄水位高程585.00m,相应库容约为15.99万m³,大坝总长93.75m,最大坝高34.0m,坝顶高程596.50m,属径流引水式电站,装机规模为875(5×175)MW。

2. 设计标准

××江×级水电站装机容量875MW,正常蓄水位时库容约16万m³,拦河坝最大坝高35.5m,为Ⅱ等大(2)型工程。根据《水电枢纽工程等级划分及设计安全标准》(DL 5180—2003)中第5.0.7条规定,经技术经济论证,将首部挡水、泄水主要建筑物级别降低一级。

电站主要建筑物级别:引水发电系统主要建筑物为2级,次要建筑物为3级,临时建筑物为4级；首部枢纽挡水及泄水主要建筑物级别为3级，次要建筑物为4级，临时建筑物为5级。

挡水、泄水建筑物按50年一遇洪水设计，500年一遇洪水校核；电站厂房按200年一遇洪水设计，500年一遇洪水校核；消能防冲建筑物按30年一遇洪水设计。

闸坝及引水发电主要建筑物抗震设防标准取50年基准期、超越概率10%，相应的基岩水平峰值加速度0.127g。

（四）主要技术特征指标

电站首部枢纽正常蓄水位高程585.00m，相应库容约15.99万m³，死水位584.00m，调节库容3.58万m³，最大坝高32.5m，属径流引水式电站，设计变更前，电站装机规模为700（4×175）MW，设计变更新增一台机组进行扩容，设计变更后，电站装机规模为875（5×175）MW。根据《水电枢纽工程等级划分及设计安全标准》（DL 5180—2003）规定，××江×级水电站的工程规模为大（2）型，工程等别为二等。电站保证出力185.37MW，多年平均发电量40.04亿kW·h，装机年利用小时数4576h，其中设计变更前四台机组保证出力185.37MW，多年平均发电量37.16亿kW·h。设计变更新增扩容机组发电效益按弃水电站计，多年平均发电量2.88亿kW·h，装机年利用小时数1645h。

（五）工程主要建设内容

××江×级水电站枢纽建筑物主要由首部枢纽、引水系统、厂区枢纽三部分组成。主要建筑物有混凝土重力坝、坝后消力池、竖井式进水口、引水隧洞、上游调压井、压力钢管道、地面厂房及GIS楼等。工程主要建设内容如下。

1. 混凝土重力坝

挡水建筑物为坝高35.5m的混凝土重力坝，坝顶高程596.50m；坝身由左至右依次布置：左、右岸各布置1孔泄洪冲沙闸，为平底闸型式，闸底槛高程569.50m，孔口净宽8m；河中溢流坝段堰顶高程585.00m，溢流堰面净宽26m，为开敞式布置；孔口上述泄洪建筑物共用坝后消力池，消力池顺河长25m，横河宽43m。

2. 引水建筑物

电站引水系统布置在河流右岸，由进水口、引水隧洞、调压井及压力钢管道组成。

（1）电站进水口。电站进水口为竖井式进水口，布置形式为：靠右冲沙闸右侧布置进水口前的冲沙廊道，冲沙廊道右侧为拦砂坎，坎顶高程573.00m，拦砂坎兼做拦污栅的栅墩基础，坎顶以上设置6孔拦污栅，每扇孔口尺寸为5.0m×21.7m（净宽×净高），拦污栅为直栅。拦沙坎与引水隧洞洞口之间自然形成顺河向长44m，横河向宽13.5m的开阔地，水流过栅后，进入开阔地，再平稳流入引水隧洞。

引水隧洞前段为两条洞，圆形断面，内径6.0m。引0+000.000～引0+014.000为喇叭口段，长14m；引0+042.600～引0+051.600为闸前渐变段（圆变方），长9m；引0+051.600～引0+057.200为闸门井段，长5.6m；引0+057.200～引0+065.800为闸后渐变段，长8.6m（方变圆）；两洞在桩号引0+096.000处汇合成一洞，圆形断面，内径8.5m。

引水隧洞事故检修门的闸门控制段位于山体内，距引水隧洞进洞点51.6m，设置2孔2扇检修闸门，孔口尺寸6.5m×6.5m，底板高程为566.50m，平台高程为604.00m，启闭平台高程为 610.00m。

（2）引水隧洞。引水隧洞顺河流方向布置于右岸山体内，引水隧洞全长为 13.977km，纵坡 2.843‰，采用圆形断面，主洞洞径 $D=8.5\text{m}$，设计引用流量 $Q=292\text{m}^3/\text{s}$，洞内流速 $v=5.15\text{m/s}$。洞线布置为折线方式。分别在桩号引 0+162.968、引 2+529.561、引 8+040.780、引 11+734.928 及引 13+884.781 处设置五个转弯段。在桩号引 2+472.000（2号支洞附近）、引 13+870.000（6号支洞附近）及调压井底部处设置 3 个积渣坑。

引水隧洞全洞段均做回填灌浆；在围岩条件较差的Ⅳ类围岩、断层破碎带、水位线低于洞顶段、进口洞段及隧洞末端 20m 范围内，需进行固结灌浆。

（3）调压井。调压井为差动式，位于引水隧洞末端，中心桩号为引 13+985.796。调压室大井内径 $D=15\text{m}$，底板高程为 532.20m，上室底板高程为 610.00m，井高 77.8m，井壁为 1.0m 厚的钢筋混凝土衬砌。调压井后设置事故检修闸门井及通气兼钢管道检修井，由闸门井及钢管道检修井共同组成升管，闸门井与检修井之间设一道胸墙，升管总面积约为 62.40m^2，略大于引水隧洞断面积 56.72m^2。调压井上室面积 6400m^2，底部高程为 610.00m，边墙顶部高程为 615.50m，有效容积约为 2.9 万 m^3。调压井内最高涌浪水位 614.50m，最低涌浪水位 538.80m。

（4）压力钢管道。上游调压井与厂房之间设置压力钢管道，钢管道为地下埋管。地下埋管主管长 871.4m，沿线山坡地形纵向坡度为 30°~40°，山坡植被茂密，自然山坡稳定。地表为厚 2~3m 的坡积层覆盖，下部岩体风化较深。压力管道通过的山体为较厚实的山梁，但山梁的地形完整性相对较差。

压力钢管道正常运行情况下的静水头为 55~338m，处于高压状态。上平段以下洞段的上覆岩体厚度为 55~140m，喷锚隧洞不能满足岩体最小覆盖厚度的要求，故压力钢管道全线采用钢衬，按地下埋管，采用双管 4 机方案设计。

压力钢管道进口前沿设事故检修闸门，闸门底槛高程为 527.00m，孔口尺寸为 $5.2\text{m}\times5.2\text{m}$，平台高程为 615.50m，启门平台高程 629.50m。

压力钢管道由上平段、斜井（倾角为 48°）、中平段、斜井（倾角为 48°）、下平段等部分组成。上平段中心高程为 529.60m，中平段中心高程为 386.50m，下平段中心高程为 247.50m，与机组安装高程相同。钢管道主管直径为 5.2m，长度为 871.40m，管内流速为 6.88m/s，主管（埋管）最大管壁厚度为 40mm（15MnVR），最大管壁厚度为 56mm（WDB620）。在下平段桩号管 0+753.252 处每根主钢管各接一个岔管（明岔管），每个岔管各分出两条支管接入水轮机组。支管直径为 3.6m，长度为 10m（单根长），管内流速为 7.18m/s。支管最大管壁厚度为 48mm（WDB620）。

3. 沉沙池

沉沙池布置在引水隧洞桩号 3+242.700~4+177.000 之间。沉沙池总容积为 230 万 m^3，工作段底部由两个倒四棱台漏斗串联组成，漏斗顶面高程为 544.00m，平面尺寸为 $150\text{m}\times130\text{m}$（长×宽），漏斗地面高程为 540.00m，平面尺寸为 $12\text{m}\times12\text{m}$。倒四棱台漏斗底部设置倒圆台漏斗，其顶部半径为 5m，底部半径为 1.7m，高 5.9m；冲沙廊道顶部设置直径为 0.5m 的排沙孔，将沉沙池所沉积的泥沙通过冲沙廊道排至倒四棱台漏斗底部的倒圆台漏斗后，通过冲沙洞将含沙水流排入××江中。

4. 发电建筑物

(1) 设计变更前发电厂房。主厂房尺寸为：103.42m×22.6m×52m（长×宽×高），内装 4×175MW 的混流式水轮发电机组，单机引用流量 292m³/s，主机段与安装场成"一"字形布置。机组安装高程 247.50m，发电机层高程 259.20m，机组间距 18m。

电气副厂房共四层，布置在主厂房上游侧，其长度与主机间相同为 77.6m，宽 18m；其内布置电气设备、母线及 GIS 设备等。GIS 厅楼面高程为 272.80m；500kV 出线设备及构架等布置在上游副厂房屋顶，高程 288.30m。

水轮机副厂房共四层，布置在主厂房的下游侧尾水管上方，其内布置抽水、通风及辅助设备。

尾水平台布置在主厂房下游侧，高程为 266.70m，与室外地坪相同；尾水平台宽度为 9.5m，尾水闸孔口底槛高程 236.5m，尾水闸门共 4 扇，孔口尺寸 5.15m×4.8m（宽×高）。

尾水经过尾水渠直接进入大盈江，尾水渠出口由垂直河道与顺河道两个方向出流，使电站尾水出流较为顺畅。

(2) 设计变更扩容机组厂房。设计变更扩充装机容量 175MW，采用新增一台与原机组形式相同的机组，扩容机组厂房为地面厂房，布置于原大盈江水电站（四级）厂房右侧，左侧紧靠已建工程厂房 1 号机布置。

根据地形地质条件，主厂房顺河边布置，为钢筋混凝土框架结构，外框尺寸为：发电机层以下 21m×22.6m（长×宽），发电机层以上 23m×22.6m（长×宽），厂房高 52m，内装 1 台 175MW 的混流式水轮发电机组。

上游电气副厂房和中央控制楼布置在主厂房上游侧，电气副厂房长度与主机间相同为 23m，宽 17.5m；根据主厂房各层高程和辅助设备布置的需要，在主厂房的下游侧设置水机副厂房。

5. 水流控制、施工导流及导流建筑物

(1) 首部围堰标准及形式。首部导流方式采用枯期隧洞导流方式。即枯期河床断流，第一个枯期由右岸泄洪（兼导流）隧洞泄流，上游枯期围堰挡水，浇筑坝体、电站进水口；汛期由坝体预留缺口、左泄洪冲沙闸、右冲沙闸和右岸泄洪（兼导流）隧洞联合泄流；第二个枯期由左岸泄洪冲沙隧洞泄流，上游枯期围堰挡水，浇筑坝体、右岸泄洪（兼导流）隧洞下闸改造及引水隧洞预留岩塞段施工。

过枯水期围堰的保护标准为 10 年重现期洪水，相应的洪水流量 $Q=2700\text{m}^3/\text{s}$，保护堰顶高程为 586.50m，堰顶宽 26m，堰顶单宽流量 $q=45\text{m}^3/\text{s}$，堰顶流速约 4.5m/s，最大流速约 6.7m/s。根据工程类比，堰顶采用 0.8m 厚混凝土面板防护过流面、围堰下游坡分别采用大块石及钢筋石笼防护过流面。

(2) 导流建筑物的级别。××江×级水电站是以发电为主的引水式电站，无防洪、灌溉等其他要求。正常蓄水位 585.00m，相应的库容约 15.99 万 m³，装机规模为 4×175MW，工程规模为大（2）型，工程等别为二等；首部枢纽主要建筑物级别为 3 级，次要建筑物为 4 级。

首部枢纽导流建筑物保护对象为 3 级永久建筑物，工程所在地下游目前没有重要城镇和工矿企业，工程失事后不会造成较大经济损失，也不会影响工程总工期及第一台机组发电；首部枢纽工程围堰为枯期围堰，使用年限为 5 个月（小于 1.5 年），围堰高度为 18.0m（大

于15m），但相应库容小于0.1亿 m³。本工程首部枢纽导流建筑物级别为5级。

（3）厂区围堰防洪标准及围堰型式。本工程规模为大（2）型，工程等别为Ⅱ等；厂区枢纽主要建筑物级别为2级，次要建筑物为3级。厂区施工围堰为临时建筑物，级别为4级，防洪建筑物为浆砌石围堰，洪水标准为5~10年洪水重现期，防洪标准为10年重现期全年洪水，流量为2770m³/s。

（六）工程布置

工程原设计电站装机规模为4×175MW，设计变更后电站装机规模为5×175MW。

1. 原工程总体布置

（1）原装机规模（4×175MW）枢纽总体布置。××江×级水电站以发电为主要任务，无防洪、灌溉及航运等其他要求。枢纽建筑物主要由首部枢纽、引水系统、厂区枢纽三部分组成。主要建筑物有混凝土重力坝、坝后消力池、竖井式进水口、引水隧洞、上游调压井、压力钢管道、地面厂房等。电站首部枢纽正常蓄水位高程585.00m，相应库容约15.99万m³，最大坝高34.0m，属径流引水式电站，装机规模为700（4×175）MW。根据《水电枢纽工程等级划分及设计安全标准》（DL 5180—2003）规定，确定××江×级水电站的工程规模为大（2）型，工程等别为二等。

（2）首部枢纽。坝址位于××江三级水电站厂房尾水下游约740m（河道长）处的××江干流上，坝址基岩为黑云角闪斜长片麻岩夹眼球状混合片麻岩及花岗质混合片麻岩。

首部枢纽水工建筑物主要由坝前46.8m处丁坝、拦河坝（左右岸非溢流坝段、河中溢流坝段、左泄洪冲沙闸坝段、右冲沙闸坝段）、坝后消力池、右岸泄洪（兼导流）洞、右岸竖井式进水口等建筑物组成。

1）坝前丁坝。丁坝坝轴线方位角为NW×××°××′××″，上游端桩号交点为：坝横0−077.150、坝纵0+020.840，下游端桩号交点为：坝横0−049.800、坝纵0+043.740。丁坝总长35.7m，分为两段，上游段长10.2m，下游段长25.5m。上游段顶高程为576.40m，下游段顶高程为579.30m，丁坝背坡为1:0.6。

2）拦河坝。拦河坝为混凝土重力坝，它同时兼有挡水、泄洪及冲沙功能。拦河坝自左至右依次由左岸非溢流坝段、左泄洪冲沙闸、河中溢流坝段、右冲沙闸及右岸非溢流坝段五部分组成。坝顶总长为93.75m，坝顶高程596.50m，建基面高程561.0m，最大坝高34m，坝顶宽度为5.0m，坝顶无永久交通要求。

左岸非溢流坝段长19.00m，在580.50m设置一根放水管道，直径1.8m，用以排放生态流量（生态流量为24.5m³/s，排放管不设阀门）；右岸非溢流坝段长19.25m。非溢流坝段上游面垂直，下游面坡比1:0.75。

左、右泄洪冲沙闸均为一孔8m×18.5m（宽×高）的开敞式平底闸，闸门底槛高程为569.50m，设置事故检修闸门及工作闸门各一扇，检修门槽与工作门槽的中心距为7.9m；根据金属结构设备的布置、水工建筑物布置及稳定、应力计算要求，确定闸室宽度为29.5m，边墩厚度为3.0m；闸顶高程为596.50m（坝顶高程），闸门启闭平台高程为621.50m。

河中溢流坝段长27.5m，分为两孔，每孔宽度为13m，中墩厚1.5m，堰顶高程585.00m，溢流面采用WES曲线。

坝体在桩号坝横0+029.500处接消力池，消力池顺河向长25m，横河向净宽49.5m，池底高程567.00m，为避免冲沙闸单独开启在池内形成回流，将消力池用隔墙分隔为两个区。消力池后以1∶3的反坡海漫段与下游河床衔接。

3）右岸泄洪（兼导流）洞。右岸泄洪（兼导流）洞进口段方位角为NW×××°××′××″，在桩号右泄0+069.729处转为方位角SW×××°××′××″，出口段在桩号0+230.742处方位角转为SW×××°××′××″。左岸泄洪冲沙洞长302.12m，方圆形断面，宽度为6.6m，高度为7.1m；采用钢筋混凝土衬砌，衬砌厚度为0.4m。

右岸泄洪（兼导流）洞进口设置事故检修门（平板钢闸门），孔口尺寸为7m×8.5m，底槛高程为574.60m，闸室平台高程为596.50m，启闭机平台高程为608.50m。出口设置工作闸门（弧形闸门），孔口尺寸为6.6m×5.3m，底槛高程为573.60m，闸室平台高程为588.00m，启闭机平台高程为591.60m。

(3) 引水系统。电站引水系统布置在河流右岸，由进水口、引水隧洞、调压井及压力钢管道组成。电站进水口为竖井式，进水口底板高程为566.50m，闸门井设置2孔2扇检修闸门，孔口尺寸6.5m×6.5m，底板高程为566.50m，平台高程为604.00m，启闭平台高程为612.00m。进水口前沿设置一道拦砂坎，坎顶高程573.00m，坎顶以上设置6孔5.0m×21.7m（净宽×净高）拦污栅，拦污栅为直栅。

进口引水隧洞为两条，圆形断面，直径6.0m。引0+000.000～引0+014.000为喇叭口段，长14m；引0+042.600～引0+051.600为闸前渐变段（圆变方），长9m；引0+051.600～引0+057.200为闸门井段，长5.6m；引0+057.200～引0+065.800为闸后渐变段（方变圆）；两洞在桩号引0+096.000处汇合成一条，圆形断面，直径8.5m。引水隧洞总长13.977km。为了同时满足施工支洞布置要求和支流河谷切割处的隧洞埋深要求以及使进出调压井的水流较为顺畅，将洞线尽可能向山体外移。因此洞线布置按折线方案设计，沿程共设5个转弯段。

调压井采用带上室的差动式，位于引水隧洞末端，调压室大井内径D为15m，底板高程为532.20m，上室底板高程为610.00m，井高77.8m，井壁为1.0m厚的钢筋混凝土衬砌。调压井后设置事故检修闸门井及通气兼钢管道检修井，由闸门井及钢管道检修井共同组成升管，闸门井与检修井之间设一道胸墙，升管总面积约为62.40m^2，略大于引水隧洞断面积56.72m^2。调压井上室面积6400m^2，底部高程为610.00m，边墙顶部高程为615.50m，有效容积约为2.9万m^3。调压井内最高涌浪水位614.50m，最低涌浪水位538.80m。

调压井后设两条压力钢管道（二管四机），均为地下埋管。压力钢管道进口前沿设事故检修闸门，闸门底槛高程为527.00m，孔口尺寸为5.2m×5.2m，平台高程为615.50m，启门平台高程629.50m。压力钢管道由上平段、斜井（倾角为48°）、中平段、斜井（倾角为48°）、下平段等部分组成。

(4) 厂区枢纽。厂房为地面厂房，位于大盈江右岸洪蚌河口上游约1km的缓坡台地上，厂址处地形开阔、平坦。

主、副厂房顺河边布置，机组纵轴线方位角为NE81°27′16″，主厂房为钢筋混凝土框架结构，外框尺寸为：103.42m×22.6m×52.0m（长×宽×高），内装4台175MW的混流式水轮发电机组，总装机容量700MW。机组间距为18m，机组安装高程247.50m。

电气副厂房、主变层及GIS厅布置在主厂房的上游侧，出线场布置在GIS厅的屋顶；中控楼位于安装场的上游侧，主厂房下游侧布置水机副厂房。

每台机组设 1 孔 5.15m×4.8m（宽×高）的尾水检修门，尾水经过尾水渠直接进入大盈江；尾水闸底板高程 236.50m，尾水平台高程 266.70m。厂房室外地坪高程 266.70m，高于校核洪水位 0.5m。

2. 设计变更后工程总体布置

设计变更工程枢纽布置针对已建工程枢纽布置进行研究，对原枢纽建筑物进行改扩建。设计变更工程主要建筑物包括：首部防沙建筑物、引水系统及沉沙池、新增 5 号机组厂区枢纽。设计变更工程实施后大盈江水电站（四级）工程总体布置示意图见图 6-1。

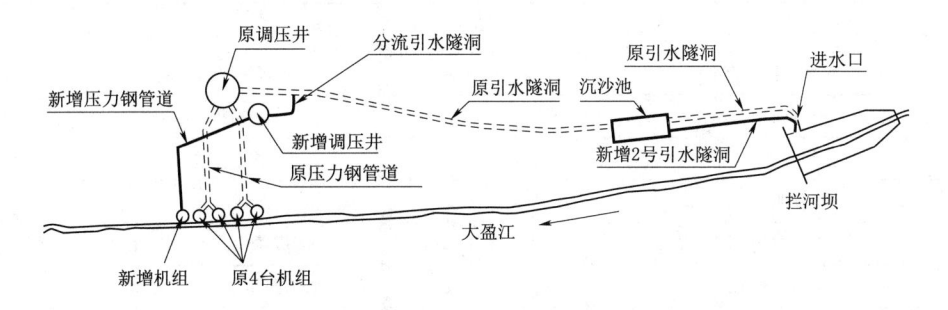

图 6-1　设计变更工程实施后总体枢纽布置示意图

（1）首部防沙建筑物布置。首部防沙建筑物主要是为防止河床质泥沙由于进水口附近水流的扬动而转化为河悬移质泥沙，结合已建工程首部枢纽泥沙研究情况及电站实际运行过程中的排沙情况，在首部进水口前增设拦沙导墙。

新增拦沙导墙垂直于坝轴线平行布置于电站进水口拦沙坎前，距离电站进水口原拦沙坎 12.5m（拦沙导墙中心线桩号坝纵 0+062.000），拦沙坎下游段与右泄洪冲沙闸左边墙相接，为与上游河道平顺相接，拦沙导墙在距离坝轴线 53.03m（拦沙导墙中心线距离）处向右岸偏折××°××′××″。拦沙导墙厚 1.5m，顶部高程为 579.00m，全长约 56.56m（其中，折角上游段长 3.53m，折角下游段长 53.03m）。拦沙导墙基础采用矩形基础，基础顶面高程与引渠底板高程相同，基础高 1.5m，宽 4.0m。

（2）引水系统及沉沙池布置。为降低过机泥沙含量，减少机组磨损，在引水系统新 3 号施工支洞附近设置沉沙池，结合沉沙池布置及扩容工程需要对原引水系统进行改造，改造后××江×级水电站工程引水（及沉沙）系统主要由沉沙池上游段引水系统、沉沙池及沉沙池下游段引水系统组成。

（3）厂区枢纽布置。设计变更扩充装机容量 175MW，采用新增一台与原机组型式相同的机组，扩容机组厂房为地面厂房，布置于原大盈江水电站（四级）厂房右侧，左侧紧靠已建工程厂房 1 号机布置。

根据地形地质条件，主厂房顺河边布置，为钢筋混凝土框架结构，外框尺寸为：发电机层以下 21m×22.6m（长×宽），发电机层以上 23m×22.6m（长×宽），厂房高 52m，内装 1 台 175MW 的混流式水轮发电机组。

上游电气副厂房和中央控制楼布置在主厂房上游侧，电气副厂房长度与主机间相同为 23m，宽 17.5m；根据主厂房各层高程和辅助设备布置的需要，在主厂房的下游侧设置水机副厂房。

（七）工程投资

××江×级水电站工程最终审定投资为××××××.××万元。

（八）主要工程量和总工期

1. 主要工程量

主要工程量分别按照土建工程、金属结构工程和机电安装工程进行统计，见表6-1～表6-3。

表6-1　　　　　　　××江×级水电站土建工程主要量统计

一	混凝土重力坝					
序号	工程项目及名称	工程量	序号	工程项目及名称	工程量	
1	土方明挖/m³	93000	7	锚筋桩/根	461	
2	土石方明挖/m³	27300	8	混凝土浇筑/m³	41160	
3	石方明挖/m³	549200	9	钢筋制安/t	933.4	
4	石方洞挖/m³	18171.62	10	帷幕灌浆共65孔/m	1799.3	
5	喷混凝土/m³	4625	11	坝基固结灌浆34孔/m	853.7	
6	锚杆（$L=4.5\sim6m$）/根	7023	12	锚杆/根	3667	
二	进水口及引水隧洞					
序号	工程项目及名称	工程量	序号	工程项目及名称	工程量	
1	石方洞挖/m³	1008821	5	锚杆（2～6m）/根	43323	
2	混凝土浇筑/m³	176332	6	超前小导管/m	34650	
3	喷混凝土/m³	16136	7	型钢拱架制安/t	382.7	
4	钢筋制安/t	13961				
三	调压井及压力管道					
序号	工程项目及名称	工程量	序号	工程项目及名称	工程量	
1	土石方开挖/m²	36763	6	钢筋制安/t	2002	
2	石方开挖/m³	121088	7	锚杆/根	9816	
3	喷混凝土支护/m³	6438	8	灌浆长度/m	1023	
4	喷锚支护/m³	5623.72	9	回填灌浆/m²	7011.8	
5	混凝土浇筑/m³	73742	10	接触灌浆/m²	3086.8	
四	地面发电厂房					
序号	工程项目及名称	工程量	序号	工程项目及名称	工程量	
1	土方开挖/m³	155136	8	钢筋制安/t	3506	
2	石方开挖/m³	504082	9	钢结构制安/t	85.26	
3	喷混凝土C20/m³	5920	10	砖砌体（含下游副厂房）/m³	888.24	
4	Φ25锚杆（$L=4.5\sim6m$）/根	5693	11	铜止水/m	259.26	
5	钢筋网/t	80	12	橡胶止水/m	384	
6	排水孔/m	9403	13	接触灌浆/m³	647	
7	混凝土浇筑/m	81172				

续表

五			沉沙池		
序号	工程项目及名称	工程量	序号	工程项目及名称	工程量
1	土方明挖/m³	2236343.57	11	灌注水泥42.5级/t	997.75
2	石方明挖/m³	3704688	12	浆砌石/m³	3421.51
3	岩质边沟及保护层开挖/m³	33736.28	13	预应力锚索/m	55747
4	石方洞挖/m³	339006	14	(预应力锚索)/根	1727
5	锚杆/m	108846	15	混凝土浇筑/m³	950932
6	锚筋桩/m	112482	16	钢筋制安/t	14372
7	锚杆Φ25 L=4m/根	3987	17	铜止水制安/m	6844
8	锚筋桩3Φ25 L=9m/根	361	18	回填灌浆/m²	40930
9	排水孔/m	48195	19	固结灌浆/m	31134
10	边坡灌浆孔/m	4438	20	坝基固结灌浆/m	12192
六			5号机组调压井压力管道		
序号	工程项目及名称	工程量	序号	工程项目及名称	工程量
1	石方井挖/m³	25273	5	混凝土浇筑/m³	27115
2	石方洞挖/m³	13880	6	钢筋制安/t	1606
3	喷C25混凝土/m³	1413	7	铜止水制安/m	102.03
4	锚杆/m	56530	8	回填灌浆/m²	2879
七			5号机组地面发电厂房		
序号	工程项目及名称	工程量	序号	工程项目及名称	工程量
1	土方开挖/m³	15549.42	8	钢结构制安/t	29.16
2	石方开挖/m³	31928.91	9	浆砌石/m³	322
3	喷混凝土/m³	293.57	10	接触灌浆/m²	143
4	锚杆Φ25 L=4.5m/根	915	11	砖砌体/m³	334.21
5	锚筋桩3Φ25 L=9m/根	87	12	抹面/m²	4055
6	混凝土浇筑/m³	23723	13	铜止水制安/m	71
7	钢筋制安/t	1244	14	橡胶止水带安装/m	48

表6-2　　　　××江×级水电站金属结构工程项目工程量汇总

序号	工程部位	工程项目	制造、安装工程量	材质
1	右岸泄洪洞进口事故闸门	闸门门叶附件/t	45.5	Q345
		闸门门槽/t	37	
		卷扬机安装/t	22	
2	左岸泄洪冲沙闸事故闸门	闸门门叶、附件/t	132.4	Q345B
		闸门门槽/t	31.3	
		卷扬机安装/t	35	

续表

序号	工程部位	工程项目	制造、安装工程量	材质
3	左泄洪冲沙闸工作闸门	闸门门叶、附件/t	132.4	Q345B
		闸门门槽/t	31.3	
		卷扬机安装/t	35	
4	右泄洪冲沙闸事故闸门	闸门门叶、附件/t	132.4	Q345B
		闸门门槽/t	31.3	
		卷扬机安装/t	35	
5	右泄洪冲沙闸工作闸门	闸门门叶、附件/t	132.4	Q345B
		闸门门槽/t	31.3	
		卷扬机安装/t	35	
6	进水口拦污栅	拦污栅槽6孔/t	6×9	Q345
		拦污栅栅叶、附件/t	6×28	
		清污机、轨道安装/t	80	
7	进水口事故闸门	闸门门叶、附件/t	2×63	Q345
		闸门门槽2孔/t	2×49	
		卷扬机安装/t	2×35	
8	调压井事故闸门	闸门门叶、附件/t	2×116	Q345
		闸门门槽2孔/t	2×28	
		卷扬机安装/t	2×80	
9	厂房尾水检修闸门	闸门门叶附件/t	4×13.2	Q345
		闸门门槽4孔/t	4×20	
		卷扬机安装/t	4×8	
10	5号机调压井事故闸门	闸门门叶、附件/t	33.63	Q345B
		闸门门槽/t	38.59	
		闸门门叶、附件/t	33.63	
11	5号机厂房尾水检修闸门	闸门门叶、附件/t	13.16	Q345
		闸门门槽/t	15.68	
		卷扬机安装/t	8.24	
12	6号支洞进人检修门	门叶、附件/t	6.839	Q345
		门槽/t		
13	沉沙池冲沙洞事故闸门	闸门门叶、附件/t	2×44.269	Q345B
		闸门门槽/t	2×42.749	
		拉杆装置/t	2×0.824	
		卷扬机安装/t	2×12.424	
14	沉沙池冲沙洞弧形工作闸门	弧形闸门门叶/t	2×20.214	Q345B
		弧形闸门门槽/t	2×20.175	
		液压启闭机安装/t	2×6.698	

续表

序号	工程部位	工程项目	制造、安装工程量	材质
15	右岸泄洪洞出口工作弧形闸门	弧形闸门门叶/t	30.21	Q345
		弧形闸门门槽/t	12.35	

表6-3　　　　　　　　××江×级水电站机电工程主要工程量汇总

序号	工程项目及名称	工程量	序号	工程项目及名称	工程量
1	水轮发电机组安装/台	5	7	电气二次设备安装及调试/套	5
2	水力机械辅助设备安装/台	5	8	计算机监控设备及调试/套	1
3	消防系统安装/套	1	9	主变压器安装/台	5
4	通风设备及管路、空调安装/套	5	10	其他电气设备安装/套	5
5	通信设备安装及调试/套	1	11	主厂房桥式起重机/台	1
6	电气一次设备安装及调试/套	5	12	GIS厅10t桥机/台	1

2. 工程总工期

本工程施工总工期为57个月，其中工程准备工期3个月，主体工程施工期42个月，工程完建期12个月。第一台机组发电工期为45个月。工程筹建期12个月，未包括在施工总工期内。

施工关键线路为：5号、6号施工支洞及主洞开挖、支护→引水隧洞开挖、支护→引水隧洞衬砌混凝土→施工支洞封堵→第一台机组发电。

二、工程建设简况

（一）施工准备

各标段施工用水、用电、通信、道路和场地平整"四通一平"等工程已完成；必需的生产、生活临时建筑工程已完工，质量合格，并已通过验收；组织了完成了招标设计、咨询、设备和物资采购等服务。

（二）工程施工分标情况及参建单位

××江×级水电站工程施工和设备采购的招标、投标，严格遵循了《中华人民共和国招投标法》和××县××水电开发有限公司规章制度。为了使招投标工作的具体操作更具规范化，××县××水电开发有限公司制定了工程招标管理办法。到目前为止，××江×级水电站工程建设项目造价在50万元以上的工程都采用公开招标，对每一项合同的签订都严格按规定进行，招标工作按以下程序进行：一是认真编制招标文件，并申报上级主管部门组织专家进行评审；二是对投标单位的资质进行审查，邀请有资质、有实力的单位参加投标；三是成立由公司主办部门领导及有关专业的专家组成的评标小组，按规定对各投标单位的投标文件进行评审打分，按综合评分排名推荐中标单位；四是成立由公司董事会、经营班子领导组成的招投标领导小组，讨论确定中标单位。×××公司在招投标工作中严格执行招投标的各项规章制度，评标期间，评标人员的通信一律与外界断开，未经监督员批准不得离开会场，不能与外人接触，评标结果和过程不能向任何人透露，保证评标的公正性。对材料的采购能按制度办，做到货比三家，主管领导认真把关，没有出现任何失误。

××江×级水电站工程所有的招标工作按国家及电力行业的有关规定进行，所有招标工作已经全部顺利完成。

1. 土建工程施工分标情况

(1) 引水隧洞土建工程标（合同编号：×××-××/C2）。

引水隧洞桩号：引 0+000～引 13+931.088。

工程内容：开挖、支护、混凝土衬砌、回填灌浆、固结灌浆、排水、永久原形观测。

引水隧洞工程（含施工支洞）为一个标段，按施工支洞划分施工作业面，即每一个施工支洞为一个独立的分标段，以便于施工中合同管理。具体分标如下：

1) 1号施工支洞施工区（合同编号：×××-××/C2-1）。

主要工程内容：开挖、支护、混凝土衬砌、回填灌浆、固结灌浆、排水、永久原形观测。

主要工程范围：1号施工支洞、引水隧洞引 0+000.00～引 1+745.38，包括施工支洞封堵等。

2) 2号施工支洞施工区（合同编号：×××-××/C2-2）。

主要工程范围：2号施工支洞、引水隧洞引 1+745.38～引 3+544.59，包括施工支洞封堵，排沙系统工程。

3) 3号施工支洞施工区（合同编号：×××-××/C2-3）。

主要工程范围：3号施工支洞、引水隧洞引 3+544.59～引 5+958.54，包括施工支洞封堵。

4) 4号施工支洞施工区（合同编号：×××-××/C2-4）。

主要工程范围：4号施工支洞、引水隧洞引 5+958.54～引 8+485.17，包括施工支洞封堵。

5) 5号施工支洞施工区（合同编号：×××-××/C2-5）。

主要工程范围：5号施工支洞、引水隧洞引 8+485.17～引 11+726.6，包括施工支洞封堵。

6) 6号施工支洞施工区（合同编号：×××-××/C2-6）。

主要工程范围：6号施工支洞、引水隧洞引 11+726.6～引 13+931.088，即调压井上游渐变段起点。包括施工支洞封堵，排沙系统工程。

(2) 首部枢纽土建工程（合同编号：×××-××/C3）。

主要工程内容：土石方明挖、支护、混凝土工程，帷幕灌浆、固结灌浆。

主要工程范围：拦河坝工程、引水隧洞进水口明挖及进水塔结构工程、施工区上下游围堰工程，爬梯、金属结构制安等工程。

(3) 调压井土建工程、压力引水隧洞土建工程及金属结构制安工程、金属结构制造安装工程标（合同编号：×××-××/C4）。

主要工程范围：调压井上池明挖及混凝土工程（含支护），调压井及闸门井等竖井开挖、支护及混凝土衬砌工程，调压井下部渐变段引 13+931.088～引 13+987.088 的开挖、支护及混凝土衬砌工程。

压力引水隧洞管 0+000.00 至厂房上游墙开挖支护，钢衬制造及安装，混凝土回填，排水系统施工等，7号施工支洞、8号施工支洞、9号施工支洞的开挖支护，包括施工支洞封堵、原型观测等工程。

闸坝闸门及埋件，引水进水口闸门及埋件，拦污栅及栅槽、调压井检修闸门及埋件、尾水闸门及埋件、排沙口门及埋件，以及启闭机、单向门机、清污机、台车等设备安装调试工程，其中含大坝电气控制部分的安装调试。

（4）厂房土建混凝土结构工程及机电安装标（合同编号：×××-××/C5）。

主要工程范围：厂房混凝土建筑工程，厂房装饰工程，尾水渠混凝土工程，尾水渠交通桥工程，厂房原型观测工程，厂房钢结构制安工程。

发电机及尾水管、蜗壳等与发电机系统有关的机电埋件制安，发电机及变电系统的安装工程，包括厂房内桥机及桥机轨道、滑线等系统安装工程，一次、二次设备及电缆工程，通信调度工程。

（5）厂房开挖工程标（合同编号：×××-××/C6）。

主要工程范围：厂房土石方明挖及支护工程。

（6）启闭机、单向门机及清污机设备制造工程标（合同编号：×××-××/C7）。

主要工程范围：闸坝启闭机及台车、进水口启闭机及清污机、调压井启闭机、尾水单向门机等设备。

2. 土建工程招标结果及承建单位

土建工程招标结果及承建单位见表6-4。

表6-4　　　　　主体土建工程招标结果及承建单位情况

序号	合同编号/承建单位	合同名称	合同类型	施工内容
1	C2-1（桩号：0+000.00至引1+745.38）/××××建设有限公司	1号引水隧洞土建工程	单价合同	1号施工支洞、主洞、开挖、支护、混凝土衬砌、回填灌浆、固结灌浆、排水、永久原型观测，支洞封堵
2	C2-2（桩号：1+745.38至引3+544.59）/××××建设有限公司	2号引水隧洞土建工程	单价合格	2号施工支洞、主洞、开挖、支护、混凝土衬砌、回填灌浆、固结灌浆、排水、永久原型观测，积渣坑，支洞封堵
3	C2-3（桩号：3+544.59至引5+958.54）/××××建设有限公司	3号引水隧洞土建工程	单价合同	3号施工支洞、主洞、开挖、支护、混凝土衬砌、回填灌浆、固结灌浆、排水、永久原型观测，支洞封堵
4	C2-4标（引5+958.54至引8+485.17）/××省水利水电工程局	4号引水隧洞土建工程	单价合同	4号施工支洞、主洞、开挖、支护、混凝土衬砌、排水、永久原型观测，支洞封堵（固结灌浆、回填灌浆由公益公司完成）
5	C2-5标（引8+485.17至引11+726.6）/××省水利水电工程局	5号引水隧洞土建工程	单价合同	5号施工支洞、主洞、开挖、支护、混凝土衬砌、排水、永久原型观测，支洞封堵（固结灌浆、回填灌浆由公益公司完成）
6	C2-6标（引11+726.6至引13+931.088）/××省水利水电工程局	6号引水隧洞土建工程	单价合同	6号施工支洞、主洞、开挖、支护、混凝土衬砌、排水、永久原型观测
7	C2-2标（新建2号引水隧洞，施工桩号：0+066～3+427）/××建设有限公司	新建2号引水隧洞土建工程	单价合同	新建2号引水隧洞主洞、开挖、支护、混凝土衬砌、回填灌浆、排水、永久原型观测，支洞封堵

续表

序号	合同编号/承建单位	合同名称	合同类型	施 工 内 容
8	C3标/××建设有限公司	首部枢纽开挖土建工程	单价合同	大坝边坡开挖、坝基开挖、土石方明挖、支护及导流洞（兼泄洪洞）开挖衬砌、灌浆等
9	C3标/××省水利水电工程局	首部枢纽土建工程（混凝土及金属结构工程）	单价合同	拦河坝混凝土工程、引水隧洞进水口进水塔混凝土工程、金属结构制安等工程
10	C4标/××省水利水电工程局	原来4台机调压井土建及压力管道土建、金属结构制造安装工程	单价合同	调压井上池混凝土工程，调压井及闸门井等竖井开挖、支护及混凝土衬砌工程，钢衬制造及安装，混凝土回填，排水系统施工等，7号施工支洞、8号施工支洞、9号施工支洞的开挖支护，包括施工支洞封堵、原型观测等
11	C4-1标/××××建设有限公司	新建5号机调压井土建工程、压力引水隧洞土建工程及金属结构制安工程	单价合同	调压井上池明挖及混凝土工程（含支护），调压井及闸门井等竖井开挖、支护及混凝土衬砌工程，钢衬制造及安装，混凝土回填，排水系统施工等、8号施工支洞、9号施工支洞的开挖支护，包括施工支洞封堵、原型观测等
12	C2-7标/××水利水电××工程局	沉沙池土建及金属结构制造安装工程	单价合同	沉沙池贴坡混凝土及底板混凝土，排沙系统，金属结构制造、安装，拦水坝等
13	C5标/××水利水电××工程局	厂房土建混凝土结构工程及机电安装工程（1~5号机组）	总价合同	厂房混凝土建，厂房装饰，尾水渠及交通桥工程，厂房安全监测，厂房钢结构制安；发电机及尾水管、窝壳等与发电机系统有关的机电埋件制安，发电机及变电系统的安装，包括厂房内桥机及桥机轨道、滑线等系统安装，一次、二次设备及电缆，通讯调度等
14	C6标/××××建设有限公司	发电厂房基础开挖工程	单价合同	主要工程范围：厂房土石方明挖及支护工程
15	C7/××××设备有限公司	启闭机、单向门机及清污机设备制造工程	总价合同	主要工程范围：闸坝启闭机及台车、进水口启闭机及清污机、调压井启闭机、尾水单向门机等设备
16	C2-7/××建设有限公司	沉沙池土石方开挖及支护工程	单价合同	沉沙池土石方开挖及支护工程，包括锚杆施工、网格梁施工等

3. 机电设备招标

机电设备招标分标有水轮发电机组及附属设备，厂房桥机，调速系统，发电机励磁系统，电力变压器及附属设备，离相封闭母线及其附属设备，500kV GIS及其附属设备制造、运输及服务，计算机监控系统，油处理、滤水器和射流泵，通风空调系统设备制造、供货和服务，电缆桥架及其附件设计、制造、运输及服务，电缆及其附件设计、制造、运输及服务，厂用变压器及其附件设计、制造、运输及服务，中低压开关柜及其附件设计、制造、运输及服务，量测系统设备和自动化元件制造和供货，厂区至坝区光纤通信系统设计、制造、运输及服务，消防系统设备安装，清污机、卷扬机及门机设计、制造、运输及服务，机组在线监测及故障诊断系统设备，水轮机进水球阀及附属设备制造、运输及服务等。

机电工程招标结果及承建单位见表6-5。

表6-5　　　　　　　　　　机电工程招标结果及承建单位情况

序号	合同编号/承建单位	合同名称	合同类型	施 工 内 容
1	×××××-JD05/×× 水电（杭州）有限公司	水轮发电机组及其附属设备合同	总价合同	合同施工内容包括：主体设备及其附属设备的设计、制造、试验、包装、运输、保险、交货、工场培训、主导安装、现场调试、试运行和验收；设备详细的图纸和资料
2	×××××-JD09/×× 市××水电装备有限公司	厂房桥机供货合同	总价合同	合同施工内容包括：主体设备及其附属设备的设计、制造、试验、包装、运输、保险、交货、工场培训、主导安装、现场调试、试运行和验收；设备详细的图纸
3	×××××-JD07/ ××××控制设备有限公司	调速系统设备合同	总价合同	合同施工内容包括：主体设备及其附属设备的设计、制造、试验、包装、运输、保险、交货、工场培训、主导安装、现场调试、试运行和验收；设备详细的图纸和资料
4	×××××-JD08/×× 科学研究所	发电机励磁系统设备合同	总价合同	合同施工内容包括：主体设备及其附属设备的设计、制造、试验、包装、运输、保险、交货、工场培训、主导安装、现场调试、试运行和验收；设备详细的图纸和资料
5	×××××-JD10/ ××××变压器有限公司	电力变压器及其附属设备合同	总价合同	合同施工内容包括：主体设备及其附属设备的设计、制造、试验、包装、运输、保险、交货、工场培训、主导安装、现场调试、试运行和验收；设备详细的图纸和资料
6	×××××-JD12/ ××××封闭母线有限公司	离相封闭母线及其附属设备合同	总价合同	合同施工内容包括：主体设备及其附属设备的设计、制造、试验、包装、运输、保险、交货、工场培训、主导安装、现场调试、试运行和验收；设备详细的图纸和资料
7	×××××-JD11/ ××××××电气有限公司	500kV GIS及其附属设备制造、运输及服务	总价合同	包括整套500kV GIS及其附属设备、备品备件及专用工具的设计、材料采购、制造、型式试验、出厂试验、检查
8	×××××-JD14/ ××××自动控制有限公司	计算机监控系统	总价合同	计算机监控系统设备的设计、系统集成、制造、试验、成套、培训、包装、运输及交货
9	×××××-JD19/×× 市××过滤设备制造有限公司	油处理、滤水器和射流泵	总价合同	卖方完成招标文件包括的合同设备、制造、工程试验、包装、运输、交货及技术资料的提供和技术服务
10	×××××-JD20/ ××××集团有限公司	通风空调系统设备制造、供货和服务合同文件	总价合同	卖方应负责合同文件中规定的合同设备的设计、制造、材料采购、包装、运输、现场试验、试运行等调试工作
11	×××××-JD29/ ××××电缆桥架有限公司	电缆桥架及其附件设计、制造、运输及服务	总价合同	卖方负责桥架的设计、制造、安装、试验、包装、运输

续表

序号	合同编号/承建单位	合同名称	合同类型	施　工　内　容
12	×××××-JD37/××××电缆有限公司	电缆及其附件设计、制造、运输及服务	总价合同	提供电缆及其附件的采购、制造、出厂前的装配和试验、包装、运输
13	×××××-JD24/××××电气有限公司	厂用变压器及其附属设备制造、运输及服务	总价合同	变压器及其附属设备、出厂试验、检查、运输等
14	×××××-JD25/江苏长江电器股份有限公司	中/低压开关柜及其附属设备制造、运输及服务	总价合同	全套的中低压开关柜及其附属设备、备品备件及其专用工具的设计、材料采购、制造、型式试验、出厂试验
15	×××××-JD26/××××自动化控制公司	量测系统设备和自动化元件制造、供货	总价合同	卖方按照合同文件的规定对工程量测系统设备和自动化元件的制造、供货和服务
16	×××××-JD34/深圳市金宏实业发展有限公司	厂房至坝区光纤通信系统设制造、运输及服务	总价合同	设备、备品备件及专用工具设计、材料采购、制造、型式试验、出厂试验、出厂前预组装检查等
17	×××××-JD36/××××工程技术有限责任公司	消防系统设备安装工程	总结合同	消防水系统及其附属设备供货及调试
18	×××××-JD22/××市××水电装备有限公司	清污机、卷扬机及门机设计、制造及服务	总结合同	清污机、卷扬机设计制造、组装、组装、防腐、保险、运至工地现场指定地点
19	×××××-JD23/××××集团公司	机组在线监测及故障诊断系统设备	总价合同	卖方应负责合同项下机组在线监测及故障诊断系统软、硬件的设计、软件开发及所有设备元器件的配置、制造、供货、软件测试及调试
20	×××××-JD06/××××通用机械股份有限公司	水轮机进水球阀及附属设备制造、运输及服务	总价合同	卖方负责合同文件规定的所有设备的设计、材料采购、制造、出厂前预装配和试验、检验、包装、货物运输等

4. 招标文件中主要条款内容

(1) 规定了承包人的质量管理体系建立和质检人员应赋予的权利。

(2) 明确了监理人的质量检查权利。

(3) 规定了承包人应接受政府及行业质量监督机构的质量监督。

(4) 规定了承包人应提交监理审批的施工措施计划中必须有质量与安全保证措施。

(5) 招标文件技术条款中明确了各分项工程引用的标准和规程规范及工程技术要求。

(6) 约定了质量保证金的具体条款。

(7) 各承包人的投标书中对所承担的工程项目的质量目标均有承诺。

(8) 明确了工程量计量方式、计量程序和计量支付时间。

(9) 明确了竣工资料的提交要求。

(10) 明确了安全、文明施工、环境保护、水土保护、达标投产的具体要求。

（三）工程开工报告及批复

20××年8月××日三级水电站工程业主单位××水电开发有限公司向项目主管部门××省发展和改革委员会上报了开工申请报告、××省水电基本建设项目开工备案表和××省水电工程项目法人组建备案表进行了备案。××省发展和改革委员会以"××××××〔2005〕××××号"批复同意工程开工建设。

(四) 主要工程开完工日期

开工日期：20××年8月，完工日期：20××年8月，历时8年。

(五) 主要工程施工过程

1. ××江×级水电站施工总进度

××江×级水电站工程施工总工期为57个月，其中工程准备工期3个月，主体工程施工期42个月，工程完建期12个月。第一台机组发电工期为45个月。工程筹建期12个月，未包括在施工总工期内。

施工关键线路为：5号、6号施工支洞及主洞开挖、支护→引水隧洞开挖、支护→引水隧洞衬砌混凝土→施工支洞封堵→第一台机组发电。

2. 施工工期安排

工程筹建期安排12个月，主要内容包括征地、进场公路、场内施工公路、施工供电线路及变电站、供水设施、施工通信系统、部分施工场地平整和营地建设、主要渣场防护及排水工程、工程招标及合同签订。

工程准备期安排3个月（即从导流洞开工至工程截流），主要内容包括施工供风、供水和供电设施、砂石料加工系统、混凝土拌和系统、办公和生活房屋、加工维修系统、施工导流、主体工程左、右岸坝肩开挖、支护等工作项目。

主体工程工期安排42个月，主要内容包括混凝土重力坝工程、引水系统、发电厂房工程、开工至第一台机组发电为45个月。

工程完建期12个月，主要内容包括引水支洞封堵及导流洞进口闸门安装，坝体泄洪冲沙闸门安装及第三、四台机组安装调试，后续机组按每2个月投产一台安排。

(六) 主要设计变更

20××年7月31日，××江×级水电站四台机组全部投产，20××年9月10日，设计单位受项目法人委托，开展了，××江×级水电站扩容工程的研究工作，2010年2月25日，设计单位受项目法人委托开展了××江×级水电站防沙沉沙建筑物设计的研究工作。随后，设计单位开展了相关设计工作，于20××年2月底完成了《××江×级水电站设计变更报告》，设计变更报告主要包括防沙沉沙建筑物设计变更及装机容量调整设计变更两块内容，于20××年5月23—24日通过了水电水利规划设计总院会同××省发展和改革委员会进行的审查。其主要产品包括：设计变更报告正文本2册及附图集1册，附件《防沙沉沙建筑物设计专题报告》1册，附件可研报告3份。

20××年5月23—24日，水电水利规划设计院会同××省发展和改革委员会、能源局在北京主持召开了××省××江×级水电站设计变更报告审查会议。会议听取了××院关于报告内容的汇报，并分组进行了讨论和审议。会议认为，报告的内容和工作深度基本满足设计变更的要求，同意防沙沉沙建筑物设计方案与装机容量调整方案。

在开展设计变更可行性研究设计的同时，新增引水隧洞、沉沙池、新增压力钢管道、新增厂房等工程的招标及施工详图设计也在进行，20××年10月，××江×级水电站设计变更工程新增压力钢管开工建设；20××年3月新增5号机组厂房工程开工建设；20××年7月沉沙池工程开工建设。20××年4月，设计变更新增输水系统（包括新增2号引水隧洞、沉沙池、分流引水隧洞、新增调压井、新增压力钢管道）投入运行；20××年8月底，新增5号机组投入运行。

（七）重大技术问题处理

××江×级水电站自20××年4月26日首台机组发电以来，电站过机泥沙含量大、泥沙硬度高，仅经过一年汛期，机组磨损严重，水轮机转轮、导水机构等主要部件损坏严重，机组需解体大修，不能满足电站正常安全运行要求，造成电能损失大、机组运行安全性能差。××江×级水电站水轮机磨损严重，需从取水防沙建筑物设计、优化水库电站运行方式，提高水轮机抗磨性能等多方面采取综合措施，以保证电站运行安全和效益正常发挥。

设计单位在输水发电系统增设沉沙池以降低机组过机泥沙含量，减少泥沙对机组的磨损，因此提出在输水系统中设置沉沙池的方案。沉沙池布置在引水隧洞桩号3+242.700～4+177.000之间。沉沙池总容积为230万m^3，工作段底部由两个倒四棱台漏斗串联组成，漏斗顶面高程为544.00m，平面尺寸为150m×130m（长×宽），漏斗地面高程为540.00m，平面尺寸为12m×12m。倒四棱台漏斗底部设置倒圆台漏斗，其顶部半径为5m，底部半径为1.7m，高5.9m；冲沙廊道顶部设置直径为0.5m的排沙孔，将沉沙池所沉积的泥沙通过冲沙廊道排至倒四棱台漏斗底部的倒圆台漏斗后，通过冲沙洞将含沙水流排入大盈江中。

沉沙池投入运行后过机泥沙含量明显下降，颗粒直径大于0.25mm级配的泥沙基本沉降于沉沙池，过机泥沙颗粒直径均在0.2mm以下。沉沙池投入运行后尘沙效果显著，沉沙作用明显，有效降低了机组过机泥沙含量，减少了泥沙对机组的磨损，对电站的安全运行起到了重要保护作用。

（八）施工期防汛度汛

电站首部大坝枢纽设计洪水为50年一遇，校核洪水为500年一遇；厂房设计洪水为200年一遇，校核洪水为500年一遇。由于本电站水库没有调节库容，因此设计洪水位和校核洪水位采用泄洪建筑物下泄。当发生大坝上游水位为591.10m时（设计洪水位），泄洪建筑物泄流能力为3720m^3/s，校核洪水位594.70m时，泄洪建筑物泄流能力为5140m^3/s。

为了保证水情自动测报系统安装前安全施工、安全度汛、确保工期按计划完成，严格按照防汛办、设计单位要求施作，我方根据本电站实际情况，下游为深山峡谷河段，无城镇、农田等防洪对象。将电站的防洪任务主要放在首部大坝、尾部厂房。主要施工期洪水预报方案以相应水位预报的方案，即通过×××水文站—大坝、厂址相应水位关系，用上游×××水文站实测水位直接向下游坝、厂址预报水位，另外，按上游×××水文站预报的流量，加上××河流量，预报坝址流量，并可通过××江四级电站坝、厂址水位流量关系线，转换为坝、厂址预报水位。除采用水文预报方法之外，还跟对已建成××江一级、二级、三级电站保持水情、流量等信息互享联络，并委托地方气象台站进行中、长期的天气预报，以了解坝址以上流域未来的雨情、水情趋势，起到对洪水预警作用，并早做好防洪度汛安排。

1. 超标洪水防洪预案

汛期应与上游水文站紧密合作，加强水情预报，保证通信畅通。汛期水情预报由电厂水情室专门负责，以确保防洪度汛工作的应急措施及早准备、开展。当发生超标准洪水时，要求：一方面组织队伍进行工程区内的人员紧急撤离，及早做好财产保护工作。另一方面，组织抢险，启动防洪工程措施。

2. 超标洪水的应对措施

施工期采取具体措施安排：施工汛期成立防洪小组，任务落实到具体单位、个人；及时与上游各水文站、电站及各有关气象台签订协议，以第一时间掌握流域水情，同时在大坝、厂房建立水尺观测站，根据水尺水位推算流量，为施工期大坝、厂房安全施工提供水情信息，保证了工程安全度汛。

（1）应急处理实行公司董事长负责制，坚持统一领导、分级管理和各部室、联合协调的原则，切实做到减灾与救灾并举，抗灾与救灾并重，做好灾前预警、灾中应急、灾后恢复生产等工作。

（2）一旦发生局部暴雨泥石流，引水管道损坏、水淹厂房事故，立即进入紧急状态，并成立抢险指挥部。公司董事长为抢险总指挥，全体成员立即参与救灾工作。

（3）落实防汛责任制，做到责任分解到人、措施落实到位。

（4）组织抢险指挥部，安排必要的抢险机械设备、物资和人员，开展抢险工作。

（5）汛前，各工作面施工单位编制防洪度汛紧急预案，报防洪度汛指挥部备案，并进行防洪度汛演练工作。

（6）为应对超标准洪水，在工程区内预备一定数量的黏土麻袋包、钢筋石笼等防洪物资，用于加高挡水建筑物和抛填保护冲刷区。

（7）组织工程区内各工作面人员及设备在出现险情时紧急撤离，保证生命安全和尽量减少财产损失。

三、专项工程和工作

（一）征地补偿和移民安置

根据《大中型水利水电工程建设征地补偿和移民安置条例》（国务院令第471号）和相关政策法规的要求，××江×级水电站工程建设征地移民安置工作实行"政府领导、分级负责、县为基础、项目法人参与"的管理体制。××江×级水电站征地范围内无人口、房屋、耕地等其他指标，在××省、××州移民局、××县人民政府和移民局的大力支持下，截至目前，××江×级水电站征地、移民安置工作已全部完成。××江×级水电站项目征占用土地用地手续已得到了国土资源厅的批准，所征占用地已按国家和××省有关规定对权属所有者给予了征用补偿。××江×级水电站征地、移民安置具备竣工验收条件，根据计划安排计划已在20××年末完成××江×级水电站征地、移民竣工验收。

（二）环境保护

××江×级水电站工程严格按照环评、水保批复意见完成了环境保护设施和水土保持设施的建设投产，生态流量管按照批复的生态流量要求进行泄放，鱼类增殖站建成并完成了五次鱼类放流，鱼类增殖工作正常进行。

（三）水土保持设施

××江×级水电站工程建设同时注重施工过程的水土保持工作，聘请了专业的水保监理对施工过程的水土保持工作进行监理。目前施工场地的恢复绿化覆土工作已完成，正在准备水土保持验收工作。

（四）工程建设档案

××江×级水电站工程参建单位较多，档案资料形成来源复杂。公司高度重视档案管理工作，主体工程开工后即根据××省档案管理相关管理规定，结合工程实际，建立了项目法人档案管理机构，配备了专职档案人员，建立了档案管理网络，制订了工程档案工作规章制度和工程档案分类大纲，加强档案库房建设，配置了能够满足档案管理的设施设备，为工程档案工作的开展创造了良好条件。

根据建设工程竣工档案专项验收相关要求，编制了《××江×级水电站工程项目竣工档案资料整编作业指导书》，指导各参建单位进行资料定期收集、分类和整编工作，并逐步完善竣工档案资料收集编制体系。及时组织参建单位档案管理人员进行档案培训，掌握档案管理工作。公司多次邀请省档案局专家，围绕工程档案专项验收、竣工档案的整编、归档及二次整编，进行现场跟踪及技术指导。邀请专业档案管理咨询公司开展档案管理及咨询服务工作，参与指导日常档案管理工作，指导参建单位规范开展竣工档案资料整理编制工作。

××江×级水电站工程档案资料从20××年×月××江×级水电站工程项目建议书阶段起开始形成，到20××年××月工程枢纽工程专项截止。收集范围主要有上报文、下发文、各类批复、有关来往函件、各工程的招投标文件、评标文件、设计文件、占地资料、设计图纸、竣工图纸、竣工资料、竣工报告、财务决算及工程质量评定资料等。

××江×级水电站工程档案资料均分为科学技术档案，其档号的全宗号为××，经公司档案室确定，永久目录号为××，长期目录号××。××江×级水电站工程共归案立卷档案××卷，其中：永久××卷、长期××卷。在永久及临时占地中，共立×卷，竣工图纸××卷，各类竣工报告××卷。

（五）消防系统

××江×级水电站工程按照"三同时"的要求，完成了与主体工程配套的消防设施建设。1~4号机组厂房消防监控、报警系统、消防设施安装完成后，××州消防支队到现场进行了检查验收，并取得了消防工程初步验收意见书，消防设施符合要求；5号机组厂房消防监控、报警系统、消防设施安装完成后，××州消防支队再次到现场进行了检查并通过验收。

四、项目管理

（一）机构设置及工作情况

公司设置了总工办、工程部，从工程项目的划分及开工申报、开工前质量控制（设计文件的签发、设计技术交底、施工计划措施的批准、施工准备检查、发布单项工程开工令等）、施工过程质量控制（施工资源投入检查、监理机构现场监督、工程质量缺陷处理、质量记录等）、工程质量检验（单元工程、分部分项工程、监理机构的独立检验与测量）、施工质量事故处理等方面管理。并设置了质量检测中心加强第三方质量检测。

公司非常重视工程建设的质量管理工作，坚持以"百年大计，质量第一"为质量指导方针，明确提出工程质量目标。公司在现场设项目管理部，推行以质量为前提，以质量、进度、投资控制为中心，以合同管理为基础的项目管理模式，积极推行项目法人责任制、招标投标制、建设监理制，全面推进工程建设各项工作。

××江×级水电站工程建设质量保证体系由业主、设计、监理、施工等各参建方组成，参建各方根据规定的质量职责和合同约定的质量标准履行各自的义务和责任。项目实施阶段，工程质量由业主总负责，监理、设计、施工、材料和设备的采购、制造等参建单位按照合同及有关法律法规的规定，对各自所承担的工作或工程项目的质量进行控制，并承担相应的责任。

工程建设过程中，公司认真贯彻执行国家和上级质量监督管理部门的有关法律、法规和相关文件；严格认真检查、审查各参建单位质量保证体系的建立和管理措施的落实情况，电站工程在建设过程中，工程质量处于全过程受控状态。

1. 项目法人质量管理体系

××江×级水电站工程建设认真执行项目法人制、合同管理制、招投标制和建设监理制，充分发挥业主的核心主导作用，强化项目管理，建立健全各项规章制度，团结各参建单位，克服了施工准备期短、进场道路路线长、地质条件差、汛期围堰过水，水泥、掺和料供应紧张，金属结构安装工期紧、施工强度大等困难，××江×级水电站工程项目部加大了工程管理协调力度，在保证安全和质量的前提下，确保了工程建设得以顺利进行。

业主单位设置了总工办、工程部，从工程项目的划分及开工申报、开工前质量控制（设计文件的签发、设计技术交底、施工计划措施的批准、施工准备检查、发布单项工程开工令等）、施工过程质量控制（施工资源投入检查、监理机构现场监督、工程质量缺陷处理、质量记录等）、工程质量检验（单元工程、分部分项工程、监理机构的独立检验与测量）、施工质量事故处理等方面管理。并设置了质量检测中心、测量加强第三方质量控制。

2. 试验检测中心试验室的组建方式及职责范围

（1）试验检测中心试验室的组建方式。20××年3月初，根据××江×级水电站工程项目的施工需要，公司出资组建现场试验检测中心试验室，由公司负责管理，试验检测中心试验室系××省水利水电工程局中心试验室派出机构。××省水利水电工程局中心试验室具有利部批准的水利水电混凝土工程类甲级资质和岩土工程类乙级资质，试验检测中心试验室资质满足要求，针对本工程的施工项目及工程量，考虑工程的具体情况，试验室的组建分为初期和后期两期进行。初期（20××年3月中旬）在×××营地利用现有临时房屋建一座简易试验室，承做砂石骨料常规项目检测，其他有关试验对外委托××县试验室进行，后期（20××年）在电站厂区建成能承做多种试验项目并符合试验条件的正规试验室。

试验检测中心试验室聘用××省水利水电工程局中心试验室试验人员（持证上岗），试验检测人员共计5人，常驻4人，根据工程进度及试验检测需要对人员进行增减，确保满足工程试验检测的需要。

（2）试验检测中心试验室的职责范围。

1）完成从本工程各施工单位、监理单位抽样送检的砂石骨料全项分析试验、胶凝材料试验、砂浆及混凝土试件的各项力学性能试验，以及钢筋力学性能试验等，保证原材料及中间产品质量符合设计要求和国家规范标准，对检验出的不合格材料及时向项目法人汇报，禁止使用，把住"病从口入"关。

2）校核各施工单位报送的混凝土、砂浆的施工配合比，保证混凝土（砂浆）的各项指标符合设计图纸要求。

3）开展与工程有关的技术课题的研究性试验工作，提出有关技术参数，为工程施工决策提供技术依据，负责对在中心实验室无法进行检测的试验项目进行送检。（如铜止水、橡胶止水、外加剂材料分析检测等）

4）按照操作规程的要求，负责对试验室各种试验仪器设备的使用、维护和保养，并请有资质的单位定期对仪器、设备进行校准检定。

5）按照档案管理的有关规定对试验成果资料及时进行归纳、整理、归档，必要时形成质量图表进行质量分析。并以月报、年报及专题报告方式报告公司。

3. **监理质量监督体系**

监理单位成立了相应的监理部，实行总监负责制，制定了工程监理规划、监理实施细则及质量和安全管理办法，制定了定期工程例会、图纸会审、技术交底、材料检验、工程验收、工程质量整改等现场工作制度及工作流程，组建了相应内部机构，配备专业监理人员，并根据工程的进展适时进行调整。

监理单位在施工现场配备专职质检人员，检查施工程序，对于重要施工工序实行全过程的旁站监理，采用抽检及见证承建单位检测等监理方式监控施工质量，以保证土建工程施工质量处于受控状态。

4. **设计单位质量保证体系**

××勘测设计研究院成立了××江×级水电站工程设代组，实行项目设总负责制，负责设计协调配合，负责工程现场设计服务，根据工程需要，及时派遣各专业的设代进驻现场，解决现场设计出现的各种问题，设代基本满足施工需要，确保施工顺利进行。

5. **施工单位质量保证体系**

各标段施工单位按照工程合同和质量管理的要求建立了相对独立的质量保证体系和规章制度，体系文件、组织机构和人员基本落实，质量管理岗位职责分工清晰，责任落实到人。

配备了专职质检人员，执行三检制，建立检测试验室，按规范和设计要求进行质量检验和控制。

按照质量例会及现场巡视检查制度，不定期召开质量专题会议，对施工中发现的质量问题，遵循"三不放过"原则进行调查处理。研究解决工程施工中存在的问题，协调工作进展，使质量检查和缺陷处理工作按计划开展，保证了工作任务的完成。

（二）主要项目招标投标过程

××江×级水电站工程施工和设备采购的招标、投标，严格遵循了《中华人民共和国招投标法》和公司相关规章制度，为了使招投标工作的具体操作更具规范化，公司制定了工程招标管理办法。到目前为止，××江×级水电站工程建设项目造价在50万元以上的工程都采用公开招标，对每一项合同的签订都严格按规定进行，招标工作按以下程序进行：一是认真编制招标文件，并申报上级主管部门人员和专家进行评审；二是对投标单位的资质进行审查，邀请有资质、有实力的单位参加投标；三是成立由公司主办部门领导及有关专业的专家组成的评标小组，按规定对各投标单位的投标文件进行评审打分，按综合评分排名推荐中标单位；四是成立由公司董事会、经营班子领导组成的招投标领导小组，讨论确定中标单位。公司在招投标工作中严格执行招投标的各项规章制度，评标期间，评标人员的通信一律与外界断开，未经监督员批准不得离开会场，不能与外人接触，评标结果和过程不得向任何人透露，保证评标的公正性。对材料的采购能按制度办，做到货比三家，主管领导认真把关，没有出现任何失误。

××江×级水电站工程所有的招标工作按国家及电力行业的有关规定进行，所有招标工作已经全部顺利完成。

（三）工程概算与投资完成情况

1. 批准概算

20××年8月××日，××江×级水电站工程经国家发展和改革委员会以"××××〔20××〕××××号"文核准初步设计报告，审定工程总投资××××××.××万元；20××年11月，国家能源局以"××××〔20××〕×××号"文对××江×级水电站设计变更进行了批复，审定工程总投资×××××.××万元。工程总投资××××××.××万元，资金来源由公司自有资金和银行贷款组成。

2. 投资完成情况

截至目前，××江×级水电站工程共完成总投资××××××.××万元，所形成的实物资产已办理验收手续并交付使用。

（四）合同管理

1. 合同签订情况

××江×级水电站工程共签订各类合同×××份，其中：勘测设计类合同××份，建设监理及主施工合同××份，质量检测、审计及蓄水安全鉴定协议各×份，其他协议及合同××份，永久及临时占地补偿协议（合同）×××份。

2. 合同执行结果

在工程建设过程中，严格按合同规定履行职责。工程计量由项目法人、监理、施工企业设专人现场同时分别计量，对个别有争议的由项目法人组织监理、施工企业现场复测认定。

3. 资金拨付程序

施工单位提出申请→监理部门审核→公司项目审计组审核→项目工程合同部审核汇总→州烟草公司审核并出具《援建资金拨付函》→公司财务部按《××江×级水电站工程资金拨付函》的要求拨付。

截至目前，工程未发生合同纠纷和索赔的情况，主要合同（××个）签订合同投资××××××.××万元，审定完成投资××××××.××万元，超合同投资××××.××万元，超合同投资8.6%。

（五）材料及设备供应

1. 甲供材料

为了保证××江×级水电站工程质量，工程建设的主要材料全部采用甲供材料，××江×级水电站工程甲供材料主要为钢筋、水泥、止水。供应方法采用承包商申报材料使用计划、监理审核、业主供应部采购供应到施工现场，材料款业主从承包工程进度款中扣除。

2. 钢筋供应厂家

钢筋供应厂家为：×钢集团××钢铁股份公司、××××集团××钢铁公司、××集团××××总公司和××钢铁集团总公司。

3. 火山灰供应厂家

火山灰供应厂家为：××××水泥厂、××水泥厂、××县××水泥厂、××州××水泥有限公司、××××水泥建材有限公司、××水泥厂。

4. 石材供应厂家

××县××石材有限公司。

5. 承包商

承包商择优选择外加剂供应厂家如下。

减水剂：××××新材料有限公司、××××××外加剂有限公司；

泵送剂：××××建材有限公司、××××××外加剂有限公司；

速凝剂：××××特种建材厂。

6. 设备供应

××江×级水电站设备供应情况见表6-5。

（六）资金管理与合同价款结算

1. 资金管理

公司设有专门的财务管理机构，配备具有专业技术资质的财务人员，并明确职责分工，建立岗位责任制，严格按照《××江×级水电站工程项目建设资金监管办法》和《××江×级水电站工程资产财务管理规定》执行，要求资金管理和财务核算做到账务清晰、账实、账表相符。项目资金实行专户存储、专门核算、专款专用。在工程资金支付上，严格按照工程进度拨付，资金拨付程序为：施工单位提出申请→监理部门审核→公司项目审计组审核→项目合同管理部审核汇总→公司审核并出具《××江×级水电站工程资金拨付函》→公司财务部按《××江×级水电站工程资金拨付函》的要求拨付。对于其他资金，严格开支范围、标准，确保手续完备、真实有效，坚持"多级"审批制度。杜绝挪用、浪费、闲置、超标准、超概算使用项目资金，充分发挥资金的使用效益，确保项目资金的安全和有效。在工程建设过程中，工程计量由项目法人、监理、施工单位设专人现场同时分别计量，对个别有争议的由项目法人组织监理、施工单位现场复测认定。严格按合同规定履行职责，工程完工时均未发生合同纠纷和索赔的情况。

2. 合同价款结算

合同价款结算见表6-6。

表6-6　　　　　　　　××江×级水电站工程合同价款结算汇总

序号	合同名称	合同编号	合同金额/万元	送审投资/万元	审定投资/万元	备注
1	××江×级水电站勘测设计	××-××/C1	×××	×××	×××	共×份协议
2	引水隧洞土建工程	××-××/C2	×××	×××	×××	
①	1号施工支洞施工区	××-××/C2-1	×××	×××	×××	
②	2号施工支洞施工区	××-××/C2-2	×××	×××	×××	
③	3号施工支洞施工区	××-××C2-3	×××	×××	×××	
④	4号施工支洞施工区	××-××/C2-4	×××	×××	×××	
⑤	5号施工支洞施工区	××-××/C2-5	×××	×××	×××	
⑥	6号施工支洞施工区	××-××/C2-6	×××	×××	×××	
3	新建2号引水隧洞土建工程	××-××/C3	×××	×××	×××	
4	首部枢纽土建工程	××-××/C4	×××	×××	×××	
5	调压井土建工程、压力引水隧洞土建工程、金属结构制安工程及金属结构制造安装工程	××-××/C5	×××	×××	×××	共2份协议

续表

序号	合同名称	合同编号	合同金额/万元	送审投资/万元	审定投资/万元	备注
6	新建5号机调压井土建工程、压力引水隧洞土建工程及金属结构制安工程	××-××/C6	×××	×××	×××	
7	沉沙池土建及金属结构制造安装工程	××-××/C7	×××	×××	×××	
8	厂房土建混凝土结构工程及机电安装	××-××/C8	×××	×××	×××	
9	发电厂房开挖工程	××-××/C9	×××	×××	×××	
10	启闭机、单向门机及清污机设备制造工程	××-××/C10	×××	×××	×××	
11	水轮发电机组及其附属设备	××-××/C11	×××	×××	×××	
12	水轮机进水球阀及附属设备制造、运输及服务	××-××/C12	×××	×××	×××	
13	厂房桥机	××-××/C13	×××	×××	×××	
14	调速系统设备	××-××/C14	×××	×××	×××	
15	发电机励磁系统设备	××-××/C15	×××	×××	×××	
16	电力变压器及其附属设备	××-××/C16	×××	×××	×××	
17	500kV GIS及其附属设备制造、运输及服务	××-××/C17	×××	×××	×××	
18	离相封闭母线及其附属设备	××-××/C18	×××	×××	×××	
19	计算机监控系统	××-××/C19	×××	×××	×××	
20	油处理、滤水器和射流泵	××-××/C20	×××	×××	×××	
21	通风空调系统设备制造、供货和服务合同文件	××-××/C21	×××	×××	×××	
22	清污机、卷扬机及门机设计、制造及服务	××-××/C22	×××	×××	×××	
23	机组在线监测及故障诊断系统设备	××-××/C23	×××	×××	×××	
24	厂用变压器及其附属设备制造、运输及服务	××-××/C24	×××	×××	×××	
25	中/低压开关柜及其附属设备制造、运输及服务	××-××/C25	×××	×××	×××	
26	量测系统设备和自动化元件制造、供货	××-××/C26	×××	×××	×××	
27	电缆桥架及其附件设计、制造、运输及服务	××-××/C27	×××	×××	×××	
28	厂房至坝区光纤通信系统设制造、运输及服务	××-××/C28	×××	×××	×××	
29	消防系统设备安装工程	××-××/C29	×××	×××	×××	
30	电缆及其附件设计、制造、运输及服务	××-××/C30	×××	×××	×××	
31	××江×级水电站工程监理服务	××-××/C31	×××	×××	×××	
32	××江×级水电站工程综合楼工程	××-××/C32	×××	×××	×××	
33	××江×级水电站水情自动测报系统	××-××/C33	×××	×××	×××	

续表

序号	合 同 名 称	合同编号	合同金额 /万元	送审投资 /万元	审定投资 /万元	备 注
34	××江×级水电站施工用电10kV线路架设	××-××/C34	×××	×××	×××	
35	××江×级水电站工程审计合同	××-××/C35	×××	×××	×××	
36	××江×级水电站工程永久占地协议	××-××/C36	×××	×××	×××	
37	××江×级水电站工程临时占地协议	××-××/C37	×××	×××	×××	
38	××江×级水电站工程质量检测	××-××/C38	×××	×××	×××	
39	××江×级水电站工程主标段补充协议	××-××/C39	×××	×××	×××	共×份协议
40	青海湖水库扩建工程安全设施安装协议	××-××/C40	×××	×××	×××	共×份协议
41	××江×级水电站建设管理咨询协议	××-××/C41	×××	×××	×××	
…	……	……	……	……	……	……

五、工程质量

(一) 工程质量管理体系和质量监督

1. 工程质量管理体系

××江×级水电站工程开工以来，××水电开发有限公司非常重视工程建设的质量管理工作，坚持以"百年大计，质量第一"为质量指导方针，明确提出工程质量目标。

××江×级水电站工程建设质量保证体系由业主、设计、监理、施工等各参建方组成，参建各方根据规定的质量职责和合同约定的质量标准履行各自的义务和责任。项目实施阶段，工程质量由业主总负责，监理、设计、施工、材料和设备的采购、制造等参建单位按照合同及有关法律法规的规定，对各自所承担的工作或工程项目的质量进行控制，并承担相应的责任。

工程建设过程中，公司认真贯彻执行国家和上级质量监督管理部门的有关法律、法规和相关文件；严格认真检查、审查各参建单位质量保证体系的建立和管理措施的落实情况，××江×级水电站在建设过程中，工程质量全过程处于受控状态。

在工程建设过程中主要采取以下质量保证措施：

(1) 按照水利水电工程的基本建设程序进行工程建设，申报办理工程质量监督手续。

(2) 结合工程的实际情况，编写质量管理大纲，建立健全有效、适用的工程质量管理体系。

(3) 对各投标参建单位，进行严格资格与业绩审查。从工程建设的源头开始，对工程建设进行有效控制，在工程招标投标阶段，就十分注意选择有质量保证能力的监理、设计、施工、材料和设备的采购、制造等单位参与工程建设。

(4) 在招标文件等合同文件中，明确工程建设质量标准，以及合同双方各自承担的质量责任与义务，做到有法可依。对于工程使用主要原材料，如水泥、钢筋、掺合料均由业主通过招标选定厂家，产品出厂有材质证、合格证，材料进场后，经施工单位检测、监理抽检合格后，方可投入使用。

(5) 建立业主中心试验室，对工程建设质量通过抽样的方式，对承包商的施工过程的原材料、半成品、成品等进行试验和检验；对某些重要指标，采取施工单位及业主中心实验室进行同步对比试验。

(6) 严格实行金结与机电设备监造、出厂验收监督制度,对出厂设备进行出厂验收。

(7) 加强对监理单位的管理。依据建设工程监理合同要求,督促监理单位配备足够与本工程监理工作相适应的人员和设备;督促检查监理单位是否建立健全适合本工程的工作制度和执行情况。

(8) 各标段在项目开工前,由施工单位编写工程施工组织设计和安全质量保证措施,经专业监理工程师审查批准后实施;对重大技术方案和措施,由监理单位牵头组织有关各方进行讨论、补充完善,批准后实施。

(9) 重视工程建设安全,确保工程施工质量。在工程施工过程中,组织由业主、设计、监理、施工单位组成的"四位一体"的质量、安全监督体制,加大对工程施工技术措施和安全管理措施的审查控制力度,在大坝基岩面采取预留保护层开挖和采用基底水平造孔的钻爆措施;对隐蔽工程和工程中的关键部位,必须通过四方联合验收以后,方允许进行覆盖和下道工序施工。

(10) 在工程实施阶段,坚持按工程质量"三阶段"控制原则,即"事前主动控制、事中过程控制和事后补救控制"进行××江×级水电站工程质量的监督控制,狠抓施工过程控制,以确保工程质量,在过程控制中,发现不满足工程质量要求的,立即纠正,减少和杜绝工程质量隐患,充分发挥施工队伍基层质量管理的作用,严格执行"三检制"。从开工以来,由于质量保障体系完善,质量监督机制健全,质量管理措施有力。

(11) 坚持监理旬例会制度,及时对工程建设施工质量进行总结与评估。从20××年年底导流洞工程开始施工以来,建立了由业主、监理、设代和各承建单位参加的监理周例会制度,在对工程施工进度进行总结和任务布置的同时,对每旬施工部位的施工质量和施工安全进行总结与评价,及时了解和掌握工程质量信息,对存在的问题进行整理和纠偏,保证工程建设施工质量及工程进度处于受控状态。

(12) 重视质量监督工作,加强与项目质量监督机构的联系与往来。自工程建设开工以来,××省水利水电建设工程质量监督中心站多次对××江×级水电站工程进行现场质量监督巡查。

(13) 强化设计优化。公司积极鼓励开展设计优化工作,多次召开设计优化讨论会,据此业主单位提出坝基开挖建基面抬高,设计单位根据开挖揭露的地质情况经计算后坝基础可以抬高1.5m设计优化方案,经过设计优化,节约了工程量、节省了工程投资、减轻了施工强度,加快了工程进度。

2. 质量监督

根据《建设工程质量管理条例》(国务院令第279号),××公司于工程开工之初20××年1月×日与××省水利水电工程质量监督中心站(以下简称"省监督中心站")办理了××江×级水电站工程质量监督手续。省监督中心站依据《××江×级水电站工程质量监督书》中约定,编制了监督计划,进行了项目划分确认,参加重要隐蔽工程验收、阶段验收,对Ⅰ混凝土重力坝、Ⅱ进水口及引隧洞、Ⅲ调压井及压力管道、Ⅳ地面发电厂房、Ⅴ地面升压变电站、Ⅵ沉沙池、Ⅶ 5号机组调压井及压力管道、Ⅷ 5号地面发电厂房等主体工程施工质量管理实施政府质量监督。

省监督中心站开展的质量监督工作如下:

(1) 进场伊始即对参建各方进行了质量与安全方面的专题讲座。

(2) 根据工程施工进度安排，制定了《××江×级水电站工程质量监督工作大纲》《××江×级水电站工程质量监督计划》，对现场监督活动、阶段质量评定等工作内容作出了安排，确保质量监督到位。

(3) 对参建各方工程质量责任主体的资质、人员资格以及施工单位质量保证体系、监理单位控制体系、设计单位现场服务体系、建设单位质量管理体系进行监督检查。督促完善参建各方的质量措施、管理制度、安全生产措施。

(4) 根据《水利水电工程施工质量评定规程（试行）》(SL 176—1996)、《水利水电工程施工质量检验与评定规程》(SL 176—2007) 的规定，对××江×级水电站工程项目划分以"××质监〔20××〕××号"文进行了确认。

(5) 监督检查各参建单位技术规程、规范、质量标准和强制性标准的贯彻执行情况。

(6) 抽查各种材料出厂合格证以及各种原始记录和检测试验资料。检查工程使用的设备、检测仪器的率定情况。对施工的各个环节实施监督。

(7) 抽查单元工程、工序质量评定情况，核定主体建筑物分部工程、单位工程以及工程项目施工质量等级。

(8) 参加建设单位组织的质量检查活动，参与工程相关的质量会议，了解工程建设情况，宣传贯彻有关法规，并将发现的质量问题及时与参建单位沟通，督促参建单位不断完善质量管理工作。

(9) 参加隐蔽工程验收及阶段验收，对阶段验收提交质量监督报告。

（二）工程项目划分

××江×级水电站工程主体工程开初期及工程建设过程中，公司向省监督中心站报送了《××江×级水电站主体工程项目划分方案》《××江×级水电站水土保持与环境保护工程项目划分方案》《××江×级水电站补充设计工程项目划分方案》，省监督中心站分别以"××质监〔20××〕×号""××质监〔20××〕××号""××质监〔20××〕×××号"文对项目划分进行了确认，经确认的划分方案见表6-7。

表6-7　　　　　　　　××江×级水电站主体工程项目划分确认

工程类别	单位工程		分部工程	
	编号	名称	编号	名称
挡水水工程	Ⅰ	混凝土重力坝	Ⅰ-01	坝基开挖
			Ⅰ-02	挡水坝段坝基开挖
			Ⅰ-03	△溢流坝段　Ⅰ-01
			Ⅰ-04	△泄洪冲沙闸坝段
			Ⅰ-05	消力池、边墙及丁坝
			Ⅰ-06	帷幕灌浆、固结灌浆及排水孔
			Ⅰ-07	金属结构及安装
			Ⅰ-08	坝顶、供电与排水
			Ⅰ-09	观测、监测设施
			Ⅰ-10	右岸导流洞兼泄洪洞

续表

工程类别	单位工程编号	单位工程名称	分部工程编号	分部工程名称
引水工程	Ⅱ	进水口及引水隧洞	Ⅱ-01	△进水口至闸室段
			Ⅱ-02	金属结构安装
			Ⅱ-03	C2-1引水隧洞支洞与主洞
			Ⅱ-04	△C2-2引水隧洞支洞与主洞
			Ⅱ-05	C2-3引水隧洞支洞与主洞
			Ⅱ-06	C2-4引水隧洞支洞与主洞
			Ⅱ-07	C2-5引水隧洞支洞与主洞
			Ⅱ-08	△C2-6引水隧洞支洞与主洞
引水工程	Ⅲ	调压井及压力管道	Ⅲ-01	调压井、闸门井开挖
			Ⅲ-02	△调压井、闸门井混凝土衬砌
			Ⅲ-03	压力管道开挖
			Ⅲ-04	压力管道混凝土衬砌
			Ⅲ-05	压力管道混凝土回填灌浆
			Ⅲ-06	△压力钢管制造
			Ⅲ-07	△压力钢管安装
			Ⅲ-08	调压井、厂房尾水金属结构制造及安装
			Ⅲ-09	引水隧洞、调压井、压力管道、发电机组监测系统安装及调试
发电工程	Ⅳ	地面发电厂房	Ⅳ-01	基坑开挖
			Ⅳ-02	厂房混凝土浇筑
			Ⅳ-03	△主厂房及安装间房建
			Ⅳ-04	上游副厂房房建
			Ⅳ-05	△1号水轮发电机组安装
			Ⅳ-06	△2号水轮发电机组安装
			Ⅳ-07	△3号水轮发电机组安装
			Ⅳ-08	△4号水轮发电机组安装
			Ⅳ-09	水力机械辅助设备及管路安装
			Ⅳ-10	消防系统安装
			Ⅳ-11	通风设备及管路、空调安装
			Ⅳ-12	厂房起重设备安装
			Ⅳ-13	电气一次设备安装
			Ⅳ-14	电气二次设备安装
			Ⅳ-15	发电机电压配电装置安装及调试
			Ⅳ-16	计算机监控、保护和自动化装置安装及调试；水力监视测量系统安装
			Ⅳ-17	通信设备安装及调试

续表

工程类别	单位工程编号	单位工程名称	分部工程编号	分部工程名称
变电工程	Ⅴ	地面升压变电站	Ⅴ-01	△1号主变压器安装
			Ⅴ-02	△2号主变压器安装
			Ⅴ-03	△3号主变压器安装
			Ⅴ-04	△4号主变压器安装
			Ⅴ-05	其他电气设备安装
			Ⅴ-06	变电站土建
			Ⅴ-07	500kV GIS配电装置安装
			Ⅴ-08	金属结构及构件安装
引水工程	Ⅵ	沉沙池	Ⅵ-01	沉沙池基坑开挖
			Ⅵ-02	沉沙池边坡支护、排水孔
			Ⅵ-03	△沉沙池混凝土浇筑
			Ⅵ-04	△拦水坝
			Ⅵ-05	引水隧洞及冲沙洞
			Ⅵ-06	安全监测系统安装与调试
			Ⅵ-07	沉沙池、调压井、厂房尾水金属结构制造与安装
			Ⅵ-08	固结灌浆
			Ⅵ-09	供电、排水及附属设施
	Ⅶ	5号机组调压井及压力管道	Ⅶ-01	调压井、闸门井开挖
			Ⅶ-02	△调压井、闸门井混凝土衬砌
			Ⅶ-03	压力管道开挖
			Ⅶ-04	压力管道混凝土衬砌
			Ⅶ-05	压力管道混凝土回填灌浆
			Ⅶ-06	△压力钢管制造
			Ⅶ-07	△压力钢管安装
			Ⅶ-08	调压井、压力管道、发电机组监测系统安装及调试
发电工程	Ⅷ	5号机组地面发电厂房	Ⅷ-01	基坑开挖
			Ⅷ-02	△厂房混凝土浇筑
			Ⅷ-03	主厂房及上游副厂房
			Ⅷ-04	△5号水轮发电机组安装
			Ⅷ-05	水力机械辅助设备及管路安装
			Ⅷ-06	消防系统安装
			Ⅷ-07	通风设备及管路、空调安装
			Ⅷ-08	电气一次设备安装
			Ⅷ-09	电气二次设备安装及调试
			Ⅷ-10	计算机监控、保护和自动化装置安装及调试；水力监视测量系统安装
			Ⅷ-11	通信设备安装及调试
			Ⅷ-12	△5号主变压器安装
			Ⅷ-13	其他电气设备安装

注 1. 加"△"号者为主要分部工程。
2. 水土保持与环境保护工程系非主体工程，故未列入此表。

(三) 质量控制和检测

1. 质量控制

本工程质量控制的依据是设计文件、设计图纸、《合同文件》的技术条款以及水利水电建设的现行规程、规范等。

(1) 原材料质量控制。××江×级水电站工程使用的水泥、钢筋、由业主选定生产厂家并统一供应，外加剂由业主选定生产厂家或供货商，工程承包商从选定的厂家或供货商处购买；施工单位、监理单位及业主试验检测中心对进场材料进行抽检，对原材料的生产、运输、仓储、调拨、供应的全过程进行质量控制。砂石加工系统由业主建设，统一供应工程使用。

(2) 施工过程控制。公司总工办下设工程部和质量监察部，对工程项目的划分及开工申报、开工前质量控制、施工过程质量控制、工程质量检验、施工质量事故处理等方面进行管理。

设计单位成立××江×级水电站设代组，实行项目设总负责制，负责设计协调配合，负责工程现场设计服务，现场设代力量基本满足施工需要。

监理单位在施工现场配备专职质检人员，检查施工程序，对于重要施工工序实行全过程的旁站监理，采用抽检及见证承建单位检测等监理方式监控施工质量，以保证土建工程施工质量处于受控状态。

施工单位配备专职质检人员，执行三检制，建立检测试验室，按规范和设计要求进行质量检验和控制。

2. 质量检测

××江×级水电站工程枢纽工程专项验收涉及的土建、金属结构及机电安装工程原材料及中间产品检测资料统计结果如下。

(1) 1~4号机组质量检测核验结果。

1) 施工单位自检结果。

a. 水泥。P·O32.5水泥共检测11组，质量全部合格；P·O42.5水泥共检测20组，质量全部合格。

b. 钢筋。钢筋力学试验43组，钢筋焊接试验18组，试验结果全部合格，统计结果如下。

a) 钢筋力学试验。

Φ6.5钢筋检测1组，全部合格。

Φ10钢筋检测4组，全部合格。

Φ12钢筋检测2组，全部合格。

Φ14钢筋检测2组，全部合格。

Φ16钢筋检测4组，全部合格。

Φ18钢筋检测2组，全部合格。

Φ20钢筋检测2组，全部合格。

Φ22钢筋检测4组，全部合格。

Φ25钢筋检测10组，全部合格。

Φ28钢筋检测10组，全部合格。

Φ32 钢筋检测 2 组,全部合格。

共计:检测 43 组,全部合格。

b) 钢筋焊接试验。

Φ20 钢筋焊接试验 1 组,全部合格。

Φ22 钢筋焊接试验 2 组,全部合格。

Φ25 钢筋焊接试验 6 组,全部合格。

Φ28 钢筋焊接试验 8 组,全部合格。

Φ32 钢筋焊接试验 1 组,全部合格。

c. 粗骨料。粗骨料为施工方骨料加工厂提供,3 级配,分别为 5~20mm、20~40mm、40~80mm,共抽检 59 组,检测结果分别为:

5~20mm 抽检 20 组,其中 14 组全部指标合格,4 组含泥量超标,2 组超逊径超标。

20~40mm 抽检 20 组,其中 13 组全部指标合格,1 组含泥量超标,6 组超逊径超标。

40~80mm 抽检 19 组,其中 9 组全部指标合格,2 组级配不连续,8 组超逊径超标。

d. 细骨料。细骨料为×××砂厂、××天然砂厂供应的河沙,共抽检 20 组,质量全部合格。

e. 混凝土。本工程所用混凝土为常态、泵送两种混凝土,有 28d 龄期 C15、C20、C25、C30 以及 90d 龄期 C20 等 5 种,检测数据按照《水利水电工程施工质量检验与评定规程》(SL 176—1996)进行评定,评定结果见表 6-8。

表 6-8　　施工单位自检混凝土试块质量评定统计

单位(分部)工程名称	强度等级	组数	抗压强度/MPa 最小值	抗压强度/MPa 最大值	抗压强度/MPa 平均值	标准差/MPa	离差系数	强度保证率/%	评定结果
首部枢纽挡水坝	$C_{90}20$	13	19.0	31.0	27.0	3.7	—	—	合格
首部枢纽溢流坝段	C30	12	28.8	38.5	34.5	3.13	—	—	合格
首部枢纽消力池边墙	C20	15	20.7	31.1	24.9	3.02	—	—	合格
首部枢纽泄洪冲沙闸	C30	54	27.3	40.9	33.5	2.69	0.08	90.6	合格
首部枢纽泄洪冲沙闸	C20	13	19.6	30.0	24.8	3.0	—	—	合格
首部枢纽引水隧洞进水口	C25	48	23.5	34.8	28.5	2.52	0.09	91.8	合格
1 号引水隧洞	C25	165	23.9	39.8	31.1	3.03	0.10	97.5	合格
2 号引水隧洞	C25	165	21.6	37.4	29.5	3.09	0.10	93.3	合格
3 号引水隧洞	C25	149	22.2	37.2	30.1	2.8	0.09	96.3	合格
4 号引水隧洞	C25	92	23.5	37.2	29.8	2.8	0.09	97.0	合格
5 号引水隧洞	C25	249	21.2	35.3	28.7	2.7	0.09	92.0	合格
6 号引水隧洞	C25	109	21.7	32.4	27.8	2.12	0.08	91.0	合格
调压井与压力管道	C20	179	18.0	34.7	25.1	3.8	0.15	91.0	合格
上游副厂房	C25	46	22.8	33.3	28.3	2.5	0.08	91.0	合格
厂房混凝土浇筑	C25	188	24.1	35.6	29.8	2.21	0.07	98.0	合格
厂房混凝土浇筑	C20	109	20.0	31.7	24.1	2.96	0.12	92.0	合格
主厂房房建	C25	27	25.5	38.3	31.9	2.59	—	—	合格

f. 坝基处理。

a）固结灌浆。共设 2 个检查孔，压水试验 7 段，透水率最大值 $q_{max}=1.046$Lu，最小值 $q_{min}=0.053$Lu，平均值 $q=0.376$Lu，均小于设计容许值 3Lu，满足设计要求。

b）帷幕灌浆。共设 6 个检查孔，压水试验 22 段，透水率最大值 $q_{max}=1.195$Lu，最小值 $q_{min}=0$Lu，平均值 $q=0.249$Lu，均小于设计容许值 3Lu，满足设计要求。

g. 金属结构制造及安装。金属结构制造过程中，按工序都进行中间验收，出厂前进行出厂验收，合格后才能进行安装。导流洞进水口，左、右岸泄洪冲砂闸检修和工作闸门边导轨安装根据施工进度分两次安装，现已全部完成。安装过程中经监理和业主代表检查，精度满足要求。启闭机安装位置水平度，启吊中心准确，具备运转条件。闸门组装，支承轮位置准确，运行良好，满足设计要求。

2）监理单位抽检结果。

a. 水泥。使用××州××水泥有限公司生产的 32.5 和 42.5 级水泥。从 20××年 4 月××日至 20××年 5 月××日 32.5 级水泥取样送检 11 次，检测成果最大 43.9MPa，最小 33.6MPa，均为合格产品。20××年 3 月××日至 20××年 9 月××日 42.5 级水泥取样送检 20 次，所检各项指标满足质量标准，均为合格产品。

b. 钢筋。φ6.5～Φ32 钢筋，由××钢铁、××集团、×××钢铁、××××钢铁四家厂商供货。根据不同部位使用不同规格钢筋，进场后及时取样，共检测 43 组，性能指标全部合格。

钢筋焊接现场取样 Φ20～Φ32 共 18 组，全部合格。

c. 细骨料。选用××江天然河砂，性能指标满足要求，细度模数在 2.2～3.0 之间，属于中砂。

d. 粗骨料。采用洞挖的碎石，人工加工成 5～20mm、20～40mm、40～80mm 的三级配骨料。经检测硬度等 12 项指标全部满足要求，超逊径有超标现象，已利用配合比进行调整。

3）业主中心试验室抽检混凝土强度检测成果。业主中心试验室不定期根据施工情况到拌和站取样，还进行了坝体钻芯取样，取样试验统计评定结果见表 6-9。

表 6-9　　　　　混凝土重力坝混凝土试块抽检质量评定统计

取样部位	混凝土强度等级	取样组数	抗压强度/MPa 最小值	抗压强度/MPa 最大值	抗压强度/MPa 平均值	标准差/MPa	离差系数	强度保证率/%	评定结果
混凝土重力坝	C20	10	19.1	30.3	24.1	3.75	—	—	合格
混凝土重力坝	C25	5	23.7	33.5	29.9	3.96	—	—	合格
混凝土重力坝	C30	7	28.3	35.9	32.9	2.63	—	—	合格
引水隧洞	C25	75	22.8	33.8	28.9	2.81	0.09	91.5	合格
调压井	C20	8	19.2	23.1	21.5	1.52	—	—	合格
发电厂房	C20	109	20	31.7	24.11	2.96	0.12	92	优良
发电厂房	C25	188	24.1	35.6	29.85	2.21	0.07	97	优良

4）业主与监理单位联合抽检混凝土强度检测成果。业主、监理单位混凝土试块抽检统计成果见表 6-10。

表6-10　　　　　　　业主与监理联合抽检混凝土强度检测成果汇总

单位工程名称	强度等级	组数	抗压强度/MPa 最小值	抗压强度/MPa 最大值	抗压强度/MPa 平均值	标准差/MPa	离差系数	强度保证率/%	评定结果
混凝土重力坝	C20	10	19.1	30.3	24.5	3.71	—	—	合格
	C30	10	27.2	35.9	31.9	2.31	—	—	合格
引水隧洞	C25	75	22.8	33.8	28.9	2.81	0.090	91.5	合格
调压井及压力管道	C20	8	19.2	23.1	21.5	1.52	—	—	合格
发电厂房	C20	19	16.2	27.9	22.3	2.87	—	—	合格
	C25	44	23.1	32.7	28.2	2.49	0.089	90.0	合格

5）水轮发电机组安装质量。1～4号水轮发电机组各机电设备系统、调速系统、励磁系统、机组计算机监控系统、机组继电保护系统、辅机系统、电站公用系统及550kV开关站部分的整定、调试工作，按照《水轮发电机组安装技术规范》（GB/T 8564—2003）、《水轮发电机组启动试运行规范》（DL 507—2002）有关规定进行，所有的试验、调试工作均已完成，还分别完成了72h试运行工作。

1号机组运行正常、稳定，无异常现象发生。

2号机组在过速试验中出现螺栓断裂现象，已更换；机组的振动摆度经过多次配重后达到规范要求。

3号机组在试运行过程中，下导瓦有偏高现象（55.26℃），但未超出厂家设计的要求（65℃报警，70℃停机）；机组的振动摆度经过多次配重后均符合规范要求；机组在72h试运行中发现定子冷风温度出现偏高（48℃，报警温度为45℃）。72小时结束后检查冷却器，发现温度偏高的冷却器均有堵塞现象，经处理后开机，空气冷却器冷却效果良好。

水轮发电机组安装过程中，安装人员、厂方驻工地代表、设计代表、监理工程师及业主工作人员能够按照国家有关规范和厂家作业指导书进行安装、检查、验收；各类焊缝均按照焊接工艺施焊，Ⅰ类、Ⅱ类焊缝按照规定进行探伤检查；安装精度由各类仪器、仪表检测控制；电气一次、二次安装完毕后都经过调试或电气试验；凡不符合质量标准的工序一律返工处理，直至达到设计及规范要求；每台水轮发电机组和辅助设备单元工程质量全部合格，合格率达到100%。

4号水轮发电机组全部机电设备安装工作的检查、安装、调试、试验、验收严格遵照设备制造厂家的图纸、技术文件、安装说明书、厂家指明的技术标准、国家颁发现行的技术规范、规程、标准执行。现已全部完工并经过验收，其内容有：水轮发电机组安装、水力机械辅助设备及管路安装、电气一次、电气二次、通风、空调设备及管路安装、消防系统安装等。

各类电气试验诸如电压互感器试验、电流互感器试验、母线试验、变压器试验、断路器试验、定子试验、主变试验、保护试验等有关试验均已完成，设备缺陷已在试运行初期消除，目前设备运行正常。

经过带负荷试验，机组能超额出力，表明机组的设计、制造和安装质量等有关技术指标均满足设计要求和规范标准。

（2）设计变更工程。设计变更工程涉及沉沙池、5号机组调压井及压力管道、5号机组地面发电厂房3个单位工程,参建单位原材料及中间产品检测资料统计结果如下。

1)沉沙池工程质量检测。

a.施工单位自检。××江×级水电站沉沙池承包商在工程现场组建了现场试验室,试验室隶属于中国水利水电××工程局有限公司,主要负责对现场施工进行质量控制,对现场原材料和半成品进行取样检测。检测的内容有混凝土试块抗压强度、钢筋母材及焊接头试验等。

a)混凝土试块抗压强度检测。中国水利水电××工程局有限公司共检测C15W6F50常态混凝土14组、C25泵送混凝土8组、C30W8F100常态混凝土11组、C30常态混凝土13组、C40泵送混凝土3组、C50泵送混凝土试块4组,共计53组,检测结果全部合格;××××建设有限公司共检测C30混凝土734组、C40混凝土128组、C50常态混凝土13组,共计875组,检测结果全部合格,详见表6-11和表6-12。

表6-11　中国水利水电××工程局有限公司沉沙池工程混凝土试块强度试验评定统计

部位	强度等级	级配	种类	检测组数	抗压强度/MPa 最小值	最大值	平均值	标准差/MPa	C_v值	评定结果
拦水坝	C15W6F50	三	常态	14	16.3	20.6	18.8	1.165	0.062	合格
拦水坝	C25	二	泵送	8	27.9	31.5	29.2	1.259	0.043	合格
拦水坝	C30W8F100	三	常态	11	31.9	37.7	34.5	1.39	0.040	合格
贴坡及2号漏斗	C30	三	常态	13	31.7	40.1	34.8	1.83	0.053	合格
冲沙廊道	C40	二	泵送	3	43.3	43.4	43.4	0.058	0.001	合格
闸门井	C50	二	泵送	4	55.1	56.6	55.9	0.627	0.011	合格

表6-12　××××建设有限公司沉沙池工程混凝土试块强度试验评定统计

部位	强度等级	种类	检测组数	抗压强度/MPa 最小值	最大值	平均值	标准差/MPa	C_v值	强度保证率/%	评定结果
新建2号引水隧洞	C20	泵送	7	22.8	24.5	23.93	0.57	0.02	100	合格
	C30	泵送	262	27.3	39.3	32.86	1.99	0.06	92.5	合格
底板、边坡混凝土	C30	常态	381	27.1	38.3	33.18	1.92	0.06	95.2	合格
	C40	常态	29	40.3	48.8	43.21	2.66	0.06	99.2	合格
进口、出口隧洞混凝土	C30	常态	70	27.0	37.6	32.4	1.96	0.06	88.9	合格
	C40	常态	4	41.2	44.4	43.53	1.77	0.04	97.7	合格
冲沙洞混凝土	C30	常态	21	30.3	36.3	32.61	1.73	0.05	93.4	合格
	C40	常态	45	40.0	49.8	42.55	2.12	0.05	88.5	合格
	C50	常态	13	50.2	55.9	52.25	1.64	0.03	91.5	合格
引水隧洞及排沙洞	C20	泵送	10	21.2	24.5	23.17	1.31	0.06	99.2	合格
	C40	泵送	50	40.0	49.8	42.65	2.08	0.05	89.5	合格

b)挡水坝基础固结灌浆。挡水坝基础固结灌浆混凝土盖重符合设计要求,无抬动。固结灌浆布孔数量、孔位,按图纸施工,压水试验检查透水率为0.249Lu,满足设计要求。

c)钢筋焊接检测。工程所用钢筋有Φ12、Φ14、Φ20、Φ22、Φ25、Φ28,接头采用电弧焊单面搭接和机械搭接两种形式,共取样检测18组,检测结果全部合格,详见表6-13。

表 6-13 钢筋焊接检测成果统计表

焊接形式	直径/mm	最大荷载/kN	抗拉强度/(kN/mm²)	断裂位置及特征	评定结果
电弧焊单面搭接	12	65	486	焊缝外延性断裂	合格
电弧焊单面搭接	12	67	469		合格
电弧焊单面搭接	12	64	495		合格
电弧焊单面搭接	12	63	475	焊缝外延性断裂	合格
电弧焊单面搭接	12	68	495		合格
电弧焊单面搭接	12	62	495		合格
电弧焊单面搭接	12	60	477	焊缝外延性断裂	合格
电弧焊单面搭接	12	61	469		合格
电弧焊单面搭接	12	64	495		合格
电弧焊单面搭接	14	87	487	焊缝处有脱皮	合格
电弧焊单面搭接	14	85	474		合格
电弧焊单面搭接	14	88	481		合格
电弧焊单面搭接	14	87	485	焊缝外延性断裂	合格
电弧焊单面搭接	14	88	480		合格
电弧焊单面搭接	14	86	570		合格
电弧焊单面搭接	14	84	520	焊缝处有脱皮	合格
电弧焊单面搭接	14	84	500		合格
电弧焊单面搭接	14	88	487		合格
电弧焊单面搭接	20	185	535	焊缝外延性断裂	合格
电弧焊单面搭接	20	184	541		合格
电弧焊单面搭接	20	186	538		合格
电弧焊单面搭接	20	183	509	焊缝外延性断裂	合格
电弧焊单面搭接	20	187	519		合格
电弧焊单面搭接	20	184	516		合格
电弧焊单面搭接	20	186	497	焊缝外延性断裂	合格
电弧焊单面搭接	20	185	493		合格
电弧焊单面搭接	20	182	493		合格
电弧焊单面搭接	22	218	573	焊缝处有脱皮	合格
电弧焊单面搭接	22	216	572		合格
电弧焊单面搭接	22	222	574		合格
电弧焊单面搭接	22	218	578	焊缝外延性断裂	合格
电弧焊单面搭接	22	220	576		合格
电弧焊单面搭接	22	220	579		合格
电弧焊单面搭接	22	223	584	焊缝外延性断裂	合格
电弧焊单面搭接	22	219	579		合格
电弧焊单面搭接	22	220	573		合格

续表

焊接形式	直径/mm	最大荷载/kN	抗拉强度/(kN/mm²)	断裂位置及特征	评定结果
电弧焊单面搭接	25	265	515	焊缝外延性断裂	合格
电弧焊单面搭接	25	284	521		合格
电弧焊单面搭接	25	268	524		合格
电弧焊单面搭接	25	295	530		合格
电弧焊单面搭接	25	300	536	焊缝外延性断裂	合格
电弧焊单面搭接	25	289	532		合格
电弧焊单面搭接	25	298	538		合格
电弧焊单面搭接	25	287	536	焊缝外延性断裂	合格
电弧焊单面搭接	25	292	534		合格
机械连接	28	364	533	套筒外延性断裂	合格
机械连接	28	362	529		合格
机械连接	28	358	529		合格
机械连接	28	364	529		合格
机械连接	28	340	530	套筒外延性断裂	合格
机械连接	28	318	536		合格
机械连接	28	363	526		合格
机械连接	28	362	533	套筒外延性断裂	合格
机械连接	28	357	529		合格

b. 业主、监理单位抽检。监理与业主对沉沙池单位工程C15混凝土取样53组、C25混凝土取样49组、C30混凝土取样215组、C40混凝土取样43组、C50混凝土取样9组，检测结果全部合格，统计评定结果详见表6-14。

表6-14　　　　　业主、监理沉沙池抽检混凝土质量评定成果

分部工程名称	设计强度等级	取样组数	抗压强度值/MPa 最大值	抗压强度值/MPa 最小值	抗压强度值/MPa 平均值	标准差/MPa	强度保证率/%	离差系数	评定结果
沉沙池大坝混凝土	C15	53	23.6	13.3	18.9	2.74	93.2	0.145	合格
	C25	49	33.4	22.9	28.0	1.8	95.2	0.06	合格
	C30	45	37.6	25.9	33.4	2.53	90.9	0.08	合格
沉沙池边坡混凝土	C30	67	37.1	27.9	33.1	2.23	91.6	0.07	合格
沉沙池底板混凝土	C30	34	35.9	30.2	33.5	1.69	97.8	0.05	合格
沉沙池漏斗混凝土	C40	23	53.1	40.6	43.6	3.3	—	—	合格
引水隧洞及排沙洞	C30	69	39.2	27.7	32	2.03	90.0	0.06	合格
	C40	20	48.2	40.0	42.7	2.4	—	—	合格
	C50	9	60.9	50.7	54.5	3.1	—	—	合格

2) 调压井及压力管道工程质量检测。5号机组调压井及压力管道工程由辽宁××××建设有限公司承担土建及金属结构的制作与安装。

a. 混凝土强度检测。施工过程中C20混凝土取样33组、C25混凝土取样6组、C30混凝土取样55组，检测结果全部合格，统计评定结果详见表6-15。

表6-15　　　　5号机组调压井及压力管道混凝土质量评定成果

分部工程名称	设计强度等级	取样组数	抗压强度值/MPa 最大值	抗压强度值/MPa 最小值	抗压强度值/MPa 平均值	标准差/MPa	离差系数	强度保证率/%	评定结果
5号机调压井	C25	6	29.9	26.4	27.9	2.0	0.1	—	合格
	C30	10	35.4	28.9	32.3	1.97	0.06	—	合格
调压井、闸门井衬砌	C30	38	39.6	27.4	33.5	2.74	0.08	89.6	合格
分流引水隧洞衬砌	C20	2	21.6	21.2	21.4	0.28	0.01	100	合格
	C30	7	38.3	31.8	34.8	1.88	0.06	99.2	合格
5号机压力管道	C20	31	29.0	20.0	24.1	2.76	0.11	93.1	合格

××××建设有限公司编制的《××江×级水电站设计变更工程5号机组启动验收施工管理报告（调压井、隧洞施工土建部分）》中应补充钢筋、混凝土用水泥、砂石骨料检测统计结果。

b. 金属结构制作安装。

a) 压力钢管制作安装。钢管道制作设一名监理工程师负责，钢管安装设2名监理工程师负责。钢板进场需检查验收出厂合格证和材质外观，合格后准予投入下料加工。加工过程中检查焊缝质量，按规定对Ⅰ、Ⅱ类焊缝探伤检查，合格后进行除锈防腐。安装过程中，检查轴线对中，符合设计要求，检查支撑牢固，防止回填混凝土时错位变形。安装过程中对连接焊缝都经外观检查，尤其内表面必须保证平整度，按规定探伤不合格部位必须刨开重焊。安装进行一定长度后进行混凝土回填，此时检查钢管四周下料要均衡，防止高差过大挤压钢管移位，同时控制升浆速度。混凝土回填完成后对钢管内壁清理、补漆，监理人员均在现场检查，每道工序都经检查合格后方能转序。

b) 闸门制作及安装。闸门制作及安装由金属结构制造监理工程师负责。除例行检查钢板及型钢材质外，加工过程中，对下料尺寸，几何形体，焊缝质量。重点检查。焊缝外观必须满足要求后才能进行探伤检查，加工完成后进行除锈防腐。预埋件检查安装位置的准确性，边导轨的间距及垂直度，固定牢固程度，二期混凝土浇筑的质量。闸门启闭机安装吊点必须满足设计要求，闸门安装后检查止水和密封程度必须满足要求，经调试空载和带负荷试验合格后给予验收认证。

c. 发电厂房质量检测。5号机组地面发电厂房工程所使用的水泥、钢材等主材均由业主统一采购供应；外加剂、橡胶止水带、铜止水等材料由施工单位自行采购，砂料由盈江县虎跳石沙场供应，骨料由公益公司统一供应成品石骨料。工程中严禁使用不合格材料，以确保原材料的质量符合要求，对经过检测确认不合格的材料报相关部门和业主进行处理。原材料质量控制保证体系较完善。

a) 原材料质量检测。施工期间所有进场的原材料，均有出厂合格证和厂家检验报告，同时施工单位按照国家及行业有关规范要求及合同要求及时按批量进行抽检，并将抽检结果以月报的形式及时报送监理部审查确认。

①水泥。5号机组地面发电厂房工程使用的水泥为德宏州三象通用水泥有限责任公司出品的袋装普通硅酸盐水泥，强度等级P·O42.5袋装普通硅酸盐水泥。P·O42.5袋装普通硅酸盐水泥堆放场地按规定进行，保证通风、干燥、储存时间不超过规范规定时间。

②外加剂。5号机组地面发电厂房工程混凝土生产单位使用的外加剂主要有：××柯特瑞工贸有限公司生产的KTR高效减水剂，××东迈建材有限公司生产的DM-5、DM-6高效泵送剂。

③钢筋。钢筋由业主统一供应，主要为××德胜钢铁有限公司、武钢集团××钢铁股份有限公司生产的HRB335和HPB235钢材。共11种不同规格型号，其中主要包括Φ14、Φ16、Φ20、Φ22、Φ25、Φ28、Φ32共7种Ⅱ级螺纹钢（带肋钢筋），ϕ6.5、ϕ8、ϕ10、ϕ12共4种Ⅰ级圆盘条。其中项目部抽检Ⅱ级钢44组，质量全部合格，检查成果见表6-16。

表6-16　　　　　　　　　钢筋材质检测成果统计

钢筋种类	级别	直径/mm	屈服力/kN	抗拉强度/MPa	伸长率/%	弯芯角度/(°)	评定结果
GB 13013—1991对Ⅰ级钢的要求	—	≥235	≥370	≥25	180	—
GB 1499—1998对Ⅱ级钢的要求	—	≥335	≥490	≥16	180	—
GB/T 701—1997对圆盘条的要求	—	≥235	≥410	≥23	180	—
螺纹钢	Ⅱ	25	245	500	24.2	180	合格
螺纹钢	Ⅱ	20	163	520	12	180	合格
螺纹钢	Ⅱ	25	245	500	21.9	180	合格
螺纹钢	Ⅱ	25	273	555	21.5	180	合格
螺纹钢	Ⅱ	25	249	507	19.25	180	合格
螺纹钢	Ⅱ	20	167	531.5	16	180	合格
螺纹钢	Ⅱ	20	162	516	23	180	合格
螺纹钢	Ⅱ	25	256	521	23.8	180	合格
螺纹钢	Ⅱ	28	315	512	42.3	180	合格
螺纹钢	Ⅱ	14	55	513	—	180	合格
螺纹钢	Ⅱ	14	84	546	21.5	180	合格
螺纹钢	Ⅱ	16	105	517	23.05	180	合格
螺纹钢	Ⅱ	20	165	525	25	180	合格
螺纹钢	Ⅱ	25	253	515	41.5	180	合格
螺纹钢	Ⅱ	32	425	528.5	53.9	180	合格
螺纹钢	Ⅱ	14	80	520	20	180	合格
螺纹钢	Ⅱ	22	195	513	47.7	180	合格
螺纹钢	Ⅱ	28	312	507	26.55	180	合格
螺纹钢	Ⅱ	14	84	546	24.6	180	合格
螺纹钢	Ⅱ	20	160	509	28.0	180	合格
螺纹钢	Ⅱ	25	254	517	21.5	180	合格

续表

钢筋种类	级别	直径/mm	屈服力/kN	抗拉强度/MPa	伸长率/%	弯芯角度/(°)	评定结果
螺纹钢	Ⅱ	32	424	527	26.2	180	合格
螺纹钢	Ⅱ	16	105	517	46.1	180	合格
螺纹钢	Ⅱ	20	160	509	28.0	180	合格
螺纹钢	Ⅱ	25	254	517	21.5	180	合格
螺纹钢	Ⅱ	20	128	564	23	180	合格
螺纹钢	Ⅱ	20	127	562	24	180	合格
螺纹钢	Ⅱ	25	186	564	21	180	合格
螺纹钢	Ⅱ	28	315	512	42.3	180	合格
螺纹钢	Ⅱ	32	424	527	26.2	180	合格
螺纹钢	Ⅱ	20	164	522	26.0	180	合格
螺纹钢	Ⅱ	28	318	517	44.6	180	合格
螺纹钢	Ⅱ	16	108	537	23.8	180	合格
螺纹钢	Ⅱ	28	318	517	23.1	180	合格
螺纹钢	Ⅱ	16	107	532	22.9	180	合格
螺纹钢	Ⅱ	20	163	517.5	23.0	180	合格
螺纹钢	Ⅱ	20	164	522.5	23.5	180	合格
螺纹钢	Ⅱ	20	160	510	24.5	180	合格
螺纹钢	Ⅱ	25	268.5	547.5	23.45	180	合格
螺纹钢	Ⅱ	14	90.5	587.5	23.45	180	合格
螺纹钢	Ⅱ	25	345	560	19.65	180	合格
螺纹钢	Ⅱ	25	262	532.5	23.45	180	合格
螺纹钢	Ⅱ	14	88	570	23.6	180	合格
螺纹钢	Ⅱ	25	260	530	27.7	180	合格

④砂石料。本工程砂料为××县×××沙场开采的天然砂，骨料为××江×级水电站2号施工支洞生产的人工骨料。

项目部对骨料取样检测的成果统计见表6-17和表6-18，根据检测结果分析，工程所用砂石骨料的保证项目和基本项目指标达到合格，本工程混凝土所用的砂石骨料总体满足《水工混凝土施工规范》（DL/T 5144—2001）要求。

表 6-17　　砂料检测试验统计成果

项目	检测数/组	平均值	最大值	最小值	技术要求
细度模数	28	2.79	3.0	2.58	2.4～3.0
含泥量/%	28	0.6	1.0	0.2	—
泥块含量/%	—	—	—	—	—
取样地点	拌和楼堆料场				

表 6-18　　　　　　　　　　　　　粗骨料检测统计成果

骨料粒径	小石（5～20mm）				中石（20～40mm）				大石（40～80mm）			
项目	组数	平均值	最大值	最小值	组数	平均值	最大值	最小值	组数	平均值	最大值	最小值
超径/%	28	2	4	0	28	1	2	0	—	—	—	—
逊径/%	28	4.9	9	0.8	28	3.5	7	0	—	—	—	—
含泥量/%	28	1.15	2.1	0.2	28	0.65	1.2	0.1	—	—	—	—
针片状含量/%	28	7.75	13.3	2.2	28	6.1	11.0	1.2	—	—	—	—
取样地点	拌和楼堆料场											

⑤混凝土拌和用水。工程混凝土拌和用水利用山泉水和大盈江河水作为水源。抽水采用移动式泵站抽水到施工现场，以满足本标段施工拌和用水、清仓用水和混凝土养护用水及其他工程施工用水的需要。

⑥止水材料。地面发电厂房工程C5标段所用的止水材料有××××止水材料有限公司生产的橡胶止水带和××××××铜材有限公司生产的铜止水两种。橡胶止水带经施工单位送××省橡胶产品质量监督检验站检测，质量合格，检测成果见表6-19；铜止水材料经施工单位送××理工大学建筑工程学院试验中心检测，质量合格，检测成果见表6-20。

表 6-19　　　　　　　　　　　　　橡胶止水带检验成果

试验	方法	GB/T 531—1999	GB/T 528—1998	GB/T 529—1998	GB/T 528—1998
	项目	硬度（邵尔A）/度	拉伸强度/MPa	扯断伸长率/%	压缩永久变形/%	定伸永久变形/%
	指标	60±5	≥14	≥450	≤20	28±2
试验结果		64.1	18.1	479	18.0	26.2
检验依据		DL/T 5144—2001				
检验结论		所测指标符合《水工混凝土外加剂技术规程》（DL/T—2001）表D3对橡胶止水带成品的要求。				

表 6-20　　　　　　　　　　　　　铜 止 水 检 验 成 果

试件编号	抗拉强度/MPa	伸长率/%	试件编号	抗拉强度/MPa	伸长率/%	弯曲（180°）
纵1	295	37.5	横1	280	42.5	弯曲处无裂纹
纵2	300	36.5	横2	275	41.0	弯曲处无裂纹
纵3	290	38.5	横3	280	41.5	弯曲处无裂纹
结论	所检测项目符合《铜及铜合金板材的要求与试验方法》（GB/T 2040—2002）技术要求。					

b）中间产品质量检测。

混凝土施工配合比在工程实际使用，经室内试验表明，混凝土性能可满足设计技术指标和施工要求，各项参数详见表6-21。

表 6-21　　　　　　　　　　　　5号机组发电厂房混凝土施工配合比

序号	1	2	3	4	5	6	7	8	9	10	11
混凝土等级	C15	C20	C25	C25	C30	C30	C30	C35	C15	C20	C25
级配	三	二	二	三	一	二	三	二	二	二	二
种类	常态	常态	常态	常态	常态	常态	常态	常态	泵送	泵送	泵送

续表

序号	1	2	3	4	5	6	7	8	9	10	11
坍落度 cm	10±2	10—12	10±2	10±2	10±2	10±2	10±2	10±2	16-18	14-16	16-18
水泥品种	P·O32.5	P·O42.5	P·O42.5	P·O42.5	P·O42.5	P·O42.5	P·O42.5	P·O42.5	P·O32.5	P·O42.5	P·O42.5
砂子种类	河沙	河沙	河沙	河沙	河沙	河沙	河沙	河沙	河沙	河沙	河沙
石子种类	碎石	碎石	碎石	碎石	碎石	碎石	碎石	碎石	碎石	碎石	碎石
外加剂 DM-1/%	0.65	0.60	0.70	0.70	0.70	0.70	0.70	0.70	0.70	0.70	0.70
水灰比	0.60	0.55	0.53	0.54	0.48	0.47	0.47	0.43	0.58	0.54	0.52
砂率/%	37	38	41	35	46	40	33	38	43	40	42
每方混凝土材料用量/kg 水	150	160	170	150	180	170	150	170	180	170	180
水泥	250	291	321	280	375	361	318	395	310	315	346
DM	1.625	1.745	2.247	1.96	2.625	2.527	2.226	2.765	2.170	2.118	2.422
砂	740	741	774	690	803	740	638	690	804	766	770
5~20mm 碎石	378	544	446	384	942	443	388	450	480	518	479
20~40m 碎石	378	665	669	384	—	666	388	675	586	632	585
40~80m 碎石	504	—	—	512	—	—	518	—	—	—	—

c) 混凝土强度检测。承包商对仓面混凝土28d龄期抗压强度试块进行了检测,其中厂房混凝土浇筑C20强度等级保证率达到96%,C25强度等级保证率达到96.5%满足设计要求,详见表6-22。

表6-22　　　　　　5号机组发电厂房混凝土强度检验统计

强度等级	组数	抗压强度值/MPa 最大值	最小值	平均值	标准差/MPa	强度保证率/%	结论
C20	32	30.1	19.3	23.86	2.22	96	合格
C25	76	32.6	21.7	28.16	1.79	96.5	合格

以上原材料及中间产品检测结果统计分析表明,各单位工程所使用的水泥、钢筋、粗骨料、细骨料、外加剂、各强度等级的混凝土试块质量、焊接试验、固结灌浆、帷幕灌浆压水试验结果、金属结构制造质量与安装精度均满足规范和设计要求。

d) 5号水轮发电机组安装。5号水轮发电机组全部机电设备安装工作的检查、安装、调试、试验、验收严格遵照设备制造厂家的图纸、技术文件、安装说明书、厂家指明的技术标准、国家颁发现行的技术规范、规程、标准执行。现已全部完工并经过验收,其内容有:5号水轮发电机组安装、水力机械辅助设备及管路安装、电气一次、电气二次、通风、空调设备及管路安装、消防系统安装等。

各类电气试验诸如电压互感器试验、电流互感器试验、母线试验、变压器试验、断路器试验、定子试验、主变试验、5号发变组A保护试验、5号发变组B保护试验、5号发变组非电量保护试验均已完成,试验结论均为"合格"或"通过"。

(3) 单位工程外观质量检测评定。主体工程完工后,根据《水利水电工程质量检验与评定规程》(SL 176—2007),由公司现场项目部组织、省质量监督中心站主持,设计、监理、施工单位派员组成外观质量检测评定组,对混凝土重力坝、进水口及引水隧洞、沉沙池、调压井及压力管道、地面发电厂房、地面升压变电站、5号机组调压井及压力管道、5号机组地面发电厂房等8个单位工程进行了外观质量检测评定,结果见表6-23。

表6-23　　　　　　　　单位工程外观质量检测评定结果统计

序号	单位工程名称	应得分	实得分	得分率/%	质量等级
1	混凝土重力坝	118	109.2	92.5	优良
2	进水口及引水隧洞	79	67.4	85.3	优良
3	沉沙池	98	82.3	83.9	合格
4	调压井及压力管道	108	99	91.7	优良
5	地面发电厂房	121	112.5	92.9	优良
6	地面升压站	101	86.2	85.3	优良
7	5号机组调压井及压力管道	75	58	77.3	合格
8	5号机组地面发电厂房	121	110.5	91.3	优良

(4) 质量检测评价。承担××江×级水电站工程建设的施工、监理及检测单位能按照设计及规范要求,对工程所用的原材料、中间产品进行取样检测,检测频率满足规范要求;各类电气试验结果符合质量标准,工程实体质量处于受控状态。

(四) 质量事故及缺陷处理情况

××江×级水电站工程建设自开工以来,未发生质量事故和重大质量缺陷事故,一般施工质量缺陷在施工过程中,已按照设计要求进行处理。主要发生的施工质量缺陷表现形式为:混凝土工程的施工冷缝、错台、麻面、挂帘、蜂窝、钢筋露头等。

1. 质量缺陷处理

针施工中出现的质量缺陷,监理工程师已要求承建单位对所产生的质量缺陷成因进行调查,分析产生原因,提出处理措施,经监理工程师严格审查批准后实施。

混凝土外观质量缺陷主要表现为跑模、错台、挂帘、蜂窝、麻面、过流面平整度差等。主要处理措施:对于过流面及流道等过流重要部位处理要求,蜂窝、麻面及拉模筋头均进行凿除、手砂轮磨平后,采用高于结构混凝土一级标号砂浆修补处理;对于非过流面,蜂窝、麻面均凿除进行干硬性水泥预缩砂浆或细石混凝土修补处理,拉模筋头齐混凝土表面割除后涂刷砂浆抹平;永久外露面的错台、挂帘部位,按1:10的坡比凿除、打磨平顺。目前,永久性外露面的混凝土表面缺陷已全部处理完成,从已处理的缺陷情况看,经处理修补后混凝土外观质量符合要求,并通过外观质量验收。

2. 不合格材料处理

本工程严禁使用不合格原材料,所有外购材料必须出具产品合格证并经监理验收,砂石骨料必须经施工单位自检—监理抽检—试验中心抽检,检测的性能指标符合规范要求方可应用。未经监理人签认的工程材料不得用于施工,被监理人确认为质量不合格的工程材料立即清除出场,由承包商负责退货处理,按标准重新采购,监理监督执行。

第六章 枢纽工程专项验收建设管理工作报告

（五）质量等级评定

按照《水利水电工程质量检验与评定规程》（SL 176—2007）规定，单位工程及工程项目质量等级由施工单位自评、监理单位复核、项目法人认定、质量监督机构核定，质量评定等级如下。

1. 混凝土重力坝单位工程

（1）分部工程质量评定情况。混凝土重力坝单位工程所属各分部工程质量等级评定统计结果详见表6-24。

表6-24 混凝土重力坝单位工程所属各分部工程质量评定统计

单位工程编码	单位工程名称	分部工程编码	分部工程名称	质量等级	单元工程总数/个	完成数/个	优良数/个	优良率/%
Ⅰ	混凝土重力坝	Ⅰ-01	坝基开挖	优良	5	5	4	80.0
		Ⅰ-02	挡水坝段	优良	28	28	24	85.7
		Ⅰ-03	△溢流坝段	优良	20	20	15	75.0
		Ⅰ-04	△泄洪冲沙闸坝段	优良	74	74	53	71.6
		Ⅰ-05	消力池、边墙及丁坝	优良	91	91	64	70.3
		Ⅰ-06	帷幕灌浆、固结灌浆及排水孔	优良	26	26	26	100
		Ⅰ-07	金属结构及安装	合格	19	19	12	63.2
		Ⅰ-08	坝顶、供电与排水	优良	3	3	2	66.7
		Ⅰ-09	观测、监测设施	合格	60	60	48	80.0
		Ⅰ-10	右岸导流洞兼泄洪洞	合格	72	72	47	65.3

注 加"△"号者为主要分部工程，下同。

（2）单位工程质量评定结果。混凝土重力坝单位工程共划分为10个分部工程，施工质量全部合格，其中优良分部工程7个，主要分部工程优良，分部工程优良率70%；原材料、中间产品及混凝土试件质量全部合格；金属结构及启闭机制造质量合格，机电产品制造质量合格；外观质量达到优良标准，施工中未发生质量事故；单位工程施工质量检验与评定资料齐全，工程施工期观测资料分析结果符合国家和行业技术标准及合同约定的标准要求。

根据《水利水电工程施工质量检验与评定规程》（SL 176—2007）的规定，混凝土重力坝单位工程施工质量等级评定为优良。

2. 进水口及引水隧洞单位工程

（1）分部工程质量评定情况。进水口及引水隧洞单位工程所属各分部工程质量等级评定统计结果详见表6-25。

（2）单位工程质量评定结果。进水口及引水隧洞单位工程共划分为8个分部工程，施工质量全部合格，其中优良分部工程6个，分部工程优良率为75.0%；原材料、中间产品及混凝土试件质量全部合格，金属结构及启闭机制造质量合格，外观质量达到优良标准，施工中未发生质量事故；施工质量检验与评定资料齐全，工程施工期观测资料分析结果符合国家和行业技术标准及合同约定的标准要求。

表 6-25　　　　进水口及引水隧洞单位工程所属各分部工程质量评定统计

单位工程		分部工程			单元工程			
编码	名称	编码	名　称	质量等级	总数/个	完成数/个	优良数/个	优良率/%
Ⅱ	进水口及引水隧洞	Ⅱ-01	△进水口至闸室段	优良	194	194	145	74.7
^	^	Ⅱ-02	金属结构安装	优良	16	16	13	81.2
^	^	Ⅱ-03	C2-1引水隧洞支洞与主洞	合格	496	496	384	77.4
^	^	Ⅱ-04	△C2-2引水隧洞支洞与主洞	合格	441	441	336	76.2
^	^	Ⅱ-05	C2-3引水隧洞支洞与主洞	优良	567	567	455	80.2
^	^	Ⅱ-06	C2-4引水隧洞支洞与主洞	优良	446	446	393	88.1
^	^	Ⅱ-07	C2-5引水隧洞支洞与主洞	优良	474	474	387	81.6
^	^	Ⅱ-08	△C2-6引水隧洞支洞与主洞	优良	443	443	357	80.6

根据《水利水电工程施工质量检验与评定规程》（SL 176—2007）的规定，进水口及引水隧洞单位工程施工质量等级评定为优良。

3. 调压井及压力管道单位工程

（1）分部工程质量评定情况。调压井及压力管道单位工程所属各分部工程质量等级评定统计结果详见表 6-26。

表 6-26　　　　调压井及压力管道单位工程所属各分部工程质量评定统计

单位工程		分部工程			单元工程			
编码	名称	编码	名　称	质量等级	总数/个	完成数/个	优良数/个	优良率/%
Ⅲ	调压井及压力管道	Ⅲ-01	调压井、闸门井开挖、	合格	17	17	10	58.8
^	^	Ⅲ-02	△调压井、闸门井混凝土衬砌	合格	146	146	114	78.1
^	^	Ⅲ-03	压力管道开挖	优良	166	166	142	85.5
^	^	Ⅲ-04	压力管道混凝土衬砌	优良	89	89	75	84.3
^	^	Ⅲ-05	压力管道混凝土回填灌浆	优良	64	64	58	90.6
^	^	Ⅲ-06	△压力钢管制造	优良	228	228	181	79.4
^	^	Ⅲ-07	△压力钢管安装	优良	92	92	85	92.4
^	^	Ⅲ-08	调压井、厂房尾水金属结构制造及安装	合格	18	18	8	44.4
^	^	Ⅲ-09	引水隧洞、调压井、压力管道、发电机组监测系统安装及调试	优良	164	164	127	77

（2）单位工程质量评定结果。调压井及压力管道单位工程共划分为9个分部工程，质量全部合格，其中优良分部工程6个，分部工程优良率为66.7%，主要分部工程优良；原材料、中间产品及混凝土试件质量全部合格，金属结构及启闭机制造质量合格，机电产品制造质量合格；施工质量检验与评定资料齐全，外观质量达到合格标准，施工中未发生质量事故；工程施工期观测资料分析结果符合国家和行业技术标准及合同约定的标准要求。

根据《水利水电工程施工质量检验与评定规程》（SL 176—2007）的规定，调压井及压力管道单位工程施工质量等级评定为合格。

4. 地面发电厂房单位工程

（1）分部工程质量评定情况。地面发电厂房单位工程所属各分部工程质量等级评定统计结果详见表 6-27。

表 6-27　　　　地面发电厂房单位工程所属各分部工程质量评定统计

单位工程		分部工程			单元工程			
编码	名称	编码	名称	质量等级	总数/个	完成数/个	优良数/个	优良率/%
Ⅳ	地面发电厂房	Ⅳ-01	基坑开挖	合格	3	3	0	0
		Ⅳ-02	厂房混凝土浇筑	合格	345	345	306	88.7
		Ⅳ-03	△主厂房及安装间房建	优良	49	49	49	100
		Ⅳ-04	上游副厂房房建	优良	41	41	31	75.6
		Ⅳ-05	△1号水轮发电机组安装	优良	28	28	26	92.9
		Ⅳ-06	△2号水轮发电机组安装	优良	28	28	26	92.9
		Ⅳ-07	△3号水轮发电机组安装	优良	28	28	26	92.9
		Ⅳ-08	△4号水轮发电机组安装	优良	28	28	21	75.0
		Ⅳ-09	水力机械辅助设备及管路安装	优良	19	19	18	94.7
		Ⅳ-10	消防系统安装	优良	5	5	5	100
		Ⅳ-11	通风设备及管路、空调安装	优良	3	3	2	66.7
		Ⅳ-12	厂房起重设备安装	合格	6	6	3	50.0
		Ⅳ-13	电气一次设备安装	优良	41	41	28	68.3
		Ⅳ-14	电气二次设备安装	优良	37	37	26	70.3
		Ⅳ-15	发电机电压配电装置安装及调试	优良	23	23	18	78.3
		Ⅳ-16	计算机监控、保护和自动化装置安装及调试；水力监视测量系统安装	优良	13	13	8	61.5
		Ⅳ-17	通信设备安装及调试	优良	3	3	2	66.7

（2）单位工程质量评定结果。地面发电厂房单位工程共划分为 17 个分部工程，质量全部合格，其中优良分部工程 14 个，分部工程优良率为 82.4%，主要分部工程优良；原材料、中间产品及混凝土试件质量全部合格，金属结构及启闭机制造质量合格，机电产品制造质量合格；施工质量检验与评定资料齐全，外观质量达到优良，施工中未发生质量事故；工程施工期观测资料分析结果符合国家和行业技术标准及合同约定的标准要求。

根据《水利水电工程施工质量检验与评定规程》（SL 176—2007）的规定，地面发电厂房单位工程施工质量等级评定为优良。

5. 地面升压变电站单位工程

（1）分部工程质量评定情况。地面升压变电站单位工程所属各分部工程质量等级评定统计结果详见表 6-28。

表 6-28　　　　地面升压变电站单位工程所属各分部工程质量评定统计

单位工程		分部工程			单元工程			
编码	名称	编码	名称	质量等级	总数/个	完成数/个	优良数/个	优良率/%
Ⅴ	地面升压变电站	Ⅴ-01	△1号主变压器安装	优良	35	35	24	68.6
		Ⅴ-02	△2号主变压器安装	优良	35	35	24	68.6
		Ⅴ-03	△3号主变压器安装	优良	35	35	24	68.6
		Ⅴ-04	△4号主变压器安装	优良	35	35	24	68.6
		Ⅴ-05	其他电气设备安装	优良	41	41	31	76.0
		Ⅴ-06	变电站土建	优良	15	15	11	73.3
		Ⅴ-07	500kV GIS配电装置安装	优良	9	9	9	100
		Ⅴ-08	金属结构及构件安装	优良	10	10	7	70.0

（2）单位工程质量评定结果。地面升压变电站单位工程共划分为8个分部工程，质量全部达到优良，分部工程优良率为100%，主要分部工程优良；原材料、中间产品及混凝土试件质量全部合格，金属结构及启闭机制造质量合格，机电产品制造质量合格；施工质量检验与评定资料齐全，外观质量达到优良，施工中未发生质量事故；工程施工期观测资料分析结果符合国家和行业技术标准及合同约定的标准要求。

根据《水利水电工程施工质量检验与评定规程》（SL 176—2007）的规定，地面升压变电站单位工程施工质量等级评定为优良。

6. 沉沙池单位工程

（1）分部工程质量评定情况。沉沙池单位工程所属各分部工程质量等级评定统计结果详见表 6-29。

表 6-29　　　　沉沙池单位工程所属各分部工程质量评定统计

单位工程		分部工程			单元工程			
编码	名称	编码	名称	质量等级	总数/个	完成数/个	优良数/个	优良率/%
Ⅵ	沉沙池	Ⅵ-01	沉沙池基坑开挖	合格	21	21	2	9.5
		Ⅵ-02	沉沙池边坡支护、排水孔	合格	1727	1727	293	16.9
		Ⅵ-03	△沉沙池混凝土浇筑	合格	1523	1523	723	58.8
		Ⅵ-04	△拦水坝	优良	408	408	288	70.6
		Ⅵ-05	引水隧洞及冲沙洞	合格	419	419	266	63.5
		Ⅵ-06	安全监测系统安装与调试	合格	40	40	26	65.0
		Ⅵ-07	沉沙池、调压井、厂房尾水金属结构制造与安装	合格	8	8	5	62.5
		Ⅵ-08	固结灌浆	优良	15	15	15	100
		Ⅵ-09	供电、排水及附属设施	合格	16	16	6	37.5

（2）单位工程质量评定结果。沉沙池单位工程共划分为9个分部工程，质量全部合格，其中优良分部工程2个，分部工程优良率为22.2%，主要分部工程优良；原材料、中间产

品及混凝土试件质量全部合格，金属结构及启闭机制造质量合格，机电产品制造质量合格；施工质量检验与评定资料齐全，外观质量达到优良，施工中未发生质量事故；工程施工期观测资料分析结果符合国家和行业技术标准及合同约定的标准要求。

根据《水利水电工程施工质量检验与评定规程》（SL 176—2007）的规定，沉沙池单位工程施工质量等级评定为合格。

7. 5号机组调压井及压力管道

（1）分部工程质量评定情况。5号机组调压井及压力管道单位工程所属各分部工程质量等级评定统计结果详见表6-30。

表6-30　　　　5号机组调压井及压力管道单位工程各分部工程质量评定统计

单位工程		分部工程			单元工程			
编码	名称	编码	名　　称	质量等级	总数/个	完成数/个	优良数/个	优良率/%
Ⅶ	5号机组调压井及压力管道	Ⅶ-01	调压井、闸门井开挖	优良	10	10	10	100
		Ⅶ-02	△调压井、闸门井混凝土衬砌	合格	78	78	21	26.2
		Ⅶ-03	压力管道开挖	优良	33	33	25	75.8
		Ⅶ-04	压力管道混凝土衬砌	优良	43	43	38	88.4
		Ⅶ-05	压力管道混凝土回填灌浆	优良	16	16	15	93.7
		Ⅶ-06	△压力钢管制造	优良	430	430	408	94.9
		Ⅶ-07	△压力钢管安装	合格	23	23	3	13.0
		Ⅶ-08	调压井、压力管道、发电机组监测系统安装及调试	合格	6	6	4	66.7

（2）单位工程质量评定结果。5号机组调压井及压力管道单位工程共划分为8个分部工程，质量全部合格，其中优良分部工程5个，分部工程优良率为62.5%，主要分部工程优良；原材料、中间产品及混凝土试件质量全部合格，金属结构及启闭机制造质量合格；施工质量检验与评定资料齐全，外观质量达到合格标准，施工中未发生质量事故；工程施工期观测资料分析结果符合国家和行业技术标准及合同约定的标准要求。

根据《水利水电工程施工质量检验与评定规程》（SL 176—2007）的规定，5号机组调压井及压力管道单位工程施工质量等级评定为合格。

8. 5号机组地面发电厂房单位工程

（1）分部工程质量评定情况。5号机组地面发电厂房单位工程所属各分部工程质量等级评定统计结果详见表6-31。

（2）单位工程质量评定结果。5号机组地面发电厂房单位工程共划分为12个分部工程，质量全部合格，其中优良分部工程11个，分部工程优良率为91.7%，主要分部工程优良；原材料、中间产品及混凝土试件质量全部合格，金属结构及启闭机制造质量合格，机电产品制造质量合格；施工质量检验与评定资料齐全，外观质量达到优良标准，施工中未发生质量事故；工程施工期观测资料分析结果符合国家和行业技术标准及合同约定的标准要求。

根据《水利水电工程施工质量检验与评定规程》（SL 176—2007）的规定，5号机组地面发电厂房单位工程施工质量等级评定为优良。

表 6-31　　5 号机组地面发电厂房单位工各所属各分部工程质量核定统计

单位工程		分部工程			单元工程			
编码	名称	编码	名　　称	质量等级	总数/个	完成数/个	优良数/个	优良率/%
Ⅷ	5号机组地面发电厂房	Ⅷ-01	基坑开挖	优良	8	8	8	100
		Ⅷ-02	△厂房混凝土浇筑	优良	94	94	92	97.9
		Ⅷ-03	主厂房及上游副厂房	优良	46	46	46	100
		Ⅷ-04	△5号水轮发电机组安装	优良	28	28	26	92.9
		Ⅷ-05	水力机械辅助设备及管路安装	优良	12	12	11	91.7
		Ⅷ-06	消防系统安装	优良	3	3	3	100
		Ⅷ-07	通风设备及管路、空调安装	合格	20	20	13	65.0
		Ⅷ-08	电气一次设备安装	优良	17	17	17	100
		Ⅷ-09	电气二次设备安装	优良	11	11	10	90.9
		Ⅷ-10	计算机监控、保护和自动化装置安装及调试；水力监视测量系统安装	优良	8	8	7	87.5
		Ⅷ-11	通信设备安装及调试	优良	1	1	1	100
		Ⅷ-12	△5号主变压器安装	优良	4	4	4	100

注　加"△"号者为主要分部工程。

9. 工程项目施工质量等级评定

××江×级水电站工程项目共划分为（Ⅰ）混凝土重力坝、（Ⅱ）进水口及引水隧洞、（Ⅲ）调压井及压力管道、（Ⅳ）地面发电厂房、（Ⅴ）地面升压站、（Ⅵ）沉沙池、（Ⅶ）5号机组调压井及压力管道及（Ⅷ）5号机组地面发电厂房共8个单位工程。施工质量全部合格，其中优良单位工程5个，单位工程优良率62.5%，主要建筑物单位工程质量全部优良；工程施工期及试运行期，各单位工程观测资料分析结果符合国家和行业技术标准约定的标准要求。

根据《水利水电工程施工质量检验与评定规程》（SL 176—2007）第5.2.5条，××江×级水电站工程项目施工质量等级评定为合格。

六、安全生产与文明工地

（一）安全生产

××水电开发有限公司作为××江×级水电站工程法人单位，建立了完善的安全管理体系，并有效正常运行，安全管理体系由项目法人、监理、设计、施工单位等相关安全管理人员组成，各单位行政正职为安全生产管理第一责任人。

××江×级水电站主体工程施工过程中，认真执行《安全生产法》及有关安全生产的法律、法规，制定了《工程施工管理程序文件》，针对本工程的特点，公司组织监理、设计、施工单位，成立了××江×级水电站工程安全生产委员会，与各施工单位签订了《安全生产考核责任书》。在安全管理制度执行中，每月组织一次施工现场安全检查，每季度进行一次安全生产检查评比，对查出的施工安全管理问题、现场安全隐患，通过检查通报和整改通知等书面形式通知施工单位整改。公司要求监理部设立专职安全监理工程师，负责日常安全生产监督检查工作。

针对××江×级水电站工程5—11月进入汛期，汛期河水暴涨暴落的特点，本着预防为主、安全第一的原则，公司高度重视工程防洪度汛工作。每年4月初提请设计单位编制年度防洪度汛规划，施工单位根据规划制定本单位范围防洪度汛措施和应急预案。汛前，公司成立了防洪度汛领导小组，并设防洪度汛领导小组办公室，以防范和应对可能出现的险情，确保工程安全度汛。开工以来，××江×级水电站工程经历了数次较大的洪水，在防洪度汛领导小组的正确领导下，度过20××年7月××日超过10年一遇的洪水，实现工程安全度汛目标。

针对工程所在地区为国有林区的特点，公司高度重视林区防火安全，要求进场施工单位严格教育职工提高防火安全意识，并在施工合同中明确了各单位林区防火安全责任。

(二) 文明工地

在文明施工管理和精神文明建设上，公司特别注重搞好和当地政府的关系及地方各民族的团结，了解民俗、民风，尊重民族习俗，在施工区林木砍伐、建设征地、移民安置等方面积极与当地有关政府部门配合，为工程建设创造良好的文明施工环境。与此同时，公司依靠施工单位的职能作用，建立文明施工组织机构，健全文明施工组织措施，做到职责落实到相关部门和责任人。

监理部设立专职环保监理工程师，重点对施工场地环境、施工道路、渣场治理、材料设备堆放、现场文明安全标识等加强监督检查力度，实现了文明施工环境，形成了文明的参建职工队伍，营造了良好的安全文明施工氛围，为参建单位创造了良好的生活环境。

七、工程验收

(一) 分部工程及单位工程验收情况

××江×级水电站单位工程、分部工程验收由业主单位组织验收工作，根据《水利水电建设工程验收规程》(SL 223—2008) 及相关验收规定，项目法人主持单位工程和分部工程验收，并且成立由项目法人、勘测设计、监理、施工单位组成的验收工作组。验收工作组首先听取施工单位工程建设和分部工程及单位工程质量评定情况的汇报，然后现场检查工程实际完成情况和工程质量，检查分部工程质量、单位工程质量评定及相关档案资料，根据检查的结果，讨论并通过分部工程、单位工程验收鉴定书。

1. 分部工程验收情况

××江×级水电站已验收分部工程见表6-32。

表6-32　　　　　××江×级水电站分部工程质量评定及验收情况统计

序号	分部工程名称	编号	质量评定结果	验收结论
1	坝基开挖（1～5号坝段）	Ⅰ-01	优良	同意验收
2	挡水坝段	Ⅰ-02	优良	同意验收
3	溢流坝段	Ⅰ-03	优良	同意验收
4	泄洪冲沙闸坝段	Ⅰ-04	优良	同意验收
5	消力池、边墙及丁坝	Ⅰ-05	合格	同意验收

续表

序号	分部工程名称	编号	质量评定结果	验收结论
6	帷幕灌浆、固结灌浆及排水孔	Ⅰ-06	优良	同意验收
7	金属结构安装	Ⅰ-07	合格	同意验收
8	坝顶、供电与排水	Ⅰ-08	优良	同意验收
9	观测、监测设施	Ⅰ-09	优良	同意验收
10	右岸导流洞兼泄洪洞	Ⅰ-10	合格	同意验收
11	进水口、渐变段、交叉段、洞身、闸室、开挖及混凝土衬砌	Ⅱ-01	合格	同意验收
12	金属结构安装	Ⅱ-02	优良	同意验收
13	C2-1引水隧洞支洞与主洞	Ⅱ-03	优良	同意验收
14	C2-2引水隧洞支洞与主洞	Ⅱ-04	优良	同意验收
15	C2-3引水隧洞支洞与主洞	Ⅱ-05	优良	同意验收
16	C2-4引水隧洞支洞与主洞	Ⅱ-06	优良	同意验收
17	C2-5引水隧洞支洞与主洞	Ⅱ-07	合格	同意验收
18	C2-6引水隧洞支洞与主洞	Ⅱ-08	优良	同意验收
19	调压井、闸门井开挖	Ⅲ-01	合格	同意验收
20	调压井、闸门井混凝土衬砌	Ⅲ-02	合格	同意验收
21	压力管道开挖	Ⅲ-03	优良	同意验收
22	压力管道混凝土衬砌	Ⅲ-04	优良	同意验收
23	压力管道混凝土回填灌浆	Ⅲ-05	优良	同意验收
24	压力钢管制造	Ⅲ-06	优良	同意验收
25	压力钢管安装	Ⅲ-07	优良	同意验收
26	调压井、厂房尾水金属结构制造及安装	Ⅲ-08	合格	同意验收
27	引水隧洞、调压井、压力管道发电机组监测系统安装及调试	Ⅲ-09	优良	同意验收
28	基坑开挖	Ⅳ-01	合格	同意验收
29	厂房混凝土浇筑	Ⅳ-02	优良	同意验收
30	主厂房及安装间房建	Ⅳ-03	优良	同意验收
31	上游副厂房房建	Ⅳ-04	优良	同意验收
32	1号水轮发电机组安装	Ⅳ-05	优良	同意验收
33	2号水轮发电机组安装	Ⅳ-06	优良	同意验收
34	3号水轮发电机组安装	Ⅳ-07	优良	同意验收
35	4号水轮发电机组安装	Ⅳ-08	优良	同意验收
36	水力机械辅助设备及管路安装	Ⅳ-09	优良	同意验收
37	消防系统安装	Ⅳ-10	优良	同意验收
38	通风设备及管路、空调安装	Ⅳ-11	合格	同意验收
39	厂房起重设备安装	Ⅳ-12	优良	同意验收
40	电气一次设备安装	Ⅳ-13	优良	同意验收

续表

序号	分部工程名称	编号	质量评定结果	验收结论
41	电气二次设备安装及调试	Ⅳ-14	优良	同意验收
42	发电机电压配电装置安装及调试	Ⅳ-15	优良	同意验收
43	计算机监控、保护和自动化装置安装及调试；水力监视测量系统安装	Ⅳ-16	优良	同意验收
44	通信设备安装及调试	Ⅳ-17	优良	同意验收
45	1号主变压器安装	Ⅴ-01	优良	同意验收
46	2号主变压器安装	Ⅴ-02	优良	同意验收
47	3号主变压器安装	Ⅴ-03	优良	同意验收
48	4号主变压器安装	Ⅴ-04	优良	同意验收
49	其他电气设备安装	Ⅴ-05	优良	同意验收
50	变电站土建	Ⅴ-06	优良	同意验收
51	500kV GIS配电装置安装	Ⅴ-07	优良	同意验收
52	金属结构及构件安装	Ⅴ-08	合格	同意验收

设计变更后增加的分部工程质量评定及验收结果见表6-33。

表6-33　　××江×级水电站设计变更分部工程质量评定及验收情况

序号	分部工程名称	编号	质量评定情况	验收结论
1	沉沙池基坑开挖	Ⅵ-01	合格	同意验收
2	沉沙池边坡支护、排水孔	Ⅵ-02	合格	同意验收
3	沉沙池混凝土浇筑	Ⅵ-03	合格	同意验收
4	拦水坝	Ⅵ-04	优良	同意验收
5	引水隧洞及冲沙洞	Ⅵ-05	合格	同意验收
6	安全监测系统安装及调试	Ⅵ-06	合格	同意验收
7	沉沙池、调压井、厂房尾水金属结构制造与安装	Ⅵ-07	合格	同意验收
8	固结灌浆	Ⅵ-08	优良	同意验收
9	调压井、闸门井开挖	Ⅶ-01	优良	同意验收
10	调压井、闸门井混凝土衬砌	Ⅶ-02	合格	同意验收
11	压力管道开挖	Ⅶ-03	优良	同意验收
12	压力管道混凝土衬砌	Ⅶ-04	优良	同意验收
13	压力管道混凝土回填灌浆	Ⅶ-05	优良	同意验收
14	压力钢管制造	Ⅶ-06	优良	同意验收
15	压力钢管安装	Ⅶ-07	合格	同意验收
16	调压井、压力管道发电机组监测系统安装及调试	Ⅶ-08	优良	同意验收
17	基坑开挖	Ⅷ-01	优良	同意验收
18	厂房混凝土浇筑	Ⅷ-02	优良	同意验收
19	主厂房及上游副厂房房建	Ⅷ-03	优良	同意验收

续表

序号	分部工程名称	编号	质量评定情况	验收结论
20	5号水轮发电机组安装	Ⅷ-04	优良	同意验收
21	水力机械辅助设备及管路安装	Ⅷ-05	优良	同意验收
22	消防系统安装	Ⅷ-06	优良	同意验收
23	通风设备及管路、空调安装	Ⅷ-07	合格	同意验收
24	电气一次设备安装	Ⅷ-08	优良	同意验收
25	电气二次设备安装	Ⅷ-09	优良	同意验收
26	计算机监控、保护和自动化装置安装及调试；水力监视测量系统安装	Ⅷ-10	优良	同意验收
27	通信设备安装及调试	Ⅷ-11	优良	同意验收
28	5号主变压器安装	Ⅷ-12	优良	同意验收
29	其他电气设备安装	Ⅷ-13	合格	同意验收

2. 单位工程验收

枢纽主体单位工程完工后，由××江×级水电开发有限公司主持，设计、施工、监理、质量检测以及质量监督各方派员参加组成验收小组，于20××年6月××日工地现场项目部营地会议室，按照《水利水电建设工程验收规程》（SL 223—2008），对混凝土重力坝、进水口及引水隧洞、调压井及压力管道、地面发电厂房、地面升压变电站、沉沙池、5号机组调压井及压力管道、5号机组地面发电厂房共8个单位工程进行了验收。验收小组经现场检查，并听取了项目法人、设计、监理、施工及质量检测单位的工作汇报，阅读分析了相关工作报告，经认真研究、充分讨论，同意验收，形成并通过了8个主体单位工程的《单位工程验收鉴定书》，见表6-34。

表6-34　　　　　　　　××江×级水电站单位工程验收结果统计

序号	单位工程名称	编号	质量评定情况	验收情况
1	混凝土重力坝	Ⅰ	优良	通过验收
2	进水口及引水隧洞	Ⅱ	合格	通过验收
3	调压井及压力管道	Ⅲ	合格	通过验收
4	地面发电厂房	Ⅳ	优良	通过验收
5	地面升压变电站	Ⅴ	优良	通过验收
6	沉沙池	Ⅵ	合格	通过验收
7	5号机组调压井及压力管道	Ⅶ	合格	通过验收
8	5号机组地面发电厂房	Ⅷ	优良	通过验收

（二）阶段验收

1. 截流验收

验收委员会会议于20××年12月××日在××市召开，会议听取了建设、设计、监理单位关于工程截流验收自检情况的汇报，听取了建设征地移民安置初步验收情况、工程质量监督意见。经会议讨论审议，形成了《××江×级水电站工程截流验收鉴定书》。

验收结论：

(1) 导流洞工程已达到截流前工程形象面貌要求，经验收工程质量合格。

(2) 目前的首部枢纽工程施工形象面貌满足截留要求。

(3) 各项截流准备工作，包括截流技术方案、组织机构、机械设备、场地道路、截流备料等就绪。

(4) 围堰设计及施工方案可行，20××年安全度汛方案可行，措施基本落实。

(5) 截流及围堰壅高水位以下无征地移民，淹没林地××亩，林地占用手续已办完。

(6) 截流阶段验收的相关文件、资料基本齐全。

2. 蓄水验收

××水利水电规划设计院会同××省发展和改革委员会组织了××江×级水电站工程蓄水验收专家组（以下简称验收专家组），于20××年5月17—18日先行开展了××江×级水电站工程蓄水验收现场检查和评审工作，专家组全面了解了工程建设、蓄水计划及措施、建设征地移民安置等方面的情况，结合工程现场检查情况，专家组提出了××江×级电站工程具备蓄水验收条件的初步意见。

验收委员会会议于20××年6月24日在××市召开，会议听取了建设、设计、监理单位关于工程蓄水验收自检情况的汇报，听取了建设征地移民安置初步验收情况、工程质量监督意见、工程蓄水安全鉴定主要结论以及验收专家组意见的汇报。与会委员和代表就工程建设情况、工程蓄水验收条件进行了讨论，对存在的问题进行了研究和协调，提出了处理意见。经会议讨论审议，形成了《××省××江×级水电站工程蓄水验收鉴定书》。

验收结论：××江×级水电站枢纽工程建设形象面貌满足蓄水要求，工程建设质量满足设计和规范要求；工程已通过电力建设工程质量监督总站的检查；工程蓄水安全鉴定单位已提出本工程具备蓄水条件的明确意见；建设征地和库底清理工作已按规定完成，符合蓄水要求；蓄水计划及20××年度防洪度汛方案可行、措施落实；少量未完工程已做出安排，不影响工程蓄水。

验收委员会认为：××江×级水电站工程已具备蓄水条件，同意蓄水。

3. 机组启动验收

根据《水利水电建设工程验收规程》（DL/T 5123—2000）的有关规定，××江×级水电站工程1~5号机组全部进行机组启动验收，机组启动验收通过后正式进入商业运行。

验收主持单位：××电网××州供电局；

项目法人：××市××水电开发有限公司；

质量监督单位：××省水利水电建设质量监督中心站；

设计单位：××水电集团××勘测设计研究院；

施工单位：××水利水电××工程局、××××机电公司；

监理单位：××省××土木建筑工程咨询有限公司；

运行管理单位：××市××水电开发有限公司；

验收地点：××州××县。

(1) 机组启动验收基本情况。××江×级水电站工程经过×年多的建设（包括设计变更5号机），5台机组目前已全部完成了机组启动验收工作。项目法人××水电开发有限公司会同××电网公司、××电网××市供电局、××市消防支队、××省水利水电建设质量监督中心站、××市水利局、××县政府等组织参建各方组成的"××江×级水电站机组启动试运行验收委员会"。委员会成员在工程现场对机组机电安装及启动试运行情况进行了全面检查，认真听取了项目建设及参建各方的工作汇报，审阅了有关文件、资料。委员会成员经现场检查、资料审阅并讨论后，根据《水电站基本建设工程验收规程》（DL/T 5123—2000）的有关规定，形成《××省××市××江×级水电站工程1～5号机组启动试运行阶段验收鉴定书》。

（2）机组启动主要验收结论。通过现场查看，听取业主建设管理、设计、监理、施工等单位情况汇报，查阅有关资料，经充分讨论，验收委员会一致认为：所验范围的工程施工措施得当，工程质量满足设计要求，验收资料齐全；运行规程及规章制度齐全，运行人员的组织配备及资质满足机组启动运行要求，并作好了各项准备工作；机组投入运行后，不影响其他未完工程继续施工，机组具备发电运行条件。

根据《水利水电建设工程验收规程》（DL/T 5123—2000）有关规定，同意××江×级水电站工程（1～5号）机组启动试运行。

（3）机组启动验收鉴定书的结论意见、遗留问题及其处理结果。机组启动验收鉴定书的遗留问题、处理结果及结论意见见表6-35。

表6-35　　　　机组启动验收鉴定书的遗留问题、处理结果及结论意见汇总

验收综合情况	1号机组	2号机组	3号机组	4号机组	5号机组
验收时间	20××年9月20日	20××年9月20日	20××年9月20日	20××年9月20日	20××年8月30日
验收的项目、范围及内容	机组启动试运行后与其启动发电相关的机电设备安装工程			机组启动试运行后与其启动发电相关的机电设备安装工程及相关的土建工程	
验收项目与在建工程的关系	土建工程已全部完工，机组启动试运行后可以投入商业运行			机组启动试运行后，不影响其他机组及附属设备的继续安装调试与试运行	厂房土建及沉沙池土建工程已全部完工，机组可启动试运行并投入商业运行
工程质量	经施工单位自评、监理单位复核、项目法人认定、质量监督机构核定，各单位工程、分部工程均达到合格以上				
存在问题及处理意见	完善电站机电设备双重标号的标牌，完善厂房外部道路的维修工作，尽快完善厂区绿化工作。处理结果：已完成了目前电站所有机电设备双重标号的标牌的完善工作；厂房外部道路建设和维修工作已完成，厂区绿化工作部分已完成，其他部位绿化工作按照原环保部要求在进一步的完善当中			完善厂房后边坡支护、排水沟等的混凝土浇筑工作，尽快完善接地电阻的降阻工作	尽快完善接地电阻的降阻工作
对工程建设运行管理意见	加强首部枢纽、输水隧洞、厂房水工建筑物的监测工作，加强机电设备的维护与保养工作。处理结果：首部枢纽、输水隧洞、厂房水工建筑物的监测工作，机电设备维护与保养工作，均按电站运行及检修相关规程认真执行			加强首部枢纽、厂房边坡变形监测，进一步完善边坡排水系统，确保边坡稳定	加强沉沙池淤沙监测，及时安排沉沙池排沙
未完工程及处理意见	进一步完善厂区绿化，加强有关道路建设和维护			未完工程有1号机及2号机部分的机电安装、发电机层的装修等	未完工程有5号机组段发电机层地面装修、5号机组段励磁变层地面装修等

续表

验收综合情况	1号机组	2号机组	3号机组	4号机组	5号机组
处理结果	上述所有问题在验收前都已按相关要求全部解决					
验收结论	通过现场查看，听取业主建设管理、设计、监理、施工等单位情况汇报，查阅有关资料，经充分讨论，验收委员会一致认为：所验范围的工程施工措施得当，工程质量满足设计要求，验收资料齐全；运行规程及规章制度齐全，机组投入运行后，不影响未完工程继续施工，发电机组具备发电运行条件。根据《水利水电建设工程验收规程》（DL/T 5123—2000）有关规定，同意××江×级水电站工程1～5号机组启动试运行					

注　4号机为首台机，5号机为末台机。

（三）专项验收

1. 征地补偿与移民安置验收

××江×级水电站征地、移民安置具备竣工验收条件，已按计划于20××年年底完成××江×级水电站征地、移民竣工验收。

2. 环境保护与水土保持验收

××江×级水电站工程建设严格按照环评、水保批复意见完成了环境保护设施和水土保持设施的建设投产，生态流量管按照批复的生态流量要求进行泄放，鱼类增殖站建成并完成了五次鱼类放流，鱼类增殖工作已正常进行。

××江×级水电站工程主体工程建设的同时，还注重施工过程的环保、水保工作，聘请了专业的水保、环保监理对施工过程的环境保护与水土保持设施建设进行监理。目前施工场地的恢复绿化覆土工作已完成，于20××年××完成了水保、环保验收工作。

3. 工程建设档案验收

××州档案局与××县档案局组成项目档案专项验收组，于20××年6月××日对××江×级水电站工程项目进行了档案专项验收，同意通过××江×级水电站工程项目档案专项验收。

20××年6月××日，××州档案局下发了《××江×级水电站工程项目档案验收意见的批复》（×××〔20××〕××号），验收组认为：××江×级水电站工程项目档案达到完整、准确、系统和安全的要求，项目档案记录和反映了项目建设全过程及建设成果，能满足项目运行、维护和管理的需要，验收组认真对照《××省重点建设项目档案验收测评表》检查、测评，综合得分为93分，达到验收要求，同意通过××江×级水电站工程项目档案专项验收。

4. 工程消防竣工专项验收

××江×级水电站消防设施严格按"三同时"的要求，完成了与主体工程配套的消防设施建设。1～5号机组全部通过消防验收。20××年6月，发电厂房消防监控、报警系统、消防设施安装完成。××省××州消防支队到现场进行了检查验收，20××年9月5号机组（设计变更）也通过了××省××州消防支队现场进行了检查验收，并取得了消防工程初步验收意见书，消防设施符合要求。

八、蓄水安全鉴定和竣工验收技术鉴定

（一）蓄水安全鉴定

1. 鉴定情况

20××年××月6日至20××年××月23日，××水利水电科学研究院组织安全鉴定

专家组对××江×级水电站枢纽工程蓄水安全鉴定开展了第 1 阶段工作，通过现场初步调查，了解工程设计、施工中的重点技术问题，提出了枢纽工程蓄水安全鉴定工作大纲（初稿），并在现场与有关方面讨论，提出安全鉴定所需资料的清单和各单位和各专业编写自检报告的要求，落实安全鉴定工作的总体安排。

20××年××月24—29日，专家组成员赴工程现场，听取设计、施工、监理、业主等单位汇报，阅读有关资料文件，召开安全鉴定专家组会议并进行初步讨论；根据讨论意见，提出需补充的资料；提出蓄水前安全鉴定报告初稿。

20××年××月31日至20××年××月17日，××水利水电科学研究院审查设计、施工、监理等单位的补充报告，专家组对安全鉴定报告初稿进一步修改、补充完善，征求顾问专家的意见，征求业主单位和有关单位的意见，提出最终《××江×级水电工程蓄水前安全鉴定报告》。

2. 主要结论

工程于20××年12月12日河道截流，20××年3月6日大坝主体工程开始施工，工程进展顺利。

首部枢纽布置充分考虑与利用了地形地质条件，工程建设符合现行规程规范要求，已完工程质量验收合格，未见质量事故和较大质量缺陷。

首部枢纽工程各部位的设计、施工和安装质量均符合国家和行业相关技术标准。目前首部枢纽工程的基础处理、挡水和泄洪等水工建筑物、安全监测及金属结构等工程的形象面貌基本满足设计对下闸蓄水的要求。少量未完工程项目可以在下闸蓄水后继续完成施工。鉴此××江×级水电站首部枢纽工程具备下闸蓄水并安全运行条件。

3. 蓄水安全鉴定提出的主要建议

（1）下闸蓄水前对溢流坝面进行消缺处理，使其体型与表面平整度符合设计与规范要求。

（2）首部枢纽金属结构工程目前仍用施工用电电源供电是可行的。建议将施工用柴油发电机组作为备用电源。

在蓄水期间采用泄洪（兼导流）洞进口事故检修闸门临时挡水是可行的，但必须抓紧弧形工作闸门及启闭机的安装与投运。

蓄水安全鉴定的首部枢纽金属结构工程，尚未经受各种运行实践考验，建议今后要继续加强监测和分析，及时解决可能出现的闸门漏水、局部开启运行振动等问题，做好设备的日常维护工作，结合工程运行具体要求，制定科学合理的闸门管理和运行调度制度。

（3）加强蓄水过程的巡视检查与观测，对电站进水口边坡及大坝两岸加强观测，发现问题及时处理。

在泄洪冲沙建筑物运行后，注意观察水流流态，定期检查建筑物内的淤积和磨损情况，及时采取相应对策。

尽早完成剩余部分的变形测点施工，进一步加强观测资料的整编及分析工作。

（4）右岸紧邻导流洞上游侧仍有一松散堆积体边坡较陡，应尽快进行削坡和支护处理。

应抓紧整治大坝进场公路，以满足工程管理需要。

（5）根据环境水对混凝土腐蚀性评价，坝址区地下水可能对混凝土有一定碳酸性腐蚀，运行过程中应关注其影响。

(二) 竣工验收技术鉴定

1. 鉴定情况

根据《国家能源局关于印发水电工程质量监督管理规定和水电工程安全鉴定管理办法的通知》（国能新能〔2013〕104号）要求，枢纽工程专项验收前必须进行竣工安全鉴定。受××县××水电开发有限公司委托，××水电工程××集团公司承担××江×级水电站枢纽工程竣工安全鉴定工作，竣工安全鉴定报告将作为××江×级水电站枢纽工程竣工验收的重要文件和主要依据。

××江×级水电站枢纽工程竣工安全鉴定范围为：首部拦河闸坝、泄洪及排沙建筑物（含泄洪洞）、近坝库岸及下游河岸防护、引水系统（含沉沙池）、发电厂房、尾水系统及上述建筑物的基础处理、边坡处理、渗挖工程、安全监测工程、金属结构工程，以及机电工程等。

2. 主要结论

综上所述，××江×级水电站枢纽工程各建筑物已按设计要求建成，建设管理模式符合国家现行规定，质量管理措施有效，工程设计符合规程规范，土建工程施工质量合格，金属结构及机电设备制造、安装质量合格。目前各主要建筑物及机电设备运行正常。工程安全鉴定专家组认为，在落实本报告相关建议后，本工程即具备枢纽工程竣工专项验收条件。

九、历次验收、鉴定遗留问题处理情况

(一) 蓄水安全鉴定主要建议落实情况

（1）下闸蓄水前对溢流坝面进行消缺处理，使其体型与表面平整度符合设计与规范要求。

处理措施：已对溢流面进行测量放线保证溢流的线型满足设计要求，对高出部位采用手砂轮磨平后，采用高于结构混凝土一级标号砂浆修补处理，已经过验收合格。

（2）首部枢纽金属结构工程目前仍用施工用电电源供电是可行的。建议将施工用柴油发电机组作为备用电源。

在蓄水期间采用泄洪（兼导流）洞进口事故检修闸门临时挡水是可行的，但必须抓紧弧形工作闸门及启闭机的安装与投运。

蓄水安全鉴定的首部枢纽金属结构工程，尚未经受各种运行实践考验，建议今后要继续加强监测和分析，及时解决可能出现的闸门漏水、局部开启运行振动等问题，做好设备的日常维护工作，结合工程运行具体要求，制定科学合理的闸门管理和运行调度制度。

针对蓄水安全鉴定建议第（2）条落实情况，业主单位进行了认真整改，首部枢纽供电方式：厂区设坝区/调压井供电变压器（3CB）型号：SC9-800/35，800kVA，$35\pm2\times2.5\%/0.4$kV；低压侧通过断路器CB5接于坝区400V供电母线上（坝区400V母线设于厂区）；高压侧经由14km 35kV高压输电线路通过断路器CB8接于坝区35kV母线上（35kV母线设于坝区）。坝区400V供电母线分别通过CB6、CB7接于厂用电400V母线A段及B段上。××河供电的外来35kV电源通过断路器CB9接于坝区35kV母线上。坝区设两台同型号的坝区变（DTR11、DTR12）型号：S11-500/35，$35\pm2\times2.5\%/0.4$kV；高压侧均接于坝区35kV母线上；低压侧分别接于坝区400VA段上（低压配电盘D3）、B段（低压配电盘D5）。400VA段及B段设母联（低压配电盘D4）。为保证坝区供电可靠，于坝区设一

台400kW康明斯柴油发电机，型号为：KTA19-G3，经过复核柴油发电机容量完全满足坝区供电负荷要求；柴油发电机接于坝区400伏A段。

截至20××年5月15日××江×级水电站坝区及厂区厂用电系统均已安装调试完成。500kV线路已充电至××江×级水电站的变电站；电站4号500kV主变压器已带电；接于主变低压侧的厂用变（2CB型号：$3×DC-800/13.8$，800kVA，$13.8±2×2.5\%/0.4kV$）已投入运行，厂用电B段带电。至此，××江×级水电站供电形式已由施工阶段的外来35kV施工电源供电转为由系统倒送供电。

导流洞（兼泄洪洞）工作闸门及启闭机全部安装完成并通过验收，运行至今工作情况良好。

首部枢纽金属机构工程操作运行已制定了闸门管理和运行调度制度，经过了4个汛期的运行，经受了各种运行实践考验，没有出现任何问题，个别闸门漏水情况已及时更换了水封，截至目前为止，首部枢纽金属结构工程运行状态良好，安全可靠。

（3）加强蓄水过程的巡视检查与观测，对电站进水口边坡及大坝两岸加强观测，发现问题及时处理。

落实情况：大坝20××年蓄水至目前已经过4个汛期的考验，经过现场巡视、检查和观测数据的分析，电站进水口边坡及大坝两岸边坡处于稳定状态，未发现裂缝、位移等于现象，边坡监测数据全部在规定的允许范围之内，无异常现象。

（4）右岸紧邻导流洞上游侧仍有一松散堆积体边坡较陡，应尽快进行削坡和支护处理。

处理情况：右岸紧邻导流洞松散体边坡已进行了削坡和锚喷支护处理，边坡处于稳定状态。

（5）根据环境水对混凝土腐蚀性评价，坝址区地下水可能对混凝土有一定碳酸性腐蚀，运行过程中应关注其影响。

落实情况：首部枢纽坝址区混凝土工程运行至今经检查没有发现碳酸性腐蚀混凝土现象。

（二）枢纽工程竣工安全鉴定运行管理建议落实情况

（1）本次安全鉴定期间现场检查，发现沉沙池泄槽边坡尚未处理，冲沟两侧自然边坡有表面冲塌，建议设计提出处理措施，适时进行处理。

已对沉沙池泄槽边坡进行喷混凝土施工，现已完成，施工质量满足要求，确保沉沙池泄槽边坡稳定不受雨水冲刷。

（2）引水隧洞进水口上部仍存在较大规模的松散覆盖层，建议加强运行期边坡的观察和地质巡视，发现问题及时处理

引水隧洞进口上部边坡已埋设监测仪器，按规范规定进行监测，同时不定期地进行观察和巡视，发现问题及时采用有效处理措施，保证安全。

（3）本工程引水隧洞洞线较长，局部洞段施工期曾出现较大规模的塌方，建议运行期结合机组检修对引水隧洞进行放空检查，发现问题及时处理。

××公司已制订计划，在机组检修时对引水隧洞进行放空检查，发现问题将按照设计要求进行处理。

（4）20××年后，控制网未进行复测，按相关规范要求电站运行期应坚持对变形控制网进行复测。建议尽快按照规范要求对变形监测控制网进行复测，为边坡和建筑物外部变形监测提供可靠基准，确保监测成果可靠，及时了解监测对象的运行状态。

××公司已委托××勘测设计研究院专业测量队伍进行控制网的复测。

（5）首部泄洪冲沙闸和沉沙池冲沙洞均存在泄洪和冲沙流速快，泥沙含量高的问题，建议在运行时观察门槽的冲蚀或空蚀损坏情况，发现问题及时处理。

我公司有专业的金属结构检修队伍和专业人员，在设备运行过程中，经常性地进行检查、巡视，如发现门槽的冲蚀或空蚀损坏情况，及时采取措施进行处理，确保安全。

（6）鉴于本电站水流泥沙含量大，水轮机泥沙磨损现象较为严重，建议加强过机泥沙的观测，加强机组过流部件的检查和维护，发现问题及时处理。

已安排电厂水情室负责过机泥沙的监测任务，电厂检修部加强机组过流部件的检查和维护，发现问题采取有效措施进行处理。

（7）时间同步系统增设北斗卫星同步时钟信号，增配发电机变压器组故障录波装置。采取措施，提高事故照明及厂用220V直流电源系统的可靠性。数字程控调度交换机与数字程控行政交换机分别设置。

针对上述意见和建议，公司已拟定工作计划进行落实解决，详见表6-36。

表6-36　　枢纽工程竣工安全鉴定运行管理建议落实计划安排

序号	项　　目	计划完成时间	责任人	检查人
1	加强机组过流部件的检查和维护，发现问题及时处理	20××年全年	×××	×××
2	时间同步系统增设北斗卫星同步时钟信号	20××年12月31日	×××	×××
3	增配发电机变压器组故障录波装置	20××年5月31日	×××	×××
4	采取措施，提高事故照明及厂用220V直流电源系统的可靠性	20××年12月31日	×××	×××
5	数字程控调度交换机与数字程控行政交换机分别设置	20××年12月31日	×××	×××

十、工程运行管理情况

××水电开发有限公司作为工程项目法人和××江×级水电站运行生产管理单位，自20××年以来，在组建运行管理机构、培训运行管理人员和生产准备上，做了大量工作，狠抓组织和制度建设，配置运维设备等。目前，已基本具备运行生产管理的条件。

（一）生产组织机构准备

1. 生产组织机构

生产组织机构的确定是电站各项生产准备工作中的基础，也是电站投产后安全生产、设备维护保养、消缺排障的有力保障。××江×级水电站实行运行维护一体化管理模式，由站自行负责机电设备、水工建筑物的运行维护工作。

2. 人员设置情况及排班方式

××江×级水电站设主要负责人1人，协助负责人1人，安全专责1人。电厂设5个运行班组、1个检修班组，运行班组采用5班3运转方式值班。运行班组每个班设班长1人、班员2人，检修班设置检修班长1人，检修班员2人。运行班组负责设备运行管理，检修班组负责设备日常检修维护。

目前，电站所有人员均具有高压电工特种作业操作证，所有运行值班人员均参加了××电力股份有限公司电力调度处举办的调度受令资格培训，参训××人全部取得了调度受令资格证。

××江×级水电站生产人员共17人，人员及排班名单见表6-37。

表6-37 ××江×级水电站生产人员排班情况汇总

序号	部门（班组）	姓名	岗位	专业	序号	部门（班组）	姓名	岗位	专业
1	厂办	×××	主要负责人	水动	10	运行三班	×××	值班员	水动
2	厂办	×××	协助负责人	水动	11	运行四班	×××	班长	水动
3	厂办	×××	电厂安全专责	安全	12	运行四班	×××	值班员	电气
4	厂办	×××	驾驶员		13	运行五班	×××	班长	水动
5	运行一班	×××	班长	水动	14	运行五班	×××	值班员	水动
6	运行一班	×××	值班员	水动	15	检修班	×××	班长	水动
7	运行二班	×××	班长	电气	16	检修班	×××	班员	自动化
8	运行二班	×××	值班员	电气	17	检修班	×××	班员	电气
9	运行三班	×××	班长	水动					

3. 员工培训

××江×级水电站运行维护人员均为正式员工，为了保证电厂安全稳定运行，公司还采取"请进来，走出去"的方式加强员工安全教育和业务技能培训，使其能对电厂设备有一个全面认识，达到能够熟练操作，能处理常见设备故障的要求。"请进来"即邀请相关技术专家对员工进行培训、举办讲座及现场指导，或邀请设备制造单位、安装单位技术人员带班作业，员工跟班作业、学习，使其对电厂各系统设备的运行特点及操作要求有更深入的了解，增强其实际操作技能及应变能力。"走出去"即有计划地安排员工到同类电站进行学习培训，使其在学习交流中得到新的收获。同时注重电厂在职员工对特种设备和特种作业学习取证工作，经过一系列系统的培训学习，全体员工的理论水平和实际操作技能均有大幅度提高。为电站的安全、稳定运行打下了坚实的基础。

（1）安全培训。电厂特别重视职工的安全教育，定期对全厂员工进行《电业安全工作规程》《安全生产工作规定》《电业事故调查规程》学习培训。全体员工定期进行安规考试，考试合格率均为100%。

（2）设备厂家培训。在投产前期准备阶段，电厂安排计算机监控系统维护专责到厂家进行了监控系统培训，参与了××江×级水电站数据库组建、监控系统图形组态等工作，接受了监控原理培训。根据工程进度，安排了保护装置、励磁系统、调速器、直流系统、消防系统以及各机、电主（辅）设备厂家的专项培训，多次组织运行维护人员岗位测试（合格率100%）和操作演练，实时了解员工对设备原理、性能、参数及操作程序、故障处理的掌握程度，并根据运行维护要求和工程进度及时同厂家、施工安装单位一起进行探讨和分析，根据图纸、资料有计划地结合现场实际组织学习和培训。目前，全体运行维护人员对××江×级水电站各设备、系统均已熟练掌握，通过多年的实际操作锻炼，运行维护人员已具备电厂接收条件。

（3）运行规程培训与考试。××江×级水电站运行维护人员对所有设备图纸、资料进行了整理、分析，结合现场实际对设备进行了标示、编号，完善了站内设备双重名称的编制，同时组织相关人员参与《××江×级水电站运行规程》编制，在编制过程中，着重强调运行维护人员对设备原理的理解和实际操作能力的提高，实时解决编制过程中遇到的一些问题，实时开展技术问答和岗位测试。并在运行规程的基础上编写了所有机电设备（系统）的操作程序（操作票），分设备分系统进行分析、讲解、演练和考试，考试合格率均为100%。通过多次测试和演练，运行维护人员对规程和现场设备均已达到熟练掌握。结合生产现场需要，制订了××江×级水电站运行管理制度、岗位管理制度、工作标准等，根据需要组织的现场规章制度、两票三制进行了培训，并对现场工作票签发人、工作许可人、工作负责人、单独巡视高压设备人进行了考试，确保现场管理规范有序。

通过上述一系列的措施，电厂各班组成员已基本熟悉了厂房已安装的设备及相关资料，初步掌握了现场设备的基本操作技能，了解了设备的工作特性，学习成效显著。

（二）运行管理准备

为全面完成××江×级水电站的各项计划任务，保证电站的安全稳定运行，电站本着"以人为本，强化管理，安全优质，高效规范"的管理工作方针，根据有关规程规范、水电站设计文件、设备生产厂家技术文件、行业标准、公司管理制度的要求，认真编制了××江×级水电站生产管理制度、运行规程、现场技术台账，严格按计划开展人员培训，积极参与现场机电设备的安装和调试工作，确保了××江×级水电站各项前期生产运行准备工作的顺利推进，为实现电厂管理制度化、规范化、科学化和维护经常化创造了条件。

1．建立健全规章制度

按照管理规范化、标准化、科学化的要求，××江×级水电站根据《发电机组并网安全性评价标准》（第三版）和《水力发电企业技术标准汇编》中的运行维护标准，制定了相应的工作计划，将职责落实到人，并认真督促各项工作的实施，电厂各项运行维护管理制度已基本完成。

按照有关要求，结合现场实际需要，电站编制完善了各项管理制度，主要包括发电初期管理制度、运行管理制度、维护工具管理制度等，详见表6-38。

表6-38　　　　　　　　　××江×级水电站工作管理制度汇总

序号	制 度 名 称	序号	制 度 名 称
1	运行维护人员考核管理暂行办法	18	安全生产管理制度
2	电厂运行初期安全管理暂行规定	19	文明生产管理制度
3	运行管理基本制度	20	设备检修管理制度
4	操作票制度	21	主要设备大小修周期管理制度
5	工作票制度	22	辅助设备检修周期管理制度
6	安全生产责任制度	23	非生产设备检修管理制度
7	运行交接班制度	24	编制检修计划制度
8	设备巡回检查制度	25	设备检修申请制度
9	设备定期试验与维护制度	26	设备检修准备工作制度
10	安全生产例会制度	27	检修施工管理制度
11	运行培训管理制度	28	检修总结和技术文件管理制度
12	运行分析管理制度	29	安全保护管理制度
13	安全活动管理制度	30	门卫值班管理制度
14	接地线管理制度	31	安全防火管理制度
15	安全第一责任人巡回检查制度	32	车辆管理制度
16	维护工作管理制度	33	压力容器管理制度
17	设备缺陷管理制度		

2. 技术准备

(1)《××江×级水电站运行规程》编制。首台机组投运前，××江×级水电站组织相关技术人员与设备生产厂家按《水力发电企业技术标准汇编》中的运行标准要求及同类型电厂运行规程编制要求，编写了《××江×级水电站运行规程》，印刷成册后发放至每个值班员手中，要求电厂每位职工认真核对现场已安装实际设备，对资料进行分析、整理，将相关资料写入规程的相应部分，并定期组织学习。全部机组投运后，根据生产实际需要组织运行规程培训和操作演练，实时开展技术问答和岗位测试。岗前运行规程考试，合格率为100%。

(2) 投运所需资料准备。根据国家对新电站投运所需资料和文件的相关要求，××江×级水电站组织厂家及运行经验丰富的值班长和管理人员对所需资料进行编写，所有资料均严格按照国家或行业标准要求编写，主要资料见表6-39。

表6-39　　　　　　　××江×级水电站运行前准备资料汇总

序号	资料名称	序号	资料名称
1	电气主接线图命名及编号	6	超标洪水应急预案
2	生产准备、运行报告	7	引水系统充放水方案
3	水库蓄水方案	8	机网试验报告
4	水库调度运行方案	9	保护定值单
5	防洪度汛方案		

(3) 系统图册绘制。电站多次组织人员对设计系统图进行了现场对照，核实后重新绘制了××江×级水电站电气主接线图、厂用电系统图、油系统图、水系统图、气系统图、消防系统图等图纸，印刷装订成册后发放至员工手中，并要求每个员工熟练掌握。

(4) 设备标识牌及安全标示牌制作。电力系统中的设备标识和安全标示是运行维护人员正确操作、维护、巡视检查的前提条件，是安全生产的重要保证和基础，同时也是电站整体形象的重要构成之一。

为此，按照相关规范为现场设备制作安装了相应的标识牌，达到了开关名称及编号与现场设备一一对应。

另外，按相关规定，电厂对厂房和首部枢纽的设备设施、电气设备、辅助设备、油水气系统阀门等做了规范化管理，并制作安装了相应的标识标志牌。

(5) 电厂运行管理台账准备。××江×级水电站因无信息化管理系统工作平台，各种生产技术台账不能实现电子化管理。因此，公司根据现场实际需求，确定了技术台账种类，并以记录本的形式进行分类管理。各种管理台账清单见表6-40。

(三) 生产物资准备

1. 安全工器具和个人防护用品准备

按电站投运要求，电站已购置满足设备运行维护所需的安全工器具和个人防护用品。现已建立了安全工器具台账和定期检查记录表，所有安全工器具已按要求进行了检验并合格。安全工器具主要有：验电器、绝缘手套、高压绝缘拉杆、绝缘靴、兆欧表、接地线等；安全防护用品主要有：正压式呼吸器、安全带、安全绳、安全帽、手套等。

表 6-40　　　　　　　　　××江×级水电站运行管理台账汇总

序号	台账名称	序号	台账名称
1	××江×级水电站运行日志	14	首部枢纽运行记录表
2	××江×级水电站交接班记录本	15	班组安全日活动记录本
3	××江×级水电站电量统计表	16	班前、班后会记录本
4	××江×级水电站第一种工作票	17	柴油发电机启动检查记录本
5	××江×级水电站第二种工作票	18	中、低压储气罐排污记录本
6	××江×级水电站第三种工作票	19	厂房风机启动检查记录本
7	××江×级水电站水利机械工作票	20	厂房事故照明电源检查试验记录本
8	××江×级水电站事故应急抢修单	21	厂房消防水泵启动检查记录本
9	××江×级水电站二次设备及回路工作安全技术措施单	22	主变备用泵启动检查记录本
		23	渗漏、检修集水井射流泵启动检查记录本
10	××江×级水电站安全技术交底单	24	应急照明充电检查记录本
11	外单位工作任务许可单	25	应急汽油发电机启动检查记录本
12	调度指令记录簿	26	应急柴油抽水泵启动检查记录本
13	××江×级水电站电厂电气倒闸操作票	27	应急潜水泵检查维护记录本

2. 运行维护工器具准备

电站运行维护所需办公用品和工器具已配备齐全，工器具主要包括：量具类、机械工具类、电气工具类、专用工器具类等。

3. 备品、备件准备

根据运行维护需要和厂家提供资料，电站对设备备品备件进行了分类和统计，已对消耗性材料、备品、备件进行了购买和配置。

（四）其他准备工作

1. 安全设施设置

正确地配置安全设施是实现生产现场人员和设备安全的重要保证，根据生产现场实际情况，××江×级水电站严格按行业要求、《电气安全标示》《信息分类编码的基本原则和方法》相关内容，装设安全标识。

（1）按标准设计了全站主要水工建筑物和机电设备的设施、设备标志牌规格和样式。

（2）按照信息编码原则和水力发电企业运行习惯，对主要机电设备进行了设备编号，包括：一次主接线图和油、水、气系统图上的所有高压电气设备和阀门的名称及编号。

（3）按照安全标志的配置原则，结合生产现场环境，在生产现场重点部位分别设置了相应的禁止、指令、警告、提示和消防安全标示牌。

（4）按照安全警示的设置规则设置了禁止阻塞、安全警戒线、防止踏空、小心碰头、小心滑倒等标识。

（5）按照管道和设备的介质流向设置原则设置了所有管道和设备的安全色和介质流向标示牌。

（6）按照旋转设备标示设置原则设置了旋转设备旋转标识。

2. 现场管理职责

（1）电站运行班组对电站安全运行负全面责任，每年由电厂主要负责人主持制定年度生产工作计划、年度检修计划,以及各相关设备的定期维修、预试和试验,审批各项计划、报表和方案,监督各项工作落实情况。

(2) 电站协助负责人负责组织做好生产设备评级、"两措"计划、设备年度检查试验、技术总结、统计分析、资料档案汇总(规范地分类、整理、装订成册等)、规章制度的修订等工作,制定第二年的工作计划。

(3) 每年配合安监科完成季节性的春季、秋季安全大检查及整改工作,汛期防汛工作;每年组织一次安全文明生产检查工作,提高文明生产工作水平。电站每季度召开季度安全运行分析工作,及时解决设备在运行中存在的问题,确保设备安全稳定运行。

(4) 每月由电厂负责人主持召开一次安全生产例会,研究电站月度主要工作,并开展一次月度运行分析工作。

(5) 运行班组严格按负荷曲线控制机组运行,严格执行以"两票三制"为核心的各项规章制度,科学合理地安排运行方式,做好事故预想等工作。

(6) 维护班组按计划做好设备消缺工作和设备保养工作,并及时处理日常检查发现的设备缺陷,并做好设备缺陷管理。

(7) 管理人员在作好各自常规例行工作外,还要到现场进行检查、指导,对于较大的运行操作任务、较大设备维修等工作,相关管理人员还必须到现场指导工作。

(8) 所有员工每日按计划开展常规例行工作,并将工作情况作好记录。

为保证生产的连续性和突发事故、故障和缺陷得到及时处理,特制定了管理人员和运行维护人员值班制度。

3. 运行管理措施

(1) 现场安全管理。

1) 电厂严格规范地执行电力行业的有关法律法规及《电业生产安全工作规程》《安全生产奖惩规定》《防止电力生产重大事故的二十五项要求》《电网调度规程》《电气事故处理规程》和《电业生产事故调查规程》等规章制度。

2) 电厂建立健全并落实各级安全责任制和相应的安全奖惩规定。根据相关规程结合电站实际制定出科学、标准、规范、可操作性强的以"两票三制"为核心的规章制度,并严格执行、定期检查。保证各项规章制度在执行上可控、在控。

3) 开展事故调查工作,对发生的任何不安全因素、违章、违章未遂、故障、事故等进行调查分析,做到"四不放过"。

4) 开展好反事故演习、防汛演习、消防演习、事故预想、运行分析等各类安全活动。

5) 组织所有员工定期进行安全学习和安全培训,保证制度的程序性,使任何一项工作在执行时都必须达到标准、规范,避免人为因素引起的事故发生。

6) 落实"安全第一,预防为主"安全生产基本方针,做到"管生产必须管安全",在安全管理上重点是管因素、管过程。

(2) 设备管理。设备管理按检测定时化、维护日常化、消缺及时化、维修程序规范化、维修管理科学化的要求进行。建立健全设备定期检测、定期巡视检查、定期开展预防性试验、定期轮换等制度并严格执行。同时制定了设备技术台账、设备检修记录台账,为设备检修和日常维护积累数据,打下坚实的基础。

1) 日常维修。不同的设备定期进行润滑、防腐、防潮、打磨等保养工作,减少设备缺陷的发生。

发现缺陷后进行分类，根据缺陷类别严格按《设备缺陷管理制度》的程序执行。

2) 定期维修、定检试验。根据设备运行情况定期进行检查、例行试验、小修。做好工作前的准备工作，包括确定检修项目、备件、材料、劳动力、预算计划、技术组织措施等，并对关键点的完成日期作较严格的规定。使整个工作在专业的、规范的控制之中完成。

3) 技术管理及技术监督。技术管理作为电站最基本、最重要的管理，是电站日常工作的主要内容。根据电站管理规范要求，落实到具体的工作就是建立各种设备台账、技术台账、运行报表以及各类分析统计表。由技术员负责资料的收集、记录、统计、分析、上报。

技术监督是电站科学管理的重要内容，是贯彻"安全第一，预防为主"方针的重要保证，是质量、标准和计量三位一体的监督体系。建立完善十大技术监督是保证设备安全的有效手段。我们将积极把各项技术监督工作制度化，并落实到具体岗位的职责和工作计划之中去，使技术监督工作的开展有根本的保障。

4) 水工建筑物管理及防汛管理。

a. 水工建筑物管理。建立健全水工建筑物管理和防汛管理各项规章制度。

水工建筑物的运行维护管理，主要是控制它的工作条件，监测性态变化，加强维修，处理缺陷隐患，使水工建筑物处于安全运行状态。有以下几个方面：

安全调节水位，避免大坝淤积和取水口堵塞，合理发挥综合运用效益；

监测水工建筑的性态变化，做到及时分析，建立健全水工建筑物的日常巡查、年度检查、定期检查和特种检查等相关制度。

b. 防汛管理。防汛管理是水电站安全生产的中心环节之一，主要有以下几个方面：

建立健全由电厂负责人负责的防汛组织机构。

汛期严格控制汛限水位，加强防汛检查。

为了防止大坝失事，减轻生命和财产损失，与地方水利、气象部门协作加强水情预报、加强防洪预报和防汛准备，制定防汛预案相应的应急预案，开展防汛演习工作，确保达到电站设计防汛标准要求。

汛前对泄洪闸门、启闭设备和备用电源进行试运转，加强防汛检查。

针对流域的具体实际，汛期组织定期闸前清污（渣）、冲沙工作，保障引水系统的畅通；

每年汛前汛后，对大坝、泄洪设施等水工建筑物都进行一次全面检查，建立了《地质灾害监测记录表》，定时巡视监测，严防地质灾害发生。

编制实施了《闸门及启闭机设备操作运行规程》，设备操作步骤全部制牌上墙。

坝区值班人员培训纳入电站年度培训计划，每年汛期对值班人员进行一次启闭机操作、使用备用电源操作闸门等技能培训，并不定期抽查考核。

十一、工程初期运行及效益

(一) 工程初期运行情况

工程初期运行期水库最高运行水位（含相应日期）、最低运行水位、水库最大和最小来流量，以及最大泄量（含相应日期）如下：

(1) 水库最高运行水位发生在20××年7月10日06：50，水位为588.71m。

(2) 最低运行水位发生在20××年7月25日02：25，水位为581.34m；（不含停机、冲沙水位）。

(3) 水库最大流量发生在20××年7月10日15：15，流量为2052.84m³/s。

(4) 水库最小流量发生在20××年1月19日03：00，流量为24.5m³/s。

(5) 最大泄量发生在20××年7月10日14：50，流量为1614.843m³/s。

(二) 工程初期运行效益

××江×级水电站20××年4—8月1~4号机组陆续投产并网发电，20××年8月（四年后）设计变更增加的5号机组投产发电。截至20××年12月底各台机组蓄水发电情况见表6-41。

表6-41　　　　　　　××江×级水电站1~5号机组发电量统计　　　　　单位：万kW·h

机组编号	第一年	第二年	第三年	第四年	第五年	合计
1	40756.5	94347.8	77789.1	100832.3	87004.1	400729.8
2	47386.3	102735.9	71994.8	94152.5	81875.3	398144.8
3	53714.3	62889.4	104393.9	79731.9	46704.3	347433.8
4	65259.2	65877.3	104335.1	84083.6	85520.3	405075.5
5	—	—	—	—	27527.2	27527.2
合计	207116.3	325850.4	358512.9	358800.3	328631.2	1578911.1

(三) 工程监测、监测资料分析

1. 监测项目

监测项目主要类别包括：环境量、变形、渗流、应力应变等，详见表6-42。

表6-42　　　　　　　　　　　安全监测项目分类

序号	监测工程部位	监测类别项目	序号	监测工程部位	监测类别项目
1	首部大坝	环境量、变形、渗流、应力	3	调压井及压力钢管道	变形、渗流、应力
2	引水隧洞	变形、渗流、应力	4	厂房	变形、应力

2. 监测范围

本工程安全监测工作范围：首部大坝、电站引水隧洞、调压井及压力钢管道、厂房、2号引水隧洞、沉沙池、新增调压井以及压力钢管道工程，在需要监测的建筑物上布置永久、临时的监测仪器设备和开展与此相关的观测工作。

3. 监测依据

本工程安全监测依据规范如下：

《混凝土坝安全监测技术规范》（DL/T 5178—2003）；

《混凝土坝安全监测资料整编规程》（DL/T 5209—2005）；

《水电水利工程施工测量规范》（DL/T 5173—2003）；

《国家一、二等水准测量规范》（GB 12897—91）；

《国家三角测量和精密导线测量规范》（SL 52—93）；

《工程测量规范》（GB 50026—93）；

《精密工程测量规范》（GB/T 15314—1994）；

《水位观测标准》（GBJ 138—93）；

《岩土工程安全监测手册》;
《水电站大坝安全检查施行细则》。

4. 监测仪器总数、完好率

首部枢纽、引水发电系统、厂房枢纽安全监测工程，监测仪器总数475单元（718支），安装埋设完成率为100%，部分监测设备由于施工、运行损坏，无法修复，目前完好率为86%，详细情况见表6-43。

表6-43　　　　　　　　　　安全监测仪器汇总

序号	仪器名称	设计数量	完成数量	完成数量
1	观测墩/个	50	50	
2	水准点/个	5	5	
3	多点位移计/套	54	54	156
4	测缝计/支	70	70	
5	渗压计/支	67	67	
6	钢板计/支	44	44	
7	单向计变计/支	12	12	
8	钢筋计/支	76	76	
9	锚杆应力计/组	45	45	87
10	测斜孔/个	2	2	
11	水位孔/个	5	5	
12	量水堰/座	2	2	
13	锚索测力计/台	27	27	
14	温度计/支	16	16	
合计		475	475	243

5. 完成情况

按照国家有关水利水电工程建设管理规定，××江×级水电站工程安全监测建设过程中认真执行项目法人制、招投标制、合同管理制和建设监理制，参建公司严格按照合同约定要求进行施工，公司建立健全各项规章制度、工程安全和质量保证体系，强化项目管理，确保了此项工程建设顺利进行。监测主体工程设备从20××年4月开工安装，20××年11月设计变更工程监测设备安装完成。

（四）水情自动测报系统建设及运行情况

1. 测区范围

本工程水情测报系统主要测区范围为××江干流××水文站以下及支流××河××水文站以下至××江×级水电站厂房，集水面积2805km²。

2. 测点布设

××江较大的支流有××河、××河、××河、××河、××河，根据工程对水情测报的要求及流域暴雨洪水特性，考虑遥测站网要充分，确定期测报系统的覆盖范围，同时利用流域内已有测站的水情、雨情资料外，适当增加了遥测雨量站，共布设有遥测站15个，其中雨量站观测点10个（含坝前雨量站点），分别为××、××、×××、××、×

××、×××、××、××、××江一级、××。水位站2个，分别为坝上、坝下（尾水）。水文站3个，分别为××、××、×××。中心站1个，设置在电站厂房。

遥测站具体位置见表6-44。

表6-44　　　　　　　　　　××江×级水电站遥测站位置汇总

序号	河名	站名	观测项目	通信方式	所在地
1	××江	××	水文	GSM、卫星	××县××乡
2	××河	××	水文	GSM、卫星	××县××镇
3	××江	×××	水文	GSM、卫星	××县××镇
4	××江	一级站	雨量	GSM	××县××镇
5	××江	××	雨量	GSM	××县××镇
6	××江	××	雨量	GSM	××县××镇
7	××江	××	雨量	GSM	××县××乡
8	××江	×××	雨量	GSM	××县××乡
9	××江	××	雨量	GSM	××县××乡
10	××江	坝上	雨量	GSM	×级坝址
11	××江	坝前水位	水位	GSM	×级坝址
12	××江	大坝下游	水位	GSM	×级厂房下游

3. 施工依据

施工主要依据包括：××江×级水电站可行性研究报告、××江×级水电站水情自动测报系统投标文件、××省电力调度中心（中调）文件、监理工程师通知单及国家相关规程规范要求。

4. 工程形象面貌

水情测报工作20××年1月开始，20××年4月末全部完成。电站水情自动测报系统工作自开工以来紧跟主体工程施工进度而开展，到目前为止，遥测站、中心站软硬件已全部安装调试完毕并投入正常使用，测区共计设备16套，完成全部设计量。并于20××年4月30日通过了省电力调度中心的验收，按照设计施工、满足电厂及省调对水情测报的要求，现系统已正常投入运行。

5. 测站设备完好率及运行状态

水情自动测报系统观测设备于20××年4月10日安装调试完成，并已正式投入运行，系统运行情况统计结果见表6-45。

6. 系统运行状况

当前水安全和水资源问题已经成为社会和经济发展中的重要因素，建立兼顾防灾和水资源优化管理的保障系统，是现代水利和水利工程管理的需要。安全问题特别是因洪水等自然灾害所引发的突发事故，其危害巨大，××江×级水电站领导充分认识到这点，强调水情安全监控、建立及时预报系统的重要性。我们的目标是要采用现代科学对水文信息进行实时遥测、传送和处理的专门技术，提高水情测报速度和洪水预报精度，及时准确对电站实施动态监控、及时预报发现事故尤其是突发事故先兆，实时给予决策支持并实施自动控制，为电站管理部门提供多层次信息管理和决策支持手段，以保证该地区枢纽工程安全健康地运行。

表 6-45　　　　　　　　遥测站、水文站、水位站、中心站运行情况

序号	观测项目	观测部位	仪器名称	单位	完好数量/个	运行状态	完好率/%	设计数量/套	合格证	说明书	GSM信号
1	雨量站	××	雨量计	套	1	正常	100	1	合格	齐全	正常
		××	雨量计	套	1	正常	100	1	合格	齐全	正常
		×××	雨量计	套	1	正常	100	1	合格	齐全	正常
		××	雨量计	套	1	正常	100	1	合格	齐全	正常
		××	雨量计	套	1	正常	100	1	合格	齐全	正常
		×××	雨量计	套	1	正常	100	1	合格	齐全	正常
		××	雨量计	套	1	正常	100	1	合格	齐全	正常
		××	雨量计	套	1	正常	100	1	合格	齐全	正常
		×江一级	雨量计	套	1	正常	100	1	合格	齐全	正常
		坝上	雨量计	套	1	正常	100	1	合格	齐全	正常
2	水位站	坝上	浮子式水位计	套	1	正常	100	1	合格	齐全	正常
		坝下	气泡式水位计	套	1	正常	100	1	合格	齐全	正常
3	水文站	××	雨量、水位、流量计	套	各1套	正常	100	1	合格	齐全	正常
		××	雨量、水位、流量计	套	各1套	正常	100	1	合格	齐全	正常
		×××	雨量、水位、流量计	套	各1套	正常	100	1	合格	齐全	正常
4	中心站	电站厂房	系统软件、硬件	套	1	正常	100	1	合格	齐全	正常
5	合计	雨量站10个、水文站3个、水位站2个、中心站1个			16	正常	100	16	合格	齐全	正常

目前××江×级水电站水情自动测报系统已投入正常运行，运行状况良好，并通过××省电力调度中心验收，相信该系统能为电站运行防洪调度决策提供及时、准确的科学依据，同时水情测报系统极大地增强×级站对××江上游流域水雨情的监测预警能力，为电厂管理、决策提供科学依据，为××江×级水电站枢纽的防洪、安全度汛、电厂经济运行及兴利除害发挥出更大的作用。

十二、竣工财务决算编制与竣工审计情况

竣工财务决算编制已完成，正在审计中。

十三、存在问题及处理情况

工程竣工安全鉴定阶段专家提出的意见已全部整改落实。

（1）加强水情预报工作，提前做好水库洪水调度预案，以确保本工程防洪安全。

整改落实情况：汛期水库水工管理所严格按照汛期值班制度进行24小时值班，通过新的水情测报系统加强了水库洪水调度预案这方面的工作。在20××年修编完善了《××江×级水电站防洪抢险应急预案》，20××、20××年度分别进行了相应的应急演练。

(2) 进一步完善水库调度运行方案、洪水调度方案、完善和健全闸门调度预案和规章制度。

整改落实情况：20××年修编完善了《××江×级水电站防洪度汛方案》《××江×级水电站调度运行方案》《开闸泄洪管理制度》，建立了闸门通知单和操作票，进一步规范了闸门调度的预案和规章制度。

(3) 现场检查发现，厂房上游边墙和左端墙渗漏点较多，多处存在析钙现象，影响厂房美观。建议采取工程措施进行封堵，对于渗透水压大的地方需采取引排措施。

整改落实情况：20××年在工程质保金支付前，已经安排当时的施工单位××水利水电××工程局对厂房上游和左端墙渗漏点进行了化学灌浆处理。目前渗水点已消失，效果显著。

(4) 进一步完善、规范辅助系统自动化元件、阀门的编号、挂牌标识，以利电站安全运行。

整改落实情况：××江×级水电站辅机、阀门、一次设备等设备双重标识牌，已经在20××年×月全部标识完成，同时对重要的管道流向进行了标示，目前电站安全生产标准化达标工作正在进行中。

(5) 定期对发电厂房及升压变电站接地网、接地电阻、接触电压和跨步电压进行实测，并满足设计和规程规范要求。

整改落实情况：××江×级水电站所有接地电阻测量工作已经建立了相应的监测台账，由电站检修维护人员定期进行监测记录，目前监测值满足设计和规程规范；同时计划在保护定检时统一找有测量资质的单位进行校验复测。

十四、工程尾工安排

××江×级水电站工程已全部完工，无尾工安排。

十五、经验与建议

（一）经验

(1) 选择好的设计单位、监理单位、施工单位是工程按质按量完成的保证。

(2) 业主、监理、施工单位均要在法规、合同约束下各自履行自己的职责，工作上需要密切配合，但不能相互取代。建设过程中坚持平等相处，互相尊重、互相理解和支持非常重要。业主要摆正位置，既要大胆管理，又要正确认识自己的岗位职责，认真履行合同义务，协调处理好各方面的关系，本着依法、廉洁、诚信、公证、科学的宗旨，开展工程建设管理工作。

(3) 实事求是、科学决策。在建设过程中如设计与实际有差距和不满足使用功能时，业主应主动召集监理、设计、施工企业的技术负责人一同调查研究，本着科学、合理、经济、适用的原则进行优化设计，做好相应的设计变更手续，做到延长工程使用年限，满足使用功能。

(4) 工程建设、防汛及蓄水的矛盾比较突出，要在充分调查研究的基础上作出科学决策，做到精心组织，科学调度，确保工程按质按量按时完成。确保工程建设期间做到施工、度汛、导流、蓄水同时兼顾。

(二) 建议

(1) 电站运行管理部门要完善运行管理各项规章制度，按照《××江保护管理实施办法》做好工作。

(2) 加强人员培训，提高管理人员的综合素质，提高运行管理水平。

(3) 在电站运行管理中，应加强各建筑物的观测工作，做好观测资料的整编分析，为电站的安全运行和合理调度提供科学的技术参数。

(4) 在汛期，严格按照度汛方案，清理河道和引水隧洞进水口周围的障碍物及垃圾，确保发电机组安全运行。按照汛期控制水位线，根据入库水量情况，及时调度洪水下泄，确保水库安全。

十六、附件

(1) 项目法人的机构设置及主要工作人员情况表。(略)

(2) 项目建议书、可行性研究报告、初步设计等批准文件及调整批准文件。(略)

第七章

竣工验收工程建设管理工作报告

第一节 竣工验收应具备的条件及阶段建设管理工作报告编写要点

竣工验收是水利水电工程已按批准的设计文件全部建成,并完成竣工阶段所有专项验收后,对水利水电工程进行的总验收。竣工验收应在工程建设项目全部完成并满足一定运行条件后1年内进行。不能按期进行竣工验收的,经竣工验收主持单位同意,可适当延长期限,但最长不应超过6个月。

一、《水利水电建设工程验收规程》(SL 223—2008) 竣工验收应具备的条件

(1) 工程已按批准设计全部完成。
(2) 工程重大设计变更已经有审批权的单位批准。
(3) 各单位工程能正常运行。
(4) 历次验收所发现的问题已处理完毕。
(5) 各专项验收已经通过。
(6) 工程投资已全部到位。
(7) 竣工财务决算已通过竣工审计,审计中提出的问题已整改并提交了整改报告。
(8) 运行管理单位已明确,管理养护经费已基本落实。
(9) 质量和安全监督工作报告已提交,工程质量达到合格标准。
(10) 竣工验收资料已准备就绪。

二、《水电工程验收规程》(NB/T 35048—2015) 竣工验收应具备的条件

(1) 枢纽工程、建设征地移民安置、环境保护、水土保持、消防、劳动安全与工业卫生、工程档案、工程决算等专项验收,已分别按国家有关法律和规定要求进行,并有同意通过验收的明确书面结论意见。
(2) 遗留的未能同步验收的特殊单项工程不致对工程和上下游人民生命财产安全造成影响,并已制定该特殊单项工程建设和竣工验收计划。
(3) 已妥善处理竣工验收中的遗留问题和完成尾工。
(4) 符合其他有关规定。

三、竣工验收建设管理工作报告编写要点

水利水电工程竣工验收阶段验收项目法人的建设管理工作报告可按照《水利水电建设工程验收规程》(SL 223—2008) 附录O.1的各章节,在分析设计、监理、施工、质量检测等

各有关单位提交的工作报告的基础上按顺序进行编写。

第二节　工程竣工验收建设管理工作报告示例：×××水库工程建设管理工作报告

一、工程概况

（一）工程位置

×××水库工程位于××省××州××县境内××镇以北 5km 的国际河流××××江水系××江一级支流××河上游，是一座以灌溉、防洪为主，兼有发电、旅游等综合利用的大（2）型水利枢纽工程。水库地理位置东经××°××′××″，北纬××°××′××″，距××县城 33km，距省会××市 896km。水库坝址以上流域径流面积 294km^2，多年平均降水量为 1944mm，多年平均径流量 3.69 亿 m^3。水库设计坝高 35.6m，总库容 1.0665 亿 m^3。工程建成后可控制整个××坝区，可解决××坝子 22.68 万亩农田的灌溉用水问题，缓解水资源的供需矛盾；与下游堤防工程联合运用，可提高下游农田和城镇的防洪标准，减少洪灾损失；同时还可利用灌溉用水和水库弃水发电，对保障当地社会经济的可持续发展具有重要意义。

（二）立项、设计文件批复过程

×××水库是大（2）型水利工程，由于本地区降雨径流时空分布不均，水利灌溉设施薄弱，缺乏骨干性水利工程制约了当地社会经济的发展；同时××河下游两岸现有堤防洪水标准较低，汛期洪涝灾害频繁，对下游城镇和农田造成较大威胁。从 19××年开始规划兴建，至 20××年已经历了 40 多年的建设历史。19××—19××年第一次进行初步设计工作，因贯彻落实中央"调整、巩固、充实、提高"的方针而停缓建；19××年准备第二次兴建，因条件不具备未能全面展开；19××年第三次动工兴建，因不符合基建程序，地区农业局批示停缓建，并委托××省水利勘测设计院承担前期勘测设计工作。19××年根据国家压缩基本建设项目规模的精神，×××水库再次列为停缓建项目。40 多年来，为争取该项目的立项建设，省、州、县历届党委、政府一直未停止过努力，曾先后于 19××年、19××年两次进行复工初步设计工作，但因种种原因工程一直未能建成发挥效益，建设×××水库成为××县人民期盼了近半个世纪的心愿。

中央提出实施西部大开发的重大战略部署后，州、县党委政府再次把×××水库工程的建设提上重要议事日程。通过省发改委、省水利厅的指导和大力支持，在国务院、发展改革委、水利部的高度重视和亲切关怀下，该项目终于得以立项建设。2003 年 9 月 25 日，×××水库西低隧洞（导流工况）开工典礼隆重举行，给广大建设者以极大鼓舞，同时也标志着整个工程的动工兴建。

×××水库得以立项建设，既符合中央提出的"农业增效、农民增收、农村稳定"的总体要求，也充分体现了党中央、国务院和上级部门对边疆少数民族地区的极大关心和支持，同时也圆了××县近三代人的愿望。水库的建成将全面带动地方经济的发展和社会稳定，为实现××农业强县的目标打下了扎实的基础。

第二节　工程竣工验收建设管理工作报告示例：×××水库工程建设管理工作报告

1．项目建议书

19××年××省水利水电勘测设计研究院受××县人民政府的委托，承担了水库勘测设计并编制完成了《××省××州××县×××水库规划报告》，20××年3月编制完成《××省××州××县×××水库工程项目建议书》。

20××年××州发展计划委员会、××州水利水电局以"×××〔20××〕第××号"文报送《××县×××水库工程项目建议书》，同年××省计划委员会、××省水利水电厅以"×水规计〔20××〕××号"文报送《××省××县×××水库工程项目建议书的报告》，水利部水利水电规划设计总院以"××〔20××〕××号"文报送《××省××州××县×××水库工程项目建议书审查意见的报告》，20××年国家发展计划委员会以"×××〔20××〕×××号"文同意项目建议书，并向国务院报送《关于审批××省××县×××水库工程项目建议书的请示》，20××年5月3日国家发展计划委员会印发了经国务院批准的"×××〔20××〕×××号"文《关于审批××省××县×××水库工程项目建议书的请示的通知》，×××水库工程建设正式立项。

2．可行性研究报告

20××年3月××省水利水电勘测设计研究院编制完成《××省××州×××水库工程可行性研究报告》，2002年5月进一步完善了《××省××州×××水库工程可行性研究阶段工程地质勘查报告》。××省水利厅以"××××〔20××〕××号"文上报《关于请求审查××省××州××县×××水库可行性研究报告的报告》，同年水利部以"×××〔20××〕××号"文报送《关于报送××省××州××县×××水库工程可行性研究报告审查意见的函》，20××年4月15日国家发展改革委以"××××〔20××〕×××号"文批准水库可行性研究报告。

3．初步设计报告

受××县人民政府的委托，××省水利水电勘测设计研究院于2003年10月编制完成《××省××州×××水库初步设计报告》。

20××年10月××州发展计划委员会、××州水利局以"×××〔20××〕×号"文报送《关于请求审查××省××州×××水库工程初步设计概算的请示》，××省发展计划委员会以"××××〔20××〕×××号"文报送《关于请求核定××省××州××县××水库工程初步设计概算的请示》，水利部以"×××〔20××〕×××号"文报送《××省××县×××水库工程初步设计核定概算的函》，20××年1月国家发展和改革委员会以"××××〔20××〕××号"文核定×××水库初步设计概算总投资为×．××××亿元。

20××年3月，水利部以"××〔20××〕××文"批准《×××水库初步设计报告》，批准工程概算总投资为×．××××亿元。资金筹措方案为：中央水利基建投资×亿元，省级基本建设投资×．×亿元，州县地方财政预算内基本建设资金××××万元。建设工期48个月，跨5个年度。

4．专项工作

20××年7月××日，×××水库建设用地经原国土资源部"××××函〔20××〕×××号"文预审批复。

20××年6月××日，水库征用林地经原林业局《使用林地审核同意书》（××林地××〔20××〕××号）文批准审核同意。

20××年11月××日，水利水电规划设计总院向水利部上报了《关于报送××省××县×××水库工程水土保持方案报告书（报批稿）审查意见的报告》，水利部以"××〔20××〕×××号"文批复。

××省××州环境监测站以"××〔20××〕×××字×××号"文上报环境监测报告；20××年12月××日，国家环境保护总局以《关于××省××县×××水库枢纽改造工程环境影响报告书审查意见的复函》（××〔20××〕×××号）文批复通过。

5. 调整概算

由于资金短缺及工程征地困难等方面原因，实际工期较初设延长以及物价上涨、政策变化、设计变更等诸多因素影响，造成工程实际投资超出概算批复总投资。为解决工程实际困难，推进工程建设，使工程能尽早发挥效益，从20××年6月开始，×××水库管理局开始上报调改的请示，并委托××省水利水电勘测设计研究院编制概算调整报告。××省水利厅组织专家组多次现场实地踏勘，反复对投资进行审核，20××年7月水利部珠江水利委员会技术咨询中心进行了调改审核，向省水利厅提交《××州××县×××水库工程概算调整报告评审意见》（×××〔20××〕××号），20××年7月××日××省水利厅向××省发展和改革委员会发函报送了《××省水利厅关于报送××县×××水库工程概算调整报告审查意见的函》（××××〔20××〕×××号）。按照省发展改革委工作安排，20××年11月××日由××省人民政府投资项目评审中心组织对《××州××县×××水库工程概算调整报告》进行了评审，20××年4月××省人民政府投资项目评审中心以"××××〔20××〕×××号"文向××省发展和改革委报送了《××省人民政府投资项目评审中心关于××州××县×××水库工程调整概算报告的评审意见》，20××年9月××省发展和改革委以"×××××〔20××〕×××号"对××州××县×××水库工程调整概算进行了批复，批准工程调整概算总投资为×××××.××万元。

（三）工程建设任务及设计标准

×××水库工程由水库枢纽部分和灌溉干渠两大部分组成。水库枢纽工程主要建筑物有拦河坝、溢洪道、西低隧洞、西高涵、坝后电站、水情自动测报系统；灌溉干渠工程则由西高干渠、西低干渠、东干渠组成，初设总长112.66km，其中东干渠全长约37.727km，西低干渠长约35.933km，西高干渠长约39km。

水库属不完全年调节水库，设计坝高35.6m，总库容1.0665亿 m³，设计坝顶高程1000.60m，坝轴线总长1083m。根据《水利水电工程等级划分及洪水标准》（SL 252—2000）规定，水库属Ⅱ等大（2）型水利工程，拦河坝、溢洪道、西高涵、西低隧洞主要建筑物级别为2级，溢洪道、西高涵、西低隧洞的进出口护坡及西高涵进口挡墙等次要建筑物级别为3级，临时建筑物级别为4级，电站厂房为5级建筑物。水库设计洪水标准为100年一遇，校核洪水标准为2000年一遇。死水位为978.00m，相应死库容592万 m³，正常水位为994.70m，兴利库容7205万 m³，设计洪水位（$P=1\%$）为995.57m，防洪高水位（$P=5\%$）为994.65m，防洪库容1772万 m³。

20××年9月省发改委批准工程调整概算总投资为×××××.××万元，技施设计干渠总长为89.935km，其中东干渠全长约25.791km（从西低干渠K7+473分叉口处），西低干渠全长33.143km，西高干渠全长31.001km。东干渠渠道纵坡$i=1/3000$，渡槽纵坡$i=$

1/1000，涵洞纵坡 1/1500，最大设计流量为 $6.4m^3/s$，为 4 级建筑物；西高干渠渠道纵坡 $i=1/6000$，渡槽纵坡 $i=1/1000$，渠首底板高程 977.174m，最大设计流量为 $3m^3/s$，为 5 级建筑物；西低干渠渠道纵坡 $i=1/4000\sim1/170$，渡槽纵坡 $i=1/1500\sim1/800$，最大设计流量为 $19.3m^3/s$，西低干渠桩号 K7+473 以上段为 3 级建筑物，西低干渠桩号 K7+473 以下段为 4 级建筑物。

（四）主要技术特征指标

×××水库工程主要技术特征指标见表 7-1。

表 7-1　　　　　　　　　×××水库工程主要技术特征指标汇总

序号	名　称		单位	数量	备　注
一	水文				
1	流域面积		km^2	931	章凤以上
				294	坝址以上
2	利用水文系列年限		年	42	实测
3	多年平均年径流量		亿 m^3	3.69	
4	代表性流量				
	多年平均流量		m^3/s	11.7	
	实测最大流量		m^3/s	481	实测日期：19××年×月2日
	正常运用（设计）洪水标准及流量		P/%	1	
			m^3/s	951	
	非常运用（校核）洪水标准及流量		P/%	0.05	
			m^3/s	2070	已加入15%安全修正值
	施工导流标准及流量		P/%	5	坝体挡水时 P=2%
			m^3/s	54.3	$Q=770m^3/s$
5	洪量				
	实测最大洪量（1d）		亿 m^3	0.155	实测日期19××年×月18日
	设计洪水洪量（1d）（P=1%）		亿 m^3	0.280	
	校核洪水洪量（1d）（P=0.05%）		亿 m^3	0.511	已加入15%安全修正值
6	泥沙				
	多年平均悬移质输沙量		万 t	42.5	
	多年平均含沙量		kg/m^3	1.15	
	实测最大含沙量		kg/m^3	34.6	实测日期19××年×月23日
	多年平均推移质年输沙量		万 t	8.50	
二	水库				
1	水库水位				
	校核洪水位		m	998.38	
	设计洪水位		m	995.57	
	正常蓄水位		m	994.7	
	防洪高水位（P=5%）		m	994.65	

续表

序号	名称	单位	数量	备注
	汛期限制水位	m	992	
	死水位	m	978	
2	正常蓄水位时水库面积	km²	7.11	
3	水库容积			
	总库容	亿 m³	1.0665	
	正常蓄水位以下库容	万 m³	7797	
	防洪库容	万 m³	1772	
	调节库容	万 m³	7205	正常水位至死水位
	其中：共用库容	万 m³	1808	正常水位至汛期限制水位
	死库容	万 m³	592	
4	库容系数	%	20	
5	调节特性		不完全年调节	
三	下泄流量及相应水位			
1	设计洪水位时最大泄量及相应下游水位	m³/s	214	
		m	970.06	
2	校核洪水位时最大泄量及相应下游水位	m³/s	376	
		m	970.58	
四	工程效益指标			
1	防洪效益保护面积及标准	万亩	5.1	
		$P/\%$	10	
2	发电效益			
	装机容量	kW	2×1500	
	保证出力（$P=80\%$）	kW	689	
	多年平均发电量	万 kW·h	1201	
	年利用小时	h	4003	
3	灌溉效益			
	灌溉面积	万亩	22.68	
	最大引用流量	m³/s	22.3	
	多年平均用水量	亿 m³	1.4122	
五	淹没损失			
1	淹没耕地	亩	7502.3	
	水田	亩	6694.9	
	旱地	亩	807.4	
2	迁移人口（$P=5\%$）	人	2852/3031	现状/设计水平年
3	淹没区拆迁房屋	m²	132154.1	
4	淹没公路长度	km	12.5	

续表

序号	名称	单位	数量	备注
5	淹没输电线路	km	33.7	
六	主要建筑物及设备			
1	大坝形式		分区坝、均质坝	
	地基特性		第三系砂土夹黏土，属深厚透水地基	
	地震基本烈度	度	Ⅶ	
	坝顶高程	m	1000.60	
	最大坝高	m	35.6	
	坝顶长度	m	1083	
2	西低隧洞			
	形式		圆形压力钢管	导流时为钢筋混凝土隧洞
	内径	m	2.7	运行期
	消能形式		消力池	
	检修门尺寸	m×m	2.5×2.5	
	工作弧门尺寸	m×m	2×2.5	
	全长	m	680.144	其中隧洞段长 268.5m
	进口底板高程	m	973.8	
	导流时最大泄量	m³/s	42.8	($P=1\%$)
	运行时最大泄量	m³/s	51.54	
3	西高涵			
	形式		直墙圆拱形	
	消能方式		消力池	
	检修门尺寸	m×m	2.5×2.5	
	工作门尺寸	m×m	2.5×2.5	
	设计过流量	m³/s	3	
	度汛流量	m³/s	48.7	($P=1\%$)
	进口底板高程	m	980.64	
	全长	m	791.6	其中洞身长 104.5m
4	溢洪道			
	型式		开敞式	
	堰顶高程	m	990.00	
	溢流堰净宽	m	10	
	闸门尺寸	m×m	5×5	
	设计泄流量	m³/s	192.1	($P=1\%$)
	校核泄流量	m³/s	354	($P=0.05\%$)
	消能方式		消力池	
	长度	m	710.38	

续表

序号	名称	单位	数量	备注
5	坝后电站			
	形式		引水式地面厂房	
	主厂房尺寸	m×m	33.63×12.5	
	机组安装高程	m	971.60	
	水轮机台数	台	2	
	水轮机型号		HL280-LJ-140	
	额定转数	r/min	375	
	额定出力	kW	1500	
	最大水头	m	23	
	最小水头	m	8	
	额定水头	m	17	
	额定流量	$m^3/(s·台)$	10.81	
	发电机型号		SF1500-24/2600	
	发电机台数	台	2	
	单机容量	kW	1500	
	发电机功率因素		0.8	
	额定电压	kV	6.3	
	主变压器型号		S9-4000/35,YND11	
	主变压器台数	台	1	
	厂房内起重机		$LK=10.5m$	
	厂房内起重机台数	台	1	
	输电电压	kV	35	
	输电线路回数	回路	1	
	输电目的地		城子与清平变电站	
	输电距离	km	2	
七	灌溉干渠			
1	东干渠			
	长度	m	25790.54	
	渠首设计流量	m^3/s	6.4	
	渠首底板高程	m	965.65	
	渡槽	座	9	
2	西低干渠			
	长度		33143.398	
	渠首设计流量	m^3/s	19.3	
	渠首底板高程	m	968.61	7+735.23处东西干渠分流
	渡槽	座	12	

续表

序号	名称	单位	数量	备注
3	西高干渠			
	长度		31001.583	
	渠首设计流量	m³/s	3	
	渠首底板高程	m	977.17	
	渡槽	座	26	
八	施工			
1	施工动力及来源供电	kVA	2100	
2	对外交通：公路			
3	距离	km	5	至陇川县城子镇
4	运量	万 t	55.3	
5	施工导流型式		隧洞导流	
6	施工总工期	年	4	第一年7月至第五年6月
九	经济指标			
1	静态总投资	万元	90664.67	
2	总投资	万元	90807.62	
	枢纽工程	万元	20105.74	
	干渠工程	万元	45882.00	
	移民及环境部分	万元	24676.93	
	建设期贷款利息	万元	142.95	

（五）工程主要建设内容

×××水库工程主要建设内容有大坝基础防渗处理、大坝填筑、溢洪道、西高涵、西低隧洞、坝后电站和灌溉干渠。

1. 大坝基础防渗处理工程

大坝基础采用混凝土防渗墙防渗，防渗墙为2级建筑物，其里程桩号为K0+315.800～K1+245.450，轴线长度为929.65m。大坝基础河床K0+484.650～K1+161.450段，采用厚度为60cm混凝土防渗墙，最大墙高34.71m，划分为90个槽段，防渗面积14591.71m²；大坝左岸K0+315.800～K0+484.650及右岸K1+161.450～K1+245.450段，采用厚度为40cm的薄壁塑性混凝土防渗墙，最大墙高38.27m，划分为34个槽段，防渗面积2423.60m²。

主要设计指标为：0.6m厚段防渗墙采用C10混凝土，弹性模量E不大于17000MPa，抗渗等级大于W6；0.4m厚段防渗墙采用C10塑性混凝土，弹性模量E小于13000MPa，抗渗等级大于W6。

2. 大坝填筑

大坝为碾压式土石坝，最大坝高35.6m，坝轴线长1083m，坝顶高程1000.600m，坝顶宽6m，防浪墙高1m。溢洪道右侧为黏土心墙含砾砂土分区坝，上游坝坡分为三级，坡比均为1:3；下游坝坡分为四级，坡比由坝顶至坝脚分别为1:2、1:2.5、1:3.0、1:

2.5；黏土心墙顶高程1000.10m，顶宽4m，上游坡比为1:0.35，下游坡比为1:0.25，下游设置了三层反滤过渡排水体，厚度均为1.5m，第一、三层为粗砂，第二层碎石透水体沿着坝基水平铺设，一直与下游坝脚排水棱体的褥垫连接。溢洪道左侧为黏土均质坝，上、下游坝坡均为一级，上游坡比为1:3，下游坡比为1:2；采用上昂式排水结构布置，排水结构形式与分区坝段相同。

×××水库大坝坐落在特别深厚的覆盖层上，0+700～1+000段是坝体的最高坝高区域，为使该区域的沉降在筑坝过程中尽量消散，结合导流度汛的要求，坝体施工采用分期填筑，基础和坝体通过预压，适当控制填筑速度，使坝体、坝基的较大沉降量在施工过程中完成，以利于减小坝体的后期沉降变形以及坝体和穿坝建筑物的稳定，增大了大坝的安全可靠性。

3. 溢洪道

溢洪道位于水库左岸二级阶地上，为闸门控制正槽溢洪道，其轴线在坝轴线里程K0+522.741处斜交，交角为100°。溢洪道由进水渠、控制段、尾墩段、第一陡坡段、陡槽段、第一级消力池、第二陡坡段、跌坎段、第二级消力池和出口海漫段组成，总长710.38m，宽度12m，设计泄流量192.1m³/s，最大泄流量354.4m³/s。

进水明渠弯段（K0-153.370～K0-052.232）长101.138m，纵坡$i=0$，底板高程990.00m。为使水流流态平顺，在溢K0-075.030～溢K0-052.232里程段，左、右边墙分别采用$R=35$m的圆弧导墙和曲线为$\frac{x^2}{80^2}+\frac{y^2}{45^2}=1$的椭圆导墙与后段直墙连接。左导墙采用M5.0浆砌石，墙顶宽0.5m，迎水面坡比为1:2.5，后背坡垂直；右导墙采用C10埋石混凝土，墙顶宽0.6m，迎水面垂直，后背坡为1:0.3。

进水直墙段（K0-052.232～K0-013.232）长39m，底板高程990.00m，纵坡$i=0$。采用整体式钢筋混凝土结构，设计强度等级为C15，过水断面为矩形，墙顶宽0.6m，后背坡为1:0.3。

控制段（K0-013.232～K0+004.500）长17.732m，采用钢筋混凝土结构，设计强度等级为C20，按平底宽顶堰设计，堰顶宽度10m，堰顶高程990.00m，两孔布置形式，由两道5m×5m的弧形闸门控制。整个闸室均为C20整体式钢筋混凝土结构，底板厚2m，边墙顶宽1.5m，底宽2.35m，墙顶高程1000.60m。依据水工模型试验成果，中墩上游设计为尖圆形，下游设置尾墩。薄壁混凝土防渗墙通过闸室底板基础，借此作为控制段的基础防渗设施。为增长渗径防止库水沿闸室边墙产生接触冲刷，边墙外侧与大坝结合部分布置刺墙解决大坝与溢洪道接触渗漏问题，左岸设两道刺墙底宽分别为3.23m、5.69m，刺入坝体内6.15m，上顶宽均为1.5m，两道刺墙底部相距3.70m；右岸设一道刺墙并作为启闭机房基础，上顶宽为7.30m，底宽为10.75m，刺入坝体内6.65m，左、右岸刺墙均为C15埋石混凝土。闸室与坝体之间回填1m厚的高塑黏土。

尾墩段（K0+004.500～K0+013.000）长8.5m，高5.1m，厚2.0m，墩顶高程为995.10m，采用钢筋混凝土结构，设计强度等级为C20。根据水工模型试验成果，尾墩尾部设计为尖圆形。

第一陡坡段（K0+013.000～K0+208.150）长195.15m，采用钢筋混凝土结构，设计强度等级为C20。设计纵坡$i=0.0242$，底板混凝土厚1m，底板高程990.00～984.960m，边墙高度随底板高程的降低由6.98m变至4.0m。

陡槽段（K0+208.150～K0+261.680）长53.53m，采用钢筋混凝土结构，设计强度等级底板为C25，边墙为C20钢筋混凝土。设计纵坡$i=0.22$，底板混凝土厚度为1.0～4.0m，底板高程984.96～973.18m，边墙高度随底板高程的降低由5.107m变至12.7m。

第一级消力池段（K0+261.680～K0+295.680）长34m，池深4.40m，池宽12m，底板厚度2m，底板高程974.18m，边墙高度12.7m，消力池出口高程977.56m。断面衬砌形式与陡槽段相同。

第二陡坡段（K0+307.180～K0+470.370）长163.19m，采用钢筋混凝土结构，设计强度等级为C20。设计纵坡$i=0.0238$，底板混凝土厚1m，底板高程977.56～973.68mm，边墙高度随底板高程的降低由5.33m变至4.0m。

跌坎段（K0+470.370～K0+492.480）长22.11m，由4个跌坎段组成，采用钢筋混凝土结构，设计强度等级为C20。底板高程由973.68m变至965.30m，边墙高度随底板高程降低而增加，由4.749m变至11.7m。底板混凝土厚度为1～4m。

第二级消力池段（K0+492.480～K0+526.480）长34m，池深3.20m，池宽12m，底板高程965.30m，边墙高度11.7m，消力池出口底板高程968.50m。钢筋混凝土结构，设计强度等级底板下部为C20，上部为C25，墙身为C20。

海漫直线段（K0+526.480～K0+532.480）长6.0m，纵坡$i=0.0417$，采用钢筋混凝土矩形断面结构，设计强度等级为C20。

海漫扩散段（K0+532.480～K0+554.980）长22.5m，底坡$i=0.0417$，采用M5.0浆砌石结构，边墙斜靠边坡，底板、边墙厚度均为1m。

4. 西高涵

西高涵及泄水建筑物布置在右岸坝肩的二级阶地上，承担灌溉输水任务。由于×××工程建设的历史原因，部分建筑物已建成，已建成的建筑物有：引水渠段、坝下涵管段、出口扩散段、消力池、泄水道。新建建筑物为：启闭塔、启闭机房、涵洞进口建筑物、泄水道扶手栏杆、西高干渠进水闸室和启闭机房、西高涵分水闸室和启闭机房。经检测坝下涵管段的浇筑质量差且强度低于设计要求，需拆除新建。

西高涵由进口引水渠段、涵洞段、出口段和泄水道组成，总长791.6m。度汛期最高水位为988.72m时，泄流量48.7m³/s，灌溉高峰期的最低库水位982.93m时，泄流量11.84m³/s。

(1) 进口引水渠段。进口引水渠段（K0+000.00～K0+104.00）长104m，底坡$i=0$，底板高程980.14m。平面布置成曲线，断面形式为梯形，在已建M5.0浆砌石基础上挂网衬砌0.1m厚C20混凝土。

(2) 涵洞段。涵洞段由闸前连接段、启闭塔闸门井段和无压洞身段组成。

闸前连接段（K0+104.000～K0+108.665）长4.665m，采用C20钢筋混凝土衬砌，渠道断面为矩形，断面尺寸2.50m×3.40m（宽×高），衬砌厚度60cm，底板高程由980.14m渐升至980.64m。为了防止污物进入涵洞，在该渠段的入口处及渠槽顶部设有粗格拦污栅。

启闭塔闸门井段（K0+108.665～K0+120.465）长11.8m，底坡$i=0$，底板高程为980.64m，高程985.00m以下部分为闸室，高程985.00m以上部分为启闭塔。闸室采用整体 C20 钢筋混凝土结构，内设检修、工作平板钢闸门各一套，尺寸均为 2.5m×2.5m，启闭设备为两台 QPG-300KN 卷扬式启闭机。工作平板钢闸门可保证小开度动水运行。启闭塔采用整体 C20 钢筋混凝土结构，平面尺寸 6.8m×5.3m，高 19.96m，中间增加厚 60cm 隔墙，塔顶高程 1000.60m，启闭机房平面尺寸 9.4m×7.9m，启闭机层高程 1006.60m。为减少闸门井段的沉降量，闸门井段采用 C15 埋石混凝土基础，平面尺寸 11.8m×8.7m，厚 3.4m。

无压洞身段（K0+120.465～K0+220.171）长 99.706m，底坡 $i=0.02$，底板高程 980.64～978.586m。采用全封闭门洞形钢筋混凝土结构，断面尺寸 2.5m×3.45m（宽×高），衬砌厚度 0.6m；K0+120.465～K0+136.571 段底板采用 C35 钢纤维钢筋混凝土，其余均为 C20 钢筋混凝土。

(3) 出口段。出口段由水平扩散段、陡槽扩散段和消力池组成。

平台扩散段（K0+220.171～K0+232.270）长 12.099m，宽度 3.5～4.74m，底板高程 978.549m。陡槽扩散段（K0+232.270～K0+242.350）长 10.08m，宽度 4.74～7m，底板高程 978.549～972.294m。消力池段（K0+242.350～K0+269.350）长 27m，池宽 7m，池深 2.63m，底板高程 972.294m，出口高程 976.924m。

水平扩散段、陡槽扩散段和消力池均采用 C20 钢筋混凝土衬砌，边墙半重力式结构，墙顶宽 70cm，墙后背坡 1:0.3；底板厚度：平台扩散段、陡槽扩散段为 0.8cm，消力池为 1.3m。

(4) 泄水道。泄水道由泄水道前段、分水闸、陡坡段、消力池和泄水道后段组成。

泄水道前段（K0+269.350～K0+391.000）长 121.650m（已建），底坡 $i=0.005$，采用浆砌石矩形断面结构，底宽 7m，墙高 3.28m，墙顶宽 0.80m，背水坡 1:0.45，底板高程 976.924～976.316m。迎水面采用 C20 钢筋混凝土护面，厚度 0.2m。由于西低隧洞从泄水道底板下穿过，所以 K0+269.066～K0+286.366 段长 17.30m，需拆除重建。

分水闸（K0+391.000～K0+404.600）长 13.6m，闸室底板高程 976.324m，闸室顶高程 980.124m。在里程 K0+314.000 处分水进入西高干渠，在进入西高干渠 K0+026.2 处设渠道进水闸。分水闸室采用整体 C20 钢筋混凝土结构，分两孔，布置两道 3.6m×3.5m 平板钢闸门，启闭设备采用螺杆启闭机。启闭机房采用 C25 钢筋混凝土框架结构，平面尺寸 13.1m×6.1m，启闭机层高程 984.624m。

陡坡段（K0+408.60～0+454.00）长 45.4m，底坡 $i=1/9$，底板高程 976.324～970.424m。

消力池段（K0+454.000～K0+470.000）长 16m（已建），池宽 7m，池深 0.9m，底板高程 970.424m，消力池出口底板高程 971.324m。

泄水道后段（K0+470.00～K0+791.60）长 321.6m（已建），底坡 $i=1/200$，起始底板高程 971.324m，末端进入××河。

陡坡段、消力池和泄水道后段底板为 M5.0 浆砌石，厚度 0.8m，边墙为 M5.0 重力式浆砌石挡墙，墙顶宽 0.8m，背水坡 1:0.45，底板和边墙迎水面采用 C20 钢筋混凝土护面，厚 0.2m。

5. 西低隧洞

西低隧洞布置在大坝右岸，承担灌溉、发电引水、施工导流及放空水库的任务。西低隧洞全长 680.14m，由引水明渠段、清污和检修闸门井段、洞身廊道段、出口工作闸室、出口平台段和渥奇段、消力池、泄水明渠段、分水闸室段等组成。施工度汛最高水位 988.72m 时，泄流量为 42.8m³/s，运行期由压力钢管过流，设计洪水位 995.57m 时，泄流量 45.43m³/s，校核洪水位 998.38m 时，泄流量 51.45m³/s，枯季最低水位（死水位）978.00m 时，泄流量 23.30m³/s。

引水明渠段（K0-122.614～K0-012.400）长 110.214m，底坡 $i=0$，采用 C10 钢筋混凝土结构梯形断面，衬砌厚度 0.5m，底板高程 972.50m，底宽 45.87～3.3m，边坡 1∶1.5。

清污和检修闸门井启闭塔段（K0-012.400～K0+000.00）长 12.4m，采用 C20 钢筋混凝土结构，底板高程 972.50m，塔顶高程 1000.60m，启闭机层高程 1006.10m。进口处布置细格拦污栅，断面尺寸 3.3m×21.3m，塔顶布置清污机。闸门井内布置平板钢闸门，尺寸 2.5m×2.5m，启闭设备为 QPQ-400KN 卷扬机。为解决闸门井基础的不均匀沉陷变形，设置长 13.2m、宽 7.7m、深 5.5m 的 C10 混凝土箱形基础。

洞身廊道段（K0+000.000～K0+367.000）长 367m，底坡 $i=0.006$，采用 C20 钢筋混凝土结构，城门洞型，断面尺寸 3.9m×4.0m，底板衬砌厚度 1m，边墙和顶拱衬砌厚度 0.8m。其中：K0+000.00～K0+269.731 为隧洞段，K0+269.731～K0+367.00 为明挖埋管段。廊道导流完毕，检修闸下闸关水，在廊道内安装直径 2.7m 的压力钢管，管壁厚 10mm，在里程 K0+378.067m 处分岔钢管接电站压力钢管。

出口工作闸室段（K0+388.800～K0+400.700）长 11.9m，闸室底板高程 970.14m。采用钢筋混凝土结构，布置一套 2m×2.5m 的弧形钢闸门，启闭设备为 QHSYⅡ-300KN/120KN 液压启闭机。

出口平台段和渥奇段（0+400.700～0+428.407）总长 27.707m。渥奇曲线为 $y=0.0108x^2$，采用整体 C20 钢筋混凝土结构，边墙顶宽 0.6m，墙背坡比 1∶0.3。

消力池段（K0+428.407～K0+454.407）长 26m，池宽 3.9m，池深 1.8m，底板高程 967.50m，采用整体 C20 钢筋混凝土结构，底板厚 1m，边墙顶宽 0.6m，墙背坡比 1∶0.3，出口底板高程 969.30m。

泄水明渠直段（K0+455.907～K0+545.719）长 91.312m，底坡 $i=0.006$，采用浆砌石矩形断面结构，底板厚 0.6m，边墙为重力式，顶宽 0.6m，后背坡 1∶0.3。在里程 K0+467.233 处与电站尾水出口交汇。

泄水明渠转弯段（K0+545.719～K0+554.192）长 8.473m，转弯半径为 6.851m，圆心角 47°，断面形式、结构与泄水明渠直段相同。

分水闸室段（K0+574.620～K0+605.674）长 31.054m，采用 C15 钢筋混凝土结构，闸室底板高程 968.61m，平台高程 972.41m，启闭机层高程 977.41m。采用四孔布置形式，布置三套 3.2m×3.6m 和一套 3m×2m 平板钢闸门，启闭设备采用卷扬启闭机。

6. 坝后电站

坝后电站布置在大坝下游西低隧洞出口处右岸，装机容量 2×1500kW。主要建筑物有发电引水系统、压力钢管、主副厂房、升压站及尾水渠。

压力钢管在西低隧洞 K0+378.067 处分岔设置西低隧洞岔管，从西低隧洞取水，钢管与西低隧洞轴线呈 34°交角，采用一管两机供水方式，布置成卜形岔管。西低隧洞岔管与电站Y型岔管连接后接水轮机。厂区建筑物呈"一"字形布置，自左向右依次为主厂房、副厂房和升压站。

主厂房平面尺寸31.27m×12.5m，最大高度22.06m，分三层布置：蜗壳层高程969.10m，水轮机层高程973.60m，发电机层高程977.60m。副厂房由中控室和高压室组成，中控室平面尺寸12.5m×6.24m，高压室平面尺寸13.76m×4.74m，地坪高程均为977.60m。升压站平面尺寸24m×14m，地坪高程均为977.30m。

尾水渠长59.63m，采用钢筋混凝土箱涵结构，$i=0.002$，渠宽11～2.5m，高2m，在西低隧洞出口明渠K0+470.143处汇入西低明渠。

7. 灌溉干渠

灌渠工程由西低干渠、西高干渠、东干渠组成，初设总长112.66km，2015年9月省发改委批准工程调整概算，干渠技施设计实际总长为89.935km，灌溉面积22.68万亩。

西低干渠自西低隧洞取水，经坝后电站发电后，尾水进入西低隧洞出口明渠后经分水闸进入西低干渠，西低干渠全长33.143km，其中：渡槽12座，纵坡1/1500～1/800；明渠纵坡1/4000～1/170。渠首设计流量19.3m³/s，加大流量23.16m³/s；渠首底板高程968.61m。

西高干渠自西高涵取出口取水，沿着××河右岸Ⅲ级阶地斜坡地带布置。西高干渠全长31.001km，其中：渡槽26座，纵坡1/1000；明渠段纵坡1/6000。渠首设计流量3m³/s，加大流量3.6m³/s；渠首底板高程977.174m。

东干渠自西低干渠K7+473处取水，经城子渡槽跨越××河至东岸，再沿河左岸Ⅱ级阶地布置。干渠全长25.791km（从西低干渠K7+473分叉口处），其中：渡槽9座，纵坡1/1000；明渠段纵坡1/3000。渠首设计流量6.4m³/s，加大流量7.68m³/s；渠首底板高程965.645m。

（六）工程布置

×××水库工程由拦河坝、溢洪道、西低隧洞、西高涵和坝后电站组成。

1. 拦河坝

拦河坝轴线全长1172m，坝高37.6m，设计库容1.0665万m³，溢洪道左岸坝段为黏土均质坝，右岸坝段为黏土及含砾砂土料分区坝。

2. 溢洪道

溢洪道布置在左岸，轴线与坝轴线斜交，交角为80°，全长745.85m，最大泄洪量354.4m³/s。

3. 西低隧洞

西低隧洞布置在右岸坝肩，轴线与坝轴线斜交，洞身为地下城门廊道隧洞，全长730.048m，大坝施工期承担导流任务，大坝施工结束，承担灌溉、发电、放空水库的任务，在分水闸处接西低干渠，灌溉××河右岸Ⅰ级阶地农田，在西低干渠7+738m处分水，经城子渡槽引至××河左岸灌溉左岸片区农田。

4. 西高涵

西高涵为无压坝下涵管，轴线与坝轴线斜交，全长791.6m，大坝施工期与西低隧洞共同承担汛期导流任务，大坝施工结束，西高干渠从西高涵分水闸引水，承担灌溉××河右岸Ⅱ级阶地农田和旱地。

5. 坝后电站

坝后电站装机 2×1500kW，压力钢管在西低隧洞里程 0+378.067 处设分岔管，从西低隧洞取水，多年平均发电量 1200 万 kW·h。

（七）工程投资

1. 初设概算投资

20××年1月14日，国家发展和改革委员会核定××省××××水库工程初步设计概算××××××万元，其中：枢纽工程投资为×××××万元，灌区工程投资为×××××万元，水库淹没处理补偿××××万元，水土保持工程投资×××万元，环境保护工程投资×××万元。

资金筹措方案为：中央补助××××××万元，省级资金××××××万元，州县配套资金××××万元。

2. 调整概算投资

20××年9月××日，××省发展和改革委员会以"×××××〔20××〕××××号"文对××州××县×××水库工程调整概算进行了批复，批准工程调整概算总投资为×××××.×万元，比初步设计概算核定投资×××××万元增加投资×××××.×万元，增幅 66%，其中：枢纽工程投资为×××××.××万元，比初设投资减少××××.×万元，灌区工程投资为××××万元，比初设投资增加××××××万元，水库移民征地补偿费××××××.××万元，水土保持工程投资×××.××万元，环境保护工程投资×××万元，建设期贷款利息×××.××万元。

20××年4月××日，××省发展和改革委员会批复×××水库工程概算调整资金筹措方案为"×××××〔20××〕×××号"：超概资金国家不再补助，由地方自筹资金。超概资金××××.××万元由省级承担70%，即省级补助××××万元，××州承担30%，即××××.××万元。

（八）主要工程量和总工期

1. 完成主要工程量

（1）枢纽工程主要工程量。枢纽区完成的主要工程量见表 7-2。

表 7-2　　　　　　　　枢纽工程主要工程量统计

序号	工程量名称	大坝工程	大坝基础处理	西高涵	溢洪道	西低隧洞	坝后电站	合计
1	土石方明挖/m³	1010961.88	18195.68	17866.41	121561.35	136358.43	36653.03	1341596.78
2	土方洞挖/m³					11235.73		11235.73
3	土石方填筑/m³	1439236.73		7292.01	27996.53	31446.17	13496.23	1519467.67
4	浆砌石/m³	1968.54		1358.32	4326.57	9279.4	1197.29	18130.12
5	混凝土/m³	5444.97	1763.15	5940.37	32986.91	11945.2	8437.89	66518.49
6	混凝土防渗墙/m²		17527.4					17527.4
7	预制块护坡/m³	6169.55						6169.55
8	回填灌浆/m²					3103.05		3103.05
9	钢筋制安/t	119.364	47.5	263.723	924.146	658.18	407.878	2420.791
10	金属结构制安/t			56.04	49.198	79.875	363.137	548.25

(2) ××渡槽主要工程量。××渡槽完成的主要工程量见表7-3。

表7-3 ××渡槽主要工程量统计

序号	项目名称	数量	序号	项目名称	数量
1	混凝土灌注桩/m	5043.00	8	浆砌石/m³	475.99
2	冲击钻造灌注桩孔（粉细砂）/m	4774.96	9	混凝土/m³	9916.88
3	冲击钻造灌注桩孔（砂砾石）/m	794.98	10	钢筋制安/t	910.94
4	冲击钻造灌注桩孔（沙壤土）/m	1223.41	11	651型橡胶止水带/m	1236.07
5	土方开挖/m³	41311.94	12	沥青砂浆/m³	12.36
6	土方回填/m³	43320.95	13	金属结构/t	5.97
7	碎石、砂砾石回填/m³	2885.58	14	φ50钢管（防护栏）/m	12827.52

(3) 东干渠主要工程量。东干渠完成的主要工程量见表7-4。

表7-4 东干渠主要工程量统计

序号	项目名称	东干渠Ⅰ标	东干渠Ⅱ标	东干渠Ⅲ标	合计
1	土方开挖/m³	396039.95	638517.37	342639.96	1377197.28
2	土方回填/m³	217652.46	202208.07	289850.36	709710.89
3	碎石、砂砾石回填/m³	1588.90	2003.36	2734.65	6326.91
4	浆砌石/m³	10780.30	24027.65	35101.72	69909.67
5	M10砂浆抹面/m²	12870.40	6869.39	49774.82	69514.61
6	抛石挤淤/m³	2035.00	16498.64	23138.18	41671.82
7	混凝土/m³	14836.55	10418.06	10775.83	36030.43
8	钢筋制安/t	749.12	389.02	1101.56	2239.70
9	651型橡胶止水带/m	1203.30	420.50	114.87	1738.67
10	沥青砂浆/m³	43.23	82.24	183.05	308.52
11	钢管/m	4994.00	840.00	6595.70	12429.70
12	混凝土管/m	214.00	572.00	1330.00	2116.00
13	φ50钢管（防护栏）/m	840.60	217.80	435.22	1493.62
14	金属结构/t	3.35	2.83	37.80	43.98

(4) 西低干渠主要工程量。西低干渠完成的主要工程量见表7-5。

表7-5 西低干渠主要工程量统计

序号	项目名称	西低干渠Ⅰ标	西低干渠Ⅱ标	西低干渠Ⅲ标	西低干渠Ⅳ标	西低干渠Ⅴ标	西低干渠Ⅵ标	合计
1	土方开挖/m³	111044.49	243563.06	517155.90	228397.47	156999.91	194413.15	1451573.98
2	土方回填/m³	113951.16	82955.41	217188.42	78123.03	85824.78	119458.22	697501.02
3	碎石、砂砾石回填/m³	1074.40	8028.87	16009.79	9118.54	27019.38	10849.72	72100.70
4	浆砌石/m³	7558.27	12372.49	41525.62	8674.71	5835.31	10922.44	86888.84
5	M10砂浆抹面/m²	10869.22	12386.42	43851.55	10990.46	8183.65	17116.70	103398.00

续表

序号	项目名称	西低干渠Ⅰ标	西低干渠Ⅱ标	西低干渠Ⅲ标	西低干渠Ⅳ标	西低干渠Ⅴ标	西低干渠Ⅵ标	合计
6	抛石挤淤/m³		1966.74	5149.19	3227.00	3022.86	251.32	13617.11
7	混凝土/m³	5015.45	8813.24	22617.17	8665.73	9658.75	3111.78	57882.13
8	钢筋制安/t	84.61	217.58	1376.94	508.87	253.59	270.39	2711.98
9	651型橡胶止水带/m	13.20	47.20	2110.76	790.58	333.40	962.72	4257.86
10	沥青砂浆/m³	51.33	72.17	124.01	74.35	35.95	54.91	412.73
11	钢管/m	1800.00		4271.30	809.80	630.00	1328.00	16122.10
12	混凝土管/m	514.60	288.00	683.00	151.00	562.00	768.00	2966.60
13	φ50钢管（防护栏）/m	711.03	27.40	1463.10	78.30	1231.70	585.60	4097.13
14	金属结构/t		65.30	37.87	35.34	22.73	41.85	203.09

（5）西高干渠主要工程量。西高干渠完成的主要工程量见表 7-6。

表 7-6　　　　　　　　西高干渠主要工程量统计

序号	项目名称	西低干渠Ⅰ标	西低干渠Ⅱ标	西低干渠Ⅲ标	西低干渠Ⅳ标	西低干渠Ⅴ标	合计
1	土方开挖/m³	182858.73	387577.27	304785.17	327194.43	298183.07	1500598.67
2	土方回填/m³	92706.43	62616.70	49861.16	206637.52	201258.44	613080.25
3	碎石、砂砾石回填/m³	8713.63	1919.41	330.14	8511.34	17009.96	36484.48
4	浆砌石/m³	5765.17	7291.23	6359.26	4752.28	13541.86	37709.80
5	M10砂浆抹面/m²	6385.50	7625.12	8457.41	6440.44	19669.57	48578.04
6	抛石挤淤/m³	3137.56	1212.28	1768.00	6776.43	5888.00	18782.27
7	混凝土/m³	4924.16	5553.70	9171.79	17155.32	16376.98	53181.95
8	钢筋制安/t	257.17	171.06	304.83	1178.65	1277.08	3188.79
9	651型橡胶止水带/m	226.20	199.05	289.75	1027.20	1296.35	3038.55
10	沥青砂浆/m³	37.41	29.26	36.05	19.23	42.41	164.36
11	沥青砂浆/m		1574.18	619.60			2193.78
12	钢管/m		72.00		2927.00	8212.00	11211.00
13	混凝土管/m	364.00	485.00	238.00	154.00	260.00	1501.00
14	φ50钢管（防护栏）/m	380.00	310.00	529.98	1950.00	7342.60	10512.58
15	金属结构/t	4.66	5.47	10.10	3.79	19.10	43.12

2. 总工期

×××水库枢纽工程批准建设工期为 48 个月。×××水库工程在完善开工前各项准备工作后，20××年 9 月××日西低隧洞（导流工况）工程开工，大坝工程于 20××年 9 月××日正式动工，20××年 5 月××日完工。

341

二、工程建设情况

（一）施工准备

根据××省人民政府《关于对××州××县×××水库工程组建项目法人的批复》（×××〔20××〕×××号文），20××年9月××日××州人民政府以"×××〔20××〕×××号"文批准成立了××州×××水库管理局正式任命了××州×××水库管理局法人，并配备了领导班子。

20××年8月管理局开始准备枢纽工程建设前期"三通一平"工作。

20××年10月××日管理局与监理单位××××建设监理咨询有限公司签订了《×××水库西低隧洞工程建设监理合同》（合同编号：×××-JL-01）；20××年10月××日，监理人员进驻工地。

20××年10月××日，建设方与施工单位签订《××省××州××县×××水库西低隧洞（导流工况）工程施工承包合同》（合同编号：×××-SG-01）。

20××年9月×××水库工程完成西低隧洞（导流工况）开工相关准备工作，与20××年9月××日举行了开工仪式，11月7日监理签发开工令正式开工建设。

（二）工程施工分标情况及参建单位

××省××县×××水库工程由水库枢纽部分和灌溉干渠两大部分组成。水库枢纽工程主要建筑物有拦河坝、溢洪道、西低隧洞、西高涵、坝后电站；灌溉干渠工程则由西高干渠、西低干渠、东干渠组成。

1.×××水库枢纽工程主要分为以下标段，施工单位如下：

(1) 西低隧洞工程中标施工单位为××省水利水电工程有限公司。

(2) 碎石加工供应系统工程中标施工单位为××县建筑工程总公司。

(3) 大坝工程中标施工单位为××省建筑机械化施工公司。

(4) 大坝基础处理防渗墙工程中标施工单位为××市××建设工程有限公司。

(5) 西高涵、溢洪道工程中标施工单位为×××集团××实业有限公司。

(6) 坝后电站土建工程中标施工单位为××省××市水利水电开发有限公司。

(7) 金属结构制作与安装工程中标施工安装单位为××××水电设备制造有限责任公司。

(8) 大坝安全观测系统施工安装观测单位为××××××机电设备有限责任公司。

(9) 水情自动测报系统施工安装单位为××××集团公司。

(10) 坝后电站压力钢管制作安装工程中标施工安装单位为××××水利工程有限公司。

(11) 电站水轮机组设备供货单位为××水轮机厂。

(12) 电气设备供货单位为××电气股份有限公司。

(13) 机电设备安装调试单位为××水轮机厂。

2.×××水库干渠工程主要分为以下标段，施工单位如下：

(1) 城子渡槽工程中标施工单位为××省建筑机械化施工公司。

(2) 东干渠Ⅰ标中标施工单位为××市××建设工程有限责任公司。

(3) 东干渠Ⅱ标中标施工单位为××××水利水电工程有限公司。

(4) 东干渠Ⅲ标中标施工单位为××省××工程公司。

(5) 西低干渠Ⅰ标中标施工单位为××市××建设工程有限责任公司。
(6) 西低干渠Ⅱ标中标施工单位为××建工水利水电工程有限公司。
(7) 西低干渠Ⅲ标中标施工单位为××××建设集团有限公司。
(8) 西低干渠Ⅳ标中标施工单位为××××建设集团有限公司。
(9) 西低干渠Ⅴ标中标施工单位为××××局集团有限公司。
(10) 西低干渠Ⅵ标中标施工单位为××枢纽工程局。
(11) 西高干渠Ⅰ标中标施工单位为××建工水利水电建设有限公司。
(12) 西高干渠Ⅱ标中标施工单位为××××建工集团有限公司。
(13) 西高干渠Ⅲ标中标施工单位为××××建工集团有限公司。
(14) 西高干渠Ⅳ标中标施工单位为××××建设集团有限公司。
(15) 西高干渠Ⅴ标中标施工单位为××××建设集团有限公司。

(三) 主要开工完工日期

×××水库工程在完善开工前的各项准备工作后，20××年9月××日西低隧洞（导流）工程开工，20××年9月××日大坝、基础处理、西高涵、溢洪道等主体工程相继正式开工建设。20××年11月21日西低隧洞工程基本完工，12月5日通过截流验收，12月6日水库实现成功截流，西低隧洞开始承担导流任务。20××年7月31日金属结构及启闭设备安装调试完成，西低隧洞工程全面完工。

大坝工程于20××年9月25日基础开挖正式动工，20××年1月15日××省水利厅主持完成了大坝基础一期开挖与处理工程验收工作；20××年5月12日一期度汛坝体抬头坝填筑至设计高程989.07m，下游平台填筑至设计高程976.00m。20××年1月18日××省水利厅主持完成了大坝基础二期开挖与处理工程验收工作，20××年5月19日二期度汛坝体整体填筑至设计高程990.00m。20××年12月28日，××省水利厅委托××州水利局主持完成了大坝基础三期开挖与处理工程验收工作，2007年4月24日大坝填筑按计划工期顺利封顶，填筑至设计高程1000.60m，主体工程基本完工。20××年2月10日大坝附属工程（上、下游护坡，防浪墙、排水沟等）完工，大坝工程全面完工。

大坝基础处理（防渗墙）工程分三期施工。一期工程于20××年12月16日开工，20××年4月15日完工；二期工程于20××年8月24日开工，20××年1月4日完工；三期工程于20××年3月6日开工，20××年7月22日完工。

西高涵工程于20××年1月7日开工，主体工程于20××年9月30日完工，分水闸、泄水闸等工程于20××年3月19日完工。

溢洪道工程于20××年10月13日动工，20××年6月23日主体工程完工，20××年4月20日混凝土低强缺陷处理工程完工，20××年12月21日金属结构及启闭机安装调试完成。

坝后电站厂房及升压站土建工程于20××年4月2日正式动工，20××年9月14日主体工程完工，主、副厂房装饰装修工程于20××年4月20日完工。压力钢管道制作与安装工程于20××年3月9日动工，20××年5月23日完工。机电设备安装工程预埋件与土建工程同步进行，20××年9月22日开始进行水轮发电机组及其辅助设备、电气设备安装，20××年4月27日德宏供电有限公司组织人员完成了坝后电站并网启动验收工作，坝后电站正式并网发电；20××年4月27日—5月18日，按照《水轮发电机组启动试验规程》(DL/T 507—2002)及有关规定完成了水轮发电机组并网及负荷试验；20××年6月30日，××省水利厅组织完成了机组启动验收工作，机组正式投入试运行。

大坝安全监测设施工程与大坝工程施工同步进行，工程于20××年1月24日动工，20××年10月12日全面完工。

水情自动测报系统工程分枢纽和干渠工程部分，枢纽工程部分于20××年3月22日动工，20××年5月25日完工投入运行，干渠工程部分于20××年9月20日动工，20××年5月10日全部调试完成投入运行。

20××年12月29日××省水利厅组织完成了水库下闸蓄水验收，12月30日水库正式下闸蓄水。

×××水库枢纽工程建设基本完成后，随着转入干渠工程建设，20××年12月6日城子渡槽工程开工，20××年5月20日完工。

西低干渠Ⅰ标于20××年4月26日动工，20××年4月11日完工。

西低干渠Ⅱ标于20××年11月6日动工，主体工程于20××年5月18日完工，其他附属工程于20××年4月1日全部完工。

西低干渠Ⅲ标于20××年3月6日动工，20××年5月20日完工。

西低干渠Ⅳ标于20××年3月6日动工，20××年12月29日完工。

西低干渠Ⅴ标于20××年3月18日动工，20××年2月29日完工。

西低干渠Ⅵ标于20××年3月9日动工，20××年5月6日完工。

西高干渠Ⅰ标于20××年2月22日动工，20××年1月7日完工。

西高干渠Ⅱ标于20××年11月2日动工，20××年10月18日完工。

西高干渠Ⅲ标于20××年11月12日动工，20××年3月30日完工。

西高干渠Ⅳ标于20××年9月23日动工，20××年4月30日完工。

西高干渠Ⅴ标于20××年3月15日动工，主体工程于20××年5月15日完工，其他附属工程于20××年6月30日全部完工。

东干渠Ⅰ标于20××年9月22日动工，20××年4月25日完工。

东干渠Ⅱ标于20××年3月28日动工，20××年12月1日完工。

东干渠Ⅲ标于20××年11月12日动工，主体工程于20××年5月25日完工，其他附属工程于20××年6月24日全部完工。

20××年5月30日，××县×××水库管理局举行了×××灌溉干渠完工试通水仪式，标志着这个承载着××人民60年夙愿、投资9亿多元的×××水库工程全面完工。

（四）主要工程施工过程

×××水库主体工程主要包括：拦河坝工程、大坝基础处理工程、西低隧洞工程、西高涵工程、溢洪道工程、坝后电站、灌溉干渠等。枢纽混凝土碎石骨料单独分标，作为碎石骨料开采加工系统，为大坝反滤体、防渗墙、溢洪道、西高涵等主要枢纽工程提供骨料。主要项目施工过程如下。

1. 大坝工程

大坝工程承建单位于20××年9月25日基础开挖正式动工，20××年1月15日由××省水利厅主持，验收并通过大坝基础一期开挖与处理工程。2005年5月12日，一期度汛坝体抬头坝填筑至设计高程976.00m。20××年1月18日，由××省水利厅主持，通过了×××水库大坝基础二期（抬头坝989.07m和后坝976.00m）开挖与处理验收；20××年1月22日，进行二期度汛坝体的填筑；20××年5月19日，二期度汛坝体的填筑圆满完成。20××年12月10日开始进行三期坝体填筑范围内右坝肩和预留保护层的清除以及二期坝体990.00m高程坝面的清理和复压、复检工作，并于20××年12月25日全面完成。20××年12月29日开始进行第三期坝体的填筑，并于20××年4月24日封顶完成填筑任务。至20××年10月，分别完成了迎水面混凝土预制块铺砌、坝顶路面、后坝坡网格栅、踏步、植草、排水沟等工程。

(1) 大坝清基施工。大坝工程清基主要是采用人工配合机械自上而下一次清除，达到设计要求并进行中间验收和质量评定。在每期填筑施工前对已验收的基础面再次进行彻底清理。

岸坡清基主要采用CAT330挖掘机自上而下一次开挖，T-200推土机配合集中及修路，人工清修。左岸设8号（高程为995.00m）9号（高程为989.00m）10号（高程为974.00m）三条出渣路，挖掘机挖装自卸汽车运至左岸弃渣场。右岸设11号（高程为978.00m）12号（高程为989.00m）两条出渣道路，渣料运往上游右岸弃渣场。

河床清基在截流工程完成后开始，开挖时先进行普遍清基，先在基坑下游边及上游边开挖排水沟和集水井，排除河床渗水，进行普遍清基；然后在截水槽适当位置（根据现场情况选择）开挖排水沟、集水井，排出渗水，进行截水槽开挖。待清基工作基本完成，在截水槽上下游反滤层边线外，各挖一条排水沟和集水井，使心墙底部的结合面基本保持干燥。

(2) 大坝坝体填筑施工。

1) 黏土料填筑。黏土料填筑施工流程：填筑仓面处理—两端接触带处理（岸坡清扫后洒水湿润、与防渗墙和溢洪道边墙接触面刷泥浆）—挖运黏土料上坝—进占法卸料—推土机按要求的铺土厚度整平—YZTY18振动凸块碾按规定碾压遍数压实—胶胎碾压或夯板夯实结合部—电动夯和人工进行边角处理—质量检查及取样试验—层面处理和质量疵点处理—隐蔽验收及质量评定。

首先由人工清除松动岩块、浮土、泥浆等杂物并排除渗水。在回填前两岸坡接触面要洒水湿润，黏土与防渗墙和溢洪道边墙接触面用钢丝刷清扫干净后涂刷3~5mm的浓泥浆，每次涂刷高度只能稍高于实际填筑土层高度，保证在填土时泥浆应是湿润的，已经干硬的泥浆层必须清除。洒水及刷泥浆时间要控制好，具体做法是当土料铺到离岸坡2~3m时进行洒水及刷泥浆，然后一次覆盖并进行碾压。

开始填筑的头几层所用黏土料，含水量应稍高于最优含水量的黏土料，铺土厚度要适当减薄。压实主要自行式振动压路机和电动夯实，边角部位采用人工夯实。待填筑到1m厚以后，在不至于引起压实时的结合面错动时，采用YZTY18振动凸块碾进行压实作业。其铺土厚度和碾压遍数严格按施工碾压试验的参数进行作业。碾压方向平行于坝轴线方向。两端头和心墙上下游边的结合部位，由气胎碾、夯板、电动夯和人工夯进行边角处理。在每层黏土料填筑时，结合边2m范围内按规范要求填筑含水量稍高的料。

黏土料的上料方法采用进占法，运输上坝的汽车只能在新填筑未压实的层面上行驶。一般情况下每铺两层心墙，更换进入心墙的路口。路口的反滤过渡料保护用16mm厚的钢板铺出一条3m宽的进出道路。在路口变更后，人工清除散落在反滤料上的黏土料。

2) 坝壳料填筑。坝壳料填筑施工工艺流程：自卸汽车后退法上料—T-200推土机铺土找平—洒水润湿—YZTY22拖式振动碾进退法压实—自行式振动碾压实结合部—边角处理—质检取样并做出质检结论—隐蔽验收签证并作出质量评定—洒结合水。

前后坝坡部分，按规范规定采用超填削坡的方法施工来保证边坡压实质量。超填宽度取2~3m。坝体每上升2.5m左右，用T-200推土机收坡一次，在护坡支砌前再由人工清整并拍实表面的松散层。

3）反滤料填筑。反滤层及竖向排水体施工主要用自卸汽车从堆料场运来反滤料后，人工拉、填筑。填筑工艺流程如下：下覆层顶面的清理—两岸坡面清理—测量定位上口线并拉线—填筑Ⅰ反滤料—整理并拍实Ⅰ反滤料—填筑Ⅱ反滤料—整理并拍实Ⅱ反滤料—填筑Ⅲ反滤料—层顶面清理整形—平碾压实反滤料—质检取样并做出质检结论—隐蔽验收签证和质量评定。

反滤料的填筑稍超前于黏土心墙料的填筑，其分层层厚同坝壳料层厚，在填筑心墙时再补填不足的反滤料，反滤料的碾压用自行式压路机压实，两端结合部用电动夯夯实。

（3）堆石棱体施工。堆石棱体施工程序为：基础验收—基础平整夯实—铺设过渡层—机械配合人工铺毛块石—YZTY22振动平碾压实石料、CA-25压路机压实过渡料—检测验收—下层施工。施工方法及要点如下：

1）过渡料运输采用5t自卸汽车，铺筑由人工进行，碾压采用CA-25压路机压实。

2）施工中应严格控制过渡料质量及铺筑质量。

3）毛块石运输采用19.6t自卸汽车进行，CAT-320挖掘机配合人工铺筑，碾压采用YZTY22振动平碾进行。

4）毛石砌体砌筑时，分层卧砌，并上下错缝，内外搭砌。

5）砌体外露面的坡顶和侧边，选用较整齐的石块砌筑平整。

6）为使沿石块的全长有坚实支承，所有明缝均应用小片石填塞紧密。

（4）附属工程施工。

1）混凝土预制块护坡施工。混凝土预制块施工程序：机械修坡—人工平整拍实—人工铺筑反滤料并拍实—人工拉线铺预制块。

铺设时预制块由5t载重汽车运到填筑坝面前，人工搬运到安装地点，然后从下往上逐层挂线平整安装，铺设混凝土预制块前，严格按照设计要求铺砂垫层及碎石垫层，整平拍实后再安装混凝土块。在施工中，碎石垫层和预制块安装的进度要相互协调，如遇岸坡排水沟与预制块结合不相吻时，采用与预制块同标号的现浇混凝土处理。完工后的坝面，力求平整、稳固、线条整齐、大面美观。

2）棱形隔栅草皮护坡。棱形隔栅草皮护坡施工过程：测量放线—人工开挖隔栅基础—人工砌筑C10混凝土隔栅—人工铺设腐殖土—种草籽—浇水保护。

2. 大坝基础防渗墙工程

大坝基础处理（防渗墙）工程施工中标单位为××市××建设工程有限责任公司，于20××年9月1日进场准备。防渗墙工程分三期施工。20××年12月16日开工，开始一期施工，20××年2月19日结束；20××年8月27日至20××年1月4日，防渗墙进行二期施工；三期施工于20××年3月9日开工，20××年7月21日结束。

在大坝基础处理（防渗墙）施工过程中，由于是隐蔽性工程，槽孔的成槽、槽孔的混凝土浇筑、槽孔间的混凝土连接是本工程施工技术难点、重点。

防渗墙工程分两个分部工程，即：大坝基础河床 0+484.650～1+161.450 段，采用墙厚 60cm 塑性混凝土防渗墙，最大墙高 34.71m，划分为 90 个槽段，防渗面积 14591.71m²；大坝左岸里程 0+315.800～0+484.650 及右岸里程 1+161.450～1+245.450 段，采用厚 40cm 的薄壁塑性混凝土防渗墙，最大墙高 38.27m，划分为 34 个槽段，防渗面积 2423.60m²。防渗墙轴线总长度为 929.65m。

混凝土防渗墙上接段工程：塑性混凝土阶梯上接墙 24 个，完成 40cm 厚防渗墙 0.62m²；完成 60cm 厚防渗墙 4.62m²，完成混凝土上接墙 53.13m³。

防渗墙工程检查孔工程：共有 17 个检查孔，孔径 110～130mm，孔深 3.87m～28.83m，平均孔深 17.14m。

（1）施工布置。冲击钻施工平台布置在防渗墙上游侧，其上铺设枕木及钢轨；下游侧作为抓斗及施工车辆平台。在防渗墙上游架设施工用电线路，在坝肩铺设浆、水管道；抓斗及施工车辆平台下铺设排浆管道，防渗墙下游修筑排浆沟。

（2）有关技术要求。大坝基础处理（防渗墙）工程施工技术参数严格按照设计单位编制的初设报告、技施图纸、《混凝土防渗墙施工技术要求》和监理部编制的《监理大纲》及有关现行施工技术规范实施。

（3）槽孔的成槽。防渗墙是隐蔽性工程，根据其特点，先形成截面形状为"凹"形的钢筋混凝土导向槽，强度等级为 C15。然后再利用 CZ-22 冲击钻机、BH-7 型和 GB-24 型抓斗，采用"两钻一抓"工法进行造孔，即主孔用冲击钻钻进，抽筒出渣；副孔用泥浆固壁，抓斗直抓；浇筑采用直升导管法。造孔成槽使用间隔分序法施工，先施工Ⅰ期槽，后施工Ⅱ期槽，Ⅰ期、Ⅱ期槽接头处采用套打一钻的接头方法。单个主孔终孔后，进行孔斜、孔深验收和基岩的判定。整个槽孔完工后，进行孔斜、槽深、接头刷洗、泥浆比重、槽孔入岩的验收。验收合格后才能进行下道工序。清孔及换浆的方法是用抽筒抽取底部沉积物和稠泥浆，从孔口注入合格泥浆。Ⅱ期槽孔，则在换浆的同时用接头刷子自上而下刷洗接头孔壁上的泥皮，直到刷子上不带泥屑、孔底淤积不再增加为止。清孔换浆结束以后，孔底淤积厚度和泥浆三项指标均应满足规范要求。

（4）槽孔的混凝土浇筑。

1）防渗墙标准槽段长度为 7m，配置 4 套导管。混凝土浇筑前必须搭设好浇筑平台，其上设置储料斗等。翻斗车将混凝土直接倒入储料斗，经分料器流入导管漏斗，最后经导管注入槽孔内。使用吊车下设、起拔导管，配合浇筑。

2）导管中放入球胆，检查混凝土坍落度、扩散度以及各方面准备情况，均无问题后开始浇筑混凝土。

3）混凝土浇筑应遵循先深后浅，连续进行、均匀上升的原则。施工中混凝土面上升速度控制在 3～4m/h，混凝土面高差 0.3m 左右，埋管深度在 2.0～6.0m 范围内。

4）浇筑过程中每 30 分钟测一次混凝土面，技术人员现场绘制混凝土浇筑图。

（5）槽孔间的混凝土连接。防渗墙Ⅰ、Ⅱ期槽孔的接头采用钻凿法，接头钻凿时间控制在 24～36h。

采用钻凿法施工，主要考虑到工艺简单，不需专门的设备，形成的接缝可靠。只要控制接头孔的造孔质量，接头孔的空间位置要尽量与一期槽孔原主孔的位置保持一致；另外，取决于二期槽孔时施工时清孔泥浆和对一期墙段断面的刷洗质量。当槽孔深度达到 42m 深，浇筑时间要达到10h，很难控制拔管的时间，起拔时间过早，混凝土尚未达到一定的强度，就可能出现接头孔缩孔或垮塌；起拔时间过晚，接头管表面与混凝土的黏结力和摩擦力增大，增加了起拔的难度，甚至被埋住。通过本工程对防渗墙的接缝开挖检查的结果，证明选取的接头方法是正确的。

（6）混凝土浇筑过程中的检查。混凝土浇筑过程中，在搅拌站出机口随机取样，检测坍落度、扩散度、并取样进行抗压、抗渗、弹模试验。在浇筑过程中，每个单元槽段取抗压强度试件1组，每五个单元槽段取抗渗试件和弹模试件各1组。

3. 西低隧洞工程

西低隧洞施工中标单位为××省水利水电工程有限公司，20××年9月20日监理、施工单位进场准备，于20××年11月6日监理部发布开工令，至20××年11月23日基本完成工程建设任务。

（1）进口及出口明渠。进口引水明渠及出口泄水明渠两段于20××年11月9日开工，20××年5月13日完工。施工经过：开挖方式为挖掘机开挖，自卸汽车运输至指定弃碴场，人工配合修坡捡底，由于地下水位高，运输非常困难，采用1cm钢板加焊防滑条筋进行移动铺垫汽车运输；在清修捡底时由于地下水位高及地质条件出现部分超挖，采取同等级砂浆砌石找平处理。开挖基础由建设、监理、设计、施工单位共同进行隐蔽工程验收，符合设计及规范要求后进行M5浆砌石砌筑，进口引水明渠段对砌石体进行厚4cm的M7.5砂浆抹面，出口泄水明渠进行立模（钢模）浇筑C15贴面混凝土，消力池架设钢模，用泵送混凝土入仓浇筑。

（2）工作桥及竖井。工作桥及竖井工程于20××年3月12日开工，20××年10月5日完工。施工经过：机械开挖，人工清修，由于地下水位高，采用集水坑抽排，基础开挖后，由建设、监理、设计、质检、施工单位共同进行隐蔽工程验收，此分部属主要分部工程，基础为重要隐蔽工程，由建设单位组织进行了隐蔽工程验收签证。竖井钢筋混凝土浇筑时，模板为钢模、支架采用钢管架，混凝土采用泵送入仓浇筑。

（3）洞身段。洞身段于20××年2月1日开工，20××年9月23日完工。施工经过：洞身土方开挖采用小型挖掘机开挖，自卸农用车运输至指定弃碴场，人工配合修整。超前注浆管棚施工：在施工过程中一直争议较多，因施工单位对小管棚施工工艺较为熟悉，本着在确保工程质量的前提下，加快施工进度，后经水利厅建管处现场协调研究决定，根据实际地质情况进口采用小管棚，出口工作面仍采用φ102大管棚施工。由于工期紧，采取了加强临时支护措施，即加长钢筋格栅直段长度30cm伸入底板埋石混凝土中，格栅钢架间距缩成为50cm，并在格栅底脚增设钢管连接，形成封闭式格栅钢架。底板由于地下水作用，又需小型机械开挖，经研究，增设底板50cm埋石混凝土，全洞贯通后方进行永久混凝土衬砌。由于洞身所处山体地下水位较高，在施工过程中虽及时抽排水，洞身两侧在渗水的作用下，仍出现坍塌、掉块现象，经及时采取纵横打钢管拦护，填塞毛块石、碎石等处理措施，保证了隧洞段的正常开挖，对填塞体预留钢管进行灌浆处理。混凝土衬砌模板为钢模，采用定型拱架，钢管支架支承，泵送混凝土入仓，先跳仓浇筑底板，再进行边顶拱混凝土跳仓浇筑。

（4）分水闸。分水闸段（土建）工程于20××年9月5日开工，20××年11月21日完工。施工经过：分水闸工程由机械开挖，人工配合清修检底，基础开挖后，由建设、监理、设计、施工单位共同进行隐蔽工程验收，符合设计及规范要求后进行M5浆砌石砌筑和钢筋混凝土浇筑，建设、监理严格执行工序验收检查，符合要求方进行下一道工序施工；闸室混凝土浇筑采用满膛钢管架支承钢模，汽车运输混凝土溜槽入仓。

(5) 回填灌浆。回填灌浆工程于20××年10月5日开工，20××年11月9日完工。按经审批的回填灌浆施工组织措施进行扫孔、编号，经监理、管理局技术科、施工共同检查验收后，第一次孔深为80cm，主要回填永久混凝土与临时喷混凝土层之间的孔隙，然后再进行第二次扫孔、清孔，第二次孔深为110cm，主要回填临时喷混凝土与围岩之间的孔隙或空腔。

在整个西低隧洞施工过程中，施工单位严格按照设计图纸、技术规范和经监理工程师批准后的方案精心组织施工，建设、监理单位跟踪、旁站检查，确保了工程施工质量和工程的顺利进行，未出现任何安全事故。

4. 西高涵工程

西高涵工程由×××集团××实业有限公司中标承建，施工承包人于20××年10月1日进场，20××年1月7日开工，20××年1月10日开始竖井基础开挖，20××年1月26日开始进行第一仓竖井C15埋石混凝土基础浇筑施工。西高涵主体工程于20××年5月31日完工。分水闸泄水闸等工程至20××年3月12日全部完工。

(1) 土石方开挖。西高涵的土石方开挖因与大坝标段、基础处理防渗墙标段施工存在着交叉作业，结合西高涵的实际情况和工序安排，土方开挖分以下5个阶段进行：

1) 进行西高涵控制性工程竖井土方开挖。

2) 进行K0+223.171～K0+283.35出口明渠段、洞身K0+120.465～K0+148.571和K0+188.171～K0+223.171共10段的土方开挖。

3) 待基础处理防渗墙标段将与防渗墙交叉的洞身段K0+148.571～K0+188.171共8段工作面移交出来后，立即组织开挖。

4) 在竖井过流面底板浇完后，接着进行竖井工作桥的土方开挖施工。

5) 分水闸、泄水闸从20××年11月12日开始开挖，至12月2日开挖完毕。

在测量人员放出设计开口线，并设置标识牌之后，立即组织施工人员进行场地清理和周边截排水系统的施工。按照设计和规范要求，进行施工区内的植被清理和表土挖除，植被清理范围延伸至开口线外侧至少3m的距离，为保护基槽开挖边坡免受雨水冲刷，在边坡开挖前，按施工图纸的要求开挖并完成边坡上部临时性截水沟的施工。在基槽开挖过程中，在设计边线外设置临时集水坑，及时排除基槽内的地下渗水，避免基槽因水浸泡而降低其地基承载力，保障施工区的旱地施工。

土方开挖在设置周边截排水沟后，按照设计断面及高程从上至下分层依次开挖，随时做成一定的稳定坡势并以利排水。基槽开挖至建基面高程时，预留20cm保护层采用人工进行清挖。部分开挖土料留作回填料就近堆放，其余开挖料运至上游左岸弃渣场弃渣。

土方开挖采用1.0m³反铲进行挖装，5t自卸汽车直接运输到上游左岸弃渣场弃渣。在施工部位狭窄的地区，则采用推土机集料的方法进行集中挖运。

(2) 土方回填。西高涵的土方回填分以下两个阶段进行：第一阶段：为了及时把工作面移交给大坝标段进行一期度汛坝体填筑，首先进行洞身段K0+173.171往上游面的黏土回填；第二阶段：进行出口明渠段和启闭塔左右两侧的渣土回填。

土方回填首先清理回填部位的树根、草皮及其他杂物，如有积水抽干积水，挖除淤泥。

铺料时从最低洼部位开始，按水平分层向上铺土铺筑，分层压实，施工时，保持相邻的分段作业面均衡上开，减少施工接缝。每层土料铺筑完成，对含水量进行测试，如含水量偏低，就洒水湿润，然后再压实硬化，如出现"弹簧土"，挖除重新填筑或翻挖晾晒，直至达到测试指标。

由于西高涵回填施工部位狭窄，自卸汽车卸料后，采用装载机辅以人工平料，电动蛙式打夯机压实。

（3）浆砌石。西高涵设计有浆砌石的部位有：进口引水段山体浆砌石护坡、工作桥排架护坡、出口渡槽与泄水道连接段。

1）进水渠入口圆弧段护坡对原有进口段损毁浆砌石进行清理后，对边坡进行了开挖修整。

2）进水渠左右护坡（K0+026.80～K0+095.00）的浆砌石在2006年3月2日开始施工，首先对边坡的植被进行清理，用人工对边坡进行削坡处理，边坡的平整度及坡面清洁经监理部验收后，接着进行浆砌石施工。

3）工作桥排架护坡在原有排架开挖边坡的基础上进行人工修整后，按设计要求进行了护坡及坡脚排水沟M5.0浆砌石砌筑，于20××年12月13日开始砌筑，至20××年3月31日结束。

4）出口渡槽与泄水道连接段为新建西高涵的渡槽与旧有泄水道的连接建筑物，在旧有浆砌石底板基础上，采用M7.5砂浆砌筑两侧墙与旧有泄水道连接，两侧墙内面采用M7.5水泥砂浆抹面。

（4）钢筋混凝土。

1）钢筋工程。按照设计图纸要求在钢筋场进行下料加工。钢筋进场时，按型号、规格、类别进行堆放、标识。钢筋加工前填写配料单，由部位工程师签字后作为加工下料的依据。钢筋工在技术人员的指导下，按设计要求采用钢筋弯曲机进行制作钢筋。加工完成后的半成品提请监理验收，并按型号、规格、类别分别堆放、标识，标识中注明钢筋型号、规格、数量及使用部位。

由于西高涵钢筋加工场离仓面较近，钢筋制作好后，由人工从钢筋加工场抬运至施工仓位。仓位进行测量放样后开始钢筋安装，底板钢筋使用Φ20～Φ25螺纹钢作为架立筋，钢筋的支撑及架立筋的长度根据现场施工要求确定，再在架立钢筋上面进行钢筋绑扎，底板如为双层钢筋即设置φ12拉钩，以保证两层钢筋之间的间距和衔接。

根据规范要求，对用于消力池底板等部位的Φ28、Φ32钢筋采用帮条焊，Φ28、Φ25钢筋采用搭接焊，Φ22、Φ20、Φ16等型号钢筋采用闪光对焊，焊接接头长度满足双面5d，单面10d，同一截面内钢筋接头不超过50%。

安装钢筋前首先熟悉图纸，以确保钢筋安装是否有遗漏差误，绑扎时钢筋保持笔直均匀，位置准确，绑扎钢筋多采用一面顺扣法。为了使绑扎后的钢筋骨架牢固不变形，每个绑扎点进铅丝扣的方向要求交替变换90°。绑扎的钢筋直径不同时，宜采用不同型号的铅丝，侧墙钢筋安装前先搭好固定钢筋用的钢管架，以免操作中钢筋产生位移。

2）混凝土工程。西高涵混凝土施工包括进口引水段C15挂网混凝土、启闭塔及工作桥、洞身段混凝土、出口明渠段、分水闸机房等工程的混凝土浇筑。

西高涵工程采用以P3015、P2012、P1509为主的定型组合钢模板。在闸室段门槽、公路桥、键槽形式缝和启闭机旁等有金结插筋、埋件和不规则部位即采用木模，现场拼装。模板主要采用内拉与外撑加固，规则部位使用钢拉片加固模板。模板内支撑利用架子钢管作临时支撑，内支撑顶端用水平支撑定位固定钢模板。模板人工安装时，设模板背方纵横向架子钢管。侧墙部位模板采用内拉内撑方法加固；公路桥底部模板采用承重脚手架支撑。脚手架采用$\phi 48$钢管，立杆排距$1.5m\times 1.5m$，软地基部位垫5cm厚木板，满堂脚手架主要作为施工平台、模板支承和承重模板支撑架。

混凝土在搅拌站生产，利用$1m^3$机动翻斗车运送至浇筑部位，采用溜槽输送入仓；工作桥及启闭塔混凝土由机动翻斗车转运后，采用简易吊机配$0.5m^3$吊罐提升后入仓。混凝土的自由下落高度不高于1.5m，混凝土下料过程中避免混凝土直接冲击模板、埋管和预埋件等。混凝土铺层厚30～40cm时及时用人工平仓，$\phi 70$软轴式振捣器振捣。混凝土振捣是混凝土质量好坏的关键，振捣器按照同一方向依次插入混凝土内，插入点呈梅花形布置，间距控制在40～50cm，并深入下坯混凝土5cm左右。底板及桥面板面层部位采用平板振捣器，振捣时要均匀，不漏振、不欠振、不过振，混凝土振捣以达到无明显下沉，气泡排尽，开始泛浆为准。振捣器振捣时距离模板边缘的距离不小于0.5倍的振捣器振捣半径，且不得触动钢筋及埋件。浇筑的第一坯层混凝土以及在两罐混凝土卸料后的接触处则加强振捣。混凝土浇筑后及时洒水养护，对一般浇筑层连续养护至上一层混凝土浇筑前；对较长暴露的边坡等部位，养护21天；对抗冲耐磨层、立柱、支铰、门槽等重要部位养护时间不少于28d。

西高涵工程自20××年1月26日开仓浇筑第一仓混凝土始，至20××年3月12止。

(5) 止水材料施工。西高涵工程除了进水渠及海漫段部分的伸缩缝设计一道止水外，其余分部工程都设如下三道止水：$400\times 40\times 1mm$"U"形止水铜片、$290\times \phi 25\times R25\times 10$橡胶止水带、BWII型遇水膨胀止水条。

(6) 金属结构、预埋件安装施工。西高涵启闭塔、分水闸、泄水闸闸室门槽按设计要求预埋插筋，此处部位使用木模板施工，根据图纸尺寸在模板上钻好孔，然后将插筋装好，将插筋与安装好的钢筋焊接牢固。

工作桥及消力池侧墙顶设有防护栏杆，施工方法为预埋钢管筒，等混凝土工程全部施工完毕后再进行护栏安装。预埋的钢管筒在混凝土浇筑后1～2h进行，使用15cm长$\phi 50$钢管筒设计图纸位置插入混凝土内，外露高度约2cm，以便作安装竖管时搭接用。

5. 溢洪道工程

溢洪道施工中标单位为葛洲坝集团三峡实业有限公司，20××年9月20日监理单位进场准备，于20××年10月10日监理部签发开工令，至20××年6月23日基本完成工程建设任务。

(1) 溢洪道土石方开挖。由于工期跨一个雨季，溢洪道土方开挖分两期进行，第一期从第二陡坡段公路桥开始，沿着上游往进水渠开挖，20××年10月13日正式动工，至20××年6月23日结束，开挖进度满足混凝土施工的要求。

随着公路桥上游面的混凝土施工在20××年11月基本结束（剩下进水渠左右导墙混凝土未施工），第二期开挖从20××年12月8日开始，20××年3月20日结束。

土方开挖在设置周边截排水沟后，按照设计断面及高程从上至下分层依次开挖，随时作成一定的稳定坡势并以利排水。明挖工程开挖至建基面高程时，预留20cm保护层采用人工进行清挖。部分开挖土料留作回填料就近堆放，其余开挖料运至上游左岸弃渣场弃渣。开挖方法如下：

1）在测量人员放出设计开口线，并设置标识牌之后，立即组织施工人员进行场地清理和周边截排水系统的施工。按照设计和规范要求，进行施工区内的植被清理和表土挖除，植被清理范围延伸至开口线外侧至少3m的距离，同时在开口线外侧设置临时排水系统，采用人工开挖临时截水沟，保障施工区的旱地施工。土方开挖采用1.0m³反铲进行挖装，10~15t自卸汽车运输直接到上游左岸弃渣场弃渣。在施工部位狭窄的地区，则采用推土机集料的方法进行集中挖运。对于开挖边坡，在开挖过程中预留20cm厚的保护层，然后采用人工削坡至设计边坡线，集料后采用反铲或装载机挖装自卸汽车运输至指定弃渣场。

2）为保护其开挖边坡免受雨水冲刷，在边坡开挖前，按施工图纸的要求开挖并完成边坡上部临时性截水沟的施工。在场地开挖过程中，设置临时沟槽，及时排除地面积水。

（2）进口引水明渠段。进口引水明渠段于20××年11月9日开工，20××年5月13日完工。施工经过：开挖方式为反挖掘机开挖，自卸汽车运输至指定弃碴场，人工配合修坡捡底。由于开挖过程中出现较大的孤石，在清出孤石时出现部分超挖，采用浆砌石填充处理。开挖基础由建设、监理、设计、施工单位共同进行隐蔽工程验收，符合设计及规范要求后进行M5浆砌石砌筑，进口引水明渠段对砌石体进行厚4cm的M7.5砂浆抹面，明渠段C10钢筋混凝土采用钢模立模，简易起吊设备吊装入仓，条式振动器振捣浇筑。

（3）控制段。闸室段基础开挖后，由建设、监理、设计、质检、施工单位共同进行隐蔽工程验收，此分部属主要分部工程，基础为重要隐蔽工程，由建设单位组织进行了隐蔽工程验收签证。C10埋石混凝土基础与塑性混凝土防渗墙采用沥青混凝土与止水铜片连接。C10埋石混凝土采用人工搬运块石入仓，人工找平、振捣。闸室段C20钢筋混凝土与刺墙埋石混凝土均采用钢模板立模，钢管架支撑，泵送混凝土入仓。

（4）第一陡坡段、第二陡坡段。第一陡坡段、第二陡坡段的施工于20××年11月1日开工，20××年9月23日完工。施工经过：陡坡段土方开挖采用反铲挖掘机开挖，自卸车运输至指定弃碴场，人工配合修整开挖、排水沟。基础开挖人工修整后由业主、监理、设计、质检共同参与验收。混凝土衬砌模板为钢模，采用钢管支架支承，先跳仓浇筑底板，再进行边墙混凝土跳仓浇筑。

（5）陡槽段与第一消力池段。陡槽段与第一消力池段于20××年11月1日开工，20××年9月23日完工。施工经过：开挖采用反铲挖掘机开挖，由于消力池段开挖深度较大，在开挖过程中采用分台开挖，自卸车运输土方至指定弃渣场地。在开挖过程中，在两侧上N-3含砾砂土地层出现数量不多的地下水出溢点，地下水带走大量的砂砾，开挖后的边坡出现小坍塌，经过业主、设计、监理现场查勘后，采用碎石与袋装砂进行封堵，用PVC排水管将地下水引至消力池底部的积水井中用水泵不间断排水至基坑外。消力池底部齿槽与陡槽段的反滤层均采用人工袋装砂石堆砌成型。消力池与陡槽段混凝土采用钢模板立模，满膛钢管架支撑，泵送混凝土入仓，人工找平。

（6）跌坎、第二级消力池段与海漫段。跌坎、第二级消力池段与海漫段的施工于20××年2月1日开工，20××年6月23日完工。施工经过：由于第二级消力池的尾端临近××河河道，消力池开挖的基坑为粉砂层，遇水极不稳定。河床为较好透水性的砂砾石层，开挖后河床渗水、与两边坡的地下水大量地涌入正在开挖的基坑，导致开挖的基槽坍塌，严重影响左右两边高边坡的稳定。由业主、监理、设计现场查勘后决定在消力池的尾部靠近河床处修建一条长170m，顶宽3m的黏土芯墙临时挡水围堰，对右岸的高边坡进行削坡减压，对消力池底部开挖基坑打入梅花形布置的$\phi 50$钢管，在钢管与坍塌边坡间用袋装碎石与砂形成反滤层，将渗水用排水管引至积水坑集中抽排，将已经坍塌的基础用C15埋石混凝土进行回填，消力池底部齿槽与陡槽段的反滤层均采用袋装砂、石堆砌成型。消力池、陡槽段、海漫段混凝土采用钢模板立模，满堂钢管架支撑，泵送混凝土入仓，人工找平。抛石区采用装载机运送大块石，人工抛填。

在整个溢洪道施工过程中，施工单位严格按照设计图纸、技术规范和经监理工程师批准后的方案精心组织施工，建设、监理单位跟踪、旁站检查，确保了工程施工质量和工程的顺利进行，未出现任何安全事故。

6. 坝后电站

(1) 坝后电站厂房及升压站土建工程。

1) 西低隧洞工作闸室基础开挖方式为挖掘机配合人工开挖，自卸汽车运输至指定弃碴场，基础开挖完成后，由建设、监理、施工单位共同进行隐蔽工程验收。基础开挖验收合格后，铺筑碎石垫层，然后进行钢筋混凝土浇筑。混凝土浇筑采用钢模，支架采用钢管架，混凝土采用溜槽入仓浇筑。

2) 1号主机段及安装间基础开挖方式为挖掘机开挖，自卸汽车运输至指定弃碴场，基础开挖完成后，由建设、监理、施工单位共同进行隐蔽工程验收。基础开挖验收合格后进行混凝土垫层、浆砌石基础施工及钢筋混凝土施工。1号主机段底板、1号主机段水轮机层、1号机墩及安装间底板均属关键部位，工序及单元工程完工后由监理组织项目法人、设计、施工、质检等单位组成联合小组共同检查验收并核定其质量等级。1号主机段及安装间混凝土浇筑采用钢模，支架采用钢管架，混凝土采用溜槽入仓浇筑，部分不规则部位采用木模。

3) 2号机段、副厂房及升压站基础开挖方式为挖掘机开挖，自卸汽车运输至指定弃碴场，基础开挖完成后，由建设、监理、施工单位共同进行隐蔽工程验收。基础开挖验收合格后进行混凝土垫层、浆砌石基础施工及钢筋混凝土施工。2号主机段基础、2号主机段水轮机层、2号机墩均属关键部位，工序及单元工程完工后由监理组织项目法人、设计、施工、质检等单位组成联合小组共同检查验收并核定其质量等级。2号主机段、副厂房及升压站混凝土浇筑采用钢模，支架采用钢管架，混凝土采用溜槽入仓浇筑，部分不规则部位采用木模。

4) 尾水渠基础开挖方式为挖掘机开挖，自卸汽车运输至指定弃碴场，基础开挖完成后，由建设、监理、施工单位共同进行隐蔽工程验收。基础开挖验收合格后进行碎石垫层、素混凝土垫层和钢筋混凝土施工。混凝土浇筑采用钢模，支架采用钢管架，混凝土采用溜槽入仓浇筑。

5) 厂房房建施工过程中，严格按照设计图纸机规程规范进行钢筋及模板制作安装、混凝土浇筑及养护，每道工序完工后，由监理组织项目法人和施工单位进行验收；行车梁属关键部位，工序及单元工程完工后由监理组织项目法人、设计、施工、质检等单位组成联合小组共同检查验收并核定其质量等级。混凝土浇筑采用钢模，支架采用钢管架，混凝土采用溜槽入仓浇筑，部分不规则部位采用木模。

(2) 压力钢管工程。

1) 压力钢管土建部分工程施工。开工前，根据设计工程坐标控制点、水准点复核放样，设立施工测量控制网，确定土方开挖线及基坑（槽）开挖深度、压力钢管安装起始里程位置及高程和堵头、支墩、镇墩位置及高程控制。土方开挖：按设计自上而下方式采用挖掘机配合人工开挖，自卸汽车运输至指定弃碴场，开挖坡面做到平顺、无陡坡、反坡；基础开挖完成后，由建设、监理、施工单位共同进行隐蔽工程验收。混凝土浇筑，洞内堵头、镇墩、支墩混凝土浇筑：施工流程为混凝土接触面凿毛—管道安装—钢筋制作安装—模板制作安装—混凝土浇筑及养护。洞外支墩、镇墩混凝土浇筑：施工流程为开挖验收合格—基础垫层混凝土浇筑—管道安装—钢筋制作安装—模板制作安装—混凝土浇筑及养护。堵头混凝土回填灌浆：灌浆前对混凝土的施工缝和混凝土缺陷等进行全面检查，对可能漏浆的部位进行处理。灌浆压力为 0.4MPa，浆液水灰比分为 1∶1、0.8∶1、0.6∶1、0.5∶1（重量比）4 个比级。当灌浆管停止吸浆，延续灌注 5min 即完成灌浆。

2) 压力钢管制造与安装工程施工。

a. 施工准备：工程开工前，施工单位严格按照建设程序向监理单位上报了"分部工程开工申请报告"并经批复；对施工图纸、技术标准等进行了认真的分析研究，找准施工中的难点、重点、关键点；严格按照相关规范、规程及技术要求对进场材料进行检验、检测，确保原材料产品质量；严格按照"安全操作规程"制定了安全技术措施，并对施工人员进行了安全教育，确保开工以后施工安全；对现场施工人员进行了合理安排和布置，做到分工明确，各负其责；在施工前，认真对设计单位提供的控制网数据进行复核验证并建立了施工控制网，为压力管道安装时的准确定位提供了保障。

b. 压力钢管制作：工艺流程为材质检验—划线、标识—切割下料破口打磨—卷板—修弧、对圆—焊缝焊接—纵缝检测—大段对接—环缝焊接—焊缝检测—喷砂除锈—喷漆防腐—标识与验收—包装出厂。

c. 压力钢管安装：安装前严格按照制造厂排管图的管段编号对安装管段进行核对，查看出厂验收单，合格品方可进行安装。工艺流程为测量放线—轨道敷设—运输到安装位置—调整高程、里程、中心—焊接、加固—焊缝检测—打磨除锈—喷漆防腐—检查验收。

（3）机电设备安装工程施工。

1) 1 号、2 号水轮发电机组和水力机械辅助设备安装工程。厂房内先做好机组肘管的基础墩，吊入肘管，校正好肘管的高程和中心与水平，肘管依照施工图校正完成后，由建设、监理、施工单位共同进行工程验收。预埋误差范围严格按照国家相关规范进行。待基础预埋完成验收后，交与土建单位进行混凝土的浇筑，待保养完成后，吊入尾水管与蜗壳，校正蜗壳的高程和中心与水平，校正完成后，进行尾水管与肘管的焊接，再进行精确校正，校正完成后进行尾水管与蜗壳座环的焊接工作，焊接完成后由建设、监理、施工单位共同进行工程验收。在预埋工作开展中，统一进行设备安装，吊装，吊装有专人指挥，高空作业均有相关安全措施。机组预埋工作完成后，再次交与土建单位进行混凝土的浇筑，直到厂房完全完工，再次进行机组的安装工作。以蜗壳座环为基准，校正定子、上机架、下机架的中心、高程、水平，校正完毕后，由建设、监理、施工单位共同进行工程验收。再交与土建单位进行基础地脚螺栓的浇筑，保养完成后，吊出上机架和下机架，吊入导水机构和水机转动部分，回装下机架，吊入转子与上机架，套入推力头，进行机组盘车，电机盘车后连接水机轴，进行整体盘车，完成后机组回装。

2）金属结构及启闭（起重）设备安装工程。预埋误差范围严格按照国家相关规范进行。待基础板预埋完成验收后，交与土建单位进行混凝土的浇筑，待保养完成后，再进行行车轨道和尾水闸门卷扬式启闭机的安装工作，安装完成后由建设、监理、施工单位共同进行工程验收。在安装工作开展中，统一进行设备安装，吊装，吊装有专人指挥，高空作业均有相关安全措施。行车轨道工作完成后，留下厂房两跨作为行车吊装入口，交于土建方进行厂房浇筑直到厂房完全完工，再次进行行车和尾水闸门的安装工作。

3）电气一次设备的安装。

a. 施工准备：工程开工前，施工单位严格按照建设程序向监理单位上报了"分部工程开工申请报告"并经批复；对施工图纸、技术标准等进行了认真的分析研究，严格按照相关规范、规程及技术要求对进场材料进行检验、检测，确保产品质量；严格按照"安全操作规程"制定了安全技术措施，并对施工人员进行安全学习，确保开工以后施工安全。

b. 设备安装：厂内厂外接地安装随土建施工敷设，材料采用 L40×4×6000 镀锌扁钢，接地依照施工图连接完成后，由建设、监理、施工单位共同进行工程验收。设备基础先按实际到货基础测验，再与设计施工图进行比对，比对无误后再进行设备基础预埋。预埋误差范围严格按照国家相关规范进行。待基础预埋完成验收后，统一进行设备安装、吊装，吊装由专人指挥，高空作业均有相关安全措施。设备安装完成后，进行设备调试，调试完成后严格按交接试验规程进行相关的试验。其中主要试验数据如下：1号发电机和2号发电机出口真空断路器直流电阻值 $40\mu\Omega$ 以下符合要求；交流耐压试验值：32kV/min 通过，无异常。1号发电机断路合闸不同期性为 0.4ms，分闸不同期性为 0ms。2号发电机断路器合闸不同期性为 0.6ms，分闸不同期性为 0.1ms。41B 厂用变压器直流电阻值互差为 0.56%，符合要求，41B 交流耐压试验值为 20kV/min，通过，无异常。42B 厂用变压器直流电阻值互差为 0.6%，符合要求，42B 交流耐压试验值为 28kV/min，通过，无异常。变比试验与额定变比基本相符：41B 比差为 0.03%，42B 比差为 0.07%。电流互感器交流耐压为 21kV/min，通过，无异常。变比测试均为减极性，变比测试误差均在允许范围内。电压互感器由于该产品为半绝缘，因而交流耐压用 2500kV 摇表代替通过，无异常。变比测试均为减极性，变比测试误差均在允许范围内。电力电缆直流耐压试验为 37kV/5min，通过，无异常。高低压盘柜的基础安装高程、水平度、垂直度、均在规定范围以内。

4）电气二次设备的安装。

a. 施工准备：工程开工前，施工单位严格按照建设程序向监理单位上报了"分部工程开工申请报告"并经批复；对施工图纸、技术标准等进行了认真的分析研究，严格按照相关规范、规程及技术要求对进场材料进行检验、检测，确保产品质量；严格按照"安全操作规程"制定了安全技术措施，并对施工人员进行安全学习，确保开工以后施工安全。

b. 设备安装：照明系统 PVC 管预埋，穿线依照施工图连接完成后，由建设、监理、施工单位共同进行隐蔽工程验收。盘柜基础先按实际到货盘柜基础测验，再与设计施工图进行比对，比对无误后再进行设备基础预埋。预埋误差范围严格按照国家相关规范进行。待基础预埋完成验收后，统一进行设备安装，高空作业均有相关安全措施。二次保护设备安装完成后，依照生产厂家说明书进行设备调试，调试完成后严格按交接试验规程进行相关的试验。主要试验如下：远方手动进行机组真空开关分合试验、近方分合闸试验、微机监控上计算机操作分合闸试验。辅助设备近方操作起、停试验，微机监控上计算机操作起、停试验。开机流程试验、假周期模拟并网试验。

5）其他电气设备的安装。依照施工图进行电缆管预埋，设备基础先按实际到货基础测验，再与设计施工图进行比对，比对无误后再进行设备基础预埋。预埋误差范围严格按照国家相关规范进行。待基础预埋完成验收后，统一进行设备安装，吊装，吊装有专人指挥。设备安装完成后，进行设备调试、连接，调试完成后严格按交接试验规程进行相关的试验。主要试验数据如下：①升压站隔离开关直流电阻为 $80\mu\Omega$ 以下；交流耐压为 $76kV/min$，通过，无异常。三相同期性为 $1mm$，满足要求。②35kV 主变出线电流互感器：变比及极性测试，极性为减极性，变比误差在规定范围内。交流耐压：$72kV/min$ 通过，无异常。③35kV 母线电压互感器：变比及极性测试，极性为减极性，变比误差在规定范围内。交流耐压：$56kV/min$ 通过，无异常。④六氟化硫断路器：直流电阻 $40\mu\Omega$，符合要求。交流耐压：$76kV/min$ 通过，无异常。合闸不同期性 $0.5ms$，分闸不同期性 $0.2ms$。⑤35kV 线路避雷器：绝缘电阻测试，均大于 $2500M\Omega$，直流参考电压下的泄漏电流：施加电压 $78.5kV$，泄漏电流 $1mA$。0.75 倍 $1mA$ 直流电压下泄漏电流：最大为 $8\mu A$。

6）变压器设备安装。设备基础先按实际到货进行基础测验，再与设计施工图进行比对，比对无误后再进行设备基础预埋。预埋误差范围严格按照国家相关规范进行。待基础预埋完成验收后，统一进行设备安装、吊装，吊装有专人指挥。设备安装完成后，进行设备调试，调试完成后严格按交接试验规程进行相关的试验。主要试验数据如下：直流电阻测试，高压侧相间比差为 0.09%，低压侧线间比差为 0.17%，均符合标准。直流耐压试验：施加直流电压 $20kV$，泄漏电流为 $12\mu A$，符合要求。介损试验：施加直流电压 $10kV$，介质损耗角正切 $\tan\delta 0.1$。交流耐压：高压侧为 $76kV/min$，通过，无异常；低压侧为 $20kV/min$，通过，无异常。变比试验最大误差 0.20%，变比符合要求。

（4）坝后电站主副厂房装饰装修工程。工程开工前，施工单位严格按照建设程序向监理单位上报了"分部工程开工申请报告"并通过批复；对施工图纸、技术标准等进行了认真的分析研究，严格按照相关规范、规程及技术要求对进场材料进行检验、检测，确保产品质量；严格按照"安全操作规程"制定了安全技术措施，并要求施工单位施工人员进行安全学习，确保施工安全。高空作业均有防护措施，支架采用钢管架。

7. 金属结构制作与安装

×××水库金属结构由大坝和渠道两部分组成。

枢纽区金属结构部分由溢洪道、西高涵、西低隧洞及电站尾水闸的 4 个金属结构组成。共设置门栅 17 套，其中闸门 15 套，拦污栅 2 套；各类启闭机械 16 台套，金属结构及启闭设备总重量为 548.25t，闸门启闭机电源由坝后电站供给，并另设置备用电源。

（1）溢洪道。溢洪道设置有两套弧形工作闸门，闸门底坎高程为 990.30m，闸门 5m×5m-5m，总水压力 1005kN，弧门半径 R 为 7000mm，其闸门重量 2×11t，门槽重量为 2×6.5t，闸门止水为上游橡皮止水。闸门启闭机型号为 QHLY-2×250-3.5，启闭机容量为 2×250kN，扬程为 3.5m，启闭机重量为 2×11t。到目前为止，溢洪道进口两道弧形工作闸门，液压启闭机已安装、调试完成，运行基本正常。

（2）西高涵。西高涵进口设置 3.5m×3.5m-4m 的粗格拦污栅一套，拦污栅底坎高程为 980.64m，其拦污栅重量 2t，栅槽重量为 1t。竖井内设置 2.5m×2.5m-20m 的事故检修门、工作门各一套，闸门均为平面定轮钢闸门，事故检修门可动水闭门，小开度开门冲水后闸门平压开门，工作门可动水启闭，极小开度开启，闸门总水压力1242kN，其闸门重量2×8t，门槽重量为2×7t，加重块为2×11t，闸门底坎高程为980.64m，检修平台高程为1000.600m。启闭机型号为QPG-400/25，卷扬机为高扬程机，扬程为25m，容量400kN，启闭机重量为2×7.5t。

到目前为止，西高涵进口工作闸门及启闭机、检修闸门及启闭机、西高干渠取水口闸门及启闭机已安装调试完毕，运行基本正常。

（3）西低隧洞。西低隧洞进口设一套细格拦污栅和事故检修门，出口设置一套弧形工作门。

1）细格拦污栅孔口尺寸为3.3m×28.1m-5m，采用清污机清污，其拦污栅重量30t，栅槽重量为13t，清污机重量为25t。

2）西低隧洞进口平面事故检修门为2.5m×2.5m-26m的平面定轮钢闸门，操作条件为动水启闭，总水压力为1325KN，其闸门重量6t，门槽重量为8t，加重块总重12t，底坎高程为972.40m，检修平台高程为1000.60m，启闭机型号为QPG-400/35，启闭机为高扬程机，扬程为30m，启闭机容量为400kN。

3）西低隧洞出口工作压力为2m×2.5m-26m的弧形工作门，操作条件为动水启闭，任意开度开启，总水压力为1400kN，弧门半径R为3500mm，其闸门重量6t，门槽重量为4t，底坎高程971.71m，启闭机型号为QHSY-300/120-3，其中启闭机为液压启闭机，启门容量300kN，闭门容量120kN，启闭机行程为3m。

4）电站尾水为两扇4.018m×1.935m平板闸门，自重16t，预埋件重3.22t。

5）到目前为止，西低隧洞进口检修闸门及启闭机、拦污栅及清污机、分水闸门及启闭机已安装调试完毕，运行基本正常。

监理单位为××省××建设监理咨询有限公司，施工单位分别有：西低隧洞闸室启闭机、检修闸门、拦污栅、清污机由××省水利水电工程有限公司承担；溢洪道、西高涵、西低隧洞分水闸由××××水电设备制造有限责任公司制作安装。目前为止，枢纽工程金属结构及启闭机设备，都已安装就位，调试完毕。

8.主要临建工程

（1）施工导流工程。

1）施工导流概况。根据《水利水电工程施工组织规范》（SD/J 338—89）的规定，×××水库临时导流建筑物按4级设计（其中西低隧洞、西高涵除导流泄水功能外还兼备输水功能，为永久性2级建筑物），大坝施工枯水期土石围堰挡水导流设计洪水重现期为10~20年。

×××水库大坝施工导流采用西低隧洞导流方式。枯期采用上、下游土石围堰挡水，右岸西低隧洞泄流，进行大坝河床基础级度汛坝体施工，汛期则由度汛坝体挡水，西低隧洞和西高涵联合泄流。

西低隧洞进口底板高程为973.80m，西高涵进口底板高程为980.64m。

上下游围堰工程地质条件类同坝基。上游围堰采用黏土斜墙围堰，为4级建筑物，采用黏土斜墙结合截水槽防渗方式，堰顶高程978.73m，堰顶宽3.0m，上游坡1:2.5，下游坡1:2.0，堰高9.72m。下游围堰采用黏土围堰，亦为4级建筑物，堰顶高程970.50m，上游坡1:2.0，下游坡1:1.5，堰高2.0m。

2）施工导流（枢纽区部分）。20××年11月15日开始围堰截流准备，上游围堰左右岸戗堤进占并于20××年12月5日形成龙口。20××年12月6日成功实现截流。

围堰清基由人工配合T-200推土机进行，将清基土方推运到围堰前10m外。围堰的截水槽开挖采用1台CAT320挖掘机从左到右一次性开挖成形，所挖弃渣就地堆放在围堰前方。围堰采用单堤立堵、双向进占法施工。围堰防渗料填筑用1台WY160挖掘机挖装大坝清基时剥离黏土，5辆8t自卸汽车运输，1台T-200推土机找平，进占法一次填筑至水面以上1.2m高度，而后再次采用进占法分层铺筑，振动凸块碾碾压。围堰石渣料填筑用2台WY160挖掘机在左右岸分别开挖清基石渣料，10辆8t自卸汽车运输，倒退法铺料，振动平碾碾压。

（2）碎石加工系统。枢纽区碎石骨料主要由两个石料场供给。Ⅶ号料场，位于坝址右岸上游冲沟，距离坝址约3km；××石场，位于坝址左岸上游××山，距离坝址约5km。

碎石加工系统设计加工处理能力为6500t/月。该系统工程由××县建筑工程总公司承建施工，于20××年5月20日承包人进场，20××年8月1日投产使用。

碎石加工系统工程主要为大坝、大坝基础防渗墙、溢洪道、西高涵、西低隧洞出口闸室等反滤体及混凝土施工提供碎石骨料及块石料。碎石料采用二级配，5~20mm和20~40mm各占50%。

截至20××年7月31日碎石加工系统并大坝供应碎石74947.37m³，块石31267.2m³；其中：供应防渗墙工程碎石10210.32m³；供应溢洪道、西高涵工程碎石28524.68m³，块石4853.6m³。该系统自20××年8月1日投产使用以来，供料能力基本满足各项工程的强度需求。

（3）拌和站。

1）溢洪道混凝土拌和站。闸室段基础C10埋石混凝土、进水渠浆砌石砂浆、圆弧段导墙混凝土和海漫段浆砌石砂浆分别在不同阶段利用1~2台350型搅拌机搅拌。

控制段及以下混凝土搅拌，在第一陡坡段0+052处、交通桥、第二陡坡段0+440处分别设了3座固定式搅拌站，并分别于20××年12月12日、20××年5月30日、20××年1月13日投产。搅拌站采用全新2台JDY500型强制式搅拌机配带有电子过磅秤PLD1200配料机及三一重工生产的HBT6014型混凝土输送泵组成，并设1个25m³蓄水池。搅拌站计量控制系统（除人工加水泥、混凝土泵送剂外）全部由自动化微机控制，负责按配方自动配料、用水泵（时间控制）加水。搅拌站旁设库容300t水泥仓库，容量1800m³砂石料场和现场值班室，试验室设在项目部。

2）防渗墙混凝土拌和站。根据防渗墙工程的布置，混凝土搅拌站分左右、分期搭建。防渗墙施工搅拌站安装2台JS750型混凝土搅拌机，配备自动上料系统。搅拌站配置一台ZL50铲车上砂石料，小型汽车运输到仓面。

在第一阶段施工混凝土搅拌站建在左坝肩，在以后阶段施工为提高工作效率，混凝土搅拌站建在防渗墙河床段左下游位置。

3）西低隧洞混凝土拌和站。西低隧洞永久衬砌混凝土搅拌站设立在××河右岸西低隧洞0+220左侧，由2台JDY500型强制式搅拌机搅拌及HB-60B型混凝土输送泵组成，搅拌用水从南宛河抽取。混凝土搅拌完成由输送泵通过输送管由进出口分别供料入仓浇筑。

20××年7月建成投入生产，20××年11月完成浇筑任务。

第二节　工程竣工验收建设管理工作报告示例：×××水库工程建设管理工作报告

4）防渗墙泥浆搅拌站。搅拌站安装3台BE-10型泥浆搅拌机。在泥浆搅拌机旁开挖1个200m³的供浆池、1个50m³的储浆池和1个50m³的回浆池，池底面和侧面用水泥砂浆抹平，池口砌厚度为38cm砖挡墙。泥浆站设置2台泥浆泵，向施工现场供浆。供浆管线为4英寸钢管。

（4）施工变电站及输电线路。枢纽区施工仅有一台20kVA的变压器，供附近及×××水库生活区生活用电。水库开工后，枢纽区施工用电高峰负荷1800kVA，设计由陇川电网供电，自城子镇变电站引35kV输电线路至坝址左岸麻栗坝中心变电站，中心变电站设一台SF9-2000/35变压器，总容量2000kVA，施工区统一由变电站供电。

35kV送变电工程位于×××水库枢纽工程施工区的××河干流左岸二级阶地上，本工程主要承担枢纽区施工时候的用电输入及水库坝后电站建成后的电力输出。

35kV送变电工程为3级建筑物，工程由××—×××输电线路工程、×××变电站工程及××变电站改造工程组成。

输电线路全长8.217km，杆塔共计43基，完成土石方开挖896m³，接地18基。

1）×××变电站工程。土建部分：开挖土方356.78m³，回填土方157.29m³，M5浆砌石63.36m³，C20混凝土18.582m³，C15混凝土117.552m³，砌砖5.96m³。

电气设备安装工程主要有：SF9-2000/35主变1台，LW8-40.5 35kV六氟化硫断路器1组，GW14-35隔离开关1组，GW4-10户外隔离开关4组，35kV TBP组合式过电压保护器1组，厢式变电站1个，变电站控制电缆850m，动力电缆850m，接地网安装420m²，避雷针1根。

2）××变电站改造工程。土建工程：开挖土方348.57m³，回填土方216.97m³，C20混凝土5.008m³，C15混凝土126.589m³。

电气设备安装工程主要有：LW8-40.5（35kV）六氟化硫断路器2组，GW14-35隔离开关5组，LABN-35出线电流互感器2组，GDGG2-35 35kV母线电压互感器1组，35kV TBP组合式过电压保护器1组，控制电缆685m，动力电缆210m，35kV线路测控屏1面，变电站新增接地网410m²。

35kV输电线路工程承建单位为××××××送变电工程公司；35kV变电站工程承建单位为××××电站管理有限公司。

承建单位20××年9月25日进入施工现场，对设备和材料进行清点后，随即开始变电站土建和接地工程的施工工作，同时开展设备构架、10kV出线铁塔等制作安装工作。

安装前配合土建工程施工进度进行设备基础预埋，会同业主、监理按合同、到货清单进行验货。土建工程完工后，由业主、监理、施工单位对其高程、中心线进行联合复测。验收合格具备安装条件后，利用吊车进行电杆及较大设备的就位，电杆、构架就位后由专业技术人员现场进行检查和调整，调整合格后移交土建进行二期混凝土浇筑。在土建浇筑混凝土的过程中，施工单位派专人进行位移监视，保证了整个变电站电杆安装的质量。

在整个施工过程中，施工单位严格按照设计图纸、技术规范和经监理工程师批准后的方案精心组织施工，严格按照国家有关规范、规程进行调试、试验，所有设备、设施的试验符合国家的有关规定。建设、监理单位跟踪检查，确保了该分部工程质量和施工顺利完成；各项验收、检测资料齐全，未出现任何安全事故。

35kV变电站按设计要求和相关规范施工完成后，经试验测量发现，主接地网的接地电阻为14.5Ω，独立避雷针接地网的接地电阻为58Ω，均大于设计要求（主接地网不大于4Ω；独立避雷针接地网不大于10Ω）。

由××气象局对接地电阻网进行扩网改造后检测验收独立避雷针接地电阻不大于9.1Ω，工作接地网接地电阻不大于0.7Ω，确保了独立避雷针接地网与工作接地网的地中距离大于3m，工程质量符合各项验收标准及设计要求。

9. 干渠工程

×××水库干渠工程共有3条灌溉干渠，分别为东干渠、西高干渠、西低干渠，其中东干渠分为3个标段，西高干渠分为5个标段，西低分为6个标段，城子渡槽1个标段，共15个标段有16个单位工程。东干渠共有9座渡槽，西高干渠共有26座渡槽，西低干渠共有12座渡槽。

（1）明渠土方开挖与回填。施工单位进场后根据监理单位提供的工区范围内导线点及水准点的基本数据建立工程测量控制网，进行开挖边线及高程放样。对测量出的开挖边线范围内采用人工或机械清除全部有碍物，范围外的清理按监理单位要求进行。场地清理完成后，采用反铲挖掘机配自卸汽车开挖，运输开挖渣料至相应的弃渣场。开挖料运至弃渣场后，分区堆放，并保持渣料堆体的边坡稳定，并有良好的自由排水措施。

明渠土方开挖工程从上至下分层分段依次进行。严禁自下而上或采取倒悬的开挖方法，施工中随时做成一定的坡势，以利排水，开挖过程中应避免边坡稳定范围形成积水。

渠道沟心土开挖施工时，实际开挖的边坡坡度适当留有修坡余量，再用人工修整，满足图纸要求的坡度和平整度。在每项开挖工程开始前，尽可能结合永久性排水设施的布量，规划好开挖区域内外的临时性排水措施。在开挖边坡遇有地下水渗流时，在边坡修理工整合加固前，采取有效果的疏导和保护措施。为防止修整后的开挖边坡遭受雨水冲刷，边坡的护面和加固工作在雨季前完成。

土方回填土料主要采用本工程的开挖合格黏土料进行回填。回填料确定后，抽取土样做标准击实试验，确定最优含水率下的最大干密度；准击实试验完成后，核查土料压实后是否能够达到设计压实干密度值，检查压实机具的性能是否满足施工要求，选定合理的施工压实参数：铺土厚度、土块限制粒径、含水量的适宜范围、压实方法和压实遍数。土方回填前先进行表层覆盖土的清理，根据试验确定的土料最佳含水量、摊铺厚度、碾压及夯实遍数，对填筑过程进行严格控制。

（2）明渠段衬砌工程（含渠系建筑物工程）。渠道开挖完成后，采用人工对渠道沟心修坡、整平，由建设、监理、设计、施工单位共同进行隐蔽工程验收，符合设计及规范要求后，分块立模进行渠道坡面C10混凝土浇筑，再进行底板C10混凝土浇筑。渠道衬砌C10混凝土在混凝土搅拌站集中搅拌，采用混凝土搅拌车运输至施工工作面，人工将混凝土铲运至浇筑仓面内，然后采用平板振动器振捣，抹平。

渠系建筑物包括过路箱涵、盖板涵、过水管涵、高架钢管及与渠道交叉干扰的道路改线等。渠道土方开挖至沟帮设计高程平台面后，先进行渠系建筑物的施工，施工完成后再进行渠道沟心土的开挖。渠系建筑物基础开挖采用挖掘机开挖，混凝土浇筑采用混凝土搅拌车运输至工作面进行浇筑。

（3）渡槽工程。渡槽工程采用挖掘机开挖排架基础，因基础开挖较深，地质条件较差，且渗水量较大，基础承载力较差，采用抛石挤淤分层开挖，并将基坑开挖边坡坡比由1∶0.75

改为1∶1~1∶1.5，将渡槽开挖深度超过3.0m且地质条件较差的排架基础改为通槽开挖。基础开挖完成后由建设、监理、设计、施工单位共同进行基础承载力试验，并进行基础隐蔽工程验收，符合设计及规范要求后进行基础混凝土浇筑。基础开挖后地基承载力不能满足设计要求且与设计承载力要求相差较大的基础，先加深开挖0.5m后抛石挤淤，然后再增加0.5m厚C15埋石混凝土，并将该基础周边扩大0.5~1m，最后再在C15混凝土上按设计要求浇筑排架基础混凝土；基础开挖后地基承载力不能满足设计要求且与设计承载力要求相差较小的基础，加深开挖0.5m后采取增加C15埋石混凝土基础，并将该基础周边扩大0.5~1m，然后再在C15埋石混凝土上按设计要求浇筑排架基础混凝土。排架基础混凝土浇筑，混凝土在搅拌站集中搅拌，混凝土搅拌车运输至工作面附近采用溜槽浇筑。排架及槽身混凝土浇筑，混凝土在搅拌站集中搅拌，混凝土搅拌车运输至工作面附近，采用吊车将混凝土用吊罐运至工作面浇筑。

(4) 金属结构及启闭机安装。金属结构及启闭机安装的主要施工过程如下：

1) 安装准备。安装前先将门槽一期混凝土凿毛、调整预埋钢筋，清除门槽内渣土、积水，设置孔口中心高程及量程测量控制点，搭设脚手架及安全防范措施，布置电焊机，起吊设备。

2) 安装流程。埋件清点检查验收—底槛测量控制点设置—底槛吊装就位—测量固定—底槛二期混凝土浇筑—主反侧轨测量控制点设置—基础螺栓调整—脚手架搭设—反侧轨吊装调整固定、主轨吊装调整固定，门楣吊装、调整、固定—检查验收—门槽二期混凝土浇筑—复查测量、门槽清理—防腐—脚手架拆除。

3) 闸门安装。闸门安装完毕，作静平衡试验，将闸门自由地吊离地面100mm，通过滑道的中心测量上、下游方向与左右的方向倾斜，单吊点平面闸门的倾斜不超过门高的1/1000且不大于8mm，平面链轮闸门的倾斜不超过门高的1/1500，且不大于3mm。如果超过上述规定，则配重调整，直至闸门安装后检验符合设计要求。

4) 启闭机安装。启闭机到场后，对其主要零部件进行复测，必要时进行分解，清洗，检查。

安装时根据起吊中心线找正，其纵、横中心线偏差不超过±3mm，高程偏差不超过±5mm，水平偏差不大于0.5/1000。由于卷扬机式启闭机自重较小，可直接采用16t吊车吊装。

×××水库干渠工程共在3条干渠设置了2道分水闸、5道节制闸、7道退水闸，闸门及卷扬机等金属结构均已按照设计的项目内容全部安装、调试完成，并且通过合同工程验收，试运行以来，运行工况正常。

10. 其他工程

其他工程有交通工程、生活供水工程和房建工程。

(1) 交通工程。交通工程包括进场公路、Ⅲ号黏土料场道路、临时施工道路、右岸西线公路改建、左岸东线公路改建、左右岸弃渣料场公路等。主要施工过程如下：

进场公路为永久公路，全长720m，沥青路面，宽8.5m，设计荷载为汽-20级。路基挖方2414.78m³，路基填方880.00m³，23cm厚碎石砂砾基层4471.00m²，石砌护肩墙385.18m³。20××年8月5日开工，20××年12月15日竣工。

3号黏土料场道路位于城子与麻栗坝之间，距坝址2.5km，是黏土心墙料的运输线。全长 680m，路基面宽 6m，坡度为 1/11.3，全线为砂砾石路面。

该工程由××州××××建设有限责任公司负责承建。完成主要工程量为：机械挖路基土方 25729.6m³，人工清场 11560.0m²，土方外运（运距 1km）4602.0m³，路面回填砂砾石（厚 12cm）4080.0m³，机械挖涵洞基槽土方 319.5m³，M7.5 砂浆砌涵洞 102.05m³，C25 混凝土盖板 9.22m³，混凝土盖板钢筋 1180.0kg，D300 混凝土管购运、安装（运距 35km）10m。本工程从 20××年 3 月 6 日开工，20××年 5 月 21 日全面竣工，并于 5 月 25 日通过全部工程验收。

枢纽区临时施工道路工程于 20××年 3 月 4 日开工，20××年 5 月 25 日竣工。枢纽区道路工程完成主要工程量：路基挖方 30313.43m³，路面填砂砾 15705m²（厚 12cm），混凝土管 20m。

为保证 20××年 12 月 6 日水库截流的顺利进行，围堰基础的开挖将截断原有道路，为了不影响水库正常截流和水库上游库区人民群众的生产生活，新改西线路于 20××年 11 月 18 日开始进行测量、设计工作，施工单位于 20××年 10 月 11 日进场并开始施工，于 20××年 11 月 23 日建设完成并投入运行。

东西两岸公路改建工程，均属库底淹没专项设施改建。其中西线公路全长 7384.573m，四级公路，泥结碎石路面，工程竣工后，20××年 7 月移交××县交通局管理，投入运行；东线公路全长 10603.57m，四级公路，弹石路面，工程竣工后，20××年 10 月移交××县交通局管理，投入运行。

（2）生活供水工程。生活供水工程从左岸坝上卡弄寨取水，设有 80m³ 水池，架设 6cm PVC-U 给水管 5.3km 至原枢纽区供水塔供水。工程自 20××年 8 月动工，20××年 10 月竣工开始供水。由于该水源工程运行不正常，库区生产生活用水改由右岸冲沟取水，工程已经完工，验收后投入使用。

（3）房建工程。主要房建工程布置在大坝下游水文站旁，原×××水库指挥部营地，占地面积约 25 亩。由××县城建局设计室设计，工程分别由×××××建设有限责任公司、××县××建筑安装工程有限责任公司承建。其中三层框架结构一幢，占地 265m²，建筑面积 720m²，建筑高度 13.55m，八度抗震设防；一层砖木结构十幢 1615m²；一层砖混结构二幢 23.16m²；人行道路；混凝土地坪；球场；管理局大门；场地平整及旧房屋拆除等基础设施工程，建筑面积 1480m²。属工程建设期主要办公生活建筑设施，水库建设施工期间作为管理局、工程监理部、设代组行政办公及生活用房，水库工程竣工后，作为×××水库运行管理生产用房。本工程于 20××年 8 月 4 日动工，20××年 3 月 10 日完工并投入使用。

管理局办公楼于 20××年 3 月 20 日开工，20××年 12 月 31 日完工，结构类型为框架结构，共四层，建筑面积 1369.7m²。

承包人施工营区建筑面积约 19200m²，为主体工程承包人办公及生活用房。工程于 20××年 10 月开工，于 20××年 10 月完工并投入使用。

（五）主要设计变更

1. 大坝设计变更

实施过程中，增加了大坝基础右岸靠河床部位沙卵砾石和大坝右岸两个浅层滑坡体的清除，调整了坝基开挖方式，将坝顶路面由泥结石路面改为沥青路面。

2. 西高涵设计变更

西高涵部分工程在水库工程施工前已建成多年,初步设计时沿用已建成的浆砌石消力池和泄水道,工程实施发现消力池和泄水道施工质量差不能满足要求,技施时将其拆除,重建C20混凝土消力池和泄水道。

3. 溢洪道设计变更

溢洪道施工围堰工程由原设计的草袋围堰改为土石围堰。

4. 大坝基础处理设计变更

(1) 技术参数调整。防渗墙施工总体上按照原设计实施,在施工过程中仅对混凝土参数作了适当调整。原设计:0.6m厚段防渗墙采用C10混凝土,弹性模量E小于17000MPa,抗渗标号大于W6(S6);0.4m厚段防渗墙采用C10塑性混凝土,弹性模量E小于13000MPa,抗渗标号大于W6(S6)。施工过程调整为:防渗墙全部采用C10塑性混凝土,弹性模量E小于13000MPa,抗渗标号大于W6(S6),28d抗压强度$R_{标}$大于5MPa。

实施阶段防渗墙进行了优化调整,防渗墙长度减少382.556m,部分墙段低界抬高,防渗面积减少$7651m^2$。

(2) 槽段划分的变更。原设计将防渗墙划分为113个槽段,由于部分槽段较长,施工难度较大。施工时,在保证防渗墙的顶界线、底界线和墙厚不变的前提下,将槽段划分为121个槽段。

5. 西低隧洞设计变更

西低隧洞施工总体上按原设计实施,仅局部做了调整:在施工过程中,设计变更要求沉陷缝增加铜止水及结构形式改变,取消排水孔。

西低隧洞工程洞身围岩因受施工震动影响,对支撑稳定不利,将洞身段底板增加厚度50cm,为C15埋石混凝土。

(1) 冲沟整治方案变更。西低隧洞进口右岸为CL3号冲沟,原设计是采用C10埋石混凝土进行护坡衬砌,由于C10埋石混凝土护坡不能有效阻止该区可能的表层滑动,对冲沟的处理做如下调整:

1) 在冲沟与环库公路交叉处内侧设置第一道截水墙;在距西低隧洞15处设置第二道截水墙;截水墙基础深入第三系地层砂土下1m。

2) 沿环库公路内侧开挖支砌排洪沟,引向上游冲沟排泄。

3) 第二道截水墙以下冲沟与西低隧洞进口段边坡及工作桥排架基础,采用浆砌石护坡。

(2) 超前预支管棚的变更。管棚注浆固结围岩,原设计采用112的钻头造孔,把$\phi 102$钢管制作成梅花管打入孔内,管棚间距为33cm,对钢管压力注浆,使管棚周围土层固结形成围岩,为隧洞开挖创造成洞条件。在实施中,由于注浆压力、地质结构、施工机械等原因的限制,围岩固结达不到设计效果,很难在管棚周围形成围岩,开挖时,掉管、塌块现象时有发生,注浆管棚实际上只起到锚杆的作用。根据这种实际情况,承建单位提出了大管棚改为小管棚,缩短管棚,加密管棚间距的实施方案,把管棚由大管棚间距33cm变为小管棚间距15cm,把12m长的大管棚变为4~6m的小管棚,开挖时,掉管、塌块现象得到了有效的控制。同时,减少了由于长管棚仰角造成的超挖工程量和减小了搭建大管棚造孔脚手架的工作量。

6. 坝后电站主要设计变更

坝后电站在实施阶段，对基础开挖、主厂房长度、桥机起吊重量标准、调压阀直径、尾水池面积等进行调整。

（1）电站升压站电气设备与西高涵的安全距离偏小，整个升压站按设计要求向主厂房方向平移了1.5m，同时把原厂用变压器布置到高压室上游侧。

（2）由于机组单件最大重量超过10t，桥机起吊重量标准由原初设的10t改为20t。

（3）调压阀直径变化：经技施阶段进一步的复核计算，为增加调保安全度，调压阀直径由初设的80cm改为1m。

（4）根据压力钢管现场施工环境结合压力钢管施工蓝图，为了更加优化设计质量成果，在施工过程中做出了如下修改：

1）镇墩顶原设计高程由974.60m增加至976.10m。

2）西低隧洞压力钢管管道镇、支墩部位200mm×200mm排水沟改为内径110mm PVC排水管，并在进口处设置钢丝网防护，疏导廊道内积水。同时岔管镇墩段增设2根内径110mm PPR排水管，沿原西低隧洞出口泄水道方向布置。

3）考虑堵头段的施工难度，将1号方变圆渐变段上1号、2号、3号、4号、5号、6号、7号止水环做适当切割，调整止水环形状及尺寸。同时钢管堵头回填灌浆，管钢花管表面开孔四排，呈梅花状布置，拱顶中心部位灌浆花管两侧距离200mm处各增设1根灌浆管，钢管底部外壁增设3根灌浆管，灌浆管焊接于压力钢管外壁，灌浆管与止水环相交部位止水环做适当切割，并与止水环焊接成整体。

4）堵头段边墙与拱顶部位增设锚杆，锚杆采用Φ20钢筋，长度1m，纵横向间距为1m，锚入原西低隧洞廊道500mm，伸出部位与堵头钢筋连接。

5）西低隧洞出口压力钢管岔管镇墩段同意底板浆砌石不拆除，底板布置Φ22、$L=3m$长的M7.5砂浆锚杆，锚杆间距1m，梅花形布置，压力钢管中心线上锚杆露出浆砌块石底板表面为20cm，其余锚杆露出浆砌块石底板表面为50cm与镇墩混凝土结合。

6）西低隧洞压力钢管堵头段回填灌浆技术调整：回填灌浆前对衬砌混凝土的施工缝和混凝土缺陷等进行全面检查，对可能漏浆的部位及时处理。回填灌浆浆液水灰比为1:1、0.8:1、0.6:1、0.5:1（重量比）4个比级。空隙大的部位灌注水泥砂浆，掺砂量小于水泥重量的200%，灌浆压力为0.4MPa。

7）西低隧洞堵头部位混凝土与闸室相接处全断面1cm厚沥青砂浆改为5cm深1cm厚沥青砂浆，临水面采用环氧砂浆封堵找平，并与上游闸室混凝土及下游压力钢管表面平顺连接。

7. 干渠主要设计变更

干渠工程初设总长112.66km，其中东干渠全长约37.727km，西低干渠长约35.933km，西高干渠长约39km。工程概算调整后，技施设计总长为89.935km，其中东干渠全长约25.79km（从西低干渠K7+473分叉口处），西低干渠全长33.143km，西高干渠全长31.00km。

（1）××渡槽设计变更。

1）20××年3月，将城子渡槽标准槽身跨度由10m调整为12m。为利于行洪，跨××河段由原来7个排架渡槽改为三连拱形式。

2) 20××年11月，调整槽身厚度为12cm，槽身混凝土保护层调整为2.5cm，槽身混凝土粗骨料介于一级配与二级配之间，最大粒径小于30mm。

3) 20××年1月，将部分原振冲碎石桩调整为钢筋混凝土灌注桩，提高排架建基面。未完的排架由预制改为现浇。槽身厚度由12cm改为14cm，混凝土标号由C20改为C25。

4) 排架尺寸由原设计300mm×400mm变更为400mm×500mm。

(2) 其他干渠设计变更。

1) 三条干渠工程前段部分。西高干渠里程K0+060~K0+620渠线改为填方渠道，里程K2+920~K3+394段改为渡槽，增加交叉建筑物93座。

西低干渠里程K6+559~K7+098段由横穿翁丙寨改为在村前从右侧顺山丘布置，绕过寨子，渠道通过淤积地段基础换基处理9段，增加交叉建筑物46座。

东干渠里程K14+795~K16+440、K17+489~K20+450段为避开村寨调整线路，增加交叉建筑物57座，渡槽排架由单排架改为双排架。

2) 三条干渠剩余工程部分。三条干渠剩余工程部分设计变更在工程调整概算报告中一并调整。

（六）重大技术问题处理

1. 大坝主要问题及其处理

×××水库截水槽在开挖过程中，遇到了20世纪70年代的勘探孔，原封孔工艺采用纯水泥或泥浆材料，深部止水效果不理想，故存在局部钻孔在开挖后存在下层承压水涌水现象，影响截水槽基础的施工，因此对截水槽部位钻孔进行封孔处理。处理方法如下：

(1) 对各钻孔进行了全孔封孔，深部达到原勘探深度，大部分钻孔有坍塌及堵塞现象，对其进行了全部清理。

(2) 采用速凝水泥加砂石混凝土材料，进行振捣密实。

(3) 坝轴线上及截水槽范围内各钻孔按原坐标核查是否存在涌水或渗水现象。

通过封孔处理，基本上解决了勘探孔涌水情况，保证了截水槽的正常开挖。

2. 西低隧洞重大技术问题处理

在西低隧洞施工过程中，管棚注浆固结围岩施工、在侧向水压力的作用下开挖边墙失稳坍塌和隧洞坍塌段的处理等问题是施工的技术难点和重点。

(1) 管棚注浆固结围岩施工。管棚注浆固结围岩施工中，由于注浆压力、地质结构、施工机械等原因的限制，围岩固结达不到设计效果，很难在管棚周围形成围岩，开挖时，灌浆掉管、坍块现象时有发生，注浆管棚实际上只起到铆杆的作用。根据这种实际情况，承建单位提出了大管棚改为小管棚，缩短管棚，加密管棚间距的实施方案，把管棚由大管棚间距33cm变为小管棚间距15cm，把12m长的大管棚变为4~6m长的小管棚，开挖时，坍管、坍块现象得到了有效的控制。同时，减少了由于长管棚仰角造成的超挖工程量和减小了搭建大管棚造孔脚手架的工作量，为隧洞的按时贯通赢得了时间，为水库枢纽区工程按计划截流创造了条件、奠定了基石。

(2) 边墙坍塌处理。开挖边墙失稳坍塌也是西低隧洞开挖的一大难点。由于隧洞洞身处于丰足的地下水位以下，开挖时，施工造成的临空面，地下水的水力坡降增大，动、静水压力叠加增大了洞身两壁的侧向压力，水流带动地层沙汇入洞内，致使洞身两壁边墙失稳坍塌，左边墙比右边墙更为严重，坍塌宽度一般在 0.2～1.8m，给开挖进尺带来了较大的难度。

隧洞开挖过程中，两边墙纵、横向采用 $\phi40$ 的钢管打入地基锚固，用钢筋与钢管编成网状，把毛石、碎石及时填入，堵护洞身两壁临空面，然后立即进行格栅构架的架立，并及时喷混凝土支护。

在隧洞开挖过程中，两边墙坍塌处理，经多种开挖方法试验，最后，采用最多、最有效的方法是：及时抽排地下渗集水，先槽挖钢格栅构架直墙段位置，架立直段钢格栅并进行临时喷混凝土支护，再进行顶拱段开挖，对两侧壁的坍塌仍采用及时填塞毛石封堵的方法进行施工，有效控制了洞身两侧壁的坍塌，保证了隧洞洞身开挖的有序进行。

3. 溢洪道重大技术问题处理

在溢洪道施工过程中，泵送混凝土中的模板加固问题和高地下水位下的消力池开挖坍塌处理是工程施工的技术难点和重点。

（1）泵送混凝土中的模板加固。泵送混凝土入仓速度快，流动性较好在混凝土浇筑、振捣过程中极易引起脚手架的位移动而产生爆模，严重影响整个建筑物的外观质量。在施工过程中采用了内支撑与外支撑相结合的施工方法，即在边墙的内外层受力筋用拉接筋焊接在一起，保持钢筋的整体性，在钢筋与模板间用 $\Phi12$ 钢筋点焊形成的有效的保护层。用铁丝将受力钢筋与外部的加固钢管架拧紧，混凝土拆模后将表面的铁丝剪除，通过以上措施有效地控制了模板的变形，保证了混凝土的外观质量。

（2）边墙坍塌处理。开挖边墙失稳坍塌也是溢洪道开挖的一大难点。由于溢洪道处于丰富的地下水位以下，开挖时，施工造成的临空面，地下水的水力坡降增大，形成出溢点，水流带走地层砂砾，致使边坡出现坍塌。在施工中采用了钢管桩与排水砂石相结合的处理方法，有效地保证了开挖的有序进行。

（七）主要问题及其处理

1. 隧洞坍塌段处理

20××年4月11日1：50时，西低隧洞出口里程 K0+231.4～K0+218.8 段突然发生临时支护断面边脚向洞身轴线方向挤压变形，洞身顶部亦随之下沉，将顶拱喷锚拉裂，裂口高 60～80cm，顶部间断塌块，裂口有松渣溢出。

洞身塌落成因分析：隧洞塌方段下部 1.5～2.7m 以灰白色中粗粒砂土，仅含少量小于 1cm 粒径的砾石，含水较多，质地松软，易于坍塌。随着降雨的增多，地下水位随之抬高，格栅构架基础处于长时间浸泡状态，白色中粗粒砂土随之软化。加之，地下水的水力坡降向施工临空面增大，动、静水压力叠加增大了洞身两壁的侧向压力，格栅钢架所受侧向压力的不断增大，致使格栅钢架脚底位移，造成隧洞变形塌落。

管理局及时组织召开参建各方就塌方处理方案的专题会议，形成了《西低隧洞出口塌方处理方案》。其塌方段施工方法和步骤是：①对塌方体洞内采取喷混凝土封堵被拉裂的临时支护断面裂缝；②对已开挖里程 K0+242.953～K0+253.953 分两段进行永久混凝土浇筑，作为塌方处理施工安全区；③在出口变形接头处的洞身顶拱及边墙沿设计开挖线，采用 DZ150 型地质钻造孔，打入 $\phi102$ 钢管（梅花状花管）并注浆，管距 30cm，管长 18m；④在长 20m 的地面塌方里程 0+233～0+213 段，沿轴线左右各 4.0m，布置 4 排灌浆孔，由边墙向洞轴线，按单排两序孔灌浆。在确定的地面灌浆范围用 DZ150 型地质钻造孔灌浆并注入细石混凝土回填塌方空腔，清孔后，重新将灌浆孔打入松堆体至原临时混凝土衬护断面，对拱顶掉块的松堆体进行固结灌浆。

灌浆处理结束14d后，仍按原设计方法进行洞室开挖。在塌方处理的机械准备、安装期间，进一步对塌方段观察分析，补充完成了施工技术要点，见《关于"西低隧洞K0+218.8～K0+231.4塌方段洞外灌浆处理施工技术要点"的通知》，完善了洞外灌浆施工的工序，确定了施工工艺的参数及施工安全措施。

根据造孔过程中探测记录的空腔高度、形态、松堆体的厚度及水泥用量和其他耗材来看，与施工中所见情况基本吻合。回填与固结使洞身周边松动体基本形成相对紧密的整体，从塌方段开挖揭示的情况，洞内干燥，无渗水，证明灌浆对洞身基本形成了围岩体。

对塌方松堆体固结灌浆效果差及没有填实空腔的段落，用ϕ40的钢管紧密排列，两端以永久混凝土断面为支撑，横向用钢筋连接固定，呈"梅花"状，采用ϕ40钢管垂直打入围岩体与管棚连为一体，钢筋格栅构架紧密架立支撑，并以"梅花"状预埋回填灌浆管，方进行临时喷混凝土支护，随后进行永久混凝土断面衬砌，最后对空腔部位进行灌浆处理。

2. 防渗墙63号槽孔塌槽段处理

防渗墙63号槽段地处河床段，地质条件差，地下水位高。于20××年11月28日开始挖槽，11月30日成槽，成槽深度约30.10m，于11月30日17时15分开始混凝土的浇筑，混凝土浇筑至离导槽顶面21.0m（高程955.10m）时，导槽内上游侧发生坍塌，掩埋深度13m（高程968.10m），导管弯曲损坏。

(1) 塌槽原因分析：雨季施工，坝体经过苫盖后的雨水，全部汇集到防渗墙施工区域，造成地下水更加丰富，且水位有较大抬高。地下水自左坝肩沿回填黏土和原状土砂砾土界面渗流，成槽后，因地下水流的作用，原状砂砾土首先失稳坍塌，形成孔洞，继而导致黏土坍塌，最后导致塌槽。

(2) 处理措施：经过管理局、监理部、设代组和施工单位协商决定，本着安全第一、质量第一的原则，决定采用1～3MPa的低标号混凝土回填。在重新成槽以前，将62号、63号、64号槽段细分为62号、63号-1、63号-2、63号-3、64号，计5个槽段，再进行施工。

(3) 成槽质量评价：建设单位与监理单位对63号槽的三次成槽和三次浇筑，非常重视，专人专职全过程负责检查、监督、验收施工质量。通过严格的工序控制，三次成槽和三次浇筑组织的非常顺利，质量得到了保证，避免了遗留任何质量隐患。并且经过钻孔取芯和混凝土的CT检测，证明防渗墙63号槽的混凝土质量达到设计要求。

3. 压力钢管变形处理

20××年12月2日，项目法人组织相关单位对压力钢管巡视检查发现因设计原因导致压力钢管及4号、5号复式波纹管伸缩节波纹管发生较大变形，影响压力钢管的安全运行。××省水利水电勘测设计研究院经过认证分析、专题研究，决定对压力钢管及1～5号和7～10号复式波纹管伸缩节进行加固处理，并下发了工程设计通知单6份。

(1) 压力钢管加固处理工程施工依据。×××水库坝后电站压力钢管加固处理工程施工依据××省水利水电勘测设计研究院工程设计通知单：YND-×××-DZ-GCL-2009-1和YND-×××-DZ-GCL-2010-(1～5)。

(2) 压力钢管加固处理方案。压力钢管加固处理措施：①采用锚定环固定1～3号复式波纹管伸缩节靠原镇墩侧波纹管，并浇筑混凝土镇墩与原镇墩连为一体；②取消4号复式波纹管伸缩节下游侧波纹管和5号复式波纹管伸缩节，采用钢管代替；③7～10号复式波纹管伸缩节安装在伸缩节室内，采用C15混凝土浇筑填埋超过管顶0.3m（高程为972.955m）；④在2号直管段K0+180.900～K0+190.900增设10m长的开敞式混凝土镇墩，并采用锚定环固定钢管。

（3）压力钢管加固处理施工过程。20××年1月20日，××市××建设工程有限责任公司×××水库项目经理部和××××机电安装有限公司对压力钢管加固处理土建部分和金属结构部分分别进行施工。施工前，首先对隧洞内的积水进行了抽排，确保整个工作面在干燥的环境下进行施工。施工分三个阶段进行：①土建部分施工：凿除伸缩节锚固环支架与西低隧洞底板接触部位混凝土使之露出底板钢筋，便于伸缩节锚固环支架与钢筋焊接；②金属结构部分施工：按照设计图纸取消了4号复式波纹管伸缩节下游侧波纹管和5号复式波纹管伸缩节波纹管，采用钢管替代；采用锚定环固定1～3号复式波纹管伸缩节靠原镇墩侧波纹管；采用锚定环固定K0+180.900～K0+190.900段钢管；对压力钢管及伸缩节加固处理部位进行防腐处理；③土建部分施工：首先对钢管与混凝土接触部位进行除锈处理，按设计要求进行锚杆施工；然后严格按照设计图纸及相关的规程、规范进行钢筋绑扎及焊接工作，钢筋安装完成后进行模板安装，经监理开仓验收后进行混凝土浇筑。整个施工过程严格按照设计要求和规程规范施工，工程于2010年3月10日按照设计要求全面完成。2010年4月8日，项目法人组织相关单位组成验收工作组对压力钢管及伸缩节加固处理工程进行了验收。

4. 溢洪道混凝土低强

20××年1月，溢洪道工程经××××××检测评价有限公司检测后，发现溢洪道工程存在混凝土低强等缺陷，各参建单位非常重视，承建单位进行结构复核计算后提出了"溢洪道工程质量缺陷处理方案"（详见附件），经设计、监理、管理局多次反复研究，并进了咨询，形成最终处理方案实施处理。

20××年3月，××××××检测评价有限公司检对溢洪道缺陷处理后进行质量复检，混凝土强度满足设计要求。经过几年的泄洪，运行正常。

5. 西低隧洞工作桥排架混凝土低强

20××年1月，西低隧洞工程经××××××检测评价有限公司检测后，发现工作桥排架混凝土低强，承建单位提出了工作桥方向对应原排架在增设拼接相应排架的处理方案。经参建各方同意后实施。

20××年3月，××××××检测评价有限公司检对西低隧洞工作桥缺陷处理后进行质量复检，混凝土强度满足设计要求。经过8年运行，未发现异常。

（八）施工期防洪度汛

×××水利枢纽主体工程施工主要经历了自20××—20××年各个汛期。每年根据施工进展的实际情况，设计单位在汛前提交施工度汛技术要求，然后由管理局组织编写年度施工度汛计划及防洪应急预案上报省水利厅批准后执行。在机构设置方面，成立×××水库工程防洪度汛领导小组，成员由各单位主要负责人组成，领导小组下设防洪度汛办公室，负责处理日常事务。

20××年汛期，工程主要进行西低隧洞施工以及截流前的准备。直至20××年12月6日截流，汛期一直为河床过流，施工未受到洪水影响。

20××年，度汛标准为50年一遇洪水，设计洪峰流量770m³/s。20××年度汛方案为大坝抬头坝顶填筑到989.07m高程，后坝填筑976.00m高程。抬头坝挡水，西低隧洞与西高涵联合泄流。

×××水库工程主要是进行一期度汛坝体的填筑工作，由于填筑量大，工期短，为了保证一期度汛坝体的顺利填筑，×××水库管理局组织参建各方进行认真讨论，层层落实，根据工地实际情况，把一期填筑分为3个阶段：

(1) 河床部分的填筑施工：由于施工场地比较窄，且排水、结合部处理工程量大等因素，致使机械施工不可能大面展开。另外机械作业手及指挥人员的熟练程度等都会对施工进度造成影响。这段时间大约为15d，填筑工程量约为4万m³左右，平均强度在3000～4000m³/d左右。主要依工序循环作业，人机轮换上班和休息。机械安排为：CAT330挖掘机4台（坝壳料挖装）、CAT320挖掘机2台（黏土料挖装），19.6t自卸汽车10台运堆石料，8t自卸汽车16台运黏土料，2台YZTY-22振动平碾碾压坝壳料，1台YZTY-18凸块碾碾压黏土，1台2t夯机处理边角。

(2) 当填筑施工面基本打开，作业机械能正常作业，填筑施工和碾压作业可以分段进行流水作业时，即为第二时段开始。这个时间段是主要的施工时段，施工天数大约85d。计划填筑工程量为49万m³，平均日强度为5765m³/d，计划日高峰填筑量为7500m³/d。作业时间按全天作业考虑，即作业时间为8：00—12：00、13：00—19：00、20：00—7：00，每天工作21h。

机械安排为：CAT330挖掘机4台（坝壳料挖装）、CAT320挖掘机2台（无心墙回填时，可调1台参与坝壳料挖装），20辆19.6t自卸汽车运输堆石料，16辆8t自卸汽车运输黏土料，3台YZTY22振动平碾碾压堆石料，2台YZTY18振动凸块碾碾压黏土，1台2t夯板边角处理，1台15t气胎碾。

(3) 4月中下旬：由于抬头坝接近坝顶部分，施工场地大幅度变窄，而且降雨量逐步增多，上坝强度又逐渐下降，因此计划只填筑剩下的5万m³左右，作业时间还是全天作业考虑，但施工机械根据场地情况减少，强度为4000m³/d左右。积极协调西高涵施工管理，加大施工强度。经过认真组织，精心施工，圆满完成了一期度汛坝体填筑和西高涵洞身段、消力池段等施工。当年最高库水位未超过上游围堰。

汛前管理局组建了以管理局、监理部、设代组、各承建单位组成的防洪领导小组，并就安全度汛召开了专题会议，分配了任务，明确了责任。施工方组织人员服从防洪领导小组统一调度、统一指挥。凡可能造成影响防渗墙施工的点、面进行详细的勘察，防止山沟洪水对防渗墙的冲刷侵蚀，确保防渗墙的安全。

20××年汛期，仍然采用大坝挡水，西低隧洞与西高涵泄流度汛方式。×××水库大坝工程的主要任务是进行二期坝体的填筑，进行后坝面976.00～990.00m高程的填筑工作。在整个施工过程中，经过参建各方的共同努力，顺利地完成了二期度汛坝体的填筑要求。当年最高库水位超过上游围堰达到975.00m高程，汛期各未完建工程项目施工顺利。

20××年汛期，×××水库大坝工程一期、二期度汛坝体，已经顺利通过20××年、20××年汛期洪峰检验。三期采用100年一遇洪水标准度汛，设计洪峰流量951m³/s。拦洪水位988.72m，度汛坝体填筑高程1000.00m。采用西低隧洞、西高涵联合泄流，最大下泄流量为91.5m³/s。遇超标洪水利用溢洪道泄洪。

三期坝体于20××年12月开始填筑，于20××年4月26日完成大坝全部填筑工作。溢洪道二级消力池的混凝土浇筑、海漫段的抛石铺填及扫尾工程于20××年6月16日全部结束。

为保障整个工程安全度汛，管理局积极组织各参建单位共同努力，抓紧晴好天气施工，力保大坝在汛期到来前完成全部填筑工作，同时加紧迎水坡面的铺筑工作，减少汛期雨水对坝体的冲刷；确保溢洪道主体工程完工，达到过流条件。20××年汛前，由于西低隧洞安装了拦污栅，过流断面减少，主汛期间持续大雨，水位抬高到982.50m高程，西高涵第一次过流。汛期各未完建工程项目施工顺利。

×××水库工程建设至今各个汛期，工程管理局高度重视防汛工作，组织参建各方汛前积极准备，根据××县降雨分布特性和气象信息，结合工程实际，落实度汛方案和应急预案，检查度汛措施。工程建设完全未受洪水影响。

三、专项工程和工作

（一）征地补偿和移民安置

1. 批复情况

20××年9月，水利部水利水电规划设计总院对初步设计报告进行了审查。20××年3月12日，水利部以《关于××省××县×××水库工程初步设计报告的批复》（××〔20××〕××号），对工程初步设计报告进行了批复，核定工程概算总投资为×××××万元，其中水库移民征地补偿投资×××××万元。

20××年9月，××省××县×××水库工程移民搬迁安置领导小组办公室编制完成《××省××县×××水库技施设计阶段占地、水库淹没处理及移民安置规划设计报告》，报告编制完成后未进行相应的审查和报批。

20××年9月23日，××省发展改革委以"××××××〔20××〕××××号"对×××水库工程概算调整进行批复，其中包含《××省××县×××水库工程技施设计阶段建设征地移民安置概算调整报告主体工程部分》和《××省××县×××水库工程技施设计阶段建设征地移民安置补偿概算调整报告输水干渠部分》，调整总概算为×××××.××万元，其中水库移民征地补偿投资×××××.××万元。

2. 征地补偿和移民安置实施情况

××县×××水库移民安置工作严格按照《初设报告》《移民安置条例》《中共××县委××县人民政府关于×××水库移民搬迁安置的实施意见》（××〔20××〕××号）及上级有关文件精神开展，并严格按照制定的以下原则进行移民安置工作：①移民安置实行"两个相结合，一个不降低"的原则，即统一安排与自愿投亲靠友相结合，集中安置与分散安置相结合，搬迁后移民生产生活水平不低于搬迁前的生产生活水平；②移民安置原则上安置在水库受益乡（镇），即××镇、××镇和××镇等乡（镇）；③根据安置乡（镇）的实际情况，具备安置条件的采取集中新建移民生活安置点进行安置，不具备安置条件的采取移民分散到各个村组进行安置。外迁村民小组库区淹没耕地面积，按国土部门公示的淹没面积进行补偿划转。移民安置根据淹没情况分为外迁安置和生产安置两种情况。

（1）外迁安置移民情况。××县×××水库外迁安置移民分一期、二期、三期进行安置，搬迁安置18个村民小组，分设19个安置点，共计665户，3011人（其中，投亲靠友

67户，259人），于20××年1月开始，到20××年11月结束。安置区涉及4个乡（镇），12个村委会，其中：××镇168户，759人，安置在辖2个村委会；××镇245户，1175人，安置在辖5个村委会；××镇200户，839人，安置在辖4个村委会；××镇50户，238人，安置在辖1个村委会。

（2）生产安置情况。生产安置主要采取优先利用本村水库淹没后剩余的土地资源，不足部分再利用已搬迁村组淹没线上剩余的耕地，或由库周邻村划拨一部分土地资源进行就地后靠生产安置和在受益乡镇进行生产安置。共安置4个乡（镇），7个村委会，17个村民小组，共288户，1220人。

×××水库工程淹没影响区及枢纽工程区建设征地涉及××县××乡、××乡、××镇和×××乡4乡（镇）12个村委会33个村民小组。淹没影响区征地12241.80亩，其中耕地10215.78亩（水田9509.11亩，旱地706.67亩），园地3.50亩、林地252.26亩、草地72.39亩、住宅用地141.37亩、交通运输用地86.24亩、其他土地216.23亩，水域及水利设施用地1254.03亩；影响人口3011人，村民房屋面积136800.89m^2。

枢纽工程建设永久征地583.10亩，其中耕地242.81亩（水田209.38亩、旱地33.43亩），林地340.29亩，房屋面积555.08m^2；枢纽工程建设临时占地总面积273.90亩，均为耕地，其中水田40.10亩，旱地233.80亩。

输水干渠工程建设征地涉及××州××县××镇、××镇、××镇、××镇4镇共12个村委会67个村民小组；企事业单位主要涉及××科学研究所、×××厂和××农场的4个分场。输水干渠工程区征地4781.51亩，其中永久征地2936.46亩，临时征地1845.05亩。

20××年8月，工程开工建设后，×××水库管理局委托××勘测规划设计有限公司对×××水库工程建设征地移民安置开展综合监理工作，于20××年10月，成立了××省×××水库工程移民安置综合监理项目部。移民安置综合监理项目部按照"三控制、两管理、一协调"的工作方法，对移民安置工作进度、工作质量和移民资金进行了全程的监督。

（二）环境保护工程

1. 工程设计及批复过程

×××水库工程建设严格按照国家基本建设工程审批程序的要求，从项目规划、建议书、可行性研究等建设过程均经过了相关部门的审查和批准。相关审批文件如下：

（1）20××年3月，××省水利水电勘测设计研究院编制完成《×××水库工程项目建议书》；2002年6月，国家计委以"×××〔20××〕×××号"文转发上报国务院的"×××〔20××〕×××号"文，批准×××水库项目建议书。

（2）20××年6月，中国水利水电科学研究院编制完成《××省××县×××水利枢纽工程环境影响报告书（报批版）》；20××年12月，原国家环境保护总局以《关于××省××县×××水利枢纽改造工程环境影响报告书审查意见的复函》（××〔20××〕×××号）对该环评报告书进行了批复。

（3）20××年9月，水利部水利水电规划设计总院对初步设计报告进行了审查。20××年3月12日，水利部以《关于××省××县×××水库工程初步设计报告的批复》（××〔20××〕××号文），对工程初步设计报告进行了批复，核定工程概算总投资为××××万元，其中环境保护工程投资为×××万元。

(4) 20××年9月23日，××省发展改革委员会以"×××××〔20××〕××××号"对×××水库工程概算调整进行批复，调整概算总投资为××××××.××万元，其中环境保护工程投资为×××万元。

2. 环境影响评价制度执行情况

根据国家关于环境保护的有关规定，在工程建设前期，××县×××水库管理局委托中国水利水电科学研究院负责开展该工程的环境影响评价工作，环境影响评价及有关文件如下：

(1)《××省××县×××水利枢纽工程环境影响报告书（报批版）》（中国水利水电科学研究院，20××年6月）。

(2)《关于××县×××水利枢纽工程环境影响报告书的审查意见》（××省环境保护局，××××〔20××〕×××号）。

(3)《关于××省××县×××水利枢纽改造工程环境影响报告书审查意见的复函》（国家环境保护总局，××〔20××〕×××号）。

(4)《××省××县×××水库工程水土保持方案报告书（报批稿）》（××省水利水电勘测设计研究院，20××年3月）。

(5)《关于报送××省××县×××水库工程水土保持方案报告书（报批稿）审查意见的报告》（水利水电规划设计总院，水总环移〔20××〕97号）。

(6) 水利部《关于××省××县×××水库工程水土保持方案的批复》（××〔20××〕×××号）。

3. 环境保护工程实施情况

××县×××水库管理局高度重视环境保护工作，认真落实环保、水保政策，严格按照"三同时"的要求，按照环境保护报告和水土保持方案报告的要求，从"技术环保、方案环保、施工环保、管理环保"的角度出发，确保工程建设区内自然生态的平衡和谐发展和工程建设顺利进行。

××县×××水库管理局委托××××监理工程咨询有限公司为×××水库工程环境监理单位，环保监理负责×××水库枢纽工程及灌溉干渠工程的环境保护监理工作。管理局定期组织会议，检查环保措施执行情况，各施工单位在施工过程中严格履行投标承诺，将环保措施实施列为施工组织设计的重要组成部分。

在建设过程中，工程管理局按照环境影响评价报告书的要求，委托××州环境监测站对×××水库工程施工期和运行期环境空气、噪声及地表水环境等进行了定期的监测。

×××水库工程在设计、施工和运行中，较全面地落实了环境影响报告书、环保设计、水保方案及其批复文件提出的各项环境保护措施要求，完成了环境保护投资；已经采取的污染防治措施、水土保持和其他生态保护措施有效，对区域水环境、其他淹没区外的动植物、大气环境和声环境没有产生明显的不利影响。

（三）水土保持设施

1. 工程设计及批复过程

根据《中华人民共和国水土保持法》《××省实施〈中华人民共和国水土保持法〉办法》的要求，××省××县水利水电局委托××省水利水电勘测设计研究院进行本工程的水土保持方案编制工作。编制单位于20××年4月编制完成了水土保持方案大纲的编写，20××

年8月通过水利部水利水电规划设计总院审查。20××年3月,编制完成了《××省××县×××水库工程水土保持方案报告书(送审稿)》,20××年6月3—7日通过了水利部水利水电规划设计总院组织的技术评审;根据评审意见,于20××年6月编制修改完成了《××省××县×××水库工程水土保持方案(报批稿)》。20××年11月水利部以"××〔20××〕×××号"文批复了该水土保持方案报告书。

20××年11月22日,水利部以《关于××省××县×××水库工程水土保持方案的批复》(××〔20××〕××××号)文进行了批复。批复该工程水土保持估算总投资为×××.××万元。

20××年9月,水利部水利水电规划设计总院对初步设计报告进行了审查。20××年3月12日,水利部以《关于××省××县×××水库工程初步设计报告的批复》(××〔20××〕××号),对工程初步设计报告进行了批复,核定工程概算总投资为×××××万元,其中水土保持工程投资×××万元。

20××年9月23日,××省发展和改革委员会以"×××××〔20××〕××××号"对×××水库工程概算调整进行批复,调整概算总投资为9××××.××万元,其中水土保持工程投资×××.××万元。

2. 水土保持工程投资

在工程建设期间,××县×××水库管理局全面负责工程的建设管理工作,对工程建设的质量、进度、投资总负责。投资已全部完成,其中水土保持工程总投资×××.××万元。其中工程措施投资×××.××万元,植物措施投资××.××万元,临时费用×.××万元,独立费用×××.××万元,水土保持补偿费26.01万元。

3. 水土保持设施实施情况

管理局委托了××××工程咨询有限公司、××水土保持××治理监督局分别承担本工程的水土保持监理、监测工作,对项目水土保持完成情况、水土流失防治指标达标情况等进行调查,以便查漏补缺,达到水土保持设施验收标准,为工程安全运行提供保障。

为了更好地组织和协调工程建设期间的水土保持工作,与主体工程实行统一管理,贯彻《水土保持法》,管理局安排专人负责水土保持工作,具体负责项目建设范围内的水土保持工程组织、实施、监督管理,考核各参建单位的水土保持工作落实情况。

管理局在工程建设过程中,依据批复的水土保持方案及其批复文件和初步设计文件要求,结合主体工程建设实际,与主体工程施工同步实施了水土保持工程,水土保持专项设计的水土保持建设任务已完成,已完成的水土保持设施质量总体合格,符合主体工程和水土保持要求。同时,管理局积极配合各级水行政主管部门开展水土保持监督检查工作,对水行政主管部门的监督检查意见予以认真落实。

×××水库工程在建设期的水土流失防治责任范围为1362.18hm^2(永久征地、临时占地、租赁土地等建设征占地面积)。完成的水土保持工程措施主要工程量为土方开挖4398.18m^3,浆砌石4329.55m^3,土方回填480m^3,水泥管42m,混凝土盖板9.22m^3,浆砌排水涵12.96m^3,覆土17000m^3,土地整治8.33hm^2,复耕面积217.17hm^2,混凝土排水沟22m。完成临时措施为袋装编织袋拦挡3402m^3。实际完成绿化面积119.75hm^2,其中植树种草110.82hm^2、攀缘植物0.6hm^2,地方政府绿化面积8.33hm^2。

目前,工程建设管理局已按批复的水土保持设计文件要求,结合工程实际分阶段实施了水土保持各项工程措施和植物措施；经自验核查各单位工程、分部工程质量全部合格，合格率100%，达到了水土流失防治要求。

通过对项目建设区水土流失的综合防治，项目建设区扰动土地整治率达到99.42%，水土流失治理度达98.90%，拦渣率达到96.0%，土壤流失控制比达到0.81，林草植被恢复率达到97.79%，林草覆盖率为25.44%，工程建设引起的水土流失得到控制，水土流失各项防治指标均达到批复的水土保持方案确定的防治目标值。

（四）工程建设档案

1. 工程建设档案管理

工程建设管理局对水库工程档案工作非常重视，管理局自成立以来，就将档案工作纳入水库建设与管理工作中，积极做好《档案法》《××省档案条例》等档案法律法规的学习、宣传、贯彻工作。在有关业务主管部门的指导下，认真做好档案管理工作各规章制度的建设，使档案管理工作逐步地走上正轨。主要做法如下：

（1）从建章立制着手，不断建立健全档案工作责任制。20××年研究制定了《××州×××水库管理局档案工作管理办法》《××州×××水库项目档案管理办法》《××州×××水库管理局档案分类大纲》等档案管理制度，并对档案人员职责、库房管理、档案查阅进行了严格规定。管理局设立了档案室，保证工作经费，配备了必要的档案装具和设备，落实了专职档案人员负责工程档案工作，对各科室归档工作进行监督、检查和指导，档案工作随着工程进展基本有序进行，确保了工程各阶段文件资料的齐全、完整。同时，管理局还将档案工作纳入分管、主管领导和档案人员的工作职责范围，每年度进行相应的考核。

（2）对项目档案的管理基本实行同步、统一管理。工作开工前及时准确划分工程档案分类方案及文件材料归档范围和保管期限，召集勘测设计、监理、施工等各参建单位，对工程档案提出明确要求，明确了各自职责。工程建设期间，管理局对参加工程建设的设计、监理和施工单位的文件资料收集、档案整理进行经常性的监督检查，并请当地档案行政管理部门进行指导，有针对性地对建设期间产生的资料、档案进行了分类收集和管理。

（3）项目文件材料的收集、整理和归档纳入合同管理范围。在签订有关合同、协议时，管理局按照《水利工程建设项目档案管理规定》和《水利工程建设项目档案验收管理办法》规定，对工程档案的收集、整理及移交等相关内容提出明确要求，明确参建各方职责，保证参建单位的档案完整和及时归档。

（4）按照国家信息化建设的有关要求，充分利用新技术，开展水库工程档案数字化工作，监理工程档案数据库，开发档案信息资源，提高档案管理水平。

2. 档案收集整理情况

管理局按照档案工作的相关要求，结合工作实际，制定档案管理工作各项规章制度，配备档案工作所必需的库房、计算机设备和装具等，指定相应的工作人员负责档案资料的集中统一管理。在档案资料的整编工作中，遵循项目文件资料的形成规律和成套性特点，严格按照档案的系统性、完整性、准确性要求，查缺补漏，依据文件材料所反映的不同问题，区别不同保管期限，系统整理，分类科学，合理组卷。

根据"与建设项目有关的重要职能活动、具有查考利用价值的各种载体文件资料，一并收集齐全归入建设项目档案"的要求，确定记录和反映×××水库工程建设全过程的所有资料作为归档范围。

(1) 科技档案。项目前期、可行性研究、设计、招投标、施工质检、监理、竣工验收、试运行等过程中形成具有保存和利用价值的文字、图纸、图表等不同形式与载体的原始记录材料等资料。为统一管理、查找便利，按工程项目档案分类办法，将枢纽工程科技档案资料分为前期工程档案资料和后期主体工程档案资料（即大坝、溢洪道、西高涵、西低隧洞、坝后电站、梁陇公路、其他8个部分）；将灌溉干渠工程分为东干渠、西低干渠和西高干渠工程资料。

(2) 文书档案。管理局在贯彻执行党和国家有关路线、方针、政策和法律法规、指导工作，交流经验以及各项管理工作中形成的行政公文、统计报表和其他通用文书材料。

(3) 会计档案。管理局在公务活动、项目建设等活动中形成的会计账簿、会计报表、会计凭证等。

3. 档案资料整编情况

×××水库工程档案工作由项目法人（即××县×××水库管理局）具体负责，项目法人和各参建单位配备力量抓好工程建设过程中档案资料的收集、整理、归档等相关工作。×××水库工程档案资料分为科技档案、文书档案和会计档案三部分。

通过收集、整编等相关工作，×××水库枢纽工程形成科技档案共870卷，永久保存676卷（其中，前期工程相关文件及报告35卷，大坝83卷，西高涵30卷，溢洪道24卷，西低隧洞34卷，坝后电站86卷，××公路50卷，其他23卷，图纸311份），长期保存194卷（其中，前期工程相关文件及报告37卷，后期主体工程157卷）；×××水库灌溉干渠工程形成科技档案共860卷，其中西低干渠292卷，西高干渠243卷，东干渠248卷，××渡槽42卷，综合类35卷；×××水库工程形成文书档案共2040件，其中永久保存1619件，长期保存158件，30年保存67件，10年保存196件；×××水库工程形成会计档案共356份，其中，凭证288盒，报表14份，账本54本。

四、项目管理

（一）机构设置及工作情况

×××水利工程建设严格执行基本建设程序，推行全面质量管理，实行项目法人负责、监理单位控制、施工单位保证和政府监督相结合的质量管理体制。

1. 项目法人

根据××省人民政府《关于对××州××县×××水库工程组建项目法人的批复》（×××〔20××〕×××号文），20××年9月12日，××州人民政府以"×××〔20××〕××号"文批准成立了××州×××水库管理局，正式任命了××州×××水库管理局法人代表，并配备了领导班子。20××年8月25日，××州机构编制委员会以"×××〔20××〕××号"文对管理局内部机构进行了批复，核定人员编制为××名，根据授权的职能、职责，按照精简、高效的原则组建了×××水库管理局。

20××年11月29日，××州机构编制委员会办公室、××州人事局以"×××〔20××〕××号"文批复××州×××水库管理局为建、管一体的正处级事业单位。

20××年8月21日，根据××州机构编制委员会《关于同意调整×××水库管理体制的批复》（×××〔20××〕××号），×××水库管理局为正处级事业单位，内设机构×个，科级职数×个，核定编制××人（其中事业编制××名，工勤编制×名）；管理局下设两个科级单位：水库管理所和灌区管理所，各核定事业编制×人，经费来源为财政全额拨款。

项目法人负责工程项目的申报、年度实施计划安排、资金筹措、工程招投标、项目实施的协调和管理、组织设计和施工单位进行技术交底、对工程施工质量进行检查，及时组织参建单位进行工程质量验收和签证。

2. 设计单位

××省水利水电勘测设计研究院受××县人民政府的委托承担了×××水库工程各阶段的设计工作。设计单位具有完善的设计质量保证体系，执行设计审核、会签批准制度。自西低隧洞开工以来，设计单位派驻水库设计代表组，设代组积极做好设计文件的技术交底工作，随时掌握施工现场情况，并为现场服务，把设计中出现的不足或错误尽量现场解决，对需要变更设计的地方及时向项目设总反映，会签后发出设计变更通知。并参加关键工程和隐蔽工程的验收。

3. 监理单位

×××水库通过公开招标择优选择工程施工监理单位，目前承担工程施工监理任务的监理单位共两家。××××建设监理咨询有限公司承担西低隧洞、大坝、大坝基础处理、西高涵、溢洪道、金属结构制作与安装、××渡槽工程的施工监理任务；××××工程咨询有限公司承担坝后电站、输水干渠、库区公路改建工程的施工监理任务。两家监理单位分别组建了×××水库工程项目监理部，监理部下设水工组、地质组、施工组、测量组。在施工过程中监理部严格按照《水利工程建设项目施工监理规范》（SL 288—2003）规定，编制了监理大纲、监理实施细则，制定了《监理职责》等规章制度。

施工过程中，监理部严格执行国家法律、水利行业法规、技术质量标准，签发施工图纸；审查施工单位的施工组织设计的技术措施；指导监督合同中有关质量标准、要求的实施；参加工程质量检查、工程质量事故调查和工程验收；主持单元工程质量评定和签证。认真履行"三控制、两管理、一协调"的监理职责，收到了良好的监理效果。

4. 施工单位

西低隧洞工程中标施工单位为××省水利水电工程有限公司；碎石加工供应系统工程中标施工单位为××县建筑工程总公司；大坝工程中标施工单位为××省建筑机械化施工公司；大坝基础处理防渗墙工程中标施工单位为××市××建设工程有限公司；西高涵、溢洪道工程中标施工单位为×××集团××实业有限公司；坝后电站土建工程中标施工单位为××省××市水利水电开发有限公司；金属结构制作与安装工程中标施工安装单位为××××水电设备制造有限责任公司；大坝安全观测系统施工安装观测单位为××××××机电设备有限责任公司；水情自动测报系统施工安装单位为××××集团公司；坝后电站压力钢管制作安装工程中标施工安装单位为××××水利工程有限公司；电站水轮机组设备供货单位为××水轮机厂；电气设备供货单位为××电气股份有限公司；机电设备安装调试单位为××水轮机厂。××渡槽工程中标施工单位为××省建筑机械化施工公司；东干渠Ⅰ标中标施工单位为××市××建设工程有限责任公司；东干渠Ⅱ标中标施工单位为××××水利水电工程有限公司；东干渠Ⅲ标中标施工单位为××省××工程公司；西低干渠Ⅰ标中标施工单位为××市××建设工程有限责任公司；西低干渠Ⅱ标中标施工单位为××建工水利水电工程有限公司；西低干渠Ⅲ标中标施工单位为××市××建设集团有限公司；西低干渠

Ⅳ标中标施工单位为××市××建设集团有限公司；西低干渠Ⅴ标中标施工单位为中铁××局集团有限公司；西低干渠Ⅵ标中标施工单位为××水利委员会××枢纽工程局；西高干渠Ⅰ标中标施工单位为××建工水利水电建设有限公司；西高干渠Ⅱ标中标施工单位为××××建工集团有限公司；西高干渠Ⅲ标中标施工单位为××××建工集团有限公司；西高干渠Ⅳ标中标施工单位为××市××建设集团有限公司；西高干渠Ⅴ标中标施工单位为××××建设集团有限公司。

各中标施工安装单位及时组建了项目部，调配各种施工资源，全面推行质量管理，建立健全质量保证体系，制定和完善岗位质量规范、质量责任，落实质量责任制。在施工过程中加强质量检验工作，认真执行"三检制"切实做好工程质量的全过程控制。

5．质量监督单位

××省水利水电工程建设质量监督中心站（以下简称"省质监中心站"）代表政府对水库工程建设施工质量进行监督，省质监中心站成立了×××水库工程质量监督项目站负责工程建设现场的质量监督管理工作。工程实施过程中，对参建各方的质量管理体系运转情况、施工质量、质量评定资料等进行监督检查；工程完工后，及时对工程质量进行核验与核定，参加工程的有关验收工作。

6．质量检测单位

根据工程建设的要求，×××水库管理局委托××××水利水电工程检测有限公司对×××水库工程建设质量进行全过程质量检测，20××年12月质检人员和质检仪器设备进场。通过招投标，确定××××工程质量检测咨询有限公司为干渠工程后段质量检测单位，20××年2月检人员和质检仪器设备进场。由于工程项目大，检测项目繁多，施工工期较长，××××水利水电工程检测有限公司成立了由室主任亲自挂帅的现场组织机构，且在现场设立了项目质检试验室，对该工程项目进行质量检测工作，检测工作人员经验丰富，持证上岗。

工程施工过程中，试验室根据《水利水电建设工程施工质量评定规程》（SL 176—1996）、《水利水电建设工程施工质量检验与评定规程》（SL 176—2007）、《水利水电建设工程验收规程》（SL 223—1999）及水利部基本建设工程质量检测中心"关于水利基本建设工程质量检测暂行规定"等有关规定，严格对工程质量进行检测，及时提供科学、准确的质量检测数据，供质量监督部门、项目法人、监理单位做出科学、正确的质量判断。

×××水库工程主要参建单位工作情况见表7-7。

表7-7　　　　　　　　　　　主要参建单位工作情况

类别	单位名称	工作范围
项目法人	××州×××水库工程建设管理局	负责工程的立项、审批、建设、验收和运行管理，对项目建设全过程负责，对项目的工程质量、工程进度和资金管理负总责，并对主管门负责，协调工程参建各方的关系
设计单位	××省水利水电勘测设计研究院	负责工程的勘测设计工作，做好施工现场工配合、技术服务等工作
	××市建筑设计院	枢纽区房屋建筑设计
	××××公路勘测设计院	东、西线公路勘测设计

续表

类别	单位名称	工作范围
监督单位	××省水利水电建设工程质量监督中心站	根据国家法律法规、规程规范、技术标准、设计文件、施工合同等代表政府对工程建设质量与安全进行监督
监理单位	××××建设监理咨询有限公司 ××××工程咨询有限公司	对工程建设实行全面监理，认真履行"三控制（质量、进度、投资）、两管理（合同、信息管理）、一协调（协调工程建设各方的关系）"，保证了工程建设顺利进行
质量检测	××××水利水电工程检测有限公司	负责枢纽工程、干渠前段施工过程质量检测工作
	××××工程质量检测咨询有限公司	负责干渠后段施工过程质量检测工作
质量抽检	××××××水利工程检测评价有限公司	负责×××水库工程竣工验收质量抽检工作
施工单位	××省建筑机械化施工公司	承担大坝工程施工任务
	××市××建设工程有限责任公司	承担大坝基础处理防渗墙工程施工任务
	××省水利水电工程有限公司	承担西低隧洞工程施工任务
	×××集团××实业有限公司	承担西高涵、溢洪道工程施工任务
	××市水利水电开发有限公司	承担坝后电站土建工程施工任务
	××××水利工程有限公司	承担坝后电站压力钢管制作安装任务
	××县建筑工程总公司	负责水库枢纽主体工程碎石、块石供应任务
	××州×××建设有限责任公司、××县建筑工程总公司、××县××建筑安装工程有限责任公司	承担前期工作"三通一平"工程施工任务。东西线公路恢复重建，房屋建设、装饰装修
	××××自动化技术有限公司	承担大坝安全监测仪器设备安装工程施工、调试、观测任务
	××××集团公司	承担水情自动测报系统工程施工安装任务
	××××××送变电工程公司	承担城子变电站至麻栗坝变电站35kV线路工程施工任务
	××××电站管理有限公司	承担麻栗坝35kV变电站和城子35kV变电站改造施工任务
	××水利委员会××水土保持科学试验站	承担水土保持监测任务
	××州环境监测站	承担环境监测任务
	××水轮机厂	承担机电设备安装调试
	××省建筑机械化施工公司	承担城子渡槽工程施工任务
	××××水利水电工程有限公司	承担东干渠Ⅱ标工程施工任务
	××省三合工程公司	承担东干渠Ⅲ标工程施工任务
	中铁××局集团有限公司	承担西低干渠Ⅴ标工程施工任务
	×××长江水利委员会××枢纽工程局	承担西低干渠Ⅵ标工程施工任务
	××建工水利水电建设有限公司	承担西高干渠Ⅰ标、西低干渠Ⅱ标工程施工任务
	××市××建设集团有限公司	承担西高干渠Ⅳ标、东干渠Ⅰ标、西低干渠Ⅰ标、Ⅲ标、Ⅳ标工程施工任务
	××××建工集团有限公司	承担西高干渠Ⅱ标、Ⅲ标工程施工任务
	××××建设集团有限公司	承担西高干渠Ⅴ标工程施工任务

续表

类别	单位名称	工作范围
设备制造供货单位	××××水电设备制造有限责任公司	承担水库枢纽工程溢洪道、西高涵和西低隧洞工作闸、分水闸金属结构及启闭机制作安装调试任务
	××水轮机厂	承担水轮发电机组制造任务和电站机电设备安装调试任务
	××电气股份有限公司	负责电站一、二次电气设备供货任务
	××××电力设备有限公司	承担西低隧洞检修闸门、启闭机和清污机安装调试任务
	××××电气（集团）××成套有限公司	负责麻栗坝35kV变电站电气设备供货任务
	××××机电成套设备有限公司	负责西低隧洞检修闸门及启闭机和清污机供货任务
建筑材料供货单位	××州××县××水泥厂 ××州××水泥有限责任公司	负责枢纽工程所用水泥供货任务
技术咨询服务单位	××水利水电科学研究院	承担×××水库大坝筑坝关键技术等课题研究任务
	××××科技有限公司	承担防渗墙无损检测
	×××水利水电规划设计院	枢纽工程蓄水安全鉴定
	××省建设工程造价咨询有限公司	工程结算审核
	××××工程造价咨询有限公司	造价咨询、招标代理
	××省水利水电勘测设计研究院招标代理中心	招标代理
	××省××××水利水电工程建设管理技术咨询有限公司	招标代理
	××××招标有限公司	招标代理
	××××造价咨询有限公司	造价咨询
	××××工程咨询有限公司	工程管理咨询服务
地方政府下设机构	××县人民政府×××水库移民办	承担×××水库库区淹没处理工程建设任务和工程占地征用补偿工作

（二）主要项目招投标过程

×××水库工程建设严格按照《中华人民共和国招标投标法》、水利部《水利工程建设项目招标投标管理规定》及××省水利工程项目招标投标管理有关规定，通过委托招标代理机构采取公开招标方式择优选择施工单位。工程招标严格按照规定到省水利厅评标专家库中抽取了评标专家组成评标委员会，在工程主管部门和监察部门及公证机关的监督下，本着公开、公平、公正的原则，通过对各投标单位进行综合评审，客观公正地择优选择了各工程的中标单位，按程序报省水利厅备案。主要项目招标过程如下。

1. 西低隧洞（导流工况）

西低隧洞工程监理、施工招标委托××省水利水电勘测设计研究院招标代理中心采取公开招标的方式代理招标。

（1）工程监理招标（×××-JL-01）。20××年9月2日在《××日报》刊登了监理招标公告。9月6日进行投标申请报名及资格预审，并于当日向资格预审合格单位出售招标文件。9月16日晚召开预备会，审定开标会议议程。投标截止时间前共有3家投标单位递送了监理投标文件，在公证人员和监察人员的现场公证和监督下，按招标文件及《开标、评标及定标办法》规定在××水利大厦举行了开标会。评标委员会经过认真评审推荐了中标候选人，项目法人确定并报主管部门备案，中标单位为××省水利水电勘测设计研究院监理有限责任公司。

（2）工程施工标（×××-SG-01）。×××水库西低隧洞（导流工况）工程施工招标由××省水利水电勘测设计研究院招标代理中心代理招标。20××年9月2日在《××日报》刊登了施工招标公告，9月6日下午在××市××大厦进行资格预审，并向11家资质预审合格施工企业发售施工招标文件，并组织现场踏勘和技术答疑。9月17日晚召开预备会，投标截止时间前共有11家投标单位递交投标文件。20××年9月18日9：00在公证人员和监察人员的现场公证和监督下，按招标文件及《开标、评标及定标办法》规定在××省水利水电××培训中心××楼报告厅举行了开标会。评标委员会经过认真评审推荐了中标候选人，项目法人确定并报主管部门备案，中标单位为××省水利水电工程有限公司。

2. 枢纽主体工程监理招标（×××-JL-02）

枢纽主体工程施工监理招标委托××省××××水利水电工程建设管理技术咨询有限公司采取公开招标的方式进行代理招标。20××年2月××日在《中国水利报》刊登了招标公告，3月7日对前来报名参加投标的监理单位进行了资格预审，并向资质预审合格的3家监理单位出售了招标文件。3月××日8：00，招标人会同招标代理机构召开了开标预备会，审定通过了开标会议议程、开标注意事项及开标会议安排。投标截止时间前3家投标单位均按时递交了投标书。在公证人员和监察人员的现场公证和监督下，按招标文件及《开标、评标及定标办法》规定在××市××宾馆××楼举行了开标会。评标委员会经过认真评审推荐了中标候选人，项目法人确定并报主管部门备案，中标单位为××省水利水电勘测设计研究院监理有限责任公司（××××建设监理咨询有限公司）。

3. 枢纽主体工程施工招标

×××水库主体工程大坝工程（合同编号×××-SG-03）、大坝基础处理工程（合同编号×××-SG-04）、西高涵及溢洪道工程（合同编号×××-SG-05）和碎石加工系统工程（合同编号×××-SG-02）4个标段的施工招标委托××省水利水电勘测设计研究院招标代理中心采取公开招标的方式进行代理招标。分别于20××年3月××日在《中国采购与招标网》和20××年3月××日在《中国水利报》上发布招标公告，4月10日进行投标申请报名，4月11日进行资格预审，4月15日共向资格预审合格的××家投标单位出售招标文件40份。投标截止时间（5月××日9：00）前共有××家投标单位递交了共××分投标文件。5月30日9：00，在公证人员和监察人员的现场公证和监督下，按招标文件及《开标、评标及定标办法》规定在××市××宾馆×楼举行了开标会。评标委员会经过认真评审推荐了中标候选人，项目法人确定并报主管部门备案：大坝工程（合同编号×××-SG-03）的中标单位为××省建筑机械化施工公司，大坝基础处理工程（合同编号×××-SG-04）的中标单位为××市××建设工程有限责任公司，西高涵及溢洪道工程（合同编号×××-SG-05）的中标单位为×××集团××实业有限公司，碎石加工系统工程（合同编号×××-SG-02）的中标单位为××县建筑工程总公司。

4. ××渡槽工程施工标（合同编号：×××-SG-10）

×××水库干渠工程××渡槽工程标段的施工招标委托××××建设工程管理咨询有限

公司采取公开招标的方式进行代理招标。20××年8月××日分别在《中国采购与招标网》《中国水利报》上发布招标公告,20××年8月22日进行申请报名及递交资格预审资料,20××年8月××日进行资格预审,20××年8月25—29日向资格预审合格单位出售招标文件,截至20××年9月××日16:30共有×家投标人递交了保证金。20××年9月××日上午10:00时,在公证人员和监察人员的现场公证和监督下,按照招标文件及《开标、评标及定标办法》规定在××省水利水电××培训中心××楼报告厅举行了开标会。评标委员会经过认真评审推荐了中标候选人,项目法人确定并报主管部门备案:××渡槽工程中标单位为××省建筑机械化施工公司。

5. 金属结构设备制作与安装工程施工招标（合同编号:×××-SG-06）

×××水库金属结构设备制作与安装工程施工招标委托××××建设工程管理咨询有限公司采取公开招标的方式进行代理招标。20××年8月××日分别在《中国采购与招标网》《中国水利报》上发布招标公告,8月××日进行报名及递交资格预审资料,8月××日进行资格预审,8月××日向资格预审合格单位出售招标文件。投标截止时间（9月21日10:00）共有×家投标单位递交投标文件,在公证人员和监察人员的现场公证和监督下,按招标文件及《开标、评标及定标办法》规定在××市××宾馆××楼举行了开标会。评标委员会经过认真评审推荐了中标候选人,项目法人确定并报主管部门备案,中标单位为××水工机械厂（××××水电设备制造有限责任公司）。

6. 坝后电站工程监理、施工招标及干渠工程监理招标

×××水库坝后电站土建工程（合同编号:×××-SG-06）、坝后电站压力钢管制作安装（合同编号:×××-SG-08）、坝后电站机电设备制造（合同编号:×××-SG-09）和坝后电站及灌溉干渠施工监理（合同编号:×××-JL-03）4个标段的招标委托××××招标有限公司采取公开招标的方式进行代理招标。20××年8月××日在《中国采购与招标网》上发布招标公告,9月××日在××××招标有限公司进行资格预审,并对预审合格××家施工企业及设备生产厂家出售招标文件。9月××日下午招标人及有关单位人员在××召开了开标预备会,审定通过开标会议议程、开标注意事项、评标办法及开标会议工作安排。投标截止时间（9月28日9:00）共有××家投标单位递交投标文件,在公证人员和监察人员的现场公证和监督下,按招标文件及《开标、评标及定标办法》规定在××市××宾馆××楼举行了开标会。评标委员会经过认真评审推荐了中标候选人,项目法人确定并报主管部门备案:坝后电站土建工程（合同编号:×××-SG-06）中标单位为××市水利水电开发有限责任公司,坝后电站压力钢管制作安装（合同编号:×××-SG-08）中标单位为××××水利工程有限公司、坝后电站机电设备制造（合同编号:×××-SG-09）中标单位为××水轮机厂有限责任公司,坝后电站及灌溉干渠施工监理（合同编号:×××-JL-03）中标单位为××××工程咨询有限公司。

7. 坝后电站电气设备采购、水情自动测报系统工程施工及西线公路工程施工招标

×××水库坝后电站电气设备采购（合同编号:×××-SG-09）、水情自动测报系统工程施工（合同编号:×××-SQ-09）和西线公路工程施工（合同编号:×××-SG-10）3个标段的招标委托××××招标有限公司采取公开招标的方式进行代理招标。20××年7月××日在《中国采购与招标网》上刊登招标公告,7月××日在××××招标有限公司进行资格预审,并对预审合格××家施工企业及设备生产厂家出售招标文件。8月××日晚20:00召开标前会。投标截止时间（8月6日9:30）共有××家投标单位递交投标文件，在公证人员和监察人员的现场公证和监督下，按招标文件及《开标、评标及定标办法》规定在××市××宾馆××楼举行了开标会。评标委员会经过认真评审推荐了中标候选人，项目法人确定并报主管部门备案：坝后电站电气设备采购（合同编号：×××-SG-09）中标单位为××电气股份有限公司，水情自动测报系统工程施工（合同编号：×××-SQ-09）中标单位为××××集团公司，西线公路工程施工（合同编号：×××-SG-10）中标单位为××××道路桥梁工程有限公司。

8. 干渠工程施工招标

×××水库干渠工程西高干渠Ⅰ标、Ⅱ标、西低干渠Ⅰ标、Ⅱ标4个标段的施工招标委托××××招标有限公司采取公开招标的方式进行代理招标。20××年12月××日在《中国采购与招标网》上刊登招标公告，20××年1月5日9:00在××××招标有限公司对××家施工企业进行资格预审，经资格预审全部合格。20××年1月××日向资格预审合格单位出售招标文件。20××年1月××日下午招标人及有关单位人员召开了标前预备会，审定通过了开标会议议程、开标注意事项及开标会议工作安排。在投标截止时间20××年1月××日9:00，××家投标人在规定的时间内递交了投标书。20××年1月××日9:00，在公证人员和监察人员的现场公证和监督下，按照招标文件载明的开标办法在××省××市××路×××号××宾馆××楼会议室举行开标会。评标委员会经过认真评审推荐了中标候选人，项目法人确定并报主管部门备案：西高干渠Ⅰ标中标单位为××省建筑机械化施工公司，西高干渠Ⅱ标中标单位为××××水利工程有限公司，西低干渠Ⅰ标中标单位为××市××建设工程有限责任公司，西低干渠Ⅱ标中标单位为××省建筑机械化施工公司。

×××水库干渠工程西高干渠Ⅲ标、西高干渠Ⅳ标、东干渠Ⅰ标、Ⅱ标4个标段的施工招标委托××××招标有限公司采取公开招标的方式进行代理招标。20××年11月××日在《中国采购与招标网》上刊登招标公告，11月××日在××××招标有限公司进行资格预审，并对预审合格的××家投标人出售了招标文件。20××年12月××日20:00招标人及有关单位人员召开了标前预备会，审定通过了开标会议议程、开标注意事项及开标会议工作安排。在投标截止时间20××年12月16日9:30，××家投标人在规定的时间内递交了投标书。20××年12月××日9:30，在公证人员和监察人员的现场公证和监督下，按招标文件载明的招标开标办法，在××市××路×××号××大酒店××楼会议室举行了开标会。评标委员会经过认真评审推荐了中标候选人，项目法人确定并报主管部门备案：西高干渠Ⅲ标中标单位为××××建工集团有限公司，西高干渠Ⅳ标中标单位为××××水利建筑工程有限公司，东干渠Ⅰ标中标单位为××县×××建筑有限公司、东干渠Ⅱ标中标单位为××××水利水电工程有限公司。

××县×××水库管理局针对××××水利建筑工程有限公司承建的×××水库西高干渠Ⅳ标工程及××县×××建筑有限公司承建的×××水库东干渠Ⅰ标工程，就"工程单价调整""地基硬化"等问题分别与两家进行了多次协商，并以函件等形式进行了沟通、洽谈，但最终均未能达成一致意见，最终××××水利建筑工程有限公司及××县×××建筑有限公司分别以书面形式正式回复××县×××水库管理局：自愿放弃剩余工程的施工任务。20××年6月××日，××县×××水库管理局分别与××××水利建筑工程有限公司及××县×××建筑有限公司签订了《解除合同协议》。20××年12月××日,××县×××水库管理局委托××××工程咨询有限公司为×××水库东干渠Ⅰ标和西高干渠Ⅳ标剩余工程施工承包人选择的竞争性谈判代理机构,承担竞争性谈判代理工作,并签订代理协议书。20××年12月××日,共3家被邀请的谈判申请人向谈判代理机构报名、购买了《竞争性谈判文件》,并发回了接收邀请的确认函。截至20××年12月31日17:00,共有3家被邀请的谈判申请人购买了《竞争性谈判文件》。20××年1月××日上午9:30时在监督、公证人员及依法组建的谈判小组成员在场的情况下,根据《竞争性谈判文件》的规定,在××××工程咨询有限公司会议室(××市××路××号××幢××楼)进行了竞争性谈判。谈判小组遵循公平、公正、科学、择优的原则,经过认真评审及谈判推荐了中标候选人,项目法人确定并报主管部门备案:×××水库东干渠Ⅰ标和西高干渠Ⅳ标剩余工程施工中标单位为××市××建设工程有限责任公司。

×××水库干渠工程西低干渠Ⅲ标、西低干渠Ⅳ标、西低干渠Ⅴ标、西低干渠Ⅵ标、西高干渠Ⅴ标、东干渠Ⅲ标6个标段的施工招标委托××××工程技术咨询有限公司采取公开招标的方式进行代理招标。20××年11月××日在《中国采购和招标网》《××省公共资源交易信息平台》《××水利行业协会网》及《××××网》上发布招标公告,20××年12月××日10:00在××省公共资源交易中心××号评标厅开始资格预审,经审查各标段均有9家单位通过资格预审。20××年1月××日11:00,在公证人员和监察人员的现场公证和监督下,按《招标投标法》及有关规定,在××省公共资源交易中心××楼×号开标厅举行了开标会。评标委员会经过认真评审推荐了中标候选人,项目法人确定并报主管部门备案:西低干渠Ⅲ标中标单位为××市××建设集团有限公司,西低干渠Ⅳ标中标单位为××市××建设集团有限公司,西低干渠Ⅴ标中标单位为中铁××局集团有限公司,西低干渠Ⅵ标中标单位为×××长江水利委员会陆水枢纽工程局,西高干渠Ⅴ标中标单位为×××建设集团有限公司,东干渠Ⅲ标中标单位为××××工程公司。

(三)工程概算与投资计划完成情况

1. 批准概算与实际执行情况

20××年1月,国家发展改革委以"××××〔20××〕××号"文核定×××水库初步设计概算总投资为××××××万元(20××年价格水平)。其中,枢纽工程投资为××××万元、灌渠工程投资为××××××万元、移民及环境部分××××××万元(其中水库移民征地补偿投资××××××万元、水土保持工程投资为××××万元、环境保护工程投资为×××万元。

20××年9月××省发展改革委以"×××××〔20××〕××××号"对××州××县×××水库工程调整概算进行了批复,批准工程调整概算总投资为×.××万元,比原初步设计概算核定投资××××××万元增加了××××.××万元,增幅××%。其中,枢纽工程部分投资×××.××万元,较初设核定投资××××××万元减少×××.××万元;灌区工程部分投资××××××万元,较初设核定投资××××××万元增加××××万元;移民及环境部分投资×××.××万元,较初设核定投资×××××××万元增加××××.××万元;建设初期发生贷款利息×××.××万元。

批准概算与实际执行情况详见表7-8。

表 7-8　　　　　　×××水库工程批准概算与实际执行情况对比　　　　　单位：万元

序号	工程或费用名称	初设概算	调整概算	实际完成
Ⅰ	工程部分投资			
Ⅰ-1	枢纽工程			
一	建筑工程	×××××.××	×××××.××	×××××.××
二	机电设备及安装工程	×××.××	×××.××	×××.××
三	金属结构设备及安装工程	×××.××	×××.××	×××.××
四	临时工程	×××.××	×××.××	×××.××
五	独立费用	×××.××	×××.××	×××.××
	一～五合计	×××××.××	×××××.××	×××××.××
六	基本预备费	×××.××	0	0
七	枢纽工程静态总投资	×××××.××	×××××.××	×××××.××
八	枢纽工程总投资	×××××.××	×××××.××	×××××.××
Ⅰ-2	灌区工程			
一	建筑工程	×××××.××	×××××.××	×××××.××
二	机电设备及安装工程	×.××	×.××	0
三	金属结构设备及安装工程	×××.××	×××.××	×××.××
四	临时工程	×××.××	×××.××	×××.××
五	独立费用	×××××.××	×××××.××	×××××.××
	一～五合计	×××××.××	×××××.××	×××××.××
六	基本预备费	×××.××	××××.××	0
七	灌区工程静态总投资	×××××.××	×××××.××	×××××.××
八	灌区工程总投资	×××××.××	×××××.××	×××××.××
Ⅱ	移民及环境部分			
一	水库移民征地补偿	×××××.××	×××××.××	×××××.××
二	水土保持工程	×××.××	×××.××	×××.××
三	环境保护工程	×××.××	×××.××	0
	一～三合计	×××××.××	×××××.××	×××××.××
Ⅲ	建设期贷款利息	0	×××.××	×××.××
Ⅳ	总计			
一	静态总投资	×××××.××	×××××.××	×××××.××
二	总投资	×××××.××	×××××.××	×××××.××

2. 年度计划安排

×××水库工程投资年度计划安排见表 7-9。

3. 投资来源、资金到位及完成情况

20××年 1 月国家发展和改革委员会以"××××〔20××〕××号"文核定×××水库初步设计概算总投资为×.××××亿元。20××年 3 月，水利部以"××〔20××〕××号"文批准《×××水库初步设计报告》，批准工程概算总投资为××.××××亿

表 7-9　　　　　　　　　　×××水库工程投资年度计划安排　　　　　　　　单位：万元

年度	中央	省级	州级	县级	合计
初设投资	×××××	×××××	××××	××××	×××××
增加投资		×××××	×××××.××		×××××.××
总投资	×××××	×××××	×××××.××	××××	×××××.××
2004	××××	××			××××
2005	××××	××××			××××
2006	××××	××××	×××.×		××××.×
2007	××××	××××			××××
2008		××××	××		××××
2009			××××	×××	××××
2010			×××.×	×××	×××.×
2011				××	××
2012					0
2013					0
2014		××××		×××.×	××××××
2015		××××			××××
2016		××××		×××××	×××××
2017		××××		×××.×	×××××
合计	×××××	×××××	××××.××	×××××.××	×××××.××

元。资金筹措方案为：中央水利基建投资 3 亿元，省级基本建设投资 2.2 亿元，州县地方财政预算内基本建设资金 2672 万元（州级承担 1336 万元，县级承担 1336 万元）。

20××年9月，××省发展和改革委员会以"××××××〔20××〕××××号"对××州××县×××水库工程调整概算进行了批复，批准工程调整概算总投资为×××××.××万元。20××年4月，根据××省人民政府批示（×20××-××××号），××省发展和改革委员会以"××××××〔20××〕×××号"对×××水库工程概算调整资金筹措方案进行了批复，×××水库工程调整概算总投资为×××××.××万元，比初步设计概算核定投资×××××万元增加了×××××.××万元，超概算总投资国家不再补助，由地方自筹资金。根据"××××〔20××〕××号"文件精神，超概算总投资×××××.××万元由省承担 70%，即省级补助×××××万元，××州承担 30%，即×××××.××万元。

截至 20××年 10 月底，初步设计工程概算总投资为×.××××亿元，已全部到位。
×××水库工程调整概算总投资为×××××.××万元，比初步设计概算核定投资×××××万元增加了×××××.××万元。省级承担 70%，即省级补助×××××万元，已到位资金×××××万元，未到位资金××××万元。××州承担 30%，即×××××.××万元，已到位×××××万元。工程累计到位资金×××××万元。该项目概算投资×××××.××万元，由于远征田项目（概算投资××××.××万元）已由其他单位实施，应从概算中剔除，故实际概算投资为×××××.××万元。该项目实际完成投资×××××.××万元，节余投资×××.××万元。结余投资占批复概算的0.42%。

×××水库工程投资来源及资金到位情况见表7-10。

表7-10　　　　　　　　　　投资来源及资金到位情况汇总　　　　　　　　　单位：万元

年度	中央	省级	州级	县级	合计
初设投资	×××××	×××××	××××	××××	×××××
增加投资		×××××	×××××.××		×××××.××
总投资	×××××	×××××	×××××.××		×××××.××
2004	××××	××			××××
2005	××××	××××			×××××
2006	××××	××××	×××.××		×××××.××
2007	××××	××××			×××××
2008		××××	××		××××
2009			×××	×××	×××
2010			×××.×		×××.×
2011				×××	×××
2012					0
2013					0
2014		××××		×××.××	××××.××
2015		×××××			×××××
2016		××××		××××	
2017				××××	××××
合计	×××××	×××××	×××××.××	×××××.××	×××××

（四）合同管理

在合同管理方面，×××水库工程自开工以来严格执行《中华人民共和国合同法》合同章程办事，从合同立项、招标、合同谈判、合同签订到合同执行各个环节都制定了相应的管理办法，并由省水利厅、××州、××县监察部门及行政主管部门全过程进行监察。目前，×××水库工程的监理、施工、主要材料、设备及工程咨询技术服务全部实行了合同管理，同时通过狠抓合同管理，保证了工程建设的顺利进行。

合同管理分为合同签订、履行合同、完工验收结算三个阶段。×××水库工程自20××年开始筹建以来，已签订各类合同、协议、补充协议等经济文件×××份，其中房屋建设合同××份，技术咨询合同（包括造价咨询、招标代理及勘察设计）××份，土建工程合同×××份，机电、金属结构合同××份，其他类合同×××份。已全部完工验收并办理工程结算。

1. 合同签订

在签订麻×××水库工程各类合同过程中，管理局始终坚持四条基本原则：①合理性，即所有合同、协议的签订都必须遵守国家的法律和政策；②平等互利；③协商一致；④等价有偿。

各类合同的签订视工程规模采用了公开招标、邀请招标、询价采购等方式。招标项目均采用委托招标代理的组织形式实施。

×××水库工程自开工以来全面实行招标投标制，工程项目严格按《中华人民共和国招标投标法》所规定的招标程序进行招标，所有招标项目均报政府招标主管部门备案，评标结果向社会公示，招标工作全过程接受政府相关部门的监督，从而真正贯彻了招投标制，真实体现了公平、公正、公开的宗旨。

2. 合同实施

×××水库工程全面推行了建设监理制，监理负责对工程建设进行包括"三控制、两管理、一协调"在内的全面监理。×××水库工程设计由××省水利水电勘测设计研究院承担；西低隧洞、大坝、大坝基础处理、西高涵、溢洪道、碎石加工系统、××渡槽项目由××××建设监理有限公司承担监理；电站土建及机电安装、干渠、库区公路项目由××××工程咨询有限公司承担监理；移民由××勘测规划设计有限公司承担监理；环境保护工程由××××工程咨询有限公司承担监理；水土保持监测设计由××水利委员会××水土保持科学试验站承担监测；水土保持监理由××××工程咨询有限公司承担监理。

×××水库管理局在工程施工建设期间，主要负责外部环境、移民、建设资金筹措、建设管理等工作，为监理工程师实施工程建设全面监理提供保障。为保证工程建设的顺利进行，使工程按期发挥工程的防洪效益，管理局加强了对工程建设的各项管理工作，特别是对主体工程施工的合同管理。管理局办公场所设在水库工地，对合同履行情况进行全面监控，包括质量控制、安全控制、进度控制和投资控制。

(1) 质量控制。×××水库工程自开工建设始，就依法建立了项目法人负责、施工单位保证、监理控制、政府监督相结合的"四级"质量管理体系。通过采取：①明确目标和责任；②建立健全质量管理组织机构；③制定并完善质量管理制度；④建立并完善质量检验、检测手段；⑤现场检查及监督；⑥加强社会舆论监督；⑦加强质量管理法制教育；⑧建立三级通报制度；⑨质量一票否决制等手段，保证了工程质量总体处于受控状态。迄今为止，工程没有发生质量事故。

(2) 安全控制。依据《中华人民共和国安全生产法》《建设工程安全生产管理条例》和《水电水利工程施工安全防护设施技术规范》等有关施工安全管理法规和规范，×××水库工程参建各方建立、健全了安全生产管理组织机构，制定并落实了一系列安全管理规章制度，签订安全生产责任合同，工程施工现场生产有序，主体工程施工至今没有发生一起安全事故。

(3) 进度控制。监理控制承包单位重要的完工项目的目标工期，业主在关键线路上制订了分部分项工程分阶段完工的工期目标考核制度，对加快工程的建设进度起到了促进作用。

(4) 投资控制。投资控制分为三个部分：①中期结算报表；②索赔、合同外项目及设计变更报表；③完工结算审计。

中期结算报表由承包单位按月编制完成进度报表，经监理现场工程师核实签证完成工程量、监理工程师按合同条款复核完成进度款，经总监理工程师审批后，送业主相关审核部门核对无误后，进入财务支付程序。

合同外项目、索赔及设计变更报表，根据合同条款结合工程实际，由承包人首先申报，工程师核实，业主审定批准后方可进入进度款支付程序。新增单价经四方共同商议达成一致意见后进入中期结算报表予以支付；对四方一时无法达成一致时，暂按合同单价或由监理确定一个合适的暂定价进入中期结算报表予以支付，这样，使承包人及时得到支付，也给问题的最终解决赢得了时间。

完工结算审计是投资控制的最后一道环节。对承包人上报的完工结算，在监理审核、业主审查的基础上，聘请社会审查单位进行完工结算独立审计，及早发现和解决完工结算存在的问题，把好投资控制最后一道关。

管理局严格按照合同管理的有关法律、法规执行合同条款认真履行各自的合同法律责任和义务。

（五）材料及设备供应

1. **材料供应**

×××水库工程枢纽部分主体工程由管理局实施水泥采购供应管理，水泥供应厂商前期为××县××水泥厂，后期为××州××水泥有限责任公司；枢纽区碎石骨料由管理局经过招投标选择投标单位集中统一供应，通过公开招标确定××县建筑总公司为承包人，然后由承包人承建运行；钢材及油料由施工单位自行采购；电力设施由管理局架设至施工区内后由施工单位自行架设使用。

×××水库干渠工程前期标段供电由管理局架设供电线路至指定施工区后由施工单位自行架设使用，后期标段供电由施工单位自行架设供电线路至施工区域。

×××水库干渠工程所需水泥、钢材、木材、油料、砂石料等材料采购均由承包人自己采购。但要求施工单位向监理单位提供生产许可证、出厂合格证以及现场取样试验结果，对于用于混凝土的砂石骨料等中间产品必须提供有检测资质的单位出具检测试验报告，要求检测数量和频率符合规范要求。检测结果表明，用于本工程的所有原材料和中间产品均满足设计或规范要求的质量标准，不合格材料没有使用在工程上。

材料供应均能满足工程建设进度要求，未对工程建设造成影响。×××水库工程各标段施工完成后，均对施工场地进行了清理，做到了工完料清。

2. **设备供应**

×××水库工程枢纽部分主体工程及坝后电站主要设备供应由管理局实施订购供应管理；干渠工程前期标段主要设备供应由管理局实施订购供应管理；后期标段由施工单位根据设计图纸及要求自行订购。主要设备的订购满足工程建设进度要求，未对工程建设造成影响。

3. **材料的质量管理**

本工程材料质量自始至终处于严格的控制状态，质量管理分为三个层次进行。

（1）源头管理。招标文件对材料供应有严格要求，水泥为旋窑产品，从生产源头就保证了材料质量。水泥生产厂家派驻了驻现场质量检验员，负责监督厂家的生产和质检体系，检测每车次送往本工程的产品质量及协调工作。

（2）验收管理。本工程对送往工地的每批次材料执行严格的验收制度，验收由监理工程师、业主和承包人共同执行。材料的材质证明书、驻厂检验员的监测证明随货同行，只有经过验收合格后才能进入施工现地。

（3）抽样检验。材料到达工地后，监理、承包人和业主质量检验部门按照规范对材料进行随机抽样检验。水泥按200t一个编组进行抽样，严禁不合格材料用于工程中。

通过以上三个层次的管理,严把材料质量关,确保了工程质量。

(六) 资金管理及合同价款结算

1. 资金管理

为了充分发挥工程投资效益,确保工程建设顺利完成,管理局在工程建设初期成立了财务科,配置了会计、出纳、保管人员,在财务管理方面:一是建立健全财务制度。财务人员具体分工,明确各自的责任,严格控制工程投资。二是加强财务检查和监督,确保投资专项资金的专款专用。始终严格按照《水利基本建设资金管理办法》执行,严格按照《国有建设单位会计制度》建账核算,严格按照《建设工程投资管理办法》进行管理,并主动接受××州政府、水利局、财政局、审计局对该工程资金的使用情况的审计检查,接受上级主管部门的监督和检查。三是从工程开始就专门设立专项资金账户,统管项目建设资金的使用。工程建设中由于采取了一系列行之有效的资金管理措施,工程建设中,资金运行安全规范,支付程序严格,使用合理,没有发生挤占挪用资金现象;资金严格按照财务有关规定进行划拨支付施工单位,未出现违规操作现象。

2. 合同价款结算

依据工程建设有关规定及合同约定,工程建设进度款支付(含设备购置)实行按月结算支付,支付流程为:①施工单位向监理单位上报工程价款月支付申请书;②监理单位对工程价款月支付申请书进行审核(包括审核工程量、单价、合价等);③管理局总工办审核后出具工程价款支付签批单并签批意见;④管理局财务科审核签批意见;⑤管理局分管领导审核签署意见;⑥管理局法人代表审核同意签批支付意见;⑦管理局财务科办理支付手续。工程价款支付主要遵循以下原则:

(1) 每月由承包人根据其完成的工作量提交付款申请,并附有实物工作量进度报表和按合同约定的价格计算的结算金额。

(2) 所有工程项目的结算和支付均以合同文件中的工程量清单所列的合同单价为基础。

(3) 以设计工作量作为结算控制工程量。

(4) 现场工程师根据现场需要而要求承包人完成的随机工程量,先由承包人根据工程师指令申报,然后由监理工程师根据合同规定审定并经业主确认后才能得到支付。

(5) 对于工程施工中发生的变更项目,先由承包人申报,说明变更依据,然后由现场工程师审核工程量,总监理工程师审核价款,再交业主审定后进入月报表予以支付。

(6) 在工程实施过程中出现的索赔项目,依据文件的约定,承包人须在规定的时限内向监理工程师提交索赔报告,提交索赔相关证明后,由监理工程师审核承包人应得的索赔金额,然后交业主审定,进入月报表支付。

(7) 设备供货的价款支付,按合同约定或设备到货验收合格后由承包人提交付款申请,监理工程师审核后交业主审定,进入月报表支付。

(8) 工程完工结算,在工程完工验收后,由承包人申报,监理工程师对其申报的工程量(含变更及索赔)及价款进行审核,报业主审定,并经社会审计中介机构审查无误后,进行结算支付。

截至20××年10月底,×××水库工程各标段已按合同文件要求全部完成结算。

五、工程质量

(一) 工程质量管理体系和质量监督

根据国家和水利部关于工程质量管理的有关规定，×××水库工程质量实行项目法人负责、监理单位控制、施工单位保证和政府监督相结合的质量管理体制。在此基础上，各参建方通过建立质量管理组织机构、制定并落实一系列工程质量管理制度及措施等，形成了较为完善的质量管理体系。工程质量总体处于受控状态。

1. 建立健全了质量管理组织机构

(1) ×××水库工程成立了由各参建单位主要负责人和专职质量工程师组成的质量管理委员会，全面负责工程质量的领导工作。

(2) 对工程重要部位的验收，成立专门的验收组织机构，如"大坝建基面开挖验收领导小组"等，由这些专门的机构组织对工程重要部位进行验收。

(3) ×××水库管理局设立了工程技术科，各个项目配备了专职人员，负责工程建设的日常质量管理工作。

(4) 监理单位按合同要求建立了相应的监控管理机构，设置了专责质量工程师和试验工程师。

(5) 各施工承包人和材料供应商建立了相应的质量管理组织机构，配置了专职质检员。

(6) ××省水利水电建设工程质量监督中心站在×××水库工地设立了项目站，代表政府对工程质量行使监督工作。

2. 制定并完善了质量管理制度

×××水库工程建设制定了《×××水库工程质量管理办法》《×××水库工程质量考核管理办法》《×××水库工程主体建筑物项目划分方案》及《×××水库工程外观质量评定标准》等制度和标准；监理工程师制定了《工程质量监理实施细则》和"各单项专业工程项目监理实施细则"等；各承包人以"三检制"为基础，制定了相关的质量管理规章制度和工序质量控制办法，并明确了岗位质量责任。

3. 建立并完善了质量检验、检测手段

×××水库工程设立了质量检测试验室，代表项目法人（监理单位）对工程建设质量进行检测，及时提供准确的质量检测数据，供质量监督部门、项目法人、监理单位对工程质量做出科学、正确的判断。负责全工地所有工程材料及施工质量的平行检测工作；各主体工程承包人也按规定建立了相应的试验室，负责各自承建工程项目的自检工作。各试验室均按要求配置了合格的检验、检测设备，配备了合格的专业人员，保证了检验、检测成果的质量。

4. 质量监督

×××水库工程由××省水利水电建设工程质量监督中心站对×××水库工程进行质量监督，通过质量监督项目站现场监督、业主的现场巡视以及监理工程师的旁站，及时发现质量问题，并对发现的质量问题及时地组织相关单位进行了分析和处理。主要材料供应商和主要机电与金属结构生产厂家（如水轮发电机组、启闭机及金属闸门等）均派驻了监造或监督。工程实施全过程始终处于多层面的监控之下。

5. 社会监督

通过设立工程质量举报箱，公布举报电话，实行工程质量社会监督有奖举报，鼓励社会各界人士对工程质量进行有效监督。

（二）工程项目划分

工程建设管理局按照《水利水电工程施工质量评定规程（试行）》（SL 176—1996）、《水利水电工程施工质量检验与评定规程》（SL 176—2007），组织设计、监理、施工等相关单位，对×××水库工程行了项目划分，并将项目划分方案报送质量监督机构确认。经确认的×××水库工程项目划分方案为：西低隧洞工程、大坝工程、溢洪道工程、西高涵工程、坝后电站工程、城子渡槽工程、东干渠Ⅰ标工程、东干渠Ⅱ标工程、东干渠Ⅲ标工程、西高干渠Ⅰ标工程、西高干渠Ⅱ标工程、西高干渠Ⅲ标工程、西高干渠Ⅳ标工程、西高干渠Ⅴ标工程、西低干渠Ⅰ标工程、西低干渠Ⅱ标工程、西低干渠Ⅲ标工程、西低干渠Ⅳ标工程、西低干渠Ⅴ标工程、西低干渠Ⅵ标工程、水情自动测报及闸门控制系统工程共22个单位工程，189个分部工程，7058个单元工程。×××水库工程项目划分情况见表7-11。

表7-11　　　　　　　　　×××水库工程项目划分

单位工程编码	名称	分部工程编码	分部工程名称	单元工程编码	备注
01	西低隧洞	01-01	进水明渠引水段	01-01-001~01-01-022	
		01-02	出口泄水明渠段	01-02-001~01-02-041	
		01-03	△竖井及工作桥（土建）	01-03-001~01-03-042	竖井基础开挖为重要隐蔽工程
		01-04	洞身开挖与衬砌（0+000~0+099.51）	01-04-001~01-04-051	
		01-05	洞身开挖与衬砌（0+099.51~0+134.862）	01-05-001~01-05-018	
		01-06	洞身开挖与衬砌（0+134.862~0+231.953）	01-06-001~01-06-048	
		01-07	洞身开挖与衬砌（0+231.953~0+269.731）	01-07-001~01-07-018	
		01-08	隧洞出口开挖与衬砌（0+269.731~0+367.000）	01-08-001~01-08-042	
		01-09	金属结构及启闭机安装	01-09-001~01-09-019	
		01-10	分水闸闸室段（土建）	01-10-001~01-10-029	
		01-11	洞身回填灌浆	01-11-001~01-11-029	
		01-12	冲沟治理	01-12-001~01-12-016	
02	大坝	02-01	地基开挖与处理	02-01-001~02-01-007	重要隐蔽工程
		02-02	△40cm厚防渗墙	02-02-001~02-02-034	
		02-03	△60cm厚防渗墙	02-03-001~02-03-088	
		02-04	△防渗心墙填筑	02-04-001~02-04-126	
		02-05	坝体填筑（坝壳料及均质坝）	02-05-001~02-05-194	
		02-06	反滤层及排水棱体	02-06-001~02-06-165	
		02-07	上游坝坡护面	02-07-001~02-07-013	
		02-08	下游坝坡护面	02-08-001~02-08-029	
		02-09	坝顶工程	02-09-001~02-09-114	
		02-10	观测设施	02-10-001~02-10-219	

续表

单位工程		分部工程		单元工程编码	备注
编码	名称	编码	分部工程名称		
03	溢洪道	03-01	进口引水段	03-01-001～03-01-073	
		03-02	△闸室段	03-02-001～03-02-046	闸室段基础开挖为重要隐蔽工程
		03-03	第一陡坡段	03-03-001～03-03-095	
		03-04	陡槽段级第一消力池	03-04-001～03-04-052	
		03-05	第二陡坡段	03-05-001～03-05-125	
		03-06	跌坎段及第二消力池和海曼段	03-06-001～03-06-056	
		03-07	金属结构及启闭机安装	03-07-001～03-07-006	
04	西高涵	04-01	△竖井及工作桥（土建）	04-01-001～04-01-072	竖井基础开挖为重要隐蔽工程
		04-02	无压洞身段开挖与衬砌	04-02-001～04-02-126	
		04-03	分水闸机房（土建）	04-03-001～04-03-024	
		04-04	金属结构及启闭机安装	04-04-001～04-04-015	
05	坝后电站	05-01	西低隧洞出口闸室土建工程	05-01-001～05-01-010	
		05-02	1号主机段、安装间土建工程	05-02-001～05-02-023	
		05-03	2号主机段、安装间土建工程	05-03-001～05-03-018	
		05-04	尾水渠工程	05-04-001～05-04-026	
		05-05	△厂房房建工程	05-05-001～05-05-019	
		05-06	压力钢管土建工程	05-06-001～05-06-035	
		05-07	△压力钢管制造与安装工程（0+000～0+137.357）	05-07-001～05-07-034	
		05-08	△压力钢管制造与安装工程（0+137.357～0+269.730）	05-08-001～05-08-035	
		05-09	△压力钢管制造与安装工程（0+269.730～0+391.300）	05-09-001～05-09-048	
		05-10	△1号水轮发电机组安装	05-10-001～05-10-024	
		05-11	△2号水轮发电机组安装	05-11-001～05-11-024	
		05-12	水力机械辅助设备安装	05-12-001～05-12-009	
		05-13	电气一次设备安装	05-13-001～05-13-030	
		05-14	电气二次设备安装	05-14-001～05-14-006	
		05-15	△主变压器安装	05-15-001	
		05-16	其他电气设备安装	05-16-001～05-16-007	
		05-17	金属结构及启闭（起重）设备安装	05-17-001～05-17-008	
		05-18	主、副厂房装饰装修工程	05-18-001～05-18-027	

续表

单位工程编码	单位工程名称	分部工程编码	分部工程名称	单元工程编码	备注
06	城子渡槽	06-01	基础工程	06-01-001～06-01-546	
		06-02	××渡槽进出口工程	06-02-001～06-02-018	
		06-03	△进口至跨河段槽身工程	06-03-001～06-03-075	
		06-04	△跨河段槽身工程	06-04-001～06-04-015	
		06-05	△跨河后至出口段槽身工程	06-05-001～06-05-098	
		06-06	△排架及跨河肋拱工程	06-06-001～06-06-186	
07	东干渠Ⅰ标	07-01	明渠段土方开挖与回填（K9+917～K11+817）	07-01-001～07-01-040	
		07-02	明渠段土方开挖与回填（K11+817～K13+917）	07-02-001～07-02-043	
		07-03	明渠段土方开挖与回填（K13+917～K16+060）	07-03-001～07-03-036	
		07-04	△明渠段衬砌（含渠系建筑物）（K9+917～K12+817）	07-04-001～07-04-040	
		07-05	△明渠段衬砌（含渠系建筑物）（K12+817～K16+060）	07-05-001～07-05-046	
		07-06	△2号、3号渡槽工程	07-06-001～07-06-037	
		07-07	△4号、5号渡槽工程	07-07-001～07-07-027	
08	东干渠Ⅱ标	08-01	明渠段土方开挖与回填（K16+060～K18+260）	08-01-001～08-01-054	
		08-02	明渠段土方开挖与回填（K18+260～K20+480）	08-02-001～08-02-069	
		08-03	明渠段土方开挖与回填（K20+480～K22+700）	08-03-001～08-03-047	
		08-04	明渠段土方开挖与回填（K20+700～K25+010）	08-04-001～08-04-042	
		08-05	△明渠段衬砌（含渠系建筑物）（K16+060～K19+060）	08-05-001～08-05-054	
		08-06	△明渠段衬砌（含渠系建筑物）（K19+060～K22+060）	08-06-001～08-06-047	
		08-07	△明渠段衬砌（含渠系建筑物）（K22+060～K25+010）	08-07-001～08-07-059	
		08-08	△6号、7号渡槽工程	08-08-001～08-08-015	
09	西低干渠Ⅰ标	09-01	明渠段土方开挖与回填（K0+000～K3+500）	09-01-001～09-01-087	
		09-02	△明渠段衬砌（K0+000～K1+200）	09-02-001～09-02-013	
		09-03	△明渠段衬砌（K1+200～K2+400）	09-03-001～09-03-015	
		09-04	△明渠段衬砌（K2+400～K3+500）	09-04-001～09-04-007	
		09-05	渠系建筑物（K0+000～K3+500）	09-05-001～09-05-055	

续表

单位工程		分部工程		单元工程编码	备注
编码	名称	编码	分部工程名称		
10	西低干渠Ⅱ标	10-01	明渠段土方开挖与回填（K3+500～K5+750）	10-01-001～10-02-045	
		10-02	明渠段土方开挖与回填（K5+750～K7+750）	10-02-001～10-02-034	
		10-03	△明渠段衬砌（K3+350～K5+750）	10-03-001～10-03-023	
		10-04	△明渠段衬砌（K5+750～K7+750）	10-04-001～10-04-027	
		10-05	渠系建筑物（K3+350～K7+750）	10-05-001～10-05-043	
11	西高干渠Ⅰ标	11-01	明渠段土方开挖与回填（K0+000～K2+500）	11-01-001～11-01-046	
		11-02	明渠段土方开挖与回填（K2+500～K5+000）	11-02-001～11-02-014	
		11-03	△明渠段衬砌（含渠系建筑物）（K0+000～K2+500）	11-03-001～11-03-044	
		11-04	△明渠段衬砌（含渠系建筑物）（K2+500～K5+000）	11-04-001～11-04-053	
		11-05	△1号、2号、3号渡槽	11-05-001～11-05-022	
12	西高干渠Ⅱ标	12-01	明渠段土方开挖与回填（K5+000～K7+500）	12-01-001～12-01-018	
		12-02	明渠段土方开挖与回填（K7+500～K10+000）	12-02-001～12-02-027	
		12-03	△明渠段衬砌（含渠系建筑物）（K5+000～K7+500）	12-03-001～12-03-063	
		12-04	△明渠段衬砌（含渠系建筑物）（K7+500～K10+000）	12-04-001～12-04-044	
		12-05	△4号、5号、6号、7号渡槽工程	12-05-001～12-05-028	
13	西高干渠Ⅲ标	13-01	明渠段土方开挖与回填（K10+000～K11+800）	13-01-001～13-01-024	
		13-02	明渠段土方开挖与回填（K11+800～K13+600）	13-02-001～13-02-018	
		13-03	明渠段土方开挖与回填（K13+600～K15+400）	13-03-001～13-03-017	
		13-04	明渠段土方开挖与回填（K15+400～K17+267）	13-04-001～13-04-014	
		13-05	△明渠段衬砌（含渠系建筑物）（K10+000～K17+267）	13-05-001～13-05-138	
		13-06	△8号、9号渡槽工程	13-06-001～13-06-018	
		13-07	△10号渡槽工程	13-07-001～13-07-022	
14	西高干渠Ⅳ标	14-01	明渠段土方开挖与回填（K17+267～K20+667）	14-01-001～14-01-037	
		14-02	明渠段土方开挖与回填（K20+667～K24+018）	14-02-001～14-02-025	
		14-03	△明渠段衬砌工程（K17+267～K24+018）	14-03-001～14-03-042	
		14-04	△11号渡槽工程	14-04-001～14-04-019	

续表

单位工程		分部工程		单元工程编码	备注
编码	名称	编码	分部工程名称		
14	西高干渠Ⅳ标	14-05	△12号渡槽工程	14-05-001~14-05-016	
		14-06	△13号、17号渡槽工程	14-06-001~14-06-018	
		14-07	△14号渡槽基础工程（含进出口段）	14-07-001~14-07-026	
		14-08	△14号渡槽支承结构工程	14-08-001~14-08-016	
		14-09	△14号渡槽槽身工程	14-09-001~14-09-020	
		14-10	△15号渡槽工程	14-10-001~14-10-020	
		14-11	△16号渡槽工程	14-11-001~14-44-016	
		14-12	渠系建筑物工程	14-12-001~14-12-016	
15	东干渠Ⅲ标	15-01	明渠段土方开挖与回填（K24+350.780~K27+365.286）	15-01-001~15-01-028	
		15-02	明渠段土方开挖与回填（K27+365.286~K27+702.205）	15-02-001~15-02-021	
		15-03	明渠段土方开挖与回填（K30+287.117~K33+263.354）	15-03-001~15-03-034	
		15-04	△明渠段衬砌工程（K24+350.782~K27+365.286）	15-04-001~15-04-024	
		15-05	△明渠段衬砌工程（K27+365.286~K27+702.205）	15-05-001~15-05-016	
		15-06	△明渠段衬砌工程（K30+287.117~K33+263.354）	15-06-001~15-06-020	
		15-07	8号渡槽工程	15-07-001~15-07-009	
		15-08	9号渡槽工程	15-08-001~15-08-020	
		15-09	交叉建筑物	15-09-001~15-09-119	
		15-10	金属结构及启闭机安装	15-10-001~15-10-016	
16	西低干渠Ⅲ标	16-01	明渠段土方开挖与回填（K7+792.179~K9+979330）	16-01-001~16-01-022	
		16-02	明渠段土方开挖与回填（K10+107.105~K12+292.359）	16-02-001~16-02-028	
		16-03	明渠段土方开挖与回填（K12+292.359~K14+528.400）	16-03-001~16-03-036	
		16-04	明渠段土方开挖与回填（K14+528.400~K16+290.000）	16-04-001~16-04-043	
		16-05	明渠段衬砌工程（K7+792.179~K9+979.330）	16-05-001~16-05-016	
		16-06	明渠段衬砌工程（K10+107.105~K12+292.359）	16-06-001~16-06-019	
		16-07	明渠段衬砌工程（K12+292.359~K14+528.400）	16-07-001~16-07-022	

续表

单位工程		分部工程		单元工程编码	备注
编码	名称	编码	分部工程名称		
16	西低干渠Ⅲ标	16-08	明渠段衬砌工程（K14+528.400～K16+290.000）	16-08-001～16-08-034	
		16-09	1号渡槽工程	16-09-001～16-09-017	
		16-10	2号渡槽工程	16-10-001～16-10-011	
		16-11	交叉建筑物	16-11-001～16-11-076	
		16-12	金属结构及启闭机安装	16-12-001～16-12-005	
17	西低干渠Ⅲ标弄掌渡槽	17-01	弄掌渡槽进口段（填方段）	17-01-001～17-01-020	
		17-02	弄掌渡槽桩基	17-02-001～17-02-144	
		17-03	弄掌渡槽排架基础	17-03-001～17-03-019	
		17-04	弄掌渡槽支撑结构	17-04-001～17-04-019	
		17-05	弄掌渡槽槽身	17-05-001～17-05-032	
		17-06	弄掌渡槽出口段（挖方段）	17-06-001～17-06-033	
18	西低干渠Ⅳ标	18-01	明渠段土方开挖与回填（K19+047.316～K21+126.500）	18-01-001～18-01-018	
		18-02	明渠段土方开挖与回填（K21+126.500～K23+388.547）	18-02-001～18-02-026	
		18-03	△明渠段衬砌工程（K19+047.316～K21+126.500）	18-03-001～18-03-016	主要分部工程
		18-04	△明渠段衬砌工程（K21+126.500～K23+388.547）	18-04-001～18-04-020	主要分部工程
		18-05	3号渡槽工程	18-05-001～18-05-018	
		18-06	4号渡槽工程	18-06-001～18-06-017	
		18-07	5号渡槽工程	18-07-001～18-07-016	
		18-08	6号渡槽工程	18-08-001～18-08-016	
		18-09	交叉建筑物	18-09-001～18-09-032	
		18-10	腾陇二级公路恢复工程	18-10-001～18-10-007	
19	西低干渠Ⅴ标	19-01	明渠段土方开挖与回填（K23+388.547～K25+603.705）	19-01-001～19-01-024	
		19-02	明渠段土方开挖与回填（K25+793.705～K28.651.935）	19-02-001～19-02-039	
		19-03	△明渠段衬砌工程（K23+388.547～K25+603.705）	19-03-001～19-03-019	主要分部工程
		19-04	△明渠段衬砌工程（K25+793.705～K28.651.935）	19-04-001～19-04-026	主要分部工程
		19-05	7号渡槽工程	19-05-001～19-05-009	
		19-06	8号渡槽工程	19-06-001～19-06-010	
		19-07	9号渡槽工程	19-07-001～19-07-016	

第二节 工程竣工验收建设管理工作报告示例：×××水库工程建设管理工作报告

续表

单位工程		分部工程		单元工程编码	备注
编码	名称	编码	分部工程名称		
19	西低干渠Ⅴ标	19-08	10号渡槽工程	19-08-001～19-08-012	
		19-09	交叉建筑物	19-09-001～19-09-042	
		19-10	金属结构及启闭机安装	19-10-001～19-10-06	
20	西低干渠Ⅵ标	20-01	明渠段土方开挖与回填（K28+991.935～K29+777.199)	20-01-001～20-01-034	
		20-02	明渠段土方开挖与回填（K31+357.200～K33+143.398)	20-02-001～20-02-036	
		20-03	△明渠段衬砌工程（K28+991.935～K29+777.199)	20-03-001～20-03-021	主要分部工程
		20-04	△明渠段衬砌工程（K31+357.200～K33+143.398)	20-04-001～20-04-018	主要分部工程
		20-05	11号渡槽工程	20-05-001～20-05-026	
		20-06	12号渡槽工程	20-06-001～20-06-018	
		20-07	交叉建筑物	20-07-001～20-07-018	
		20-08	金属结构及启闭机安装	20-08-001～20-08-006	
21	西高干渠Ⅴ标	21-01	明渠段土方开挖与回填（K24+018.000～K27+096.648)	21-01-001～21-01-020	
		21-02	明渠段土方开挖与回填（K27+427.130～K31+001.583)	21-02-001～21-02-022	
		21-03	△明渠段衬砌工程（K24+018.000～K27+096.648)	21-03-001～21-03-018	主要分部工程
		21-04	△明渠段衬砌工程（K27+427.130～K31+001.583)	21-04-001～21-04-020	主要分部工程
		21-05	18号渡槽工程	21-05-001～21-05-015	
		21-06	19号渡槽工程	21-06-001～21-06-026	
		21-07	20号渡槽工程	21-07-001～21-07-019	
		21-08	21号渡槽工程	21-08-001～21-08-017	
		21-09	22号渡槽工程	21-09-001～21-09-013	
		21-10	23号渡槽工程	21-10-001～21-10-019	
		21-11	24号渡槽工程	21-11-001～21-11-020	
		21-12	25号渡槽工程	21-12-001～21-12-035	
		21-13	26号渡槽工程	21-13-001～21-13-043	
		21-14	交叉建筑物	21-14-001～21-14-034	
		21-15	金属结构及启闭机安装	21-15-001～21-15-006	

续表

单位工程		分部工程		单元工程编码	备注
编码	名称	编码	分部工程名称		
22	水情自动测报及闸门控制系统	22-01	1个中心站	—	
^	^	22-02	11个遥测雨量站	—	
^	^	22-03	1个水库水文站（坝上、坝下）	—	
^	^	22-04	1个河道水文站（兼测雨量）	—	
^	^	22-05	7个灌溉渠道站	—	
^	^	22-06	1个自动化气象站	—	
^	^	22-07	1个闸门控制站	—	

注 加"△"号者为主要分部工程，下同。

（三）质量控制和检测

1. 大坝工程主要质量控制标准

大坝工程施工质量控制主要执行以下规程规范、技术标准及技术要求：

《×××水库大坝工程施工技术要求》。

《大坝工程施工招标文件第二卷：技术条款》。

《水利水电工程施工质量评定规程》（SL 176—1996）。

《中华人民共和国工程建设标准强制性条文》（水利工程部分）。

《水工建筑物岩石基础开挖工程施工技术规范》（SL 47—94）。

《土工试验规程》（SL 237—1999）。

《碾压式土石坝施工规范》（DL/T 5129—2001）。

《水利水电建设工程验收规程》（SL 223—1999）。

《碾压式土石坝设计规范》（SL 274—2001）。

《水电水利工程围堰设计导则》（DL/T 5087—1999）。

2. 大坝基础处理工程（混凝土防渗墙）主要质量控制标准

大坝基础处理工程施工质量控制主要执行以下规程规范、技术标准及技术要求：

《×××水库大坝基础处理工程施工技术要求》。

《大坝基础处理工程施工招标文件第二卷：技术规范》。

《中华人民共和国工程建设标准强制性条文》（水利工程部分）。

《水利水电工程混凝土防渗墙施工技术规范》（SL 174—96）。

《水工建筑物岩石基础开挖工程施工技术规范》（SL 47—94）。

《混凝土结构工程施工质量验收规范》（GB 50204—2002）。

《混凝土质量控制标准》（GB 50164—92）。

《水利水电建设工程验收规程》（SL 223—1999）。

《水工混凝土试验规程》（SL 352—2006）。

《水工混凝土施工规范》（SL/T 5144—2001）。

3. 西低隧洞、西高涵、溢洪道及电站厂房土建工程主要质量控制标准

西低隧洞、西高涵、溢洪道和坝后电站土建工程施工质量控制主要执行以下规程规范、技术标准及技术要求：

《×××水库西低隧洞工程施工技术要求》。
《×××水库西高涵工程施工技术要求》。
《×××水库溢洪道工程施工技术要求》。
《×××水库坝后电站土建工程施工技术要求》。
《工程施工招标文件第二卷：技术规范》。
《中华人民共和国工程建设标准强制性条文》（水利工程部分）。
《水工隧洞设计规范》（SL 279—2002）。
《水工建筑物地下开挖施工技术规范》（DL/T 5099—1999）。
《水工建筑物岩石基础开挖工程施工技术规范》（SL 47—94）。
《水工建筑物水泥灌浆施工技术规范》（SL 62—94）。
《混凝土结构工程施工质量验收规范》（GB 50204—2002）。
《地下防水工程施工质量验收规范》（GB 50208—2002）。
《水工混凝土钢筋施工规范》（DL/T 5169—2002）。
《水利水电工程模板施工规范》（DL/T 5110—2000）。
《水工混凝土施工规范》（DL/T 5144—2001）。
《混凝土质量控制标准》（GB 50164—92）。
《水利水电地下工程锚喷支护施工技术规范》（SD/J 57—85）。

4. 坝后电站水轮发电机组设备安装主要质量控制标准

坝后电站水轮发电机组设备安装质量控制主要执行以下规程规范、技术标准及技术要求：

《×××水库机电设备安装施工技术要求》。
《水轮发电机组及其附属设备招标文件》。
《中华人民共和国工程建设标准强制性条文》（水利工程部分）。
《水轮发电机组启动试验规程》（DL 507—2002）。
《水轮发电机组设备出厂试验一般规定》（DL 443—1991）。
《电气设备预防性试验规程》。
《水轮机通流部分技术条件》（GB/T 10969—2008）。
《水轮机调速器与油压装置技术条件》（GB/T 9652.1）。
《水轮机调速器与油压装置试验收规程》（GB/T 9652.2）。

5. 干渠工程主要质量控制标准

×××水库干渠工程施工质量控制主要执行以下规程规范、技术标准及技术要求：

《×××水库东干渠工程施工技术要求》。
《×××水库西低干渠工程施工技术要求》。
《×××水库西高干渠工程施工技术要求》。
《×××水库城子渡槽工程施工技术要求》。
《工程施工招标文件》。
《中华人民共和国工程建设标准强制性条文》（水利工程部分）。
《水利水电工程模板施工规范》（DL/T 5110—2000）。

《水工混凝土施工规范》(DL/T 5144—2001)。
《水工混凝土钢筋施工规范》(DL/T 5169—2002)。
《混凝土结构工程施工质量验收规范》(GB 50204—2002)。
《水工混凝土试验规程》(SL 352—2006)。
《水工建筑物地下开挖工程施工规范》(SL 378—2007)。
《地下防水工程施工及验收规范》(GB 50208—2011)。
《水工混凝土钢筋施工规范》(DL/T 5169—2013)。
《水利水电工程模板施工规范》(DL/T 5110—2013)。
《水工混凝土施工规范》(SL 667—2014)。
《水利水电工程施工质量评定规程》(SL 176—2007)。
《混凝土结构工程施工质量验收规范》(GB 50204—2015)。
《水利水电建设工程施工质量检验与评定规程》(SL 176—1996)。
《水利水电建设工程验收规程》(SL 223—1999)。
《水利水电建设工程施工质量检验与评定规程》(SL 176—2007)。
《水利水电建设工程验收规程》(SL 223—2008)。

6. 质量控制

×××水库工程建设严格实行项目法人责任制、建设监理制和招标投标制。工程管理局委托招标代理机构通过公开招标择优选择监理单位承担工程施工监理任务，并签订监理服务合同。监理单位受管理委托在按照"公正、独立、自主"的原则开展工作，依据有关建设管理法律、法规、技术标准，经批准的项目建设文件、施工承包合同和委托监理合同，综合运用现代法律、经济、技术手段控制工程建设的投资、工期、质量、安全、环境，代表管理局对参建各方的建设行为进行专业化监督和管理，管理局对项目建设全过程负责，对项目的工程质量、工程进度和资金管理负总责。工程建设过程中，管理局主要负责与地方政府及有关部门协调解决工程建设内外部和建设中出现的问题，组织编制、审核、上报年度建设计划，落实项目资金，组织编制、上报度汛计划、相应的安全度汛措施，按照有关规定和规程组织或参与工程验收，对参建各方所形成档案资料的收集、整理、归档工作进行监督检查，搞好工程建设档案资料管理工作，工程质量控制主要依靠监理单位实施。

7. 质量检测

×××水库工程质量检测包括施工准备检查，原材料与中间产品质量检验，金属结构、启闭机及机电产品质量检查，单元（工序）工程质量检验，质量事故检查和质量缺陷备案等。

（1）项目法人质量检验。工程建设管理局对工程质量检验工作十分重视，管理局建立健全了质量检查体系，明确工程技术科专人负责质量检测工作。工程开工前，管理局按有关要求委托具有相应资质的××市××水利水电工程检测有限公司对工程建设质量进行全过程质量检测。质检单位在工地现场组建了由室主任亲自挂帅的项目质检试验室，严格对工程质量进行检测，及时提供科学、准确的质量检测数据，供质监督部门、项目法人、监理单位做出科学、正确的质量判断，确保了工程质量。

（2）监理单位质量检测。×××水库工程施工监理单位建立健全了质量控制体系，对工程施工质量进行全过程控制。工程施工过程中，监理单位按照有关规定对工程中所用的原材料、试块、试件等进行平行检测和跟踪检测。按照《水利工程建设项目施工监理规范》(SL 288—2003) 规定,监理单位平行检测费用由发包人承担,所以本工程监理单位的平行检测由管理局委托××市××水利水电工程检测有限公司承担完成。承包人在进行试样检测前,监理单位对其检测人员、仪器设备以及拟定的检测程序和方法进行审核;在承包人试验人员对试样进行检测时,监理人员实行全过程监督,确认其程序、方法的有效性及检验结果的可信性,并对检验结果签字确认。

(3) 承包人质量检测。×××水库工程建设的承包人均建立健全了质量控制体系,成立了质检机构,承包人配备了相应的工地试验室和试验人员,建立健全了岗位责任管理、试验操作管理、仪器设备管理、标准养护室管理等管理制度,严格按照有关规定全面管理工程测量放样、原材料和中间产品试验、工程实体质量检测工作。没有条件建立工地实验室的承包人,严格按照有关规定取样送有相应资格的专业检测单位进行检测。工程施工过程中,承包人依据工程设计要求、施工技术标准和合同约定,结合《水利水电基本建设工程单元工程质量等级评定标准(七)碾压式土石坝和浆砌石坝工程》(SL 38—92) 等的规定确定检验项目及数量进行自检合格后,如实填写《水利水电工程施工质量评定表》,并将检验结果和工程质量等级评定结果报监理复核并签订认可。

(4) 委托检测单位检测。

1) ××省质监中心站驻现场项目站主持完成了×××水库各单位工程外观检测评定。

2) 根据工程建设的要求,×××水库工程建设管理局委托××××××水利水电工程检测有限公司××××工程质量检测咨询有限公司代表项目法人(监理单位)对工程建设质量进行检测,及时提供准确的质量检测数据,供质量监督部门、项目法人、监理单位对工程质量做出科学、正确的判断。

3) 根据工程竣工验收有关规定,×××水库管理局委托××××××水利工程检测评价有限公司(以下简称"检测单位")承担×××水库工程竣工验收质量抽检工作。检测单位已分别于20××年11月20日—12月31日和20××年2月15—28日到工程现场进行了工程竣工验收质量抽检。

4) 经过××××××水利工程检测评价有限公司对×××水库工程竣工验收质量进行抽检,发现少部分工程混凝土质量低强缺陷,参建单位共同研究并处理后,经过复检,均达到设计要求。处理运行至今,未发现异常。

5) ××××××岩土工程质量检测有限公司受省质监中心站委托于20××年6月16—21日对××县×××水库渠道工程施工质量进行了抽检工作。

8. 实际达到的标准

×××水库工程严格按照国家和水利部关于工程质量管理的有关规定进行质量管理,×××水库工程质量实行项目法人负责、监理单位控制、施工单位保证和政府监督相结合的质量管理体制。经历次验收及质量检测,×××水库工程达到了设计要求及质量标准。

(四) 质量缺陷、质量事故及处理情况

1. 工程质量缺陷处理

×××水库工程在施工过程中,参建各方对于工程质量缺陷问题非常重视,发生质量缺陷时参建各方及时进行研究制定处理方案,严格履行审批手续,经监理单位和项目法人批准后实施,处理完成后经参建各方及相关部门检测验收合格后,按有关规定及时建立了缺陷档案。工程施工过程中的缺陷处理情况见表7-12。

表7-12　　　　　　　　×××水库工程质量缺陷处理汇总

序号	单位工程	档案编号	缺陷主要内容	处理结果
1	大坝	缺陷〔20××〕档案01号	填筑坝料含水量偏高	符合要求
2	西高涵	缺陷〔20××〕档案02号	西高涵第6跨桥面板混凝土浇筑后出现变形	拆除处理，符合要求
3	溢洪道	缺陷〔20××〕档案01号	溢洪道第一消力池左右边墙顶部混凝土浇筑后出现结构轮廓偏差	拆除处理，符合要求
4	大坝	缺陷〔20××〕档案01号	坝体后坝坡排水沟浆砌石砂浆不够饱满	拆除处理，符合要求
5	大坝	缺陷〔20××〕档案02号	坝体后坝坡排水沟浆砌石砂浆检测标号偏低	进行破坏检查，结果砂浆饱满、密实
6	溢洪道	溢洪道工程质量缺陷备案表	多处混凝土抗压强度未达到设计要求	符合要求
7	西低隧洞	西低隧洞工程质量缺陷备案表	工作桥排架混凝土低强	符合要求
8	电站压力钢管	压力钢管质量缺陷备案表	4～5号伸缩节隆起变形	波纹伸缩节加固处理，符合要求

2. 溢洪道混凝土低强缺陷处理

(1) 工程质量缺陷概况。20××年12月，×××水库管理局委托××××××水利工程检测评价有限公司对麻栗×××工程进行竣工验收质量抽检，发现溢洪道工程存在混凝土强度低强缺陷。为了消除质量隐患，参建各方对工程中出现的质量缺陷进行了认真的分析、研究，最后由施工单位提出处理方案，经管理局、设计、监理批复后进行处理，处理工程完工后经再次委托××××××水利工程检测评价有限公司对处理后的缺陷部位工程质量进行了复检，复检结果表明处理结果满足质量缺陷处理方案技术要求。

(2) 产生质量缺陷主要原因分析。溢洪道工程采用电子配料，装载机上料，混凝土输送泵输送入仓，出现了施工质量缺陷问题，经分析产生缺陷的主要原因如下：

1) 溢洪道工程混凝土采用泵送后，浇筑方法单一，项目部管理人员产生了麻痹大意思想。

2) 早期施工时按设计配合比控制水灰比，但泵送经常堵管，后期施工人员为了避免堵管，操作时可能调大了将水灰比，在水灰比控制不好的情况下，塌落度增大，很大程度上影响了混凝土的强度。

3) 施工人员为了把混凝土输送得顺畅，避免堵管，可能加大了砂率，影响了混凝土的强度。

4) 从普查结果看，存在低强部位主要集中在边墙部位。边墙的仓位立模多为2m多高，模板加固主要靠铁丝、部分靠拉片内拉，外支撑力度不够，早期混凝土浇筑出现了跑模现象，为了减少跑模情况，施工人员在混凝土振捣可能存在欠振、漏振情况，影响了混凝土的强度。

5) 边墙养护保水措施有限，养护条件较差，只能靠间隔浇水养护。

6) 从平时混凝土取样制作的试块检测情况来看，强度都达到要求，但太偏重在机口取样，混凝土入仓后质量情况只凭旁站人员来监督，估计不到混凝土浇筑过程的复杂性。

7) 工程区夏天最高气温多为30℃，冬天最低气温多为6℃，气温差较大，夏天温差一般有12℃，冬天温差一般有15℃，影响混凝土质量。

8) 由于碎石料源有限，造成碎石质量不稳定，有时碎石质量稍差，对混凝土质量也产生影响。

(3) 缺陷处理技术方案形成过程。发现工程质量缺陷后，管理局非常重视，马上向施工单位（×××××实业公司）发出通知，同时多次组织召开业主、监理、施工、检测等单位的会议，分析查找原因，并向上级主管部门反映情况。管理局也组织了相应的专家前来现场出谋献策，提出处理意见。

20××年1月××日，×××××实业公司派出由3位教授级高工组成的技术小组共6人前来现场开展质量缺陷分析、处理工作。根据设计单位提供的设计参数，经过对结构多次复核计算，于1月中旬向管理局提出了溢洪道质量缺陷处理方案。管理局组织技术人员、同时邀请设计单位参加对处理方案进行了反复讨论，不断提出修改意见，进行反复修改完善。4月初，施工单位将修改后的最终质量缺陷处理方案报送管理局，管理局聘请有关专家对质量缺陷处理方案进行了咨询，最后由参建各方履行了回执签批手续。

(4) 质量缺陷处理主要内容

1) 闸室牛腿增大结构尺寸，空腔缺陷挖除老混凝土回填新混凝土。

2) 采用预应力锚杆进行加强处理闸室段中墩，左、右边墩，共8根。

3) 泄洪槽边墙补强处理：边墙处理方案为凿除5cm厚原有混凝土，布置增加钢筋再浇筑20cm厚混凝土，即完成面比原边墙凸出15cm。考虑到整体美观，边墙检测合格的部位也一起整改处理，边墙处理长度约为450m。具体部位如下：①第一陡坡段K0+013～K0+208.15；②陡槽段K0+208.15～K0+261.68；③反坡段K0+295.68～K0+309.973；④第二陡坡段K0+338.20～K0+470.37；⑤跌坎、第二消力池、出口海漫段K0+470.37～K0+539.48。

4) 底板采用凿除缘由混凝土20cm重新增加钢筋浇筑处理，具体部位如下：①陡槽K0+208.15～K0+222.15；②跌坎K0+470.37～K0+480.48；③第二消力池、出口海漫段K0+492.48～K0+539.48。

(5) 主要缺陷处理技术方案。根据××××××水利工程检测评价有限公司对溢洪道的检测成果，结合业主单位对溢洪道加密取芯，委托××××工程检测有限公司对芯样进行抗压检测，同时通过对闸墩牛腿、溢洪道泄槽的结构复核计算，结合溢洪道工程的特点和现场出现的实际情况，针对溢洪道工程所出现的质量缺陷，各部位的处理方案如下。

1) 牛腿加固处理方案。牛腿拟采用增大结构尺寸，增加受力面积，以降低牛腿混凝土单位面积受力状况，改善牛腿受力条件的方法进行处理。牛腿上下面各加大50cm，即将牛腿受剪面宽度从1.0m增加至2.0m。

对于一期混凝土，凿除牛腿表面及闸墩上牛腿周边范围内的混凝土钢筋保护层，使表层钢筋外露。上下面各布置3根Φ25纵向受力钢筋，用手风钻钻孔植筋，锚入闸墩。中墩钢筋贯穿墩体，边墩钢筋锚入墩体1.75m，上下面补强部位各布置一排6根Φ22插筋，确保补强混凝土与闸墙面结合，补强混凝土表面设置纵、横向分布钢筋，规格与原分布筋相同。在牛腿上下面部位分别浇筑50cm厚的C25钢筋混凝土进行加强。

2) 闸墩预应力加固方案。对于闸门段中墩，左、右边墩，采用预应力锚杆进行加强处理，锚杆材料采用直径为32mm 40Si$_2$MnV精轧螺纹钢筋。内锚段及自由段均采用M50水泥浆液，适量掺用减水剂、早强剂和微膨胀剂。

根据计算的弧门启门瞬时推力（单侧）$F_S=276.38\text{kN}$，单侧闸墙偏安全地选用 2 根 Φ32 预应力锚杆，中墩共布置 4 根，两侧边墩各布置 2 根，与弧门推力方向夹角分别为 $+5°$、$-5°$，距闸墙面距离 0.6m，锚杆延伸长度以内锚段置于拉应力较小至基本消失的区域为控制，经布置，锚杆长度为 11.9m、12.5m。锚杆采用专用连接器接长，螺母型专用锚具，孔口设钢垫板，锚杆孔径 $\phi100$，地质钻机造孔。锚杆外露端用 C25 混凝土封锚保护。

3) 泄洪槽处理方案。溢洪道第一、第二陡坡段、陡槽段、第一、第二消力池段、反坡段、跌坎段、出口段（K0+13～K0+532.48）的边墙混凝土出现低强的部位面积较大，底板混凝土情况相对较好。根据现场的实际情况，按现场混凝土检测强度分别提出以下处理方案。

a. 边墙加厚补强。水库校核洪水位为 998.38m，溢洪道相应下泄流量 $354.4\text{m}^3/\text{s}$，对应溢洪道出口处水位为 970.28m，对于边墙混凝土，根据溢洪道过流水面线高度不同，采用气动风镐分别凿除迎水面底板以上 3.5～7.69m 范围内的混凝土至钢筋保护层，使表层钢筋外露。浇筑 20cm 厚混凝土，新浇混凝土强度比母体混凝土提高一个强度等级。结合部浇筑混凝土时，保证原墙体大面平整无松动混凝土块，且适当洒水使墙面保持湿润。钢筋配置根据混凝土检测强度确定，具体如下：

a）混凝土强度达到设计强度值的部位。布置单层 $\phi8\text{mm}@200\text{mm}\times200\text{mm}$ 钢筋网，同时，梅花形布置 $\phi12\text{mm}@750\text{mm}\times750\text{mm}$ 插筋，插筋用手风钻钻孔植筋，锚入边墙 0.75m，横向、纵向布置 $\phi12\text{mm}@600\text{mm}\times800\text{mm}$、长度 150mm 联系筋，使新布主筋与原有主筋焊接。

b）混凝土强度不小于 15MPa 的部位。布置单层 $\phi12\text{mm}@200\times200\text{mm}$ 钢筋网，下端锚入底板 0.15m，同时，布置 $\Phi20\text{mm}@750\times750\text{mm}$ 插筋，插筋用手风钻钻孔植筋，锚入边墙 0.75m，横向、纵向布置 $\phi12\text{mm}@600\text{mm}\times800\text{mm}$、长度 150mm 联系筋，使新布主筋与原有主筋焊接。

c）混凝土强度小于 15MPa 的部位。布置单层 $\Phi20\text{mm}@200$ 纵向受力钢筋，受力筋上端与原受力筋焊牢，下端锚入底板 0.75m，横向分布筋与原设计相同。同时布置 $\Phi20\text{mm}@750\text{mm}\times750\text{mm}$ 插筋，插筋用手风钻钻孔植筋，锚入边墙 0.75m。横向、纵向布置 $\phi12\text{mm}@600\text{mm}\times800\text{mm}$、长度 150mm 联系筋，使新布主筋与原有主筋焊接。

闸室段、尾墩段采用环氧胶泥及玻璃丝布 2 层分别涂刷，增加抗冲、耐磨。涂刷高度至尾墩段顶部。

b. 底板凿除处理。对于混凝土强度偏低的陡槽段（0+208.15～222.15）、跌坎段（0+470.37～0+480.37）等底板凿除迎水面 20cm 厚的混凝土，增加受力钢筋，受力钢筋与原受力钢筋规格、间距、位置相同，重新浇筑比母体混凝土高一个强度等级的混凝土。

第二级消力池底板及出口海漫段底板凿除迎水面混凝土钢筋保护层至钢筋外露，增加受力钢筋，受力钢筋与原受力钢筋规格、间距、位置相同，受力筋与边墙受力筋焊接，同时布置 $\Phi20\text{mm}@1000\text{mm}\times1000\text{mm}$ 插筋，插筋用手风钻钻孔植筋，锚入底板 0.75m，重新浇筑不小于 20cm 厚混凝土，新浇筑混凝土比母体混凝土提高一个等级。结合部浇筑混凝土时，应保证凿除后的底板大面平整无松动混凝土块，且适当洒水使原混凝土面保持湿润。

c. 其他缺陷处理

a) 空腔缺陷：对形成空腔部分，采用凿除原老混凝土空腔部位完全暴露，清除松散的混凝土、砂浆、碎石，用高压水或高压风清洗干净，回填新混凝土，混凝土强度提高一个等级为C25。原架立筋不变，增加受力筋并帮扎在原受力筋上，与原受力筋位置、间距均相同。

b) 结构缝：各浇筑块伸缩缝处的错台要进行打磨处理，使其形成顺坡。缝中残缺的柔性材料，采用同品质材料填补密实。

c) 混凝土钻芯坑洞：混凝土钻芯所留下的坑洞，采用C25微膨胀混凝土进行回填。

d) 外露拉条头：边墙混凝土表面的外露拉条头要进行割除、打磨处理。

（6）施工经过。

1）20××年4月15日开始搭设从第一陡坡至海漫段沿线的供电线路，同时搭建施工队工棚宿舍，于4月20日完成。

2）由于已临近雨季，计划先进行施工条件好、没地下水的第一、第二陡坡段，布置两个综合施工队分区施工。第一陡坡段于4月22日开工，第二陡坡段于4月25日开工，首先进行凿除混凝土施工。

3）工作面凿除出来后，开始混凝土浇筑施工，在第一陡坡段右岸0+156处布置拌和站，5月30日第一陡坡段开始浇筑第一仓混凝土混凝土施工正式开始。第一、第二陡坡段和跌坎上游段施工分别于10月3日、10月6日和10月21日完成施工任务。

4）9月底雨季临近尾声，开始准备陡槽段、反坡段的施工，9月23日开始凿除混凝土，反坡段、陡槽段分别于12月13日、12月30日完成施工任务。

5）闸室段闸墩预应力加固于20××年9月17日开始钻孔，经过锚固段注浆、张拉、中间段注浆的施工，于11月15日施工完成。牛腿加固于2008年11月25日开始施工，20××年1月18日完工。

6）第二消力池、海漫段于20××年2月8日开工，4月20日完工。

7）闸室段边墙环氧胶泥于20××年4月5日开始施工，计划4月20日完工。至此，溢洪道质量缺陷处理全部完成。

（7）施工质量情况。20××年2月21—24日，工程建设管理局委托××××××水利工程检测评价有限公司对溢洪道质量缺陷处理已完成的项目进行混凝土抗压强度复查检测，检测部位包括：第一、第二陡坡段，陡槽、反坡段，跌坎段，第二消力池、海漫段，闸室牛腿、空腔部位。

复检采用超声回弹综合法抽检溢洪道处理后混凝土抗压强度71个部位，钻取混凝土芯样7个，对回弹法检测混凝土强度换算值进行了修正。计算修正系数为0.81。复检成果见表7-13和表7-14。

抽检结果表明：溢洪道处理后的新浇混凝土抗压强度均满足批复的质量缺陷处理方案技术要求。

3. 质量事故处理情况

×××水库工程严格执行基本建设程序，认真推行全面质量管理，实行项目法人负责、监理单位控制、施工单位保证和政府监督相结合的质量管理体制。由于参建各方对工程质量非常重视，强化质量管理，不断完善质量管理体系，严格按照设计要求和规程规范及有关规

表 7－13　　　　　溢洪道低强缺陷处理新浇混凝土抗压强度检测成果（边墙）

检测部位	桩　号	混凝土强度等级	强度推定值/MPa				结　论
^	^	^	左侧（墙）		右侧（墙）		^
^	^	^	回弹强度推定值	修正后回弹强度推定值	回弹强度推定值	修正后弹强度推定值	^
闸室段	边墩牛腿	C30	36.8	29.8	43.2	35.0	检测结果均达到设计值的100%以上
^	中墩牛腿	C30	38.8	31.4	43.5	35.2	^
第一陡坡段	0+013.000~0+026.000	C25	37.7	30.5	33.5	27.1	^
^	0+026.000~0+039.000	^	30.9	25.0	42.3	34.3	^
^	0+039.000~0+052.000	^	36.0	29.2	37.3	30.2	^
^	0+052.000~0+065.000	^	34.9	28.3	41.8	33.9	^
^	0+065.000~0+078.000	^	40.5	32.8	43.2	35.0	^
^	0+078.000~0+091.000	^	37.7	30.5	38.2	30.9	^
^	0+091.000~0+104.000	^	37.7	30.5	43.0	34.8	^
^	0+104.000~0+117.000	^	38.7	31.3	41.7	33.8	^
^	0+117.000~0+130.000	^	35.1	28.4	37.9	30.7	^
^	0+130.000~0+143.000	^	35.4	28.7	39.3	31.8	^
^	0+143.000~0165.000	^	34.5	27.9	38.0	30.8	^
^	0+156.000~0+169.000	^	36.8	29.8	36.6	29.6	^
^	0+169.000~0+182.000	^	34.5	27.9	35.0	28.4	^
^	0+182.000~0+195.000	^	45.6	36.9	37.9	30.7	^
^	0+195.000~0+208.150	^	35.6	28.8	39.5	32.0	^
陡槽段	0+208.000~0+222.150	C25	34.6	28.0	34.1	27.6	检测结果均达到设计值的100%以上
^	0+222.150~0+236.150	^	34.9	28.3	33.2	26.9	^
^	0+236.150~0+250.150	^	33.8	27.4	33.7	27.3	^
反坡段	0+295.680~0+307.180	^	35.2	28.5	33.8	27.4	^
第二陡坡段	0+307.180~0+309.973	^	33.7	27.3	35.5	28.8	^
^	0+338.217~0+348.182	^	35.0	28.4	38.4	31.1	^
^	0+348.182~0+361.182	^	33.3	27.0	34.3	27.8	^
^	0+361.182~0+374.182	^	38.4	31.1	37.6	30.5	^
^	0+374.182~0+387.182	^	34.8	28.2	38.5	31.2	^
^	0+387.182~0+400.182	^	42.6	34.5	41.1	33.3	^
^	0+400.182~0+413.182	^	39.3	31.8	35.0	28.4	^
^	0+413.182~0+426.182	^	39.6	32.1	35.4	28.7	^
^	0+426.182~0+439.182	^	43.4	35.2	35.6	28.8	^
^	0+439.182~0+452.182	^	38.3	31.0	40.5	32.8	^
^	0+452.182~0+465.182	^	38.5	31.3	45.4	36.8	^
^	0+465.182~0+470.370	^	32.9	26.6	34.1	27.6	^
跌坎段	0+470.370~0+480.370	^	34.4	27.9	35.1	28.4	^

表 7-14　　　　　　低强缺陷处理新浇混凝土抗压强度检测成果（底板）

检测部位	桩　　号	混凝土强度等级	强度推定值/MPa 回弹强度推定值	强度推定值/MPa 修正后弹强度推定值	结论
陡槽段	0+208.150～0+222.150 底板	C30	45.5	36.9	检测结果均达到设计值的100%以上
跌坎段	0+470.370～0+480.370 溢流面立面	C25	43.0	34.8	
出口段	0+526.48～0+539.48 底板		42.1	34.1	

定施工，严把原材料、中间产品质量关，按规程规范及时进行各类验收工作，确保了工程施工质量，施工过程中没有发生质量事故。

（五）质量等级评定

1. 分部工程质量等级评定

×××水库工程质量评定严格按照《水利水电施工质量检验与评定规程》（SL 176—2007）的规定进行：单位（工序）工程质量在施工单位自评合格后，由监理单位复核，监理工程师核定质量等级并签订认可。重要隐蔽单元工程及关键部位单元工程质量经施工单位自评合格、监理单位抽检后，由管理局、监理、设计、施工等单位组成联合小组共同检查核定其质量等级并填写签证表报质量监督机构核备。分部工程质量在施工单位自评合格后，由监理单位复核、项目法人认定，报质量监督机构核备（核定），×××水库工程单元工程、分部工程质量评定情况见表 7-15。

表 7-15　　　　　×××水库工程单元工程、分部工程质量评定统计

单位工程 编码	单位工程 名称	分部工程 编码	分部工程 名　称	质量等级	单元工程 数量/个	单元工程 合格数/个	单元工程 优良数/个	单元工程 优良率/%
01	西低隧洞	01-01	进水明渠引水段	合格	22	22	8	36.4
		01-02	出口泄水明渠段	优良	41	41	24	58.5
		01-03	△竖井及工作桥（土建）	合格	42	42	25	59.5
		01-04	洞身开挖与衬砌（0+000～0+099.51）	合格	51	51	25	49.0
		01-05	洞身开挖与衬砌（0+099.51～0+134.862）	优良	18	18	10	58.5
		01-06	洞身开挖与衬砌（0+134.862～0+231.953）	优良	48	48	25	52.0
		01-07	洞身开挖与衬砌（0+231.953～0+269.731）	优良	18	18	9	50.0
		01-08	隧洞出口开挖与衬砌（0+269.731～0+367.000）	优良	42	42	24	59.5
		01-09	金属结构及启闭机安装	合格	19	19	13	68.4
		01-10	分水闸闸室段（土建）	优良	29	29	26	89.7
		01-11	洞身回填灌浆	合格	29	29	—	—
		01-12	冲沟治理	合格	16	16	5	31.2
02	大坝	02-01	地基开挖与处理	优良	7	7	7	100.0
		02-02	△40cm 厚防渗墙	优良	34	34	32	94.1
		02-03	△60cm 厚防渗墙	优良	88	88	80	90.9

续表

单位工程		分部工程		质量等级	单元工程			
编码	名称	编码	名称		数量/个	合格数/个	优良数/个	优良率/%
02	大坝	02-04	△防渗心墙填筑	优良	126	126	118	93.7
		02-05	坝体填筑（坝壳料及均质坝）	优良	194	194	144	74.2
		02-06	反滤层及排水棱体	优良	165	165	144	87.3
		02-07	上游坝坡护面	合格	13	13	6	46.1
		02-08	下游坝坡护面	合格	29	29	12	41.4
		02-09	坝顶工程	合格	114	114	66	57.9
		02-10	观测设施	合格	219	219	130	59.4
03	溢洪道	03-01	进口引水段	优良	73	73	41	56.2
		03-02	△闸室段	合格	46	46	25	54.3
		03-03	第一陡坡段	合格	95	95	22	23.2
		03-04	陡槽段级第一消力池	合格	52	52	19	36.5
		03-05	第二陡坡段	合格	125	125	50	40.0
		03-06	跌坎段及第二消力池和海曼段	合格	56	56	2	3.6
		03-07	金属结构及启闭机安装	合格	6	6	4	66.7
04	西高涵	04-01	△竖井及工作桥（土建）	优良	72	72	68	94.4
		04-02	无压洞身段开挖与衬砌	优良	126	126	68	54.0
		04-03	分水闸机房（土建）	优良	24	24	14	58.3
		04-04	金属结构及启闭机安装	合格	15	15	11	73.3
05	坝后电站	05-01	西低隧洞出口闸室土建	优良	10	10	8	80.0
		05-02	1号主机段、安装间土建	合格	23	23	15	65.2
		05-03	2号主机段、安装间土建	合格	18	18	12	66.7
		05-04	尾水渠	优良	26	26	21	80.8
		05-05	△厂房房建	优良	19	19	16	84.2
		05-06	压力钢管土建	优良	35	35	28	80.0
		05-07	△压力钢管制造与安装（0+000~0+137.357）	合格	34	34	24	70.6
		05-08	△压力钢管制造与安装（0+137.357~0+269.730）	合格	35	35	23	71.9
		05-09	△压力钢管制造与安装（0+269.730~0+391.300）	合格	48	48	36	75.0
		05-10	△1号水轮发电机组安装	优良	24	24	22	91.7
		05-11	△2号水轮发电机组安装	优良	24	24	20	83.3
		05-12	水力机械辅助设备安装	优良	9	9	8	88.9
		05-13	电气一次设备安装	优良	30	30	29	96.7
		05-14	电气二次设备安装	合格	6	6	2	33.3
		05-15	△主变压器安装	优良	1	1	1	100.0
		05-16	其他电气设备安装	优良	7	7	7	100.0
		05-17	金属结构及启闭（起重）设备安装	合格	8	8	4	50.0
		05-18	主、副厂房装饰装修	合格	27	27	—	—

续表

单位工程		分部工程			单元工程			
编码	名称	编码	名称	质量等级	数量/个	合格数/个	优良数/个	优良率/%
06	××渡槽	06-01	基础工程	合格	546	546	279	51.1
		06-02	××渡槽进出口	合格	18	18	10	55.5
		06-03	△进口至跨河槽身	合格	75	75	—	—
		06-04	△跨河段槽身	合格	15	15	—	—
		06-05	△跨河后至出口段槽身	合格	98	98	—	—
		06-06	△排架及跨河肋拱	合格	186	186	—	—
07	东干渠Ⅰ标	07-01	明渠段土方开挖与回填（K9+917～K11+817）	合格	40	40	22	55.0
		07-02	明渠段土方开挖与回填（K11+817～K13+917）	合格	43	43	23	53.5
		07-03	明渠段土方开挖与回填（K13+917～K16+060）	合格	36	36	16	44.4
		07-04	△明渠段衬砌（含渠系建筑物）（K9+917～K12+817）	合格	40	40	11	27.5
		07-05	△明渠段衬砌（含渠系建筑物）（K12+817～K16+060）	合格	46	46	18	39.1
		07-06	△2号、3号渡槽工程	合格	37	37	13	35.1
		07-07	△4号、5号渡槽工程	合格	27	27	14	51.9
08	东干渠Ⅱ标	08-01	明渠段土方开挖与回填（K16+060～K18+260）	合格	54	54	5	9.3
		08-02	明渠段土方开挖与回填（K18+260～K20+480）	合格	69	69	9	13.0
		08-03	明渠段土方开挖与回填（K20+480～K22+700）	合格	47	47	9	19.2
		08-04	明渠段土方开挖与回填（K20+700～K25+010）	合格	42	42	7	16.7
		08-05	△明渠段衬砌（含渠系建筑物）（K16+060～K19+060）	合格	54	54	7	13.0
		08-06	△明渠段衬砌（含渠系建筑物）（K19+060～K22+060）	合格	47	47	11	23.4
		08-07	△明渠段衬砌（含渠系建筑物）（K22+060～K25+010）	合格	59	59	14	23.7
		08-08	△6号、7号渡槽工程	合格	15	15	3	20.0
09	西低干渠Ⅰ标	09-01	明渠段土方开挖与回填（K0+000～K3+500）	优良	87	87	70	80.5
		09-02	△明渠段衬砌（K0+000～K1+200）	优良	13	13	10	76.9
		09-03	△明渠段衬砌（K1+200～K2+400）	优良	15	15	11	73.3
		09-04	△明渠段衬砌（K2+400～K3+500）	优良	7	7	6	85.7
		09-05	渠系建筑物（K0+000～K3+500）	合格	55	55	38	69.0
10	西低干渠Ⅱ标	10-01	明渠段土方开挖与回填（K3+500～K5+750）	合格	45	45	24	53.3
		10-02	明渠段土方开挖与回填（K5+750～K7+750）	合格	34	34	14	41.2
		10-03	△明渠段衬砌（K3+350～K5+750）	合格	23	23	14	60.9
		10-04	△明渠段衬砌（K5+750～K7+750）	合格	27	27	17	63.0
		10-05	渠系建筑物（K3+350～K7+750）	合格	43	43	16	37.2

续表

单位工程		分部工程			单元工程			
编码	名称	编码	名称	质量等级	数量/个	合格数/个	优良数/个	优良率/%
11	西高干渠Ⅰ标	11-01	明渠段土方开挖与回填（K0+000~K2+500)	合格	46	46	14	30.4
		11-02	明渠段土方开挖与回填（K2+500~K5+000)	合格	14	14	8	57.1
		11-03	△明渠段衬砌（含渠系建筑物）（K0+000~K2+500)	合格	44	44	22	50.0
		11-04	△明渠段衬砌（含渠系建筑物）（K2+500~K5+000)	合格	53	53	25	47.2
		11-05	△1号、2号、3号渡槽	合格	22	22	3	13.6
12	西高干渠Ⅱ标	12-01	明渠段土方开挖与回填（K5+000~K7+500)	合格	18	18	9	50.0
		12-02	明渠段土方开挖与回填（K7+500~K10+000)	合格	27	27	16	60.0
		12-03	△明渠段衬砌（含渠系建筑物）（K5+000~K7+500)	合格	63	63	41	65.0
		12-04	△明渠段衬砌（含渠系建筑物）（K7+500~K10+000)	合格	44	44	29	66.0
		12-05	△4号、5号、6号、7号渡槽	合格	28	28	20	71.0
13	西高干渠Ⅲ标	13-01	明渠段土方开挖与回填（K10+000~K11+800)	合格	24	24	16	66.7
		13-02	明渠段土方开挖与回填（K11+800~K13+600)	优良	18	18	13	72.0
		13-03	明渠段土方开挖与回填（K13+600~K15+400)	优良	17	17	12	70.0
		13-04	明渠段土方开挖与回填（K15+400~K17+267)	优良	14	14	10	71.0
		13-05	△明渠段衬砌（含渠系建筑物）（K10+000~K17+267)	优良	138	138	97	70.0
		13-06	△8号、9号渡槽	合格	18	18	12	66.0
		13-07	△10号渡槽	合格	22	22	14	63.0
14	西高干渠Ⅳ标	14-01	明渠段土方开挖与回填（K17+267~K20+667)	合格	37	37	11	29.7
		14-02	明渠段土方开挖与回填（K20+667~K24+018)	合格	25	25	—	—
		14-03	△明渠段衬砌（K17+267~K24+018)	合格	42	42	—	—
		14-04	△11号渡槽	合格	19	19	4	21.1
		14-05	△12号渡槽	合格	16	16	1	6.3
		14-06	△13号、17号渡槽	合格	18	18	2	11.1
		14-07	△14号渡槽基础（含进出口段）	合格	26	26	7	26.9
		14-08	△14号渡槽支承结构	合格	16	16	5	31.3
		14-09	△14号渡槽槽身	合格	20	20	5	25.0
		14-10	△15号渡槽	合格	20	20	6	30.0
		14-11	△16号渡槽	合格	16	16	—	—
		14-12	渠系建筑物	合格	16	16		
15	东干渠Ⅲ标	15-01	明渠段土方开挖与回填（K24+281.972~K27+365.286)	合格	28	28	11	39.3
		15-02	明渠段土方开挖与回填（K27+365.286~K27+702.205)	合格	21	21	8	38.1
		15-03	明渠段土方开挖与回填（K30+287.117~K33+263.354)	合格	34	34	26	76.5

续表

单位工程编码	单位工程名称	分部工程编码	分部工程名称	质量等级	数量/个	合格数/个	优良数/个	优良率/%
15	东干渠Ⅲ标	15-04	△明渠段衬砌（K24+281.972～K27+365.286）	合格	24	24	10	41.7
		15-05	△明渠段衬砌（K27+365.286～K27+702.205）	合格	16	16	6	37.5
		15-06	△明渠段衬砌（K30+287.117～K33+263.354）	合格	20	20	8	40.0
		15-07	8号渡槽	合格	9	9	6	66.7
		15-08	9号渡槽	合格	20	20	13	65.0
		15-09	交叉建筑物	合格	119	119	31	26.1
		15-10	金属结构及启闭机安装	合格	16	16	—	—
16	西低干渠Ⅲ标	16-01	明渠段土方开挖与回填（K7+792.179～K9+979330）	合格	22	22	6	27.3
		16-02	明渠段土方开挖与回填（K10+107.105～K12+292.359）	优良	28	28	25	89.3
		16-03	明渠段土方开挖与回填（K12+292.359～K14+528.400）	合格	36	36	6	16.7
		16-04	明渠段土方开挖与回填（K14+528.400～K16+290.000）	合格	43	43	11	25.6
		16-05	明渠段衬砌（K7+792.179～K9+979.330）	合格	16	16	8	50.0
		16-06	明渠段衬砌（K10+107.105～K12+292.359）	合格	19	19	7	36.8
		16-07	明渠段衬砌（K12+292.359～K14+528.400）	合格	22	22	7	31.8
		16-08	明渠段衬砌（K14+528.400～K16+290.000）	合格	34	34	10	29.4
		16-09	1号渡槽	合格	17	17	6	35.3
		16-10	2号渡槽	合格	11	11	2	18.2
		16-11	交叉建筑物	合格	76	76	9	11.8
		16-12	金属结构及启闭机安装	合格	5	5	—	—
17	西低干渠Ⅲ标弄掌渡槽	17-01	弄掌渡槽进口段（填方段）	合格	20	20	2	10.0
		17-02	弄掌渡槽桩基	优良	144	144	96	84.4
		17-03	弄掌渡槽排架基础	合格	19	19	9	47.4
		17-04	弄掌渡槽支撑结构	合格	19	19	11	57.9
		17-05	弄掌渡槽槽身	合格	32	32	10	31.3
		17-06	弄掌渡槽出口段（挖方段）	合格	33	33	13	39.4
18	西低干渠Ⅳ标	18-01	明渠段土方开挖与回填（K19+047.316～K21+126.500）	合格	18	18	10	55.6
		18-02	明渠段土方开挖与回填（K21+126.500～K23+388.547）	优良	26	26	22	84.6
		18-03	△明渠段衬砌工程（K19+047.316～K21+126.500）	合格	16	16	10	62.5
		18-04	△明渠段衬砌（K21+126.500～K23+388.547）	合格	20	20	8	40.0
		18-05	3号渡槽	合格	18	18	8	44.4

续表

单位工程 编码	单位工程 名称	分部工程 编码	分部工程 名称	质量等级	单元工程 数量/个	合格数/个	优良数/个	优良率/%
18	西低干渠Ⅳ标	18-06	4号渡槽	合格	17	17	11	64.7
		18-07	5号渡槽	合格	16	16	8	50.0
		18-08	6号渡槽	合格	16	16	12	75.0
		18-09	交叉建筑物	合格	32	32	20	62.5
		18-10	腾陇二级公路恢复	合格	7	7	—	—
19	西低干渠Ⅴ标	19-01	明渠段土方开挖与回填（K23+388.547～K25+603.705）	合格	24	24	8	33.3
		19-02	明渠段土方开挖与回填（K25+793.705～K28.651.935）	合格	39	39	11	28.2
		19-03	△明渠段衬砌（K23+388.547～K25+603.705）	优良	19	19	14	73.7
		19-04	△明渠段衬砌（K25+793.705～K28+651.935）	合格	26	26	11	42.3
		19-05	7号渡槽	合格	9	9	5	55.6
		19-06	8号渡槽	合格	10	10	7	70.0
		19-07	9号渡槽	合格	16	16	4	25.0
		19-08	10号渡槽	合格	12	12	9	75.0
		19-09	交叉建筑物	合格	42	42	11	26.2
		19-10	金属结构及启闭机安装	合格	6	6	—	—
20	西低干渠Ⅵ标	20-01	明渠段土方开挖与回填（K28+651.935～K29+777.199）	合格	34	34	20	58.8
		20-02	明渠段土方开挖与回填（K31+357.200～K33+143.398）	合格	36	36	19	52.8
		20-03	△明渠段衬砌（K28+651.935～K29+777.199）	合格	21	21	5	23.8
		20-04	△明渠段衬砌（K31+357.200～K33+143.398）	合格	18	18	9	50.0
		20-05	11号渡槽	合格	26	26	10	38.5
		20-06	12号渡槽	合格	18	18	6	33.3
		20-07	交叉建筑物	合格	18	18	2	11.0
		20-08	金属结构及启闭机安装	合格	6	6	—	—
21	西高干渠Ⅴ标	21-01	明渠段土方开挖与回填（K24+018.000～K27+096.648）	合格	20	20	9	45.0
		21-02	明渠段土方开挖与回填（K27+427.130～K31+001.583）	合格	22	22	9	36.4
		21-03	△明渠段衬砌（K24+018.000～K27+096.648）	合格	18	18	6	33.3
		21-04	△明渠段衬砌（K27+427.130～K31+001.583）	合格	20	20	9	45.0
		21-05	18号渡槽	合格	15	15	5	33.3
		21-06	19号渡槽	合格	26	26	8	30.7
		21-07	20号渡槽	合格	19	19	8	42.1

续表

单位工程		分部工程			单元工程			
编码	名称	编码	名称	质量等级	数量/个	合格数/个	优良数/个	优良率/%
21	西高干渠Ⅴ标	21-08	21号渡槽	合格	17	17	2	11.7
		21-09	22号渡槽	合格	13	13	3	23.0
		21-10	23号渡槽	合格	19	19	3	15.7
		21-11	24号渡槽	合格	20	20	8	40.0
		21-12	25号渡槽	合格	35	35	12	34.3
		21-13	26号渡槽	合格	43	43	11	25.6
		21-14	交叉建筑物	合格	34	34	16	47.0
		21-15	金属结构及启闭机安装	合格	6	6	—	—
22	水情自动测报及闸门控制系统	22-01	1个中心站	合格	—	—	—	—
		22-02	11个遥测雨量站	合格	—	—	—	—
		22-03	1个水库水文站（坝上、坝下）	合格	—	—	—	—
		22-04	1个河道水文站（兼测雨量）	合格	—	—	—	—
		22-05	7个灌溉渠道站	合格	—	—	—	—
		22-06	1个自动化气象站	合格	—	—	—	—
		22-07	1个闸门控制站	合格	—	—	—	—

注　标"△"号者为主要分部工程。

2. 单位工程质量等级评定

单位工程施工质量经施工单位自评、监理单位复核、工程建设管理局认定，报省水利水电建设工程质量监督中心站核定，各单位工程施工质量等级见表7-16。

表7-16　　　　　　　　×××水库工程单位工程质量统计

单位工程				单元工程质量统计				分部工程质量统计			
编码	名称	外观质量得分率/%	质量等级	数量/个	合格数/个	优良数/个	优良率/%	数量/个	合格数/个	优良数/个	优良率/%
01	西低隧洞	79.2	合格	375	375	194	51.7	12	12	6	50.0
02	大坝	92.0	合格	989	989	739	74.7	10	10	6	60.0
03	溢洪道	84.6	合格	453	453	163	36.0	7	7	1	14.3
04	西高涵	82.6	合格	237	237	161	67.9	4	4	3	75.0
05	坝后电站	86.7	合格	384	384	276	71.9	18	18	10	55.6
06	城子渡槽	87.5	合格	938	938	387	41.3	6	6	—	—
07	东干渠Ⅰ标	94.3	合格	269	269	117	43.5	7	7	—	—
08	东干渠Ⅱ标	79.3	合格	387	387	65	16.8	8	8	—	—
09	西低干渠Ⅰ标	92.0	优良	177	177	135	76.3	5	5	4	80.0
10	西低干渠Ⅱ标	84.0	合格	172	172	85	49.4	5	5	—	—
11	西高干渠Ⅰ标	84.0	合格	179	179	72	40.2	5	5	—	—

续表

单位工程				单元工程质量统计				分部工程质量统计			
编码	名称	外观质量得分率/%	质量等级	数量/个	合格数/个	优良数/个	优良率/%	数量/个	合格数/个	优良数/个	优良率/%
12	西高干渠Ⅱ标	89.3	合格	180	180	115	63.9	5	5	—	—
13	西高干渠Ⅲ标	91.1	合格	251	251	174	69.3	7	7	4	57.1
14	西高干渠Ⅳ标	92.0	合格	271	271	41	15.1	12	12	—	—
15	东干渠Ⅲ标	84.9	合格	307	307	119	38.8	10	10	—	—
16	西低干渠Ⅲ标	83.2	合格	329	329	97	29.5	12	12	—	—
17	西低干渠Ⅲ标弄掌渡槽	86.4	合格	267	267	141	52.8	6	6	1	16.7
18	西低干渠Ⅳ标	82.5	合格	186	186	109	58.6	10	10	1	10.0
19	西低干渠Ⅴ标	83.5	合格	203	203	80	39.4	10	10	1	10.0
20	西低干渠Ⅵ标	84.0	合格	177	177	71	40.1	8	8	—	—
21	西高干渠Ⅴ标	80.6	合格	327	327	109	33.3	15	15	—	—
22	水情自动测报及闸门控制系统	—	合格	—	—	—	—	7	7	—	—
合计				7058	7058	3450		189	189	37	

3.×××水库工程项目施工质量等级评定

×××水库工程分为西低隧洞工程、大坝工程、溢洪道工程、西高涵工程、坝后电站工程、城子渡槽工程、东干渠Ⅰ标工程、东干渠Ⅱ标工程、东干渠Ⅲ标工程、西高干渠Ⅰ标工程、西高干渠Ⅱ标工程、西高干渠Ⅲ标工程、西高干渠Ⅳ标工程、西高干渠Ⅴ标工程、西低干渠Ⅰ标工程、西低干渠Ⅱ标工程、西低干渠Ⅲ标工程、西低干渠Ⅳ标工程、西低干渠Ⅴ标工程、西低干渠Ⅵ标工程、水情自动测报及闸门控制系统工程共22个单位工程，189个分部工程，7058个单元工程。×××水库工程已按批准的建设标准、建设规模和内容完成了建设任务，工程按设计及规程规范要求施工，施工质量达到设计要求，工程质量评定资料、验收资料齐全，手续完备；单位工程质量全部合格，其中优良单位工程1个，优良率4.5%，主要单位工程全部合格，综合评定××县×××水库工程项目施工质量等级为合格。

六、安全生产和文明工地

(一)安全生产

管理局对安全生产工作高度重视，认真贯彻落实"安全第一、预防为主、综合治理"的方针，严格执行国家有关安全生产的政策、法令、法规和标准。加强对安全生产工作的领导，推行安全生产"一岗双责"制，明确安全生产责任主体和落实安全生产责任制，加大安全生产监管工作力度，认真开展安全生产隐患排查治理和专项督查，有效的遏制了安全生产事故的发生，确保了人员安全和工程安全。在各项制度、措施的保证下，参建各方对安全生产工作一直都高度重视，取得了显著成效，工程自开工以来未发生过任何安全生产事故。主要做法如下：

1.加强领导，明确责任，落实安全生产责任制

管理局一贯将安全生产管理工作作为工作的重中之重来抓，建立了管理局主要领导亲自抓，分管领导、科室负责人及参建单位负责人层层落实的工作机制，强化对安全生产工作的领导，定期或不定期召开安全生产专题会议布置安全生产工作。每年年初，根据管理局与××县政府签订的《×××水库安全生产责任状》，制定并下发《×××水库工程年度安全生产管理工作计划》，并分别与承包人签订《安全生产协议书》，明确安全生产责任，督促承包人缴纳安全生产保证金，同时责成承包人与施工班组、施工班组与操作人员签订安全责任合同。逐级落实生产安全主体，责任到人。

2. 加强学习，不断完善安全生产管理规章制度

管理局认真组织参建各方学习《中华人民共和国安全生产法》《建设工程安全生产管理条例》《安全生产许可证条例》《水利工程建设安全生产管理规定》等法律、法规、条例、规定及行业标准，认真贯彻落实国家、省、州等上级部门下发的关于安全生产的文件、通知精神，督促参建各方检立健全安全管理领导机构和长效工作机制，加强安全及操作人员培训，做到持证上岗；制定和完善各项安全管理规章制度、操作规程、应急预案，做到安全生产管理工作有章可循，促使安全生产和经营活动逐步走向规范化、制度化。

3. **建立健全安全生产隐患排查治理长效机制**

不定期开展安全生产隐患排查治理工作。根据上级政府指示、文件精神及各级安全行政主管部门的要求，对安全生产隐患排查工作进行全面布置，制定长期的安全生产隐患排查治理工作计划，对施工现场排查，及时发现或预测存在的安全隐患，并及时指导组织排除或防范，不留死角。通过开展安全生产督查活动，推动了参建各方认真贯彻执行党和国家的安全生产方针政策和法律法规以及各项工作任务的落实，进一步落实安全责任和安全保障措施，杜绝了安全事故的发生，实现了工程安全生产形势的持续稳定。

4. 加强监管力度，减少安全事故

管理局加强监督管理工作力度，尽量减少各类安全事故的发生，主要有以下几方面：

（1）安全管理部门经常组织人员对施工工作业现场进行专项检查，特别是每逢重大节庆日，局领导都要亲临现场检查指导。

（2）按照"遏制重特大事故，减少一般事故，确保施工道路交通安全畅通"的总体目标，采取切实有效措施养好施工道路、提高路面完好率，在交叉路口、危险地段安置醒目的交通指示标牌，创建安全、文明的工地环境。开工建设以来未发生任何道路交通事故。

（二）文明工地

管理局自开工以来一直以"创建和谐工地、争创优质工程"为目标，对参建各方提出了高标准要求。管理局积极开展干部职工爱国主义、集体主义、职业道德、纪律教育，组织与县直有关单位进行联欢，开展群众文体活动，丰富干部职工的文化生活。通过开展以上活动，促使干部职工朝着积极向上的方向发展，精神面貌良好，做到无打架斗殴事件发生。无黄、赌、毒等违法犯罪现象。

工程建设过程中，要求承包人遵守有关部门对施工场地交通、施工噪声以及环境保护和安全管理等规定；保证施工现场清洁符合环境保护和卫生管理规定。合理安排施工用地，保持施工场地道路畅通、平坦、整洁、不积水、不乱堆乱放；材料、沙石集中堆放，边用边清理；水泥堆放工棚整洁、无上漏下渗；工地生活设施清洁文明。

七、工程验收

×××水库建设严格执行基本建设程序，严格按照《水利水电建设工程施工质量检验与

评定规程》(SL 176—1996)、《水利水电建设工程验收规程》(SL 223—1999)以及《水利水电建设工程施工质量检验与评定规程》(SL 176—2007)、《水利水电建设工程验收规程》(SL 223—2008)规定及时完成各类验收工作。目前,已进行的验收工作如下:

当具备政府验收条件时,管理局及时提出验收申请报告经验收监督管理部门逐级上报验收主持单位批准验收;当具备法人验收条件时,管理局及时组织参建各方组成验收工作组完成法人验收工作。验收主要以下列文件为依据:①国家现行有关法律、法规、规章和技术标准;②有关主管部门规定;③经批准的工程立项文件、初步设计文件、调整概算文件;④经批准的设计文件及相应的工程变更文件;⑤施工图纸及主要设备技术说明书等;⑥施工合同。具体验收情况见表7-17。

表7-17　　　　　　　　×××水库枢纽工程验收情况

工程名称	验收名称	验收类别	主持单位	验收时间
大坝	单位工程验收	法人验收	项目法人	20××年××月××日
	合同工程完工验收	法人验收	项目法人	20××年××月××日
西低隧洞	单位工程验收	法人验收	项目法人	20××年××月××日
	合同工程完工验收	法人验收	项目法人	20××年××月××日
西高涵	单位工程验收	法人验收	项目法人	20××年××月××日
溢洪道	单位工程验收	法人验收	项目法人	20××年××月××日
西高涵、溢洪道	合同工程完工验收	法人验收	项目法人	20××年××月××日
大坝基础处理	合同工程完工验收	法人验收	项目法人	20××年××月××日
大坝安全监测	合同工程完工验收	法人验收	项目法人	20××年××月××日
坝后电站	单位工程验收	法人验收	项目法人	20××年××月××日
坝后电站土建	合同工程完工验收	法人验收	项目法人	20××年××月××日
坝后电站压力钢管安装	合同工程完工验收	法人验收	项目法人	20××年××月××日
坝后电站机电设备安装	合同工程完工验收	法人验收	项目法人	20××年××月××日
大坝	大坝截流验收	政府验收	省水利厅	20××年××月××日
	水库下闸蓄水验收	政府验收	省水利厅	20××年××月××日
坝后电站	机组启动验收	政府验收	省水利厅	20××年××月××日
××渡槽	合同工程完工验收	法人验收	项目法人	20××年××月××日
西高干渠Ⅰ标	合同工程完工验收	法人验收	项目法人	20××年××月××日
西高干渠Ⅱ标	合同工程完工验收	法人验收	项目法人	20××年××月××日
西高干渠Ⅲ标	合同工程完工验收	法人验收	项目法人	20××年××月××日
西高干渠Ⅳ标	合同工程完工验收	法人验收	项目法人	20××年××月××日
西高干渠Ⅴ标	合同工程完工验收	法人验收	项目法人	20××年××月××日
西低干渠Ⅰ标	合同工程完工验收	法人验收	项目法人	20××年××月××日
西低干渠Ⅱ标	合同工程完工验收	法人验收	项目法人	20××年××月××日
西低干渠Ⅲ标	合同工程完工验收	法人验收	项目法人	20××年××月××日
西低干渠Ⅳ标	合同工程完工验收	法人验收	项目法人	20××年××月××日
西低干渠Ⅴ标	合同工程完工验收	法人验收	项目法人	20××年××月××日

续表

工程名称	验收名称	验收类别	主持单位	验收时间
西低干渠Ⅵ标	合同工程完工验收	法人验收	项目法人	20××年××月××日
东干渠Ⅰ标	合同工程完工验收	法人验收	项目法人	20××年××月××日
东干渠Ⅱ标	合同工程完工验收	法人验收	项目法人	20××年××月××日
东干渠Ⅲ标	合同工程完工验收	法人验收	项目法人	20××年××月××日

(一) 单位工程验收

×××水库工程分为西低隧洞工程、大坝工程、溢洪道工程、西高涵工程、坝后电站工程、城子渡槽工程、东干渠Ⅰ标工程、东干渠Ⅱ标工程、东干渠Ⅲ标工程、西高干渠Ⅰ标工程、西高干渠Ⅱ标工程、西高干渠Ⅲ标工程、西高干渠Ⅳ标工程、西高干渠Ⅴ标工程、西低干渠Ⅰ标工程、西低干渠Ⅱ标工程、西低干渠Ⅲ标工程、西低干渠Ⅳ标工程、西低干渠Ⅴ标工程、西低干渠Ⅵ标工程、水情自动测报及闸门控制系统工程共22个单位工程，189个分部工程，7058个单元工程。工程施工质量经施工单位自评、监理单位复核、项目法人认定、质量监督机构核定，结果如下。

1. **西低隧洞单位工程**

西低隧洞单位工程划分为12个分部工程、375个单元工程。分部工程合格率为100%，优良率为50.0%，单元工程合格率为100%，优良率为51.7%；工程外观质量检测得分率为79.2%，单位工程质量等级评定为合格。

2. **大坝单位工程**

大坝单位工程划分为10个分部工程、989个单元工程。分部工程合格率为100%，优良率为60.0%，单元工程合格率为100%，优良率为74.7%；工程外观质量检测得分率为92.0%，单位工程质量等级评定为合格。

3. **溢洪道单位工程**

溢洪道单位工程划分为7个分部工程、453个单元工程。分部工程合格率为100%，优良率为14.3%，单元工程合格率为100%，优良率为36.0%；工程外观质量检测得分率为84.6%，单位工程质量等级评定为合格。

4. **西高涵单位工程**

西高涵单位工程划分为4个分部工程、237个单元工程。分部工程合格率为100%，优良率为75.0%，单元工程合格率为100%，优良率为67.9%；工程外观质量检测得分率为82.6%，单位工程质量等级评定为合格。

5. **坝后电站单位工程**

坝后电站单位工程划分为18个分部工程、384个单元工程。分部工程合格率为100%，优良率为55.6%，单元工程合格率为100%，优良率为71.9%；工程外观质量检测得分率为86.7%，单位工程质量等级评定为合格。

6. **××渡槽单位工程**

城子渡槽单位工程划分为6个分部工程、938个单元工程。分部工程合格率为100%，单元工程合格率为100%，优良率为41.3%；工程外观质量检测得分率为87.5%，单位工程质量等级评定为合格。

7. 东干渠Ⅰ标单位工程

东干渠Ⅰ标单位工程划分为 7 个分部工程、269 个单元工程。分部工程合格率为 100%，单元工程合格率为 100%，优良率为 43.5%；工程外观质量检测得分率为 94.3%，单位工程质量等级评定为合格。

8. 东干渠Ⅱ标单位工程

东干渠Ⅱ标单位工程划分为 8 个分部工程、387 个单元工程。分部工程合格率为 100%，单元工程合格率为 100%，优良率为 16.8%；工程外观质量检测得分率为 79.3%，单位工程质量等级评定为合格。

9. 西低干渠Ⅰ标单位工程

西低干渠Ⅰ标单位工程划分为 5 个分部工程、177 个单元工程。分部工程合格率为 100%，优良率为 80.0%，单元工程合格率为 100%，优良率为 76.3%；工程外观质量检测得分率为 92.0%，单位工程质量等级评定为优良。

10. 西低干渠Ⅱ标单位工程

西低干渠Ⅱ标单位工程划分为 5 个分部工程、172 个单元工程。分部工程合格率为 100%，单元工程合格率为 100%，优良率为 49.4%；工程外观质量检测得分率为 84.0%，单位工程质量等级评定为合格。

11. 西高干渠Ⅰ标单位工程

西高干渠Ⅰ标单位工程划分为 5 个分部工程、179 个单元工程。分部工程合格率为 100%，单元工程合格率为 100%，优良率为 40.2%；工程外观质量检测得分率为 84.0%，单位工程质量等级评定为合格。

12. 西高干渠Ⅱ标单位工程

西高干渠Ⅱ标单位工程划分为 5 个分部工程、180 个单元工程。分部工程合格率为 100%，单元工程合格率为 100%，优良率为 63.9%；工程外观质量检测得分率为 89.3%，单位工程质量等级评定为合格。

13. 西高干渠Ⅲ标单位工程

西高干渠Ⅲ标单位工程划分为 7 个分部工程、251 个单元工程。分部工程合格率为 100%，优良率为 57.1%，单元工程合格率为 100%，优良率为 69.3%；工程外观质量检测得分率为 91.1%，单位工程质量等级评定为合格。

14. 西高干渠Ⅳ标单位工程

西高干渠Ⅳ标单位工程划分为 12 个分部工程、271 个单元工程。分部工程合格率为 100%，单元工程合格率为 100%，优良率为 15.1%；工程外观质量检测得分率为 92.0%，单位工程质量等级评定为合格。

15. 东干渠Ⅲ标单位工程

东干渠Ⅲ标单位工程划分为 10 个分部工程、307 个单元工程。分部工程合格率为 100%，单元工程合格率为 100%，优良率为 38.8%；工程外观质量检测得分率为 84.9%，单位工程质量等级评定为合格。

16. 西低干渠Ⅲ标单位工程

西低干渠Ⅲ标单位工程划分为 12 个分部工程、329 个单元工程。分部工程合格率为 100%，单元工程合格率为 100%，优良率为 29.5%；工程外观质量检测得分率为 83.2%，单位工程质量等级评定为合格。

17. **西低干渠Ⅲ标弄掌渡槽单位工程**

西低干渠Ⅲ标弄掌渡槽单位工程划分为6个分部工程、267个单元工程。分部工程合格率为100%，优良率为16.7%，单元工程合格率为100%，优良率为52.8%；工程外观质量检测得分率为86.4%，单位工程质量等级评定为合格。

18. **西低干渠Ⅳ标单位工程**

西低干渠Ⅳ标单位工程划分为10个分部工程、186个单元工程。分部工程合格率为100%，优良率为10.0%，单元工程合格率为100%，优良率为58.6%；工程外观质量检测得分率为82.5%，单位工程质量等级评定为合格。

19. **西低干渠Ⅴ标单位工程**

西低干渠Ⅴ标单位工程划分为10个分部工程、203个单元工程。分部工程合格率为100%，优良率为10.0%，单元工程合格率为100%，优良率为39.4%；工程外观质量检测得分率为83.5%，单位工程质量等级评定为合格。

20. **西低干渠Ⅵ标单位工程**

西低干渠Ⅵ标单位工程划分为8个分部工程、177个单元工程。分部工程合格率为100%，单元工程合格率为100%，优良率为40.1%；工程外观质量检测得分率为84.0%，单位工程质量等级评定为合格。

21. **西高干渠Ⅴ标单位工程**

西高干渠Ⅴ标单位工程划分为15个分部工程、327个单元工程。分部工程合格率为100%，单元工程合格率为100%，优良率为33.3%；工程外观质量检测得分率为80.6%，单位工程质量等级评定为合格。

22. **水情自动测报及闸门控制系统单位工程**

水情自动测报及闸门控制系统单位工程划分为7个分部工程，分部工程合格率为100%，单位工程质量等级评定为合格。

（二）阶段验收

1. **枢纽工程导（截）流验收**

×××水库西低隧洞（导流工况）工程，于20××年11月7日开工，经建设各方的密切配合，共同努力，工程于20××年11月20日基本完工。根据《水利水电建设工程验收规程》(SL 233—1999)规定，×××水库管理局于20××年11月10日向××州水利局上报了《关于请求对×××水库工程截流前阶段验收的请示》(×××〔20××〕××)，××州水利局以"×××〔20××〕×××号"转报省水利厅，××省水利厅以"××××〔20××〕××号"通知进行截流前阶段验收。20××年12月××日，受水利部委托，××省水利厅主持，由项目法人、设计、施工、监理、质量监督、运行管理及上级主管单位的领导和工程技术人员20人组成×××水库截流前阶段验收委员会。经×××水库大坝截流前阶段验收委员会现场踏勘、查阅资料、充分审议，认为：西低隧洞工程建设质量管理体系健全，检测资料规范、齐全，质量控制严格，已完工程质量合格，具备过流条件；与截流相关工程形象面貌符合设计要求；截流及度汛方案已获批准，措施落实，包括组织、机械、人员、道路、备料和应急措施等已完成；枯期拦洪水位977.92m以下移民搬迁及枯期清理已完成，并通过县移民办初验；有关文件、资料齐全，截流前各项准备工作已完成，同意×××水库工程导（截）流前阶段验收。××省水利厅于20××年1月××日以《关于下发××县×××水库工程截流前阶段验收鉴定书的通知》（××××××〔20××〕××号），同意×××水库工程导（截）流阶段验收意见。12月6日，×××水库大坝截流成功，12月7日西低隧洞开始过水导流。

2. 水库下闸蓄水验收

×××水库工程于20××年9月×××日主体工程正式开工建设，经参建各方的密切配合，共同努力，20××年4月水库枢纽工程已基本完工。20××年4月项目法人组织完成了水库蓄水安全鉴定工作，20××年5月水利部水规总院提交了《××省××州×××水库枢纽工程蓄水安全鉴定报告》，水库已具备下闸蓄水条件。根据《水利水电建设工程验收规程》（SL 223—2008）有关规定，×××水库管理局向××州水利局上报了《关于呈报×××水库下闸蓄水验收申请报告的请示》（×××〔20××〕××号），××州水利局以"×××〔20××〕×××号"文报送××省水利厅，经省水利厅转报水利部批准，水利部委托××省水利厅主持完成×××水库下闸蓄水验收工作。受水利部委托，20××年12月××日，××省水利厅主持召开××州×××水库下闸蓄水阶段验收会议，省州水行政主管部门、相关部门及工程各参建单位代表参加了验收会议，会议成立了验收委员会。验收委员会通过对现场检查，听取参建各方的工作汇报，查阅有关资料，认真讨论后认为：×××水库工程形象面貌满足蓄水要求，工程质量达到设计及规范要求，蓄水淹没范围内的移民搬迁安置和库底清理已完成并通过验收，未完工程建设计划和施工措施已落实；蓄水计划、防洪应急预案、调度运用规程已编制，年度度汛方案已批复，蓄水安全鉴定报告已提交；蓄水前的各项准备工作已完成，具备下闸蓄水条件，同意通过下闸蓄水阶段验收，可适时下闸蓄水。

20××年12月××日，×××水库开始下闸蓄水。

3. 坝后电站机组启动验收

×××水库坝后电站工程于20××年4月××日正式开工建设，20××年5月××日按照《水轮发电机组启动试验规程》（DL/T 507—2002）及有关规定完成了机组启动试运行工作，两台水轮发电机组同时具备了投入试运行生产的条件。根据《水利水电建设工程验收规程》（SL 223—2008）有关规定，水电站首（末）台机组投入运行前应进行机组启动验收。20××年5月××日，×××水库管理局向德宏州水利局上报了《关于呈报×××水库坝后电站机组启动验收申请报告的请示》（×××〔20××〕××号），经逐级上报水利部批准，水利部委托××省水利厅主持×××水库坝后电站机组启动验收工作。20××年5月××日，××省水利厅主持组织验收工作组对×××水库坝后电站机组启动进行技术预验收。验收工作组通过现场检查、听取汇报、查阅资料，经认真讨论研究认为：×××水库坝后电站工程已按批准的设计内容全部建成，工程施工质量和机电设备制造安装质量达到设计及规范要求，工程形象面貌已满足机组运行要求；试验结果表明机组运行正常；机组试运行前的各项准备工作已完成，具备了机组启动运行的条件，同意通过机组启动技术预验收，可择时进行机组启动验收。20××年6月××日，××省水利厅主持召开×××水库坝后电站机组启动验收会议，参加会议的有××省水利厅建管处，××省水利厅水电局、××省质监中心站、××州水利局、××供电有限公司、项目法人、监理单位、设计单位、施工单位和质量检测单位等单位领导和工程技术人员，会议成立了验收委员会。验收委员会通过现场检查、听取汇报、查阅资料，经认真讨论研究认为：×××水库坝后电站工程已按批准的设计内容全部建成，工程施工质量和机电设备制造安装质量达到设计及规范要求，工程形象面貌已满足机组运行要求；试验结果表明机组运行正常；机组试运行前的各项准备工作已完成，具备了机组正常投入运行的条件，同意通过机组启动验收，电站投入试运行，办理有关移交手续。

（三）专项验收

1. 征地补偿和移民安置验收

20××年5月××日，×××水库工程完工。20××年8月，××县×××水库管理局委托××市××建设咨询有限公司××分公司开展××省××州××县×××水库竣工验收阶段移民安置监督评估工作。

20××年10月，水库淹没范围内的移民搬迁安置按批准的设计规模数实施完成并完成自验工作，××县委、县政府、×××水库管理局于20××年11月××日组织在××镇举行了移民移交仪式，迁出和迁入乡（镇）正式办理了移交手续。20××年5月××日，库底清理工作完成，并按相关程序完成了自验工作。

××县人民政府于20××年9月××日组织有关乡镇人民政府和相关单位，在×××水库管理局×楼会议室召开××县×××水库工程建设征地补偿和移民安置县级验收会议。会议认为：×××水库移民安置工作为××县首次实施移民安置工作，移民安置工作实施过程中和实施完成后，库区长期稳定，移民安置区群众安居乐业，生产生活水平得到极大提高，社会和谐稳定。移民安置工作中积累的宝贵水库移民安置实践经验，为今后××县实施水库移民安置工作奠定了坚实的基础。

依据《大中型水利水电工程建设征地补偿和移民安置条例》（国务院令第471号）、《大中型水利水电工程移民安置验收管理暂行办法》（××〔20××〕××号）相关规定，××州人民政府于20××年9月××日在××州××县×××水库管理局×楼会议室组织召开××州××县×××水库工程竣工建设征地移民安置州级验收会议。参加会议的单位有××州人民政府、州移民开发局、州发改委、州水利局、州国土资源局、州财政局、州审计局、××县人民政府、××县×××水库管理局、县移民局、县发改委、县国土资源局、县住建局、县农业局、县水利局、××省水利水电勘测设计研究院、××勘测规划设计有限公司、××市××建设咨询有限公司××分公司等，会议按相关程序成立了验收委员会。

验收委员会认为：××县×××水库工程建设征地移民安置工作已基本按审定后的规划设计完成建设征地补偿、移民安置、专业项目改（复）建、库底清理等工作内容；移民资金使用管理基本符合相关规定，并进行了专项审计；移民安置档案管理基本规范；技术检查验收结论为满足竣工验收条件，同意通过州级验收。

2. 环境保护工程验收

×××水库工程于20××年5月××日完工，按照环境保护验收的有关规定，×××水库管理局编制了《×××水库工程突发环境事件应急预案》，并在××县环保局备案。委托中国××集团××勘测设计研究院有限公司进行了环境调查，并20××年7月编写完成了《××省××县×××水库工程竣工环境保护验收调查报告》，同时编制了监理工作报告、建设管理工作报告。

20××年8月××日，×××水库管理局向××省环境保护厅上报了《关于×××水库工程环境影响专项验收的请示》(×××〔20××〕××号),经××省环境保护厅向国家环保部请示汇报批准,由××省环境保护厅主持完成×××水库工程竣工环境保护验收工作。

20××年9月××—××日,××省环境保护厅受环境保护部委托,组织省环保厅、省环境监察总队、州环保局、××县环保局、中国××集团××勘测设计研究院有限公司等相关单位召开竣工环保验收会,并成立了竣工环境保护验收组,通过现场踏勘、质询、讨论,验收组认为:××省××县×××水库工程按环评报告及环评批复要求,落实各项污染防治和生态保护及恢复措施;按要求下泄生态流量、开展了施工期环境监理和环境监测;有效减缓了工程建设的环境影响,符合竣工环境保护验收条件,同意项目通过验收。

20××年9月××日,××省环境保护厅以"×××〔20××〕××号"文批复同意×××水库工程通过竣工环境保护验收。

3. 水土保持工程验收

按照《开发建设项目水土保持设施验收管理办法》的规定,×××水库管理局委托××水利水电咨询中心,对照批复的水土保持方案,对完成的水土保持工程进行了初查自验,并于20××年6月编写了《××省××县×××水库工程水土保持设施自验报告》。在工程建设期间,水土保持监测、监理同时开展,编制了该项目的水土保持监测和监理报告。20××年8月××日,××县×××水库管理局向水利部上报了《关于×××水库工程水土保持设施验收的请示》(×××〔20××〕××号),同日,水利部水土保持司受理了×××水库工程水土保持设施验收申请,并下发了《关于转办××省××县×××水库工程水土保持设施现场验收和技术评估的函》(×××××〔20××〕×××号)委托××水利委员会主持×××水库工程水土保持设施现场验收工作,委托×××(××)水土保持技术有限公司、中国××集团××勘测设计研究院有限公司、××××××生态环境科技有限公司联合体开展×××水库工程水土保持设施验收技术评估。

20××年9月6—7日,×××(××)水土保持技术有限公司组织专家组和评估组对××县×××水库工程水土保持设施进行了技术评估,通过现场检查、听取汇报、查阅资料,编写了技术评估意见,于2017年9月27日向水利部上报了《关于报送××省××县×××水库工程水土保持设施验收技术评估意见的报告》(×××××〔20××〕××号)。

20××年10月××日,××水利委员会组织××省水利厅、××州水利局、县政府、县水利局、×××(××)水土保持技术有限公司及参建单位,召开了×××水库工程水土保持设施验收工作会,并成立了验收组,经现场踏勘、质询、讨论,验收组认为:该项目实施过程中基本落实了水土保持方案及批复文件和后续设计要求,基本完成了水土流失预防和治理任务,水土流失防治指标达到水土保持方案确定的目标值,符合水土保持设施验收的条件,同意该项目水土保持设施通过验收。

4. 工程建设档案验收

20××年9月××日,×××水库管理局向××州档案局上报了《关于×××水库枢纽工程档案验收的请示》(×××〔20××〕××号),××州档案局以"德档发〔2013〕63号"文转报××省档案局,20××年10月××日××省档案局下发了《××省档案局关于委托××州档案局组织×××水库枢纽工程项目档案验收的函》(×××〔20××〕××号),委托××州档案局组织×××水库枢纽工程项目档案专项验收。××州档案局与××县档案局组成项目档案专项验收组,于20××年10月××日对×××水库枢纽工程项目进行了档案专项验收，同意通过×××水库枢纽工程项目档案专项验收。20××年11月××日，××州档案局印发了《关于×××水库枢纽工程项目档案验收意见批复》（×××〔20××〕××号），验收组认为：××州×××水库枢纽工程项目档案达到完整、准确、系统和安全的要求，项目档案记录和反映了项目建设全过程及建设成果，能满足项目运行、维护和管理的需要，验收组认真对照《××省重点建设项目档案验收测评表》检查、测评，综合得分为93分，达到验收要求，同意通过×××水库枢纽工程项目档案专项验收。

20××年4月××日，×××水库管理局向××县档案局上报了《关于×××水库工程档案验收的请示》（×××〔20××〕××号），经逐级上报，20××年5月××日××省档案局下发了《××省档案局关于委托××州档案局开展×××水库工程建设项目档案验收的通知》（×××〔20××〕××号），委托××州档案局组织×××水库工程项目档案专项验收。××州档案局与××县档案局组成项目档案专项验收组，于20××年6月××日对×××水库工程项目进行了档案专项验收，同意通过×××水库工程项目档案专项验收。20××年6月××日，××州档案局下发了《关于×××水库工程项目档案验收意见的批复》（×××〔20××〕××号），验收组认为：××县×××水库工程项目档案达到完整、准确、系统和安全的要求，项目档案记录和反映了项目建设全过程及建设成果，能满足项目运行、维护和管理的需要，验收组认真对照《××省重点建设项目档案验收测评表》检查、测评，综合得分为93分，达到验收要求，同意通过×××水库工程项目档案专项验收。

（四）枢纽工程竣工技术预验收

20××年12月××日，××省水利厅在××州××县主持召开了×××水库枢纽工程竣工技术预验收会议，参加会议单位有：××省水利厅建管处、××省水利水电工程质监中心站、××省水利水电勘测设计研究院、××××建设监理咨询有限公司、××××工程咨询有限公司、××市××水利水电工程建设质量检测公司、××州水利局、××水库管理局、××市××建设工程有限责任公司、×××集团××实业有限公司、×××建工集团、××市水利水电开发有限公司，按照验收程序组建了×××水库枢纽工程竣工技术预验收工作组和专家组，通过对现场检查工程建设情况、听取建设管理运行单位、设计单位、监理单位、施工等单位的汇报、查阅相关资料，经专家组与参建各单位分析讨论后，形成了工程竣工技术预验收工作报告和竣工技术预验收专家组意见，×××水库枢纽工程竣工技术预验收专家组一致认为：×××水库枢纽工程已按批准的初步设计完成了全部建设任务，项目建设符合《水利基本建设工程管理办法》的规定，项目建设管理实行了项目法人责任制、招标投标制、建设监理制、合同管理制，资料完整、整理规范。工程质量合格，财务管理规范，工程竣工财务决算已上报省审计厅审计，工程建设资料通过德宏州档案局的专项验收，工程初期运行正常，效益初步发挥，同意通过×××水库枢纽工程竣工技术预验收。

八、蓄水安全鉴定和竣工验收技术鉴定

（一）蓄水安全鉴定

1.蓄水安全鉴定工作情况

根据水利部《水利水电建设工程蓄水安全鉴定暂行办法》（以下简称《暂行办法》）的要求，20××年10月，工程建设管理局委托水利部水利水电规划设计总院（以下简称"水规总院"）承担完成×××水库工程蓄水安全鉴定工作，并与水规总院签订了技术服务合

同。水规总院及时组织专家组在了解工程有关设计、施工的基础上初拟了蓄水安全鉴定工作大纲,部分专家赴现场调研并征求有关各方意见后确定了工作大纲,并以(×××〔20××〕×××号)印发了《××省××州×××水库工程蓄水安全鉴定工作大纲》(以下简称《工作大纲》),《工作大纲》对安全鉴定工作任务和范围、工作主要内容、安全鉴定所需准备的资料及安全鉴定工作安排进行了明确。

20××年4月,×××水库枢纽工程建设基本完工,根据专家组及《工作大纲》的要求,管理局和参建各方分别完成了工程建设管理工作报告和参建各方自检报告及安全鉴定所需资料的准备工作,具备了蓄水安全鉴定条件。20××年4月18—26日,水规总院专家组成员到×××水库工程现场,在进一步了解工程设计、施工质量情况和全面掌握各类资料的基础上,深入与工程参建各方进行座谈和了解情况,对工程防洪与度汛、各水工建筑物及基础处理、金属结构、安全监测等工程进行初步安全评价,完成了安全鉴定报告初稿,并征求参建各方意见后对安全鉴定报告初稿进行补充、修改、完善,经水规总院审定后于5月中旬向管理局提交了《××省××州×××水库枢纽工程蓄水安全鉴定报告》。

2. 蓄水安全鉴定结论及建议

(1)根据工程地形地质条件及运行要求,枢纽总体布置合理,各建筑物设计符合国家现行有关标准要求,已完工程施工质量总体上满足国家现行有关施工规范规定和设计要求。

(2)实现下闸蓄水尚应做好以下工作:完成右坝肩坝顶防浪墙工程;完成溢洪道海漫混凝土质量缺陷处理工程;泄洪建筑物闸门、启闭机安装调试并验收合格;在永久供电系统尚未形成以前,利用施工电源必须可靠,并有备用电源;大坝观测设施安装调试完成,并已测得初始值;完成在994.00m与995.20m高程之间移民搬迁;水情自动测报系统正常运行;20××年度汛方案经有关部门批准。

(3)建议建设单位抓紧组织参建各方对安全鉴定中各专业提出的有关问题进行研究,采取相应措施,确保工程安全。在蓄水过程中,按国家有关规范规定,加强安全巡视检查和安全监测,及时对监测资料进行整理分析和研究,并对相关建筑物的工作性态进行评价,发现异常情况时,立即停止蓄水或降低水库水位,待问题处理后再继续蓄水。

综上所述,目前主体工程形象面貌基本满足下闸蓄水要求,下闸蓄水方案已经准备,待影响下闸蓄水的有关问题处理完成,工程通过有关主管部门组织的下闸验收后,可择机下闸蓄水。

(二)竣工验收技术鉴定

根据《水利水电建设工程验收规程》(SL 223—2008)、《水利水电工程施工质量检验与评定规程》(SL 176—2007)和《水利工程建设项目验收管理规定》(水利部令30号)有关规定,20××年12月××日,××省水利厅印发《关于××县×××水库工程竣工技术预验收的通知》,××州水利局转发至××县×××水库管理局。

中国水利水电建设工程咨询××公司受×××水库工程管理局委托,承担×××水库工程工程竣工鉴定工作,竣工安全鉴定结论为:×××水库枢纽布置合理,坝型选择合适,较好地适应工程区地形地质条件;工程设计标准和各主要建筑物设计符合相关规范规定;已完工程的土建施工质量总体满足设计要求;闸门、启闭机等金属结构设备的设计质量符合规范要求,已安装的各类设备质量合格;工程安全监测系统已初步建立,检测结果表明,目前各建筑物状态正常。

水库下闸试蓄水至今已经过八个汛期的考验,工程试运行情况总体正常。

综上所述，工程是安全的，具备竣工验收条件。

九、历次验收、鉴定遗留问题处理情况

历次验收、鉴定遗留问题在验收及鉴定完成后均按处理建议全部处理完毕。

十、工程运行管理情况

（一）管理机构、人员和经费

根据××省人民政府《关于对××州××县×××水库工程组建项目法人的批复》（×××〔20××〕××号文），20××年9月××日，××州人民政府以"×××〔20××〕×××号"文批准成立了××州×××水库管理局正式任命了××州×××水库管理局法人，并配备了领导班子。20××年8月××日，××州机构编制委员会以"×××〔20××〕×××号"文对管理局内部机构进行了批复，核定人员编制为××名，根据授权的职能、职责，按照精简、高效的原则组建了×××水库管理局。

20××年11月××日，××州机构编制委员会以"×××〔20××〕××号"文明确×××水库工程建设完成后×××水库管理局转为水库运行管理单位，核定事业编制为××名（含工勤×名），为全额拨款的正处级事业管理单位，内设×个科室；设局长1名，副局长1名，科级职位×名。

20××年8月××日，××州机构编制委员会《关于同意调整×××水库管理体制的批复》（×××〔20××〕××号），将××州×××水库管理局整体划转××县管理，并更名为××县×××水库管理局，机构级别为正处级，内设机构×个，科级职数×个，核定编制××人（其中事业编制××名，工勤编制×名）；管理局下设两个科级单位：水库管理所和灌区管理所，各核定事业编制×人，经费来源为财政全额拨款。

（二）工程移交

××县×××水库管理局承担×××水库工程建设和运行管理任务，内部设置水库和灌区管理所。×××水库由水库管理所承担运行管理工作，×××水库灌区工程由灌区管理所承担运行管理工作，×××水库坝后电站由发电厂运行管理。

十一、工程初期运行及效益

（一）工程初期运行情况

×××水库工程在初期运行期间，水库管理所严格按照水库运行管理要求，建立健全了各项规章制度。水库20××年12月××日下闸蓄水以来，各建筑物的运行情况如下。

1. 大坝

大坝自20××年底下闸蓄水以来，按照调度运行要求，20××年1—5月蓄水高程986.00m，6—9月蓄水高程为990.00m，20××年10月至20××年5月蓄水高程为992.00m。20××年5月末控制水位为986.00m，6—9月进入第二个主汛期，蓄水高程为992.00m，10—12月逐步蓄水至正常水位994.70m。大坝运行正常。

2. 溢洪道

水库蓄水以来除20××年汛期以外，溢洪道均开启闸门泄洪运行，闸门最大开启高度20cm，下泄流量为8m³/s，溢洪道泄洪时闸门运行正常。

3. 西高涵

西高涵通过多次开闸放水运行，闸门开启高度10cm，下泄流量为6m³/s，西高涵开闸放水时运行正常。

4. 西低隧洞

西低隧洞发电流量为19.8m³/s，坝后电站从20××年4月份发电以来，西低隧洞及闸室运行正常。

5. 坝后电站

经过3年多运行发电，单机能够达到满负荷运行，机组运行基本正常。

6. 干渠工程

×××水库干渠工程不同渠段分别经历了1~4个汛期及枯水期供水，西低干渠最大供水量为6m³/s，东干渠最大供水量为3m³/s，西高干渠最大供水量为2m³/s，三条干渠均运行正常。

（二）工程初期运行效益

×××水库枢纽工程自20××年投入正常运行以来，灌溉、防洪和发电效益较好，水库干渠直接灌溉面积已达××.××万亩，水库下游两岸城镇和农场农田防洪效益显著，坝后发电效益累计发电××××.×万kW·h。

（三）工程观测、监测资料分析

1. 监测仪器布置

水库能否正常运行，大坝的安全是关键，所以无论在施工期还是运行期，对大坝进行监测是相当必要的，在水库正常运行期应进行经常的、系统的观测。按照《土石坝安全监测技术规范》（SL 551—2012）要求，结合×××水库的特点，对坝体进行表面及内部位移观测、坝基沉降观测、压力观测和渗流观测。大坝监测系统随大坝填筑开始，于20××年1月开始监测仪器埋设就全部进入正常监测。

（1）变形观测。大坝的变形观测包括：填筑坝面沉降观测与纵向和横向水平位移（即坝轴线方向与垂直坝轴线方向）观测及坝体内部沉降观测与纵向和横向水平位移观测。坝体表面位移观测包括竖向位移和水平位移的观测。观测横断面选在最大坝高、坝内埋管段以及坝体与溢洪道结合等部位；观测纵断面为4个，布置在上游坝坡正常高水位以上1个，坝顶下游侧1个，下游戗台各1个，测点间距为50m。工作基点、校核基点和起测基点埋设在每一排位移标点延长线上两岸的岩石或坚实的土基上。因坝轴线超过500m，在坝身每一纵排测点中增设工作基点（用测点代替），工作基点的距离保持在250m左右。

（2）坝面沉降与水平位移观测。一期坝面沉降与水平位移观测采用在坝面设置的临时位移观测点和永久位移观测点（位于堆石棱体处），用全站仪观测。坝体表面临时位移观测点总计72个，沿坝轴线方向分4排，抬头坝表面20个标点，间距25m；心墙内26个标点，间距25m；下游976.00m高程填筑面，坝轴距Bz0+026.85纵断面，有16个标点，间距25m；下游976.00m高程填筑面，坝轴距Bz0+066.85纵断面，有10个标点，间距亦为25m。永久性位移标点5个位于下游堆石棱体上，间距50m。二期坝面沉降与水平位移观测采用在坝面设置的临时位移观测点，用全站仪观测。坝体表面临时位移观测点总计88个，沿坝轴线方向分4排，上游990.00m高程填筑面，坝轴距Bz0-035.00纵断面，有20个标点，间距25m；上游990.00m高程填筑面，坝轴距Bz0-009.00纵断面，有26个标点，间距 25m；下游 990.00m 高程填筑面，坝轴距 Bz0+003.35 纵断面，有 26 个标点，间距 25m；下游 990.00m 高程填筑面，坝轴距 Bz0+026.85 纵断面，有 16 个标点，间距亦为 25m。

（3）坝体内部沉降与水平位移观测。由于×××水库坝基为无限深透水地基，且存在坝下埋管等特点，在施工期和运行期，对坝体内部位移及坝基沉降采用电磁式沉降仪和测斜仪进行观测，观测断面选在最大坝高、坝内埋管以及坝体与溢洪道结合部位等。施工期坝基沉降观测的坝基深度按一倍坝高计。对西高涵的启闭塔和坝下涵管段也作沉降观测。

本工程共设计了 13 个电磁式沉降监测点和 1 个测斜监测点。就一期大坝的施工现状来讲，并不是所有监测点都能在本时段进行安装，具体情况如下：一期可以实施造孔安装的有 5 个电磁式沉降监测点，分别为 D3、D6、D7、D11、D12；D8 位于 K0+720.00 断面心墙内，由于防渗墙施工遗留的工作平台尚未清除，故暂不能安装，安装时间大约在大坝二期填筑期间；D10、D5、C1、D2 位于 K0+820.00~K1+020.00 断面心墙内，由于防渗墙在此处的施工尚未完成，防渗墙施工期间的工作平台和监测点存在冲突，故暂不能安装，安装时间视防渗墙进度而定；D4、D9 分别位于 K0+920.00、K0+820.00 断面，坝轴距-16.00m 处，正处于抬头坝坝坡边缘，由于施工需要在二期大坝填筑时此处将会被推掉 1~2m，这使观测管难于保护，故暂不能安装，安装时间大约在大坝二期填筑期间；一期仅安装了 5 根沉降管，其中 K0+920.00 上游 1 根、下游 2 根，K0+820.00 下游 2 根。故一期仅可测得部分内部沉降数据，不能测得内部水平位移数据。二期施工完成后已经安装其余 8 根沉降管和 1 根测斜管。

（4）应力观测。应力观测包括坝体应力（总应力与空隙水压力）及西高涵洞应力观测。为分析方便，包括与坝体应力及接触面土压力观测有关的孔隙水压力的观测，其余的孔隙水压力计的布置将在渗流观测中叙述。

一期内的坝体应力状态观测有 2 个监测点，分别位于 K0+920.00、K0+820.00 断面上，在每个测点同时布置土压力计和孔隙水压力计，以分别测取总应力与孔隙水压力。西高涵应力观测共 6 个监测点，分别位于西高涵 3 个断面上且顶部和底部位置对称，布置原则与坝体内应力观测相同。

二期内的坝体应力状态观测有 9 个监测点，分别位于 K0+720.00、K0+820.00、K0+920.00、K1+020.00 断面上，在每个测点同时布置土压力计和孔隙水压力计，以分别测取总应力与孔隙水压力。西高涵应力观测共 6 个监测点，二期完成其余的 3 个土压力计。溢洪道应力观测共 6 个监测点，分别位于溢洪道 3 个断面上且顶部和底部位置对称，布置原则与坝体内应力观测相同。

（5）渗流观测。×××水库工程中的渗流观测主要包括：

1）坝基渗透水压力及坝体孔隙水压力，用振弦式孔隙水压力计观测。

2）坝体浸润线及绕坝渗流，用测压管观测。

3）渗流量，用量水堰观测。

在一期工程中测压管、量水堰并未安装，仅安装了振弦式孔隙水压力计。一期坝体内共安装了 28 只振弦式孔隙水压力计，其中有 2 只与土压力计配合做应力观测，做渗流观测的有 26 只。孔隙水压力计主要分布于 K0+720.00、K0+820.00、K0+920.00、K1+020.00 4 个主要断面上，在 976.00m 高程以上部分主要集中于大坝上游及心墙两侧。

二期坝体内共安装了 15 只振弦式孔隙水压力计，其中有 5 只与土压力计配合做应力观测。孔隙水压力计主要分布于 K0+720.00、K0+820.00、K0+920.00 3 个主要断面上。在西高涵安装了 3 只振弦式孔隙水压力计与土压力计配合做应力观测。在溢洪道安装了 2 只振弦式孔隙水压力计与土压力计配合做应力观测。

(6) 防渗墙应变观测。在大坝一期填筑完成后，在防渗墙施工期间分别在 59 号 (K0+770.00)、66 号 (K0+820.00)、72 号 (K0+870.00) 号槽段埋设无应力计 N1~N8、二向应变计 S_1^2~S_8^2 对防渗墙进行应变观测，无应力计埋设在应变计附近，并在同一高程上。

2. 监测结果初步分析

(1) 大坝位移观测成果。大坝位移观测共 4 次，除观测点 W11~W14、W150、W54 受损未测测到数据外，其余各测点状况良好，观测成果见表 7-18~表 7-20。

表 7-18　　　　　第一、第二次大坝位移测量结果对比

点号	第一次测量 X 坐标	第一次测量 Y 坐标	第一次测量 Z 坐标	第二次测量 X 坐标	第二次测量 Y 坐标	第二次测量 Z 坐标	平面偏移 /m	高程位移 /m
W1	701541.897	699907.465	998.679	701541.898	699907.467	998.678	0.0022	0.001
W2	701546.909	699964.530	998.869	701546.909	699964.530	998.869	0.0000	0
W3	701526.336	700010.097	998.970	701526.335	700010.090	998.970	0.0071	0
W4	701505.755	700055.679	998.880	701505.760	700055.680	998.880	0.0051	0
W5	701485.185	700101.277	998.911	701485.185	700101.277	998.910	0.0000	0.001
W6	701464.697	700146.870	998.790	701464.697	700146.870	998.790	0.0000	0
W7	701444.079	700192.420	998.697	701444.079	700192.420	998.697	0.0000	0
W8	701423.507	700238.015	998.734	701423.506	700238.015	998.730	0.0010	0.004
W9	701402.938	700283.561	998.753	701402.937	700283.360	998.750	0.2010	0.003
W10	701382.382	700329.161	998.762	701382.380	700329.160	998.760	0.0022	0.002
W11	—	—	—	—	—	—	—	—
W12	—	—	—	—	—	—	—	—
W13	—	—	—	—	—	—	—	—
W14	—	—	—	—	—	—	—	—
W15	701281.101	700524.645	998.779	701281.101	700524.640	998.780	0.0050	−0.001
W16	701269.436	700552.279	998.786	701269.435	700552.275	998.786	0.0041	0
W17	701249.979	700598.323	998.806	701249.980	700598.323	998.806	0.0010	0
W18	701230.510	700644.429	998.766	701230.510	700644.429	998.766	0.0000	0
W19	701530.091	699902.407	1000.324	701530.091	699902.407	1000.324	0.0000	0
W20	701510.632	699948.455	1000.276	701510.632	699948.455	1000.276	0.0000	0
W21	701490.768	699995.387	1000.234	701490.768	699995.387	1000.234	0.0000	0
W22	701470.358	700043.764	1000.248	701470.358	700043.764	1000.248	0.0000	0
W23	701452.713	700085.446	1000.254	701452.710	700085.440	1000.253	0.0067	0.001
W24	701432.913	700132.309	1000.264	701432.910	700132.305	1000.261	0.0050	0.003
W25	701413.477	700178.315	1000.287	701413.480	700178.310	1000.285	0.0058	0.002

续表

点号	第一次测量 X 坐标	第一次测量 Y 坐标	第一次测量 Z 坐标	第二次测量 X 坐标	第二次测量 Y 坐标	第二次测量 Z 坐标	平面偏移 /m	高程位移 /m
W26	701393.622	700225.301	1000.304	701393.620	700225.300	1000.302	0.0022	0.002
W27	701373.664	700272.548	1000.319	701373.664	700272.550	1000.320	0.0020	−0.001
W28	701354.750	700317.315	1000.314	701354.751	700317.310	1000.315	0.0051	−0.001
W29	701349.296	700371.251	1000.362	701349.297	700371.250	1000.363	0.0014	−0.001
W30	701329.572	700414.943	1000.363	701329.572	700414.944	1000.365	0.0010	−0.002
W31	701308.546	700461.548	1000.352	701308.546	700461.550	1000.353	0.0020	−0.001
W32	701294.616	700492.400	1000.411	701294.616	700492.400	1000.411	0.0000	0
W33	701280.233	700524.390	1000.412	701280.233	700524.390	1000.412	0.0000	0
W34	701267.432	700552.670	1000.395	701267.432	700552.670	1000.395	0.0000	0
W35	701247.195	700597.564	1000.358	701247.195	700597.564	1000.359	0.0000	−0.001
W36	701220.438	700635.285	1000.351	701220.438	700635.285	1000.351	0.0000	0
W37	701199.505	700684.807	1000.346	701199.505	700684.808	1000.350	0.0010	−0.004
W38	701180.733	700729.208	1000.359	701180.733	700729.208	1000.359	0.0000	0
W39	701160.354	700777.462	1000.380	701160.354	700777.462	1000.380	0.0000	0
W40	701141.016	700823.204	1000.355	701141.017	700823.205	1000.355	0.0014	0
W41	701121.623	700869.119	1000.365	701121.623	700869.120	1000.367	0.0010	−0.002
W42	701470.203	699986.714	990.467	701470.203	699986.715	990.468	0.0010	−0.001
W43	701449.866	700035.065	990.453	701449.866	700035.066	990.458	0.0010	−0.005
W44	701432.182	700076.767	990.430	701432.183	700076.768	990.430	0.0014	0
W45	701412.311	700123.789	990.426	701412.312	700123.790	990.427	0.0014	−0.001
W46	701392.916	700169.629	990.432	701392.916	700169.629	990.432	0.0000	0
W47	701373.095	700216.629	990.464	701373.095	700216.629	990.464	0.0000	0
W48	701353.118	700263.885	990.467	701353.118	700263.885	991.467	0.0000	−1
W49	701333.947	700309.278	990.447	701333.947	700309.278	990.447	0.0000	0
W50	—	—	—	—	—	—	—	—
W51	701395.173	700063.652	982.452	701395.173	700063.652	982.453	0.0000	−0.001
W52	701375.839	700109.531	982.443	701375.839	700109.532	982.442	0.0010	0.001
W53	701356.711	700154.787	982.453	701356.711	700154.785	982.452	0.0020	0.001
W54	—	—	—	—	—	—	—	—

表7-19　　第一、第三次大坝位移测量结果对比

点号	第一次测量 X 坐标	第一次测量 Y 坐标	第一次测量 Z 坐标	第三次测量 X 坐标	第三次测量 Y 坐标	第三次测量 Z 坐标	平面偏移 /m	高程位移 /m
W1	701541.897	699907.465	998.679	701541.899	699907.470	998.680	0.0054	−0.001
W2	701546.909	699964.530	998.869	701546.909	699964.531	998.870	0.0010	−0.001

429

续表

点号	第一次测量 X 坐标	第一次测量 Y 坐标	第一次测量 Z 坐标	第三次测量 X 坐标	第三次测量 Y 坐标	第三次测量 Z 坐标	平面偏移 /m	高程位移 /m
W3	701526.336	700010.097	998.970	701526.337	700010.091	998.800	0.0061	0.17
W4	701505.755	700055.679	998.880	701505.762	700055.684	998.880	0.0086	0
W5	701485.185	700101.277	998.911	701485.185	700101.277	998.910	0.0000	0.001
W6	701464.697	700146.870	998.790	701464.697	700146.870	998.790	0	0
W7	701444.079	700192.420	998.697	701444.079	700192.422	998.700	0.0020	−0.003
W8	701423.507	700238.015	998.734	701423.507	700238.016	998.730	0.0010	0.004
W9	701402.938	700283.561	998.753	701402.938	700283.360	998.755	0.2010	−0.002
W10	701382.382	700329.161	998.762	701382.380	700329.161	998.761	0.0020	0.001
W11	—	—	—	—	—	—	—	—
W12	—	—	—	—	—	—	—	—
W13	—	—	—	—	—	—	—	—
W14	—	—	—	—	—	—	—	—
W15	701281.101	700524.645	998.779	701281.101	700524.640	998.781	0.0050	−0.002
W16	701269.436	700552.279	998.786	701369.436	700552.276	998.786	0.0030	0
W17	701249.979	700598.323	998.806	701249.980	700598.323	998.806	0.0010	0
W18	701230.510	700644.429	998.766	701230.510	700644.429	998.766	0	0
W19	701530.091	699902.407	1000.324	701530.091	699902.407	1000.324	0	0
W20	701510.632	699948.455	1000.276	701510.632	699948.456	1000.277	0.0010	−0.001
W21	701490.768	699995.387	1000.234	701490.768	699995.388	1000.235	0.0010	−0.001
W22	701470.358	700043.764	1000.248	701470.359	700043.764	1000.248	0.0010	0
W23	701452.713	700085.446	1000.254	701452.711	700085.442	1000.254	0.0045	0
W24	701432.913	700132.309	1000.264	701432.910	700132.306	1000.262	0.0042	0.002
W25	701413.477	700178.315	1000.287	701413.480	700178.310	1000.285	0.0058	0.002
W26	701393.622	700225.301	1000.304	701393.621	700225.300	1000.302	0.0014	0.002
W27	701373.664	700272.548	1000.319	701373.664	700272.553	1000.321	0.0050	−0.002
W28	701354.750	700317.315	1000.314	701354.751	700317.311	1000.316	0.0041	−0.002
W29	701349.296	700371.251	1000.362	701349.297	700371.250	1000.363	0.0014	−0.001
W30	701329.572	700414.943	1000.363	701329.573	700414.944	1000.365	0.0014	−0.002
W31	701308.546	700461.548	1000.352	701308.546	700461.550	1000.353	0.0020	−0.001
W32	701294.616	700492.400	1000.411	701294.616	700492.400	1000.411	0.0000	0
W33	701280.233	700524.390	1000.412	701280.233	700524.390	1000.412	0.0000	0
W34	701267.432	700552.670	1000.395	701267.432	700552.670	1000.395	0.0000	0
W35	701247.195	700597.564	1000.358	701247.195	700597.564	1000.360	0.0000	−0.002
W36	701220.438	700635.285	1000.351	701220.439	700635.288	1000.351	0.0032	0
W37	701199.505	700684.807	1000.346	701199.505	700684.808	1000.350	0.0010	−0.004

续表

点号	第一次测量 X坐标	第一次测量 Y坐标	第一次测量 Z坐标	第三次测量 X坐标	第三次测量 Y坐标	第三次测量 Z坐标	平面偏移/m	高程位移/m
W38	701180.733	700729.208	1000.359	701180.733	700729.209	1000.360	0.0010	−0.001
W39	701160.354	700777.462	1000.380	701160.355	70777.467	1000.380	0.0051	0
W40	701141.016	700823.204	1000.355	701141.018	700823.206	1000.360	0.0028	−0.005
W41	701121.623	700869.119	1000.365	701121.623	700869.120	1000.367	0.0010	−0.002
W42	701470.203	699986.714	990.467	701470.203	699986.715	990.468	0.0010	−0.001
W43	701449.866	700035.065	990.453	701449.866	700035.066	990.458	0.0010	−0.005
W44	701432.182	700076.767	990.430	701432.183	700076.768	990.430	0.0014	0
W45	701412.311	700123.789	990.426	701412.312	700123.790	990.427	0.0014	−0.001
W46	701392.916	700169.629	990.432	701392.916	700169.629	990.432	0.0000	0
W47	701373.095	700216.629	990.464	701373.095	700216.629	990.464	0.0000	0
W48	701353.118	700263.885	990.467	701353.118	700263.885	990.467	0.0000	0
W49	701333.947	700309.278	990.447	701333.947	700309.278	990.447	0.0000	0
W50	—	—	—	—	—	—	—	—
W51	701395.173	700063.652	982.452	701395.173	700063.652	982.453	0.0000	−0.001
W52	701375.839	700109.531	982.443	701375.839	700109.532	982.442	0.0010	0.001
W53	701356.711	700154.787	982.453	701356.711	700154.785	982.452	0.0020	0.001
W54	—	—	—	—	—	—	—	—

表7-20　　　　第一、第四次大坝位移测量结果对比

点号	第一次测量 X坐标	第一次测量 Y坐标	第一次测量 Z坐标	第四次测量 X坐标	第四次测量 Y坐标	第四次测量 Z坐标	平面偏移/m	高程位移/m
W1	701541.897	699907.465	998.679	701541.899	699907.471	998.680	0.0063	−0.001
W2	701546.909	699964.530	998.869	701546.910	699964.531	998.870	0.0014	−0.001
W3	701526.336	700010.097	998.970	701526.339	700010.093	998.800	0.0050	0.17
W4	701505.755	700055.679	998.880	701505.763	700055.684	998.880	0.0094	0
W5	701485.185	700101.277	998.911	701485.185	700101.277	998.911	0.0000	0
W6	701464.697	700146.870	998.790	701464.698	700146.875	998.795	0.0051	−0.005
W7	701444.079	700192.420	998.697	701444.079	700192.423	998.703	0.0030	−0.006
W8	701423.507	700238.015	998.734	701423.508	700238.016	998.735	0.0014	−0.001
W9	701402.938	700283.561	998.753	701402.940	700283.362	998.758	0.1990	−0.005
W10	701382.382	700329.161	998.762	701382.383	700329.165	998.763	0.0041	−0.001
W11	—	—	—	—	—	—	—	—
W12	—	—	—	—	—	—	—	—
W13	—	—	—	—	—	—	—	—
W14	—	—	—	—	—	—	—	—

续表

点号	第一次测量 X 坐标	第一次测量 Y 坐标	第一次测量 Z 坐标	第四次测量 X 坐标	第四次测量 Y 坐标	第四次测量 Z 坐标	平面偏移 /m	高程位移 /m
W15	701281.101	700524.645	998.779	701281.105	700524.643	998.785	0.0045	−0.006
W16	701269.436	700552.279	998.786	701269.440	700552.280	998.790	0.0041	−0.004
W17	701249.979	700598.323	998.806	701249.980	700598.323	998.808	0.0010	−0.002
W18	701230.510	700644.429	998.766	701230.510	700644.430	998.770	0.0010	−0.004
W19	701530.091	699902.407	1000.324	701530.091	699902.407	1000.314	0.0000	0.01
W20	701510.632	699948.455	1000.276	701510.610	699948.435	1000.258	0.0297	0.018
W21	701490.768	699995.387	1000.234	701490.739	699995.369	1000.228	0.0341	0.006
W22	701470.358	700043.764	1000.248	701470.359	700043.764	1000.248	0.0010	0
W23	701452.713	700085.446	1000.254	701452.711	700085.442	1000.254	0.0045	0
W24	701432.913	700132.309	1000.264	701432.910	700132.306	1000.262	0.0042	0.002
W25	701413.477	700178.315	1000.287	701413.480	700178.310	1000.285	0.0058	0.002
W26	701393.622	700225.301	1000.304	701393.621	700225.300	1000.302	0.0014	0.002
W27	701373.664	700272.548	1000.319	701373.664	700272.553	1000.321	0.0050	−0.002
W28	701354.750	700317.315	1000.314	701354.750	700317.308	1000.309	0.0070	0.005
W29	701349.296	700371.251	1000.362	701349.297	700371.250	1000.363	0.0014	−0.001
W30	701329.572	700414.943	1000.363	701329.558	700414.937	1000.357	0.0152	0.006
W31	701308.546	700461.548	1000.352	701308.546	700461.550	1000.353	0.0020	−0.001
W32	701294.616	700492.400	1000.411	701294.616	700492.400	1000.411	0.0000	0
W33	701280.233	700524.390	1000.412	701280.233	700524.390	1000.412	0.0000	0
W34	701267.432	700552.670	1000.395	701267.432	700552.670	1000.395	0.0000	0
W35	701247.195	700597.564	1000.358	701247.195	700597.564	1000.360	0.0000	−0.002
W36	701220.438	700635.285	1000.351	701220.435	700635.290	1000.350	0.0058	0.001
W37	701199.505	700684.807	1000.346	701199.505	700684.808	1000.350	0.0010	−0.004
W38	701180.733	700729.208	1000.359	701180.733	700729.209	1000.360	0.0010	−0.001
W39	701160.354	700777.462	1000.380	701160.355	700777.470	1000.380	0.0081	0
W40	701141.016	700823.204	1000.355	701141.018	700823.206	1000.360	0.0028	−0.005
W41	701121.623	700869.119	1000.365	701121.624	700869.118	1000.365	0.0014	0
W42	701470.203	699986.714	990.467	701470.213	699986.720	990.470	0.0117	−0.003
W43	701449.866	700035.065	990.453	701449.870	700035.070	990.460	0.0064	−0.007
W44	701432.182	700076.767	990.430	701432.175	700076.755	990.425	0.0139	0.005
W45	701412.311	700123.789	990.426	701412.312	700123.790	990.427	0.0014	−0.001
W46	701392.916	700169.629	990.432	701392.916	700169.629	990.432	0.0000	0
W47	701373.095	700216.629	990.464	701373.095	700216.629	990.464	0.0000	0
W48	701353.118	700263.885	990.467	701353.118	700263.885	990.467	0.0000	0
W49	701333.947	700309.278	990.447	701333.947	700309.278	990.447	0.0000	0

续表

点号	第一次测量			第四次测量			平面偏移 /m	高程位移 /m
	X 坐标	Y 坐标	Z 坐标	X 坐标	Y 坐标	Z 坐标		
W50	—	—	—	—	—	—	—	—
W51	701395.173	700063.652	982.452	701395.173	700063.652	982.453	0.0000	−0.001
W52	701375.839	700109.531	982.443	701375.839	700109.533	982.440	0.0020	0.003
W53	701356.711	700154.787	982.453	701356.710	700154.786	982.451	0.0014	0.002
W28	701354.750	700317.315	1000.314	701354.750	700317.308	1000.309	0.0070	0.005
W54	—	—	—	—	—	—	—	—

观测成果表明：大坝位移观测标点 W6、W9 平面偏移最大，偏移量为 0.201m；W3 高程偏移量最大，偏移量为 0.170m。

(2) 大坝内部沉降观测成果。大坝内部沉降观测点有 D1、D2、D5、D12，观测成果见表 7-21～表 7-24。

表 7-21　　D1 观测点大坝内部沉降观测成果统计

测点编号	D1	磁头编号	磁 97	孔口高程	1000.600m
初始高程/m	磁环编号	平均读数/mm	高程/m	累计沉降量/m	备注
998.37	1	2243	998.36	0.008	
994.56	2	6036	994.56	−0.008	
990.59	3	10032	990.57	0.017	
986.68	4	13912	986.69	−0.008	
982.76	5	17840	982.76	−0.005	
978.79	6	21798	978.80	−0.010	
974.85	7	25748	974.85	−0.005	
970.92	8	29697	970.90	0.012	
966.96	9	33639	966.96	−0.006	
962.98	10	37572	963.03	−0.046	
959.09	11	41517	959.08	0.007	

表 7-22　　D2 观测点大坝内部沉降观测成果统计

测点编号	D2	磁头编号	磁 97	孔口高程	1000.600m
初始高程/m	磁环编号	平均读数/mm	高程/m	累计沉降量/m	备注
998.92	1	1693	998.91	0.015	
995.08	2	5524	995.08	−0.001	
991.12	3	9441	991.16	−0.039	
987.19	4	13416	987.18	0.006	
983.27	5	17341	983.26	0.011	
979.30	6	21295	979.31	−0.005	
975.41	7	25226	975.37	0.036	

续表

测点编号	D2	磁头编号	磁97	孔口高程	1000.600m
初始高程/m	磁环编号	平均读数/mm	高程/m	累计沉降量/m	备注
971.44	8	29179	971.42	0.016	
967.51	9	33109	967.49	0.015	
963.56	10	37052	963.55	0.012	
959.60	11	41015	959.56	0.015	

表7-23　　　　D5观测点大坝内部沉降观测成果统计

测点编号	D5	磁头编号	磁97	孔口高程	1000.600m
初始高程/m	磁环编号	平均读数/mm	高程/m	累计沉降量/m	备注
999.08	1	1514	999.09	−0.006	
997.78	2	2812	997.79	−0.013	
992.49	3	8108	992.49	−0.002	
988.71	4	11888	988.71	−0.002	
985.99	5	14625	985.98	0.010	
980.49	6	20123	980.48	0.003	
978.04	7	22582	978.02	0.022	
974.08	8	26542	974.06	0.022	
970.14	9	30475	970.13	0.010	
966.19	10	34414	966.19	0.001	
962.25	11	38350	962.25	0.002	

表7-24　　　　D12观测点大坝内部沉降观测成果统计

测点编号	D12	磁头编号	磁97	孔口高程	982.500m
初始高程/m	磁环编号	平均读数/mm	高程/m	累计沉降量/m	备注
979.26	1	3234	979.27	−0.011	
975.25	2	7244	975.26	−0.004	
971.39	3	11126	971.37	0.016	
968.91	4	13624	968.88	0.036	
965.55	5	16966	965.53	0.015	
961.60	6	20904	961.60	0.001	
957.35	7	25138	957.36	−0.012	
953.57	8	28955	953.55	0.025	
949.61	9	32903	949.60	0.015	

观测成果统计分析结果表明，大坝内部累计沉降量最大为D1测点10号测环，累计沉降量为−0.046m。

(3) 大坝量水堰渗流量观测成果。根据大坝量水堰渗流量观测数据表，20××年10月××日量水堰渗流量为最大4.6L/s。

(4) 大坝浸润线剖面观测。大坝渗透测压管 P2、P3、P4 位于大坝 1+120.00 剖面，渗透测压管 P5、P6、P7 位于大坝 0+920.00 剖面，渗透测压管 P8、P9、P10 位于大坝 0+820.00 剖面，渗透测压管 P11、P12 位于大坝 00+720.00 剖面，渗透测压管 P13、P14 位于大坝 00+620.00 剖面，渗透测压管 P15、P16 位于大坝 00+530.00 剖面。因观测管口 P2、P3、P13 无法打开观测，观测管 P5 堵塞，观测管 P11、P12、P13、P14、P15、P16 无渗，故只能做出 0+820 剖面浸润线图。大坝 0+820 剖面 20××年 1 月 15 日、6 月 19 日、7 月 16 日、8 月 26 日、12 月 5 日各个水位观测点的大坝浸润线观测结果表明：测压管孔水位均低于对应的库水位，并且上游排测压管水位均高于下游排测压管水位，符合一般规律。

3. 结论

×××水库运行初期，水库管理局制定了水库运行管理办法和相关管理制度，严格按照《土石坝安全监测技术规范》（SL 551—2012）开展水库巡视检查、变形、渗流、压力（应力）和水文气象监测、分析。

大坝水平及垂直位移较小，（水平位移最大值 0.029m，垂直位移最大值 0.007m），最高水位 994.86m 时浸润线正常，最大渗流量 5.6L/s（正常）。

十二、竣工财务决算编制与竣工审计情况

（一）竣工财务决算编制情况

×××水库建设管理管理局按照水利部《水利基本建设项目竣工财务决算编制规定》，遵循实事求是的原则，收集整理了×××水库工程竣工财务决算所需概算、合同、施工计划等资料，填制了工程竣工财务决算报表规定的表格，编制完成了水库枢纽工程竣工决算说明书和竣工决算，已提交审计。

（二）竣工审计情况

×××水库工程竣工审计由××××建设工程造价咨询有限公司承担，先后于 20××年 3 月、20××年 6 月、20××年 11 月、20××年 1 月、20××年 3 月五次对×××水库工程进行结算审核，审核的主要内容包括：大坝、大坝基础处理、溢洪道、西高涵、西低隧洞、坝后电站、库区淹没公路改线、西高干渠、西低干渠、东干渠、××渡槽等项目的工程结算。

×××水库工程结算审核结果为：20××年枢纽工程部分已由××××建设工程造价咨询有限公司审核完成，并出具审核报告"×××〔20××〕审字第××号"，并于 20××年 7 月通过××省审计厅的复审。

20××年 10 月，××会计师事务所××分所根据《竣工财务决算审核合同》的要求，对××县×××水库管理局负责实施的截至 20××年 9 月××日××县××坝水库工程竣工决算进行了审核。

经审核，×××水库工程项目概算投资××××××.××万元，由于远征田项目（概算投资××××.××万元）已由其他单位实施，应从概算中剔除，故实际概算投资为×××××.××万元。截至 20××年 9 月××日，扣除远征田由其他单位实施外，实际完成投资×××××.××万元，节余投资×××.××万元。结余投资占批复概算的 0.42%。实际交付资产×××××.××元，转出投资×××××.××元，其中：建筑安装工程投资×××××.××元。设备投资×××××.××元，待摊投资×××××.××元，转出投资×××××.××元。交付使用资产×

×××××××××.××元，其中：枢纽工程×××××××××.××元、灌区工程×××××××××.××元、水土保持工程×××××××××.××元，不需安装设备×××××××.××元。

十三、存在问题及处理意见

×××水库工程各项存在问题已处理完成。

十四、尾工安排

×××水库工程无尾工安排及处理。

十五、经验与建议

（1）××县×××水库工程建设管理局是建管合一的单位，但编制较少，管理局编制仅为××人，下设的水库管理所编制3人，灌区管理所3人，20××年10月带编招聘4人，就管理局的人员情况来看，还需积极向上级主管部门争取工程运行管理人员编制，确保×××水库工程运行安全。

（2）引进人才、加强人员培训，确保大坝安全观测及资料整编分析工作顺利开展，为大坝安全运行提供技术支持。

（3）×××水库大坝安全监测设施大部分已经损坏，需要对大坝安全监测设施进行修复或更新改造。

十六、附件

（1）项目法人的机构设置及主要工作人员情况见表7-25。

表7-25　　　　　项目法人的机构设置及主要工作人员情况

序号	科室	姓名	职务/职称	性别	民族	参加工作时间	毕业学校及专业	文化程度
1	局领导	×××	局长	×	×	××××年××月	××××××××××××	研究生
2		×××	副局长	×	×	××××年××月	××××××××××××	本科
3		×××	副局长	×	×	××××年××月	××××××××××××	本科
4	办公室	×××	主任	×	×	××××年××月	××××××××××××	本科
5		×××	副主任	×	×	××××年××月	××××××××××××	本科
6		×××	科员	×	×	××××年××月	××××××××××××	本科
7		×××	工勤人员	×	×	××××年××月	××××××××××××	专科
8	财务科	×××	科长/会计	×	×	××××年××月	××××××××××××	本科
9		×××	出纳	×	×	××××年××月	××××××××××××	本科
10	工程技术科	×××	科长/高级工程师	×	×	××××年××月	××××××××××××	本科
11		×××	工程师	×	×	××××年××月	××××××××××××	本科
12		×××	工程师	×	×	××××年××月	××××××××××××	本科
13		×××	助理工程师	×	×	××××年××月	××××××××××××	本科
14		×××	助理工程师	×	×	××××年××月	××××××××××××	本科
15		×××	助理工程师	×	×	××××年××月	××××××××××××	本科

续表

序号	科室	姓名	职务/职称	性别	民族	参加工作时间	毕业学校及专业	文化程度
16	总工办	×××	主任/高级工程师	×	×	××××年××月	××××××××××	本科
17		×××	工程师	×	×	××××年××月	××××××××××	本科
18	库区管理所	×××	所长	×	×	××××年××月	××××××××××	本科
19		×××	工程师	×	×	××××年××月	××××××××××	本科
20		×××	助理工程师	×	×	××××年××月	××××××××××	本科
21	灌区管理所	×××	所长	×	×	××××年××月	××××××××××	本科
22		×××	高级工程师	×	×	××××年××月	××××××××××	本科
23		×××	工程师	×	×	××××年××月	××××××××××	本科

（2）立项、可研、初设批准文件及调整批准文件。（略）

（3）历次验收鉴定书。（略）